TRIZ 进阶及实战——大道至简的发明方法

TRIZ Enhancement and Practical Applications

赵敏 张武城 王冠殊 ◎ 著

机械工业出版社
CHINA MACHINE PRESS

本书由三位国内著名 TRIZ 专家倾力合作、历时三年写成，详细介绍了作者多年来研究、应用 TRIZ 的最新成果，首次提出了中国的 U-TRIZ，致力于解决工作中的各类技术问题、难题；有效提升个人、企业的创新能力，助力"两创工作"的开展。

本书的撰写结构充分考虑了继承性和可读性，在每章中先介绍和阐述经典 TRIZ 的内容，然后再介绍基于经典 TRIZ 所开发出来的 U-TRIZ 的内容，同时尽量介绍各种解题工具与功能的关联性，在内容和案例上尽量融入了工业 4.0 和互联网等先进要素。本书力求把一个案例用多个 U-TRIZ 工具加以分析和求解，以加深读者的认识和体验。

本书实践性突出，适合需要解决技术问题、难题的工程技术、科研人员；发明方法/创新方法实践者、研究者和爱好者；以及理工科类高校师生阅读使用。本书是一本不可多得、值得反复阅读查阅的 TRIZ 图书。

图书在版编目（CIP）数据

TRIZ 进阶及实战：大道至简的发明方法/赵敏，张武城，王冠殊著.
—北京：机械工业出版社，2015.10（2025.9重印）
ISBN 978-7-111-51848-8

Ⅰ.①T… Ⅱ.①赵…②张…③王… Ⅲ.①创造学 Ⅳ.①G305

中国版本图书馆 CIP 数据核字（2015）第 245926 号

机械工业出版社（北京市百万庄大街 22 号　邮政编码 100037）
策划编辑：李万宇　　责任编辑：李万宇
责任校对：陈立辉　　封面设计：马精明
责任印制：单爱军
中煤（北京）印务有限公司印刷
2025 年 9 月第 1 版第 9 次印刷
169mm×239mm・29.75 印张・578 千字
标准书号：ISBN 978-7-111-51848-8
定价：138.00 元

电话服务　　　　　　　　　　网络服务
客服电话：010-88361066　　　机　工　官　网：www.cmpbook.com
　　　　　010-88379833　　　机　工　官　博：weibo.com/cmp1952
　　　　　010-68326294　　　金　书　网：www.golden-book.com
封底无防伪标均为盗版　　　　机工教育服务网：www.cmpedu.com

前言 Preface

  基于模型化的方法实现发明,即 TRIZ——发明问题解决理论,是苏联发明家阿奇舒勒的巨大成就。经典 TRIZ,传播已久,成果无数。但其工具繁多,导向存异,研修耗时,业内人士一直着力改进。本书作者意图建立一种以功能为导向、以属性为核心的 TRIZ 理论体系,尽量实现工具和方法的统一。这个目标理论体系就是"Unified TRIZ",简称 U – TRIZ。

  功能与物质的属性直接相关,两个物质的属性可以形成一个效应,施加在作用对象上构成一个功能。属性是通向功能之桥,调节属性可以改善或重构产品的功能。

  本书展示了多项理论研究成果,如 SAFC 分析模型、40 个发明措施与功能的联系、功能模型与物场模型的相互转换、属性操作调节功能的机理、增加生物特性进化趋势、人机合一进化趋势、物场模型与数字化/信息化/CPS 的关系等,皆为作者首次提出的理论创新点。

  作者对理想化的概念进行了反复思考和重新认识,提出了结构化的、逐步深入发展的理想化概念:理想化的最高标准,是任何产品功能都无为而治,自然实现。本书所倡导的价值观:顺应自然,大道至简,天人合一,共轭进化——自然系统与人工系统和谐一体,共生共赢。

  作者深化了对物场的认识,认为万物其内皆有场,万物其外皆有场。场是构建数字化、信息化的基本要素。赛博系统(Cyber System)基于物场的基本原理工作。因此,TRIZ 是工程系统向智能系统进化的基础。

  作者采用了诸如工业 4.0、互联网、物联网、智能手机、电动车等新技术案例。在工具表格的选取上,未列出大家已熟知的矛盾矩阵表。

  本书撰写结构,在章节上考虑了内容的继承性和可读性,在每章中先介绍经典 TRIZ 内容,再介绍 U – TRIZ 内容;在目录结构上兼顾到实操性和应用性,先介绍基本概念、原理方法和工具,再按序讲解问题求解流程,最后给出若干参考案例。

  本书包括以下重点内容:

- 介绍了 U‐TRIZ 的五个基本概念，突出了对功能的介绍，提出了功能的多种不同的定义方式，强调了功能与属性参数和属性的关系，调节物质属性参数和属性就可以调节功能；
- 介绍了参数与属性的关系、资源与属性的关系，深入理解了与理想化有关的几个概念；
- 对物质的多种属性进行了较为详细的介绍，阐明了"物质、属性、参数、量值"之间的关系；
- 在进化法则部分，既介绍了经典 TRIZ 的进化法则，也介绍了现代 TRIZ 的进化法则（如流进化法则等），同时提出了 U‐TRIZ 的两个全新的进化趋势——增加生物特性进化趋势和人机合一进化趋势；
- 在介绍 40 个发明措施时，介绍了发明措施的来历，介绍了发明措施水平的差异，说明了发明措施与功能、属性的关系，着力澄清措施、方法、原理的区别与联系，同时简介了 40 个发明措施在非工程领域的应用；
- 在物场介绍部分，除了介绍经典的 76 个标准解之外，还比较详细地论述了场与物质的关系，物场与功能、属性、效应的关系等，指出赛博系统（Cyber System）都是基于物场的基本原理工作的，给出了从物场模型到功能模型的演变，为开发 SAFC 模型打下了坚实基础；
- 在科学效应部分，介绍了效应与功能的"链"式结构关系，效应与属性的关系、效应与超系统、物场的关系等，并介绍了构建多种效应与功能所对应的知识库的工作；
- 在问题陈述与定义中，特别加入了如何陈述在工程和科研实践中遇到的技术问题，如何使用技术问题提交表来收集技术问题，如何去准确地定义和再定义问题，以及解决问题的三种不同策略；
- 在问题分析部分，介绍了多种实用的问题分析工具，如从功能分析发展出来的功能属性分析，从因果分析发展出来的因果属性分析，现代 TRIZ 中的流分析、USIT 中的粒子分析法等，特别是 U‐TRIZ 独创的 SAFC 模型；
- 在问题求解部分，介绍了多种实用的解题工具，如物理矛盾求解、物场求解、流问题求解、功能化问题求解等，特别给出了 SAFC 模型的六种典型问题求解；
- 在附录中，在国内首次以多种表格的形式给出了丰富的科学效应知识库内容。由 922 个科学效应以及效应与功能、属性与功能表格所组成的效应知识库内容，可大大提升发明的效率。

本书适用的范围较广，凡有志于掌握 TRIZ 发明方法的人——初学者可以藉此入门，已学者可以藉此进阶，研究者可以获得新的线索，实践者可以提升实战能力。

本书近半内容对经典 TRIZ 内容有所发展，有所理论创新，形成了自己的特

前　言

色。也正因为如此，书中必定有些内容还不是很成熟，阐述未必到位，疏漏在所难免，恳请读者予以指正。在此提前致以衷心感谢！

2015 年 9 月

目录

Contents

前言

第一章 概论 ·· 1

    第一节　客观世界由物质、能量和信息构成 ·························· 2
    第二节　系统的定义、特性与种类 ····································· 3
    第三节　物质是运动和相互作用的 ····································· 5
    第四节　构建系统的目的是实现预设功能 ···························· 7
    第五节　系统问题的表现形式 ··· 8
    第六节　用发明方法来解决发明问题 ································· 9
    第七节　TRIZ 若干学术流派 ·· 10
    第八节　创新的基本定义与实施方式 ································· 13
    思考题 ·· 16

第二章 U–TRIZ 的基本概念 ··· 17

    第一节　功能 ··· 18
    第二节　技术系统 ··· 33
    第三节　资源与属性 ··· 37
    第四节　矛盾与参数 ··· 45
    第五节　理想化、理想度、理想化最终结果（IFR）············· 52
    思考题 ·· 56

第三章 技术系统进化法则与功能 ····································· 58

    第一节　技术系统是不断进化的 ······································· 59

第二节　经典 TRIZ 的进化法则 ·· 63
第三节　现代 TRIZ 中的流进化法则 ·· 84
第四节　技术系统进化理论的发展与改进 ··· 91
第五节　技术发展预测分析及实例 ·· 99
第六节　对技术系统进化法则的理解与改进 ··· 104
思考题 ·· 115

第四章　40 个发明措施与功能 ··· 116

第一节　40 个发明措施概述 ·· 117
第二节　围绕发明措施的理解与讨论 ··· 122
第三节　发明措施与技术系统的功能 ··· 127
第四节　发明措施与效应、属性和进化法则 ··· 135
第五节　发明措施与分离原理的关系 ··· 136
第六节　发明措施在多领域的应用 ·· 138
思考题 ·· 154

第五章　物场标准解与功能 ·· 156

第一节　经典 TRIZ 的物场理论概述 ··· 157
第二节　经典 TRIZ 的基本物场模型 ··· 158
第三节　76 个物场标准解概述 ·· 164
第四节　对物质和场的深入理解与讨论 ··· 188
第五节　信息化设备、传感器与物场 ··· 195
第六节　从场到功能 ··· 201
思考题 ·· 205

第六章　科学效应与功能 ··· 206

第一节　科学效应概述 ·· 207
第二节　科学效应分类 ·· 213
第三节　对科学效应的深入理解与讨论 ··· 220
第四节　科学效应知识库 ·· 226
思考题 ·· 229

第七章 解题流程：问题陈述与定义 ········· 230

 第一节 经典 TRIZ 问题求解流程 ········· 231
 第二节 U-TRIZ 的解题流程 ········· 232
 第三节 如何陈述一个工程问题 ········· 233
 第四节 工程问题的再定义 ········· 238
 第五节 确定解决问题的策略 ········· 242
 思考题 ········· 246

第八章 解题流程：问题分析 ········· 247

 第一节 资源分析及属性分析 ········· 248
 第二节 矛盾分析及矛盾属性分析 ········· 253
 第三节 功能分析及功能属性分析 ········· 258
 第四节 因果分析及因果属性分析 ········· 263
 第五节 其他常用问题分析方法 ········· 269
 第六节 SAFC 模型分析及 SAFC 功能因果链 ········· 276
 思考题 ········· 286

第九章 解题流程：问题求解 ········· 287

 第一节 矛盾类型问题的求解 ········· 288
 第二节 物场类型问题的求解 ········· 292
 第三节 功能化类型问题的求解 ········· 294
 第四节 流类型问题求解 ········· 299
 第五节 SAFC 模型类问题求解 ········· 300
 思考题 ········· 306

第十章 行业应用案例 ········· 307

 案例一：某纪念堂外墙腐蚀问题 ········· 308
 案例二：解决充电电源生产工艺问题 ········· 311
 案例三：解决炭火烤肉的问题 ········· 315
 案例四：技术预测——医学用核磁共振成像技术的发展历程 ········· 318

目 录

附录1　技术创新问题提交表 …………………………………… 321

附录2　固、液、气、场不同形态物质实现功能的效应知识库 …………………………………… 323

附录3　操作物质属性参数实现功能的效应知识库 …………… 329
　　子表1——改变物质属性参数的效应表 …………………………… 329
　　子表2——增加物质属性参数的效应表 …………………………… 338
　　子表3——减少物质属性参数的效应表 …………………………… 344
　　子表4——测量物质属性参数的效应表 …………………………… 350
　　子表5——稳定物质属性参数的效应表 …………………………… 354

附录4　科学效应总表（922个效应） ……………………………… 360

参考文献 ……………………………………………………………… 463

后记及致谢 …………………………………………………………… 464

第一章 概论

TRIZ进阶及实战
——大道至简的发明方法

第一节　客观世界由物质、能量和信息构成

<u>物质</u>一般是指静止质量不为零的实体。物质也常用来泛称所有组成可观测物体的成分。

所有可以用肉眼看到的物体都由原子组成，原子由互相作用的粒子组成，其中包括由质子和中子组成的原子核，以及许多电子组成的电子云。一般而言，科学上把上述复合粒子视为物质，它们具有静止质量及体积。因此，质量与三维占空性，是物质的两个基本属性。<u>本书所谈质量为物理意义上的质量。</u>

物质永恒运动。在某个相对时刻，物质具有"运动"和"静止"两种基本状态。

<u>能量</u>在物理学中是一个可以间接观察到的物理量。它往往被视为某一个物理系统对其他物理系统做功的能力。由于功被定义为力作用一段距离，因此能量总是等同于沿着一定的长度阻挡大自然基本力量的能力。物质所含的总能量取决于其质量，能量如同质量一样一般不会无中生有或无因消失。物质的运动是靠能量提高和维持的。在本书中，携能物质视为具有"场"，场是物质的一种属性，场定义为"一种可以传递物质之间的相互作用的无静质量的实体"。

物质具有能量，例如内能，物体内部的分子在永不停息地做无规则运动，所以分子具有动能，又因为分子间有相互作用所以分子具有势能。内能是物质的一种固有属性，其主要度量值是温度这个重要参数。

信息是现实世界物质客体间相互联系的形式，是事物的一种普遍属性。在自然系统和人工系统中，信息无时不在、无处不有。信息的生成、传输和控制等操作需要能量的支持。

信息是一个高度概括抽象的概念，很难用统一的文字对其进行定义，这是由于其具体表现形式的多样性造成的。信息可以用狭义形式定义：信息是物质存在的一种方式、形态或运动状态，也是事物的一种普遍属性，一般指数据、消息中所包含的意义，可以使消息中所描述事件中的不定性减少；信息也可以用哲学形式定义：信息是事物运动的状态及其改变方式；信息还可以用经典的属加种差定义：信息是物质、能量、信息及其属性的标示，等等。本书倾向采用第一种定义，即<u>信息是事物的一种普遍属性</u>，表征了物质存在的方式、形态或运动状态。没有

第一章 概 论

物质和物质的运动，就没有信息。本书中所用到的"物质属性"术语，就是一种信息。

作者认为能量和信息都是物质的基本属性，因此在本书中也经常用"物质及其属性"来表述客观世界的基本构成。

物质、能量、信息具有普遍性，它们广泛地存在于客观世界中的每一个层次、每一个系统、每一个角落。物质、能量、信息具有统一性，不管将宇宙分割成多么微小的部分，每一个部分都是物质、能量、信息的统一体。

物质不灭，能量守恒，信息恒生恒变。任何物质、能量和信息的变化，都会以信息的方式展现给我们。这三种基本要素的组合，构成了丰富多彩、变化万千的客观世界。

第二节　系统的定义、特性与种类

1. 系统的定义

人们对系统有着不同的解释与定义。

系统论创始人贝塔朗菲定义："系统是相互联系相互作用的诸元素的综合体"。这个定义强调元素间的相互作用以及系统对元素的整合作用。

维基百科给出的系统的定义："系统泛指由一群有关联的个体组成，根据预先编排好的规则工作，能完成个别元件不能单独完成的工作的群体。"

"系统是能量、物质、信息流不同要素所构成的。"

"现代汉语词典"的定义："系统是指同类事物按一定的关系组成的整体。"

复杂巨系统创始人钱学森认为："系统是由相互作用相互依赖的若干组成部分结合而成的，具有特定功能的有机整体，而且这个有机整体又是它从属的更大系统的组成部分。"

从以上对系统的多种诠释可以看出，尽管定义不同，说法有差异，但是其共同点是"元素（如个体、要素、事物、组成部分）"、"相互关联（如联系、关联、关系）"、"相互作用"、"整体（如综合体、群体、整体）"。两个默认的事实是：元素从属于整体；整体包含至少两个或更多的元素，即系统至少由两个以上相互作用的元素构成。

2. 系统的特性

系统具有以下几个特性：

多样性——系统的种类是多样化的。不同社会、产业、行业、专业具有不同类别和形态的系统。由技术要素组成的系统是技术系统。技术系统的定义参见第二章。

目的性——系统一定是为实现某一个或多个功能目的而构建的。不实现预设功能的系统没有理由存在。系统能完成个别元件、子系统不能单独实现的功能。

关联性——系统的各个元件之间必须按照一定的界面形成相互关联。无论是实体接触类的关联（如彼此之间的固定、定位、导向、阻挡、插接、嵌套、摩擦、碰撞、搅动等），还是非实体接触类的关联（如各种物理场、生物场、心理场等），都属于建立了元件之间的联接关系。关联性是找到系统中最小问题的重要识别条件。

运作性——系统的各个元件/子系统之间必须存在某种或多种相对运动，如平移、旋转、摆动、滚动、滑动、蠕动、腐蚀、燃烧、氧化、光合等，根据预先设定的规则工作。

嵌套性——系统的尺度有大有小。大系统之外还有更大的系统，小系统之内还有更小的系统。即使系统被细分到了单个元件的级别，该元件的不同分段、不同特征还可以作为更小的子系统，甚至可以把元件细分到分子、原子、基本粒子的层次。

生命性——系统从诞生到报废，有其特定的生命周期。本书不做详细论述。

3. 系统的种类

系统分为自然系统、人工系统、复合系统三大类。

自然系统：如人体系统、植物系统、动物系统、生态系统、大气系统、水循环系统等。自然系统属于天然形成，系客观规律和不可抗力为之。顺应自然、有限干预是人类应遵循的基本法则。

人工系统：如操作系统、电力系统、反导系统、医疗系统、标准体系、社会系统等（注：也有学者把社会系统单独划分出来）。人工系统还可以细分为人工物理系统和人工抽象系统。本书重点讨论的是人工物理系统。人工系统属于人为安排与构建，可以充分利用各种资源，予以干预和调整。

复合系统：复合系统是自然系统和人工系统的组合。

技术系统与以上三种系统的关系：所有的人工制造物是人工物理系统，都属于技术系统；为了更好地分析问题，某些自然系统（例如人或动植物等），也可以视作技术系统；某些自然系统的组成部分也可以作为技术系统的组成部分出现，组成较大的技术系统。例如在一个技术系统问题情境中，引入人或动物的感官（视、听、嗅、触觉），或引入水、空气、重力、阳光、灰尘、树木等自然要素。因此，<u>技术系统往往是复合系统</u>。

第三节　物质是运动和相互作用的

1. 物质的运动与相互作用

运动形成物质的不同时空状态。物质的绝对状态每时每刻都在运动与变化，静止只是相对状态。以静止的、运动的作为定语来描述物质的基本属性，在 TRIZ 中很常见，例如以"静止"、"运动"的状态来区分某些通用工程参数。从物态上来说，物质具有固、粉、液、气、场等不同相态，这些物态的形成是物质粒子、离子或分子间不同运动程度的产物。关于物质相态的转换，请参见第二章第三节。

无论是自然系统还是人工系统，运动必然让系统内部（或内外部）的组件（或物质）之间发生相互作用。<u>相互作用是客观世界中的公理之一</u>。相互作用的结果如下：

- 结果之一是实现了功能。功能在宏观上的描述有有用功能、不良功能（即不足功能、过度功能、有害功能的统称）之分。一个技术系统在实现有用功能的同时，必定伴随产生不良功能。有用功能与不良功能共存是常态。请参见第二章第一节。
- 结果之二是形成了物质、能量、信息在某个时空状态下在技术系统和其环境中的连续运动，这种运动称之为"流"，即形成了物质流，能量流和信息流。流是功能的一种动态的进化形式，也有着类似功能的分类，即有益流、不足、过度流和有害流。流是一种全新的分析与解题手段，适用范围很广，本书将其列为解题手段之一。关于流的描述请参见第三章第三节。
- 结果之三是导致系统内部（或内外部）的参数、需求或功能之间产生矛盾

（对立统一），因为无论是对系统组件的参数、需求或功能的改变，都是一种具体的运动形式——改善式的改变，将会引起恶化式的改变，即一方的改善以牺牲另外一方的利益为代价，这种运动形式的结果被称作矛盾。请参见第二章第四节。

- 结果之四是导致了物质本身角色的多用性。物质在不同的问题状态下，在不同的分析情境中，可以具有不同的状态含义，如在功能分析时，物质可以理解为功能物质，在因果分析时，物质又可以理解为因果物质。在以U-TRIZ独创的SAFC模型做功能因果分析时，物质兼具功能物质和因果物质的含义。在物质相互作用之后，又会产生新的状态的物质，如"未压紧的蒙皮"、"压紧的蒙皮"或"变形的蒙皮"等，严谨的状态描述有助于较为彻底地分析问题，以获得解决问题的有用信息。请参见第八章。

- 结果之五是导致技术系统进化。技术系统的发展演变属于物质运动的一种表现形式。当阻碍技术系统顺畅、圆满地实现预设功能的矛盾被消除时，或者说当技术系统的核心技术发生变化时，技术系统就发生了进化。如同生物系统进化、社会系统进化一样，技术系统进化也有明确、客观的进化规律。技术系统进化规律请参见第三章。

由相互作用而产生了有用功能和有害功能。有用功能和有害功能之间的关系，就是矛盾。相互作用在先，产生矛盾在后。先有相互作用，后有相互作用的不协调（即矛盾）。所有的相互作用不协调都可以最终表现为矛盾。因此，消除矛盾，可以首先从协调相互作用做起。如果协调相互作用无法奏效的话，那么最后转向消除微观层面的物理矛盾，使问题得到彻底解决。

2. 系统与能量

任何物质都携带能量。不管是势能、内能、化学能还是辐射能等。即使在绝对零度下，任何能量都应消失，但是依然有一种能量存在，即"真空零点能"。因此，一个常态的技术系统总是具有能量的，即使静止摆放的物品，也具有势能和内能等。

物质带有能量也就意味着携带某种"场"。物质与能量场的关系密不可分。作者认为：万物其内皆有场，万物其外皆有场。所有的场都由物质支持产生，没有物质就没有稳定的场；所有的物质都处于某种场内，至少具有势能和内能。某些特殊材料之所以特殊，是因为其本身携带了某种形式的能量场，具有特殊的属性，如辐射、发光、形状记忆、变色、气味、磁性、超导等。参见第五章第四节。

3. 系统与信息

　　物质、能量、信息构成了丰富多彩、千差万别的客观世界。它们是最基本的客观要素，彼此之间相互作用，相辅相成，缺一不可。物质和能量的作用更多地表现在物质之间的相互作用从而实现其功能，因为相互作用必须由能量促成，而信息更多地表现在控制、传动和物质能量的状态表征上。任何信息的生成与变化，都离不开物质和能量。参见第五章。

　　正是因为有了信息，物质和能量才有其千差万别的性质和状态；正是因为有了信息的传递和交换，物质才有更精确的运动，能量才有更合理的转换，客观世界才有了时空的延展和组织的秩序。复杂的系统过程一直贯穿着信息的传递、交换和生成。自然界的和谐与秩序、生物链的相关与制约，无不表现出信息传递、交换和生成的巨大作用。

第四节　构建系统的目的是实现预设功能

　　预设功能，是人类赋予并期待某个技术系统在相互作用（运动）后所实现的某种具体结果。"预设"的意思是预先设想或预先设定，即我们设计系统的初衷。之所以提出"预设"作为功能的定性，是因为一个技术系统在实现了我们所期待的有用功能的同时，一定会产生某种我们不希望发生的不良功能。只有有用功能、没有不良功能的技术系统是理想系统，现实中不存在。出现不良功能，即没有百分之百地达成预设功能，也意味着出现了某种程度的折衷。折衷，或多或少地违背了我们构建技术系统的初衷，是要尽量减少或必须消除的。

　　构建技术系统的目的就是圆满地实现预设功能。发明活动，就是不折衷地解决技术系统在实现预设功能中出现的各种疑难复杂问题的过程。

　　功能具有详细的分类，诸如：有用功能、有害功能、不足功能、过度功能、主要功能、基本功能、辅助功能、附加功能、生产功能、校正功能、支持功能、运输功能、中性功能等。通常在 TRIZ 的功能分析中，经常提及的是前七种功能。功能具有多种形式的结构化定义。

　　本书也经常把不足功能、过度功能、有害功能统称为不良功能。关于功能的详细阐述以及功能分析，请参见第二章第一节和第八章第三节。

第五节　系统问题的表现形式

实现发明创新的具体途径之一，是高效、彻底地解决技术活动中的科研和管理问题。

在科研和管理中遇到的问题大致有两类，即常规问题和发明问题。

常规问题的基本特点是该问题的解是存在的，通过查询技术手册、询问身边的同事、检索企业知识库或者上互联网搜索，都会很快获得问题的解决方案。通常，解决问题的方法可能有多个，每种方法解决该问题的每一步骤都是可行和明确的，如图 1-1 所示。

发明问题的基本特点是该问题的解尚不存在（但不代表没有）。我们可以尝试多种思路和方法，但是无论是正向推导还是倒推，都无法很容易地获得解决方案，因为发明问题的某些要素定义不清晰，解题步骤不明确。我们必须运用某些准则、原理、方法或案例等知识来求解问题。解题成功的标志是：问题中的一个或多个某种类型的"矛盾"被消除掉了，我们可以获得某种创新的成果（产品性能改善，发明专利，成果报告等），如图 1-2 所示。

图 1-1　常规问题的全部解题步骤明确且可行

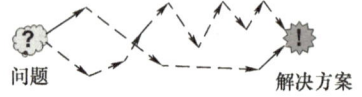

图 1-2　发明问题的部分（或全部）解题步骤不明确

发明问题——至少包含一个矛盾的问题。

"发明问题"指在问题中至少包含有一个矛盾的问题，通常我们所说的"疑难复杂问题"。之所以命名为发明问题，是因为这样的问题的彻底解决，往往意味着一项具有发明水平的成果的产生。"解决发明问题"是当今创新领域中的一个重要命题和活动形式。

常规问题和发明问题的划分在于"解是否存在"，这是一个大致的界定。受到科技进步或区域间信息不对称的影响，这个界线是随时空而不断变化的，例如从科技进步的时间角度来看，早期的发明问题，在今天就是一个常规问题；而从科技进步的空间角度来看，在科技发达地区或高技术人群中的常规问题，受到区域间信息不对称的影响，在科技落后的地区或缺乏科技知识的人群中就有可能是一个发明问题。因此，界定问题的边界和状态非常重要。

第一章　概　　论

　　随着信息技术的发展，网络化已经成为当今世界的重要趋势，因此信息不对称的情况在迅速、大范围地减少，在网络上能搜索到的问题答案也日益增多。在大数据的支持下，利用搜索技术来解决（解答）问题，是信息化领域的一个重要发展趋势。基于互联网上无限的信息资源、专业知识库和效应知识库而构建的"功能导向搜索（FOS，Function Oriented Searching）"就是这样一种先进的搜索技术。

　　发明问题的表现形式：技术系统内外部的参数、属性或需求不协调；技术系统内外部的相互作用不协调；技术系统所采用的实现功能的基本原理不适用。总之，是出现了矛盾。工程领域中常见的三种矛盾是：管理矛盾，技术矛盾，物理矛盾。参见第二章第三节。

第六节　用发明方法来解决发明问题

　　"解决发明问题的理论（Теория Решения Изобретательских Задач）"源于苏联，其首字母缩写为"ТРИЗ"，遵从 ISO/R9 - 1968E 规定，转换成拉丁字母，就形成了专用词汇"TRIZ"。TRIZ 是"解决发明问题（即疑难复杂问题）"效率较高、推广范围较大的系统化的发明方法论。

　　创新具有多种多样的形式和内容。在 TRIZ 研究领域中，<u>让创新活动落地的具体形式之一是解决发明问题</u>，由此而达到攻克疑难复杂问题、有效地增加发明专利的数量、提高发明专利的水平等目的。因此，用有限的原理与方法，解决无限的发明问题，是 TRIZ 的精髓，也是学习 TRIZ 的主要目的。

　　在经典 TRIZ 中，解决发明问题的工具和手段有多种：以 40 个发明措施为核心的矛盾矩阵表，以 4 种分离方法为核心的分离原理，以 76 个物场标准解为核心的物场标准解系统，以大约一百个科学效应为核心的实现功能的效应知识库查询系统，以解决非标准发明问题为核心的发明问题解决算法 ARIZ，以 8 个进化法则为核心发展出来的进化潜能分析工具等。

　　在现在的 TRIZ 流派中，经典 TRIZ 中的很多内容都有了新的发展，如 40 个发明措施被拓展为 77 个发明措施，4 种分离方法被拓展为 11 个分离方法，76 个物场标准解中的某些解法被合并简化，一百个科学效应被拓展为数千个复合科学效应（形成了庞大的效应知识库），8 个进化法则被拓展为 37 个进化路径（也有些咨询公司宣称有 400 多条进化细则），增加了诸如增强流等多个进化法则等。现代 TRIZ 还加入了若干分析工具，如因果分析、功能分析、属性分析、因果属性分析、功能属性分析等，补充了经典 TRIZ 分析工具较弱的问题。有些流派如 USIT，则对 TRIZ 进行了比较大的改进，统一了问题框架，增加了 21 个创新提示等。

本书所论及的 U - TRIZ，集经典 TRIZ 和现代 TRIZ 中多种分析问题、解决问题工具之长，汇集了物场分析、因果分析、功能分析、属性分析的模型共同点，发展出了统一的 SAFC 模型，把解决发明问题的模型类型和求解工具进行了较多的简化和改进，在以功能为导向、以属性为核心的指导思想下，通过对物质属性或属性参数进行"变、增、减、测、稳"五种操作，将矛盾对立统一的双方进行分离，快捷地消除各种矛盾，调节不良作用，高效地解决发明问题。

第七节　TRIZ 若干学术流派

自从 1998 年 TRIZ 创始人阿奇舒勒去世以后，对 TRIZ 的研究与应用呈现出百花齐放的景象，不同特点的理论研究与改革成果不断涌现。这些对 TRIZ 理论上的研究与改革，根据作者的观察，更多的是按照地域的特点，形成了不同的、内容丰富的学术流派。作者仅在这里简介几个有代表性的学术流派。

1. 独联体 TRIZ 学派

在 TRIZ 诞生的故乡——俄罗斯、白俄罗斯等独联体国家，活跃着一大批 TRIZ 专家，他们中的绝大多数人是阿奇舒勒的亲传弟子或者第二代学生，拥有 TRIZ 大师头衔（TRIZ 最高专业级别），是经典 TRIZ 学派的中坚力量。他们治学严谨，研究领域广泛而深入，丰富了 TRIZ 的理论体系，拓展了 TRIZ 的应用领域，找到了更多领域的研究案例，每年产生大量的研究成果和学术著作，在 TRIZ 学术界影响力巨大。研读他们的著作可以发现，他们普遍坚持继承经典 TRIZ 的基本内容，在保留 TRIZ 基本工具体系的情况下来改革、丰富和发展 TRIZ，形成了自己的学术特点和主攻方向。

独联体经典 TRIZ 学术流派对 TRIZ 的研究与发展做出了巨大的贡献。从幼儿教育到大学教育，从工业、农业到服务业，从工程难题到管理实践，从文学艺术到执政选举，从硬件改良到软件开发，从民用到军用，几乎无所不涉猎。

总部设在圣彼得堡的阿奇舒勒基金会对与阿奇舒勒有关的历史资料做了深入而广泛的收集与整理，把相关资料放在了网站（www.altshuller.ru）上，例如阿奇舒勒的照片、讲课录音、录像、著作、TRIZ 术语表（俄英中对照）、大事年表等，内容非常丰富，颇具参考价值。

2. 美国 GEN3

GEN3 是总部位于波士顿的一家创新咨询公司，旗下有多名 TRIZ 大师和专家。除了直属职员，该公司还形成了由大约 8000 专家群体（众多 TRIZ 大师、科学家、创新专家和工程师）所组成的全球知识网络。

该公司的 TRIZ 大师每年都会发表很多关于 TRIZ 的研究成果，引导着现代 TRIZ 理论研究的主流方向。中国 TRIZ 爱好者所熟知的 MPV（主要价值参数）、流分析、特性转移等现代 TRIZ 内容，以及大家尚不熟悉的颠覆性技术与颠覆性创新、提高虚拟化进化趋势、如何用 TRIZ 来应对未来的市场竞争等比较新的内容，都是该公司的 TRIZ 大师们的理论研究成果。

该公司的专家群体凭借优异的语言优势、深厚的理论功底和推陈出新的研究成果，活跃在全球各地，为很多行业提供了 TRIZ 培训、新产品开发、理论研究等服务。

3. 美国 i-TRIZ

i-TRIZ 是美国 Ideation 公司在经典 TRIZ 的基础上开发出来的 TRIZ 理论之一。它发展了经典 TRIZ 的内容，对一些内容进行了丰富与完善。

1）**丰富了发明问题的概念**：在对"什么是发明问题？"的定义上，除了在经典 TRIZ 中我们所熟知的"没有现成的已知知识求解，至少包含一个矛盾"的定义之外，还指出了"特别容易出现心理惯性"的问题特点。

2）**提出了基于运算符的发明模式**：海量专利分析表明，相同的基本问题（即矛盾）已在不同的技术领域得到解决，产生了无数发明；相同的基本解决方案也已被一遍又一遍地分别使用。i-TRIZ 把这些体现在解决方案中的原理称为运算符。通过对 200 多万项专利的筛查已经提炼了 440 个运算符。

3）**资源是系统属性**：资源可以转化系统的性质或属性，可提高技术系统的理想度。

4）**资源的转换**：资源都有应用它的自然方式。不同类型的资源与一个或多个物理、化学等效应相关联，用于同一个系统。资源和效应之间存在利用与转换关系。i-TRIZ 提出了"流"的概念，但是在定义上还不够严谨。参见图 1-3 所示。

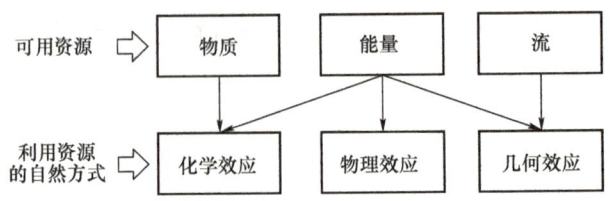

图 1-3　资源和效应之间的利用与转换关系

4. 韩国实用 TRIZ

韩国 TRIZ 专家金昊宗先生在他的《实用 TRIZ——研究与实践》一书中指出：与技术矛盾相比，物理矛盾在解决实际问题时更加有用。他认为，在现实存在的问题中，几乎不存在找不到物理矛盾的情况，所有技术问题中都存在着物理矛盾。在 TRIZ 理论的众多解题方法中，最有实用性而且最为重要的核心内容就是寻找并解决物理矛盾。

该学派推崇极简而实用的解题模式，只用三步骤法或四步骤法，通过功能分析导出物理矛盾，然后以时、空两种分离方法消除物理矛盾。据说学员们在大约学习 3 天（20 个小时）之后就可以解决实际问题。《实用 TRIZ——研究与实践》一书中把实用 TRIZ 与经典 TRIZ 做了对比，见表 1-1。

表 1-1　实用 TRIZ 与经典 TRIZ 的对比

经典 TRIZ	实用 TRIZ
方法论的种类过多	方法论的种类很少——4 种以内
需要学习的内容太繁琐	学习需要的时间很短——大约 3 天
内容难以理解	内容容易理解——高中水平即可
不容易找到矛盾	容易找到矛盾——图表辅助
没有方法论适用的程序	有明确的解题流程——3~4 个步骤
问题分析能力不足	问题分析能力充分——问题模型图

5. 以/美/日 SIT 和 USIT

阿奇舒勒的学生费尔阔夫斯基（Filkovsky）从 TRIZ 的小矮人法开发出"以色列法"。

费尔阔夫斯基的学生霍洛维茨（Horowitz）开发出了封闭世界法和质变图，配合"以色列法"形成了 SIT 法，与戈登贝尔格（Goldenberg）一起进行传授。美国的锡卡弗斯（Sickafus）在福特汽车推广 SIT 方法的过程中不断加以完善，形成了 USIT"统一结构创新思维"（Unified Structured Inventive Thinking）的早期版本。

日本 TRIZ 专家中川彻（Toru Nakagawa）将 TRIZ 的 40 个发明措施、76 个标准解以及英国 TRIZ 专家达勒尔曼恩（Darrell Mann）的 37 个进化趋势集成到早期的 USIT 中，发展出了独特性法、维度法、多元法、属性配置法、属性转换法，将 USIT 归结为五项解答技巧，形成了一个更为简单、清晰和完善的 USIT，并于 2003 年公开发表。USIT 与经典 TRIZ 已经具有非常大的区别，属于具有独特风格的发明方法学派。

第八节 创新的基本定义与实施方式

"创新"一词的正式提出和明确定义，一般认为源于 1912 年美籍奥地利经济学家熊彼得（Joseph Schumpeter）所撰写的《经济发展理论》一书。熊彼得被认为是技术变革经济学的创始人，他首先提出把技术作为生产要素，采用发明的手段，把发明成果转化为生产力。

熊彼得首次从经济发展的视角提出了创新的定义：创新就是要"建立一种新的生产函数"，实现"生产要素的重新组合"，即把一种从来没有的关于生产要素和生产条件的"新组合"引入到生产体系中去，以实现对生产要素或生产条件的创新。在熊彼得看来，"创新"是一个经济范畴而非技术范畴，它不仅是指科学技术上的发明创造，而且更多是指把已发明的科学技术作为知识体系引入企业，形成一种新的生产能力，为企业产生经济效益。创新＝新组合＋效益，这是对创新范畴的极大扩展，丰富了创新的内涵，揭示了创新的着力点，指明了创新活动的常态。

熊彼得的重要结论是：组合各种要素，创新实现价值。在这里，要素指各种"资源"——"既有生产要素"，也泛指一切支持创新的事物及其属性。

"既有生产要素"是一个广义的概念，除了在生产中经常使用到的资源类生产要素，如人、财、物等物化生产要素，还包括方法、知识、信息、数据、标准、规范、服务模式等一系列非物化生产要素。因此，当我们涉及到创新时，不仅要注重组合显性的、物化的生产要素，更要注重隐形的、非物化的生产要素。当全社会各行各业团体、个体，都基于既有生产要素不断地实现新组合，那么大众创业、万众创新的局面就会自然形成。

作者认为：新组合的形式多种多样，既可以是传统的生产资料（人、财、物）

的新组合，也可以是新技术领域的信息制品、工业产品、原理知识乃至文字作品等诸多要素的新组合。其基本形式之一是对技术系统引入知识，例如对现有产品实施技术改造，既需要专业知识，也需要发明方法知识。新组合的结果，是发明成果和高水平的发明专利。

很久以来，尽管新组合无时无刻不在人群中地发生，但是人们过去没有对其予以关注和讨论，或者，即使有所讨论也总是停留在"专业知识"的层面上，使得我们对实现创新的基本要素缺乏全面的认识。直到阿奇舒勒创立了经典 TRIZ 理论，<u>验证了对有问题的技术系统引入发明措施、标准解或科学效应等发明方法知识，就是实现新组合的一种重要的落地形式</u>，才奠定了"基于知识的创新"的理论基础。

作者认为：创新的实现，是基于知识解决问题的过程，是在问题情境中对技术系统引入和应用知识的过程，即让技术系统中的问题情境与知识形成"新组合"的过程。强调以下两点：

第一点：引入（应用）专业知识固然重要，引入高水平的发明方法知识更为重要。

从领域来说，有光、机、电、核、磁、化、物、生物、超导等领域知识；从专业技术来说，有设计、制造、工艺、汽车、飞机、兵器、船舶、医疗、信息化工具等专业知识，数不胜数，门类繁多。技术人员从踏入校门起就在接受专业知识的培训，每天都在使用专业知识去解决各种疑难复杂问题。由此所形成的惯性思维是，很多研发人员都过分依赖专业知识，认为只要对所从事的专业有着更深、更多的专业知识，就一定可以解决该领域内的疑难复杂问题（即 TRIZ 所定义的"发明问题"）。事实并非如此，现在企业有大量的发明问题无法得到快速、有效的解决。究其原因，并非是企业的技术人员没有掌握专业知识，而是他们发现，最近十年以来，随着产品的技术更为综合复杂、研发周期更短，他们熟练掌握的专业知识和传统创新技法已经难以应对这种情况，解决问题的效率和水平都出现了瓶颈。

"用专业知识来解决问题"已经遇到了天花板，统计资料显示，由于不掌握创新的规律，纯粹"用专业知识来解决问题"的发明水平并不高，往往只能实现一级、二级发明（注：TRIZ 术语，对发明结果的一种级别评定），见表 1-2。

表 1-2　发明级别与知识的关系

发明级别	发明程度	成果占比	知识来源	考虑的问题/个
一	小改小革	32%	个人知识	10
二	明显改进	45%	企业/行业知识	100
三	较大改进	18%	跨行业知识	1000
四	新的概念	4%	科学原理知识	100000
五	全新发现	1%	所有已知知识	1000000

第一章 概 论

通常人们对一个专业研究了几十甚至近百年后，基本上能想到的问题、用到的解题知识和创新技法，国内外的同行应该都想到并用过了，因此，越是发展成熟的行业，产品和问题的同质性都越强。由于不掌握创新规律，只使用专业知识和以试错法为主的传统模式，在技术上很难实现突破。

作者认为，技术人员最擅长引入专业知识和使用传统创新技法，但是获得解决方案的水平通常为一级或二级发明，很难实现三级发明。而把高水平的发明方法知识作为实现创新基本要素引入到企业的研发实践中，则有可能实现三级、四级高水平发明。

第二点：解决问题的知识是分为不同层次的，引入不同层次的知识作为解题工具，其解题水平是不一样的。

对 TRIZ 发明方法的认识，全世界已走过了 60 多年的发展历程。创始人阿奇舒勒在当年提出 TRIZ 之后，也是在不断地加深对 TRIZ 内涵和实质的认识，反复更新、修订和提升自己对发明知识体系的认识，在不同时代提出了不同的解决发明问题的工具知识。

20 世纪 50 年代初，阿奇舒勒提出了 40 个发明措施，相对于引入专业知识和传统创新方法，40 个发明措施可以让研发人员初步掌握发明规律，获得较多的发明成果。

在 20 世纪 50 年代后期至 60 年代初，阿奇舒勒提出了基于物场模型的第二套解题工具，通过对有问题的技术系统引入物质或场来调节物质之间的相互作用。标准解融汇了进化法则和物理效应，概念解数量更多，发明水平更高一些。

在 20 世纪 60 年代后期，阿奇舒勒又在物场标准解的基础上提出了功能化模型作为第三套解题工具，物理效应和多学科知识可以高水平地解决问题，高效构建产品功能。

作者研究发现，并非只有引入物场或者应用科学效应才可以高水平地解决发明问题，不引入物质或场，而通过"变、增、减、测、稳"的方式来调节物质自身的属性，也可以实现高水平发明，这是阿奇舒勒当年没有涉及的发明方法知识。

从应用专业知识和传统创新技法，发展到应用 TRIZ 发明方法，是一个从无到有的里程碑式的转变；从发明措施、标准解的应用到科学效应的应用，是 TRIZ 发明方法不断优化升级的结果；而从直接应用效应到认识到效应由物质属性组成，调节属性即相当于应用效应，也可实现高水平的发明，则是更上一层楼的研究成果。

充分开发利用物质属性来解决发明问题，是现代 TRIZ 的研究课题之一，已经展现了广泛的开发前景。本书将介绍作者独创的、基于属性调节的 SAFC 模型。同时，对其他 TRIZ 工具，作者也都以功能和属性的方式进行了重新注解或改进，配

TRIZ 进阶及实战　　大道至简的发明方法

套于 U – TRIZ 理论框架之中。

思 考 题

1. 组成客观世界的三要素是什么?
2. 信息与物质、能量的关系是什么?
3. 什么是系统?系统的种类有哪些?
4. 物质之间相互作用都会导致哪些结果?
5. 构建技术系统的目的是什么?
6. 什么是技术系统中的发明问题?
7. 发明问题的表现形式有几种?
8. 解决发明问题的方法主要有哪些?
9. 创新的基本定义与实质内容是什么?
10. 解决发明问题有哪些不同层次的知识?

第二章 U-TRIZ 的基本概念

TRIZ进阶及实战
——大道至简的发明方法

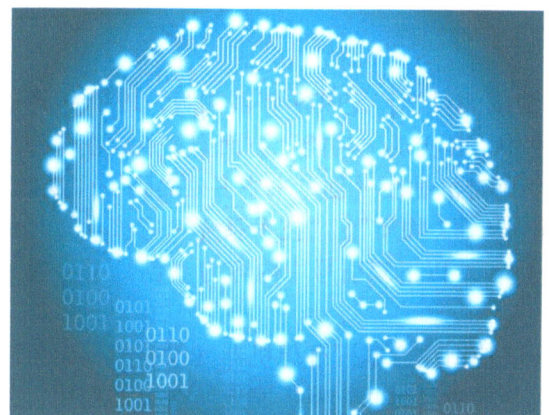

第一节　功　　能

在 U－TRIZ 中，功能是首要的基本概念。从运动角度看，功能是物质运动的基本形式；从相互作用角度看，功能是物质相互作用的必然结果；从产品角度看，功能是产品研发的预设的目的；从语义角度看，功能是语义概念的结构化表达；从发明角度看，功能是实现发明的线索和抓手。

产品是功能的载体，功能是产品的核心价值。产品开发者和客户都应该认识到：客户愿意花钱购买的是产品所承载、所体现的有用功能，而并非产品本身。任何一个不实现有用功能的产品，必定具有有害功能，其理想度几乎为零。

实现预设功能是构建产品（技术系统）的目的。预设功能默认为该产品的有用功能。技术系统出现任何形式的问题，都表现为在实现预设功能过程中，没有圆满完成或者没有达到既定指标。实现预设功能有两个含义：一是实现既有系统的预设功能（优化其性能），二是实现全新系统的预设功能（开发新概念产品）。与此对应，解决技术难题的内容，可分为改进产品的原有功能，或者全面重构功能。

<u>以功能为导向、以属性为核心是 U－TRIZ 的理论特色</u>。这与以技术系统为导向、以进化为核心的经典 TRIZ 有明显的区别。

作者认为：<u>藉由功能动作、作用对象的属性参数或属性，都可以实现、调节和操作功能</u>。

1. 经典 TRIZ 中的"功能"

在阿奇舒勒的早期原著《创造是精确的科学》（1979 年俄文版，1987 年译成中文版，以下简称译著为《创》）一书中，在实现"功能"方面把重点放在了物场上，没有对功能做出明确的定义。尽管阿奇舒勒在《创》书中多处提到了"功能"二字，但是仅仅是陈述性地认为，"机器"、"物质"、"技术系统"应该具有某种"功能"，除此之外，就没有详细的论述了。以下双引号中内容为《创》书中提到了功能二字的段落的原文照抄：

"在学习解决发明问题理论时，应该特别注意掌握理想机器（没有机器，但能完成所需要的<u>功能</u>）、理想方法（不消耗能量和时间，但能完成所需要的作用，并

第二章 U-TRIZ 的基本概念

且能自调)、理想物质(没有物质,但能完成它的功能)等概念。"

在对 40 个发明措施的阐述中,多处提到发明措施是实现技术系统的功能,如在 3 号发明措施中第二条实施细则中提到"b. 物体的不同部分,应该执行不同的功能。"6 号发明措施是"由一个物体执行若干不同的功能"等。

在讲到技术系统进化的完备性法则(规律 1)时,《创》书指出"任何技术体系都应该包含四个基本部分:发动机、传动机构、工作机、控制机。规律 1 的含义就是,为了组成一个技术系统,这四个部分必须存在,它们至少要适于执行该体系的功能。"

在讲到物场的内容时,阿奇舒勒做了这样的描述:"在这些课题的答案中,存在这三个'角色',就是物$_1$,它应能被改变、加工、移动、发现、检查等;物$_2$,它是实现必要作用的'工具';场,它给出能量、力,就是保证物$_2$对物$_1$的作用(或它们的相互作用)。"在这里,阿奇舒勒已经讲到了物$_2$对物$_1$的"作用"或"相互作用"了,虽然他说的是一个场的作用,但是已经非常接近功能的基本概念了。只是最终还是没有看到他给出的功能定义。以 U-TRIZ 的观点来看,场实际上是物$_2$的一个属性,参见第五章第五节内容。

现对《创》书中给出的物场概念稍加提炼和加工,给出作者的理解:即物场所描述的是一个"最简约技术系统"的功能。在物场模型中,场是显性的,场驱使物质所发出的动作是隐性的,所实现的功能是隐性的。我们用 S_1 表示对象物质(物$_1$),用 S_2 表示工具物质(物$_2$),F 表示场。在场 F 所给出的某种能量的影响下,S_2 对 S_1 发出一个动作后形成了一个有用功能(F_u)和/或一个有害功能(F_h)。技术系统往往兼具有用功能和有害功能,当不能确定所形成的是有用功能或有害功能时,可以用符号 F_{uh} 来综合表示。如图 2-1 所示。

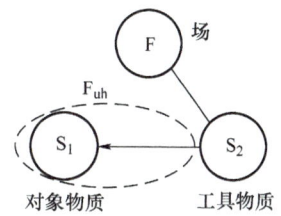

图 2-1 对经典 TRIZ 中物场模型与功能关系的理解

在阿奇舒勒后期俄文著作《寻找创意》(2013 年译成中文版,以下简称《寻》)中,作者也没有找到对功能的定义与专门阐述,包括阿奇舒勒的多位学生(五级 TRIZ 大师)早期的 TRIZ 专著中,也很少看到对功能的明确定义(如尤里·萨拉马托夫撰写的《怎样成为发明家》等)。作者访谈了几位国际五级 TRIZ 大师,他们均表示阿奇舒勒没有给出过功能的具体定义。作者推测,或许在阿奇舒勒看来,技术系统或机器默认实现某种功能,他更多地关注技术系统本身的构成、进化规律及其内部所蕴含的矛盾,而没有对功能予以同样的关注。

在经典 TRIZ 中,一切内容都是围绕技术系统本身来进行阐述的。而在本书中,一切都是围绕技术系统所实现的功能来进行阐述的。

在《创》书的"附录Ⅲ解决发明课题的物理效应与现象的一览表"中,在

"要求的作用、性质"的栏目下,以近似于 VO 或 VOP(其含义在下面详述)的方式来表达了对功能的最基本的阐述,如"测量温度(VO)","测量物体的尺寸(VOP)"等,见表 2-1,表中省略了功能所对应的物理效应。

表 2-1　以"要求的作用、性质"而提炼的功能

要求的作用、性质	要求的作用、性质
1. 测量温度	17. 在活动的(变化着的)及不活动的(未变化着的)物体之间建立起相互作用
2. 降低温度	
3. 提高温度	
4. 稳定温度	18. 测量物体的尺寸
5. 指示物体位移和运动	19. 物体尺寸的变化
6. 物体位移的控制	20. 检查表面的状态和性质
7. 控制液体及气体的运动	21. 表面性质的改变
8. 控制气溶胶流(灰尘、烟、雾)	22. 物体内状态和性质的检查
9. 搅拌混合物形成溶液	23. 物体空间性质的变化
10. 将混合物分开	24. 形成要求的结构。物体结构的稳定
11. 物体位置的稳定	25. 指示出电场及磁场
12. 力作用、力的调节、形成很大的压力	26. 指示出辐射
13. 摩擦力的改变	27. 电磁辐射的发生
14. 物体的破坏	28. 控制电磁场
15. 机械能和热能的积蓄	29. 控制光流,光的调制
16. 能量的传递:机械能、热能、辐射能、电能	30. 产生及加强化学变化

上表中的内容说明了两个问题:1)在词汇已经具备了基本的动词 V、名词 O 和参数 P,但是在词序上还没有形成明确的 VO 或 VOP 结构,不能算是明确的功能定义;2)已经以"要求的作用、性质"的形式把"功能需求"摆在了那里,这是《创》书中最接近功能定义的表述。

2. 功能的多种定义方式

一般认为,功能是物质之间相互作用的结果,相互作用的物质之间必须存在某种形式的接触。对于功能,经典 TRIZ、现代 TRIZ 和其他发明理论,有着大致类似但是互有区别的定义。

(1) 经典 TRIZ 的功能定义

虽然阿奇舒勒没有在经典 TRIZ 中直接给出功能定义,但是也实质性地给出了

诸如表 2-1 中实现功能的陈述，因此，在对阿奇舒勒《创》、《寻》等原著的理解的基础上，结合经典 TRIZ 学术流派的学术观点，我们可以这样来理解经典 TRIZ 的功能定义：两个物质的相互作用，可以实现某个功能。

参考图 2-1 的物场基本概念，但是变换一下图 2-1 中的物质相互作用的表现形式：假设工具物质 S 携带能量（场），发出了动作 V，受到该动作作用的对象物质 O 有了实质性的改变，即实现了某种相互作用——功能。在功能的语义定义上，去除发出动作的主体工具物质 S，只保留其动作（S 对 O 的作用）V 和对象物质 O，即组成了功能。这是最经典的功能定义，如图 2-2 所示。图中虚线框所表示的"VO"就是功能。例如在前面表 2-1 中列举到的"测量温度"、"控制电磁场"、"控制光流"等。

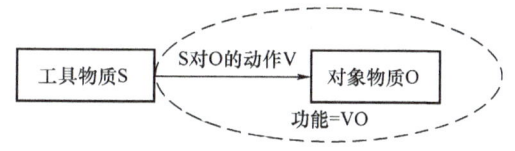

图 2-2　经典 TRIZ 的 VO 功能模型

（2）现代 TRIZ 的功能定义

现代 TRIZ 对功能给出了如下描述：

"一个组件改变或保持了作用对象的某个参数，即为该组件所实现的功能。"在这里，功能载体的含义与经典 TRIZ 相同，但是作用对象（功能受体）O 的参数 P 被特别提了出来，以参数 P 变化与否而强调了功能作用后的结果，如图 2-3 所示。

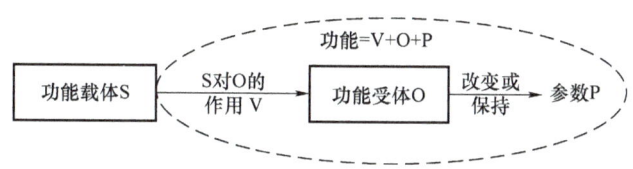

图 2-3　现代 TRIZ 的 VOP 功能模型

现代 TRIZ 的 VOP 功能模型是对 VO 功能模型的改进与发展。由于引入了作用对象 O 的参数 P，关注的要素多了一个，那么就把这种功能模型称作 VOP 功能模型——它更确切地指向了对相互作用的两个物质的某个参数的改变——如 O 的参数被改变，或者 O 和 S 两个物质的参数同时都被改变。

在语义形式的功能模型中，VO 和 VOP 在语义上是同义的，但是其差异也是明显的：VOP 提供了更多实现功能的"抓手"，为现代 TRIZ 的功能开发提供了更多的机会。

（3）语义形式的功能定义

在（1）和（2）中都提到了语义形式的功能定义。在知识工程和知识管理中，通常可以用一个语素齐备、词汇精炼的完整句子"SVO（主语＋谓语＋宾语）"来描述一条（实现"技术功能"的）解决方案知识，例如："电阻丝加热水"——这里，电阻丝是主语（S），加热是谓语（V），水是宾语（O）。经典 TRIZ 也使用了语义形式的功能定义。

如果把上述语句中的主语（S）抽取掉，语句的剩余部分是"动词+宾语（VO）"，恰好是以 VO 形式定义的"功能"，即功能可用语义来表示，如前面例句中所示的："加热·水"，就是一个待实现的技术功能——即从语义完整、语素齐备的句子中，把发出动作的主语（即具体解决方案，功能载体）隐去，而只强调所要实现的功能。从这个定义上说，功能是去掉了携带能量、发出动作的主语，只保留动作和被作用物体的技术系统属性的抽象术语，即功能是一种抽象的语义表达。

用语义定义功能的目的是为了快捷地找到实现功能的解决方案。当我们以"VO（加热水）"定义了一个技术系统要实现的"技术功能"时，我们必须要寻找到"所有可能实现该功能的 S（主语）"，如前面的例句，要求搜索到所有可能实现"加热·水"的解决方案知识（行业解决方案、科学原理、物理化学效应、技术手段等）。经过查询行业知识库、专利知识库、科学效应知识库等，我们可以查询到诸如"电阻丝加热水"、"微波加热水"、"珀尔帖元件加热水"、"集光镜加热水"等 SVO 解决方案；当然，也可以以"VOP（升高水的温度）"的功能定义来查询，得到诸如"摩擦升高水的温度"等 SVPO 解决方案。

至此，我们有了两种表达功能的形式，一种是以图示的方式表达，一种是以语义的方式表达。两种表达功能的方式的实质是一致的。

(4) USIT 的功能定义

USIT 对功能的定义进一步拓展到了对象（即物质）的属性。其功能定义是："每一个对象都有许多属性，影响属性量值的<u>动作</u>是功能"或"功能是两个对象属性相互作用并至少改变了其中一个对象的属性量值的<u>动作</u>"，形成了其描述功能的 OAF 模型。与其他形式的功能定义不同的是，USIT 的功能定义强调的是形成功能的"动作"和对象的"属性"。如图 2-4 所示实线部分所示。

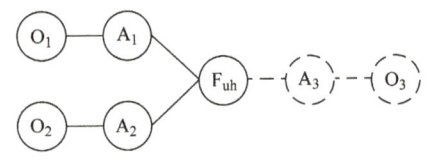

图 2-4　USIT 的 OAF 功能模型

USIT 同时还强调了功能的影响范围："两个对象属性的相互作用，可以实现某个功能，并且该功能可以影响或激发第三个对象的某个属性"。如图 2-4 所示虚线部分所示。

A_1、A_2 是对象 O_1、O_2 各自具有的属性。A_1、A_2 相互作用后，形成一个有用或有害功能 F_{uh}，而且该功能的属性可以影响到第三个对象及属性。从功能所涉及的范围来说，USIT 的功能模型包含了更丰富的含义——涉及了参数 P 背后的属性 A

第二章 U-TRIZ 的基本概念

和更多的要素，如 A_1、A_2 以及有可能存在的 O_3 和 A_3。

（5） P&B 的功能定义

在 G. Pahl 和 W. Beitz 等人合著的《工程设计》一书中提出了 P&B 功能设计模型，如图 2-5 所示，把功能看作是材料（物质）、能量和信号（信息）的输入/输出变换的结果。总功能是多个分功能、子功能、辅助功能的合成。该书引用了不少阿奇舒勒的观点和 TRIZ 概念（如技术系统）。TRIZ 中的功能定义也符合物质、能量和信息的输入/输出变换的结果。

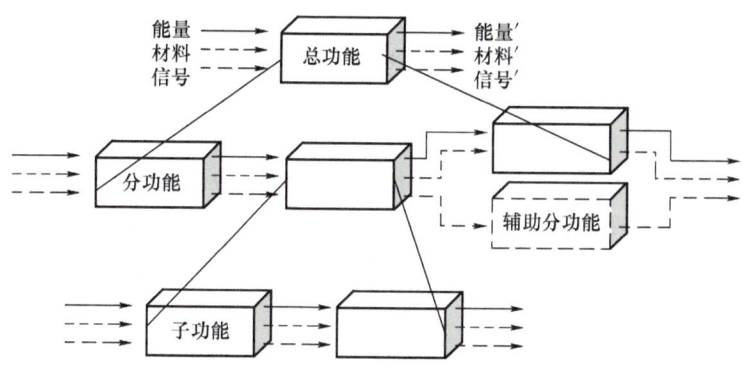

图 2-5 P&B 功能设计模型

（6） U-TRIZ 的功能定义

功能通常是指两个物质的属性发生相互作用的结果，该相互作用改变或保持了其中某个物质属性，或者影响、激发了第三个物质的某种属性的过程。

U-TRIZ 认为，物质与功能是通过属性来联系的。每个物质都有多个属性，创新就是掌握呈现在我们眼前的物质属性，并把它配置到相应的物质上。因此，对物质属性的认知和操作是 U-TRIZ 的要点。

该定义参考了 USIT 的功能模型，但是与其有所不同：一是 U-TRIZ 没有强调动作，而是强调物质之间的相互作用；二是直接使用释义明确的"物质"，没有使用相对模糊的"对象"；三是 U-TRIZ 更深刻地认识到，两个物质的属性相互作用，首先是形成一个科学效应，然后施加在作用对象上，形成了功能。U-TRIZ 的功能模型如图 2-6 所示。

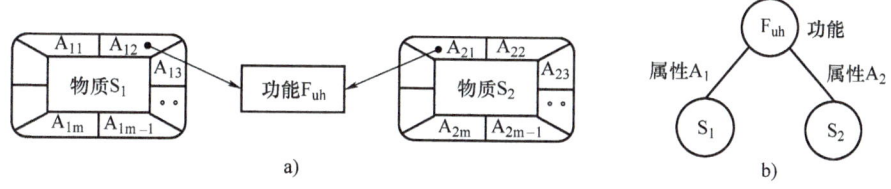

图 2-6 U-TRIZ 的功能模型

图 2-6a 和图 2-6b 是功能模型的两种常见的表达形式。图 2-6b 的形式使用得

比较多一些，通常会省略图中的"属性"、"功能"等标注。

基于该功能模型，U–TRIZ 独创了 SAFC 分析模型，以及通过对物质属性进行"变、增、减、测、稳"的操作来调节有问题的技术系统功能的解题方法，详见第八章和第九章。

功能的定义还有其他多种表达形式，此处不再赘述。

要 点 小 结

实现功能需要具备的三个条件如下：

1）有两个物质/组件——如功能载体与作用对象，或 S_1 与 S_2 等，物质形式不限；

2）携带能量的物质/组件发出动作，使得两个物质/组件之间产生了相互作用——必须有任何形式的直接或间接的接触，没有接触，则没有功能的存在；

3）功能载体发出的动作改变或保持了作用对象的某个属性或属性参数。

3. 功能的规范化定义与再抽象——从 VO 到 VOP 到 MP

一个语义完整的、实现功能的语句结构是"主语+谓语+宾语（SVO）"，如"微波·加热·水"；或者是"主语+谓语+宾语+属性参数（SVOP）"，如"微波·升高·水·温度"。其中，主语 S 是发出动作的功能载体（即具体解决方案），VO 或 VOP 所表示的是"功能"。

大致上，构成谓语的动词 V 有数千，构成宾语的名称 O 有上万，因此用语义表达的功能具有丰富的多样性，其好处是可以随时抽取问题情境中的动词与名词来定义功能，其问题是这种随意的功能定义在检索上不是很方便，因为现在构建针对任意 VO 功能定义的效应知识库有一定的难度，尤其是在没有 CAI 等专用软件支持的时候。绝大多数情况下，我们只要把一个实现功能语句 SVO 或 SVOP 经过一定的规范化处理，用规范化之后的 VO 去检索，即可获得我们想要的解决方案或者效应。因此，下面介绍如何对 SVO 或 SVOP 中的主语、谓语、宾语、参数进行简化和一般化处理。简化处理的结果，是为基于功能的搜索（FOS）做好准备。

(1) 对动词 V 和作用对象 O 的规范化

根据发明方法理论界多年的研究结果，关于主语发出的动作的动词，虽然理论上可以使用任何一个及物动词，但是经过分类，可以将谓语（数千动词，多种形式的动作）规范化为 35 个最具有代表性的功能动词。同理，也可以把宾语 O（上万名称，多种形式的作用对象）简化归类为 5 种最一般形态的物质（场）分

第二章　U–TRIZ 的基本概念

类：固体、粉末、液体、气体、场。这样，功能的表达更具有一般化意义，如："加热·液体"。两种归类表达参见表 2-2。

表 2-2　用 35 个规范化功能动作来操作 5 类作用对象

功能动作 V	功能动作 V	功能动作 V	作用对象 O
吸收	破坏	混合	
积累	检测	移动	
弯曲	稀释	定向	
分解	干燥	产生	
相变	蒸发	保护	
清洁	扩张	提纯	固体，粉末，
压缩	提取	消除	气体，液体，场
集中	冻结	抵制	
凝结	加热	旋转	
约束	保持	分离	
冷却	连接	振动	
沉积	融化	—	

上表中仅仅是推荐的规范化动词。在实际的功能分析中，对动词 V 的初始定义往往可能在这 35 个动词范围之外，但没有关系，首先以清晰地定义所需功能为首要步骤，具体使用哪个动词都可以，然后再对动词做一般化处理，尽量向该表中的动词靠拢。这样会比较方便地使用规范化的功能语义检索，找到适用的解决方案和效应知识。

（2）对参数 P 的规范化

描述一个作用对象 O 的物质状态，可以用到很多参数术语，但是其数量之大，让人难以选择和记忆。因此对于宾语（作用对象）的参数 P，也要做规范化处理，即将形形色色的参数规范化为属性参数，形成了以 36 个通用属性为基础的属性参数，见表 2-3。例如，导电率参数对应了导电性物质属性，亮度对应了发光性（或反射性），重量对应了质量等。任何对属性参数的调节与操作，实际上都是对属性参数背后的属性进行的调节与操作。

表 2-3　作用对象的 36 个属性参数及所对应的属性

属性参数	属性	属性参数	属性	属性参数	属性
亮度	发光性	均匀度	均匀性	形状	表现性
颜色	光谱	湿度	干燥性	声音	振动性
浓度	溶质非加和性	长度	一维占空性	速度	运动性
密度	致密性	磁化率	磁性	强度	抗破坏性
电导率	电导	方向	方位	表面积	二维占空性
能量	做功性	偏振率	偏振性	表面粗糙度	粗糙性
流量	流动性	孔隙率	多孔性	温度	内能
力	不平衡性	位置	位置向量	时间	顺序

属性参数	属性	属性参数	属性	属性参数	属性
频率	往复性	功率	做功速率	透明度	透光性
摩擦	相对运动阻力	纯度	纯净性	黏度	黏性
硬度	抗压入性	压强	应力	体积	三维占空性
热传导	热传	刚度	抗弹性变形性	重量	质量

在常用术语使用中，有时候人们往往并不区分"温度"是参数还是属性。希望读者在概念上要辨识清楚，该词究竟是描述的是物质的属性，还是物质属性的度量（参数）。为了减少误解，作者还是建议把"温度"一词作为参数，把"内能"作为属性。当然，如果读者能在概念上把这两点明确区分开，习惯使用哪个术语都可以。

(3) 功能语义的再抽象

功能的语义表达并非只有一种，而是有多种的表达方式，这是功能语义的再抽象的结果。不同的功能语义表达方式有多种：

- "VO" = 谓语（具体动作）+宾语（具体物质），例如：折射光线；
- "VOP" = 谓语（具体动作）+宾语+属性参数，例如：变动光线的角度；
- "VP" = 操作（规范化动作）+属性参数，例如：定向角度；
- "MP" = 操作（一般化动作）+属性参数，例如：改变角度；
- "MA" = 操作（一般化动作）+属性，例如：改变方向。

从 SVO 或 SVOP，到 VO 或 VOP，再到 MP，是在一个实现功能的完整语义的语句中，逐渐对主语、谓语、宾语进行抽象和规范化的结果，作者给出其演变过程，见表2-4。

表2-4 对完整功能语义中的主语、谓语、宾语进行抽象的过程与结果

抽象与规范化过程	语义要素构成	例句
实现功能的完整语句1 实现功能的完整语句2	S V O S V O P	电炉·加热·水 电炉·升高·水·温度
从语句1中去除主语S，保留其动作，抽象出VO功能 从语句2去除主语S，保留其动作，抽象出VOP功能	V O V O P	加热·水 升高·水·温度
从VOP功能中去除宾语O，抽象为对属性参数P发出的35个动作	V P	升高·温度

第二章 U-TRIZ的基本概念

（续）

抽象与规范化过程	语义要素构成	例句
35个动作V简化为5个更一般化的操作M（Manipulate）：变、增、减、测、稳，直接调节属性参数P	M　P	增加·温度
属性参数P简化为属性A，直接调节属性A来改善功能	M　A	增加·内能

第一次抽象是将实现功能的完整语句SVO或SVOP的主语S去除，保留了S发出的动作V，由此而得到功能定义的基本模型VO或VOP。其中的O，可以是从上万名词中规范简化出来的5类作用对象——固、粉、液、气、场，即由调节V或O而实现对功能的操作。以上是大多数TRIZ学术流派对功能的理解与阐述。

第二次抽象是去除VOP中的宾语（作用对象）O，保留O的通用属性参数P，形成了VP的简化模型，由此而得到通过对属性参数的操作而调节功能的模式VP——以35个规范动作调节36个物质的通用属性参数P。以上是少数现代TRIZ学术流派中对功能的理解与阐述。由于属性参数P的背后是属性A，最终形成对物质属性的间接操作。

第三次抽象是简化V的种类，将已经从数千动词中规范简化出来的35个一般化动作V，再次抽象为更简明的操作M——"变、增、减、测、稳"5种动作，由此而实现对属性参数P的操作而调节功能的模式MP——以5种简明规范的动作M来直接调节物质的36种通用属性参数。

第四次抽象是由参数属性参数P提炼出属性A，由此而得到通过对属性的操作而调节功能的模式MA——以5种简明一般化动作M来直接调节物质的36种通用属性A——这是U-TRIZ对功能的更为深刻的理解和阐述。在构建技术系统的全新功能或改善既有的功能中，属性发挥了根本性的作用。MA模式可以形成一种新的功能检索式，丰富了功能导向搜索的内容。

附录3给出了需要调节的由属性参数而检索功能的知识库表格。

4. 功能词汇与图示的规范使用

在功能语义中，S可以通过V来改变O，O也可以通过V来改变S。这种改变的作用是相互的，可以单向完成，也可以双向完成，过程是可逆的。把哪个词汇放在左边（主语）、哪个词汇放在右边（宾语），是根据问题情境决定的。通常人们习惯了"从左至右"的阅读顺序，因此往往把带有能量（或场）、发出动作的主体叫作功能载体（或工具、执行装置等），放在右边，把接受了作用的被作用物体叫作功能受体（或制品、作用对象等），放在左边。

而在经典 TRIZ 的物场模型图示中，习惯把作用对象（制品）放在左边，把功能载体（工具）放在右边，这样的摆放顺序恰好与功能语义中的功能载体、作用对象的摆放顺序是相反的。这种情况经常让读者感到不便。

在不同的人、不同的场合或不同的 TRIZ 功能模块中，我们见到了大量不同的词汇来描述功能实现中的各个要素，例如：

- 动作发出主体的同义词：主体，S，主语，执行装置，工具，作用物体，功能载体等；
- 接受作用客体的同义词：客体，O，宾语，作用对象，制品，被作用物体，功能受体等；
- 动作的同义词：动作，V，场，作用等。

作者对上述词汇做了一定的规范化处理，统一了本书所使用的词汇。在描述功能时，建议使用"功能载体"和"作用对象"来描述实现功能作用的主、客体双方面。

另外，在功能要素的顺序上，建议把功能载体和作用对象按照"从左至右"的顺序摆放。本书除了在介绍经典 TRIZ 物场模型时，原文照抄而采用"从右至左"的顺序，其他都采用"从左至右"的顺序。这样统一了物场模型、功能语义、功能分析（乃至 SAFC 模型）等多种功能定义和表达的顺序，有利于加深对功能的理解。

5. 功能的属性

功能也有其自身的属性。客户之所以愿意购买某个产品，实际上是在购买这个产品的功能。更深入地理解，实际上是在购买产品的功能的属性。客户对产品的描述和感觉，或者说市场上对产品的具体需求的呼声，其所描述的产品特征往往就是产品功能的属性。

功能由技术系统实现，技术系统由系统组件（子系统或元件）组成，系统组件由物质、能量和信息关联组合而构成。由于系统中物质、能量和信息都具有自己的属性，因此系统功能的属性，必然受到系统所有组件的影响，因此我们可以认为，功能的属性由系统里所有组件的属性复合而成，功能的属性受到系统中所有物质、能量和信息的关联影响，只是影响的程度不同而已。

功能是一个抽象概念。功能在物理上并不存在，仅可以通过物质属性的相互作用和变化而表达出来。功能的属性有很多种。

1）**功能的类别属性**：技术系统具有有用功能、有害功能、过度功能、不足功能等类别属性。过度功能和不足功能都属于有用功能，只是在实现的"度"上有所不足或过度，但是不足或过度的有用功能仍然属于技术系统功能的缺陷，必须采取措施，予以纠正。在某些 TRIZ 流派的功能分析中，把过度功能、不足功能也划归为有害功能（或不希望出现的功能），以简化功能属性。在本书中，把过度功能、不足功能和有害功能统称为不良功能。

2）**功能的矛盾属性**：矛盾从根本上说是由于功能属性的对立统一而构成的。每个有用功能的设定或诞生，都会带来和伴随有害功能。绝对（即系统仅有）有害功能和绝对有用功能是不存在的。其常态是有用、有害功能共存，这是功能天然的基本属性。

3）**功能的结构属性**：功能可组合，可分解，可以按需重构，即系统元件所形成的子功能可以组合成更高级别的系统功能，系统功能也可以分解成子功能，直至分解成为基本的功能单元——科学效应。如果实现功能的原理有问题，可以改变实现功能的原理，产生新的概念样机。

由技术系统的基本定义，决定了系统组件所具有的功能属性与整个系统所具有的功能属性完全不同——技术系统中的每个元件有自己的特性（功能属性），而它们的组合物（产品）在整体上具有与元件不同的特性。

4）**功能类别的相对属性**：在解题实践中，功能上的"有用"和"有害"的属性是相对的概念，并非绝对概念，视时空、量值、对象或关系等条件而确定。合理且恰当地识别、确定有用功能和有害功能，对于后面的功能分析有着重要的、先导性的作用。功能的相对属性取决于：

空间不同——润滑油在运转的机器（如汽车的气缸、轴承、导轨中）实现的是有用功能，但是遗撒在路面上实现的是有害功能。

时间不同——茶水具有抗氧化、消脂、去腻等保健作用，白天、餐后饮茶对身体有益。但是在空腹和睡前饮茶则会刺激胃黏膜和大脑神经，对健康不利。

量值不同——合适音量的音乐愉悦人心，过高音量的音乐破坏听力。

对象不同——电脑木马病毒在信息战中，对敌是有用功能，对友是有害功能。

关系不同——刹车对驾驶员和路人的安全性是有用功能，对提速和油耗是有害功能。

以微波炉为例，从空间上来说，微波对微波炉里面的食物是有用功能，对微波炉外面的人来说是有害功能；从量值上来说，对放置在微波炉里的食物，合适的加热时间是有用功能（加热或烹调），较长的加热时间是有害功能（变硬或焦糊）；从对象上来说，微波对金属类制品具有溶解作用，因此不能把金属器皿（包括含金属元素的瓷器）放入微波炉。由此可见，有用功能与不良功能共存是一个技术系统的常态。

5）**功能的传递属性**：一个复杂系统的功能往往是逐级、链式构成的。某一个系统的功能属性，必然会在该系统与其他系统的相互作用中体现出来。如模具的回火处理，提高了模具的韧性，即改变了模具的属性，因此在一个凸模与凹模相互作用时，不易发生断裂或崩边的现象；电子芯片的管脚镀金，改变了该管脚的表面导电特性，芯片插接到插座上其导电性和连通性更可靠；钝刀切肉不快，而把刀刃磨锋利之后，立即改善。

6) **功能随时空条件变化的属性**：功能会随着时空条件变化而发生改变（如衰减、失效等），因此，长期、稳定、无差别地实现一个功能，是功能的重要属性（人们也往往将其归类为性能），例如夜晚照相机的拍照质量会大打折扣，低温会冻住枪栓等。除了人为设定的必须达到的产品功能（主要功能）之外，产品往往兼具其他（辅助、次要、次生、附加或隐性）功能，在不同的情境下可能转化为主要功能，如古砚不再用于研墨，而是用于收藏和保值；高度烧酒可以用来消毒手术刀等。

7) **功能受到设计者的主观意图以及观察角度所制约的属性**：对于相同的产品行为或物理现象，不同的人或相同的人在不同的时、空、界面、心理状态下，可以得到不同的观察结论，形成不同的表示。因此功能不仅与物理现象行为有关，而且与设计者的意图以及观察角度有关，如电脑游戏，有人看作益智产品，有人看作电子鸦片；或者同一人早期把它当作益智产品，后来认为这是电子鸦片。

8) **功能的级别属性**：在技术系统功能的级别上分为主要功能、基本功能和辅助功能等，如图 2-7 所示。

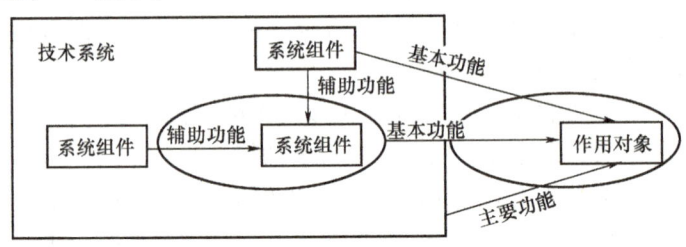

图 2-7　功能的级别

- 主要功能：反映系统的主要需求的预设有用功能，是系统创建或设计的目的，功能载体是技术系统本身。
- 基本功能：保证完成主要功能的功能，功能载体是系统中与系统作用对象直接作用的系统组件。
- 辅助功能：保证完成基本功能的功能，功能载体是系统或超系统中的组件，与系统作用对象之间没有直接的联系。
- 附加功能：技术系统或组件所产生的预设功能以外的有用功能，作用于超系统组件。如冰箱闲置时可作储物箱，电饭煲的内胆涂层脱落后还可以用来洗菜、舀水等。

在产品中，提供产品基本功能的系统组件是关键零部件，而提供辅助功能的系统组件可以随时被裁剪掉而不影响系统基本功能（或主要功能）的实现。例如，

第二章 U-TRIZ 的基本概念

一副眼镜的基本功能是"折射光线"或"改变光线的折射角度",镜腿、镜框、鼻托、螺钉等提供辅助功能的零件都可以被裁剪掉,隐形眼镜只保留了实现眼镜基本功能的系统组件——镜片。

在现代 TRIZ 中,还有诸如校正功能、生产功能、供应功能、支持功能、运输功能、中立功能等更详细的功能分类与定义。在此选取几个,仅作简介,不再赘述。

校正功能——针对缺陷的一个有用的功能。

生产功能——一个不可逆的(永久的)改变了产品参数的有用功能。

供应功能——一个帮助执行其他有用功能的有用功能。

支持功能——一个暂时改变了产品参数的功能。

传输功能——一个在空间中改变它的作用对象位置的供应功能。

中立功能——一个对它的作用对象参数的影响不显著,或根据目前的要求与改变它的方式并不相关的功能。

要点小结

一个技术系统具有多种功能属性,如果其功能能够具有多种不同的工作状态,适应各种复杂的工况条件,处理多种参数的对象,即意味着该系统同时兼具多种功能属性,那么这个技术系统,就是一个柔性度高、适应性强、功能属性一流的技术系统。

6. 对功能的深入理解

由于功能是把发出动作的主体去掉后,仅保留了"动作"和"作用对象"的一个抽象概念,因此对技术系统功能的理解往往出现多元化的认识,不同的人对技术系统功能有着不同的理解,容易把技术系统的功能与其主要益处、其他益处或最终目标混淆起来,见表2-5。

表2-5 对技术系统的功能的多元化认识

技术系统	主要功能	主要益处	其他益处	最终目标
牙刷	移除牙垢	清洁牙齿	洁白牙齿	无牙病,健康的牙齿
真空吸尘器	移动/收集尘屑	清洁地板	养护地毯	无尘屑,卫生的环境
笔	产生色痕	书写图文	不伤纸张	表达信息
眼镜	折射光线	矫正视力	美容	保护眼睛,持久的视力
电话	传输声音	联系他人	上网	传递信息

我们在讨论一个技术系统的功能时,应该聚焦在其最基本、最直接的相互作用上。例如,在一个用笔写字的场景中,笔的功能首先要体现在笔与纸的相互作用上,如图2-8所示。

以铅笔为例，在纸面上书写时，几乎同时发生了"铅笔摩擦纸，纸摩擦铅笔，铅笔留下铅痕，铅粉形成笔画，纸承载笔画，笔画形成图文，图文表达信息"等一连串相互作用的事件，其中每个事件都蕴含着一个功能。"摩擦纸"、"摩擦铅笔"这两个功能是最基本的相互作用，但是由于绝大多数人不习惯在微观物理级别上思考问题而往往被人们忽略，"留下铅痕"、"形成笔画"是随之产生的功能，因为可见，很容易被人们捕捉到、注意到，而"承载笔画"、"形成图文"、"传递信息"是相互作用的最终目标。由此可见，如果忽略掉纸而仅仅关注铅笔的话，在铅笔的几个功能的表达上——"摩擦纸"、"留下铅痕"、"形成笔画"、"形成图文"，我们应该选择"留下铅痕"作为基本功能。

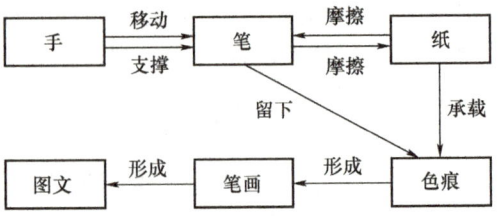

图2-8　笔（与纸）的功能分析模型

如果一定要选择"形成笔画"作为基本功能也可以，但是与"形成笔画"相比，"留下铅痕"在时序上是更靠前、更基本的功能。尽管铅笔在纸上写字时发生了一连串的相互作用（功能）事件，但是这一连串的功能还是有先后顺序的，即人手持笔发力→笔尖接触纸面→相互运动产生摩擦→笔尖留下色痕→形成笔画等，按照 SAFC 模型（详见第八章）来理解，是多个物质的属性彼此相互作用的结果，是一连串因果事件的结果，是有先后时序的。

把功能抽象出来的好处是，我们可以把诸如"铅笔在纸面留下痕迹"之类的具体问题做一般化处理，形成"如何在表面留下痕迹"这样的一般化的问题，去引导我们思考更为广泛的、多样化的功能解决方案，去寻找广义的、更多类型的"笔"。

如果我们要讨论广义的、更多类型的"笔"的话，我们可以发现，凡是能在某些表面上"留下痕迹"，并让人的感官（视觉、触觉等）予以识别的技术系统，都可以叫作"笔"，见表2-6。

表2-6　广义的、不同类型的笔的功能

技术系统	预备功能	基本功能	基本功能	主要功能	主要功能	最终目的
铅笔		摩擦纸	留下铅痕	VO：改变表面 VOP：改变表面的属性参数	形成笔画 形成图文	传递信息
钢笔		摩擦纸	留下墨痕			
毛笔		摩擦纸	留下墨痕			
粉笔		摩擦黑板	留下粉痕			
树枝		摩擦地面	留下凹痕			
刻刀		切削石木	留下凹痕			
盲文笔		扎纸	留下凸痕			
烙铁	加热烙铁	摩擦木头	留下焦痕			
喷色灌	释放颜料	摩擦墙面	留下色痕			
飞机	释放尾烟	摩擦空气	留下色痕			
人		踩倒麦草	留下色痕			

从上表中看出，笔是作为书写工具的一种技术系统，其基本功能是在某种表面上"留下色痕"。能够"留下色痕"的工具种类和"书写"方式有很多。因此，当我们把功能抽象出来以后，再以严格定义的功能去搜索可以实现这个功能的工具（发出动作的主体，主语，技术系统），就可以找到很多不同领域、不同原理、不同类型的解决方案。这就是功能导向搜索（FOS，Function Oriented Search），FOS 的内容参见第九章。

第二节 技术系统

1. 技术系统定义

技术系统是 TRIZ 中最重要、最基本的概念，是一个高度抽象化和一般化的概念。

高度抽象有利于模糊专业界限和分析问题，但是同时也增加了初学者的理解难度。因此，为了拉近与实际问题的距离，技术系统也被有些 TRIZ 大师称作"工程系统"，以便在概念上让技术人员感到容易接受与理解。

技术系统属于系统的一种，至少由两个以上的系统组件（元件）所构成。我们可以把系统定义为元件与运作组成的功能团。系统为实现功能而构建，不同的系统实现不同的功能，技术系统实现的是技术属性的功能。

技术系统：<u>由具有相互联系的元件与运作所组成的、以实现某种功能或职能的事物的集合。</u>

世间所有的人工制造物（人工系统），都属于技术系统，小到一颗图钉，大到一艘航母，乃至由人组成的企业、组织等，都可以抽象为技术系统。其他一些自然界中可以对人工制造物施加影响的物体，如地球、日、月、石头、空气、水、生物、动物、植物乃至人本身等自然系统，也可以理解为技术系统（或者是技术系统中的一部分）。

技术系统中每个元件有自己的特性（功能属性），而它们的组合物（产品）在整体上具有与元件不同的特性。例如，手机由麦克风、键盘、机身、电池、芯片、显示屏等组成，具有远距离无线通话功能；飞机由机翼、机身、发动机、起落架、雷达、座椅等构成，具有在天空飞翔的功能；算法由以特定顺序执行的一系列操作组成，具有处理复杂计算的功能。在以上的三个例子中，每个组合后的系统都在整体上有了自己的新的功能和属性，而组成它们的这些组件（零部件）中的任何一个元件/零件都不具有这种整体上的功能与属性。

一个技术系统可以具有多个组成部分（如手机的键盘、机身、电池、芯片、显示屏）以实现多种不同的细分功能。我们把这些更细化的、可以实现各种更加基本的功能的组成部分，称为技术系统的子系统。子系统可以再进一步细分为元件，元件的不同分段、不同特征还可以作为更小的子系统（例如把单个零件分割成若干部分，每一部分都作为"独立件"来分析），还可以把元件一直细分到分子、原子、基本粒子的微观层次。细分是为了更细致、客观地考察技术系统的基本组成、功能实现过程或功能缺陷等。在解题流程中的"问题分析"环节，细分是为了找到系统中微观层面的最小问题。

使用技术系统术语的好处是，让读者跳出具体的问题情境，用一般化的术语来思考问题，避免陷于具体、繁杂的技术细节中难以自拔。

在经典 TRIZ 中，诸如解决矛盾、求解物场的标准解、分析资源、实现理想化、预测进化结果等，都是以技术系统为核心来解决问题，即求解最简约且可控的技术系统。经典 TRIZ 的一切内容都是围绕技术系统展开的。

经典 TRIZ 有两种介绍技术系统构成的图示，一种是技术系统的完备性中所指的动力装置、传动装置、执行装置和控制装置这四个基本的子系统，如图 2-9 中虚线框内所示；一种是物场的"两个相互作用的物质（S_1、S_2）"，如上一节中图 2-1 所示。

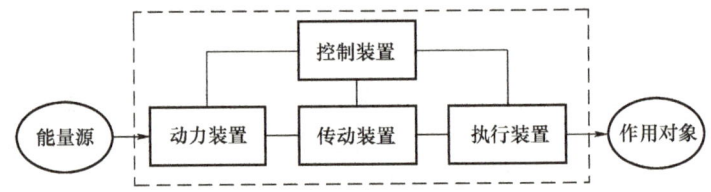

图 2-9　基本的技术系统结构

技术系统和物质有着密切的关系：从宏观上看，一个完备的技术系统表示的是一个结构化的物质，一个基本的物场模型，表示的是两个相互作用的物质；而从微观上看，物场中的每个物质也可以看作是一个更小的技术系统。阿奇舒勒认为，物场模型是一个"最小技术系统"，作者认为，物场模型是一个"最简约技术系统"，详见第五章第四节的讨论。

2. 技术系统的子系统、超系统、相邻系统

技术系统，范围和尺度可大可小。在一个问题情境中，并非所有摆放在现场

第二章　U–TRIZ 的基本概念

或者画在总装配图上的零部件、元器件都应该划归技术系统。必须恰当地界定技术系统的范围和基本构成。界定技术系统的范围和构成，对于初学者来说，是一个需要练习去解决的问题。根据作者的经验，准确、有效地划定技术系统的范围和内外部构成，是精准、快捷地解决发明问题的关键。

最小问题区域：在问题情境中，把产品中与有问题的零部件直接或间接接触（相互作用）的其他零部件，划归到一个技术系统的范围，这样的系统范围就是"最小问题区域"。

在最小问题区域所发现的问题，是宏观层面的最小问题。将宏观层面的最小问题不断细分，可以找到微观层面的最小问题。

技术系统所涉及的与问题有关的零部件越少，问题就越聚焦，解决问题的速度也就越快。例如，在汽车"发动机烧机油"问题中，可将问题锁定在发动机燃烧室，把活塞、活塞环、缸套等划定为最小问题区域，而不应把发动机的所有零部件全部划进来，更无需涉及前桥、车轮、座椅等无关零部件。因为汽车的绝大部分零部件都与"发动机烧机油"问题无关。

由此，我们引出"超系统"和"相邻系统"的扩展概念。

技术系统之外与其有相互作用的技术系统，是技术系统的"超系统"；技术系统之外与技术系统相邻的、没有相互作用的系统是"相邻系统"。

超系统是技术系统实现功能时必备的外部环境。不少技术系统实现功能的动力装置来自超系统（外部环境），如以人臂力拉弓射箭，钻机驱动钻头钻孔，利用了自然环境能量的水力发电机、光伏电站、潮汐发电机等。

如果某个技术系统利用了超系统中的能量构建了自己的动力装置，而且还能达到自平衡、自服务、自转换的状态，那么这个过程就产生了科学现象，这个系统物质就是效应物质，即一旦条件具备，效应自动实现，功能自我完成。如蒸发和凝结、结冰和融化、闪电和山火等。

超系统、系统、子系统构成了系统的层级关系、嵌套关系和相互约束关系。技术系统在超系统的约束下起作用；子系统在上级系统的约束下起作用；底层的子系统一旦发生改变，就会引起上层系统的改变。反之，上层系统的改变，也会引起子系统或更低层级的元件的变化。而相邻系统则不具备这种相互约束的特征。如图 2-10 所示。

有时站在超系统的角度看待问题，会让问题变得更容易理解和更容易被解决。相邻系统虽然与技术系统没有相互作用关系，但是也可以作为考察、分析技术系统的一个视角。

系统、超系统、子系统、相邻系统是相对而言的，看问题中所涉及的具有相互作用的系统组件范围有多大。例如，键盘是电脑的子系统之一，但是当我们以键盘作为一个技术系统来考察其问题时，电脑的键盘接口、显示屏、电脑桌等可

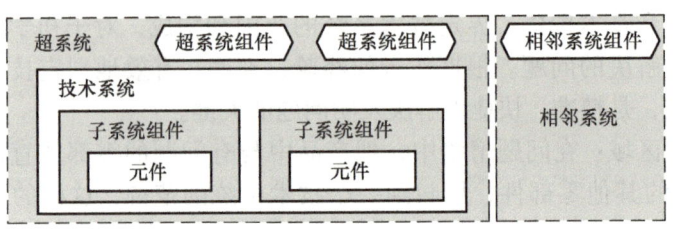

图 2-10　技术系统的层级与范围

以视为键盘的超系统；键盘上的按键、字符标记、橡胶垫、底板、导线等则是键盘的子系统，而操作者的座椅、桌子上的咖啡杯、纸、笔等没有直接作用的物质，可以视为键盘的相邻系统。如果操作者不慎碰翻了咖啡杯，咖啡洒到了键盘上，则在这个问题情境中，咖啡与键盘发生了相互作用，那么咖啡就要从相邻系统变为系统组件来考虑。

3. 技术系统、物质、物体、实体、对象

在不同 TRIZ 流派中，描述功能载体的"主、客体"的抽象术语是多种多样的。在经典 TRIZ 中，使用了技术系统（TS，Technical System）、物质（S，Substance）、物体（Object）等术语，在其他 TRIZ 流派中，使用了实体（Entity）、事物（Thing）或对象（O，Object）等术语。

术语的多样性的背后有三种主要的原因：一是使用者（或翻译者）的个性化选择，例如在 40 个发明措施的内容的描述中，物质、物体、实体、对象等都出现过；二是不同的 TRIZ 流派的标新立异，有些流派（如 USIT）特意把所有的"技术系统（TS）"、"物质（S）"都写作"对象（O）"，同时还把很多经典 TRIZ 的原有词汇都换了一个术语，以显示自己学派的内容与经典 TRIZ 有所区别；三是由于 TRIZ 本身是通用的方法论，因此不少作者或使用者，比较倾向于使用多种通用词汇来针对各种不同的应用情境予以诠释和注解。

随着对 TRIZ 研究的深入，统一描述功能载体的术语显得越来越有必要。为了统一术语的定义和方便读者的理解，本书将尽量减少使用"物体、实体、对象、事物"等其他同义或近义的术语，而规范化为"物质"、"技术系统"这些常用且含义明确的术语。

第三节 资源与属性

1. 什么是资源

资源是一切可被人类开发和利用的物质、能量和信息及其属性的总称。任何可用于解决发明问题的事物及其属性都是资源。如传统意义上的资源"人、财、物"及其各种物质特性，现代的信息、知识、大数据等。

TRIZ学者趋同的观点是："资源是可获得的，但是又是闲置的（通常是）不可见的物质、能量、信息以及其他在系统中能够用来解决问题的一切事物及其特性，包括人财物、时间、空间和看待问题的视角以及界面等"。

(1) 环境中的资源

① 空间——地球或其他星球（质量、密度、地磁、引力、亮度等），空气（成分、密度、温度、压力、重力等），水（海洋、河、雨、雪等）；

② 时间——周期性循环（太阳、月亮、行星、恒星、潮汐等），声速（密度变化），光速等；

③ 界面——声衰减（频率特性），氮循环，碳循环等。

(2) 与人相关的资源

① 空间——人的身高、形状、容积、体重、生理机能；

② 时间——身体不同部位的自然频率，脉搏、脉搏变化，眨眼速度、呼吸速度等；

③ 界面——发热、温度变化，动力（峰值0.75马力，均值0.33马力），出汗，吸氧，产生CO_2，生产尿素、水、垃圾，视觉、听觉、触觉、嗅觉、味觉等。

(3) 系统内部/外部资源

技术系统内部往往有解决问题的资源——任何没有达到理想状态的系统内部都有可用资源。要注重优先在有问题的系统内部寻找解决问题的资源，尽量不要依靠引入新的外部资源来解决问题。技术系统外部也有很多资源，如技术系统工作的外部环境和超系统中的资源。

(4) 有害物质资源

任何事物或系统的内、外部资源都有它的最大可用性，包括有害的事物。有害的事物是放错了地方的有用资源。技术系统中某些我们极力想消除的有害因素，往往是研发资源，即可以利用有害因素本身的某些特性，来更彻底地消除有害因素本身。例如，发生山火时，风可助火势蔓延，是有害因素，但是如果用风力灭火机产生的高速气流就可以迅速吹散可燃物，降低燃点，快速灭火。

(5) 理想资源

自然界中有广泛的理想资源，例如重力、地磁、地热、空气、风、阳光、海水、潮汐、高空中的低温、动植物基因等环境资源。理想资源有三个特点：①无处不在，无时不有；②取之不尽，用之不竭；③几乎不花钱。

要善于发现并提倡优先使用"理想资源"，利用它们实现理想化设计的目标。使用了理想资源的技术系统，都具有简单、可靠、绿色、环保等特点，可以大大提高该技术系统的理想度。

U-TRIZ 对资源做了更为细致的定义和分类，认为资源就是物质的属性。所有的物质、能量或信息之所以能够成为资源，是因为其自身具有各种特殊的属性。利用这些属性，可以构建任何一种技术系统，也可以改进任何一种技术系统。

2. 物质的属性与资源

技术领域内任何问题产生的根本原因都与其所涉及的物质、属性及其相互作用所产生的有害功能密切相关。所谓创新，就是掌握充分利用呈现在我们眼前的物质的属性，或者寻找或激发潜在的物质属性，并把它们合理分配、置换到相应的物质上。因此，对属性的认知和操作是 U-TRIZ 的精髓。

属性是物质明显区别其他物质的必然的、本质的、不可分离的性质，是定义各种类物质所需要的基本概念，是实现功能的基本要素——属性直接与功能相关。充分利用属性，可以构建或调节操作任何技术系统的功能。广义来说，物质的一切属性都是解决发明问题的创新资源。

物质属性有多种，大致可以分为形、态、构、质、色、味、属、用、变、存等几个方面。形——形式、外观等；态——状态、相态等；构——结构、构造等；质——质地、成分等；色——颜色、色彩等；味——味道、风味等；属——类属、门类等；用——用途、功用等；变——变化、制作等；存——存储、存续等。

以一棵树为例。从形来看，树具有占空性、形状、纹理等属性；从态来看，有静止、摇晃、固态、液态等属性；从构来看，有树冠、根系、主干、树枝、树叶等属性；从质来看，有致密、疏松、多汁等属性；从色来看，有绿色、红色、黄色等属性；从味来看，有清香、恶臭、甜、苦等属性；从属来看，有阔叶、针叶、乔木等属性；从变来看，树生长具有季节性，春天树枝发芽，夏天繁茂，秋

第二章 U-TRIZ 的基本概念

天落叶，每年增加一个年轮，树叶具有光合作用、趋光性，树皮具有自修复性；从用来看，树干具有静止性、阻挡性和定位性，因此运动的人或车等都有可能撞到树干上，树干可以拴绳索，树枝具有支撑性或悬挂性，鸟儿可以在树枝上站立，风筝也会挂到树枝上，当然树枝也会托住下坠的人或物；树的所有子系统（根、干、枝、叶）都具有可燃性；树叶可以遮阳，木材的纤维性可以造纸；木材的支撑性和易加工性可以制作家具、玩具，建造房屋，做枕木、电线杆等。以上只是罗列了一棵树的部分常见属性，还可以有更多、更细分的属性分类方式。

金属一词说明了物质的一种属性。已知的80多种金属元素，性质相似，都具有光泽、还原性，良好的导电性、导热性和延展性，质地坚硬，常温下一般是固体（水银除外）。

同理，水果一词也是说明了一种属性。水果是对可以食用的植物果实和种子的统称，其属性是多汁（含水量高）、甘甜、营养丰富、提供膳食纤维和帮助消化等。

物质属性分为物质基本属性和物质特性，物质基本属性是不随时空条件而变化的，例如单位体积内的原子数量、质量等，而物质特性会随时空条件发生变化，例如物质的外形和相态可以随外界条件发生变化。<u>通常，我们把物质基本属性和物质特性统称为物质属性。</u>

物质的形态是重要的物质属性。按照物理学的定义，常见物质形态有四种。不同相态之间在一定的时空条件下相互转化。物质相态的相互转换如图2-11所示。

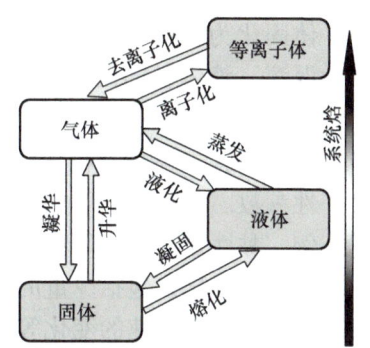

图2-11 物质相态的相互转换

合理地利用技术系统组件的相态转换（相变）是实现发明创新的基本操作手段之一。

不同相态物质的属性有：
- **固体的物质属性**：物理性质包括味道、颜色、体积、密度、熔点、沸点、比热、室温形态（固、液或气）、硬度、多孔性、折射性等。力学性质包括弹性、塑性、抗拉强度、抗压强度、抗剪强度、断裂韧性及延展性（脆性材料的延展性低）及抗压入性。固体的热学性质包括热导性，是指一固体热传导的能力。固体的热学性质包括以热能方式储存能量的比热容。电学性质包括电导性、电阻性、阻抗及电容。压电性是指晶体在受到应力后会产生电压的特性。光学性有可见光穿透性和可见光反射性。光电性质有光电效应等。

- 粉末的物质属性：U-TRIZ把粉末（颗粒）这一中间状态作为一种物态单独列出。粉末的属性与固体物质基本相同，但是其具有数量巨大、质心分散、接触空气的面积极大和氧化性较高等特有的属性，而且在工程领域使用范围极广。因此我们也将其作为一类物质形态来分析研究。

- 液体的物质属性：液体的量通常用体积度量。一定量液体的体积由其温度和压强决定。在引力场中，液体对容器壁和任何液体中的物体产生压强。当液体的体积与密闭容器不相等时，液体会产生一个像一层弹性膜的表面，具有表面张力，液滴和气泡也由此产生。表面波、毛细现象、浸润、表面张力波的形成也都与表面张力相关。液体会受到剪应力及拉伸应力变形，而所产生的阻力则以黏度度量其流动性。当液体位于一个低于沸点的温度时，液体中的成分会蒸发，而气体的成分也会凝结，直到两者平衡为止。当液体的温度低于凝固点时，液体会开始结晶，转变为固体。增温或减压一般能使液体气化为气体。加压或降温一般能使液体固化为固体。溶合性是指两液体之间可能无法混溶或可以以任意比例混溶。液体各向同性。

- 气体的物质属性：由于大多数气体无法直接观察，通常用四个物理特性参数"压强、体积、粒子数目（化学家用摩尔来表示）和温度"来描述其属性参数。气体具有可压缩性，可压缩系数是实际比容和理想比容之间的比例。黏性是有关相邻粒子之间影响程度的物理量。紊流是指流场有随机的、混沌的变化，包括少量的动量扩散，大量的动量对流，压强和速度在空间和时间上有快速的变化等特性。气体与表面的摩擦性是指当气体粒子沿着一物体表面流过时，有些粒子会因物体表面而速度变慢，好像粘在物体表面一样，这称为边界层。热力学平衡指当系统中没有能量转移时，系统和周围的温度相同。

- 等离子体的物质属性：等离子体由许多带电粒子组成，总和大约为电中性的物质。等离子体和普通气体的最大区别是它是一种电离气体，由于存在带负电的自由电子和带正电的离子，有很高的电导率。和一般气体不同的是，等离子体包含两到三种不同组成粒子，即自由电子、带正电的离子和未电离的原子。

对经典TRIZ的基本内容加以分析，其中也有不少用了物质属性的内涵，只是因为没有物质属性的概念，无法加以具体说明而已。例如，场是静质量为零的物质，是能量的一种表现形式，通常把其视为物质的一种常见属性。在经典TRIZ物质场概念中，单个物质和技术系统中蕴含的能量形式都可以作为"场"来考虑，因此物质至少有"场"的属性。构成场的能量形式具有多样性，因此物质的场的属性也是多样的。

第二章 U-TRIZ 的基本概念

单个的系统组件/物质具有多种属性，复杂的技术系统（例如由许多零件组成的产品）也具有多元化属性。产品的某些属性是变化或可调的。组成产品的零部件/材料本身具有某些属性，其组装后的成品具有新的功能属性。一个零件加工前具有某种属性，加工后具有了新的属性，如回火改变了弹性或者韧性。

技术系统进化的方向性也是产品属性的具体体现。无论是向完备性进化，向提高能量的传递性进化，还是向提高协调性进化，包括动态性、不均衡性、宏观性、微观性、理想化等进化特征，其实都是具体的产品属性的表现。

在几何属性上，球面具有处处原点对称的属性，具有不可展开的属性（因此世界地图必然具有不准确性和近似性），具有任意切割截面为圆的属性；平行线具有平行线间距离处处相等的属性；点具有不占空间的属性，线具有直径为零的属性，面具有厚度为零的属性，等等。

物质的物理属性还有很多，如致密性、色泽、可溶性、沸腾性、抗变形性、透光性、导热性、延展性、导电性、吸水性、挥发性、导磁性、磁化性、热胀性、热缩性、冷缩性等；如果考虑物质的化学属性，则有金属性、非金属性、热稳定性、吸水性、脱水性、酸性、碱性、稳定性、电离性、水解性、氧化性、耐腐蚀性、耐热性、活泼性等；如果考虑物质的几何属性，则有诸如点、线、面、体、形状、尺寸、夹角、平行、垂直、相交、相切、同心、等分、等边、等腰、对称等；如考虑物质的生物属性，则有诸如繁殖性、消化性、排泄性、遗传性、反射性、反馈性、趋光性、环境敏感性等。由此而构成了一个具有多样化属性的物质系统，如图 2-12 所示。

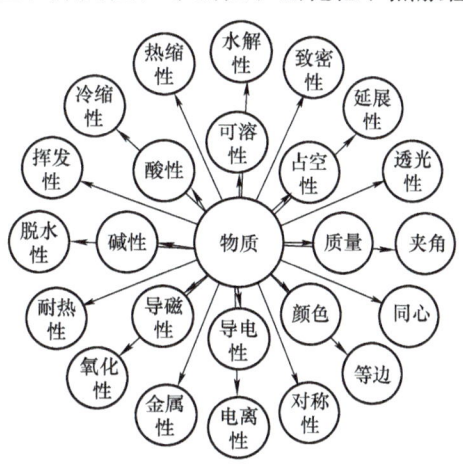

图 2-12 具有多样化属性的物质系统模型

作为示意，以上模型只标出了部分物质属性，不可能把物质的成百上千的属性都画在图中。该物质系统模型将作为后续功能分析中涉及到物质属性分析的一个基本模型。通常在画图时，我们只用圆圈或长方框表示出物质和一个（或几个）与问题分析最有关的属性，通常我们把属性标注在功能属性分析或因果属性分析的长方框之间的连线上，参见第八章。

一种物质可以具有多种属性。多种物质可以具有同一种属性（如占空性、质量等）。不同种类的物质具有不同的属性（相态、导电性、酸碱性等）。同类的物质具有相同的属性，但是度量值不同（属性的度量即参数，如导电率、强度、重量等）。

TRIZ 进阶及实战 大道至简的发明方法

现代科学证明，所有的科学效应都可以分解为两个物质属性的相互作用。而效应作为一种基本的功能单元，一旦施加在被作用物体（作用对象）上，即形成了元件或子系统乃至系统的功能——由于一般默认效应施加在作用对象上，因此我们可以笼统地说，两个物质的属性形成一个功能。因此，深入研究物质的属性，对于改进或重构技术系统的功能（实现创新）具有极其重要的意义。

在 U-TRIZ 中，属性是需要经常考虑的重要概念，是分析问题、解决问题的基本资源。资源是物质和物质属性的总称，是构建所有技术系统的基本要素，因此任何技术系统的构建和改进都离不开物质属性。属性更深刻地诠释了事物的本质。因此物质属性是对经典 TRIZ 中的资源概念的继承与发展。

3. 客户需求的属性（功能属性）

前文已经提到，复杂的物质系统具有多元化属性。产品就是一种物质系统。构建产品的物质具有属性，产品本身亦具有多元化属性，这就是产品的功能属性。

产品的功能属性与客户对产品的需求，是同一事物的两个方面——产品的功能来自市场的需求，来自提出需求并将使用产品的客户。客户对产品的描述和感觉，或者说市场上对产品的具体需求的呼声，其所描述的产品特征就是产品功能的属性。例如客户往往会说，菜刀应该锋利一些，用上几年都不用磨刀，电饭锅蒸出来的米饭应该粒粒圆润，味香好吃等。在这里，客户所陈述的"锋利"、"圆润"、"好吃"等词汇，就是对产品的具体需求，也即产品所应该具有的功能属性。至于刀锋利到什么程度，米饭圆润、好吃到什么程度，则是具体的参数（度量值）所应描述和体现的问题。例如，客户可以对一台洗衣机提出具体需求，即提出洗衣机的功能属性，其中绝大多数功能属性都已经在市场上的产品中得以体现了，而某些客户提出的"洗衣机烘干后的衣物，应该具有阳光晒过的感觉和味道"则是一个全新的、需要设法去满足的功能属性，如图 2-13 所示。

假设洗衣机要"经久耐用"是客户提出的一个具体需求（功能属性）。具体在什么条件下，用多长时间才算经久耐用，是这个属性的度量值，也即一个具体的产品参数。一般把这些参数统称为产品规格。

所有的产品设计约束应该满足的市场需求是功能属性。所有的产品规格是参数。

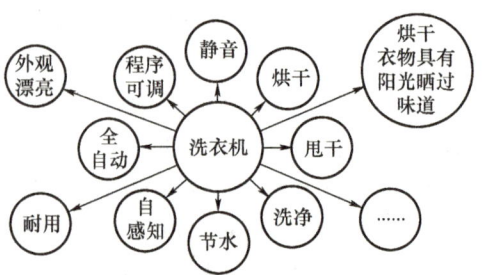

图 2-13　洗衣机功能属性

第二章　U–TRIZ 的基本概念

其实客户对产品规格是不敏感的，客户的第一需求往往不是参数而是功能属性。这意味着，从产品研发、制造到上市，之所以满足了客户需求，是因为厂商为客户提供了功能属性良好的产品。

任何的市场需求，都会形成对产品的功能属性的要求。反过来，从市场对产品的功能属性的要求，逐步分解，一直到产品的各个零部件该如何设计，都是靠属性串接起来的。因此 U–TRIZ 独创的 SAFC 模型，以市场需求作为先导，以属性作为串接和牵引，将市场需求一步步地变成了产品的设计约束，把产品的技术属性、功能属性和市场需求完美地对接联系了起来。在第八章我们将阐述 SAFC 模型在这种对接中的机理和作用。

除了产品本身的功能属性必须满足之外，产品的使用环境（时空条件，超系统因素）也直接影响了产品的功能属性。例如汽车发动机里混进了外部的砂子，可以直接导致发动机爆缸；军用手枪的正常射程是 80m 有效距离，但是如果在水里射击，有效距离会缩短 90% 以上；军舰开赴北极圈内，炮塔有可能被不断飞溅的低温海浪冻成冰坨，无法转动和开炮。有时，我们也可以充分利用外部环境的变化来改变产品的功能属性，由此而解决问题，例如在排雷和排弹时，可在引信处不断地浇液氮，冻结引信，阻止爆炸。

4. 准确区分物质的属性与参数

人们往往容易将物质的"属性"与"参数"混为一谈，认为属性就是参数，其实是不准确的。作者认为：参数是物质属性在某时空状态下的显性度量，即：$P_{s.t} = f(A_{tt})_{s.t}$，其中，$P_{s.t}$ 表示物质的显性参数，s.t 表示时间与空间，A_{tt} 表示物质的属性（多数情况简写为 A）。可度量出来的属性才是参数。每个参数背后一定是属性。属性表示物质的所属。

例如，埃菲尔铁塔具有尺寸（占空性，例如长、宽、高）、颜色等属性。铁塔的高（纵向占空性）是属性，塔高的度量是高度（参数），即其纵向占空性属性在某个时空条件（经纬度、气压、温度）下的度量，参数值随外界条件变化而变化，当温度从 -10℃ 升到 +40℃，埃菲尔铁塔的高度会"长高"近 20cm。另外，铁塔颜色在晴天看起来是棕褐色，阴天是深褐色。因此，埃菲尔铁塔的颜色参数是它的颜色属性在某个时空条件下的显性度量。

A 的数量很多，有些是显性的，但多数是隐性的，例如埃菲尔铁塔的属性有：铁塔是巴黎地标性建筑（显性）；铁塔两侧综合膨胀率不同（隐性）；颜色从建塔时涂装的"威尼斯红"（隐性）到此后使用了多种黄色油漆（隐性），再到今天的棕褐色（显性）油漆；油漆共有 18 层（隐性）；铁塔的重量每粉刷一次大约增重约50t（隐性）；铁塔的稳定性（隐性）等。

以物质的质量（属性）和重量（参数）的区分为例：在物理学定义中表示物体含有物质的多少叫质量。质量不随物体形状、状态、空间位置的改变而改变，是物质的基本属性，通常用 m 表示。在国际单位制中质量的单位是千克。重量是物体在引力场受到万有引力作用后力的度量。在地球引力下，重量和质量是等值的，但是度量单位不同，含义不同，一个单位是千克，一个单位是牛顿。物质的质量属性不随时空条件变化，而重量随着引力场条件变化。

属性与参数的对比参见表2-7。

表2-7 属性与参数的对比

	属性	参数		属性	参数
物理属性	致密性	密度	化学属性	氧化性	氧化度
	颜色	颜色值，色度		耐腐蚀性	耐腐蚀度
	熔化性	熔点		耐热性	耐热度
	沸腾性	沸点		活泼性	活泼度
	抗变形性	强度		催化性	催化度
	透光性	透光度		可降解性	可降解度
	导热性	导热率		……	……
	导电性	电导率	几何属性	点	坐标
	吸水性	吸水率		线（一维占空性）	长度
	挥发性	挥发率		面（二维占空性）	面积
	导磁性	磁导率		体（三维占空性）	体积
	磁化性	磁化率		形体	方，柱，锥，球，环
	分子热运动性，内能	温度		尺寸（一维占空性）	长度
	抗压入性	硬度		夹角	角度
	延展性	延展率		平行	平行度
	……	……		垂直	垂直度
化学属性	金属性	金属度		相交	交点值（坐标）
	非金属性	非金属度		相切	切点值（坐标）
	热稳定性	热稳定度		同心（同轴）	同心度（同轴度）
	吸水性	吸水率		等分	等分度
	脱水性	脱水率		等边	等边度
	酸性	酸度		等腰	等腰度
	碱性	碱度		对称	对称度
	稳定性	稳定度		平顺	平顺度
	电离性	电离度		光滑	光滑度
	水解性	水解度		粗糙	粗糙度

第二章 U-TRIZ 的基本概念

（续）

	属性	参数		属性	参数
几何属性	空心	空心度	材料属性	平整性	平整度
	……	……		变色性	变色度
				折射性	折射率
工艺属性	可制造性	可制造度		黏性	黏度
	可焊接性	可焊接度		易碎性	易碎度
	可分割性	可分割度		感光性	感光度
	可切削性	可切削度		……	……
	可抛光性	可抛光度	生物属性	动物	域，界，门，纲等
	可修补性	可修补度		植物	界，门，纲，目等
	可编织性	可编织度		呼吸性	呼吸率
	可压缩性	可压缩度		厌氧性	厌氧度
	可扭曲性	可扭曲度		遗传性	遗传率
	可弯折性	可弯折度		反射性	反射度
	可拉伸性	可拉伸度		反馈性	反馈度
	可粉碎性	可粉碎度		趋光性	趋光率
	回弹性	回弹率		环境敏感性	环境敏感度
	可回收性	可回收率		自修复性	自修复度
	可再生性	可再生率		光合性	光合
	……	……		气味	酸甜苦辣
材料属性	弹性变形	弹性模量		呼吸性	呼吸节拍
	物质单位体积质量比	质量密度		毒性（生物有害性）	生物有害度
	抗剪性	抗剪模量		代谢性	代谢率
	横向与纵向变形量比	泊松比值		排泄性	排泄率
	表面张力	张力强度		进食性	食量
	屈服性	屈服强度		遗传变异性	遗传变异度
	热扩张性	热扩张系数		蛋白质变性	蛋白质变度
	放射性	放射度		攻击性	攻击度
	热脆性	热脆度		……	……
	冷脆性	冷脆度			

第四节 矛盾与参数

矛盾是对立统一的双方面。对立统一规律揭示了事物发展变化的源泉和动力，它贯穿于唯物辩证法等其他规律和范畴之中，是唯物辩证法科学体系的实质和核心。

世界上任何事物的内部和事物之间都包含矛盾的两方面。例如：生物内部存在同化与异化的矛盾，生长与老化的矛盾；物理上物质的凝结与蒸发；战争中的进攻与防守等。

没有矛盾，就没有技术系统的存在，或者说技术系统就无法实现发展与进化。

阿奇舒勒通过分析、研究世界范围内的大量发明专利后，确定了经典 TRIZ 中最核心的内容——矛盾。他发现发明专利中有一个共同点：如果系统中存在着问题，那么几乎所有的问题中都蕴含着矛盾，而解决矛盾的结果就可以形成一项新的发明专利。这样的问题被阿奇舒勒称为"发明问题"。阿奇舒勒指出，发明问题中至少包含一个以上的矛盾，解决问题就是要消除矛盾。这是经典 TRIZ 具有划时代意义的一个重要结论。

1. 矛盾的基本形式

在经典 TRIZ 理论中矛盾划分为三种类型：管理矛盾、技术矛盾、物理矛盾。

1）**管理矛盾**——一个介于需求和满足它的能力之间的矛盾。发明问题在某个领域长期存在，知道需要做什么去改善现状，但是不知道该如何去做。例如，一个不合适的系统参数应该被改进（如提高计算机性能）；管理上有一定的缺陷应该避免（如投资效率不高），但是不清楚如何避免；做出的产品有缺陷，但是不清楚原因等。这些矛盾通常被称作管理矛盾。管理矛盾经过分析后可以转化成下面两种矛盾。

2）**技术矛盾**——两个参数/功能/属性/质量等彼此之间的矛盾，即如果试图改进技术系统的某一个参数 A，而引起了系统的另一个参数 B 不可接受的恶化，则说明系统内部存在着技术矛盾。所有的人工系统、机器、设备、组织或工艺流程，其特点是相互关联的参数的综合体，如生产率、能耗、数量、规模、运行效率、清偿能力等，尝试去改善一个参数往往会造成其他参数的恶化，从而形成技术矛盾。技术矛盾产生的根源在于技术系统内部的参数/功能/属性不协调所形成的对立。

3）**物理矛盾**——两种截然不同的需求 A 和非 A 制约一个参数 P 的矛盾。即对技术系统中的某一个组件/元件的参数 P（或属性）提出了截然不同（包括完全相反）的需求 A 和非 A 时，该系统存在物理矛盾。A 和非 A 两种需求如同拔河一样，此消彼长，一方的获益建立在另一方的损失之上。

与技术矛盾相比，物理矛盾在解决实际问题时使用得更为广泛。物理矛盾产生的根源来自于技术系统外部对技术系统内部某元件的参数或属性的截然不同的对立需求。现实存在的问题中，几乎不存在找不到物理矛盾的情况。

4）**三类矛盾之间的相互转化**。通常管理矛盾包含了若干技术矛盾和物理矛盾。经过分析，管理矛盾可以转化为技术矛盾和物理矛盾。技术矛盾可以转化为物理矛盾。转化路径：管理矛盾→技术矛盾→物理矛盾。

理论上矛盾可以相互转化。但由于上述转化路径在解决矛盾上趋于越来越彻底，因此反向转化极少。较为常见的是把技术矛盾转化为物理矛盾。具体转化方法参见第七章第二节。

2. 构成矛盾的参数与属性

以属性为核心是 U–TRIZ 的重点。

参数是物质属性在某个时空状态下的显性度量，因此参数是物质属性的显性的、可度量的表现形式。参数之间的矛盾，实际上也是物质属性之间的矛盾。

TRIZ 中物质的通用工程参数有 39（后增至 50）个。它们是一系列我们常见的、通用的几何、物理或实用参数，如：物体的重量、尺寸、面积、体积、速度、功率，以及时间损失、消耗能量、强度、温度、可靠性、通用性、生产率等。改进后的 TRIZ 汇总了 50 个特性参数，增加了诸如：运行效率、信息的遗漏、有害的扩散、噪声度、安全度、易损坏度、美观度、装置的复杂度，以及在前几年新增加的两个参数：正向不确定参数、负向不确定参数。

以上参数称作"通用工程参数"，是事物在特定状态下所表现出来的属性参数，是千千万万专用参数的提炼和归纳。其他的叫法如"通用特性参数"、"通用技术参数"等都基本同义。

根据对"物质的属性与参数"的对比研究结果，"物质的参数应该是物质的属性在特定时空状态下的度量"。对于某些常见术语究竟是参数还是属性，简明的判断是：凡是带有"××性"的，都应该是属性，凡是带有"××率"、"××度"的，都应该是参数，没有写明的要具体分析后决定——如果是可测量的、有量纲的名称，就是参数，如果是没有量纲的、只是描述特性的形容词，就是属性。例如，"酸性"是一个描述物质属性的术语，至于其酸到什么程度，往往会用"酸度"来表示，通常用 pH 值来定义酸碱度。pH 参数带有具体的量纲，其具体数字表示酸碱度的度量值，例如当某种溶液 pH<7 的时候，溶液呈酸性，当 pH>7 的时候，溶液呈碱性，当 pH=7 的时候，溶液呈中性。

之所以要严格区分属性与参数，是因为两个属性的相互作用既可以形成效应（并进一步形成功能），也可以形成矛盾，而两个参数的相互作用只能形成矛盾；另外，分析物质的属性，有利于突破参数的思维惯性，让我们站在物质最基本特性的角度来观察和分析问题，引导我们得到更为丰富和彻底的解决方案。因此，在面对一个问题情境时，分析技术系统中的各项技术参数，与分析技术系统中的组件/物质属性，具有完全不同的含义，也会导致完全不同的解题效果。参数和属性的主要区别见表2-8。

表2-8 参数和属性的主要区别

	描述物	内在含义	外在含义	相互作用
属性	组件/物质	物质特性	资源	效应/功能
参数	系统/组件	度量特性依据	轮廓/功效/程度	矛盾

在实际应用 U–TRIZ 的过程中，初学者容易在两个方面感到混淆，一个是如上所述，分不清楚属性和参数，另外一个情况是分不清楚参数和参数的度量值。物质、属性、参数、度量值，其实是一条清晰的脉络，只要经常练习，不断加以区分，就会轻松驾驭。物质、属性、参数、度量值的表达与举例见表2-9。

表2-9 物质、属性、参数和度量值的表达与举例

物质	属性	参数	量值
静止质量不为零的实体	区别其他物质的必然的、本质的、不可分离的性质	物质的属性在特定时空状态下的度量（测量）	参数具体的度量值
纯水	中性	pH	7（标准温度与压力）
硅	沸腾性	沸点	3173K（2900℃）

在不同的时空条件下，物质的参数度量值会发生变化。例如在非水溶液或非标准温度和压力的条件下，pH = 7 可能并不代表溶液呈中性，这需要通过计算该溶液在这种条件下的电离常数来决定 pH 为中性的值。如 373K（100℃）的温度下，pH = 6 为中性溶液。

3. 经典 TRIZ 通用工程参数的价值取向

在经典 TRIZ 中，对通用工程参数本身含义的"积极"、"消极"等价值取向的识别与确定。因为这关系到如何确定一个参数的"改善"与"恶化"，关系到如何去识别与定义矛盾。因为这关系到如何确定一个参数的"改善"与"恶化"。积极参数的含义是，其度量值增大则为改善，减少则为恶化；消极参数则反之，其度量值减少则为改善，增大则为恶化。有些参数本身的积极或消极的含义是明确而唯一的，有些参数则比较"中性"，无法一概而论，要根据具体的问题情境来确定其是"积极"还是"消极"的，见表2-10。

第二章 U-TRIZ 的基本概念

表 2-10　50 个通用工程参数的价值取向识别

积极参数	消极参数	中性参数
12#运动物体的耐久度	16#运动物体消耗能量	01#运动物体的重量
13#静止物体的耐久度	17#静止物体消耗能量	02#静止物体的重量
18#功率	26#时间的损失	03#运动物体的长度
20#强度	27#能量的损失	04#静止物体的长度
21#结构的稳定度	28#信息的遗漏程度	05#运动物体的面积
24#运行效率	29#噪声度	06#静止物体的面积
32#适应度（通用度）	30#有害的扩散度	07#运动物体的体积
33#兼容度（连通度）	31#物体产生的有害因素	08#静止物体的体积
34#可操作度	25#物质的损失	09#形状
35#可靠度	38#易损度	10#物质的数量
36#易维修度	45#装置的复杂度	11#信息的数量
37#安全度	40#作用于物体的有害因素	14#速度
39#美观度	46#控制与测量的复杂度	15#力
41#可制造度	49#测量难度	19#应力/压强
43#自动化程度	48#负向不确定参数	22#温度
44#生产率		23#照度
47#正向不确定参数		42#制造精度
50#测量精度		

例如该表中的"制造精度"参数，在一般人理解上，似乎是精度越高越好，这应该是一个"积极"参数。但是事实并非如此，只能根据具体情况而定。当一个产品的精度指标不满足基本要求时，精度值越高越好；当精度值已经达到基本要求时，还盲目地提高某个精度指标以试图去满足别的指标，就是对设备和工时等资源的浪费了。因此，对已经满足了精度要求的零件继续提出提高精度的要求，不能理解为"改善"，而是要定义"恶化"。

另外，细心的读者会注意到"成本"这个常用术语并没有在表格中出现。这是因为成本是一个综合性的概念，与成本相关的参数很多，例如工时、材料、设备用量大，材料、设备、工厂升级换代，提高零件的制造精度、测量精度、测量难度、装置的复杂度、控制与测量的复杂度等等，都会导致成本增加。因此，应该把成本分解为与成本有关的通用工程参数。

4. 从物质的通用工程参数到物质的属性参数

物质属性有很多，数量大约在三千左右。其中大家熟知的显性物质属性有：占空性、质量、尺寸、颜色、相态、导电性、酸碱性等。还很多不少物质属性是隐性的，不易为人们所察觉，如表面波、超流体、超固体、闪蒸、清晰点、零点能量、特殊态（水在液体时有 5 种不同状态，固体时有 14 种不同状态）等，掌握这些物质属性，对于开拓思路、多手段地解决问题是十分有益的，这也是为什么对物质属性的认识、分析与挖掘是如此之重要！

经典 TRIZ 中没有属性这个术语，对物质属性揭示很少，明确出现的物质属性是物场模型中的"场"，另外在资源的概念中，隐含了部分物质属性内容。企业研发人员比较容易学习和掌握经典 TRIZ 所定义的 39（或 50）个通用工程参数，因为这些显性参数就是研发人员日常关注的工作内容。但是，对于隐藏在这些显性参数背后的物质属性，研发人员往往缺乏清晰的认知。

在上一小节中给出了技术系统的"特性参数"，它们是千千万万专用工程参数的提炼和归纳，是事物在特定状态下所表现出来的通用属性参数，并非全部状态的属性参数。这些通用工程参数的优点是少而精，把专用参数尽可能地一般化了。但是在实际使用中，读者往往感到，从实际问题中准确地寻找到这些通用工程参数并不容易。这是因为，尽管高度一般化的 39/50 个通用工程参数有利于定义矛盾（问题模型），有利于查询矛盾矩阵表，但是它们无法反映出物质丰富的属性。三千个物质属性仅仅用 39/50 个通用工程参数表达出来，必然有很多物质状态、很多结构细节（如上列举的隐性属性）等是无法顾及的，例如 7 个基本物理量之一是电流，在阿奇舒勒时代电早就普及应用了，但是从数万份专利中归纳出来的 39 个通用工程参数中，居然没有明确的电参数，当然更缺乏信息时代的参数，这不能不说是一个重大缺憾。经典 TRIZ 的 39 个通用工程参数，包括后人汇总成的 50 个，其目的仅仅是为了查询矛盾矩阵表，其对专用参数所进行的高度一般化的处理结果，影响了对物质属性的精确判断与使用。因此，矛盾矩阵表解题命中率不高是必然的结果。

即使我们认为 39（50）通用工程参数是提炼准确的，但是在实际分析问题、解决问题的过程中，也处处需要与物质属性打交道。作者研究发现，以矛盾矩阵表解题工具为例，在分析问题、解决问题的过程中，<u>寻找的是参数，应用的是发明措施，但实际操作的是物质属性</u>。例如，经典 TRIZ 解决发明问题的过程，往往是从寻找 39 个物质的"显性特性参数"而开始，以发现了可以解决问题的物质的"隐形属性参数"（如 40 个发明措施中"热膨胀"是物体的内能属性作用于物体的占空性属性的结果）而结束。与其我们费尽心机找合适的属性参数，还不如从一开始就同时关注物质的属性与参数，甚至直接对物质的属性加以操作，以便捕捉到更多的解题线索和更好的解题机会。在这里，<u>我们把解决问题所需要的关键的物质属性的参数，叫作属性参数</u>。

所有的发明措施、标准解、效应所构成的发明成果，最终落脚点都会落在物质的属性的变换上。无论在分析问题还是在解决问题的阶段，整个解题过程，就是寻找适用的物质属性的过程，就是让适用的物质属性与有问题的物质属性发生

第二章 U-TRIZ 的基本概念

交互或置换的过程，就是对技术系统内外部的物质属性或属性参数进行"变、增、减、测、稳"精心操作的过程。

从目前 TRIZ 研究、应用的情况来看，"通用工程参数"的应用范围受到了一定的限制。因此，把"通用工程参数"重构为适用范围更广的"通用属性参数"是值得研究的内容。

参照国际上现代 TRIZ 的研究成果，结合对功能以及物质属性的深入理解，U-TRIZ 给出了可以精确操作的（功能受体或作用对象的）36 个通用属性参数，见表 2-11。

表 2-11　功能受体的 36 个通用属性参数

属性操作	属性参数	属性参数	属性参数
变、增、减、测、稳	亮度	均匀度	形状
	颜色	湿度	声音
	浓度	长度	速度
	密度	磁性能	强度
	电导率	方向	表面积
	能量	极化	表面粗糙度
	流量	孔隙率	温度
	力	位置	时间
	频率	功率	透明度
	摩擦	纯度	黏度
	硬度	压力	体积
	热传导	刚度	重量

如果我们把 36 个通用属性参数与 39 个通用工程参数做一个简单对比的话，可以发现两种"通用参数"中有不少参数是相同的，如力、长度、面积、体积、重量、温度、速度、强度、亮度、功率等，但是也有更细致的区分，浓度和密度源于"物质的量"。同时也增加了许多诸如极化、摩擦、孔隙率、电导率、磁性能、颜色、湿度、透明度、频率、纯度等。另外，在 39 个通用工程参数中对术语的"定性"（如运动的、静止的），在 36 个通用属性参数中都去掉了。

除了参数术语变化之外，在使用目的上也有明显差别：39 个通用工程参数是为了"消解技术系统的矛盾"而归纳出来的，36 个通用属性参数是为了"实现技术系统的预设功能"而建立的。

TRIZ 进阶及实战   大道至简的发明方法

第五节　理想化、理想度、理想化最终结果（IFR）

理想化是 TRIZ 中的重要概念。与理想化相关的词汇在 TRIZ 中有很多，如理想度、理想化最终结果、理想资源、理想系统等。作者认为，从属性角度来看，产品功能的理想化就是一种属性，而理想度是这种属性的度量值。本节将重点介绍理想化、理想度和理想化最终结果（IFR）这三个重要概念。下面对这些概念分别予以介绍。

1. 理想化

理想化是阿奇舒勒一直在其著作中予以特别强调的重要概念。原因在于，理想化是一个顶级的、抽象的、一般化的形容词，用这样一个术语，就把诸如"新颖"、"漂亮"、"美好"、"酷"、"高质量"、"低成本"、"无害"、"节能"、"环保"、"轻便"等描述一个优秀产品的词汇"一网打尽"了。

- 理想化关乎过程：理想化是在一个漫长的进化过程中逐步达到的，不可一蹴而就。
- 理想化关乎目标：理想化既是过程也是结果，理想化的终极目标就是实现理想系统。
- 理想化关乎极限：理想化就是要把技术系统及其组件的属性做极大化、极小化处理。
- 理想化关乎价值：提高产品的理想化程度，就是提高产品（技术系统）价值的同义语。
- 理想化关乎自然：理想化的最高标准，就是任何产品的功能都自然实现。顺应自然，无为而治，天人合一（即自然系统与人工系统和谐一体，共生共赢），是本书所追求的价值观。

我们经常遇到这样的情况：面对具体问题，复杂而效率不高的解决方案可以很简单地思考出来，而简单有效的解决方案思考出来的过程却很复杂！问题在哪里？问题在于我们对技术系统的"理想化"这个极其重要的概念的理解和实践。

在对理想化的认识上，根据作者多年的研究，U-TRIZ 已经对其形成了较为

第二章　U-TRIZ 的基本概念

结构化的、独特的认识。理想化的技术系统并非是简单地描述为"质量和成本为零，无害，功能要什么有什么"——这个描述是正确的，但是是不完整、不系统的。理想化是一个漫长的进化过程，几乎在所有的情况下，技术系统都是"不理想"的。因此在不理想和理想的技术系统之间，有着巨大的时空跨度。TRIZ 的研究者有责任和义务让 TRIZ 初学者清晰地认识到，从不理想到比较理想、到更理想，乃至到最理想的阶段性目标和实现途径。作者认为理想化应该有以下几个逐步延伸的阶段性目标和不断深化的含义：

- **时空恰当**：初级理想的系统是在适当的时刻、适当的位置来执行系统功能。
- **系统简约**：比较理想的系统是用最少的组件实现了同样的系统预设功能。
- **自我实现**：理想的系统是在没有人工干预的情况下，能够自我执行所有的功能。
- **消除系统**：一个更理想的系统是该系统不存在，但是照样执行它的功能。
- **消除功能**：最理想的系统是功能不再需要，一切自我实现，自然实现。

以下就技术系统的理想化以及所有相关的概念做几点讨论：

1) **理想化不是空泛的、难以实现的概念**。在现实的世界中，几乎所有的技术系统都是不理想的——占空间、有质量、耗能、有成本，更让人不得不面对的客观事实是：任何一个技术系统都是兼具有用功能和有害功能的，即产品在实现系统的预设功能的同时，兼有某种意义上的有害功能。物理上不存在没有有害功能的技术系统。

2) **把所研究的对象理想化是自然科学的基本方法之一**。理想化是对客观世界中所存在事物的一种抽象，这种抽象在客观世界中既不存在，又不能通过试验验证。理想化的事物是真实存在的一种极限状态，对于某些研究起着重要的作用，如几何学中的没有大小的点、没有粗细的线和没有薄厚的面，恒星学中定义恒星的理想形状是圆球状，物理学中的理想气体、理想液体、理想固体（刚体）、质点、理想状态等。理想化是 TRIZ 的一个强有力的工具，把问题理想化，有助于我们在解决问题之初，抛开各种客观限制条件，通过理想化来定义问题的"理想化最终结果（IFR）"，目的在于追求卓越，强化价值。

3) **理想化是技术系统进化的终极方向**。从 TRIZ 的观点来看，产品研发、工艺改进或技术创新的所有努力，就是让技术系统尽可能地向理想化方向迈进，尽可能地接近"理想化最终结果（IFR，Ideal Final Result）"——<u>在某种给定客观条件下，找到该系统中的自服务，以最小的代价而获得最大的系统改进的结果</u>。TRIZ 倡导用<u>最简约</u>结构（因而可靠）、最低成本、没有毒副作用的方式来实现更多的功能，来倡导调整和优化现有设备而不是引入新设备以实现某个新功能，倡导尽量用理想资源有效地解决问题。这打破了传统的设计观点——实现新功能就必须引入或开发新设备的"惯例"。在第五章第四节中，将对<u>最简约</u>的概念进一步研讨。

4) **基于理想化概念衍生出来若干相关词汇**。在 TRIZ 中与理想化有关的概念包含：理想系统、理想过程、理想资源、理想方法、理想机器和理想物质等：

- 理想机器：没有质量、没有体积，但能完成所需要的工作。
- 理想方法：不消耗能量和时间，但通过系统自身调节，能够获得所需的功能。
- 理想过程：只有过程结果，无需过程本身，在提出需求后的一瞬间就获得了所需结果。
- 理想物质：没有物质，功能得以实现。
- 理想资源：存在无穷无尽的资源，无处不在，无时不有，取之不尽，用之不竭，随意使用，不必付费（如空气、重力、阳光、风、泥土、地热、地磁、潮汐等）。
- 理想系统：既没有实体和物质，也不消耗能源，但是能实现所有需要的功能，而且不传递、不产生有害的作用（如废弃物、噪声、光污染等）。

理想化的技术系统（即理想系统），作为物理实体并不存在，然而这个进化趋势是客观存在的，即系统在其整个发展历程中，总是趋于变得更加智能、小巧、简单、可靠、有效、完善，当系统或产品越理想化时，它花的成本也越少，也越简单、越有效率。因此，理想化始终是所有技术系统的发展方向。巧妙应用发明方法，可以加速这个发展进程。

工业 4.0 所描述的四次工业革命的发展进程，其核心标识是从机械化、电气化、信息化逐步发展到智能化。这个发展过程就是技术系统逐步趋于理想化的过程。

2. 理想化最终结果（IFR）

给出 IFR 的目的是为了在解题结果上追求卓越，是为了明确理想化的方向和极限位置，保证在问题解决过程中沿此方向前进并获得理想化或者接近理想化的最终结果，让系统的改动最小或代价最低，从而避免了传统创新方法中缺乏目标的弊端，提升发明的效率和水平。

实现 IFR 的要点是要找到自服务，即有用功能的自我实现，有害功能的自我消除。

IFR 的实现是阶段性的。当在一种客观条件下找到了 IFR，并较好地解决了问题时，并不就是到达了系统的终点。系统组件发展是永不均衡的，矛盾是永恒存在的，相互作用是暂时和谐的，因此问题也是不断随机产生的。随着客观条件的变化，当新的平衡被打破，那么就需要在新的客观条件下，再次寻找"此情此景"下的 IFR。当一个个 IFR 不断被设定、被达到，技术系统也就不断提高了理想度，不断向着更理想化的方向进化。

获得 IFR 的技术系统具有 4 个要点：1）保持了原系统的优点；2）消除了原系统的不足；3）没有使系统变得更复杂；4）没有引入新的缺陷。

3. 理想度（Ideality）

创新的终极目的是提高技术系统的理想度。理想度是指导技术人员进行产品和技术研发创新的重要指标。提高技术系统的理想度是技术创新的永恒的价值导向。在 U-TRIZ 中，对理想度的概念进行了某些拓展，让其具有了更丰富的含义。

从古至今，类似或者同样的发明创新问题反复出现，解决问题的水平也在不断地提高，那么，对实现系统功能的理想化程度，需要有一个衡量的手段，这就是理想度：

$$理想度 = \frac{\Sigma 有用功能}{\Sigma 有害功能 + \Sigma 成本}$$

由上式可以得出的结论：技术系统的理想度与有用功能之和成正比；与有害功能之和及其总成本成反比；理想度越高，产品的竞争能力越强。发明的过程，就是提高系统理想度的过程。在发明中应以提高理想度的方向作为总目标。提高理想度有以下 4 个策略：

1）同时增大分子，减小分母——最佳改进，孵化期策略；
2）分子、分母同时增加，确保分子增速高于分母——成长期策略；
3）锁定分母，增大分子——提高性价比，成熟期策略；
4）锁定分子，减小分母——质量归零，降本增效，成熟期策略。

根据理想度公式，可从以下几个方向来提高技术系统的理想度：
1）增加有用功能的数量；
2）去除辅助功能，或将其转移到其他功能组件；
3）将部分功能转移至超系统，优化系统中的其余功能；
4）简化系统，去除多余的组件，合并离散的子系统；
5）实现自服务，系统自我控制与发展；
6）利用已经存在并可用的内部和外部资源；
7）减少有害功能的数量，尽量剔除那些无效、低效、产生副作用的功能；
8）降低有害功能的级别，预防和抑制有害功能产生，或者将有害功能转化为中性功能；

9）将有害功能移到外部环境中去，不再成为系统的有害功能。

理想度是一个综合表述技术系统的成本、经济效益与社会效益的客观指标。它可以作为评估技术创新成果，评估某种引进技术，或者评估重大技术专项的重要评估指标。

4. 理想度与发明问题

疑难复杂问题（发明问题）从何而来？企业技术人员研发的目的是：追求更多的有用功能，更少的有害功能和更低的成本。这是产品设计的目标，也是产生一系列疑难复杂问题的根源。发明问题的表现形式和问题模型为：

1）**技术系统存在参数/功能/属性上的不协调——矛盾模型**，即当我们试图改善（强化有用性，弱化有害性）某个参数/功能/属性时，另一个参数/功能/属性发生了不可接受的恶化（强化有害性，弱化有用性）。消除矛盾将有效提高技术系统的理想度。

2）**技术系统存在相互作用的不协调——物场模型和功能化模型**，有用功能与有害功能总是同时发生，长期共存。系统的有害功能无法完全消除。研发人员的职责是，在给定客观条件下，把有害功能对有用功能的影响降至最低，或者把有害功能转化为有用功能（变害为利）。通过增分子、减分母的方式，提高技术系统的理想度。

3）**实现技术系统基本功能的原理不适用——功能化模型**，如果功能化模型中的"功能（'谓语+宾语'或'动词+名词'）"所用到的"主语（名词，解决方案，实现原理，效应）"虽然可以实现功能，但是功能一直呈现出不适用（以有害、不足、过度功能为主，且无法通过技术手段解决）的状态，工作效率较低或者有用功能很难实现，那么就要考虑是否出现了原理不适用的情况。通过功能导向搜索，找到技术系统的新的工作原理，可以大大提高其理想度。

例如，用钢锯切割厚钢板（往复式局部去除材料）效率太低，如果定义原有的技术系统的功能是"分割钢板"，那么，可以改用薄砂轮片切开（高速回转式局部去除材料），或者用焊枪切割（高温局部熔化去除材料），或者电火花切割（电场局部腐蚀去除材料），或者激光切割（瞬间高温局部气化去除材料）——新的工作原理产生了，替换了原有的技术手段，以更高的效率、更好的质量，大幅度提高技术系统的理想度。

思 考 题

1. 什么是功能？功能的三个基本要点是什么？

第二章 U-TRIZ 的基本概念

2. 功能有几种定义方式？功能与属性的关系是什么？
3. 超系统与相邻系统有什么不同？
4. 什么是资源？什么是理想资源？
5. 什么是物质属性？资源与物质属性的关系是什么？
6. 请说出金属类物质的 10 个以上的属性。
7. 什么是矛盾？常见矛盾有几种？
8. 如何理解理想化的概念？
9. 设定 IFR 的目的是什么？实现 IFR 主要是应用了哪一个发明措施？
10. 从理想度的概念理解，发明问题有几种表现形式？

第三章 技术系统进化法则与功能

TRIZ进阶及实战
——大道至简的发明方法

第三章　技术系统进化法则与功能

第一节　技术系统是不断进化的

在众多的发明方法中，只有 TRIZ 理论具备技术系统进化的完整内容，构成了 TRIZ 独特的基础理论体系。

1. 技术系统的发展演变

技术系统是功能的载体，实现预设功能是构建技术系统的目的。

构建技术系统，必定是实现预设功能。而实现预设功能，未必一定需要技术系统本身，巧妙利用技术系统的超系统或子系统也可以实现，如"嵌套"在智能手机中的"钟表"、"计步器"、"导航仪"等功能，就只是手机这个超系统的一个 App 而已，随时可以使用、安装、更新或删除。这就是技术系统进化的结果。

技术系统始终是不断发展演变的，以适应复杂的外部环境，克服自身的矛盾与不足，更好地实现系统预设功能。我们把技术系统的这种发展演变叫作技术系统进化。技术系统必然发生的客观的、有规律的进化过程是 TRIZ 的理论基础。技术系统进化的终极理想状态，是消灭技术系统，消灭功能，一切都自然实现。

阿奇舒勒通过对大量专利的分析发现，所有技术系统的进化并非是随机的，都是遵循着一定的、客观的规律进化的，一旦掌握了这些规律，就能主动预测未来技术的发展趋势，掌握技术发展可能的方向，使企业的今天能设计明天的产品，在激烈竞争的市场中一直处于最有利的领先地位。

技术系统进化规律对产品开发起着至关重要的引领作用。在 1951 年朝鲜战争期间，原苏联的新战机米格-15 首次投入实战，美国也推出了第一批投入实战的箭翼喷气式歼击机 F-86 "佩刀"。两种新飞机是在不同的国家、不同的研发人员、彼此完全隔绝的状态下研制出来的，然而，当这两架飞机在天空中展开战斗的时候，人们却发现它们的气动

图 3-1　米格-15（左）与 F-86（右）

外形是那么惊人地相似，甚至它们的很多零部件也都大致相同。这并非偶然巧合，

而是隐藏在产品背后的技术系统进化的某种客观规律作用的必然结果。

类似的例子很多，读者可以看到，今天的汽车、高铁、机床、风电设备、高清电视和智能手机等高科技产品，不管是哪个厂商开发的，只要是同一档次的产品，在外观、结构、操作方式和主要功能等方面，都高度相似。

TRIZ 中所有的解题工具，如 40 个发明措施、分离原理、76 个标准解、效应等，都是为了实现、调节和优化技术系统功能的具体解题工具，也都与技术系统进化密切相关。只要应用了以上解题工具彻底解决了问题（消除了矛盾），就会让技术系统发生实质性的进化。

关于进化法则，读者应该了解并掌握以下三个要点：
- 法则反映了事物内部的、有序变化的、显著和稳定的关系和现象。
- 法则是客观上必然联系的现象之间的因果关系，是内在的本质的联系。
- 法则不以人的意志为转移，具有客观上的不变性。

2. 技术系统进化法则的由来

TRIZ 大师弗拉基米尔·彼得罗夫在其《系统发展法则》俄文版一书中介绍，阿奇舒勒在 1956 年提出了第一个技术系统进化法则，相当于给出了技术系统的完备性法则。它有以下五个要点：

1）机器、机构和过程的单个元件的发展是如影相随、此消彼长的；

2）这种发展是不平衡的，某些元件超前，某些元件滞后；

3）机器、机构和过程系统的计划发展是有可能的，只要有一个不会恶化系统的（先进部分和落后部分的）矛盾存在；

4）这种矛盾是整个系统的整体发展的障碍，消除矛盾即产生发明；

5）如需要对该系统中的一个组成部分做变化，将会引起其他部分功能的变化。

此后阿奇舒勒给出了提高理想度法则的阐述。在 1963 年他提出了科技发展的以下几个进化趋势：

1）提高各单个元件的参数。例如，增加了飞机或车辆的承载能力和速度。

2）增加机器和过程的具体特征。

3）强化生产过程（例如，多个时间步骤的组合）。

4）"动态化"的机器：具有固定特征（重量、体积、形状等）的机器，正在处于彼此发生位移改变的过程中，即将机器划分为几个灵活的接合部分。"灵活"将取代"僵硬"，这是现代科技发展的显著趋势之一。

同时阿奇舒勒对"理想机器"这样一个在现实世界不存在的抽象事物，给出

第三章　技术系统进化法则与功能

了以下一些判断标准和特点阐述：

1）"理想机器"的所有的时间、所有的设计载荷都是有用的；

2）"理想机器"对材料进行操作，将会以最恰当的方式发挥材料的性能，例如，金属零件只拉伸，木材部件只压缩等；

3）每个"理想机器"都有最有利的环境条件（温度、压力、外部环境的运动性质等）；

4）"理想机器"运动时，其有效载荷的重量、体积和面积完全重合，或几乎与机器本身的重量、体积和面积重合。

5）"理想机器"能够改变（其核心职能范围内的）任务与命令。

6）"理想机器"的寿命与整个大修周期是相等的。

在20世纪70年代中期，由阿奇舒勒开发的技术系统进化法则已经在他的两篇论文"生命线"和"技术系统发展的规律"中予以发布。随后阿奇舒勒在他个人撰写的《创》书中详细阐述了这些进化法则。他把那些必然遵守的进化模式归结和定义为技术系统的8个进化法则，并且把它们分为三组："静力学"，"运动学"和"动力学"。

静力学：1）完备性法则；2）能量传递法则；3）协调性进化法则。

运动学：4）提高理想度法则；5）子系统不均衡进化法则；6）向超系统进化法则。

动力学：7）向微观及增加场应用进化法则；8）动态性进化法则。

至此，经典TRIZ的技术系统进化法则体系基本成型。

这8个进化法则，指明了产品的符合客观规律的进化方向，对于启发研发人员的创新思维很有帮助。人们常常把这8个进化法则比喻为"宪法"——最高指导，完全正确，缺乏细则。如果用宪法去具体断案显然不易操作。于是，在近些年发展起来的若干现代TRIZ流派的理论内容中，对8个进化法则进行了较大的扩充和改进，给出了具体的操作措施，相当于基于宪法制定了多领域的、易操作的具体"法律条文"。

3. 技术系统进化法则的体系结构

尽管阿奇舒勒将8个进化法则分成为三组，但是总体上仍然缺乏体系结构。后经他的学生和其他TRIZ专家的研究与完善，结合技术系统的S-曲线进化法则，形成了由9个技术系统进化法则所构成的经典TRIZ进化法则体系结构，如图3-2所示。

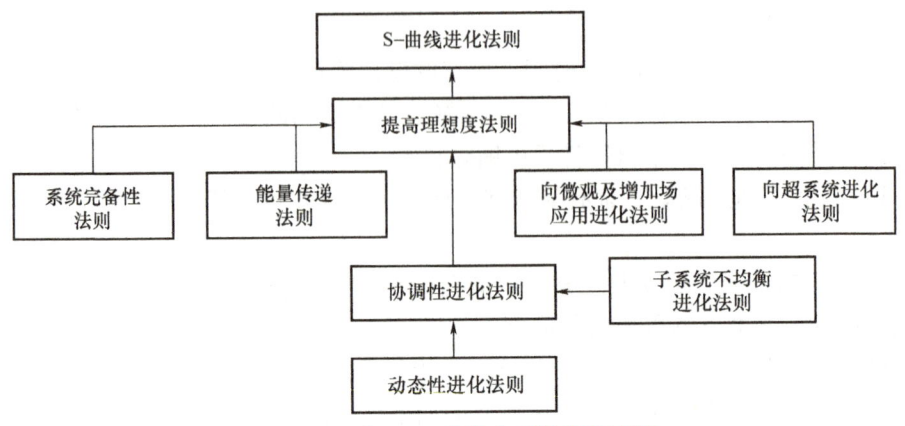

图 3-2　经典 TRIZ 的技术系统进化法则

4. 技术系统进化法则、趋势、模式

对于技术系统进化法则，在不同时期、不同 TRIZ 学术流派的资料中有一些不同的术语描述，例如规律（discipline）、法则（law）、趋势（trend）、模式（pattern）等。在 20 世纪 80 年代，在阿奇舒勒俄文原著《创》的翻译中使用的是"技术规律"。20 世纪 90 年代，在英文版的经典 TRIZ 著作中开始使用"技术系统进化法则"。在现代 TRIZ 中，从"规律"、"法则"逐渐发展到了"趋势"、"模式"等多样化的术语来定义和描述进化规律。尽管术语不同，但是其所表达的基本含义是一致或类似的。术语概要：

- 法则——法则描述现象之间的一般关系，指明了技术系统进化的一般规律，是人们在研究技术系统进化时的常用术语。但是由于法则的描述过于宏观，用这些法则作为工具来判断和预测进化的效果，实操性较差。因此，也有学者倾向使用下面的"趋势"或"模式"术语。也有学者把法则（law）翻译为"定律"。
- 趋势——趋势描述了系统元件进化趋势的方向，可以矢量化、显性地图示出来，直观明了。法则往往也明示或隐含了趋势的含义，但是不如趋势表达得更具有方向感，更为具体。某些 TRIZ 专家指出，进化趋势是可逆的，即存在与趋势相对的"反趋势"，例如技术系统的进化趋势可以是"点→线→面→体"，也可以是"体→面→线→点"。
- 模式——模式是某些给定物体或过程的进化的指标，它不仅是进化的方向，也指示了一个技术系统或者它的元件的特性转化版本的详细路径（例如进化树中的每一步、每一个分支）。因此，模式比趋势和法则显得更具体一些。

第三章 技术系统进化法则与功能

现代 TRIZ 的观点倾向于建立进化法则的层次结构，即三者之间的结构关系可以用图 3-3 表示。

模式从属于趋势，趋势从属于法则。某个进化趋势本身往往伴随有反趋势出现，反映了客观世界的两面性和进化过程中的往复性与复杂性。在非学术研讨的情况下，我们可忽略法则、趋势、模式等词汇之间的差异，认为它们说的大致是同一个意思。

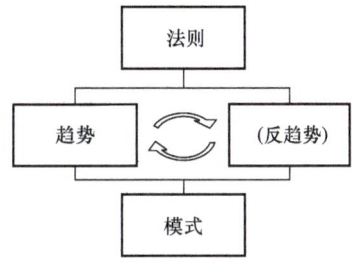

图 3-3 法则、趋势、模式之间的结构关系

第二节 经典 TRIZ 的进化法则

1. 完备性法则

一个技术系统在实现预设功能的时刻，必须具备"动力装置、传动装置、执行装置和控制装置（虚线框所包含）"四个子系统，各自完成其主要的子功能，如图 3-4 所示。四个子系统缺一不可，否则会导致整个技术系统局部失效或整体失效，无法实现其预设功能。

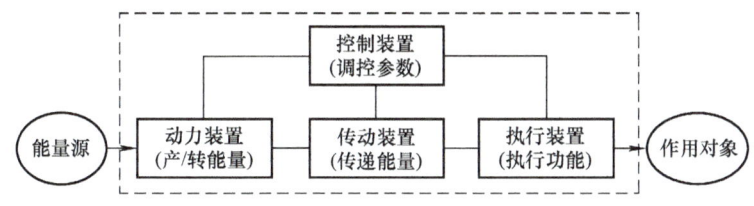

图 3-4 技术系统完备性法则

现代 TRIZ 认为，技术系统的总体进化趋势是逐渐完备的，提高技术系统的完备性是技术系统的进化方向之一。技术系统诞生之初，初始的系统首先具备完成基本功能的执行装置，在完成功能的时刻，必须借助超系统的资源（组件）来形成完整的技术系统。然后，随着系统的进化并逐渐获得资源，初始系统按照以下时序，逐渐把超系统中的资源（组件）纳入到自己的技术系统中来提高其完备性，

63

如图 3-5 所示。

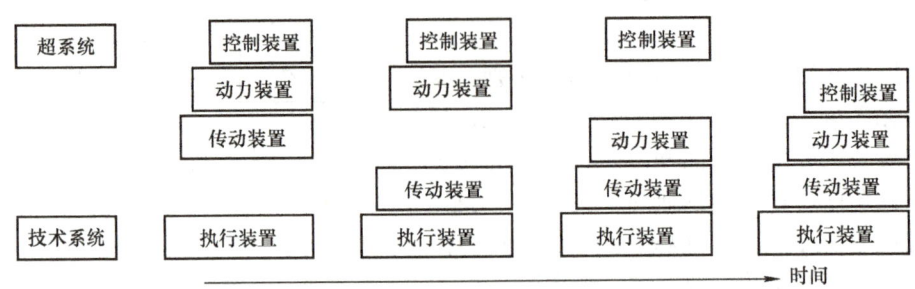

图 3-5　技术系统逐渐提高完备性的进化过程

不完备的技术系统无法仅靠自身实现预设功能。在结构比较简单的技术系统中，动力装置、传动装置、执行装置和控制装置并不一定都具备，但是至少应该具备一个执行装置作为"工具"。在其实现预设功能的时刻，它必须是完备的——实际上需要超系统中的其他组件来完成动力装置、传动装置以及控制装置的功能，共同组合成一个更完备的技术系统来实现其预设功能。

例如一根针作为执行装置（功能载体），其基本功能是在面料（功能受体）上穿刺一个孔，针自己无法实现该功能，只有与超系统组件（如人手、缝纫机等具备动力装置、传动装置和控制装置的组件）组合成一个新的、完备的技术系统，各系统组件共同作用，实现缝纫功能。

在工业革命之前，人类发明使用了很多工具，但除了少数利用自然力的设备（水车、风车）之外，基本上都属于执行装置。第一次工业革命实现了机械化，第二次工业革命实现了电气化，这两次工业革命主要是动力装置的革命。第三次工业革命实现了自动化和信息化，主要是控制装置的革命。第四次工业革命的目的是智能化，其实现途径是广泛采用赛博物理系统（CPS，Cyber－Physical System），对技术系统的四个子系统嵌入数字化的赛博装置，实现赛博系统与物理系统的深度融合，数字空间和物理空间的精确映射。

执行装置决定了产品的功能属性。技术系统进化体现在四个子系统的升级换代上。例如，特斯拉电动车更换了汽车的动力、传动装置和部分控制装置；谷歌无人驾驶汽车更换了控制装置等，但是这些子系统的升级换代并不影响汽车的功能属性，因为执行装置没有变。一旦执行装置更换，技术系统的整个功能属性就会发生根本性的变化，如果汽车不是以车轮与地面摩擦而运动的话，那么就不能称其为汽车了。

技术系统在总体上的进化趋势是趋于完备的，但是在局部发展上，也有趋于不完备的反趋势进化例子。如某些系统的组件，被单独抽取出来，形成一个不完

第三章　技术系统进化法则与功能

备的工具类产品，该类产品兼具专用性和通用性，有较大的市场需求，可以借助超系统的资源随时实现功能。例如带有 USB 口的 360WiFi 发射器由无线网发射器演变而来，闪存盘和移动硬盘由磁盘阵列演变而来，它们原有的电源和控制组件都被简化掉了，可以借助计算机的电源和操纵系统作为动力装置和控制装置，在实现功能时组成完备系统。

要点小结

技术系统为实现功能而构建，不完备的技术系统无法实现预设功能。一个不完备的技术系统并不妨碍其单独成为一个产品（如工具），但是技术系统在实现功能的时刻必须是完备的。提高技术系统的完备性是技术系统的进化方向之一。提高完备性的过程是逐渐达成的。在提高完备性的进化趋势中，也存在着简化的反趋势。简化的过程与完备的过程恰好相反。

2. 能量传递法则

技术系统的进化应该遵循以下三点：

1) **沿着使能量流动路径缩短的方向发展，以减少能量损失**。例如，用绞肉机替代菜刀，刀片的旋转运动代替了菜刀的垂直运动，无间断实现功能，省时又省力。能量传递路径的最小化的举措之一就是从系统中去除传动装置，让能量由动力装置直接传递到执行装置。

2) **能量必须顺畅传递到各个系统组件（子系统或元件）**。以智能手机为例，手机中的能量传递形式主要有两种，一种能量是电流，如果手机的某个零部件（如手机液晶屏）断电的话，那么该零件部的功能就会失效，进而导致整个技术系统无法完成预设功能；另一种能量是电磁波（手机信号），手机天线要能够正常接收和发射电磁波，如果天线失效，整个手机将失去无线通话和上网等主要功能。

3) **减少能量转换的次数**。每次能量转换都会有能量的浪费。例如汽车发动机把化学能转化为热能，热能再转化为机械能，机械能再转化为电能。大致来说，汽油燃烧的能量有 50% 会变成热量散失掉，剩余的 50% 里面又有约 20% 的能量用于汽车各种设备的供能，真正用于发动机驱动车辆行驶的能量，只有约 30% 了，最先进的燃油发动机也只能做到接近 40%。而如果采用电动机作为动力装置，电动机（轮毂电动机，一种把电动机安装在轮毂上的驱动技术）直接安装在车轮上，取消了传动装置，大大缩短了能量传递路径，能量转化率可以达到 70%~80%。很多纯电动车都采用了这样的驱动方式，如图 3-6 所示。

TRIZ 进阶及实战　大道至简的发明方法

经典 TRIZ 中的能量传递法则阐述了能量流的传递规律，却没有关注物质世界中另外两种基本要素——物质和信息的传递。现代 TRIZ 把物质、能量、信息统一看作是一种"流"，专门对流进行了研究，衍生出了"流进化法则"，并提出了全新的问题分析工具"流分析"以及流改进措施。在流分析中也存在进化反趋势。

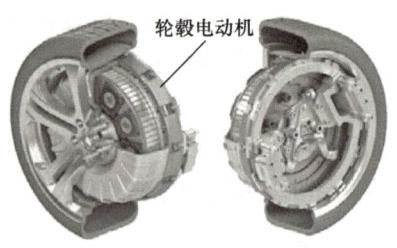

图 3-6　直接安装在轮毂上的轮毂电动机

> **要点小结**
>
> 系统功能获得优化的三个启示：一是缩短能量传递的路径，消除功能不足和功能失效的环节；二是减少能量形式（机、电、化、热、核等）转换的次数；三是减少信息传递的层级，避免可能出现的信息失真。该法则对物质流、能量流、信息流都适用。

3. 协调性进化法则

在组成技术系统的各个子系统之间必须向着提高协调性（匹配/故意不匹配）的方向发展，只有在保持彼此协调的前提下，才能执行/增强有用功能特性或消除有害功能，并且大大提高系统完成预设功能的效率。

技术系统的各个子系统之间的协调性可以表现在以下四个方面：

1）**形状结构上的协调**：各个子系统之间应该保持相同的形状、兼容的形状、自兼容的形状或特殊的形状等。如乐高积木可自由搭接、拼合成不同的造型；汽车的各个覆盖件必须严丝合缝地对接，而且与整体上的车身曲面高度符合；明清风格的街道必须修建同样风格的建筑等。

2）**各性能参数的协调**：各个子系统之间的各种技术参数必须彼此协调。通常的网球拍在正常击球时，球拍的结构在恢复前会微微变形。然而，一旦拥有磁速网球拍，安装在拍头两侧的两个单极磁铁有助于加快球拍恢复的速度，这样球就有了多余的力量可以弹回到球网的方向，对网球拍的整体重量没有影响。船舶的载客/载货量必须在船的前后左右均匀分布，某一侧严重超载将会引起船舶倾覆。车身设计成流线型是为了在运动中减小空气阻力，可以认为是车身风阻系数与环境中的空气阻力的协调。

举一个反趋势不协调例子，两块金属板通过逐点焊接连接，为了不累积热量，不烧穿钢板，一般会焊一个点而跳过一步，即不焊接下一个标准的焊点，最后在

第三章 技术系统进化法则与功能

反面的地方焊接那些跳过的焊点。

3）**工作节奏/频率上的协调**：各个子系统之间的工作节奏（相同节奏、互补节奏和特殊节奏）必须彼此协调。世界上第一架有效使用固定向前射击机枪的飞机，机枪射击频率与活塞发动机工作频率同步，使子弹恰好通过螺旋桨叶片的间隙射出，而不打坏叶片。混凝土浇注施工，一面浇灌混凝土，一面用振捣器进行振捣，加速混凝土流动和沉积，以确保混凝土密实无缝隙。

案例：每个无线电台都以特定频率发射自己的无线电信号。用户要将自己的收音机调谐到希望收听的无线电台的信号，没有来自其他电台的噪声干扰。为了实现该功能，收音机有一个并联谐振电路，该电路由电感器和可调电容器组成，如图3-7所示。

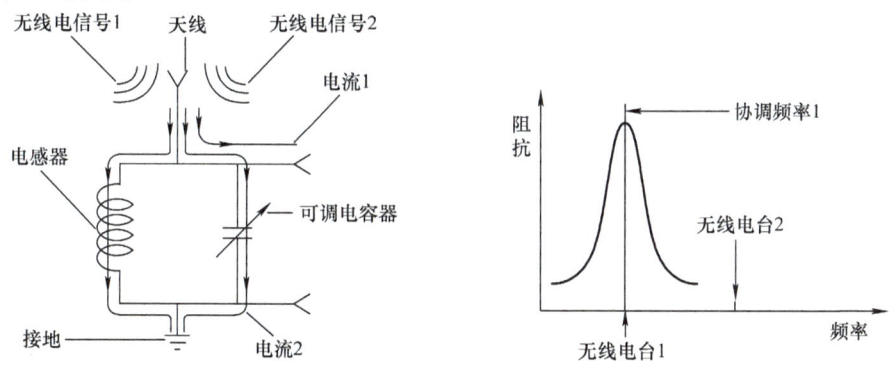

图3-7 利用并联谐振电路调台

当用户想调到无线电台1时，转动可调电容器的旋钮，并联谐波电路改变其谐振频率。当谐振频率与无线电台1的频率协调时，该收音机就可以接受电台1的信号了。

再举一个反趋势不协调例子，在内燃机中各个气缸中的活塞运动，有意设计成频率不协调，目的是为了让曲轴稳定运转，避开共振。

4）**材料的协调**：各个子系统之间的材料属性必须彼此协调。可以考虑使用相同属性材料、类似属性材料、不同属性材料、相反属性材料、惰性材料等来增强子系统之间的协调性。例如飞机机身蒙皮尽量使用相同属性的材料；汽车刹车片与刹车盘使用类似属性的材料；手机显示屏与金属框使用不同属性的材料；铅笔与橡皮是相反属性的材料；在炼钢过程中使用惰性气体氩气来置换气体或蒸气并防止工艺流程中的氧化等。

5）**形状与动作的协调**：为了更好地实现预设功能，功能载体的形状与其所发出的动作之间也存在协调问题。在进化趋势上，功能载体的形状遵循着"点→线→面→体"趋势进化，或者是反向的"体→面→线→点"趋势来进化。至于是正趋势还是反趋势，要视资源的情况而决定——如果功能受体（作用对象）的数量巨大，资源丰富，那么功能载体的形状进化趋势为"点→线→面→体"；如果资源匮乏，则反向为"体→面→线→点"进化。如果目的是消除有害功能，则发出有害功能的载体的形状进化趋势正好与上述相反。

实现有用功能的"点→线→面→体"进化实例：例如加工，当加工能力增强时，钻/车/镗/铣削→线切割→电火花成型→精密浇铸；例如电脑存储，当数据量趋大时，单机存储→双机存储→网络存储→云存储；例如消防救援，救援量增大时，救生吊钩→救生绳滑下→救生网→救生气垫。

消除有害功能的"体→面→线→点"进化实例：例如媒体，当观赏条件受限时，影院环幕播放→影院平幕播放→家庭播放→手机播放；例如比萨饼盒底，当水汽增多时，底面接触→瓦楞接触→尖点接触；例如凿石，当石头坚硬时，锤凿→斧凿→钻凿。

要点小结

构建和谐的技术系统而实现预设功能。不协调的技术系统内耗大，效率低，乃至是功能失效的。该法则带给我们的几点启示是：保持子系统、部件或零件间交变运动或参数的和谐性；避免采用不需要的交变运动；合理地安排各组件或子系统间的运动或动作顺序；应用谐振。故意不协调的反趋势也是存在的，其目的是为了在功能上趋利避害。

4. 动态性进化法则

该法则旨在从结构上沿着增加柔性、增强可移动性和可控性的方向发展，以使系统能够适应变化的性能、变化的环境条件以及功能的多样性需求，具体有以下三个子法则。

（1）增加系统柔性子法则

增加系统柔性的进化路径大致是：刚体→单铰接→多铰接→柔性体→液体→气体→场，如图3-8所示。

图3-8 增加系统柔性的进化路径

以汽车方向盘转动轴的进化为例，驾驶员使用刚性杆连接的方向盘，路面颠簸直接反应到方向盘上，不易通过刚性轴来调整车轮的转向。汽车方向盘转动轴的进化路径如图 3-9 所示。

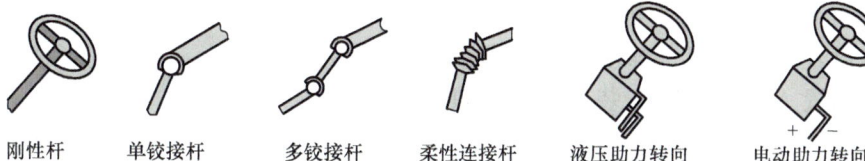

刚性杆　　单铰接杆　　多铰接杆　　柔性连接杆　　液压助力转向　　电动助力转向

图 3-9　汽车方向盘转动轴的进化路径

- 单铰接杆连接的方向盘位置可以调整，容易控制车的转向；多铰接的方向盘分成几个部分，用铰链连接，驾驶员能容易地调整车轮的方位，且发动机与其他零部件可以安装得更加紧凑，但是这种轴的制造相当复杂。
- 柔性方向盘的转动轴中间有一个弹性嵌入物，连接轴的两部分，轴的设计有所简化，驾驶员可以控制车轮随意转动，方向盘具有一定的弹性，可以减缓碰撞时的冲击。
- 液压助力方向盘使用液压装置转动车轮，转向力通过液压传递，车轮可以安装在车的任意位置，车轮的可控性大大提高。
- 电动助力转向机构则将转向动作转化为电信号，通过电动机实现转向动作。

韩国科学技术院（KAIST）发明了一款超小型可折叠电动汽车，其折叠式的停放方式可以节省停车面积，如 3-10 所示。

图 3-10　可折叠电动汽车节省停车面积

要点小结

增加铰链关节，提高系统柔性，结构灵活变形，适应外部环境。

（2）增强系统可移动性子法则

该法则也叫作增强系统可分性子法则。其进化路径是：固定的系统（单态系统）→可移动的系统（多态系统）→可任意移动（连续状态变化）的系统。

早期的汽车发动机与驱动轮是刚性连接的，汽车运动速度通过调节发动机的转速调节，这种调节系统是单级系统；以后增加了齿轮变速箱，应用手动有级变速的系统是多级系统；当前使用的自动调速器，实现了无级调节，该系统进化为连续状态变化系统。

有一种轿厢长度可变汽车可以在数秒钟内从 3.7 米长的四人座轿厢到 3 米长的两人座轿厢之间迅速切换，既方便多坐乘客，也节省停车面积，如图 3-11 所示。

电话的诞生有 130 多年了。从最初的一个方盒子，演化出了有线式话筒与听筒结构（话筒、听筒与机身分离）、有线电话（手持机与座机有连线）、无绳电话

（手持机与座机分离）、模拟制式无线电话（大哥大）、数字式手机等。现在的智能手机已经可以实现全球漫游，高度移动化，内置 App 可随时安装或卸载，如图 3-12 所示。

工业 4.0 的核心是广泛应用 CPS，即通过赛博空间与现实物理空间的融合，构建智能化工厂，实现智能生产。在智能生产模式下，生产制造过程中的虚拟世界与现实世界之间顺畅交互，机器、装置、工件及其他元件将能实时交换数据及信息，实现"状态感知－实时分析－自主决策－精准执行"。这标志着从传统的集中式工厂到分散式智能工厂的转变，体现出高度的系统可移动性和可分性。未来，工人未必在车间现场工作，可以在家中或某个旅游地上班，通过智能手持设备来操控车间里的任何一台设备。

图 3-11　轿厢长度可变的汽车

图 3-12　电话不断增强自身的可移动性

要点小结

从两个方面来增强系统移动性，一是系统本身增强可移动，二是系统中的子系统之间增强可移动性或彼此分得更开，同时增强系统之间的场（如电磁波、信息流等）的连接与动态呼应，由此增强系统功能。

（3）增强系统可控性子法则

技术系统中的"控制装置"有着自己的进化路径，其方向是增强系统的可控性——由被动适应系统向分级适应系统，进而再向自动适应环境变化的系统控制发展演变。具体可以细分为：无控制→直接控制→间接控制→反馈控制→智能化自我调节控制等，如图 3-13 所示。例如空调通风系统，最早用开关控制，后来按温度进行控制，现在已进化到按照环境的变化，随室内人员或发热设备的多少，自动调节空调系统的运行工况。

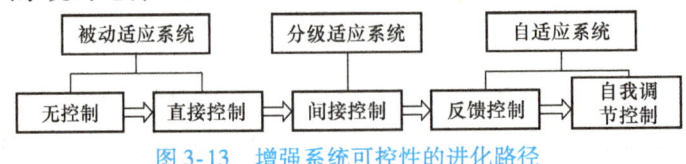

图 3-13　增强系统可控性的进化路径

被动适应系统是在无需设置动力驱动或伺服控制机构的条件下，系统能够适应环境的变化；分级适应系统是指操作人员通过传感器获得的信号，下达指令改变系统的构型，从而改变系统的运行状态，但这种系统改变是分级的，而不是连续的；智能化自适应系统是装有传感器的系统，传感器自动检测环境的变化，并将这种变化传递给控制机构，从而实施控制，改变系统的运行状态。

例如早期的针孔照相机没有对焦；20世纪10年代的老式照相机采用框式取景的直接手动对焦；50年代的照相机采用了光学式取景的间接对焦；70年代采用了联动式测距的反馈式自动对焦技术；前几年出现的光场相机已经无需对焦，它实现了先拍照，后对焦，一次拍照可以记录整个所拍摄范围内的任意方向的光束，后期经过电脑处理，一定可以找出清晰满意的照片。

再例如，工业4.0让CPS逐渐融入技术系统的动力、传动、执行、控制四个子系统，控制装置的形态将发生巨大变化，可以更好地控制整个技术系统，直至完全实现自我调节。

要点小结

增强系统可控性，是让系统向自我调节、智能控制的方向发展。

5. 子系统不均衡进化法则

每个技术系统都是由多个实现不同功能的子系统组成的，每个子系统都是沿着自己的S曲线向前发展的，不可能齐步并进，因此必然导致子系统之间非均衡进化的现象出现，即技术系统中的某些子系统的发展速度或者快于或者慢于其他子系统，形成系统内部不同的子系统之间，或子系统与整体系统之间，在参数、性能、属性等方面出现了差异或不匹配（往往表现为矛盾），由此影响到整个系统的发展。子系统不均衡进化是技术系统中各种矛盾产生的根源之一。

技术系统的子系统所出现的匹配和不匹配交替现象，是为了改善系统性能或补偿不理想的相互作用，最终促使各个子系统之间向着更协调的方向发展。只有让系统的各个子系统/元件保持协调，才能充分发挥各自的功能，最终体现技术系统的预设功能。

例如最早的"汽车"在1769年刚刚诞生时，只是把一台蒸汽锅炉安装到了马车上，而车身、车轮、刹车、座椅等还是沿用了马车原有子系统。这种"老主机"配"新动力"的"汽车"，各个子系统之间严重不匹配，自重很大，经常压坏路面，制动困难，转向不灵，速度极慢。其重要意义仅仅是"世界上首台能够自己行走的机器"，如图3-14所示。

TRIZ 进阶及实战 大道至简的发明方法

图 3-14 蒸汽机式 "汽车"

伴随着燃油发动机的诞生，世界上真正意义上的汽车诞生了，1885 年卡尔·本茨研制出了三轮汽油机车。此后，汽车从三轮发展到四轮，从四轮马车车架发展到专门设计的汽车车架，从无轿厢发展到有轿厢，从平面外壳发展到曲面外壳乃至发展到流线型外壳等。一百多年的汽车发展史，就是一部汽车的子系统不均衡进化的历史。

系统的进化速度取决于系统中发展最慢（即最不理想）的子系统。在木桶原理中，木桶的短板就是该技术系统中最不理想的子系统，对短板进行改进，可以有效地提高木桶的理想度（如容量、结构强度、整体性、外观等）。

应用该法则的建议步骤如下：
1）识别构成系统的各个子系统及主要功能，比较相互之间的差异；
2）确定由某子系统对其他子系统产生了不良功能，明确主要矛盾；
3）利用发明方法消除矛盾；
4）重复1）~3）。

要 点 小 结

技术系统的各个子系统发展是不均衡的。创新就是要消除由于子系统间不均衡而出现的矛盾，让技术系统更好地实现预设功能。子系统不均衡进化法则可以帮助我们及时发现并改进最不理想的子系统，消除子系统间的不均衡，以推动整个技术系统的进化。

6. 向超系统进化法则

一个技术系统与另外一个或多个技术系统（即超系统）相互组合，称之为超系统的集成。这种不同系统之间的优化组合与重组，体现了向超系统进化法则。

向超系统进化的趋势总是沿着"单系统→双系统→多系统"的方向发展。当技术系统从单系统发展到双系统或多系统时，有可能经过优化、裁剪后重组为更高级别的单系统，然后在更高的层级上再与其他技术系统进行集成。集成的方式有同质的、非同质的、特性有差异的和反向特性集成等，以提高系统功能的多样性和差异性，其进化路径如图 3-15 所示。

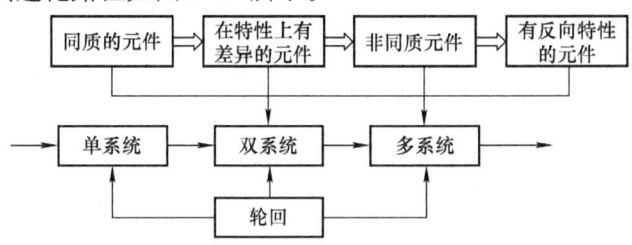

图 3-15　单系统增加差异性的双/多系统进化的途径

例如可伸缩的多段天线或多叶片的风扇属于同质元件的集成；彩色笔或现在我们使用的手机属于在特性上有差异元件的集成；航空母舰属于非同质元件的集成；端部带有橡皮的铅笔或带有起钉器的羊角锤属于有反向特性元件的集成。

把特性上有差异的元件以双系统或多系统方式集成，可以组合出我们经常见到的"平台"类产品，如果把军舰和飞机作为子系统集成后，就有了航空母舰这个海上作战平台；把手机、计算机、电话、游戏机、电子书、平板电脑、摄像机、电视、U盘、时钟等电子设备作为子系统集成后就有了智能手机这个个人终端平台，如图 3-16 所示。

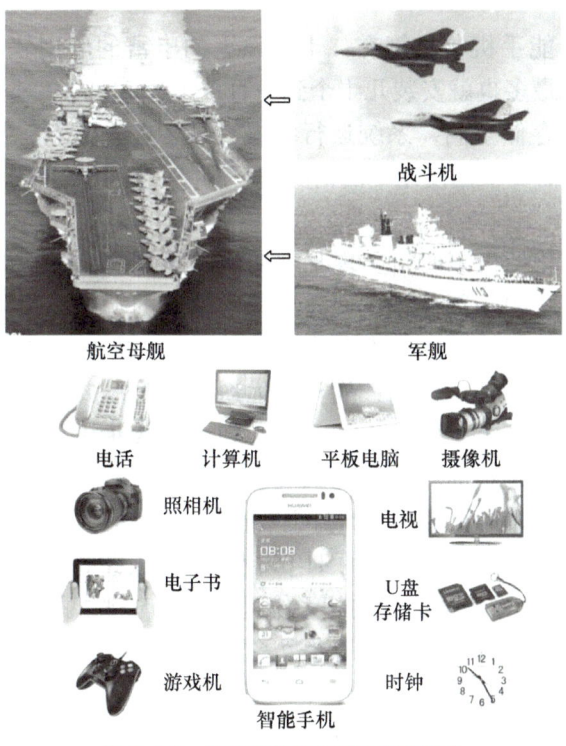

图 3-16　航空母舰和智能手机平台

将独立的两个或多个单系统进行集成是实现创新的途径之一。集成后的系统，其原有性能可以获得提高并组合出新的有用功能。一般来说，集成的子系统越多，系统的功能往往就越多、越强大。但是，技术系统不能无限制地集成为超系统。因为系统的复杂性会随之提升，由此而造成可靠性降低，管理难度加大，运行效率低，因此必须对子系统进行优化、重组和裁剪。系统扩展与裁剪是同时进行的，扩展到一定程度就会有裁剪发生。关于技术系统发展到更高级别的系统扩展与裁剪，扳手的进化是很好的例子，如图 3-17 所示。

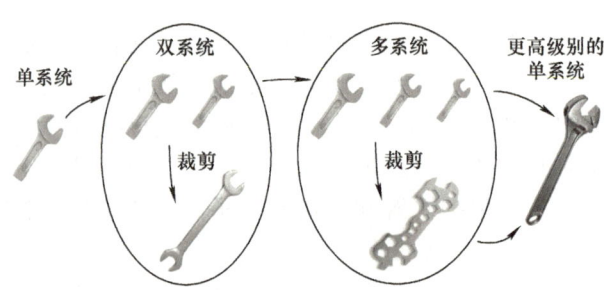

图 3-17　扳手技术系统的扩展与裁剪

前面提到的智能手机，尽管有二十万以上的丰富的应用软件（App）可供选装，但是一个手机最多也就安装几十个到一百多个 App。过多地安装和启用 App 将会造成占用大量的存储空间，系统运行缓慢，经常检查更新，甚至导致死机。因此，App 装多了就需要根据使用率的情况进行删减，或者尽量用一个软件替代多个软件的功能。

当技术系统进化到极限时，实现某项功能的子系统会从系统中剥离，向超系统进化，成为超系统的一部分，在剥离出的子系统的功能获得增强的同时，可以使原有的技术系统，降低部分或整体系统的复杂性，减少制造成本，增加可靠性、增加可维修性或可操作性。例如：战斗机远途作战时需要携带足够的燃油，原有的副油箱曾是飞机必不可少的一个子系统，如今的战斗机为了隐身的需要已经不能再携带副油箱，于是副油箱的功能从飞机上剥离，转入超系统，以空中加油机的形式给飞机加油，飞机技术系统本身也获得简化。

关于向超系统进化法则，不同的 TRIZ 流派有着大致相同但是彼此有差异的阐述。例如，有的 TRIZ 专家认为，向超系统进化有四个主要的进化趋势：

1）集成的超系统与原技术系统的参数差异化增加的趋势（电钻钻孔与手摇钻打孔）；

2）集成的超系统与原技术系统的主要功能差异化增加的趋势（模拟手机与数字手机）；

第三章 技术系统进化法则与功能

3）技术系统与超系统集成水平加深的趋势（家用烤面包机）；
4）超系统集成数量增加的趋势（打印、复印、传真、扫描一体机）。

通过智能手机的例子就可以看出，这四个进化趋势与前面所述的进化方向大同小异。

向超系统进化也存在着反趋势进化，即系统组件的裁剪，或者系统复杂度的降低。系统组件的裁剪已经形成了"增加裁剪度法则"，参见本章第四节。

要点小结

技术系统总是沿着"单系统→双系统→多系统"的方向发展；两个以上的技术系统的集成方式有同质的、非同质的、特性有差异的和反向特性集成等；系统扩展与裁剪时同时进行；技术系统不能无限制地集成为超系统，必须兼顾系统可靠性和运行效率；当技术系统进化到极限时，实现某项功能的子系统会从系统中剥离，向超系统进化，成为超系统的一部分。技术系统向超系统进化的总体进化路径如图3-18所示。

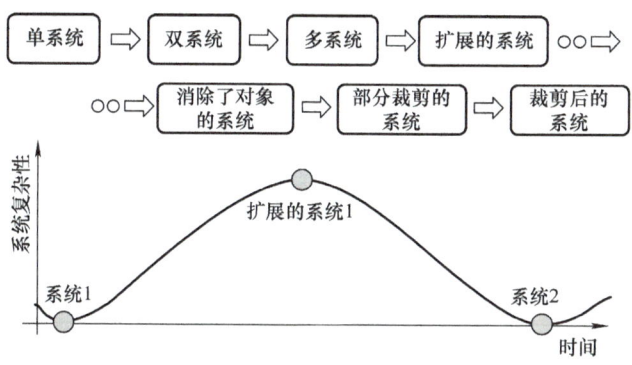

图3-18 技术系统向超系统进化的总体进化路径

7. 向微观及增加场应用进化法则

向微观及增加场应用进化的法则是要求将由尺度较大的宏观物质所完成的功能逐步进化为由尺度较小的微观物质来完成，用以消除系统在宏观级中出现的矛盾，提高原有系统的性能。进化后的系统表现在控制参数更有效、更有柔性；成为可以执行更多的功能，而且品质更高，尺寸更小、效率更高、耗能更少、更加理想的系统。

技术系统是由物质组成的，物质有不同尺度、层次及不同的物理结构。由宏观结构向微观结构的进化，就是通过应用不同能量场的结果，使物质在物理结构上，由整块的晶体结构不断细分成小块、粉末等更小的尺度，逐渐向分子、原子、离子、基本粒子结构转化，这种变化在材料学上表现尤为突出。由宏观到微观的物质状态的进化路径如图3-19所示。

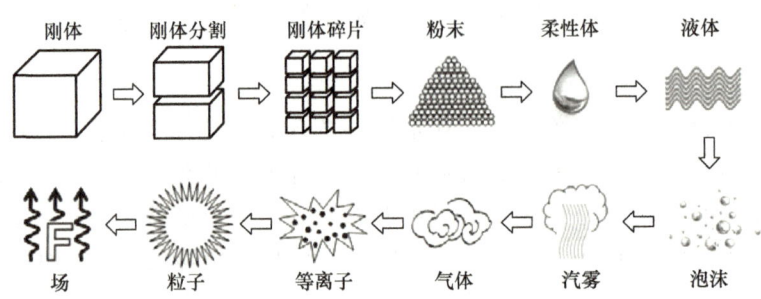

图3-19 从宏观到微观的物质状态的进化路径

航空、航天都需要陀螺导航。陀螺的功能是测量惯性空间角度/角速度变化，由此确定飞行器的方位与行进方向。其发展方式是高精度、高可靠和小型化。如果把陀螺的发展历史加以梳理的话，就是一部从宏观向微观进化的历史。下面列出不同时代的陀螺，见表3-1。

表3-1 陀螺的向微观进化

名称	特点	尺度与重量
机械陀螺（挠性陀螺）	环境耐受差	零件多，重
激光陀螺（RLG）	可靠性高	零件数量减少
激光陀螺	兼具激光陀螺、光纤陀螺优点	轻量化
光纤陀螺（FOG）	低功耗	小型化
微光学陀螺（MOMES）	结合光纤、硅微陀螺优点	毫米化
硅微陀螺（MEMS）	零件数量为个位数	纳米化
冷原子陀螺（AIG）	追求高精度	原子化

例如金属切削刀具的进化也符合上述的进化路径，如图3-20所示。

伴随着能量场的进化，技术系统中各个子系统/元件之间的相互作用注入了更多的场的作用，并由此获得了更好的可控性。例如CPS中赛博系统就是在微观级别上，用电场实现了计算，用磁场实现了存储，用光场实现了显示。应用能量场的进化路径用英文缩写表示为：MATCHEM，一共是六种常用场及多种复合场，如图3-21所示。

增强能量场可控性的选择，也有其类似动态性法则的控制规律，如图3-22所示。

第三章 技术系统进化法则与功能

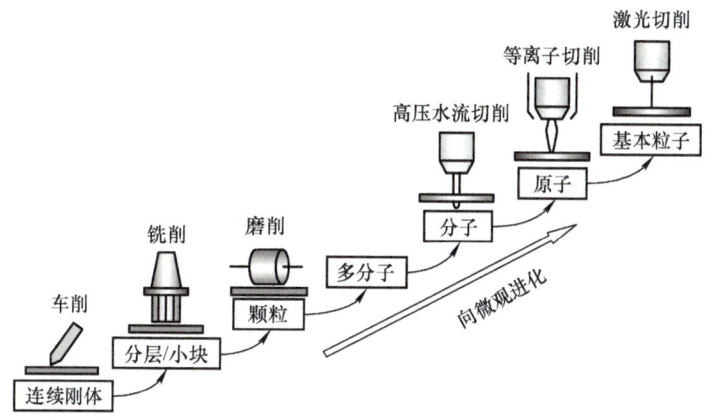

图 3-20　金属切削刀具的进化路径

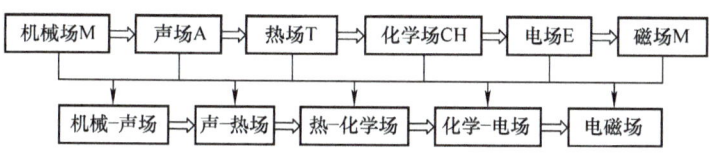

图 3-21　能量场的进化路径

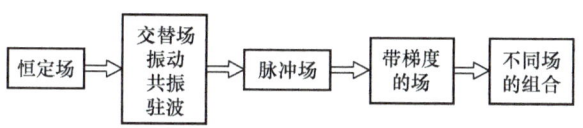

图 3-22　增强可控性能量场的选择

在向微观进化过程中，存在反趋势进化，即为了满足某些特定需求，所有"平台类"的系统也在向着宏观方向进化，如巨型挖掘机、航母、移动城市等，请参见后续内容。

要　点　小　结

由尺度较大的宏观物质所完成的功能逐步进化为由尺度较小的微观物质来完成；系统组件的细分是发展方向，即由整块的晶体结构不断细分成小块、粉末等更小的尺度，逐渐向分子、原子、离子、基本粒子结构转化；伴随着增强场的作用以及提高对场的控制，技术系统获得了更好的性能。

8. 提高理想度法则

理想系统可以比喻为："不花成本，不耗资源，没有危害，系统不存在却能够实现所需功能"，这好比是要一个"既要马儿跑得好，又要马儿不吃草"的系统。这样的物理实体并不存在，然而这个进化趋势是客观存在的，即系统在其整个发展历程中，不管是有意人为还是客观演变，技术系统总是趋于变得更加智能、小巧、简单、可靠、有效、完善。

前述七个进化法则都旨在以不同路径和方式提高技术系统理想化程度。提高理想度是所有进化法则的总法则——不断理想化，提高理想度，是所有技术系统的必然发展方向。

经典 TRIZ 给出的理想系统的三个基本条件是：
- 系统运作的能量为 0；
- 制造成本为 0；
- 占用的空间为 0。

在企业运营条件下，也可以把它转换为：
- 生产和经营所消耗的精力为 0；
- 产品生命周期成本为 0；
- 占用空间为 0；
- 从概念设计到市场的时间为 0；
- 六西格玛的质量水平。

根据理想度公式：理想度 = $\dfrac{\sum 有用功能}{\sum 有害功能 + \sum 成本}$，提高理想度的有效手段是增加系统有用功能的数量或效能，减少有害功能的数量或效果，生产出理想的、能满足各项功能需求的、性价比上始终是向上提升的最终产品。简单地说，就是"增分子，减分母"，直至分母趋于零，分子趋于无穷大。

提高理想度法则为人们评估"什么是好的产品"有了一个明确的概念和可定量计算的公式，激励人们以发展理想化产品为目标，设计和制造出更多更好的新产品。

现实中比较接近理想化的产品有不少，如手机中的时钟、指南针、计步器等，以及冷原子陀螺、离子推进技术等。

要点小结

技术系统在其整个发展历程中，尽管局部存在着反趋势进化，但是技术系统总是趋于变得更加智能、小巧、简单、可靠、有效、完善；提高理想度法则是所有进化法则的总法则；提高理想度的有效手段是充分利用理想资源，增加系统有用功能的数量或效能，减少有害功能的数量或效果，降低成本。

9. S-曲线进化法则

（1）什么是S-曲线

S-曲线是世界上众多的人工系统和自然系统的发展规律之一，因此，我们把S-曲线发展规律作为技术系统的进化法则之一。华尔街日报曾经发表过一幅通信技术的发展演变曲线图，所有的技术都呈现出了S-曲线的进化趋势，如图3-23所示。

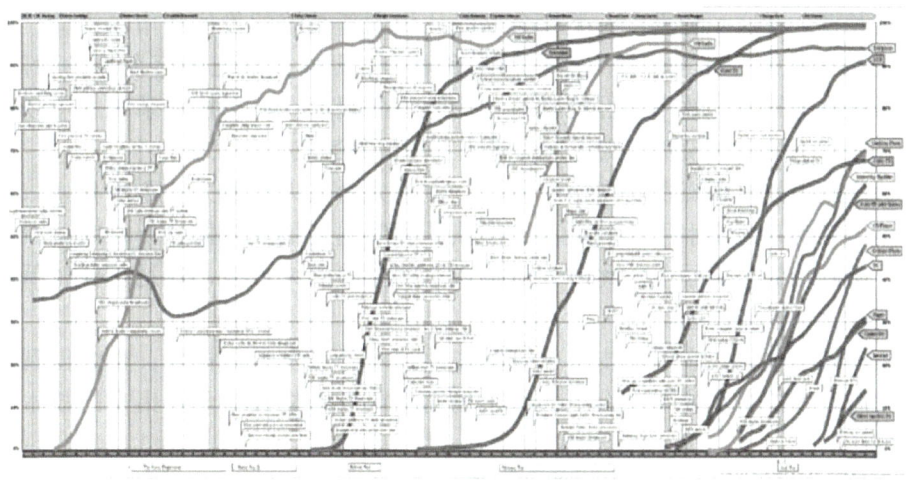

图3-23　全球通信技术发展史

每个技术系统的进化，都要经历S-曲线上的四个阶段：婴儿期、成长期、成熟期、衰退期。S-曲线完整地描述了一个技术系统的生命周期。

我们把S-曲线定义为完整地描述了一个技术系统中从孕育、成长、成熟到衰退的变化规律的曲线。更进一步地说，S-曲线描述的是一个技术系统中的诸项性能参数的发展变化规律，这些性能参数都会经历婴儿期、成长期、成熟期、衰退期这四个阶段。例如：在飞机这一技术系统中，飞机的速度、安全性、载重量、航程等都是其重要的性能参数。

在S-曲线中，通常用横轴表示时间，纵轴表示系统的性能参数。如图3-24所示。

婴儿期：此时，新的技术系统刚刚诞生。虽然，它能提供一些前所未有的功能或技术性能的改进，但是系统本身还存在着效率低、可靠性差等一系列待解决的问题。同时，由于大多数人对系统的未来发展并没有什么信心，而缺乏对其人力和物力的投入。因此，在这一阶段系统的发展十分缓慢。

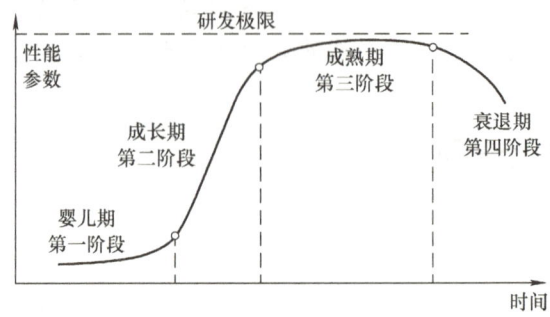

图 3-24　S–曲线的四个发展阶段

成长期：在这一阶段，人类社会已经认识到新系统的价值和市场潜力，乐于为系统的发展投入较大量的人力、物力和财力。因此，系统中存在的各种问题，逐一被很好地解决，效率和性能都有很大程度的提高。由于技术系统的市场前景看好，能吸引更多的投资，则更加促进了系统的高速成长与发展。

成熟期：技术系统发展到这一阶段，由于大量人力和财力的不断投入，使其变得日趋完善，性能水平达到最高，所获的利润达到最大并保持一段时间，继而出现下降的趋势。实际上，此时大量投入所产生的研究成果，多是一些较低水平的系统优化和性能改进。

衰退期：这时，应用于技术系统的各项技术已经发展到极限，很难得到进一步的突破。该技术系统不再有更大的市场需求或者即将被新开发出来的技术系统所取代。

案例：汽车速度进化的 S–曲线。在汽车技术系统中，汽车的速度、安全性、载重量、行驶里程等都是其重要的性能参数。以汽车的速度为例，我们可以得到如图 3-25 所表示的 S–曲线。

技术系统的产生，来源于社会的需求。任何新技术系统在最初阶段，是由个别的、有前瞻性的发明者来首先意识到这种需求，成为了"始作俑者"。新技术系统所带来的益处，可以满足人们的某种共同需求，因此，对新技术系统的需求将会逐渐演变成为社会的需求。在创造出第一个最低级但是有工作能力的技术系统时，原有的技术水平与社会需求之间的矛盾就得到了化解。然而，随着技术系统的发展，又会产生对它的新要求，促使技术系统进一步发展。

由于在社会系统中存在着一些诸如法规、标准等特殊的规定，并且在自然界中存在一些不可逾越的界限，因此技术系统的发展必须要受到一定的限制，即技术系统的扩展是有研发极限的，如上图中的水平虚线所示。

从图 3-25 看出，汽车"速度"的进化已经进入了成熟期，车速已经够快了，道路也足够好了，关键问题已经不是车能跑多快的问题，而是出于安全的考虑，

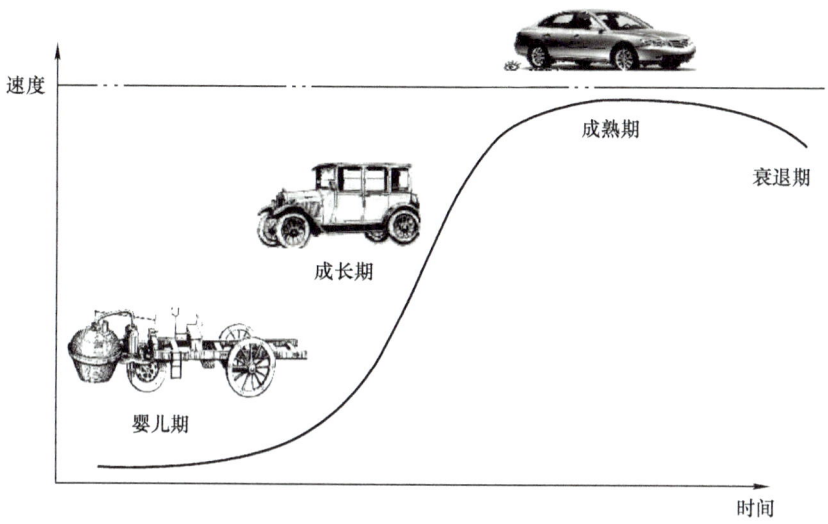

图 3-25　汽车速度进化的 S – 曲线

车速需要限制的问题。至此，汽车速度在发展上已经接近了一个发展极限。而汽车的其他很多参数，例如"安全性"、"操控性"、获取信息能力等性能参数，则仍然处于成长期阶段，还有许多可以开发的余地。因此，现在汽车的安全系统、电子系统、电动系统、车联网等，都是汽车研发的主攻方向。

(2) S – 曲线族

当一个技术系统进化到一定程度的时候（例如在第四阶段开始后），必然会出现一个新的技术系统来替代它，即现有技术替代了老技术，新技术又替代了现有技术，形成技术上的交替。例如混合动力汽车将会取代燃油汽车，燃料电池汽车有可能在未来取代混合动力汽车，纯电动汽车取代混合动力汽车等，更进一步地，太阳能电动车将可能主宰未来汽车时代。每个新的技术系统也将会有一条更高阶段的 S – 曲线产生，如此不断地替代，形成了"S – 曲线族"。

案例：根据前人预测，在 1997 年时，传统的洗衣机（波轮或滚筒转动 + 洗衣粉）的洗涤效果已经达到极限，如图 3-26 所示。

在 2001 年日本三洋公司推出了超声波洗衣机以后，利用超声波效应的微气泡"爆破"作用，可以清除衣物纤维内的污渍，洗涤效果明显增加。在 2005 年，中国海尔公司推出了无洗衣粉洗衣机，让洗涤效果发生了革命性的变化。这款洗衣机采用了新的洗涤原理：把水（H_2O）电解成为 $H+$ 和 $OH-$，其中 $H+$ 呈弱酸性，用于杀菌；$OH-$ 呈弱碱性，用于洗涤。从原理上，基本省却了对洗衣粉的使用，因此被称为无洗衣粉洗衣机。

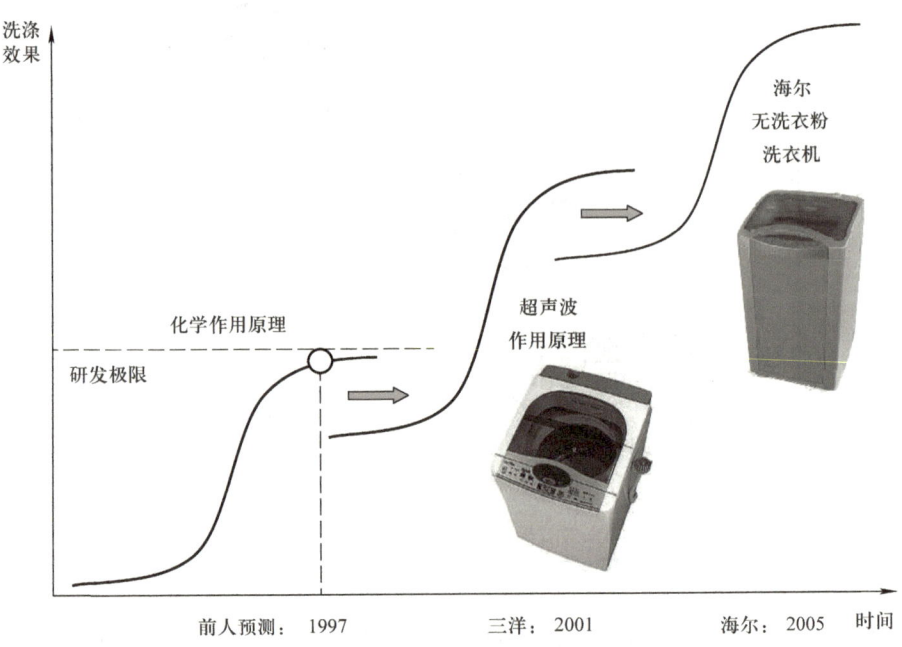

图 3-26　洗衣机的 S-曲线族

　　S-曲线不仅可预测一个历史时期内的某项技术发展变化，也可对某一时刻的多项技术指标进行综合评估。草坪修剪机的多个产品性能 S-曲线族如图 3-27 所示，其燃料容量的技术指标已经进入了成熟期；而其使用方便性上的技术指标处于成长期；其可控性的技术指标则刚进入成长期。了解了草坪修剪机的这三个技术系统在其各自发展进化的 S-曲线上所处的位置，可以帮助技术决策者采取不同的、更有针对性的产品研发策略。

(3)　分析 S-曲线的作用

　　通过前面对 S-曲线的内容和相关案例的介绍，我们可以得出结论，分析 S-曲线有助于了解技术系统的成熟度，辅助企业做出恰当的研发决策。

　　由于 S-曲线是可以根据现有专利数量和发明级别等信息计算出来的，因此 S-曲线比较客观地反映了产品进化的过程。

　　对于企业研发决策来说，值得注意的、具有指导意义的是 S-曲线上的拐点。假设某企业正在开发某个产品，在第一个拐点出现时，该企业应从对当前产品所做的原理实现的研究开始转入商品化开发，否则，该企业会被其他已经恰当转入商品化的同类企业甩在后面；当出现第二个拐点后，说明产品的技术已经进入成熟期，该企业因生产该类产品获取了丰厚的利润，但同时要继续研究和优化当前产品核心技术，并着手选择更新一代的核心技术，以便将来在适当的机会转入下

第三章　技术系统进化法则与功能

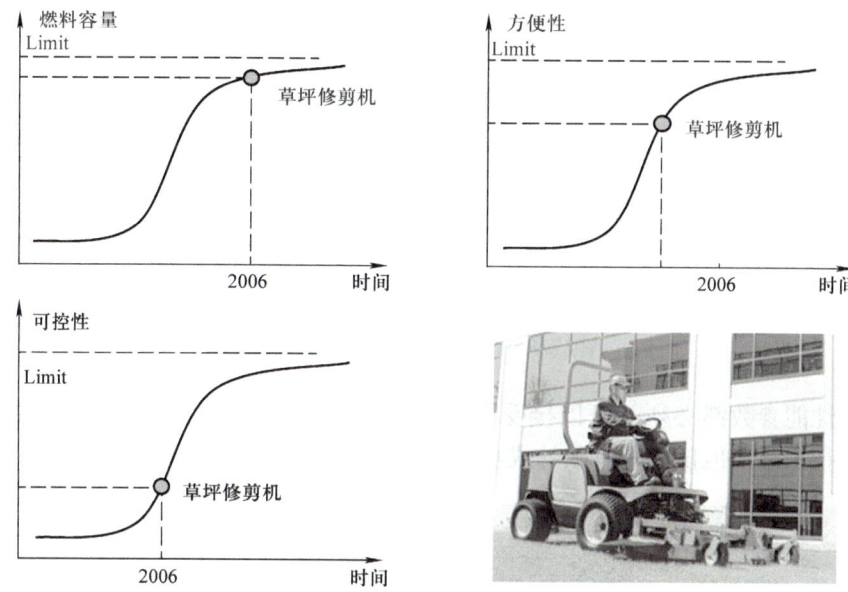

图 3-27　草坪修剪机的 S – 曲线族

一轮的竞争。

在成熟期，企业要有大量的研发投入。但如果技术已经相当成熟，推进技术更加成熟的投入已经不会取得明显的收益，与本项技术有关的发明专利数量已经趋于零，此时，企业应转入研究开发下一代核心技术，选择替代技术或新的核心技术。

如果企业打算引进国外的某项产品，利用 S – 曲线来做评估是比较客观的，如果经过分析计算发现企业所关注的引进产品的性能指标已经处于 S – 曲线的成熟阶段后期阶段，那么引进肯定是不恰当的，有可能造成产品刚引进就落后的尴尬局面。

如果能在重大技术专项中引入 S – 曲线评估的机制，也能够避免一些"外行评估内行"、因缺乏客观数据而"凭感觉拍脑袋瓜决策"的现象。

(4) S – 曲线研究的最新进展

近年来，国际上对 S – 曲线的研究有了一定的进展。对 S – 曲线的阶段划分增加了新的内容，即在婴儿期和成长期之间增加了一个"过渡期"，形成了五阶段 S – 曲线，如图 3-28 所示。

过渡期的产品特点是，技术系统几乎准备好进入市场，但在外部因素影响下仍然非常脆弱；技术系统仍可能有较大的开发变化，但是工作原理不能大幅改变；

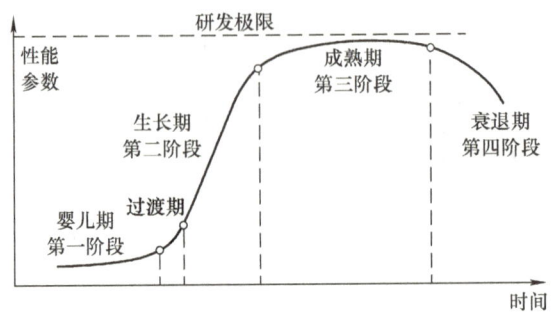

图 3-28　增加了过渡期的 S - 曲线

所有的性能参数都必须是可以接受的，至少有一个参数表现优异；尝试在不同领域使用技术系统但仅取得有限的成功。

第三节　现代 TRIZ 中的流进化法则

"流"是现代 TRIZ 中发展出来的一种新概念，并形成了系统化的分析问题、解决问题的方法。在技术系统的内、外部，实际上是有很多系统组件以物质流、能量流和信息流的方式运动的。在技术系统及环境中运动的物质、能量和信息统称为流。以流的形式出现的问题有很多：高铁上手机信号时断时续（原本信号应连续通畅）、飞机航路堵塞、市内交通拥挤、石油在长距离管道内流动迟缓、快递公司包裹成堆无法及时发出等，都是流有缺陷的例子。

1. 流的定义

流分析最早由 GEN3 公司的 TRIZ 大师 Simon Litvin 和 Alex Lyubomirskiy 共同提出，并成为现代 TRIZ 中的一个重要内容。现代 TRIZ 把流定义为：物质、能量（场）和信息在一个技术系统中的运动。

作者对流的定义是：物质、能量（场）、信息在技术系统及环境中的运动。该定义考虑到了环境（超系统），稍微拓宽了上面的定义，适应性更广泛一些。

除了具有物质的一般属性（占空性、质量等）外，连续和运动是流的基本属性。在多年的 TRIZ 应用实践中，研究人员发现，仅仅用"静止"或"运动"的状

第三章　技术系统进化法则与功能

态来描述技术系统组件的运动形式已经显得过于简单了，实际情况往往复杂得多。例如在"运动"的组件中，其状态可更进一步区分为"单组件运动"和"多组件运动"，"间断运动"和"连续运动"等。那么，多组件的连续运动就形成了流，这是技术系统中一种非常普遍的运动形式。所谓"连续"，是指在某一时段（的过程）中，其间断较短或者总数量较大。如果以"公路上行驶着车辆"为问题情境，从空间角度观察，在某一时段上，道路上较多的汽车会形成"车流"；从时间角度观察，在某一路段上，由于汽车长期碾压而造成破损，即使单位时间内车辆稀少，但是长期积累的总次数很多，当我们只关注在"碾压"这个有害作用时，也可以认为是"车流"造成的问题。

基于以上认识，技术系统进化中与流有关的内容已经不仅仅局限于早期的"能量传递法则"了，而是扩展到了物质和信息。就物质而言，也可以是"固"、"粉"、"液"、"气"、"等离子"、"分子"等任何不同的物态，例如车流、粉尘流、水流、气流、粒子流、物流、泥石流、血流、PM2.5 霾、流感病毒流等；能量也可以形成各种各样的流，例如冲击波、热流、电流、磁流、微波流、电磁波流、γ射线流等；信息也可以形成各种各样的流，例如计算机和互联网上的信息流、数据流等，人机交互的知识流，社会上流传的谣言等。

通过流分析而找到流的问题（即最小问题），采取各种办法来加强有益流，消除有害流，就是流进化法则的核心内容。

2. 流的分类和属性

　　有益流——物体（物质、能量或信息）执行了一个有用功能的流，或者是一个执行了有用功能的物体的流。其作用充分、有效、恰好。
　　不足流——导通性或利用率有缺陷的流，是一种不足的有益流。
　　过度流——流量过大或过量的流，是一种过度的有益流。
　　有害流——一个执行了有害功能的物体（物质、能量或信息）的流，其作用为有害。
　　浪费流——一种以损失物质、能量或信息为特征的流，浪费了有益流（或其作用）。
　　中性流——一种在技术系统中影响不大或无关的流，可以忽略。
　　流增强的进化法则所强调的主旨内容是增强有益流、抑制有害流、校正有缺陷流。
　　流的属性：在基本性质上，具有连续性和运动性的属性；在功能类型上，具有有用、有害、不足、过度、浪费、中性、单一流、复合流等属性；在方向上，有正向、反向、交变等属性；在形状上，有长、短、粗、细、弯、直、截面特征等属性；在本体上，有质量、颜色、致密性、内能、流速等属性；在观测上，有可测量、不可测量、测不准等属性；在通道上，还有畅通、间断、阻滞、停滞、流与通道相互损害等属性。

3. 流分析的定义

流分析的定义：一种识别技术系统内的物质、能量（场）和信息流动的缺陷的分析方法。

对技术系统中的物质流、能量流、信息流进行分析——识别有益流、有害流、不足流、过度流、浪费流、中性流等，重点甄别出有害流和有缺陷流，引导应用相应的流改进措施。流分析的流程如图 3-29 所示。

流分析从一个全新视角来分析技术系统，是对物场分析和功能分析的发展与补充。在具体的分析方式上，与功能分析有类似的流程和方式，即在技术系统中找到不足流、过度流和有害流。我们可以用流分析来揭示出流的缺陷，弥补功能分析的不足。具体做法是，对技术系统建立物质、能量（场）和信息的模型，通过流分析把工程技术问题转化为有问题缺陷的流模型，如不足流模型、过度流模型、有益流有害流共存模型（不存在只有有益流或只有有害流的绝对情况，有益流和有害流共存是常态），然后这些问题模型又可以进一步细分为更具体的流缺陷模型。

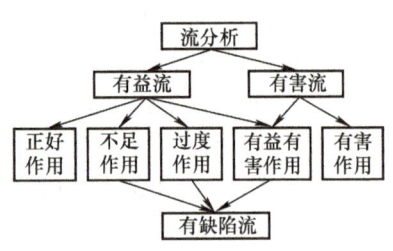

图 3-29　流分析流程

4. 不足流

不足的流是指有用流因自身和外界因素的相互影响而形成了在导通性和利用率上有缺陷的流，产生了作用不足。一共有以下 11 种作用不足流。

(1) 导通性有缺陷的流

① 瓶颈——在流通道中流动阻力显著增加的位置。如大量飞机排队等待上跑道起飞；较宽的道路两侧停放了很多车，影响了道路的流通量。

② 停滞区——流暂时或永久停止的位置。如十字路口堵车、送料管道堵塞等。

第三章　技术系统进化法则与功能

③ 流传递性差——传递性较差的流。如导电率较差同时又较长的高清数据线。
④ 长流——传递或导通路径过长的流。如百节车厢的火车、石油输送管道等。
⑤ 高阻力通道——流传递的通道阻力较高。如流量大通道少的收费站。
⑥ 流密度低——密度较低的流。如松软的棉花包、低载/空载的货车等。
⑦ 有益流转换次数多——有益流经过多次转换而用处不大。

类似于物场标准解法，对流分析中发现的问题的改进也有具体的、有针对性的改善对策。改善流的导通性的 14 个改进措施参见表 3-2。

表 3-2　改善流的导通性的 14 个改进措施

	具体改进措施	应用示例
1	减少流的转换次数	消除物流的中间环节，送货一次到位
2	过渡到更高效的流效应	OA 系统代替纸介质文件系统；报纸变成网页或微信
3	减少流的长度	长距离石油管道中间加压；减少火车车厢的节数
4	清除灰色区域	在社区的死角加上摄像头；航空发动机上加传感器
5	消除瓶颈	清除堵住匝道的车辆；拓宽道路
6	利用旁路绕过	心脏搭桥；平面立交；不封闭的社区道路
7	扩大流的通道的各个独立部分的导通性	流量大的收费站在每个独立通道增加收费窗口
8	增加流的密度	将棉花包压实、空啤酒铝罐压扁运送；回程货车配载
9	将一个流的有益作用应用到另一个流上	电热水器利用自来水管的冷水水压来驱动热水
10	将一个流的有益作用应用到另一个流的通道上	在石油管道中连续加入"PIG"活塞，可以清理管壁
11	使一个流承载其他流	光纤承载通信信号；有线电视同轴电缆承载宽带
12	分配许多流到一个通道	一根同轴电缆可以承载上百个有线电视和电台信号
13	改变流来增加导通性	交通上对汽车采取每周限行一天等
14	让流经过超系统通道	迪士尼乐园的员工大部分都走乐园里的地下通道

(2) 利用率有缺陷的流

⑧ 灰色区——在流中的一个难以预测参数的位置。如石油钻井时钻头是否断齿。

⑨ 延迟区——一个流的位置，其中整体的流速度显著低于局部的流速度。如河道边缘。

⑩ 通道损害流——流的通道对流造成损害。如破损路面降低了车速，甚至颠坏车轴。

⑪ 流损害通道——流对通道造成损害。如重载车流压坏了路面；酸腐蚀了管道。

其中⑩和⑪属于在局部存在有害作用的有益流。

提高流的利用率的9个措施（进化法则）见表3-3。

表3-3　改善利用率有缺陷的流的9个改进措施

	具体改进措施	应用示例
1	消除滞留区域	路口堵车时交警会给出四面红灯，先疏散路口滞留车辆
2	利用共振	核磁共振仪断层扫描；收音机利用共振原理来调台
3	利用脉冲周期作用	调频空调；草坪自动洒水喷头
4	调节流	港口船舶装卸调度；集成塔台指挥飞机的起飞与降落队列
5	重新分配流	物流重新配送；仿真软件重新分配计算任务
6	组合同质流	电脑主板BUS总线；旅行社拼团
7	利用再循环	将发动机尾气回馈燃烧室，增加缸压，提高输出功率
8	组合两种不同的流而获得协同效应	将洗衣机内的水电离，含H^+的弱酸性水杀菌，含HO^-的弱碱性水洗涤
9	预定必要的物质、能量或信息	在石油钻井的钻齿内部预先放置甲硫醇玻璃管，如果井口闻到甲硫醇味道，证明钻头断齿了

5. 过度流

过度流是指有用流因自身和外界因素的相互影响而形成了在物质、能量和信息上的使用上，对作用对象发出了过量、过度作用。一共有以下3种过度流。

① 有用物过量——有用物质在执行功能时出现了过量的情况。如汽车喷漆过厚而产生"流挂"；打了一个"120"急救电话却来了三家不同机构的救护车；还有饮食过量、服药过量等。在产业结构上，我国的炼油、化肥、农药、甲醇、电石、氯碱、纯碱、光伏、风电等行业的企业数量都多达数百家甚至上千家，产能总和位居世界前列，但企业平均规模却远低于世界先进水平，这也是一种低水平过度流现象。

② 有用能量过量——有用能量在执行功能时出现了过量的情况。如阅览室没有几个人看书却打开了全部的照明灯，接打手机时间过长，某一局部地区各类无线信号（电视、电台、手机信号、WiFi等）覆盖过多，室内暖气过热等。

③ 有用信息过量——有用信息在执行功能时出现了过量的情况。如面对一大堆类似的广告信息，让观众或读者一头雾水，难以选择，其中的有用信息反而被淹没了。浏览微信、网页时间过长，看电视时间过长等也属于接受了过量的有用信息。

过度流的结果往往是产生不良作用，因此可以将其转化成为有害流，用减少有害流的改进措施来应对过度流。例如洗衣机接上自来水洗衣服时，如果衣服少而使用高水位的话,既可以认为是用水过量(过度流),也可以认为是用水浪费(浪费流)。再例如,适度地晒太阳有益健康,强壮骨骼,但是,如果过度晒太阳,阳光会晒伤皮肤,此时,既可以认为是受到了过度的阳光曝晒,也可以认为是受到了有害的阳光灼伤。

6. 有害流

有害流是指有用流因自身和外界因素的相互影响而形成了在物质、能量和信息的使用上,对作用对象发出了有害作用。一共有以下6种作用有害流。

① 有害物传播——有害物质形成不可控传播流。如氯气泄漏、雾霾空气、流感病毒等。

② 有害能量传播——有害能量形成不可控传播流。如电焊强光、核辐射、宇宙高能射线等。

③ 有害信息传播——有害信息形成不可控传播流。如电脑病毒、黑客攻击、谣言等。

④ 结构振动——各种载荷施加而引起的结构振动。如城铁行驶导致的振动、噪声等。

⑤ 热流——由热引起的有害作用。如汽车发动机的热量、阳光曝晒、芯片发热等。

⑥ 浪费流——损失物质、能量与信息的流。如输油管漏油、运砂车遗撒等。

消除有害流的18个改进措施(进化法则)参见表3-4。

表3-4　减少或消除有害流的18个改进措施

	具体改进措施	应用示例
1	增加流转换次数	炼钢炉中钢水无法直视,通过摄像头转换成图像信号;用有线耳机接听手机电话
2	引入停滞区	在人流密集场所设置安检区;促销季在商场外设排队区
3	过渡到低导通率的流	高辐射区域穿上带铅板的防护服;对电焊的强光加滤光片
4	减少通道部分的导通率	对容易超速的路段设置弯道;在学校门口设置减速带
5	增加流的长度	微波炉工作时人应该保持7m以上的距离
6	利用再循环	空调室内循环;空气净化器反复过滤空气
7	引入瓶颈	在重要的人流关口设立闸口(旋转闸或翼闸)
8	引入灰色区域	将放射性废料深埋地下
9	降低流的密度	口罩;空气净化器降低空气中的粉尘数量
10	绕过	网络布线时绕过高温区,避免加速电线老化
11	预设物质、能量、信息来中和流	洗手间放置除味剂;楼房内预置消防喷头;台北101大楼安装防风避震阻尼器

(续)

	具体改进措施	应用示例
12	消除共振	水泵与管道软连接；机床安装在水泥浇注的地基上
13	重新分配流	将密集过量的游人引导到非密集区，以免发生踩踏事故
14	流传输到超系统	避雷针将聚集电荷引至地下；外地货车绕道城外道路
15	组合一个流和引入一个反向流	冷暖空调；自充气轮胎
16	改变流的属性	让酸性废气通过碱性废液；热管
17	回收或恢复偶发流	回收运货车遗撒的货物
18	改变或修复受损的物体	焊好滴漏的管道；修补破损的道路

上表中前 6 个措施的目的在于减少和降低有害流的导通性；后 12 个措施的目的在于减少和降低有害流的影响范围和程度。

7. 流进化趋势与反趋势

值得注意的是：对于有益流的增强性进化手段，在应对有害流时就成为了反趋势的减少性进化手段。这种正反进化趋势的对比，使得我们加深了对流进化的理解，也方便了记忆，见表 3-5。

表 3-5　流进化趋势与反趋势

增强有益流的进化趋势	减少有害流的反趋势
减少流的转换次数	增加流的转换次数
减少流的长度	增加流的长度
清除灰色区域	引入灰色区域
消除瓶颈	引入瓶颈
增加流的密度	降低流的密度
扩大流的通道的各个独立部分的导通性	减少通道部分的导通率

8. 流分析的益处

流分析是现代 TRIZ 中近几年刚刚出现的新生事物。目前对流分析的使用正在日益增多，适用范围正在日益扩大。在现代 TRIZ 中，倾向于把流分析作为一套工具使用。本书作者认为，流分析既可以单独作为分析问题、解决问题的工具，也可以与功能分析等其他工具配套使用，例如先做功能分析、物场分析或进化分析，再做流分析。

把物质、能量和信息都更抽象地用一个"流"的概念来替代，由此找到共性问题，提出共性解决方案，是流分析的独有特点。它解决了过去经典 TRIZ 中一些不好定义和解决的问题。例如，近些年飞速发展的通信和互联网公司，它们的关注点多半放在了信息的生成、处理、传播和存储上，感兴趣的话题是关于软件信息流、软硬件结合、物质/能量/信息互动等话题。如果用经典 TRIZ 去应对，难以找到应用的切入点，如果用流分析去解决，往往可以收到很好的效果。再例如，有些问题场合由于问题的表现形式是隐性的（如模具内部的力传递），分析者难以找到物理矛盾，此时如果采用流进行分析（如正流与反流），则很容易找到物理矛盾。

第四节　技术系统进化理论的发展与改进

技术系统进化理论几乎每年都有新的研究成果出现，呈现出了百花齐放的态势，下面介绍几个 TRIZ 学术流派对技术系统进化法则的研究成果。

1. 俄罗斯圣彼得堡学派的 11 个进化法则

俄罗斯圣彼得堡学派，针对经典 TRIZ 中的进化法则没有明确的结构体系、较为散乱无序的情况，对进化法则做了一定的细分和结构化处理，以 S-曲线为最高进化法则，增加了一些新的进化法则：如把能量传递法则转变成为了"流进化法则"，从向超系统进化法则中发展出了"增加裁剪度法则"，开发出了新的"减少人工介入法则"；另外，合并（减少）了一些进化法则：如将"向微观及增加场应用进化法则"合并到"动态性法则"之中，最后形成了由 11 个进化法则组成的进化法则体系，如图 3-30 所示。

该进化法则体系的好处是：以经典 TRIZ 的 8 个进化法则作为基础，新增了三个法则，并在多个法则之间建立了结构化的联系，有了上下的发展层次，不再是"各自为战"了。

其中的两个新增法则简介如下。

(1) 减少人工介入法则

该法则的要点是：随着技术系统的发展，减少系统中由人力执行的功能数量，由此而提高整个系统的自动化、智能化水平。

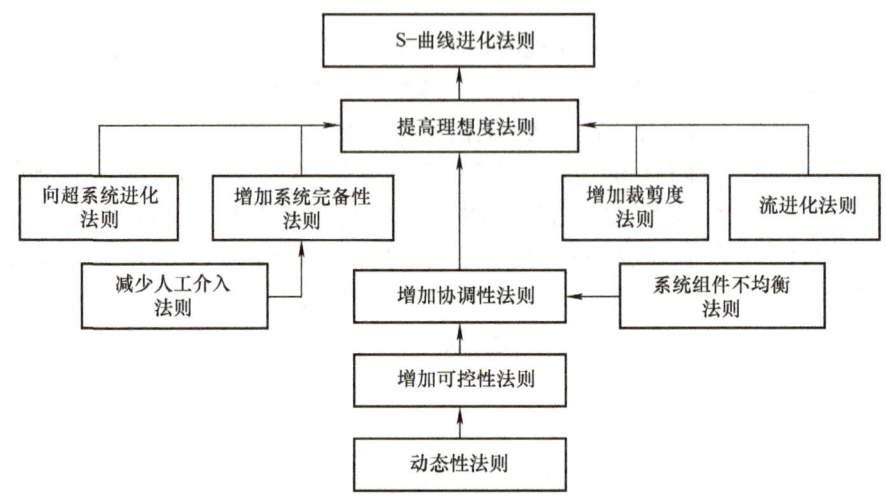

图 3-30　现代 TRIZ 中的技术系统进化法则

在一个技术系统中，人工应该逐渐减少乃至停止参与的部分有：
- 传动装置——减少人力传递，减轻或消除人的劳动；
- 动力装置——无需人工提供动力，减轻或消除人的劳动；
- 控制装置——让设备（传感器）实现自动控制和判断；
- 决策——由机器（计算机、互联网、大数据等）提供人工智能，辅助人做决策。

在最近兴起的工业4.0的概念中，智能工厂和智能生产的概念逐渐进入了人们的视野，与此相匹配的，是智能工艺、智能材料、智能产品、智能生产线、智能物流和智能服务等。智能化的核心，实际上就是减少人工的参与与介入，因为在重复性强、劳动时间长的工作场所中，人的可靠性要比能干同样工作的机器差很多。因此，在这些环节上用智能设备来替代人具有重要的现实意义，应考虑让所有的机器（无论是产品、生产线还是后勤保障设备）都可以实现彼此联网、相互感知、自动识别、自我组织、灵活决策、精准执行等。

该进化法则由技术系统完备性法则衍生而来，也可以算作是其子法则之一。

(2) 增加裁剪度法则

增加裁剪度法则由"向超系统进化法则"发展演变而来。其定义是：随着技术系统的发展，系统的组件或操作在不影响系统功能的情况下裁剪掉，由此而提高系统的理想度。

向超系统进化法则已经表明，在超系统集成到一定程度时，就会不断发生系统组件的裁剪。那么，到底哪些系统组件需要裁剪呢？怎么来判断？增加裁剪度法则回答了这个问题。

第三章 技术系统进化法则与功能

首先,裁剪子系统。在组成技术系统的"四个装置"中,可裁剪的顺序为传动子系统、动力子系统、控制子系统、执行子系统,最后可以仅仅保留执行系统中的执行机构(工具),让执行机构具有自我执行有用功能、自我控制、自我传动、自我行动的能力,或者借助超系统来实现其他被裁剪掉的装置(子系统)的功能。例如,眼镜可以把镜框、镜腿、鼻托、螺丝等系统组件都裁剪掉,而只保留镜片,将其变身为隐形眼镜,仍然可以正常执行眼镜的功能。

其次,在做好操作流程的功能分析的前提下,把提供辅助功能、矫正功能、条件功能和生产功能的操作裁剪掉,但是仍然保持操作流程可以提供完善的预设功能。

最后,在价值分析的支持下,把技术系统中价值度最低(即理想度最低)的组件裁剪掉。组件的价值可以大致分为:高功能低成本,高功能高成本,低功能低成本,低功能高成本。显然,最后一种低功能高成本是最应该被裁剪掉的系统组件,然后是裁剪低功能低成本的组件等。

2. 英国 TRIZ 专家提出的 37 条进化路径及进化潜能

技术的进化并非是随机发生的,这一事实已被不同历史时期的大量专利及技术所证实。技术系统的 8 个进化法则是对技术系统进化的真实描述,为技术从低级向高级的进化过程提供了初步的技术预测的手段。然而,在实际应用 8 个进化法则时,往往会显得较为笼统。例如"花园自动洒水系统"与"飞机的自动驾驶"都是朝向减少人工介入方向发展,但在技术的应用水平上,显然有很大的差异。其主要原因在于,技术系统 8 个进化法则给出了技术进化的一般目标和方向,没有给出每个方向进化的细节。事实上,在每个进化法则之下,有多条技术进化趋势,每条技术进化趋势由技术所处的不同状态特性构成。由此,英国 TRIZ 专家达勒尔·曼恩将 8 个进化法则进一步细化和量化,提出了利用进化潜能雷达图构建发展进化潜能的想法。

雷达图中进化趋势线的区域划分如图 3-31 所示,进化潜能雷达图引入了 37 个参数进化趋势线,被分别划分在空间、时间与界面的三个区域中,每一趋势线各有若干个进阶数,将 37 项演化趋势参数的最高进阶数,以雷达图方式呈现,即为进化潜力极限雷达图。图中的辐射线代表与系统/组件相关参数的进化趋势线,外面的边界线表示进化极限线,里面的边线表示现存系统的状态线,在每条辐射线上的极限线与状态线之间的距离就成为现有系统存在的进化潜能。

通过量化的多条进化趋势线的雷达图可展示出某项创新发明是从哪里开始,发展到哪里结束。因此,进化潜能雷达图可以用来与竞争对手进行产品分析比较,

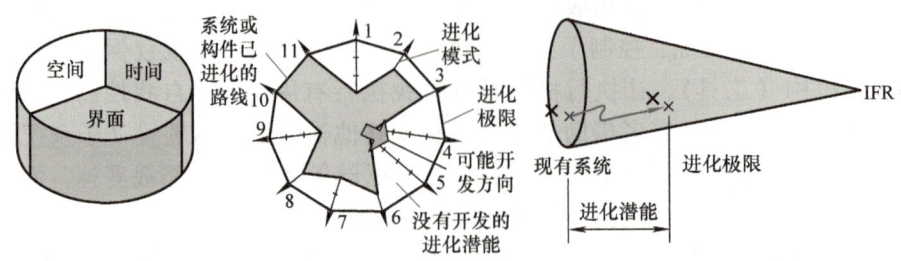

图 3-31　雷达图区域划分及进化潜能雷达图

了解产品改善的途径，识别市场需求、定性技术预测，提供策略性的长远发展计划、产生新技术，且运用进化路线来解决专利布局、选择企业战略制定的时机等一系列前瞻性的问题。

曼恩的 37 个进化趋势中有不同的进阶数，表明了技术系统的进化潜能，见表 3-6。

表 3-6　37 个进化趋势的进阶数

空间进化趋势线	进阶数	界面趋势线	进阶数	时间趋势线	进阶数
T1 智能材料	4	T14 单－双－多（同构型）	4	T32 协调性动作	4
T2 分割空间	5	T15 单－双－多（变异性）	4	T33 协调性节奏	4
T3 分割表面	4	T16 单－双－多（增加差异性）	4	T34 非线性	3
T4 分割物体	9	T17 向上整合	3	T35 单－双－多（同构型）	4
T5 从宏观向微观	6	T18 减少受制阻尼振荡	3	T36 单－双－多（变异性）	4
T6 网状纤维	4	T19 增加感官使用	5	T37 从宏观向微观	6
T7 降低密度	3	T20 增加颜色使用	4		
T8 增加不对称性	4	T21 增加透明度	4		
T9 打破边界	3	T22 客户购买所关注的焦点	4		
T10 线性几何进化	4	T23 市场进化	5		
T11 立体几何进化	4	T24 设计点	4		
T12 向下缩合	4	T25 自由度	6		
T13 动态性	6	T26 打破边界	3		
		T27 简化设计	4		
		T28 控制度	4		
		T29 减少人力参与	6		
		T30 设计方法	6		
		T31 减少能源转换	4		

实际上，表 3-6 中提出的诸如"T14 单－双－多（同构型）、T15 单－双－多（变异性）、T16 单－双－多（增加差异性）"及"T35 单－双－多（同构型）、T36 单－双－多（变异性）"是对原有的"向超系统进化"的细分和优化，它已经不再

是笼统的一种"单－双－多",而是区分了"同构"、"异构"、"增加差异性"等不同的物质属性,赋予了技术系统在同一个进化大方向下的、有区分的、更细致的进化趋势。

3. 白俄罗斯 TRIZ 专家的进化树理论

白俄罗斯 TRIZ 专家尼古拉依·施帕科夫斯基在其专著《进化树》一书中提出了进化树理论,创造了一种对专利中的进化路线信息进行分类的新方法,即把进化路线信息组织成为进化树。进化树理论对经典 TRIZ 中的 8 个进化法则进行了结构化处理和颠覆性的重组,用一个统一的树状结构来展示每一条进化路线,每一个进化分支以及每一个进化版本,形成更为具体的进化"模式",每个模式都是可以形式化、具体化甚至量化的。如果进化树的主干是"模式 1",分支则是"模式 1.n"或"模式 1.i"等,如图 3-32 所示。

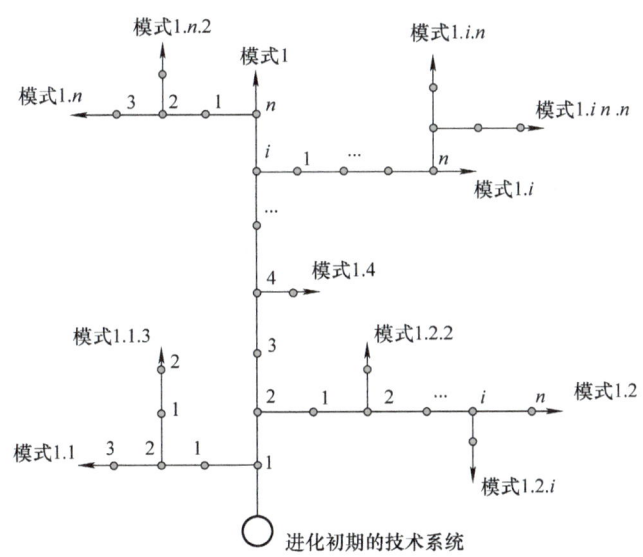

图 3-32　一个技术系统在某个阶段的进化树

由于有了进化树的树状结构作为体系上的引导,很多技术系统的实体部分也就有了明确的路线、阶段与总体发展方向。例如关于几何体的进化,在其他 TRIZ 大师的书中也有描述,但是尼古拉依阐述得更为系统一些——几何体应该是从"简单→复杂",沿着"点→线→面→体"的方向进化,如图 3-33 所示。

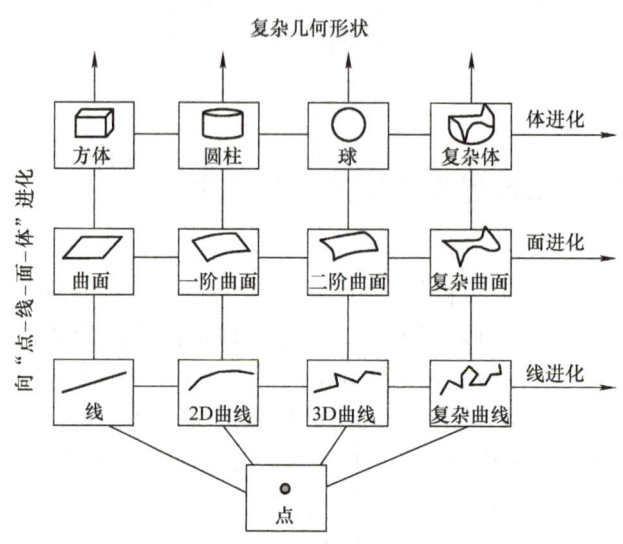

图 3-33　在进化树中关于几何体的进化路径

该进化趋势是可逆的,功能载体的几何形状既可以沿着"点→线→面→体"的方向进化,也可以沿着"体→面→线→点"的方向反趋势进化,具体的进化方向由功能类型和资源的充足与匮乏决定。

由于进化树每一个模式都有图示和标记,因此运用进化树查询、分析、处理进化路线信息非常直观和便利。在分析具体问题时,研发人员可以对问题的当前"信息情境"预先做标记,找到在进化树上的起点,然后增强已获信息间的相关性,探索不同信息条件下的进化模式,经过反复分析把进化树的"树枝"填充好,找到新产品开发的思路与方向。借助于结构性类比法及其他发明方法,进化树也能帮助我们分析进化潜能,获得全新的产品概念或既有问题的技术创新解决方案。

4. 俄罗斯 TRIZ 专家的进化理论

TRIZ 大师尤里·丹尼洛夫斯基（Yury Danilovsky）把进化法则（注:他喜欢用的术语是"发展趋势",实质内容相同）也定为 9 个,但是在命名和内容划分上,与阿奇舒勒的进化法则有一定的差别。尤里列出的 9 个进化法则是:

1）S-曲线模式法则;
2）增加传导性法则;
3）增加动态性法则;

第三章 技术系统进化法则与功能

4）跃迁到超系统法则；
5）提高理想度法则；
6）增加完备性法则；
7）MATCHEM 物场法则；
8）宏观向微观转化法则；
9）协调与不协调法则。

在尤里列出的进化法则中，把经典 TRIZ 中的能量传递法则改成了增加传导性法则（但不同于流分析），把协调性法则改成了协调与不协调法则（强调了不协调的反趋势），取消了不均衡进化法则，增加了 MATCHEM 物场法则。

尤里在理论上的一个创新点是把 40 个发明原理与进化法则做了对应，让二者之间相互匹配，形成了一个树状的关联与延伸，如图 3-34 所示。图中数字是发明原理序号。

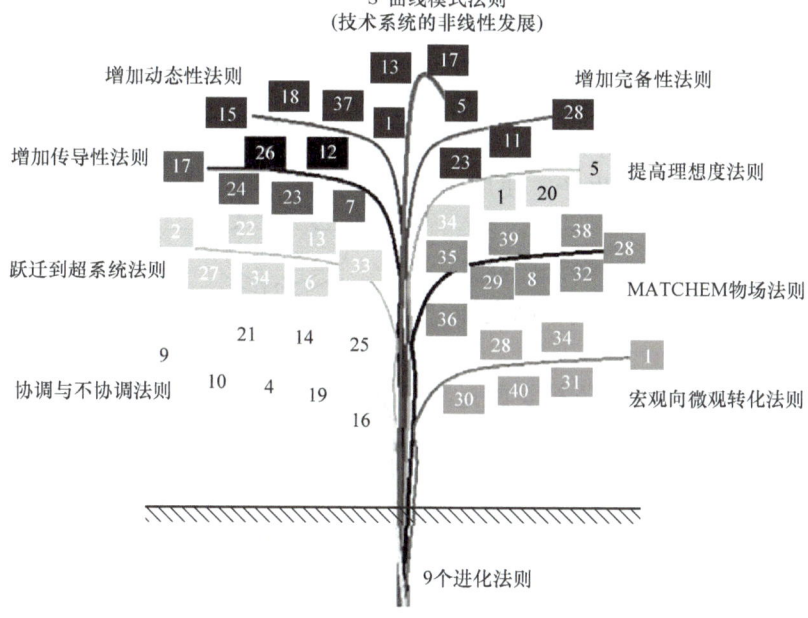

图 3-34　进化法则与发明原理的树状关系

阿奇舒勒曾经认为有些发明措施是与技术系统的进化无关的，参见第四章。尤里的研究结果则显示 40 个发明原理全部与技术系统进化有关，这是对经典 TRIZ 的发展与补充。

5. 美国 TRIZ 专家的直接进化理论

直接进化（DE，Directed Evolution）由美国 Ideation 公司提出。直接进化的操作比较直观，简明扼要，用少量的步骤，就能比较快地获得产品或技术的进化概念。从概念上来说，DE 是熊彼得创新定义的直接实现，从操作上来说，DE 是 TRIZ 中 2 号"抽取"、5 号"组合"发明措施的实际应用，即辨识、抽取现有产品的先进技术特征和功能属性，对它们加以巧妙组合，形成新的产品创意，让产品快速发展与进化。DE 也是特性转移概念的一种具体应用。

在操作步骤上，大致分为五个步骤：

步骤 1：收集和分析系统历史信息，明确系统的结构、功能、超系统等，产品发展与演变史等，包括此前客户对该产品改进意见。

步骤 2：利用 TRIZ 工具，对功能、因果、属性和资源进行诊断，找出现有产品功能上的问题和矛盾，构建产品的 DE 路线。

步骤 3：根据诊断结果，产生面向未来新产品概念，如新功能、新应用和新市场，定义包括生产、使用、维修和报废等活动。

步骤 4：研发决策，制订产品开发计划，产品方案申请专利，制定知识产权应对策略。

步骤 5：执行计划，监控实施过程，随时纠偏。同时启动下一步 DE 进程。

直接进化的 5 个步骤如图 3-35 所示。

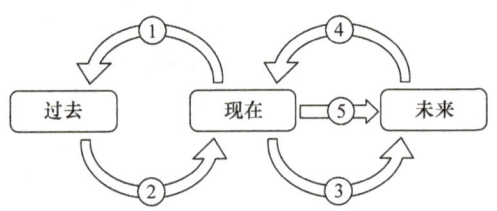

图 3-35　直接进化的 5 个步骤

要 点 小 结

技术系统进化法则是 TRIZ 的理论基础，也是 TRIZ 理论体系中发展较快的一个"子系统"，常有理论创新。希望读者对其予以重点关注。其总体发展趋势有几个，一是进化法则结构化、体系化；二是进化法则模式化、可操作化；三是增加新内容，要么是更加细分的进化模式，要么是全新的进化趋势。

第三章　技术系统进化法则与功能

第五节　技术发展预测分析及实例

通过分析当前产品的核心技术在技术进化过程中的阶段与状态，分析产品今后可能的进化方向和可能进化的模式，可以预测未来产品的技术发展前景与水平。作为企业来说，掌握了技术预测，可以做到"生产一代，研发一代，预研一代，预测一代"，即可以预测未来数年甚至十年后全新的产品及核心技术。

1. 键盘进化预测

键盘在常规上的进化路径是"刚体→单铰接→多铰接→柔性→液气→场"，因此可以进化到我们已经熟知的虚拟"光键盘"。实际上一个技术系统在同一发展方向上有着多样化的进化路径。在此我们给出一个稍微不同的键盘进化路径，如图3-36所示。

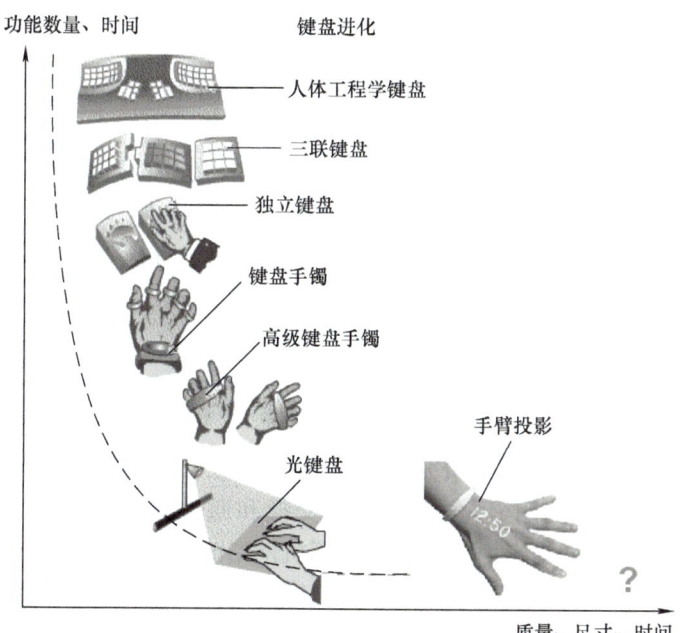

图3-36　键盘进化过程

该图例的主要思想是要指出两个相反的发展需求，即键盘的质量、尺寸和功能消耗有待减小，但与此同时，功能的数量有待增加。

人体工程学键盘是适合专业使用的标准类型，然而这种类型的键盘并不经常在家庭中使用。

多铰接式的三联键盘中三个可调和可互换的键盘面使得键盘的动态性大为提高。用户可以调整每一个键盘面，例如，从左手键盘换成右手键盘。分离键盘的各个模块允许用户减小击键所用的力，这对于需要长时间敲击键盘的用户来说是很重要的。

独立键盘进一步将键盘分割成了两个相互独立的部分，左右手各使用一个独立键盘。此时"键"已经开始"收缩"到"盘"中，但是系统仍然能准确识别手的击键部位。

键盘手镯是键盘这个技术系统进一步理想化（分化）的结果，逐步向着其子系统改进，此时不仅"键"不见了，变成了指环式的键传感器，而且"盘"也彻底改变了模样，成为了手镯，接收传感器发出的跟踪指尖位置的信号。

高级键盘手镯是理想化的下一个阶段，键传感器经过改进后"融入"了手镯，成为了手镯的"理想物质"。智能手镯通过传感器跟踪指尖的位置并适应指尖的压力，然后，软件解释数据，并显示键入的字母。

以虚拟方式实现的"光键盘"可以显示在任何表面处。光学传感器跟踪指尖位置，并将指尖的位置数据（虚拟键）转换成屏幕上的文本。键盘已经变成了"光场"的作用。

最新的键盘技术已经发展为手臂投影键盘。在手镯式穿戴设备的支持下，可以在体表（手臂、手心、手背等）上随时、随地投影，并进行交互输入。

光键盘还可以继续进化下去，但是基本上以场的方式来实现。每一次进化都可以认为是技术创新的重要成果。键盘进化的终极结果是要让人脑与计算机建立特殊的、有效的联系，通过捕捉脑电波而实现文本的"所想即所显"，最终取消键盘。

2. 因特网上网设备的进化

1969年，美国国防部高级研究计划署资助建立了世界上第一个分组交换试验网ARPANET，连接美国四个大学进行数据交换和通信。这是有史以来人类首次正式建成和应用计算机网络，由此宣告了计算机网络时代的到来。

40多年过去了，高速发展的因特网已经进入了千家万户，成为当今大多数人工作和生活中必不可少的一部分。据2015年7月统计，因特网在美国的普及率已经达到82%，中国网民总数量达6.68亿，因特网普及率为48.8%。其中手机网民超过5亿。中国已经成为世界第一大因特网用户国。

因特网的发展不断延长了人与因特网的接驳时间，上网设备（接驳因特网的技术系统）也在不断地进化，从20世纪60年代的大型机、80年代的台式机、90年代的笔记本，发展到了今天使用手机（特别是4G手机）也能轻松高速上网，可穿戴设备也可处处上网。这个进化路径符合技术系统的"动态性进化法则"中的"提高可移动性"子法则以及"向微观及增加场应用进化"法则，如图3-37所示。

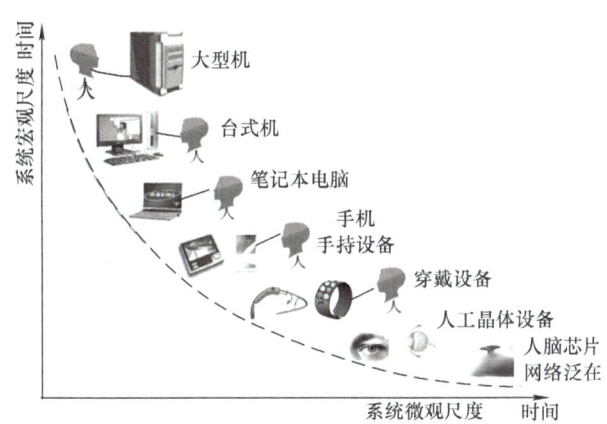

图3-37　上网设备的进化

从移动上网的便利性来看，手机显示屏幕的尺寸将成为技术发展的障碍之一。现在手机的发展趋势是功能增多，运算速度加快，操作简便，厚度变薄，屏幕尺寸适度增大。

作者在2009年《TRIZ入门及实践》书中曾经预测"未来上网设备或许进化为穿在身上、戴在头上的物品，……眼镜式可穿戴接驳设备将成为未来10～20年的主流技术"，现在该预测已经实现，可穿戴设备的发展如火如荼。我们可以预测在数年后，浏览网页内容将以三维形式投射到眼镜式接驳设备中，人们可以通过设备上的开关在现实和虚拟世界中快速切换。

现在已经可以将微型RFID器件植入人体。随着电子微型器件和医学技术的发展，我们还可以预测在若干年以后，人们可以将微小电子设备植入到人眼中，微小的人造晶体电子设备成为网络接口，可以连接因特网，在人眼中投射因特网三维信息。最终，可联网芯片进入人脑，极大地拓展人的思考、记忆和获取信息的能力。

在万物互联的概念下，很多技术系统都将成为网络终端，如互联网汽车、互联网工厂、互联网建筑等。智能建筑的发展，也会让任何一面镜子、玻璃、桌面或墙体成为显示设备，以更大屏幕、更多显示窗口内容的方式来接驳因特网。

最终上网设备将进化成什么样子，可以留给读者无限的遐想空间。作者这里可以提示的是："人机合一"、"天人合一"、高度智能化、高度网络化，将是我们思考的方向。下一节，作者将给出"向人机合一进化"的进化趋势。

3. 工业4.0中的嵌入式设备进化

嵌入式设备的飞速发展，是一个国家工业化和信息化发展水平的重要标志。早期的嵌入式设备如汽车的安全气囊，以传感器和爆炸装置为主要技术特征，其中并没有太多的数字化元素。伴随着工业化与信息化的融合发展，嵌入式设备开始向赛博系统（Cyber System）快速靠拢——即在物理空间中加入了更多的数字化元件，如RFID、数字化传感器、工控机、电脑、手机、平板、电视、路由器、遥控器、内存卡、SIM卡、电冰箱、电气设备等。值得注意的是，所有具有数字化元件的设备中都有芯片，而芯片里的亿万个晶体管是利用"场"（如场效应管）的原理工作的，因此，引入芯片的系统，都是具有数字化结构的赛博系统，也都是强化了场应用的系统。物理空间的数字化、赛博化，就是向场进化的过程。搭载了赛博系统的物理系统变得更加"智能"（易感、易控、易联、易改、易操作等）。赛博系统之间的互联，形成了CPS，打造了工业4.0的坚实基础。图3-38为嵌入式设备的进化路径预测。

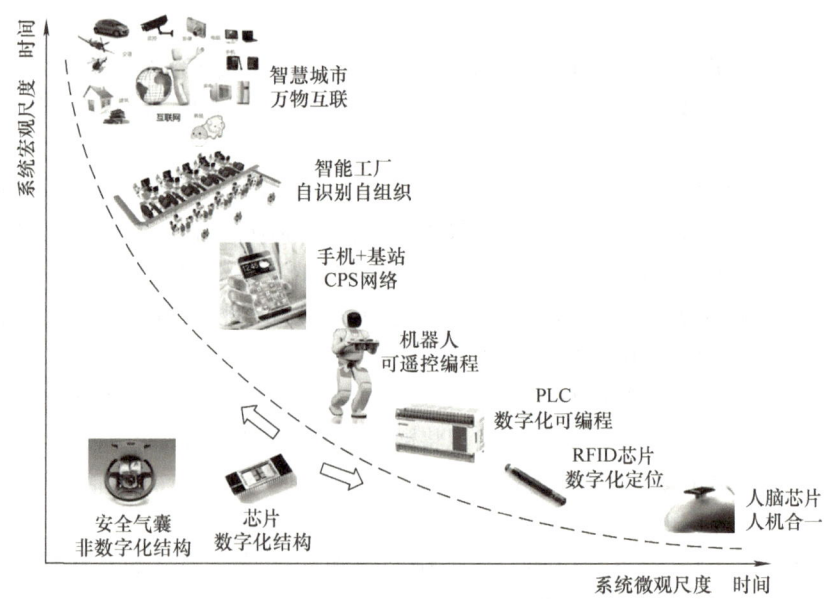

图3-38　嵌入式设备的进化路径预测

进化路径为：非数字化嵌入结构→数字化结构（赛博系统）→可编程数字化

结构→可遥控数字化结构→可联网数字化结构（CPS）→智能工厂（自识别、自服务、自组织）→智慧城市。

手机是非常接近 CPS 的设备，手机有明确的物理结构，其内置数字化系统，工作在数字化网络空间内。未来的汽车、家电、房屋、生产线等，都将成为 CPS 上的一个终端节点。CPS 的普及，将为智能工厂、智能生产和智能物流打好基础。最终万物互联，形成智慧城市。

4. 为产品研发做技术预测的实操步骤

如果读者希望能够在产品开发的过程中做一点技术预测的工作，但是又感觉对技术系统进化法则不好掌握与操作的话，不妨按照以下的思路与动作来做一点尝试。假设将你正在开发的产品称作"系统"的话，以下的三个步骤的操作是应该思考的（以显示器、键盘进化的例子和手机为例）：

第一步：
1）在系统中引入新元件（例如手机引入变焦摄像头、手写笔、位置感应器等）；
2）从系统中消除元件（例如取消了手机外露天线和硬键盘，手臂投影显示消除了液晶屏）；
3）改变系统的元件（例如手机的接听装置变成蓝牙耳机，加入投影键盘）；
4）把系统元件细分成若干件（例如常规键盘变成了多个键盘手镯）；
5）改变系统元件的形状、尺寸和位置等（例如键盘改成人体工学外观结构）；
6）改变元件的内部结构（例如三联键盘或柔性键盘改变了键盘的内部结构）；
7）改变表面的特性（例如鼠标杆的触摸面做成凸纹，让手指的控制度更好）。

第二步：
1）在系统中引入连接物（例如常规键盘变成铰链式三联键盘）；
2）从系统中消除连接物（例如分离式显示器变成没有铰链）；
3）改变系统的连接物（例如显示器的圆铰链变成球铰链，或变成无线"场"的连接方式）；
4）提供最理想的、灵活的连接物（例如无线"场"的连接方式）；
5）提供系统元件参数的最理想的特性变化（例如手机摄像头自动对焦）。

第三步：
1）提供简化控制动作（例如手机的"一键式"拨号简化了拨号的控制动作）；
2）在技术过程中引入新的操作（例如与按键相比，手机的语音拨号是新操作）；
3）从技术过程中消除操作（例如手机的语音拨号消除了手动按键操作）；
4）操作的分割（例如给汉字输入分别设计出手写、拼音和语音输入方式）；

5) 操作的合并（例如手机的触屏方式合并了按键、选择与确认等的所有操作）。

以上三个步骤，实际上把 TRIZ 的 8 个进化法则都隐含地包括了进去，较好地反映了技术系统进化法则的内涵和实质内容。虽然这样做让进化法则从形式上看起来不是很明显，但是对于技术预测的实操性要好了一些。这只是技术预测的实用方法之一，相信以后还会有更多、更实用的预测技术被开发出来。

5. 技术系统进化小结

运用进化法则我们可以判断出当前研发的产品处于技术系统进化过程中的哪个阶段，然后基于法则的提示，我们可以更好地预测出技术系统未来的发展方向。技术系统处于不断的发展与进化过程中，而解决技术系统中存在的矛盾是技术系统进化的推动力。

S–曲线法则描述的是一个技术系统中的诸项性能参数的发展变化规律，这些性能参数都会经历婴儿期、成长期、成熟期、衰退期这四个阶段。由于 S–曲线是可以根据现有专利数量和发明级别等信息计算出来的，因此 S–曲线比较客观地反映了产品进化的过程。

分析 S–曲线有助于了解技术系统的成熟度，有利于合理的研发投入和分配，辅助企业做出恰当的研发决策。

当前伴随着工业 4.0 而兴起的 CPS，是数字化芯片与物理实体结合的产物，是向场进化的具体结果。

所有的技术系统都是向"理想化最终结果"方向进化的，系统的进化趋势或模式可以在过去的专利发明中发现，并可以用来指导新产品（或技术系统）的开发，从而避免盲目的尝试和浪费时间。

第六节 对技术系统进化法则的理解与改进

1. U–TRIZ 进化法则总体结构

经典 TRIZ 强调技术系统进化是消除矛盾的结果。U–TRIZ 强调技术系统进化

第三章 技术系统进化法则与功能

首先是效应驱动的结果，进而是发现并利用了技术系统内外部物质的新属性的结果。二者在理解层面和应用水平上有一定差异。例如向微观及增强场的应用进化，一定是发现了新材料（的属性）、新工艺（的属性）、新市场（的属性）等，而导致了尺度更小的、功能更好的新产品面世（如纳米收音机、分子剪等）。U-TRIZ 的 13 条进化法则/趋势总体结构如图 3-39 所示。

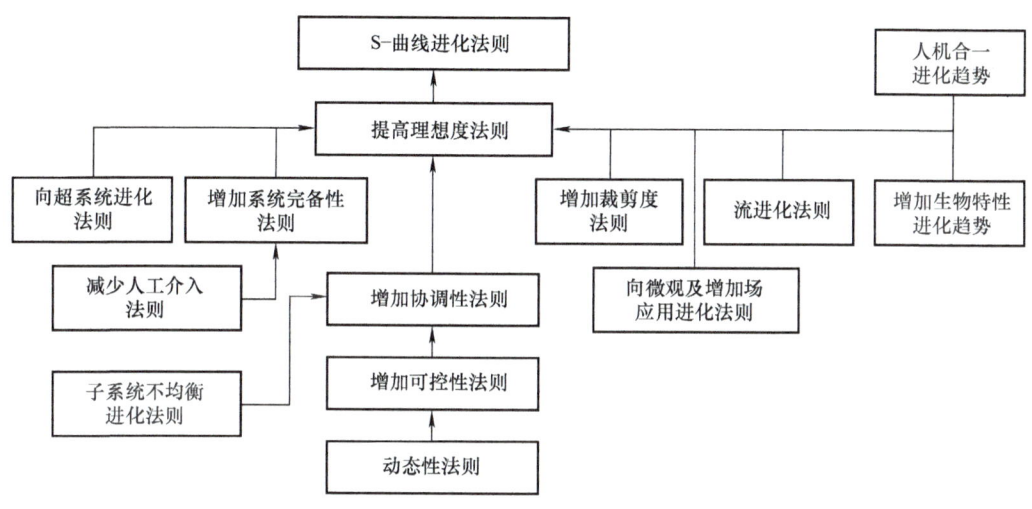

图 3-39　U-TRIZ 的技术系统进化发展体系图

U-TRIZ 对技术系统进化法则做了深入的理解与某些改进，增补了两条新的进化趋势。

2. 加深对现有进化法则的理解

技术系统的发展是丰富的、多样性的。一个进化趋势往往伴随着一个"反趋势"，例如在产品尺度的进化上，技术系统在同时向着"极大"和"极小"两个方向进化。向"极大"方向进化，属于向超系统进化法则的延伸，向"极小"方向进化，属于向微观及增加场应用进化法则内容。尽管现在有些 TRIZ 流派倾向于把向微观进化法则合并到其他法则中去，但是作者认为该法则仍然有独立存在的必要。

(1) 向"极大"方向进化的案例

陆地机械：1978 年德国克虏伯公司建造的多轮斗式挖掘机 Bagger 288，外形尺寸为 240m×49m×96m，整机重量为 14210t，堪称矿山机械之最。Bagger 288 "走"起来不算快，每分钟移动约 2～10m，但它的旋转挖矿轮每天可以吃下 24

TRIZ 进阶及实战 大道至简的发明方法

万 t 的土石，18 个轮盘式挖掘铲斗中的每一个就可以铲起 6.6m³ 的矿石或土质材料，这台巨型怪手每天可以创造一个 5 个足球场大、17m 深的大坑，工作效率很高，如图 3-40、图 3-41 所示。

图 3-40　多轮斗式挖掘机 Bagger 288 工作现场图

1995 年，另一家德国重型机械公司 MAN TAKRAF 又制造了一台 MAN TAKRAF RB293，刷新了 Bagger 288 的外形尺寸记录。

数据中心：互联网搜索巨头们都建有庞大的数据中心。当用户浏览他们的网站时，一定会访问到其中的某一个服务器网络，因此数据中心又被称作"实体互联网"。这些数据中心的规模都十分庞大，而且还在不断扩充。例如谷歌俄勒冈数据中心占地面积超过 11.5 万平方英尺，内部结构非常复杂，如图 3-42 所示。

图 3-41　Bagger 288 巨大的轮盘式挖掘铲斗

图 3-42　俄勒冈数据中心的服务器阵列（右）和冷却系统（左）

游牧城市：西班牙建筑系大学生曾经设计了一种未来派城市，使用类似于坦

第三章 技术系统进化法则与功能

克履带的行走装置，具备风力发电机、太阳能板和氢能发电厂等清洁能源，以及露天采矿机械、造船设施、超级港口、小型机场、太空发射装置和生态村等。它不破坏周边环境，在世界各地陆地上漫游，为居民寻找更好的工作和资源。这也是一种复杂大系统，如图 3-43 所示。

(2) 向"极小"方向进化的案例

纳米收音机：美国加州大学伯克利分校成功研制出世界上最小的收音机，如图 3-44 所示。它由单一的、尺寸仅为头发丝直径万分之一的碳纳米管构成。碳纳米管集天线、调谐器、放大器和解调器于一身，有效地缩短了能量传递路径。

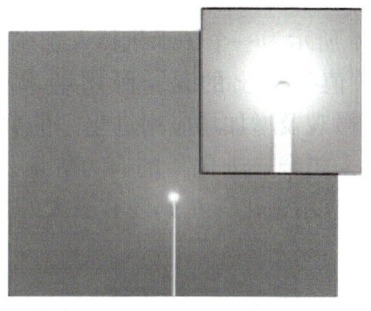

图 3-43　一个"游牧城市"假想图　　　图 3-44　纳米收音机

纳米轴承：日本东北大学研究生院理学研究小组于 2013 年 1 月 9 日宣布，成功确认了在有限长度碳纳米管（CNT）中填充经化学修饰的富勒烯而制造出来的轴承的旋转动作。通过光谱分析确认了富勒烯制成的转子在 CNT 外框中像陀螺一样转动的情况。研究小组表示，此次并非是让一个轴承，而是让量产的 1023 个庞大数量的轴承以同等程度的转速旋转，而且还可通过温度来控制其转速，如图3-45所示。

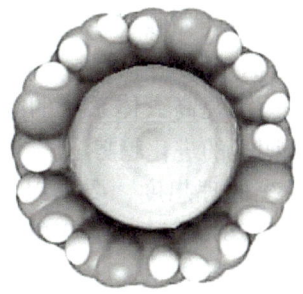

图 3-45　碳纳米管轴承的静止图（左）与旋转图（右）

纳米机器人：医用纳米机器人有着无限的应用潜力，科学家根据分子病理学的原理已经研制出各种各样的可以进入人体的纳米机器人，来协助治疗人们做以下的工作：清洁伤口、帮助凝血、治疗痛风、粉碎肾结石、诊断动脉粥样硬化、抗癌、去除血块、激活细胞能量等。医用纳米机器人目前还处在试验阶段，大到尺度为几毫米，小到尺度为几微米。在未来10年，纳米机器人将会带来一场医学革命。如图3-46所示为一个纳米机器人正在进入红细胞。

值得指出的是，医用纳米机器人不仅是"向微观及增加场应用进化"的典型案例，也是"向人机合一进化"的有力佐证。"向微观及增加场应用进化"法则还有极大的发展潜力。

图 3-46　一个纳米机器人正在进入红细胞

3. 对现有的进化法则内容进行改进

作者对"提高理想度法则"提出了增补的内容。

技术系统多数情况下是由人工系统和自然系统（人体、植物、大气等）所组成的复合系统。以前在谈及"提高理想度法则"时，大家往往认为所谈到的技术系统仅指人工系统，这实际上是一种思维惯性。作者认为，提高理想度法则，不仅适用于人工系统，也适用于人体系统，即要<u>提高人的理想度</u>。我们必须要把人体系统纳入到技术系统中做统一思考。

所有的人工系统都是为了满足人的需求而构建，很多人工系统的设计目的就是为了弥补人的能力（如假牙、助听器、御寒衣物、快捷交通等）和拓展人的能力（如太空望远镜、海量存储器、互联网、人脑芯片等）。因此，<u>提高技术系统的理想度，最终是为了提高人体系统的理想度</u>。人工系统和人体系统<u>共轭进化</u>，相互促进，是一个明显的进化趋势。

提高人体系统的理想度，要求以人为本，围绕人来做技术系统的研发设计。但是，根据截止到2015年6底作者能够搜集到的学术资料，在现有TRIZ资料中，还没有提出这种进化趋势。

第三章　技术系统进化法则与功能

4. 增补了新的进化趋势

以人为本的社会需求，智能系统的快速发展，呼唤新的进化趋势出现。作者提出了两个新的进化趋势。

(1) 增加生物特性进化趋势

在技术系统发展进程中，不断增加某些生物特性是一个明显的进化趋势，从外观到内部结构，从元件到子系统，从执行系统到控制系统，从机电体到生物体等。其进化路径是：

外观具有生物特性→结构局部具有生物特性→结构整体具有生物特性→人造非生物体＋部分生物体→人造非生物体＋完整生物体

外观具有生物特性实例：各种动物形状的玩具/用具、鸟巢体育场、海豚外观的潜艇与高铁列车、鸟翼形截面的机翼、人造草坪等。再例如德国不来梅的宇宙科学中心，外形既像鲸鱼，又像巨蚌，如图3-47所示。

上海种子大教堂看起来像是一只刺猬，6万根7.5米长的光学纤维穿过外墙和穹顶，每根光学纤维的顶端均有一颗种子。几乎每个方向都可以透过光学纤维采光，如图3-48所示。

图3-47　德国不来梅的宇宙科学中心

图3-48　有6万根光学纤维的上海种子大教堂

109

结构局部具有生物特性实例：Hankook 轮胎与德国普福尔茨海姆大学（University of Pforzheim）共同设计了三款炫酷的未来赛车用胎，其中 Boostrac 型为沙漠地设计，其独特的蜂巢结构能够扩展开来，变成一条大型齿胎，大大提升抓地力；Alpike 型可以横向变换，像熊掌一样增加接地面积，适用于积雪较厚路面；HyBlade 型拥有鱼鳍式扇叶和排水槽，在积水路面可快速稳定前行，如图 3-49 所示。

图 3-49　三种具有仿生结构的 Hankook 赛车专用轮胎

结构整体具有生物特性实例：有视觉、听觉、触觉并且可以对话的机器人，人造昆虫、仿鲨鱼皮结构的泳衣等。在电子显微镜下观察鲨鱼皮，是由无数的被称作"皮质鳞突"的鳞片组成。这些鳞突在长度方向有凹槽，可以调整水在其表面的流动，同时可阻止漩涡或者是湍流的形成。这种特殊的表皮结构，既可以阻止藻类等在其身上寄生，又可以显著减少与水流的摩擦，游泳运动员穿上仿鲨鱼皮泳衣，曾经屡破世界纪录，如图 3-50 所示。

图 3-50　鲨鱼皮上的"皮质鳞突"及仿鲨鱼皮泳衣

人造非生物体＋部分生物体实例：可吸收的医用羊肠线，含有人类基因的生物芯片、生物机器等，如图 3-51 所示。

人造非生物体＋完整生物体实例：霍金使用的眨眼式键盘（图 3-52），佩戴检测设备的缉毒犬，带有动物实验的宇航器等。

瑞士人 Nguyen La Chanh 发明了浴室苔藓踏脚防滑垫。这种防滑垫由 70 小块直径为 6 厘米的泡沫状苔藓构成。这种防滑垫能让人的双脚放松，舒适感十足，而且无需精

第三章 技术系统进化法则与功能

图 3-51 含有人类基因的生物芯片和生物机器

心养护，只要经常洗澡，滴在上面的洗澡水就能保证苔藓的生命力，如图 3-53 所示。

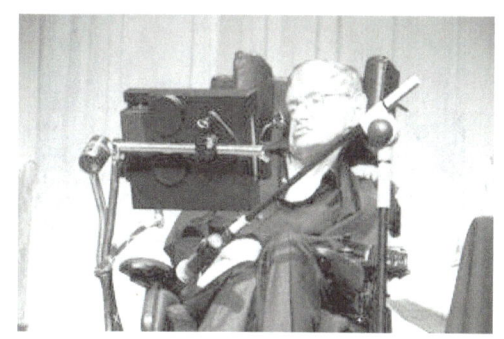

图 3-52 霍金使用的眨眼式键盘　　　图 3-53 浴室苔藓踏脚防滑垫
（左侧为局部放大图）

(2) 人机合一进化趋势

物质世界的系统分为自然系统、人工系统和复合系统。人工系统皆为满足人的需求而构建，因此人工系统的一个明显的发展趋势是，逐渐进入属于自然系统的人体系统的领域：附着体表，与人体互嵌，或者全部植入人体成为人体系统的一部分，由此而显著地提高人的能力。

该进化趋势从补偿人的能力到拓展人的能力，即先由人造元件替代了人体中缺损或失能的元件，让人正常生活工作；继而，让人工系统来大大拓展人的能力。人工系统与人体的关系，从有一定距离的接触与使用，到贴合体表的穿戴，再到与人体互嵌（系统大部分嵌入人体，或人体大部分嵌入系统），最终进入人体，成为人体的一部分。自古以来，在体外协助和拓展人的能力的工具数不胜数，这里不展开叙述。本书重点阐述体表、互嵌和进入体内的人造设备。其进化路径是两个趋势交织在一起的：

人造元件替代人的元件（体外→体表→互嵌→体内）→人造组件替代人的功能（体外→体表→互嵌→体内）→人造组件替代人的器官（体外→体表→互嵌→体内）

人造元件替代人的元件（体外→体表→互嵌→体内）案例：假牙或许是最早

部分嵌入人体的人造元件；耳塞式收音机、助听器等也属于此类产品。

常规的隐形眼镜贴在眼球表面，校正人的视力。谷歌公司又在隐形眼镜上添加了可以通过检测眼睛颜色变化而感知血糖变化的微型设备，为糖尿病病人带来了极大的方便，如图3-54所示。

经皮脊柱椎弓根钉内固定术是一种微创手术。在患者背部切开4个小口，从而完成置钉、复位和穿棒等手术操作，让钢钉固定患者压缩性骨折或失稳、滑脱的腰椎，此时钢钉替代了有缺陷腰椎的部分支撑和定位功能，如图3-55所示。

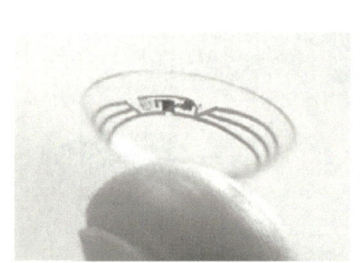

图3-54　隐形眼镜上感知血糖变化的微型设备（体表）

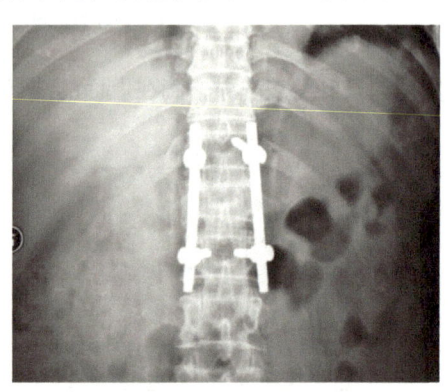

图3-55　微创手术内置钢钉来固定腰椎（体内）

人造组件替代人的功能（体外→体表→互嵌→体内）案例：可穿戴设备在最近几年发展迅猛，从指环、手表、手镯、臂带，到智能眼镜、智能头盔、智能衣裤、动力外骨骼等，这些设备可交换数据，可感知信息，可自成网络，可受力传力等，种类繁多。

三星创新实验室开发了一款用于诊断佩戴者是否中风的传感器设备原型机。其外观类似耳机，与手机绑定，监测佩戴者的脑电波并与手机软件中的特定算法匹配，可判断佩戴者是否有中风危险以及是否就医，如图3-56所示。

动力外骨骼是一种拓展人的能力的智能仿生可穿戴设备。外骨骼穿套在人体上，感应人的肢体活动意图，驱动相应部位的伺服机构产生相同的动作，如图3-57。

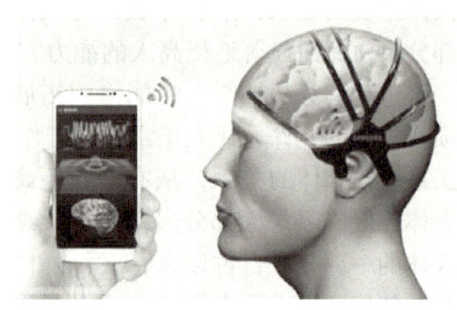

图3-56　监测佩戴者是否中风的可穿戴设备（体表）

第三章 技术系统进化法则与功能

图 3-57 动力外骨骼（互嵌）

深度嵌入人体的眼球摄像机由三部分组成：一个微型摄像头（借用结肠镜现有摄像头）、一块电池和一个可以把拍摄到的画面传输到电脑的无线发射器。这三个组件集成在一块微型电路板上，佩戴者可以在外部无线控制是否启动拍摄，如图 3-58 所示。

人造组件替代人的机能（体外→体表→互嵌→体内）案例：人造技术系统进入人体，是目前医疗技术发展的重要趋势之一。牙齿、皮下、眼球、血管、大脑、肠胃等，都是可以植入的部位。有临时植入的设备，如可以吞入肠胃执行检查任务的摄像胶囊。有长期植入的设备，如上一节技术发展预测案例中提到的可以植入人眼接驳因特网的人造晶体，就是一种可长期植入人体的设备。

皮下芯片是一个细管状的微型芯片，大约 2mm 直径，12mm 长，里面记录了个人的多种数据资料，可以很容易地植入人体皮肤下面，相当于给人加上了一个电子标签。其主要技术特征是 RFID（无线射频识别）技术，内有芯片、天线和信息发射装置，对应身体之外特定的近场（NFC）接收装置，可以显示里面记载的内容，如图 3-59 所示。未来带有皮下芯片的人或许挥一下手就可以开门或者刷卡。

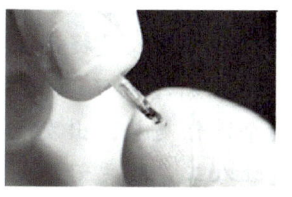

图 3-58 嵌入眼窝的眼球摄像机（互嵌）　　图 3-59 RFID 皮下芯片（体内）

心脏起搏器是一种完全植入人体内的电子治疗仪器。脉冲发生器产生电脉冲通过导线电极来刺激心肌，使心脏激动和收缩，以治疗由于某些心律失常所致的心脏功能障碍病症，如图3-60所示。

芯片植入人脑也已经有成功的先例。香港《文汇报》曾经报道，英国色盲艺术家哈比森在接受了芯片植入后脑的手术后，可以通过"聆听"每种颜色独特的振动频率，来分辨颜色，让单色的世界增添了色彩。由于芯片可无线上网，他还能在看不见实物的情况下，接收由手机发送的影像，将其存储在芯片中，如图3-61所示。

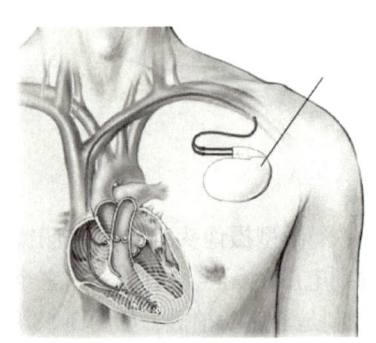 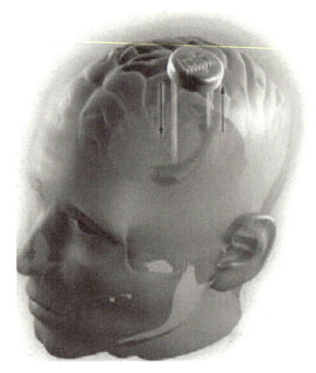

图3-60　心脏起搏器（体内）　　　　图3-61　植入人脑的芯片帮助患者辨识颜色

图3-38所展示的另一条向微观进化路径是：非数字化结构→数字化结构（赛博系统）→可编程数字结构→网络化微型芯片结构→可进入人体微芯片结构（含智能软件）。

在所有的技术系统逐渐走向智能化的今天，我们不得不认真思考人与机器之间的关系。智能化的终极阶段，是大量的微型智能人工系统植入人体，替代人的某些组织或者替代人的某些器官，甚至直接与人的部分神经对接，显著地提升人的多方面的能力，减少或消除所患的疾病。

要点小结

技术系统往往是复合系统，既包含人工系统，也包含人体系统或其他自然系统。提高技术系统的理想度，不仅仅是提高人工系统的理想度，最终是为了提高人体系统的理想度。U-TRIZ新增加了两个进化趋势：增加生物特性进化趋势；人机合一进化趋势。这两个进化趋势，出发点不同，一个是让人工系统向自然界的生物系统学习，一个是让人工系统更好地为人服务。两个进化趋势最终交汇于自然界最高级的生灵——人的身上，形成了人与人工系统的共轭进化。

第三章 技术系统进化法则与功能

思 考 题

1. 进化法则讲述了哪三个要点?
2. 进化法则、进化趋势、进化模式之间，有什么区别与联系?
3. 经典 TRIZ 介绍了几个进化法则?
4. 你认为在技术系统进化中存在反趋势吗? 请举例说明。
5. 什么是流? 什么是流分析?
6. 流的属性是什么?
7. 有多少种改善流的措施?
8. U – TRIZ 提出了哪几种新的进化趋势?
9. 人体系统与技术系统的进化呈现出什么样的关系?
10. 请简述技术系统进化与工业革命之间的关系。

第四章 40个发明措施与功能

TRIZ进阶及实战
——大道至简的发明方法

第四章　40个发明措施与功能

第一节　40个发明措施概述

"措施"一词译自阿奇舒勒俄文原著《创》书，本章第二节有详细论述。

在经典TRIZ创立之初，阿奇舒勒坚信解决发明问题的措施是客观存在的。阿奇舒勒在对大量的发明专利进行研究、分析、归纳、精炼的基础上，总结出了TRIZ中最重要的、具有广泛用途的40个发明措施以及这些措施的操作细则。40个发明措施是人类长期与物质世界相互作用的结果，是人类发明智慧的结晶。它们是阿奇舒勒奉献给我们的第一套解决发明问题的共性知识，是全人类发明知识体系中的璀璨篇章。研发人员掌握这些发明措施，可以大大提高发明的效率、缩短发明的周期，而且能使发明过程更具有可预见性。用有限的发明措施来指导发明者解决几乎无限的发明问题，是TRIZ的精髓之一。

经典TRIZ已经给出了实施细则的注解（A、B、C、……），参见表4-1。

表4-1　40个发明措施与实例

措施内容描述	应用实例简介
1. 分割 A. 把一个物体分成相互独立的部分 B. 将物体分成易于组装和拆卸的部分 C. 提高物体的分割和分散程度	A. 高音、低音音箱；分类设置的垃圾回收箱 B. 打井钻杆；组合夹具；组合玩具；积木式手机 C. 汽车LED尾灯；反装甲子母弹；加密云存储
2. 抽取 A. 从系统中抽出产生负面影响的部分或属性 B. 从物体中抽出必要的部分或属性	A. 建筑避雷针；透视与CT查体；安检设备 B. 手机SIM卡；闪存盘；宽带网的WiFi发射器
3. 局部质量 A. 把均匀的物体结构或外部环境变成不均匀的 B. 让物体的各个部分执行不同功能 C. 让物体的各个部分处于各自动作的最佳状态	A. 轿车座位可分别设定空调温度；模具局部淬火 B. 电脑键盘上的每个键；软件交互操作菜单 C. 工具箱内的凹陷格子存放不同的工具；计算器
4. 不对称 A. 如果是对称物体，让其变成不对称 B. 已经是不对称物体，进一步增加其不对称性	A. USB接口；三相电源插头；D型插头等 B. 豆浆机的搅拌器刀片，上下、左右都不对称
5. 组合 A. 在空间上将相同或相近的物体或操作加以组合 B. 在时间上将物体或操作连续化或并列进行	A. 多层玻璃组合在一起磨削；叶盘；坦克履带 B. 用生物芯片可同时化验多项血液指标；并行工程

117

（续）

措施内容描述	应用实例简介
6. 多功能性 　A. 一物具有多用途的复合功能	A. 瑞士军刀；水空两栖无人机；飞行汽车
7. 嵌套 　A. 把一个物体嵌入第二个中空的物体，然后再将这两个物体嵌入第三个中空物体…… 　B. 让某物体穿过另一物体的空腔	A. 可收缩旅行杯；套筒式起重机；拉杆式钓鱼竿 B. 嵌入桌面的电脑显示屏；飞机起落架
8. 重量补偿 　A. 将某一物体与另一能提供升力的物体组合，以补偿其重量 　B. 通过与环境介质（利用空气动力、流体动力、浮力、弹力等）的相互作用实现重量补偿	A. 用直升机为地震灾区吊运大型工程机械；用氢气球送电缆过江 B. 各种航空器/航海器；在月球车轮胎里设置球形重物，以降低月球车的重心，保持其稳定性；赛车扰流板
9. 预先反作用 　A. 事先施加反作用，来消除事后可能出现的不利因素 　B. 如果一个物体处于或将处于受拉伸状态，预先施加压力	A. 高速路表面的提示语预先拉伸成"横粗竖细"的瘦长方字形；公路桥预留膨胀裕量；降低期望值 B. 混凝预应力梁；矫牙器；蜗轴发动机预先轴向锁紧
10. 预先作用 　A. 预置必要的功能、技能 　B. 在方便的位置预先安置物体，使其在最适当的时机发挥作用而不浪费时间	A. 有预先涂胶和预置撕扯带的快递信封 B. 高速路收费站的电子缴费（ETC）系统；水/电/燃气预交费卡
11. 事先防范 　A. 针对物体低可靠性部位（薄弱环节）设置应急措施加以补救	A. 弹射座椅；建筑消防设施；汽车备胎；超市商品加装防盗磁扣或者做磁化处理
12. 等势 　A. 在势场中改变限制位置（即在重力场中改善运作状态），以减少物体提升或下降	A. 叉车；换路灯的升降台；检修汽车的地道；利用船闸系统调整水位差，使船只顺利通过水坝
13. 反向作用 　A. 用相反的动作替代问题情境中规定的动作 　B. 让物体可动部分不动，不动部分可动 　C. 将物体上下颠倒或内外颠倒	A. 冷却内置件使两个套紧工件分离，而不是加热外层件 B. 加工中心将工具旋转改为工件旋转；机场步梯 C. 伞骨在外的雨伞；倒置花盆的观赏花卉
14. 曲面化 　A. 将直线、平面变成曲线或曲面，将立方体变成球形结构 　B. 使用柱状、球体、螺旋状的物体 　C. 利用离心力，改直线运动为回转运动	A. 飞机、汽车的流线型车身；建筑结构上大量采用弧形、圆拱形、双曲面等形状 B. 圆珠笔和钢笔的球形笔尖；各种轮子；各式轴承 C. 洗衣机；蜗轴发动机螺旋形进气口；离心泵

第四章 40 个发明措施与功能

（续）

措施内容描述	应用实例简介
15. 动态性 A. 调整物体或环境的性能，使其在工作的各阶段达到最优状态 B. 分割物体，使其各部分可以改变相对位置 C. 使静止的物体可以移动或具有柔性	A. 办公座椅；形状记忆合金；垂直起降飞机；可调节位置的手术台或病床 B. 可折叠自行车；军用桥梁；舰载机折叠翼 C. 无绳电话；医用微型内窥摄影机；胃镜
16. 不足或过度作用 A. 所期望的效果难以百分之百实现时，稍微超过或小于期望效果，可使问题大为简化	A. 产品设计参数裕量；公差；打磨地面时，先在缝隙处抹上较多的填充物，然后打磨平整
17. 多维化 A. 将物体从一维变到二维或三维结构 B. 用多层结构代替单层结构 C. 使物体倾斜或侧向放置 D. 使用给定表面的另一面	A. 三维 CAD；五轴机床；螺旋楼梯 B. 双层巴士；多层集成电路；高层建筑；立交桥 C. 自卸式装载车；飞机发动机矢量喷嘴 D. 地面铺镜子反射阳光到果树叶子背面，可以增产
18. 振动 A. 使物体振动 B. 提高物体振动频率 C. 利用物体共振频率 D. 利用压电振动代替机械振动 E. 超声波与电磁场综合利用	A. 电动牙刷；公路边缘"搓板"纹；砼振捣器 B. 振动送料机；电动牙刷；电动剃须刀 C. 核磁共振成像；超声波共振击碎体内结石 D. 石英晶体振动驱动高精度钟表；压电重锤 E. 在高频炉中混合合金，使得混合均匀；振动铸造
19. 周期性作用 A. 以周期性或脉冲动作代替连续动作 B. 如果动作已是周期性的，可改变其振动频率 C. 利用脉冲间隙来执行另一个动作	A. 硬盘定期杀毒；汽车 ABS 刹车；闪烁警灯 B. 变频空调；调频收音机；火警警笛 C. 在心肺呼吸中，每 5 次胸腔压缩后进行呼吸
20. 有效持续作用 A. 持续运转，使物体的各部分能同时满载工作 B. 消除工作中所有的空闲和间歇性中断	A. 在汽车暂停时飞轮储能；三班倒；连续浇铸 B. 家用烤面包机；电脑后台杀毒；精益生产
21. 急速作用 A. 快速完成危险或有害的作业	A. 闪光灯；发动机快速跃过共振转速范围；高速牙钻
22. 变害为益 A. 利用有害的因素，得到有益的结果 B. 将有害的要素相结合变为有益的要素 C. 增大有害因素的幅度直至有害性消失	A. 涡轮尾气增压；利用垃圾发热发电；再生纸 B. 发电厂用炉灰生成的碱性废水中和酸性的废气 C. 通常风助火势，但是风力灭火机产生的高速气流可以迅速吹散可燃物，降低燃点，快速灭火
23. 反馈 A. 引入反馈、提高性能 B. 若已引入反馈，改变其大小或作用	A. 自动浇注电炉根据金属液温度确定电炉输入功率 B. 路灯可依据环境亮度调节照明功率；自寻目标导弹

(续)

措施内容描述	应用实例简介
24. 中介物 A. 利用中介物实现所需操作 B. 把一个物体与另一个容易去除的物体暂时结合	A. 化学反应催化剂；钻套；中介公司；云盘 B. 失蜡铸造中的蜡模；物流物资贴上 RFID 芯片
25. 自服务 A. 使物体具有自补充、自恢复功能 B. 灵活运用废弃的材料、能量与物质	A. 有修复缸体磨损作用的发动机润滑油；自充气轮胎 B. 太阳能飞机；路面压电发电；风力发电；飞沙堰
26. 复制 A. 用简单、廉价的复制品替代复杂、高价、易损、不易获得的物体 B. 用光学复制品（图像）替代实物，可以按一定比例放大或缩小图像 C. 如果已使用了可见光拷贝，用红外线或紫外线替代	A. 虚拟现实实验室；飞行模拟器；用于展览的复制品；沙盘模型；3D 打印 B. 利用太空遥测摄影代替实地勘察绘制地图；虚拟太空游；照相；复印；CAX；电子地图 C. 用于制作超大规模集成电路的紫外掩膜照相机
27. 廉价替代品 A. 利用廉价、易耗物品代替昂贵的耐用物品，在实现同样功能的前提下，降低质量要求	A. 所有一次性的用品，如纸杯、打火机、针头、输液管、医用无纺布制成的工作服等；撞车实验假人；靶机
28. 替代机械系统 A. 用视觉系统、听觉系统、味觉系统或嗅觉系统替代机械系统 B. 使用与物体相互作用的电场、磁场、电磁场 C. 用可变场替代恒定场，随时间变化的可动场替代固定场，随机场替代恒定场 D. 把场与作用粒子组合使用	A. 在天然气中掺入难闻的气味警告用户有泄漏发生；石油钻井时用甲硫醇提示钻头断裂；导盲犬引路 B. 用电磁搅拌替代机械搅拌金属液；超市出口防盗门 C. 相阵雷达采用特殊发射的可变电磁波进行目标搜索，不再使用旋转的天线 D. 用不同的磁场加热含铁磁粒子的物质，当达到一定温度时，物质变成顺磁，不再吸收热量，以达到恒温功能
29. 气动与液压结构 A. 使用气动或液压部件代替固体部件（利用液体、气体缓冲）	A. 张力空气梁；机翼液压装置；航母弹射器；利用可伸缩液压支柱代替木材坑柱；气垫运动鞋
30. 柔性壳体和薄膜结构 A. 利用薄片或薄膜取代三维结构 B. 利用柔性薄片或薄膜隔绝物体和外部环境	A. 塑料大棚；隐形眼镜；水凝胶薄膜；防弹衣 B. 化学铣保护膜；保鲜膜；真空铸造空腔造型时在模型和砂型间加一层柔性薄膜以保持铸型有足够的强度
31. 多孔材料 A. 使物体变为多孔或加入多孔性的物体（嵌入其中或涂敷于表面等） B. 如果物体已是多孔结构，可事先在孔中填入有用物料	A. 在两层固定的铝合金板之间加入薄壁空心铝球，可大大提高结构刚性和隔热隔音能力；活性炭；气凝胶 B. 在多孔纳米管中存储氢；药棉；海绵存储液态氮

第四章 40 个发明措施与功能

（续）

措施内容描述	应用实例简介
32. 改变颜色 A. 改变物体及其周围环境的颜色 B. 改变物体及其周围环境的透明度或可视性 C. 对难以看清的物体使用有色添加剂或发光物质 D. 通过辐射加热改变物体的热辐射性	A. 用石墨片或煤灰加速融冰；灯光秀；焰火 B. 变色镜；化学试纸；跑道指示灯；夜视仪 C. 荧光油墨；生物标本染色剂；红点炒锅 D. 用抛物面集光镜提高太阳能电池板的能量收集
33. 同质性 A. 把主要物体及与其相互作用的其他物体用同一材料或特性相近的材料制成	A. 以金刚石粉作为切割金刚石的工具，回收余粉；用茶叶做茶叶罐；内含巧克力浆的巧克力；硬底登山鞋；相同或兼容血型输血
34. 抛弃与再生 A. 采用溶解、蒸发等手段废弃已完成其功能的零部件，或改造其功能 B. 在工作过程中迅速补充消耗或减少的部分	A. 用冰块作模板夯土筑坝；药物胶囊；子弹抛壳；工艺刀片；火箭飞行中逐级分离用过的推进器 B. 机枪弹仓；自来水；自动铅笔；饮料售卖机
35. 物理或化学参数改变 A. 改变物体的状态 B. 改变物体的浓度或黏度 C. 改变物体的柔度 D. 改变物体的温度或体积	A. 煤炭炼焦；液化气；热处理；镜面磨削 B. 洗手皂液比肥皂块使用方便、卫生，用量易掌握 C. 橡胶硫化；弹簧回火；建筑底座加橡胶垫 D. 铁磁性物质升温至居里点以上变成顺磁性物质
36. 相变 A. 利用物质相变时所发生的某种效应（如体积变化、放热或吸热等）	A. 热泵采暖和制冷都是利用工作介质通过蒸发、压缩和冷凝等过程产生的相变；热管；特殊工作服
37. 热膨胀 A. 使用热膨胀（或收缩）材料 B. 使用不同热膨胀系数的复合材料	A. 温度计；先烧石头再泼水，可导致石头崩裂 B. 双金属片可在升温和冷却时分别向不同方向弯曲变形，用该效应制造温度计或热敏传感器
38. 强氧化作用 A. 用富氧空气替代普通空气 B. 用纯氧替代富氧空气 C. 用离子化氧气替代纯氧 D. 使用臭氧替代离子化氧气	A. 高炉富氧送风以提高铁的产量；水下呼吸器 B. 用纯氧-乙炔进行高温切割；高压纯氧杀灭伤口细菌 C. 使用离子化氧气加速化学反应；负离子发生器 D. 臭氧溶于水中去除船体上的有机污染物
39. 惰性环境 A. 用惰性环境取代普通环境 B. 向物体投入中性或惰性添加剂 C. 使用真空环境	A. 用氩气等惰性气体填充灯泡，做成霓虹灯 B. 用氮气充轮胎；在炼钢炉中充氩气 C. 真空离子镀；真空包装食品以延长食品储存期
40. 复合材料 A. 用复合材料取代均质材料	A. 用环氧树脂、碳纤维等复合材料制造飞机、汽车、自行车和赛艇；防弹衣；复合木地板

TRIZ 进阶及实战 大道至简的发明方法

经过多年实践与应用，相信读者对 40 个发明措施都有一定的了解。作者在实践中发现，其优点是：数量不多，通俗易懂，启发解题概念，引导常人做出具有发明水平的工作，具有一定的实用性；其缺点是：知识粒度较粗，问题的针对性差。某些发明措施的诠释不是很严谨，理解上容易产生歧义性；多个发明措施在实施细则上有少量内容的重叠（如分割与组合，多功能与组合，预先反作用与反向作用，复制与廉价替代品，复合材料与组合等），使用上容易混淆。

第二节　围绕发明措施的理解与讨论

对于常见常用的 40 个发明措施，除了在上一节给出的经典释义与示例之外，还有不少围绕其翻译、内容及发展的讨论。在这里给读者做简要介绍。

1. "发明原理"还是"发明措施"

40 个发明措施是 TRIZ 呈献给我们的第一套解题知识，是阿奇舒勒实施了艰苦的知识工程的结果——他在分析专利的过程中，发现问题虽然无限多，但是解决问题的知识并不多。众多发明专利中显示，发明者解决问题总是采用某些"措施"和"技法"，而这些"措施"和"技法"在不同领域、不同时期反复出现，是前人发明经验的总结，是全球专利知识的精华。它们可以被梳理和归纳出来，形成解决发明问题的基本知识。

40 个发明措施被阿奇舒勒逐个地发现、提炼了出来。由于其源于人工分析、提炼和归纳，而不是科学计算或公理推导，关于它们的适用性强弱乃至兴废与否，多年来一直是 TRIZ 理论界讨论的问题。对其术语"发明措施"命名的过程，也值得做一点讨论。

(1) 从翻译上考证"发明措施"

根据作者的调研考证，阿奇舒勒俄文原著《创》书在 1984 年进入中国。当时中国恰逢改革开放时期，对创新创造的呼声也曾经一度高涨。伴随着发明方法进入中国，《创》书俄文版曾经被三次翻译成中文，并且每个版本有着不同的中文名称。

第一个译本名为《发明程序大纲》，由原东北工学院（东北大学前身）徐明泽、魏相翻译并改编，1985 印刷，由于是首次翻译，内容有所删减。

第四章　40个发明措施与功能

第二个译本名为《创造是精确的科学》，由魏相、徐明泽翻译，1987出版。该书经过了两年的反复酝酿与修改，翻译质量较高，迄今仍然值得细读。

第三个译本名为《创造是一门精密的科学》，由北京航空航天大学吴光威、刘树兰翻译，1990年出版，有部分内容删减。

《创》书的三个中文译本中的专用术语都是俄文缩写，如"发明问题解决理论"缩写为"ТРИЗ"而不是"TRIZ"，"理想化最终结果"缩写为"ИКР"而不是"IFR"等。英文版TRIZ著作、文章是20世纪90年代中后期才进入中国的。

在85版、87版《创》译本中，对俄文原词"Принцип"采用了"发明措施"的译法，Принцип俄文原意有"原则，原理，定理，指导原则"等意思，其中"原则"是首要意思，而"原理"是次要意思。魏相、徐明泽两位原译者把"原则"转译为"措施"。作者曾经就此事向魏相、徐明泽两位老师咨询，他们的答复是，把Принцип译作"措施"是经过仔细斟酌的，重在表现这是一种可操作的发明原则和改进有问题的产品的具体举措，因此译作"措施"更贴近原意。在90版《创》译本中，使用了发明"技法"的译法，也接近"措施"的意思。此外，1986—1989年，《中国机械工程》杂志曾经组织徐明泽、谢燮正等多位专家发表了多篇"发明方法讲座"的ТРИЗ连载研讨文章，在文章中频繁使用了发明措施、发明技法或发明原则的术语。尽管术语有所差异，但是所有译者对ТРИЗ的理解有其共同点，即基于俄语原著的翻译都没有采用"发明原理"一词。

上述译本出现在20世纪80年代中后期，彼时改革开放如火如荼，俄文原版资料的地位已经远逊于英文的地位。关于ТРИЗ的介绍与研究并没有引起应有的重视，错失了让更多人了解和应用ТРИЗ的机会，也错失了沿用"发明措施"或"发明技法"的最初译法。

1992年苏联解体。此后ТРИЗ走向全球，大量的俄文原著被翻译成了英语版本，ТРИЗ变成了罗马注音TRIZ，继而在各个国家的导入学习过程中，又从英语翻译成本国语言。根据现有资料分析，在20世纪90年代后期至21世纪初，当ТРИЗ变成TRIZ再次进入中国之后，在英语TRIZ资料的翻译中，才有了"发明原理"的译法（中国台湾的TRIZ学者则将其译为"发明原则"），并且随着2007年以后对TRIZ的推广普及而一直沿用了下来。因此，更多的人所熟知的是"发明原理"，而不是"发明措施"。

(2) 从词义上解读"发明措施"

【措施（百度百科释义）】针对某种情况而采取的处理办法（用于较大的事情），有名词和动词两种词性。

【技法（百度百科释义）】技术+方法=技法，用相对简单的技巧解决问题的技术和实践总结出的方法。【技法（维基百科释义）】的解释基本相同。

【措施/方法（原著释义）】阿奇舒勒在《创》书中写道：措施——单次的

（基本的）运演，措施可以是解决课题的人的行动；方法——运演系统，它规定了这些措施应用的一定次序。

阿奇舒勒认为，措施是一次性的运演，方法是措施的组合。结合百度释义，"措施"和"技法"应该是一种由人归纳总结出来的、用相对简单的技巧来解决问题的通行举措。如果"措施"只是一次性（基本的）运演，那么其在含义上与"原理"就有一定的差异了，显然不应把"措施"上升为"基本规律"，这样有拔高之嫌。

如果 TRIZ 的解题工具知识体系只有 40 个发明措施的话，把它们称作"措施"或"原理"并无所谓，但是，在 TRIZ 解题工具中还有分离原理这样归一化的发明原理，还有科学效应这一类蕴含了科学原理、定义更严格、数量更多、知识粒度更细致的发明知识，把发明措施与分离原理、科学效应相提并论为"原理"是不恰当的。

(3) 词义上解读发明"原理"

【原理（百度百科释义）】自然科学和社会科学中具有普遍意义的<u>基本规律</u>，是在大量观察、实践的基础上，经过归纳、概括而得出的，既能指导实践，又必须经受实践的检验。

【原理（维基百科释义）】原理是抽象的客体，反映出某个（或某些）现象或机制的运作中，其普遍存在的<u>基本规律</u>，存在着一个适用范围，超出其适用范围，原理可能会发生根本变化。

以上两种释义都提到了基本规律。因此，原理应该是一种<u>基本规律</u>，有着较高的科学地位，例如牛顿定律、杠杆原理、化学中和反应、库仑定律等。在 TRIZ 中恰恰是效应所对应的内容，是经过严格验证、有着科学公式或严谨的推导过程所表达的知识。

如果使用"基本规律"一词，更对规律加以了某种强调，这证明了基本规律是严格、严谨的定义，而 40 个发明措施显然并不都可以称作是基本规律。事实上，40 个发明措施只是都可以解决问题，并非每个发明措施都具有同等级别和效用。这一点，阿奇舒勒在《创》书中专门做了说明——他把 40 个发明措施分为三个级别：基本措施，成对措施，复杂措施。单独使用基本措施属于不力措施，后两者才是有力措施。基本措施并不反映技术系统进化的方向，显然，<u>基本措施不能算作是基本规律</u>，将其译作"发明措施"、"发明技法"或"发明原则"更恰当一些。将 40 个发明措施笼统译作"发明原理"，并不完全符合阿奇舒勒原著的本意。

综上所述，作者没有采用国内 TRIZ 界流传已久的"发明原理"的术语，而是与《创》书一样，采用了"发明措施"的术语，力求还原阿奇舒勒原著的本意。

2. 发明措施的解题水平差异

40 个发明措施的内涵和性质并不完全等同，彼此间有一定的差异。除了大家已经熟知的使用频率上的差异之外，在内容和解题水平上来说也有较大差异。阿奇舒勒在《创》书中"措施形成体系"一节中论述了发明措施的内容和解题水平的差异。

"在不厌其烦的机械的继续分析以前，应该弄清楚已经揭示出的 40 个措施的性质。它们中，哪些是有力措施，哪些是不力措施？为什么一些措施比另一些措施有力？能否有方向的寻找新的有力措施？……有力的措施要新得多，并且使事物接近于理想机器、理想方法或理想物质。"

阿奇舒勒对发明措施的解释是：

(1) 发明措施内容有体系、层次之分

"措施的情况也是一样。它们像化学元素似地，极少一开始就遇到纯净状态。……措施及它们的结合，就形成了一个多层次的体系。"——这充分说明发明措施的形成也是通过不断组合、筛选、重用而形成更为有力的措施的。阿奇舒勒把 40 个发明措施分为三个层次。

第一层次是"基本措施"（分割、组合、局部质量、不对称等），"增加这样的基本措施是没有前途的"，因为单独使用某个措施时是不力的。例如不对称措施，到底是不对称好一些，还是对称（如曲面化措施）好一些，很难确定，因为有时对称好一些，有时不对称好一些。是否使用、如何使用以及哪个措施更好，我们无法得出肯定结论，只能根据具体问题当时的情况确定。阿奇舒勒的基本认识是："不力的措施是陈旧的，并且使事物专门化。"即这样的基本措施不指向技术系统进化的方向。这些阿奇舒勒的真知灼见，极少见诸文章引用和公开宣传资料。希望读者能予以重视。

第二层次是较有力的"成对措施"（正措施-反措施类型的对）。因为"双重的措施，当然要导致事物更彻底的改变，因此比单一的措施有力。"这样成对出现的发明措施在 40 个发明措施里比比皆是。对此，阿奇舒勒给了较多的阐述。

"比方说，我们来看看属于措施 1 那样的措施吧。船分成若干段（船台结构），这是分割的原则吗？但要知道也可以认为这是措施 5——联合的原则，即这些段联合成一条船体。事实上，这是利用了两个措施：首先将船体分成若干段（分割），然后再将这些段组装成一个结构（联合）。这效果是同时采用两个措施——正措施和反措施而达到的。"

"措施 9（预先反作用）比（同种的）措施 10（预先作用）要有力，原因在

于措施9，实质上包括了两个步骤，即预先作用（措施10）和反过来作用（措施13）。"

第三层次是"复杂措施"，即把基本措施、成对措施与其他措施结合在一起，其中有"应答性、物场、磁场类型的结合。"措施的体系越复杂，那么它不仅越有力，而且越清楚地指向进化方向，越接近理想方法。这符合技术系统的基本进化规律，是主流的发展方向。

"在有力的措施里，体现了原则上是新的（相反的）方法（措施13和22），利用了物理效应措施（28和36），其变化比陈旧的不力的措施更细微、更巧妙。比如，我们来看看措施19（向间断作用过渡）和措施20（向不间断作用过渡）。乍看起来，这两个措施是同类的，但措施20的有效性系数，是措施19有效系数的二倍半。为什么呢？因为不间断作用接近理想方法，而间断作用则是背离它的。只在一些特殊的场合里，当过渡到脉冲性工作的方式，所产生的新的效果，能抵偿间歇期的时间损失时，这种对理想方法的背离，才不算做不应该。"

阿奇舒勒认为，有力措施有三个特点：①能使事物发生根本变化的；②使事物接近理想状态的；③是若干作用组合在一起的。

实际上，阿奇舒勒认为第四层次的综合措施也是存在的，即措施联合体，它不仅符合以上三点，而且趋于专门化，即"每一个措施联合体只适用于一定类型的课题"。

(2) 发明措施水平有宏观、微观之别

同一个发明措施应用在不同级别的系统结构，所产生的发明水平截然不同。例如把"分割"措施用在宏观的零部件级别，可以产生一级或二级发明，而用在微观的分子、离子、基本粒子级别的发明，则属于四级发明。阿奇舒勒给出的例子是：交通信号灯"可拆卸的支柱"是一级水平的发明，而在能量装置二循环回路中应用了"可拆卸的分子"作为工作介质，即加热时分解并吸热，冷却时重新化合复原，至少是四级水平的发明。

同一个系统结构应用了不同的发明措施，所产生的发明水平截然不同。例如，为了让钻头在钻井时能适应弯曲的井筒而"转弯"，可以采用15号动态化措施，用宏观的多铰接机构实现，也可以采用37号热膨胀措施，用两种材料的热膨胀系统差异，在微观的晶体点阵中来实现。

阿奇舒勒指出："每一个措施，都可以在宏观和微观水平上应用。在一种情况下应用'大铁块'，在另一种情况下应用分子、离子、基本粒子。"微观与宏观的关系有四种情况：宏观→宏观，微观→宏观，微观→微观，宏观→微观。第一种、第二种和第三种都可以产生二级以下的发明，但是难以突破三级发明。可以肯定的是，第四种从"宏观→微观"发展的结果，都往往会产生四级甚至五级的高水平发明。

当我们分析问题和再定义问题时,一定要从关注宏观问题,逐步过渡到关注微观问题,从使用零部件解决问题,逐步过渡到使用分子、原子或粒子解决问题,直至使用场解决问题。解题着眼点深入到微观层面,有助于大幅度提高解题水平。

第三节　发明措施与技术系统的功能

40 个发明措施到底启发我们对"有问题的技术系统"做什么?怎么去做?发出动作的主体是谁?接受动作的客体又是谁?即发明措施与功能之间到底是什么关系?

一般认为,发明措施是一种对解决问题的有益启示。有时筛选出某一个发明措施作为解决问题的概念方案,但是多数情况下,需要把多个发明措施组合起来,构成一个稍微复杂一点(复杂措施)的概念方案,启发人去解决问题。发明措施的作用给了我们几点启示:

- 发明措施自己不解决问题,它是启发人来解决问题的;
- 它是面向待改进的技术系统来启发人的;
- 它是要指导人来发出具体的、恰当的、有效的改进措施(动作)的。

作者认为:发明措施是指导人对有问题的、不理想的技术系统采取恰当的、有效的调节属性参数的行为的方法。<u>应用发明措施的过程,就是实现功能的过程。</u>

在发明措施真正起作用的过程中,有几个从没有解释但是大家都已经接受的默认项:人和/或由人掌控的工具是功能载体 S(主语,解决方案),S 在每一个发明措施的实施细则中几乎都没有出现过,但是必须默认 S 的客观存在;功能载体 S 发出的作用是 V(谓语,动作),被 V 作用的、有问题的技术系统是功能受体 O(宾语,作用对象),P 是 O 的属性参数,如果措施的功能得以实现,P 必定有所变化,但是 P 往往默认,在措施的叙述中未必明示(例如对 O 采取"分割"措施后,O 的分割物的单体尺寸减少、单体体积减小、所有单体的表面积总和增加等)。发明措施与功能的关系如图 4-1 所示。

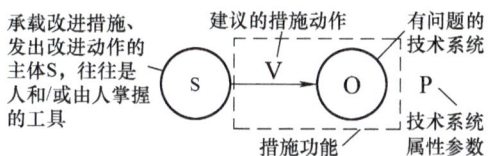

图 4-1　发明措施与功能的关系

参照 SVO/SVOP 所表达的语义功能形式,VO 表示措施的功能(如上图中虚线框所示)。功能是抽象的,因此发明措施也是抽象的,即所有的发明措施的文字叙述中都是没有具体的主语 S 出现的。尽管没有具体的 S，由 S 所发出的动作 V 是明确的，发明措施中所表达的功能（VO）还是足以启发我们去思考如何找到 S（主语，解决方案或功能载体），我们只要找到了一个具体的 S，满足了 SVO 的语义表达，就是等于找到了某个具体的改进措施，形成了某个概念方案，改进了 O 的属性参数 P。如果使用者的想象力和知识底蕴都比较丰富，可以藉由发明措施启发出较多的概念方案。所以，<u>发明措施就是指导人采取改进功能的具体措施</u>。

由表 4-2 看出，正是因为在发明措施的内容叙述中，前端 S 被全部隐去，后端 P 也不经常出现，只强调了 V 和 O，所以发明措施的优点就是突出操作的动作和对象，目的明确，可操作性好；缺点是使用者需要充分结合问题情境，并深入理解发明措施的内涵，自己把 S 给找出来，把 P 给补齐。抽取措施与功能对应关系见表 4-3。

表 4-2　以 SVOP 语义功能诠释发明措施

功能载体 S	动作 V	功能受体 O	属性参数 P
默认为人或人掌握的设备，在描述中不出现，需要人来理解和体会	具体的改进措施，以动作的方式体现	待改进的技术系统或组件，在措施操作细则描述中往往以"物体"出现	功能受体的属性参数，在描述中不出现，需要使用者寻找和评价

表 4-3　以 SVOP 语义功能诠释发明措施——2 抽取

功能载体 S	动作 V	功能受体 O	属性参数 P
滤波器 避雷针 抽油机 设计者	抽取	测量信号 建筑物 含油构造 手机 SIM 卡	噪声 电荷 油量 号码

"抽取"措施的第一条实施细则就是"从物体中抽出产生负面影响的部分或属性"，这是一句没有主语的话，其动作 V 是抽取，O 是待改进物体，至于怎么抽取，要看主语 S 是什么——即面对有具体问题的技术系统的人和/或由人掌控的工具，如何根据 VO（抽取·属性）所给出的启示，来寻找和确定具体的 S 作为解决方案。例如：人使用滤波器（S）抽出（V）测量信号（O）的背景噪声；人用避雷针（S）抽出（V）云层给建筑物（O）中所施加的大量电荷；人用抽油机（S）抽出（V）地下的石油（O）；人用数字手机设计手段（S）剥离（V）出了 SIM 卡（O）以存放手机号码等。以上这些操作，都是抽取措施的具体应用。当然，实施细则也没有告诉我们实施完了的效果如何，P 有了什么样的改变，默认的改变是问题得到了解决。

替代机械系统措施与功能对应关系见表 4-4。

第四章 40个发明措施与功能

表4-4 以SVOP语义功能诠释发明措施——28 替代机械系统

功能载体S	动作V	功能受体O	属性参数P
点钞机 电磁感应门 甲硫醇 石油工人嗅觉	替代	手指+人眼 保安 传感器 甲硫醇	疲劳度+失误率 失窃率 （钻齿）完整度 （气味）可辨识度

"替代机械系统"措施中，第一条实施细则是"用视觉系统、听觉系统、味觉系统或嗅觉系统替代机械系统"。该细则已经给出了一个粗略的S的轮廓，但是没有说清楚S的具体载体，如"视觉系统"可以是人的眼睛，也可以是动物的眼睛，还可以是仿生的"高科技眼睛"视觉传感器等；"嗅觉系统"既可以指人、动物的嗅觉系统，也可以指某种特殊的传感器。无论如何，只要找到了这样的更高级别的生物场系统S，替代（V）了较低级别的机械系统（O），就实现了该条发明措施的启示意义。

作者认为，"机械系统"是广义的泛指，既可以指由光、机、电等元器件构建的机器，也可以指某些由人实施的枯燥、低效的机械式动作，例如人清点钞票同时识别假钞，既慢且费力，而点钞机非常快捷，因为不仅是机电动作点钞远快于手动点钞，而且灵敏的传感器可以快速、准确地鉴别假钞。无论是人的某个子系统替代机器，还是机器的某个子系统替代人，要点是二者中哪一个采用了更为先进、有效的技术系统。

综上所述，发明措施就是指导人采取改进动作以实现功能的具体措施。人或人掌握的工具是功能载体S，S发出的作用是V，被V作用的技术系统是功能受体O，改进措施的结果是O的参数P发生了变化，技术系统有了改进或创新。

表4-5是40个发明措施的应用与功能要点（SVOP）分析表。

表4-5 40个发明措施的应用与功能要点（SVOP）分析表

编号	名称	经典TRIZ释义	从功能语义SVOP理解
1	分割	A. 把一个物体分成相互独立的部分 B. 将物体分成易于组装和拆卸的部分 C. 提高物体的分割和分散程度	V分割+O物体+P结构参数 措施指导主体S发出动作V，对作用对象O实施分割和细分，改变了O的结构参数P
2	抽取	A. 从物体中抽出产生负面影响的部分或属性 B. 从物体中抽出必要的部分或属性	V抽取+O结构+P属性参数 措施指导主体S发出动作V，对作用对象O实施抽取，改变了O的结构参数P

(续)

编号	名称	经典 TRIZ 释义	从功能语义 SVOP 理解
3	局部质量	A. 把均匀的物体结构或外部环境变成不均匀的 B. 让物体的各个部分执行不同功能 C. 让物体的各部分处于各自动作的最佳状态	V 区别 +O 局部 +P 属性参数 措施指导主体 S 发出动作 V，让作用对象 O 的局部与整体有区别，改变了 O 的结构参数 P
4	不对称	A. 如果是对称物体，让其变成不对称 B. 已经是不对称物体，进一步增加其不对称性	V 增加 +O 结构 +P 非对称性 措施指导主体 S 发出动作 V，让作用对象 O 在整体上变得更不对称，改变了 O 的结构参数 P
5	组合	A. 在空间上将相同或相近的物体或操作加以组合 B. 在时间上将物体或操作连续化或并列进行	V 组合 + (O_1、O_2…O_n 物体) + P_{1-n} 属性参数 措施指导主体 S 发出动作 V，让不同的作用对象 O_1、O_2…O_n 组合，改变了 O 的结构参数 P
6	多功能性	A. 一物具有多用途的复合功能	V 包含 +O 物体 +P 需求参数 措施指导主体 S 发出动作 V，让作用对象 O 具有多种用途，改变了 O 的结构参数 P
7	嵌套	A. 把一个物体嵌入第二个中空的物体，然后再将这两个物体嵌入第三个中空物体…… B. 让某物体穿过另一物体的空腔	V 嵌套 + (O_1 物体、O_2 物体) + P_{1-2} 结构参数 措施指导主体 S 发出动作 V，让作用对象 O_1 放入到 O_2 中，改变了 O_1 和 O_2 的结构参数 P_{1-2}
8	重量补偿	A. 将某一物体与另一能提供升力的物体组合，以补偿其重量 B. 通过与环境介质（利用空气动力、流体动力、浮力、弹力等）的相互作用实现重量补偿	V 补偿 +O 物体 +P 重力参数 原理要求动作 V 发出主体 S 具有升力或通过环境获得升力，并作用对象 O 结合，改变了 O 的重力参数 P
9	预先反作用	A. 事先施加反作用，来消除事后可能出现的不利因素 B. 如果一个物体处于或将于受拉伸状态，预先施加压力	V 预置 +O 物体 +P 反向变形 措施指导主体 S 发出动作 V，让作用对象 O 预先做出与预知作用相反的变化，改变了 O 的结构参数 P
10	预先作用	A. 预置必要的动作、功能 B. 在方便的位置预先安置物体，使其在最适当的时机发挥作用而不浪费时间	V 预置 +O 物体 +P 即时度 措施指导主体 S 发出动作 V，让作用对象 O 预先做出适应预置作用的变化，改变了 O 的结构参数 P

第四章 40 个发明措施与功能

（续）

编号	名称	经典 TRIZ 释义	从功能语义 SVOP 理解
11	事先防范	A. 针对物体低可靠性部位（薄弱环节）设置应急措施加以补救	V 预置 +O 物体 +P 可靠度 措施指导主体 S 发出动作 V，让作用对象 O 预先做出防范已知有害作用的变化，改变了 O 的结构参数 P
12	等势	A. 在势场中改变限制位置（即在重力场中改善运作状态），以减少物体提升或下降	V 保持 +O 物体 +P 高度 措施指导主体 S 发出动作 V，让作用对象 O 与主体 S 处于相同或近似的海拔高度，稳定、保持 O 的位置参数 P
13	反向作用	A. 用相反的动作替代问题情境中规定的动作 B. 让物体可动部分不动，不动部分可动 C. 将物体上下颠倒或内外颠倒	V 颠倒 +O 物体 +P 位置（或次序） 措施指导主体 S 发出动作 V 改变动作方向，或从 S 对 O 作用改为 O 对 S 作用，改变了 O 的方向或位置参数 P
14	曲面化	A. 将直线、平面变成曲线或曲面，将立方体变成球形结构 B. 使用柱状、球状、螺旋状的物体 C. 利用离心力，改直线运动为回转运动	V 曲面化 +O 物体 +P 形状（路径） 措施指导主体 S 发出动作 V，将作用对象 O 的外观和运动路径曲面化，改变了 O 的结构和运动参数 P
15	动态性	A. 调整物体或环境的性能，使其在工作的各阶段达到最优状态 B. 分割物体，使其各部分可以改变相对位置 C. 使静止的物体可以移动或具有柔性	V 调节 +O 子系统 +P 相对位置 措施指导主体 S 发出动作 V，让作用对象 O 的子系统之间有相对运动，改变了 O 的结构和运动参数 P
16	不足或过度作用	A. 所期望的效果难以百分之百实现时，稍微超过或稍小于期望效果，可使问题大为简化	V 容许 +O 物质 +P 偏差 措施指导主体 S 发出动作 V，让作用对象 O 与配合物之间有正负偏差，改变了 O 的结构参数 P
17	多维化	A. 将物体从一维变到二维或三维结构 B. 用多层结构代替单层结构 C. 使物体倾斜或侧向放置 D. 使用给定表面的另一面	V 增加 +O 物体 +P 维度 措施指导主体 S 发出动作 V，让作用对象 O 多方位、多面发展，改变了 O 的结构和位置参数 P
18	振动	A. 使物体振动 B. 提高物体振动频率 C. 利用物体共振频率 D. 利用压电振动代替机械振动 E. 超声波与电磁场综合利用	V 调节 +O 物体 +P 振动频率 措施指导主体 S 发出动作 V，让作用对象 O 在时空中振动起来，改变了 O 的频率参数 P

（续）

编号	名称	经典 TRIZ 释义	从功能语义 SVOP 理解
19	周期性作用	A. 以周期性或脉冲动作代替连续动作 B. 如果动作已是周期性的，可改变其振动频率 C. 利用脉冲间隔来执行另一个动作	V 调节 + O 物体 + P 周期 措施指导主体 S 发出动作 V，让作用对象 O 在时空中的动作呈周期化且频率可调，改变了 O 的频率和周期参数 P
20	有效持续作用	A. 持续运转，使物体的各部分能同时满载工作 B. 消除工作中所有的空闲和间歇性中断	V 保持 + O 物体 + P 进度 措施指导主体 S 发出动作 V，让作用对象 O 在时空中无间歇、满载工作，改变了 O 的频率参数 P
21	急速作用	A. 快速完成危险或有害的作业	V 提高 + O 作业 + P 速度 措施指导主体 S 发出动作 V，让作用对象 O 在高速或瞬间完成工作，改变了 O 的时间参数 P
22	变害为益	A. 利用有害的因素，得到有益的结果 B. 将有害的要素相结合变为有益的要素 C. 增大有害因素的幅度直至有害性消失	V 转化 + O 物质 + P 有害度 措施指导主体 S 发出动作 V，让作用对象 O 的有害作用消失，改变了 O 的有害属性参数 P
23	反馈	A. 引入反馈，提高性能 B. 若已引入反馈，改变其大小或作用	V 回馈 + O 物体 + P 输出参数 措施指导主体 S 发出动作 V，把作用对象 O 的输出参数 P_1 的状态变化返回到输入端，优化了 O 的输出参数 P_2
24	中介物	A. 使用中介物实现所需操作 B. 把一个物体与另一个容易去除的物体暂时结合	V 结合 + O_1 物体 + P_1 结构参数→（O_1 物体、O_2 中介物）+ P_2 结构参数 措施指导主体 S 发出动作 V，在与作用对象 O_1 之间临时加上一个 O_2，在改变了 O_1 的某个参数 P_1 后，将 O_2 去除
25	自服务	A. 使物体具有自补充、自恢复功能 B. 灵活运用废弃的材料、能量与物质	V 服务 + O 自身 + P 属性参数 将被作用对象 O 视作 S，让其利用自身资源发出动作 V 改变 O 的参数 P；要么将超系统环境中的理想资源作为主体 S，发出动作 V 来改变 O 的参数 P
26	复制	A. 用简单、廉价的复制品替代复杂、高价、易损、不易获得的物体 B. 用光学复制品（图像）替代实物，可以按一定比例放大或缩小图像 C. 如果已使用了可见光拷贝，用红外线或紫外线替代	V 复制 + O_1 物体 + P_1 属性参数→O_2 物体 + P_1 属性参数 措施指导主体 S 发出动作 V，复制作用对象 O_1 的属性参数 P_1，获得类似或等于 P_1 的物质 O_2

第四章 40个发明措施与功能

（续）

编号	名称	经典 TRIZ 释义	从功能语义 SVOP 理解
27	廉价替代品	A. 利用廉价、易耗物品代替昂贵的耐用物品，在实现同样功能的前提下，降低质量要求	V 替换 + O_1 物体 + P 昂贵属性参数 → O_2 物体 + P_2 廉价属性参数 措施指导主体 S 发出动作 V，将较昂贵的作用对象 O_1 用廉价的 O_2 替代，以 O_2 的属性参数 P_2 替代 O_1 的参数 P_1
28	替代机械系统	A. 用视觉系统、听觉系统、味觉系统或嗅觉系统替代机械系统 B. 使用与物体相互作用的电场、磁场、电磁场 C. 用可变场替代恒定场，随时间变化的可动场替代固定场，随机场替代恒定场 D. 把场与场作用粒子组合使用	V 替换 + O_1 物体 + P_1 属性参数（场）→ O_2 物体 + P_2 属性参数（场） 措施指导主体 S 发出动作 V，将 O_1 发出的不理想的能量场 P_1，以 O_2 所发出的作用更强或更灵敏的能量场 P_2 来替换
29	气动与液压结构	A. 使用气动或液压部件代替固体部件（利用液体、气体缓冲）	V 替换 + O_1 刚体 + P_1 属性参数 → O_2 液气 + P_2 属性参数 措施指导主体 S 发出动作 V，让实体的作用对象 O_1 加入液气结构 O_2 缓冲作用，改变了 O_1 的结构参数 P
30	柔性壳体和薄膜结构	A. 利用薄片或薄膜取代三维结构 B. 利用柔性薄片或薄膜隔绝物体和外部环境	V 替换 + O_1 刚体 + P_1 属性参数 → O_2 薄膜 + P_2 属性参数 措施指导主体 S 发出动作 V，让作用对象从 O_1 刚体变成 O_2 柔性或薄膜，改变了 O_1 的结构参数 P_1
31	多孔材料	A. 使物体变为多孔或加入多孔性的物体（嵌入其中或涂覆于表面等） B. 如果物体已是多孔结构，可事先在孔中填入有用物料	V 替换 + O_1 实体 + P_1 属性参数 → O_2 多孔物体 + P_2 属性参数 措施指导主体 S 发出动作 V，让作用对象 O_1 变成多孔结构 O_2，改变了 O_1 的结构参数 P_1
32	改变颜色	A. 改变物体及其周围环境的颜色 B. 改变物体及其周围环境的透明度或可视性 C. 对难以看清的物体使用有色添加剂或发光物质 D. 通过辐射加热改变物体的热辐射性	V 改变 + O_1 物体 + P_1 颜色参数 → O_2 物体 + P_2 颜色参数 措施指导主体 S 发出动作 V，让作用对象 O_1 原有的颜色 P_1，施加或改成 O_2 物体的颜色 P_2

（续）

编号	名称	经典 TRIZ 释义	从功能语义 SVOP 理解
33	同质性	A. 把主要物体及与其相互作用的其他物体用同一材料或特性相近的材料制成	V 使类同 +O 物体 +P 参数→S 物体 +P 参数 措施指导主体 S 发出动作 V，让作用对象 O 与 S 质地相同，改变或保持了 O 的质地参数 P
34	抛弃与再生	A. 采用溶解、蒸发等手段废弃已完成其功能的零部件，或改造其功能 B. 在工作过程中迅速补充消耗或减少的部分	V 抛弃 +O_1 子系统 +P_1 结构参数→O 鲁棒系统 +P 结构参数 措施指导主体 S 发出动作 V，让作用对象 O 抛弃一部分作用后的子系统 O_1，改变了 O 的结构参数 P
35	物理或化学参数改变	A. 改变物体的状态 B. 改变物体的浓度或黏度 C. 改变物体的柔度 D. 改变物体的温度或体积	V 改变 +O 物体 +P 属性参数 措施指导主体 S 发出动作 V，让作用对象 O 改变其物理或化学状态，改变了 O 的状态参数 P
36	相变	A. 利用物质相变时所发生的某种效应（如体积改变、吸热或放热等）	V 改变 +O 物体 +P_1 相态参数→O 物体 +P_2 相态参数 措施指导主体 S 发出动作 V，让作用对象 O 的相态参数从 P_1 变为 P_2
37	热膨胀	A. 使用热膨胀（或收缩）材料 B. 使用不同热膨胀系数的复合材料	V 胀缩 +O 物体 +P_1 形态参数→O 物体 +P_2 形态参数 措施指导主体 S 发出动作 V，让作用对象 O 发生热膨胀，让 O 的形态参数从 P_1 变为 P_2
38	强氧化作用	A. 用富氧空气替代普通空气 B. 用纯氧替代富氧空气 C. 用离子化氧气替代纯氧 D. 用臭氧替代离子化氧气	V 强化 +O 物体 +P_1 氧化参数→O 物体 +P_2 氧化参数 措施指导主体 S 发出动作 V，让作用对象 O 的周边环境逐级氧化，将 O 的氧化参数从 P_1 变为 P_2
39	惰性环境	A. 用惰性环境替代普通环境 B. 向物体中投入中性或惰性添加剂 C. 使用真空环境	V 强化 +O 物体 +P_1 惰化参数→O 物体 +P_2 惰化参数 措施指导主体 S 发出动作 V，让作用对象 O 的周边环境逐级惰化或真空，将 O 的惰化参数从 P_1 变为 P_2
40	复合材料	A. 用复合材料取代均质材料	V 组合 + (O_1、O_2、…、O_n 等材料) +P_{1-n} 参数→O 复合材料 +P_2 强化参数 措施指导主体 S 发出动作 V，让单一作用对象 O_1 与具有不同属性的 O_2…、O_n 等组合成复合材料 O，强化了 O 的属性参数 P

第四章　40个发明措施与功能

第四节　发明措施与效应、属性和进化法则

1. 发明措施与效应

讨论了40个发明措施与功能之间的关系，40个发明措施与效应和属性之间的关系就容易理解了。关于效应，在第六章做详细介绍。关于属性，已经在第二章第四节中有详细介绍。

在对40个发明措施的长期研究过程中，本书作者发现了新的研究线索：大多数的发明措施是藉由一个或者一组效应的组合而发挥作用的，启发操作者（人或人掌控的设备）去采取合适的操作来实现或优化技术系统的预设功能，而效应皆由属性相互作用而构成。如此，发明措施与效应、属性建立了直接的联系，作者对40个发明措施的研究和应用有了新的视角和线索，即<u>发明措施是效应在统计意义上的分类集合</u>。

统计意义指"集中出现"的现象，即阿奇舒勒在统计发明专利过程中发现的现象，发明史上，人们不过是长期、反复地使用了40个有助于产生发明的操作措施。

分类集合指发明措施中集合了一组类似的效应，这些效应并非精确地串接，集合数量上并非最简约，但是以一组类似功能效果的效应集合共同支撑了一个发明措施的作用。

2. 发明措施与进化法则

现代TRIZ研究结果显示，40个发明措施与技术系统的进化法则有着一定的对应关系。在第三章中已经提到，俄罗斯TRIZ大师尤里·丹尼洛夫斯基已经把发明措施与技术系统进化法则做了对应，其关系见表4-6。

表4-6　发明措施与进化法则

发明措施	技术系统进化法则
1、5、13、17	S-曲线模式法则
11、23、26	增加完备性法则

(续)

发明措施	技术系统进化法则
7，12，17，23，24，26	增加传导性法则
1，5，20，34	提高理想度法则
2，6，13，22，27，33，34	跃迁到超系统法则
15，18，37	增加动态性法则
8，28，29，32，35，36，38，39	MATCHEM 物场法则
1，28，30，31，34，40	宏观向微观转化法则
4，9，19，14，16，21，25	增强协调性法则

读者需要注意的是，上表中的结论，与阿奇舒勒在《创》书中的结论有所不同。阿奇舒勒认为"诸如分割、组合、局部质量、不对称等"基本措施与进化无关，但是新的研究结论显示是有关的。

3. 发明措施与属性操作

在学习 40 个发明措施时，除了对经典内容的了解，还要知道每一个发明措施都是在寻找新的解决问题的物质的属性。这些属性可能来自物质本身（没有被认识的、隐性的物质属性，内部解题资源），也可能来自外部引入的物质的属性（引入的物质或场，外部解题资源）。例如对有问题的系统组件采取了"分割"措施，被分割物的很多属性都发生了变化：单体尺寸减小、单体体积减小、所有单体的表面积总和增加、表面活性增强等，这些由分割而产生的新的属性，就是新的解题资源。因此，应用发明措施的构成，也即寻找新的物质属性（资源）的过程。

以功能的角度来理解，有问题的技术系统（或组件）是功能受体（作用对象），利用发明措施对有问题的技术系统（或组件）进行改进，必然要以"变、增、减、测、稳"的方式，来改变或调节作用对象的属性或属性参数。例如分割措施可以用"变、增、减、测、稳"的方式描述：

- 变：改变了原始形状、质心位置等；
- 增：增加了被分割物的数量、表面积、可重组性等；
- 减：减少了每个单体物的质量和尺寸；
- 测：分段、分步骤测量，小尺寸测量；
- 稳：分割让存储或运输过程中物体状态更稳定。

第五节　发明措施与分离原理的关系

TRIZ 中能称得上是发明原理的，除了科学效应这样精细化的原理之外，还有一个

第四章 40个发明措施与功能

归一化的发明原理——分离原理。众所周知，消除物理矛盾必须使用分离原理。

分离原理是统领所有发明措施的顶层原理，所有的发明措施都从属于分离原理，是分离原理的子集。分离原理是高层次、高水平、高效率的发明原理。技术系统问题的最终解决，基本上都是以各种各样的形式与技术手段，各式各样的系统结构与规模，在宏观特别是微观的层面上，合理应用了分离原理。

分离原理是归一化的，但是一个分离原理可以有4个分离方法，每个分离方法都与若干发明措施相对应。它们之间呈现出体系化的"原理－方法－措施"从属关系，见表4-7。

表4-7 分离原理、分离方法与发明措施的对应关系

原理	分离原理				
方法	空间分离	时间分离	条件分离	整体与部分分离	
措施	01 分割 02 抽取 03 局部质量 04 不对称 07 嵌套 13 反向作用 14 曲面化 17 多维化 24 中介物 26 复制 30 柔性壳体和薄膜结构	09 预先反作用 10 预先作用 11 事先防范 15 动态性 16 不足或过度作用 18 振动 19 周期性作用 20 有效持续作用 21 急速作用 26 复制 29 气压与液压结构 34 抛弃与再生 37 热膨胀	28 替换机械系统 29 气压或液压结构原理 31 多孔材料 32 改变颜色 35 物理或化学参数改变 36 相变 38 强氧化作用 39 惰性环境 （说明：基于相变可以细分出4种条件分离方法，参见第九章）	01 分割 05 组合 12 等势 25 自服务 40 复合材料 33 同质性	转移至子系统
				06 多功能性 22 变害为益 23 反馈	转移至超系统
				27 廉价替代品	转移至其他可选系统
				08 重量补偿（反重力） 13 反向作用	转移至反系统

在上表中，自上而下，表示的是"原理－方法－措施"体系结构，即发明措施从属于分离方法，分离方法从属于分离原理。

从词义上识别，分离原理是发明措施的上位词；从内容上区分，发明措施是实现分离原理的具体措施。这些对应关系清晰而明显，并不容易混淆。但是有一些TRIZ爱好者，在初学阶段容易把发明措施与分离原理搞混。常见的现象是在学习和理解发明措施的过程中，把1号措施"分割"写成了"分割/分离"，把2号措施"抽取"写成了"分离"等，乍一看似乎正确，但是稍加辨识，即可发现含义上的不准确和上位词、下位词的颠倒——发明措施只能是分离原理的子集，而分离原理不是发明措施的子集。建议读者从一开始就建立正确的概念，夯实后续学习 TRIZ 的基础。

由于分离原理是统领所有发明措施的归一化发明原理，因此在可能的情况下，把技术系统中的问题转化为物理矛盾，然后用分离原理求解，解题往往会比较快捷，发明水平往往会较高。

第六节　发明措施在多领域的应用

40 个发明措施是经典 TRIZ 中最流行、最普及的内容。在各个版本的 TRIZ 书籍中，大都会重点介绍 40 个发明措施，甚至这部分内容可以独立成书。

40 个发明措施在应用上并没有专业/行业/领域的限制。只要能在有问题的技术系统中识别出所蕴含的矛盾，就可以应用发明措施去消除这些矛盾。因此，40 个发明措施不仅在工程领域的技术创新中取得了巨大的成就，也在管理、营销、金融、医疗、能源、化工、微电子、软件、艺术等领域取得了较多的应用成果。很多 TRIZ 研究者、实践者不满足于只是应用 40 个发明措施的最初的阐述，而是干脆把发明措施的操作细则"改造"成专门适用于某一个行业的操作细则。

本节将重点介绍 40 个发明措施在非工程领域的应用。

1. 发明措施在管理领域的应用

在管理创新领域，根据多年的 TRIZ 应用实践，业界已经有人总结出了 40 个发明措施用于管理创新的操作细则。

措施 1：分割

A. 把一个物体分成相互独立的部分：
- 将一企业分为数个事业单位；将产品研发部门拆成数个项目小组，每个小组分别负责不同的客户；
- 在企业多个部门建立成本核算中心；
- 管理成本拆解成个别活动，有利于分开计算成本，有助于精确估计与改善隐藏浪费。

B. 将物体分成易于组装和拆卸的部分：
- 购物网站将客户的浏览习惯、产品喜好、购买金额、购买频率、促销反应等特点分别记录，以识别该客户为主力客户或潜力客户；

- 除了销售商品之外，售后服务、保养维修甚至产品报废回收，都可以形成利润来源；
- 模块化的办公室。

C. 提高物体的分割和分散程度：

- 给员工授权（决策的分割），例如海底捞的服务员有权给食客打折；
- 数亿智能手机所形成的自媒体，让媒体几乎无处不在；
- 在移动互联网支持下的虚拟办公室、远程分散工作。

措施 2：抽取

A. 从系统中抽出产生负面影响的部分或属性：

- 企业上市前剥离不良资产；
- 把项目中风险较高的环节或任务外包，以分散风险；
- 将打折商品从原来的商品群中分离至集中区，以刺激人气和顾客购买欲。

B. 从物体中抽出必要的部分或属性：

- 准时制生产（JIT）的库存管理，萃取库存管理流程中必要的部分，只在必要的时候按必要的量生产必要的产品，以实现有效的流程管理；
- 分离研发和生产活动；分离科研和创新；
- 知识管理，将企业积累的经验或知识萃取出有用部分并加以整理，形成知识库。

措施 3：局部质量

A. 把均匀的物体结构或外部环境变成不均匀的：

- 重要客户应该享有较高的维护成本和不一样的交流互动机制，如银行贵宾室；
- 弹性工作制度，让员工选择最适合自己的工作时间；
- 导入"幽默的人"来创造一个轻松的环境，例如美国西南航空专招爱讲笑话的空乘人员。

B. 让物体的各个部分执行不同功能：

- 好的服务要体现有形（饭店房间清洁、舒适与价格感）与无形（服务人员亲切问候、细致服务与友好微笑等）两部分；
- 连锁企业在不同地域可拥有部分特色商品；
- 全球化经营企业，辅以针对当地文化、民情、特色的方式进入国际市场。

C. 让物体的各部分处于各自动作的最佳状态：

- 企业软件的客户化定制以符合不同企业文化或业务流程；
- "预测式生产模式"允许快速修改运作参数，以动态适应外界环境可能发生的快速变化；
- 工厂或配送中心尽量邻近客户。

措施4：不对称

A. 如果是对称物体，让其变成不对称：
- 各部门或各项目赋予不一样的预算，而不是按照一个百分比"一刀切"配置；
- 绩效奖金制度，对少数优秀员工绩效给予不等的奖励或红利，而非不同工却同酬；
- 百货公司视销售项目与金额，多增加女性商品专柜。

B. 已经是不对称物体，进一步增加其不对称性：
- 银行对VIP客户配置理财专员服务热线，但针对VIP中的高端客户则配置专属理财专员，提供量身定做的特别服务；
- 产品设计中，产品必须服从人，如以人为本的产品设计原则；
- 开设专售女性商品的百货商场，或者建立"女人街"。

措施5：组合

A. 在空间上将相同或相近的物体或操作加以组合：
- 并购中合并相关产品的下属子公司；
- 合并包装的商品搭售；
- 物流配送把目的地接近或包装形式相似的货物合并运送，以节省运输成本。

B. 在时间上将物体或操作连续化或并列进行：
- 并行工程（CE），让下游客户参与上游的产品设计；
- 将相似或互补的企业或部门合并以减少冗员和降低成本；
- 客服中心将客户的电话输入信息同步转给技术服务人员，避免再次回答。

措施6：多功能性

A. 一物具有多用途的复合功能：
- 招收与培养复合技能人才，可减少用人数量及人力成本；
- 一站式购物——超市同时提供保险、银行服务、燃料及报纸销售等业务；
- 满足客户多元化需求，提供多元化服务。

措施7：嵌套

A. 把一个物体嵌入第二个中空的物体，然后再将这两个物体嵌入第三个中空物体：
- 植入式营销，将商品或其商标置入影视媒体，形成广告效果；
- "店中店"，将不同较小型商店或柜台置于另一较大的商店内；
- 员工发展的阶梯式需求：由基本的、环境的、个人单纯的、个人复杂的、到卓越的。

B. 让某物体穿过另一物体的空腔：`
- 业务接单时应充分了解企业内部的产能与资源空置情况，才可承诺此订单；

- 常问"为什么，什么原因造成停顿？"之类的问题，以突破问题障碍来追根寻源；
- 让内部工作者接触外部事件/客户（例如开发工程师跟随销售员拜访客户）。

措施8：重量补偿

A. 将某一物体与另一能提供升力的物体组合，以补偿其重量：
- 企业每欲变革或创新时，高层应实质性支持执行者；
- 利用畅销产品提升滞销产品的销售（例如电影联合销售搭配销售的商品）；
- 具有共同商业目标的企业进行战略联盟，以开发市场、分散风险或联合打击对手。

B. 通过与环境介质（利用空气动力、流体动力、浮力、弹力等）的相互作用实现重量补偿：
- 小公司经由某种资源的使用（例如运输网络等）而成为一个大公司；
- 争取政府补助金或合作计划，依靠政府的力量协助企业发展；
- 将产品/服务营销与客户及事业的驱动力关联起来。

措施9：预先反作用

A. 事先施加反作用，来消除事后可能出现的不利因素：
- 专利布局与如何避免专利侵权；
- 新产品上市前邀请分析师与消费者试用或市场调查以了解消费者对新产品的需求度、观感、接受程度；
- 以自愿性的置换、减薪、缩短工作时间或工作分担来减少裁员规模。

B. 如果一个物体处于或将处于受拉伸状态，预先施加压力：
- 参与产品开发活动之前，产品研发工程师须经历销售及客服的工作；
- 裁员之前，准备给受影响的员工补偿及安排新职位等配套措施；
- 发布不好的消息前，先降低受众的期望值，减少其后期的心理压力。

措施10：预先作用

A. 预置必要的功能、技能：
- 事先做好项目规划；
- 产品、服务研发、设计或上市前进行市场调查；
- 塑造企业文化与培养团队合作的氛围，使组织成员能明确地朝组织目标前进。

B. 在方便的位置预先安置物体，使其在最适当的时机发挥作用而不浪费时间：
- 精益生产中的看板管理；
- 召开会议前先把会议讨论事项告知与会人员，以达到先行思考的效果；
- 把诸如"常见问题与回答（FAQ）"事先放在网站上，便于消费者查询。

措施 11：事先防范

A. 针对物体相对低可靠性部位（薄弱环节）设置应急措施加以补救：
- 集会地事先控制进入人数，以防人流过于集中，出现踩踏事件；
- 谈判前做最坏情况打算并确定退守位置——"协调会议的最佳可行方案"；
- 把条款放进需要仲裁/调解的合约中以避免诉讼。

措施 12：等势

A. 势场中改变限制位置（即在重力场中改善运作状态），以减少物体提升或下降：
- 先以奖金作为激励措施，逐步培养员工自我成就感，发展到不需奖金也可维持良好的工作状态；
- 员工或部门业绩退步应了解其原因（改变其操作条件或评价标准）后再下决定；
- 员工通过价值的贡献而获得报酬与奖励，而不是经常引起不和的行政命令；
- 避免彼得原理所描述的情况：员工趋向于升任到他（她）不胜任的位置。

措施 13：反向作用

A. 用相反的动作替代问题情境中规定的动作：
- 由害怕客户抱怨到鼓励客户抱怨，以发现企业自身缺失而改进；
- 过去员工提出看似不可行的见解常遭嘲讽，如今鼓励员工主动提出创意或创新建议；
- 背景与专长不同的专家可组成一个顾问群体，如此可用不同产业观点或视角对待新问题。

B. 让物体可动部分不动，不动部分可动：
- "走动管理"取代"办公室管理"；
- 使比较沉默的客户或供应商说出自身与企业的想法与立场，使他们移动起来；
- 运用某些网络将固定的服务移动起来，如地铁口的流动餐饮车等。

C. 将物体上下颠倒或内外颠倒：
- 网上在线教学，由固定内容、固定教师改为由学生自行选择章节与授课教师；
- 将传统的企业功能部门转换为产品导向的组织架构，以往各功能部门服务一个客户，如今一产品部门服务多个客户；
- 银行柜员的工作评价由经理打分转为由客户按键打分。

措施 14：曲面化

A. 将直线、平面变成曲线或曲面，将立方体变成球形结构：
- 360度的员工绩效评估；

- 集团企业中人员轮岗，针对疑难管理问题，每人都获得经验和解决方案；
- 提升存货周转率，提高流通性。

B. 使用柱状、球体、螺旋状的物体：
- 流动的汽车 4S 店上门服务，而不是客户自己跑汽修厂；
- 流动图书馆；
- 以流动餐车形式送到家的比萨饼。

C. 利用离心力，改直线运动为回转运动：
- 小组领导权的轮替；
- 建立一个势力影响范围，然后针对该领域实施营销；
- 循环交替的工作区。

措施 15：动态性

A. 调整物体或环境的性能，使其在工作的各阶段达到最优状态：
- 培训员工适应动态的产业竞争环境，强化员工一专多能的动态适应性；
- 以更好或更新的方式从事工程变更（EC），使 EC 更为精准与及时，例如使用 PLM；
- 每半年或每年筛选一次供应商或更新排列机制，使供应商水平永远保持最佳状态。

B. 分割物体，使其各部分可以改变相对位置：
- 区分达成相同目的的不同小组，但是各有不同的目标及进度；
- 区域性或功能性不同的独立事业单位；
- 日不落工作机制，亚洲项目组下班后，工作交给欧洲项目组继续进行。

C. 使静止的物体可以移动或具有柔性：
- 在线购物时，客户可用计算机控制移动摄影机指向商店内不同的产品；
- 灵活的组织结构，随时可重组的柔性工作团队；
- 网购货物的快递配送。

措施 16：不足或过度作用

A. 所期望的效果难以百分之百实现时，稍微超过或小于期望效果，可使问题大为简化：
- 刚进入一全新市场，应集中火力打响知名度，通过所有的媒介做"全面性"的广告，利用如平媒、自媒体、户外大屏、地方电台、电视台或广告栏等；
- 如不能服务客户（如网站维护期间）应事先告知客户，以免引起客户等待与不满；
- 提供客户非预期性的小惊喜，可大幅提升客户愉悦，如来店有礼、免费试用或试吃、饭店住宿鲜花与免费下午茶、主动及早提供客户概念原型机种、不定时给予优惠折扣等。

措施 17：多维化

A. 将物体从一维变到二维或三维结构：
- 多维度的组织层级图，包含时间、业务或者发展通道等不同维度；
- 分布式的责任及权力，例如质量部门对技术细节提供咨询并抽查，但是质量仍是人人有责；
- 企业的多元化经营。

B. 用多层结构代替单层结构：
- 组织的阶层化；
- 企业数据或信息化资料应加多重防护以防黑客侵入；
- 善用大楼空间的多层存储系统，以节省面积。

C. 使物体倾斜或侧向放置：
- 遇问题时，勿急用传统方法解决，可从另一角度思考解决之道；
- 删除过多的产品组合，聚焦于获利型或独特性的产品；
- 有些想法对某些问题可能缓不济急或不可行，但仍需简短重点记录，或许日后可为其他问题的解决之道。

D. 使用给定表面的另一面：
- 从企业外部观察你的组织，直接使用顾问或神秘的客户等（旁观者清）；
- 对客户进行访谈时，除了谈话内容外，更要了解客户的肢体语言（如握拳、双手交叉等）所表露的真正的喜好与厌恶；
- 改卖为租，即客户不再买断产品并支付安装费，而是通过租的方式让他们永远有所喜欢的产品服务；或者改租为赠，通过其他类型的综合服务来盈利。

措施 18：振动

A. 使物体振动：
- 企业改造或改变作业流程（习惯）必然引起员工"振动"，但此振动会引出平日不易察觉的"矛盾"，由此发现问题，找到管理创新的切入点；
- 不仅要分析竞争同行中标杆企业的产品或管理方式，也可参考各产业中的标杆，刺激企业本身的振动，由此学习与纠错；
- 深化问题以引申出讨论重点与创新解决方案。

B. 提高物体振动频率：
- 经常采用多种模式（新闻稿，企业内网，会议等）进行交流；
- 短暂但密集的在职训练，如每半天 10 分钟的简短训练，但立刻可用于工作；
- 对可能出问题或重要的采购单，要进行频繁的跟踪与催动，以警醒供应商。

C. 利用物体共振频率：

- 企业或部门内部遇改革或问题时，主管应先与员工沟通说明原因或预期目标，获得员工共鸣后则可顺利推动；
- 外部顾问公司应尽量配合企业的目标与做法，较易有效推动项目或训练；
- 广告促销应打动消费者的心（产生共鸣）。

D. 利用压电振动代替机械振动：
- 定期举行全球研发人员（或业务人员）聚餐、旅游或工作报告研讨等聚会，以刺激或交流想法，但最好在愉悦环境或释放压力下进行效果较好。

E. 超声波与电磁场综合利用（使用外部组件来造成振荡/振动）：
- 导入新人进入团队；
- 聘请外部专业咨询团队进驻，给企业带来新气象、新思维与新文化交流。

措施19：周期性作用

A. 以周期性或脉冲动作代替连续动作：
- 采用潮汐运输流量计划来缓和繁忙运输区的进出；
- 周期性地变换组织领导权（例如上合组织由各国轮流领导）；
- 实施轮休以重新建立新的观点。

B. 如果动作已是周期性的，可改变其振动频率：
- 不定期审计；
- 实施每月或每周的汇报而不是年度审查；
- 银行可发展诸如"灵通快线"等不定期灵活储蓄计划。

C. 利用脉冲间隙来执行另一个动作：
- 淡季时加强员工训练，以便旺季时应对自如；
- 在假期期间进行维护工作；
- 24小时的汽车服务运作——晚上交车，并于隔天早餐时返还维修好的汽车。

措施20：有效持续作用

A. 持续运转，使物体的各部分能同时满载工作：
- 维持工厂内关键作业的连续运转，持续改善至最佳步调；
- 24小时客服专线，提供各时段的消费群服务；
- 跨国合作设计与金融商品24小时都在工作。

B. 消除工作中所有的空闲和间歇性中断：
- 产能互补策略——冬天生产雪橇，夏天生产滑板车；
- 采用电子会签，文件流程执行到何处清晰可见，消除积压和迟延；
- 成为终身学习的学习型人才。

措施21：急速作用

A. 快速完成危险或有害的作业：

- 快速更新或淘汰过期文件或物料以免误用；
- 赔本的打折促销要"短平快"，刺激购买欲望的同时也不过分伤害其品牌；
- 裁员时快速地度过痛苦期，达成离职补偿协议。

措施 22：变害为益

A. 利用有害的因素，得到有益的结果：
- 给在货物/服务方面有过问题的客户予以特别关注，加强他们对你的好感，让服务水平超过问题发生前；
- 客户发生问题时立即提供协助，此客户的忠诚度会因此而提升；
- 企业出现危机或从事改造时的员工反应，可显示出各员工的忠诚度与应变能力。

B. 将有害的要素相结合变为有益的要素：
- 让员工多参加在职培训或充电（包含新技术、新技巧与新知识），虽成本不菲，但提升了企业的整体竞争力；
- 为避免改革所带来的员工的消极性，可适时注入员工间的竞争评比，转移员工的消极性；
- 把在本组织中有问题的人指派到其他可发挥其专长的领域。

C. 增大有害因素的幅度直至有害性消失：
- 适度给予员工更少资源或时间，激发新思维与新工作方式；
- 先优退、后裁员以节省人力成本，或使忠诚度低的员工自动离职；
- 限制货物的供应量以创造出稀有价值（例如一些跑车制造商创造出让消费者等待车辆多年的价值）。

措施 23：反馈

A. 引入反馈，提高性能：
- 定期拜访客户或举办座谈会，以了解客户反馈或任何需要改善的地方；
- 商场的会员卡可反馈各项客户资料，分析众多资料后，可了解不同年龄段客户对不同商品的喜好度，做出进货或下架的决策；
- 以预测值来决定何时该调整一个业务过程。

B. 若已引入反馈，改变其大小或作用：
- ERP：由月报改进为周报或日报表，更能掌握盈亏的原因，并早做对策；
- 合作式的进化营销——如网站请读者在线上写评语，其效果胜过专业评语，因此网站人气和销量都会大增；
- 推行容纳异己的政策——当少数员工认为他们的想法有价值、较优且立即可行，但又不被一般同事支持时，可直接填写报告向上级领导表达。

措施 24：中介物

A. 使用中介物实现所需操作：

- 将非核心的工作外包（例如清洁服务，运输）；
- 供应商在客户旁设置集货中心以方便快速交货，集货中心的物料进（供应商补货）出（客户取货）由第三方负责管理，提高公正性以避免争议；
- 产品交由企业外部的专业技术中心测试，较具有公信力，提高客户的接受度。

B. 把一个物体与另一个容易去除的物体暂时结合：
- 聘用外部专家解决突发疑难问题，或聘用兼职人员解决短期人手短缺问题；
- 聘请具有资格且双方公认的仲裁者解决有争议的议题；
- 使用过渡性银行贷款以缓解暂时不足的现金流。

措施 25：自服务

A. 使物体具有自补充、自恢复功能：
- 优惠方案使得消费者或客户能将企业产品或服务推介给其他客户；
- 商标印象的流通——哈佛商学院培养智者，这些人提高学校名声，因此造成许多人申请，进而他们也只接受非常聪明的人，进入与出来的都是智者，学校与学生则相互辉映；
- 利用互联网的大数据，可为将来的销售活动收集有用的资料，有助于快速的服务。

B. 灵活运用废弃的材料、能量与物质：
- 雇用从其他企业退休但富有经验的工人；
- 外借暂时闲置的本企业员工；
- 产业生态系统，例如规划一个工厂，让以便于某作业的废热能提供另一作业的动力，安装共生设备，利用热能产生电力，提供内部作业使用或者把它出售到电力公司。

措施 26：复制

A. 用简单、廉价的复制品替代复杂、高价、易损、不易获得的物体：
- 以观看录像资料取代参加研讨会；
- 协同产品设计的虚拟平台，供应链内上中下游成员利用该平台浏览产品资料、交换设计意见及加速工程变更的共识等，加速产品上市时间；
- 快速原型制造（例如立体平版印刷术）。

B. 用光学复制品（图像）替代实物，可以按一定比例放大或缩小图像：
- 尽量整理资料并浓缩呈现于图表，予以重点说明，加深了解和记忆；
- 使用云形式的网上电子数据库，有益于多人多方同用——例如创意设计、医学记录、客户数据、工程图等；
- 把个人的行程数据放在旅行网站上，不会丢失，随时随地在任何计算机上可查。

C. 如果已使用了可见光拷贝，用红外线或紫外线替代：

- 使用多种技术评价客户满意度；
- 让客户充分了解研发或制造过程进度以提高客户忠诚度；
- 比较你的客户，比较你的供应商。

措施 27：廉价替代品

A. 利用廉价、易耗物品代替昂贵的耐用物品，在实现同样功能的前提下，降低质量要求：

- 大量雇用短期打工学生来做电话促销或街头促销；
- 免费赠送或下载软件试用版，提供有限功能但使消费者或客户熟悉操作环境；
- 在可发挥既定功能的前提下，使用二手货或促销存货以降低整体成本。

措施 28：替代机械系统

A. 用视觉系统、听觉系统、味觉系统或嗅觉系统替代机械系统：

- 卖场的产品试吃或化妆品试用，达到以嗅觉刺激购买的效果；
- 广告打动人心或引起深刻的视听觉感官效果，将诸多图像挂在墙壁上，让全体产品研发项目组成员类似参观画廊般任意走动，刺激产品创意；
- 在商店周围弥漫着面包气味以帮助面包营销。

B. 使用与物体相互作用的电场、磁场、电磁场：

- 移动无线互联网；
- 数字化医院，医生开具药方且患者付款后，取药处的大屏幕上即自动显示出患者姓名和取药窗口；
- 物流控制中心利用全球卫星定位系统传感器监控物流车辆的位置。

C. 用可变场替代恒定场，随时间变化的可动场替代固定场，随机场替代恒定场：

- 用走动管理替代定点管理；
- 消除专用办公桌，大部分时间下基层调研或解决问题；
- 思维导图。

D. 把场与场作用粒子组合使用：

- 面对企业信息化的工作方式，制定新制度来规范员工必须使用信息化工具；
- 开展信息化工作前，培训每个部门的种子人员，使其融入信息化的使用环境，由种子人员把信息化工作方式带入各部门，较易实现推广普及；
- 当推出新制度或新服务时，使正面反应的消费者发挥实证或口耳相传的效果，形成风潮，如苹果产品让消费者先拥有骄傲感，乐于在各种场合使用，形成良性广告效应。

措施 29：气动与液压结构

A. 使用气动或液压部件代替固体部件（利用液体、气体缓冲）：

- 在合同中设定缓和空间；

- 企业或部门根据外部客户需求与竞争情势，弹性调整结构或任务编组（项目），其效果好于固定组织架构；
- 为产品设计师或工业设计师提供出国参观机会，或者在企业内部准备健身房或游乐场等刺激肢体或感官的设施，来激发设计创意。

措施 30：柔性壳体和薄膜结构

A. 利用薄壳或薄膜取代三维结构：
- 扁平化组织结构容易保持信息上下畅通；
- 让基层员工（最薄结构）拥有工作所需的全部数据，可提供更快捷高效的客户服务；
- 以卡交易而非钱交易——例如在公司内的自动贩卖机可使用员工证，直接记账并从薪资中直接扣费。

B. 利用柔性薄片或薄膜隔绝物体和外部环境：
- 双方商务谈判前，应保持己方成员较高的信息透明度，但谈判过程应保持谨慎，防止对方渗透或打探，设定弹性应变措施；
- 在技术合作中区分企业的 Know – how 知识和一般知识；
- 根据保密法来分别管理涉密资料和非涉密资料。

措施 31：多孔材料

A. 使物体变为多孔或加入多孔性的物体（嵌入其中或涂敷于表面等）：
- 政府应广设热线、网络等信息通道，以了解基层群众对某些政策的意见或反映；
- 使用企业内网（如 OA）来改善内部沟通，工作人员可与各级领导沟通；
- 重大决定必须获全体项目成员支持，成员间沟通管道畅通才可往下进行。

B. 如果物体已是多孔结构，可事先在孔中填入有用物料：
- 适度授权给客服人员或业务人员；
- 邀请配合度较高的客户提前对新产品创意或概念设计给予评估；
- 面对参差不齐的供应商，以半年期、三月期或一月期支票与现金等不同支付方式，促进其改进产品质量或缩短交货期。

措施 32：改变颜色

A. 改变物体及其周围环境的颜色：
- 改变办公室的色调以符合不同业务的各种需求与心情，如会计为白色，研发为蓝色，审计为黄色等；
- 品牌与特定的代表性颜色相结合，可深入人心；
- 用不同颜色的文件来代表紧急程度。

B. 改变物体及其周围环境的透明度或可视性：
- 政府增加执政透明度，例如政务公开、经费公开、选举过程公开；

- 供应链内各企业内部逐渐增加透明度；
- 餐饮服务业采用透明玻璃隔间，让消费者了解食品制作方法与过程。

C. 对难以看清的物体使用有色添加剂或发光物质：
- 网络博客上用标签来表明博主的各项喜好特征；
- 在乏味的讨论中，一个较好的领路发言，可以激发与会者表达鲜明的观点；
- 媒体编辑提炼出一篇平庸文章中的闪光点。

D. 通过辐射加热改变物体的热辐射性：
- 表彰先进，树立榜样，激励他人。

措施33：同质性

A. 把主要物体及与其相互作用的其他物体用同一材料或特性相近的材料制成：
- 协同商务设计，利用共享平台，上、中、下游一起工作；
- 分开做针对不同市场区域客户的需求调研，以保持其个别区域的同质性；
- 同一产品家族尽量使用相同的零部件。

措施34：抛弃与再生

A. 采用溶解、蒸发等手段废弃已完成其功能的零部件，或改造其功能：
- 项目结题，人员归队，等待下一次任务编组；
- 将某任务或活动外包给协作厂商或专业顾问；
- 具有弹性、大小可变的项目小组。

B. 在工作过程中迅速补充消耗或减少的部分：
- 定期举行员工旅游或聚餐，舒缓员工疲惫的心态，整装重发；
- 当前次任务受创或不圆满时，给员工一个较易完成的任务，以恢复其自信心；
- 终身学习，不断更新个人技能和知识结构。

措施35：物理或化学参数改变

A. 改变物体的状态（例如固体、液体或气体）：
- 改变绩效评估方式（例如内外部的客户满意度）促使员工改变作业方式；
- 成立专项管理办公室，负责协调部门间的争议与资源配置；
- 网上虚拟购物；电话银行业务。

B. 改变物体的浓度或黏度：
- 企业针对某个具有吸引力的产品强力促销或降价，吸引消费者连带购买其他产品；
- 给予研发或实验部门较多预算，以支持创新技术或产品；
- 聘请经验较丰富的员工进入企业，以带动部门内部采用新知识、新思维或新工作方式。

C. 改变物体的柔度：
- 训练或招收复合技能员工以提高获取订单的可能性与服务水平；

第四章 40个发明措施与功能

- 增加产品各模块（或零部件）的功能性与相容性，适应更多的市场区域；
- 服务项目应具有较高的包容性并且购买渠道形式多样（如网络、电视购物频道等）。

D. 改变物体的温度或体积：
- 经常为客户提供新技术、新产品或新服务项目，赋予他们一定的变更产品的权利，以激起他们对产品的热爱，维持他们的购买欲望或忠诚度；
- 在媒体做广告促销，提升产品或服务的"热度"；
- 激励措施（如绩效奖金、股票选择权或自我成就感满足等），保持员工的工作热情。

措施36：相变

A. 利用物质相变时所发生的某种效应（如体积改变、放热或吸热等）：
- 在企业初创期即建立良好完善的制度与流程，避免后期具有规模时难以推动修改；
- 老产品进入成长期末端，而新一代产品刚好进入成长期初期，以维持企业产能满载；
- 赢得科技质量奖、创新奖后，企业在管理上趋于放松。

措施37：热膨胀

A. 使用热膨胀（或收缩）材料：
- 如果某一员工工作热情可被激发，其效应可扩展（膨胀）至其他员工而蔚为风潮；
- 视产品或服务的热销程度（或过冷收缩）而随时调整产能，以获最大利润（或降低成本损失）；
- 不要因一时产品热卖而急速扩张营运，应步步为营，且审慎规划，逐步扩张。

B. 使用不同热膨胀系数的复合材料：
- 在给定激励措施下，仍需注意部门内成员的因材使用与不同的授权程度，应相互取长补短，增加团队合作能力；
- 依所销售产品的热度来扩大或缩减营销努力——销售和盈利的比率；
- 个人个性与工作团队相互配合。

措施38：强氧化作用

A. 用富氧空气替代普通空气：
- 在研讨会中特邀激情演说者；
- 在培训过程中使用个案研究；
- 为组织注入新鲜血液或新的挑战。

B. 用纯氧替代富氧空气：

- 为创意团队提供"非办公室"工作环境，让他们在休闲与愉悦的气氛中更有创意，如把办公室布置为餐厅、画廊、植物园、咖啡厅等宽松环境；
- 当组合项目小组时，考虑个人的特性——找到能彼此互补互动的组员；
- 小组专注于单一主题（给他们充满成功因素的环境）。

C. 用离子化氧气替代纯氧：

- 主管应注意情绪管理，分离喜怒哀乐于工作外，避免下属看主管脸色行事，耽误正常运作制度；
- 对客户访谈时应事先预备问题与引申技巧，借此可知道客户真正的喜好或厌恶，并快速记录提问当时客户的肢体语言，迅速分类答案以挖掘潜在需求；
- 运用企业电子化技术快速整理归纳资料，并分离出现存问题或潜在问题。

D. 用臭氧替代离子化氧气：

- 公司中爱开玩笑的人；
- 邪恶的倡导者。

措施 39：惰性环境

A. 用惰性环境取代普通环境：

- 与客户或供应商谈判时的拖延技巧，缓和紧张的局势，包括需要回公司内部商量一下、期限将至、负责人不在、先提价待杀价与黑白脸等拖延技巧；
- 从不良的效能评定、报酬授予环境转变到一个更公正的系统（感情中性）以评价工作表现；
- 团队推动者会制造一种免受攻击的、安全的（惰性）环境，以便团队成员们能够畅所欲言。

B. 向物体投入中性或惰性添加剂：

- 在困难的谈判中应用中立的第三者；
- 全球运筹中各分点聘用当地员工以了解当地文化与限制，方便产品在当地不同的市场区域销售；
- 在会议中安排休息或暂停。

C. 使用真空环境：

- 在某些工作场所设定"宁静区"。

措施 40：复合材料

A. 用复合材料取代均质材料：

- 谈判小组有人唱红脸，也有人唱黑脸；
- 高、低风险搭配的投资策略；
- 用不同的创新思维来激发创意，如头脑风暴法、组合法和多屏幕法等。

第四章　40 个发明措施与功能

2. 发明措施在平面设计领域的应用

在属于艺术创作的平面设计领域，发明措施也得到了较好的应用，以下为读者介绍一些应用示例。该组图形资料（图 4-2）由白俄罗斯 TRIZ 专家叶莲娜·诺维茨柯娅（Elena Novitskya）设计并许可作者使用。叶莲娜用了一些基本的图文要素来巧妙地予以组合、变换和强调，示范了发明措施在平面设计中的指导作用。当设计者能够熟知并掌握了 40 个发明措施，就可以随心所欲地创造所要展现的设计内容。尽管在本书中无法体现出原图的彩色效果，但是读者可以仔细体会图 4-2 中设计者的用心。

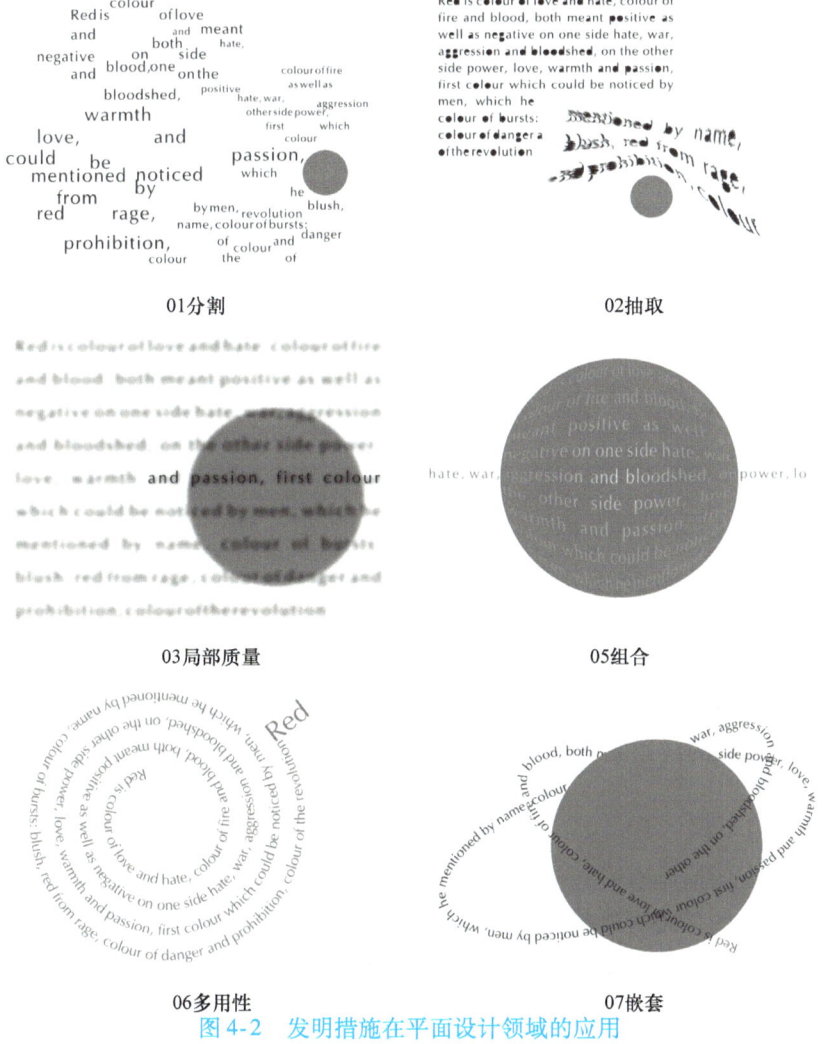

图 4-2　发明措施在平面设计领域的应用

图 4-2 发明措施在平面设计领域的应用（续）

限于本书篇幅，不再逐一介绍 40 个发明措施在平面设计领域的所有应用示例以及在其他领域的应用案例。

思 考 题

1. 40 个发明措施有哪些措施在内容上有重叠？
2. 40 个发明措施有哪些措施是成对措施？
3. 每个发明措施的层次和水平都是一样的吗？
4. 措施和方法有什么区别？

第四章 40个发明措施与功能

5. 发明措施与技术系统功能的关系是什么？
6. 发明措施与科学效应的关系是什么？
7. 发明措施与物质属性的关系是什么？
8. 发明措施与进化法则的关系是什么？
9. 发明措施与分离原理的关系是什么？
10. 发明措施可以应用在哪些领域？

第五章 物场标准解与功能

TRIZ进阶及实战
——大道至简的发明方法

第五章　物场标准解与功能

第一节　经典 TRIZ 的物场理论概述

物场模型是经典 TRIZ 中的重要内容，是阿奇舒勒原创的第二套解决发明问题的知识。

如前所述，阿奇舒勒在分析发明专利过程中发现，尽管技术系统的问题无限多，但是描述、定义问题的"问题模型"不多，解决问题的"解决方案模型"也不多，能够定义出问题模型并找到解决方案模型的问题，都可以称为"标准问题"。就经典 TRIZ 的物质场的内容而言，汇总所有的发明问题，最终发现有 76 个物场问题模型，配以了 76 个物场标准解法。无论从解题方法的数量上还是从解题结果的质量上来看，76 个标准解法都是比 40 个发明措施更综合、更有力、更高效的解题方法。

在阿奇舒勒的俄文原著《创》书中，对物质和场做了以下描述（原文选摘）：

在这些课题的答案中，存在这三个"角色"，就是物$_1$，它应能被改变、加工、移动、发现、检查等；物$_2$，它是实现必要作用的"工具"；场，它给出能量、力，保证物$_2$对物$_1$的作用（或它们的相互作用）。不难发现，为了得到课题所需要的答案，这三个"角色"是必需的，并且足够了。场自身或物质自身不产生任何作用。为了对物$_1$做点儿什么事，需要物质（物$_2$）和能量（场）。

也可以换一种说法。在任何一个发明课题中，都有物体。……这物体本身，不能实现所要求的所有。它应该与外界环境（或其他物体）互相作用。这时，任何变化都伴随着能量的放出、吸收或转变。

两个物质和场可能是极不相同的，但是它们对于形成被称为物场的<u>最小技术体系</u>，是必需的，并且足够了。

在引进物场的概念时，我们用了三个术语：物质、场、相互作用（作用、联系）。对于"物质"这一术语，我们的理解是：任何与它的复杂性无关的物体……都是"物质"。

在决定场的概念时，情况要复杂些。在物理学中，人们把实现物质微粒之间、相互作用的物质形式叫作场。人们区分出 4 种类型的场：电磁场、引力场、强相互作用场、弱相互作用场。在技术中，"场"这一术语，用得要广泛些。它是一个空间，它的每一点，都对应着一定大小的标量或矢量。类似的场，经常是与物质——一定大小的标量或矢量的携带者，联系在一起的，如温度场（热场）、离心力场等。我们将在广义上应用"场"这一术语，将所有可能的"技术"场——热场、

机械场、声场等，都与"合法的"物理学场同等看待。（原文结束）

《创》书的上述段落，已经把经典物场中"物质"和"场"的基本概念做了介绍。在本书中，将继承和沿用以上概念来介绍物场的基本内容。同时作者也给出了对以上经典物场内容的深入理解和自己的见解（例如对"物场的最小技术体系"）。请参见本章第四节内容。

第二节 经典 TRIZ 的基本物场模型

在传统设计方法中，通常是用文字来对问题进行描述。但是由于技术背景和文化底蕴的差异，很少有两个人对同一问题有完全相同的理解与描述。众所周知，文字尚不能完整地表达所有问题，而用图形描述问题则会很容易统一认识，减少歧义。例如，工程图就是为了消除技术交流和应用中的歧义性而在几百年前产生的。

物场分析是一种运用统一的图形和符号类的技术语言，以 76 个标准物场模型来描述技术系统从"问题模型"转换到"解决方案模型"过程的方法。

1. 物场模型的组成要素

"物场"是"物质"和"场"的组合语，是 TRIZ 的物场模型中的特有词汇。本书沿用阿奇舒勒关于物场的定义，同时稍微加深了对场的理解。

"物质"一词含义广泛，可表达简单的物质或任意复杂的技术系统。任何可识别、可控的物质都可称为"物"。如人工系统中各种尺度的人工制造物，以及自然系统中的太阳、地球、水、人、动物、生物等。通常用 S 表示物质，如果有多个 S，则以下标序号加以区分。

在相互作用关系上，早期的表达是，物质 S_1 代表一种需要改变、发现、控制的"对象"，物质 S_2 代表实现必要作用的"工具"，携带能量（场）。在近些年，也有不少 TRIZ 专家调整了表达方式，用 S_1 代表工具，S_2 代表作用对象，以方便与功能分析模型进行整合。本书作者采用了后一种形式。

"场"是实现两个物质间的相互作用的能量或某种"力"，也是物质所处的可控环境。在管理学、社会学中也把人所处的环境、氛围、动作或完成的手段称为场。通常用 F 表示场，如果有多个 F，则以下标序号加以区分。

第五章　物场标准解与功能

在图示表达上，一个完整的物场模型可以由三个圆圈（或方框）加上 2~3 条连线表示。圆圈内以 S 和 F 分别代表物质或场，连线代表相互作用关系。这样，就可以用 S_1、S_2 和 F 三个元素组成一个三角形的模型来表达系统所要实现的各种功能，三个元素缺一不可。较复杂的系统模型可以用两个或多个基本物场模型串联或并联起来。一个基本的物场模型如图 5-1 所示。

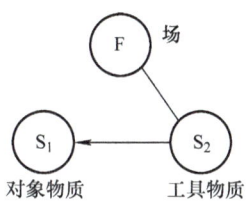

图 5-1　3 个元素组成一个基本物场模型

以图示化模型作为表达工具和技术语言，可以帮助我们清晰地列出问题模型，明确问题状况，启发思考方向，快速得到解决方案模型，高效地解决实际问题。

物场模型是高度一般化的模型，问题的物场模型与解决方案的物场模型与问题来自于哪个领域无关。物场模型可用于技术系统、子系统、技术过程或程序，使其达成预设功能。如果物场模型相同，则求解（达成预设功能）方法相同。

2. 物场模型的五个特性

达成预设功能需要充分考虑和利用物场模型的五个特性：

1) **完备性**：如果技术系统不完备，即尚未形成一个完整的物场模型，应引入所缺少的元素。

所缺少的元素，可能是物质，也可能是场。通过引入物质或场，可形成一个完备的物场模型。

2) **修改性**：如果技术系统完备，形成了一个完整的物场模型，但是存在某些功能缺陷或有害作用，可通过引入物质或场，使系统的功能属性得到改善，实现消除缺陷或有害功能的目的。

通过引入物质或场，都有可能获得新的资源来解决系统中的问题，前提是不损坏原系统。

3) **相似性**：如果一个物场组件有一特定时空的结构，那么在其他的组件中也可以创造一个相似的结构。

相当于利用了 26 号"复制"发明措施，即一个集团公司，其下属子公司也可以拥有一个类似的、完整的公司架构。

4) **扩展性**：构建物场时，物质和场的数量与形式有没有限制，取决于涉及的物质属性和相互作用形式。

一个物体通常受到不同的外力作用，使其达到某种平衡状态。每一种外力都会制约物场的状态，都会产生各自的功能结果。如果平衡被打破，可以引入新的

159

外力来再次达到平衡。

5）**兼容性**：一个物场模型中的任何元素，可以同时是另一个物场模型的元素。

物质与场具有它的兼容性和多面性，同样的物质在不同的外力作用下有它不同的"身份"。

3. 物场模型中四种相互作用形式

物场模型中元素之间连线，代表了彼此的相互作用。不同形式的连线，表达不同种类的作用。连线可以具有方向性（加箭头）。常用的四种连线及其含义，如图 5-2 所示。

实线表示有用功能，虚线表示不足的功能，波浪线表示有害功能，加号线（也用双实线）表示过度功能。如果在物场模型中出现了虚线、波浪线或加号线的连线，则表示该系统需要进行修改与调整，即应该将原物场模型进行某种形式的转换。

图 5-2　常用的四种连线及其含义

案例：用铆钉连接和固定飞机蒙皮是飞机生产中最常见的加工过程。铆合的基本原理是通过铆钉头部的合理的预期变形而实现蒙皮与桁梁的固定式连接。一架民用飞机上可以用到上百万个铆钉。通常以挡铁抵住铆钉帽，手持铆钉枪，以铆钉枪的气动高频锤头击打铆钉头部致使其发生变形，通过铆钉帽和变形的铆钉头所产生的定位、压紧与固定作用，将飞机蒙皮铆接在桁梁上，如图 5-3 所示。

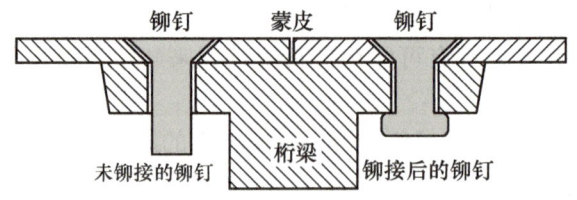

图 5-3　铆钉将飞机蒙皮铆接（固定）在桁梁上

在该案例中，铆钉压住蒙皮的结果，可以体现出上述的四种相互作用形式。

第一种：有用并且充分的相互作用（恰当的有用功能）

铆钉枪击打铆钉致使其钉头部位产生预期变形，铆钉恰好把蒙皮压住、定位并固定在桁梁上，铆钉、蒙皮和桁梁之间的间隙为零，这是有用并且充分的相互作用，是我们希望得到的优质工艺质量。该质量状态的物场模型如图5-4所示。

第二种：有用但不充分的相互作用（不足功能）

铆钉枪击打铆钉致使其钉头部位发生变形，但是变形较小，虽然铆钉把蒙皮定位在桁梁上，但是没有达到固定的效果，蒙皮和桁梁之间还有少许间隙，这是有用但不充分的相互作用。该质量状态的物场模型如图5-5所示。

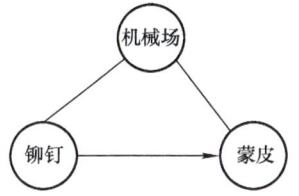

图5-4　有用并且充分的相互作用　　　　图5-5　有用但不充分的相互作用

第三种：有用但过度的相互作用（过度功能）

铆钉枪冲击铆钉致使其钉头部位发生变形，但是变形较大，虽然铆钉把蒙皮定位并固定在桁梁上，但是蒙皮被过分压紧，产生局部凹陷变形，这是有用但过度的相互作用。该质量状态的物场模型如图5-6所示。

第四种：有害的相互作用（有害功能）

在蒙皮已经被过分压紧的情况下，如果铆钉枪继续击打铆钉，将会造成蒙皮的鱼眼坑被径向撑大，形成孔壁上的细微裂纹，这是一种破坏蒙皮孔壁结构有害的作用，质量隐患严重。该质量状态的物场模型如图5-7所示。

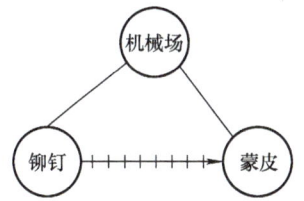 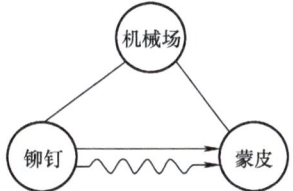

图5-6　有用但过度的相互作用　　　　图5-7　有害的相互作用

4. 物场问题模型求解的五种转换途径

利用物场模型知识分析、解决问题的路径是：将有问题的物场模型（问题模型）向完备、高效的物场模型（解决方案）转换。该过程既是实现技术系统预设功能的过程，还是消除物场模型系统矛盾的过程，还是技术系统进化的过程。物场问题模型求解的五种转换途径如下。

(1) 不完整的物场模型向完整的物场模型的系统转换,提高技术系统的完备性

操作方法:引入缺少的物场元素,使其形成完整的物场模型。

实例:没有发动机的货车不能行驶,因为技术系统不完备。货车配有足够驱动力(机械能)的发动机,才能提供行驶和运载功能,如图5-8所示。

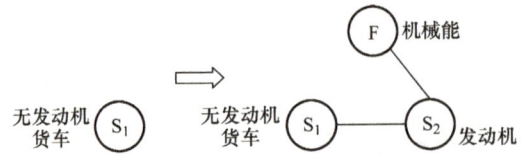

图5-8 货车引入缺少元素以形成完整的物场模型

(2) 完整但低效的物场模型向增强功能的物场模型的系统转换

操作方法:可扩展现有技术系统的物场模型,与携带能量场的第三方物质相结合。

实例:满载火车在爬坡时,一个火车头动力不足,需要用两个火车头同时推拉一组车厢,以保证火车正常行驶,如图5-9所示。

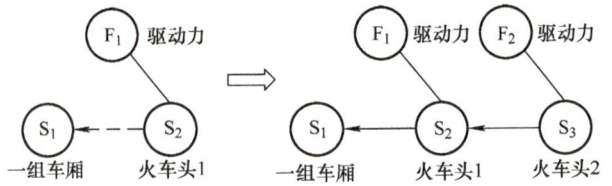

图5-9 满载火车爬坡时的物场模型

(3) 完整但是物场元素彼此产生有害功能的物场模型向多物质合成系统转换

操作方法:在两个物质之间引入一个第三元素,该新元素隔离了原有物场元素,消除了它们之间的有害功能。

实例:刚出锅的蒸碗烫手,服务员用托盘来消除蒸碗烫手的有害功能,如图5-10所示。

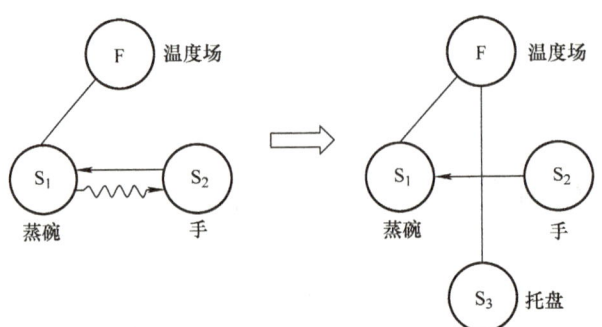

图5-10 用托盘隔离烫手蒸碗的物场模型

（4）在测量检测中缺少信息或信息不足的物场模型，向产生测量场的系统转换

操作方法：延伸测量物质以产生两个场，一个为输入场，另一个为输出场，由此提取到清晰、准确的测量信息。

实例：超声波探伤。产品内部缺陷无法用视力观察，但可以用超声波探查。当超声波束在零件表面由探头通至金属内部（即从一截面进入到另一截面），遇到内部缺陷与零件底面时，就分别发生反射波，在荧光屏上形成脉冲波形，人们可以根据脉冲波形来判断缺陷的位置和大小，如图 5-11 所示。

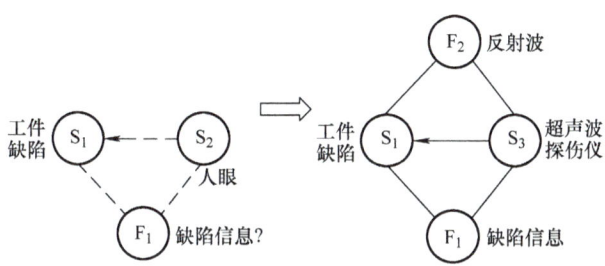

图 5-11　超声波探测产品内部缺陷的物场模型

（5）只有输入场的物场模型向兼有输入、输出场的物场模型系统转换

操作方法：引入携带场的物质，该物质随后可以去除或自行消失。

实例：检测筛查人体内脏病变情况，直接观察难以获得清晰的病变图像。在不对人体造成持久伤害的前提下，临时引入某些较为安全的放射性同位素（如碘-131），以增强图像显示度，检测完毕后同位素可在一周内自行衰退消失，如图 5-12 所示。

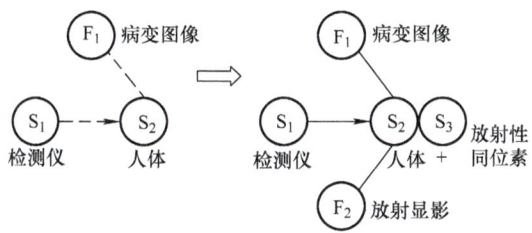

图 5-12　检测人体内脏病变的物场模型

第三节　76个物场标准解概述

通过分析大量专利中问题的物场模型及最终理想解的物场模型归纳出76个标准解，它可以作为不同领域发明问题的通用解法，具有应用的广泛性、一致性和有效性。我们已经知道：问题的物场模型相同，解法的物场模型也是相同的。76个标准解是TRIZ实现技术系统转换和发展的一种工具，通过物场模型的转换来快捷、有效地解决疑难复杂的发明问题。

在经典TRIZ中物场标准解被分成了五级（类），每个级别下面都有若干的标准解，一共合计为76个。

- 第一级：基本物场模型的标准解（物场建立与破坏的13条标准解法），共有13个，见表5-1；
- 第二级：强化物场模型的标准解（增加柔性和移动性的23条标准解法），共有23个，见表5-2；
- 第三级：向双、多级系统和微观级系统转换的标准解（向超系统和微观级转化的6条标准解法），共有6个，见表5-3；
- 第四级：测量与检测的标准解（测量与检测的17条标准解法），共有17个，见表5-4；
- 第五级：简化与改善策略标准解（引入物质或场的17条标准解法，也叫作实施标准解的标准），共有17个，见表5-5。

第五章 物场标准解与功能

表 5-1 第一级——物场建立与破坏的 13 条标准解法

标准解编号	问题描述	问题模型	解决方案模型	案例
1.1 完善一个不完整的物场模型				
1.1.1 建立物场模型	标准解法 1，在建立物场模型时，如果发现仅有一种物质 S_1，那么就要增加第二种物质 S_2 和一个相互作用场 F，只有这样才可以使系统具备必要的功能	S_1；或者 S_1 S_2 或者 S_1 F	⇒	F → S_2 → S_1	用锤子钉钉子，作为一个完整的系统，必须有锤子、钉子和钉子作用于钉子上的机械场，才能实现钉子的功能
1.1.2 向内部复杂物场转化	标准解法 2，如果系统中已有的对象无法按需改变，可以在 S_1 或者 S_2 中引入一种永久的或者临时的内部添加物 S_3，帮助系统实现功能	F → S_2 → S_1	⇒	F → (S_2 S_3) → S_1	喷漆时，在油漆（S_2）中添加稀料（S_3）
1.1.3 向外部复杂物场转化	标准解法 3，与 1.1.2 相同的情况下，也可以在 S_1 或者 S_2 外部引入一种永久的或者临时的外部添加物 S_3	F → S_2 → S_1	⇒	F → S_2 ← S_3 → S_1	可以通过在滑雪橇（S_1）上涂上蜡（S_3），来改善滑雪橇和雪（S_2）所组成的技术系统的功能
1.1.4 向环境物场转化	标准解法 4，如果不允许在物质的内部引入添加物，可以利用在环境中已有的（超系统）资源实现需要的变化	F → S_2 -- S_1	⇒	F → S_2 ← 超系统 → S_1	航道中的航标摇摆得太厉害，可以利用海水作为镇重物

(续)

标准解编号	问题描述	问题模型		解决方案模型	案例
1.1.5 通过改变环境向环境物场转化	标准解法5，与1.1.2相同情况下，如果不允许在物质的内部或外部引入添加物，可以通过在环境中引入添加物来解决问题	$F \rightarrow S_1 \dashrightarrow S_2$	⇒	$F \rightarrow S_1$ 改进的超系统 $\rightarrow S_2$	办公室中的电脑设备发热量较大，造成室温增加。可以在办公室内加上空调，较好地调节至室温
1.1.6 向具有物质最小作用的物场转化	标准解法6，有时候很难精确地达到需要的量，通过多施加需要的物质，然后再把多余的部分去掉	$F \rightarrow S_1$ 或者 $F \rightarrow S_1 \dashrightarrow S_2$	⇒	$F_{max} \rightarrow S_1$	人们在一个方框中倒入混凝土，很难直接做出一个很平的表面，如果把混凝土加满方框并超出一部分，那么在去掉多余部分的过程中，人们就不难抹出一个比较理想的平面来
1.1.7 向具有施加于物质最大作用的物场转化	标准解法7，如果由于各种原因不允许达到要求作用的最大化，那么让最大化的作用通过另一个物质 S_2 传递给物质 S_1	$F_{max} \rightarrow S_1$ 或者 $F \Rightarrow S_1 \dashrightarrow S_2$	⇒	$F_{max} \rightarrow S_2 \rightarrow S_1$	蒸锅不能直接放到火焰上来蒸煮食物，但是可以在蒸锅里加水，然后把蒸锅放到火焰上，利用火焰来加热蒸锅里的水，因为加热食物的温度不可能超过水的沸点，所以不会烧焦食物
1.1.8 引入保护性物质	标准解法8，系统中同时需要很强的场和很弱的场的同时，那么在需要较弱场作用的地方引入物质 S_3 来起到保护作用	$F \rightarrow S_1 \dashrightarrow S_2$	⇒	$F \rightarrow S_3 \rightarrow S_1 \rightarrow S_2$	用火焰给小玻璃药瓶封口，因为火焰热量很高，如果将药瓶盛药的部分放在水里，就可以使药瓶在安全的温度之内，免受破坏

第五章 物场标准解与功能

(续)

标准解编号	问题描述	问题模型		解决方案模型	案例
1.2	物场模型的破坏、消除或抵消系统内的有害作用				
1.2.1 通过引入外部物质消除有害作用	标准解法9，当前系统中同时存在有用的、有害的作用。此时如果无法限制S_1和S_2接触，可以在S_1和S_2之间引入S_3，从而消除有害作用	F—S_2∿∿∿S_1	⇒	F—S_2—S_1、S_3四角模型	医生需要用手（S_2）在病人身体（S_1）上做外科手术时，手有可能将病人的身体带来细菌感染，戴上一双无菌手套（S_3）就可以消除细菌带来的有害作用
1.2.2 通过改变物质来实现有害物质消除有害作用	标准解法10，同1.2.1，但是不允许引入新的物质S_3，此时可以改变S_1或S_2来消除有害作用，如利用空穴、真空、空气、气泡、泡沫等，或者加入一种场，这个场可以实现所需添加物质的有害作用	F—S_2∿∿∿S_1	⇒	F—S_2—S_1、S_3四角模型	冰鞋（S_1）在冰面（S_2）上滑冰时，冰表面坚硬（F_1）有助于冰鞋的平滑运动；冰鞋与冰面之间的摩擦（F_2）妨碍了连续滑动，但摩擦使其发热，产生水（S_3），水大幅降低了摩擦并有利于滑动
1.2.3 通过消除物场的有害作用产生物质S_2来吸收人物质S_1的有害作用	标准解法11，如果由某个对物场S_1产生了有害作用，这个时候必须直接接触，可以引用物质S_2来吸收人物质S_1的有害作用	F∿∿∿S_1	⇒	F—S_1—S_2	为了消除来自太阳电磁辐射（F）对人体（S_1）的有害作用（紫外线灼伤或者生长皮肤癌），可在皮肤的暴露部分涂上防晒霜（S_2）
1.2.4 利用场抵消有害作用	标准解法12，如果有有用作用和有害作用，而且S_1和S_2必须直接接触，通过引入F_2来抵消F_1的有害作用，或将有害作用转换为有用作用	F—S_2∿∿∿S_1	⇒	F—S_2—S_1、F_1四角模型	在脚腱拉伤后必须固定起来。绷带（S_2）作用于脚（S_1）起到固定作用（机械场F）。如果肌肉长期不用将会萎缩，造成治疗阶段向肌肉加入一个脉冲的电场F_1

标准解编号	问题描述	问题模型	解决方案模型	案例
1.2.5 利用场来"关闭"磁式影响	标准解13，系统内的某部分的磁性质可能导致有害作用。此时可以通过加热，使这一部分处于居里点以上，从而消除磁性；或者引入一种相反的磁场	S_1—S_2，$F_{磁场}$ ⇒	F_1→S_1—S_2，$F_{磁场}$	让带铁磁介质的研磨颗粒，在旋转磁场的作用下打磨工件的内表面。如果是铁磁材料的工件，其本身对磁场的影响会影响加工过程，解决方案是提前将工件加热到居里温度以上

（续）

表5-2 第二级——增加柔性和移动性的23条标准解法

标准解编号	问题描述	问题模型	解决方案模型	案例
2.1 转化成复杂的物场模型				
2.1.1 向链式物场转化	标准解14，将单一的物场模型转化成链式模型，是引入一个S_3，让S_2产生作用于S_3，同时S_3产生的场F_2作用于S_1	F_1→S_1—S_2 ⇒	F_1→S_1—S_3—S_2，F_2	人们用锤子砸石头。为了增强分解功能，可以通过在锤子(S_2)和石头(S_1)之间加入凿子(S_3)。锤子(S_2)的机械场(F_1)传递给凿子(F_2)，然后传递给石头(S_1)
2.1.2 向双物场转化	标准解15，双物场模型：现有系统的有用作用F_1不足，但是又不允许对系统的元件或物质进行改进。这时，可以加入新的第二个场F_2，来增强F_1的作用	F_1→S_1—S_2 ⇒	F_1,F_2→S_1—S_2	用电镀法生产铜片，在铜片表面会残留少量的电解液(S_1)。用水(S_2)清洗(F_1)的时候，不能有效的除掉这些电解液。解决方案是增加机械振动或者在超声波(F_2)清洗池中清洗铜片

第五章 物场标准解与功能

(续)

标准解编号	问题描述	问题模型		解决方案模型	案例
2.2	增强物场模型转化				
2.2.1 向具有可控物场的物场转化	标准解法16，用更加容易控制的场，来代替原来不容易控制的场，或者叠加到不容易控制的场上。可按以下路线取代一个场：重力场→机械场→电场或者磁场→辐射场	F_1 — S_2 / S_1	⇒	F_2 — S_2 / S_1	在一些外科手术中，最好采用对组织（S_2）施加热作用（F_2）的激光手术刀（S_1）取代对组织（F_1）的钢刀片式手术刀加机械作用（F_1）（S_1）
2.2.2 向具有工质分散物质的物场转化	标准解法17，提高完成工具功能的物质分散（分裂）度	S_1 — S_2 / F	⇒	S_{micro} — S_2 / F	标准的钢筋混凝土由钢筋（S_1）加混凝土（S_2）组合而成。用一系列细丝段（S_{micro}）代替较粗钢筋可以制造出"针式"混凝土。采用这种材料可以增强结构能力
2.2.3 向具有毛细管多孔物质的物场转化	标准解法18，在物质中增加孔穴或毛细结构。具体做法是：固体物质→带一个孔的固体物质（多孔物质）→带多个孔的固体物质（多孔物质）→毛细管多孔物质→带有限孔结构（和尺寸）的毛细结构物质	S_1 ⟿ S_2 / F	⇒	S_{porous} — S_2 / F	提议采用基于多孔硅（$S_{por.\ silicon}$）的毛细管多孔结构代替一组针状电极（S_{needle}），作为平面显示器的阴极
2.2.4 向动态化物场转化	标准解法19，如果物场系统中具有刚性、永久和非弹性元件，那么就尝试让系统具有更好的柔韧性、适应性、动态性来改善其效率	S_1 ⟿ S_2 / F	⇒	variable (S_1 — S_2 / F)	给风力发电站的风轮机安装铰链结构，有助于风轮机在风的作用下随时保持顺风方向

169

（续）

标准解编号	问题描述	问题模型	解决方案模型	案例
2.2.5	采用结构化的物向场转化，用动态场替代静态场，以提高物场系统的效率	F—S₁—S₂	⇒	F#—S₁—S₂	利用驻波（F#），来固定液体（S₂）中的微粒（S₁）
2.2.6	向结构化不均匀物质物场转化，将均匀的结构，变成不均匀的物质空间结构	F—S₁—S₂	⇒	F—S₁#—S₂	从均质固体切削工具（S₁）向多层复合材料的、自锐化切削工具（S₁#）转化，可增加成品（S₂）的数量和质量
2.3	频率的协调			
2.3.1	标准解法22，将物质S₁或者S₂的频率与场F的频率相协调。向具有作用F的匹配频率和产品固有频率（如S₁f₀）的物场转化	F—S₁—S₂	⇒	F_f0—S₁f0—S₂	振动破碎机（S₂）的振动频率（F_f0）必须与破碎材料（S₁）的固有频率一致
2.3.2	标准解法23，让场F₁与场F₂的频率相互协调与匹配。向有作用F₁和F₂匹配频率的物场转化	F₁—S₁—S₂—F₂	⇒	F₁f0—S₁—S₂ 和 F₂f0	机械振动（F₁）以通过产生一个与此振幅相同，但是方向相反的振动（F₂）来消除

第五章 物场标准解与功能

（续）

标准解编号	问题描述	问题模型		解决方案模型	案例
2.3.3 向具有合并作用的物场转化	标准解法24，两个独立的动作，可以让一个动作在另外一个动作停止的间隙完成	[F_1—S_1—F_2, S_2]	⇒	[$F_{1(1-1)}$, S_2, S_1, $F_{2(1+1)}$]	当信息由两个频道（F_1）和（F_2）在同一频带内传输时，一个频道的传输发生在另一个频道的停顿期间
2.4 利用磁场和铁磁材料					
2.4.1 向原磁场转化	标准解法25，在物场中加入铁磁物质和磁场	[F_1—S_1, S_2]	⇒	[F_{mag}, $S_{ferromag}$, S_2]	为了将海报（S_2）贴在表面（S_1）上，采用铁磁表面（$S_{ferromag}$）和小磁铁（S_{mag}）代替图钉或透明胶带
2.4.2 向铁磁场转化（2.2.1（应用更可控的场）与2.4.1（应用铁磁材料）结合在一起）	标准解法26，将标准解（的场）与（应用铁磁材料）结合在一起	[F_1—S_1—F_2]	⇒	[F, $S_{ferromag}$, F_{mag}]	橡胶模具的刚度，通过加入磁物质，通过磁场来进行控制
2.4.3 从低效铁磁场向基于铁磁流体的磁场转化	标准解法27，运用磁流体。磁流体可以是：悬浮有磁性颗粒的煤油、硅树脂或者液体的胶状液体	[F_{mag}—$S_{microferro}$—S_2]	⇒	[F, $S_{microferrofluid}$, F_{mag}]	计算机马达的多孔旋转轴承中，用铁磁流体（$S_{ferrofluid}$）代替纯润滑剂（S_1），可使其保留在轴（S_{shaft}）和承支架之间的缝隙中，同时还可以提供毛细力（F_{cap}）
2.4.4 向基于多孔性结构的铁磁场转化	标准解法38，应用包含铁磁材料或铁磁液体的毛细管结构	[F—S_2—F_1]	⇒	[F, $S_{ferro\,micro\,porous}$, F_{mag}]	过滤器的过滤管（S_1）中，填充铁磁颗粒（S_2），形成细多孔一体材料（$S_{ferroporous}$）。利用磁场，可控制过滤器内部的结构

(续)

标准解编号	问题描述	问题模型	解决方案模型	案例
2.4.5	向在 S_1 和/或 S_2 中引入物质的复杂铁磁场模型。如果原有的物场模型中，禁止用铁磁物质替代原有的某种物质，可以将铁磁物质作为某种物质的内部添加而引入某种复杂铁磁场转化系统	$S_1 \—\!F\!\— S_2$	⇒ (S_1, $S_{microferro}$, F_{mag}, S_2) 或者 (S_1, $S_{microferro}$, F_{mag}, S_2) 或者 (S_1, $S'_3_{microferro}$, $S''_{3microferro}$, F_{mag}, S_2)	为了让药物分子（S_1）到达身体需要的部位，在药物分子上附加铁磁微粒（$S_{microferro}$）。并且，在外界磁场（F_{mag}）的作用下，引导药物分子转移到特定的位置
2.4.6	在标准解法 2.4.5 的基础上，如果不允许引入铁磁添加物，可以在环境中引入、用磁场（F_{mag}）改变环境（$S_{supersystem}$）的参数	$S_1 \— S_2$	⇒ (S_1, $S_{microferro}$, F_{mag}, S_2, $S_{supersystem}$)	将一个内部有磁性颗粒物质的橡胶垫整放在汽车修车时，工具在垫子的上方。这样能被吸附住而随手可得。这样就不需要人们在汽车外壳内其他不需要工具滑落的铁磁物质了
2.4.7	向使用物理效应的铁磁场转化。标准解法 31，如果采用了铁磁场系统，应用物理效应可以增加其可控性	(S_1, $S_{microferro}$, F, F_{mag}, S_2)	⇒ (S_1, $S_{microferro}$, F, F_{mag}, S_2, effect)	磁共振成像

172

第五章 物场标准解与功能

(续)

标准解编号	问题描述	问题模型		解决方案模型	案例
2.4.8 向动态化铁磁场转化	标准解法32，应用动态的，可变的（或者自动调节的）磁场	F_{mag} — $S_{microferro}$ — S_2	⇒	$F_{mag\ variable}$ — $S_{microferro\ variable}$ — S_2	将表面有磁性微粒的弹性球体放在一个不规则空心物体内部来测量壁厚，通过放在外部的感应器来控制这个"磁性球"，使其与待测空心物体的内壁紧紧地贴合在一起，从而实现精确测量的目的
2.4.9 向有结构化的铁磁场的铁磁场转化	标准解法33，利用结构化的磁场来更好地控制或移动铁磁物质颗粒	F_1 — $S_{microferro}$ — S_2	⇒	$F_1^\#$ — $S_{microferro}$ — S_2	可以在聚合物中掺杂类传导材料来提高其传导率。如果磁场材料是磁性的，就可以通过磁场来排列材料的内部结构，这样使用磁场材料很少，而传导率更高
2.4.10 向系统中进行了元件节律匹配的铁磁场转化	标准解法34，铁磁场模型的频率协调。在宏观系统中，机械振动，来加速铁磁颗粒的运动。在分子或者原子级别，通过改变磁场的频率，利用测量对磁场发生响应的电子的共振频率频谱来测定物质的组成	F_{mag} — S_{ferro} — F	⇒	$F_{mag(1+1)f0}^\#$ — S_{ferro} — $F_{f0(1+1)}^\#$ — S_2	每个原子都有各自的共振频率。这种利用了元件节律匹配的测量技术，叫作电子自旋共振（ESR）

(续)

标准解编号	问题描述	问题模型	解决方案模型	案例
2.4.11 向电磁场转化	标准解35，应用电流产生磁场，而不是应用磁性物质	F—S_2 / S_1	⇒	F_{EL}→S_2，F_{mag}，F_{EL}→S_1	常规的电磁冲压中金属部件（S_1）采用了强大的电磁铁（F_{mag}）。脉冲磁场可产生脉冲电流，在坯板中产生涡电流，其磁场排斥使它们产生感应的脉冲磁场。排斥力（F_{EL}）足以将坯板（S_1）压入冲压模
2.4.12 向采用电流变液体的控制流变体的黏度电磁场转化	标准解36，通过电场，可以控制流变液体的黏度电磁场转化	S_1—S_2 / F	⇒	$F_{electric}$—S_2 / S_{ERF}	在车辆的减振器（$S_{shock\ absorber}$）中使用电流变液体（$S_{1\ ERF}$）取代标准油，原因是标准油的黏度随着温度上升（F_{temp}）而降低

174

第五章　物场标准解与功能

表 5-3　第三级——向超系统和微观级转化的 6 条标准解法

标准解编号	问题描述	问题模型	解决方案模型	案例
3.1	转换成双系统或者多系统			
3.1.1	标准解法 37，系统进化方式 1a：创建双系统和多系统	$F \to S_0 \to S_1$	$\Rightarrow$ 多元素系统 F 作用于 $S_1, S_2, S_3, \ldots, S_N$；或者 F 作用于 S_1，由 $S_{01}, S_{02}, \ldots, S_{0N}$ 组成	在薄玻璃上打孔是很困难的事情，因为即使很小心，也很容易把薄玻璃做临时的粘贴物质，将薄玻璃堆砌在一起，变成一块"厚玻璃"，就便于加工了
3.1.2	标准解法 38，改变双系统或者多系统之间的连接	多元素系统，F 作用于 $S_1, S_2, S_3, \ldots, S_N$	$\Rightarrow$ F_N 作用于 $S_{01}, \ldots$, 连接变化后的系统	面对复杂的交通状况，应在十字路口的交通指挥灯系统里，实时地输入一些当前交通流量的信息，更好地控制各种复杂的交通变化
3.1.3	标准解法 39，系统进化方式 1b：增加具有相同元件但具有变异特征元件的差异性的转化	F 和 F_N 作用于 $S_{01}', S_1, S_2, S_3, \ldots, S_N$	$\Rightarrow$ F 和 F_N 作用于 S_{01}', S_1 和 S_N	在多头订书机的各头内，人们装入不同种类的订书钉，如果在头上增加一个起钉器，订书机的作用就会更加丰富
3.1.4	标准解法 40，经过进化后的双系统和多系统再次简化成为单一系统，由多系统向单系统的螺旋进化	F_N 和 F 作用于 $S_{01}', S_1, S_2, S_3, \ldots, S_N$	$\Rightarrow$ F 作用于 S_0 和 S'	新型家用的立体声系统，是在一个外壳中加入多个音频设备组成的

(续)

标准解编号	问题描述	问题模型		解决方案模型	案例
3.1.5	标准解法 41，进化方式 1c：系统及其元件之间的部分或着整体表现相反的特性或功能不兼容各特性分布	$S_{A-\text{not }A}$ — F	⇒	$(S_{1A} - S_{2A} - S_{3A} \cdots S_{NA})_{\text{not }A}$ — F, F_N	自行车的链条是刚性的，但是总体上是柔性的
3.2	向微观进化				
3.2.1	标准解法 42，进化方式 2：引入"聪明"物质实现向微观级别的转化	$(S_1 - S_2 \cdots S_N)$ — F — S_0	⇒	S_{micro} — F — S_0	计算机就是沿着这个方向发展的

第五章 物场标准解与功能

表 5-4 第四级——测量与检测的 17 条标准解法

标准解编号	问题描述	问题模型		解决方案模型	案例
4.1 采用变化代替测量和测量变化的连续检测问题	间接方法				
4.1.1	标准解法 43，改变系统，从而使原来需要测量的系统，现在不再需要测量	$F_0 \rightarrow S_1 \rightarrow F_1$	⇒	$F_n - S_2 - S_1$ 三角关系	加热系统的温度自动调节装置，可以应用一个双金属片来制成
4.1.2 测量系统对象复制品的针或者图像	标准解法 44，用针对象复制品、图像或图片的操作代替对对象的直接操作	S_1 - ? - ? - F_1	⇒	$F_0 \rightarrow S_{1copy} \rightarrow F_n$	测量金字塔的高度，可以通过测量塔的阴影长短来算出
4.1.3 测量对象变化的连续检测	标准解法 45，应用两次间断测量代替连续测量	$F_0 \rightarrow S_1 \overset{?}{\rightarrow} F_1$	⇒	$F_0 \rightarrow S_1 \rightarrow (F', F'' \cdots F_n)$	柔韧物体的直径应该实时地进行测量，从而看出它与相互作用对象之间匹配是否完好。但是实时测量它不容易进行，可以通过测量它的直径和最小直径，确定其变化范围，来进行判断
4.2	建立新的测量系统，将一些物质或者场，加入到已有的系统中				

标准解编号	问题描述	问题模型		解决方案模型	案例
4.2.1 测量物场的合成	标准解46，如果非物场系统（S_1）十分不使于检测和测量，就要通过完善基本物场或双物场结构来求解	$S_1 \text{--?--?--} F_1$	⇒	$F_0 \rightarrow S_1 \rightarrow F_1$	如果塑料袋被发现很难被发现，可以先给塑料袋内填充空气，然后再将塑料袋放在水中，稍微施加压力，水中就会出现空气泡，从而指示出塑料袋泄漏的位置
4.2.2 引人易检测添加物实现向内部复杂的物场系统转化	标准解47，测量引人的附加物。如果引入的附加物与原系统的相互作用产生变化，可以通过测量附加物的变化，再进行转换	$F_0 \rightarrow S_1 \quad \text{--?--} F_1$	⇒	$F_0 \rightarrow S_1, S_3 \rightarrow F_n, F_1$	很难通过显微镜观察的生物样品，可以通过加入化学染色剂来进行观察，以了解其结构
4.2.3 引人到环境中的添加物可控制受测对象状态的变化	标准解48，如果不能在系统中添加任何东西，可以在外部环境中加入物质，并且测量或者检测这个物质的变化	$S_1 \text{--?--?--} F$	⇒	$F_0 \rightarrow S_1, F, F_S, S_3, S_{\text{supersystem}} \rightarrow F_n$	GPS 的应用

第五章 物场标准解与功能

（续）

标准解编号	问题描述	问题模型		解决方案模型	案例
4.2.4 环境中产生的添加物，可以控制受控物体状态的变化	标准解法49，如果系统或环境不能引入附加物，可以将环境中已有的东西进行降解或转换，变成其他可控受控物体状态的物质，然后测量这种转换后的物质的变化	$F_0 \rightarrow S_1 \cdots ? \cdots F$	⇒	$F_0, F_n, S_1, S'_{\text{supersystem}} \rightarrow F$	云室可以用来研究粒子的动态性能。在云室内，液氢保持在适当的压力和温度下，以便附近正好处于沸点附近。当外界的高能量粒子穿过液氢时，液氢就会局部沸腾，从而形成一个由气泡组成的高能量粒子路径轨迹。此路径轨迹可以被拍照
4.3 增强测量系统					
4.3.1 通过采用物理效应来强制测量物场	标准解法50，应用在系统中发生的已知的效应，并且检测因此效应而发生变化，从而知道系统的状态，提高检测和测量的效率	$F_0 \rightarrow S_1 \rightarrow F_1$	⇒	$F_0 \rightarrow S_1 \xleftarrow{\text{effect}} F_n, S_1 \rightarrow F_1$	通过测量导电液体电导率变化，来测量液体的温度
4.3.2 受控物体的共振应用	标准解法51，如果不能直接测量或者必须通过引入一种场来测量时，可以让系统整体或部分产生共振，通过测量共振频率来解决问题	$S_1 \cdots ? \cdots F_1$	⇒	$F_0^\# \rightarrow S_1 \rightarrow F_{f0}$	使用音叉来为钢琴调律。钢琴调律师需要调节零弦，通过音叉与琴弦发生共振，来进行调协

179

标准解编号	问题描述	问题模型		解决方案模型	案例
4.3.3 向测量物体附带物体共振频率的应用	标准解法52，若不允许系统共振，可以通过与系统相连的物体或环境的自由振动，获得系统变化的信息	$S_1 \text{-?-?-} F_1$	⇒	$F_0^\#$ — S_1 — F_n — S_{3f0} — F_{f0}	非直接法测量物体的电容量。将未知电容量的物体，插入到已知电感应系数的电路中。然后改变电路中电压的频率，寻找产生谐振的自振频率。据此，可以计算出物体的电容量
4.4 测量铁磁场					
4.4.1 向测量原铁磁场转化	标准解法53，增加或者利用系统中的磁场物质或磁场，从而方便测量	$F_0 \to S_1 \to F_1$	⇒	$F_{mag} \to S_{1\,mag} \to F_n$	交通管理系统中使用交通灯进行指挥。如果还想知道车辆需要等候多久，或者想知道车辆已经排了多长，可以在路面下铺设一个环形感应线圈，从而轻易地检测出上面车辆的铁磁成分，经过转换后得出测量结果
4.4.2 向测量铁磁场转化	标准解法54，在系统中增加磁性颗粒，通过检测其磁场以实现测量	$F_0 \to S_1 \rightsquigarrow F_1$	⇒	$F_0 \to S_{1\,mag} \to F_{mag}$	通过在流体中引入铁磁颗粒，以增加测量的准确度

第五章 物场标准解与功能

(续)

标准解编号	问题描述	问题模型		解决方案模型	案例
4.4.3 向复杂化的测量铁磁场转化	标准解法55，如果磁性颗粒不能直接加入到系统中，建立一个复杂化的铁磁测量系统，将磁性物质添加到原有物质中	$F_0 \to S_1 \cdots ? \cdots F_1$	⇒	$F_0 \to (F_n, S_{mag}, S_1) \to F_{mag}$	通过在非磁性材料和表面活化剂细小颗粒的物体表面涂敷含有磁性物质，以检测该物体的表面裂纹
4.4.4 通过在环境中引入铁粒子向测量铁磁场转化	标准解法56，如果不能在系统中引入磁性物质，可以通过在环境中引入	$F_0 \to (F_n, S_{supersystem}, S_1) \cdots ? \cdots F_1$	⇒	$F_0 \to (F, S_{supersystem}, F_n, S_1) \to F_{mag}$	船的模型在水上移动的时候，会出现波浪。为了研究浪的形成原因，可以将铁磁微粒添加到水中，辅助测量
4.4.5 物理科学然现象的应用	标准解法57，通过测量与磁性相关的自然现象，比如居里点、磁滞现象、超导消失、霍尔效应等	$F_0 \to S_{1\,mag} \cdots ? \cdots F_1$	⇒	$F_0 \to (S_{mag}) \xrightarrow{effect} F_1$	磁共振成像
4.5	测量系统的进化趋势				

181

（续）

标准解编号	问题描述	问题模型	解决方案模型	案例
4.5.1 向双系统和多系统转化	标准解 58，向双系统、多系统转化。如果一个测量系统不具有高的效率，应用两个或者更多的测量系统	$F_0 \to S_1 \dashrightarrow F_1$	$\Rightarrow$	$F_0 \to (S_1', S_1'', \ldots S_1^N) \to F_n$	为了测量视力，验光师使用一系列的设备，来测量人眼对某物体的聚焦能力
4.5.2 向测量派生物转化	标准解 59，不直接测量，而是在时间或者空间上，测量待测物的第一级或者第二级的衍生物	$F_0 \to S_1 \dashrightarrow F_1$	$\Rightarrow$	$F_0 \to S_1 \to F_{nderive}$	测量速度或加速度，而不是直接去测量距离

第五章 物场标准解与功能

表 5-5 第五级——引入物质或场的 17 条标准解法

标准解编号	问题描述	问题模型		解决方案模型	案例
5.1	引入物质				
5.1.1	标准解法 60，应用"不存在的物体"替代引入新的物质。比如增加空气、真空、气泡、空穴、毛细管、水泡、泡沫等；用外部添加物代替内部添加物；用少量高活性的添加剂代替；临时引入添加剂等	$F_0 \rightarrow (S_1) -- (S_2)$	⇒	$F_0 \rightarrow (S_1) \rightarrow (F_n) -- (S_{3空隙})$; $(S_2) -- (F_1)$	对于水下保暖衣来说，如果仅通过增加衣服厚度来改善保暖性，整个衣服就会变得很厚重。我们可以用泡沫结构，既不增加衣服厚度，还可以使衣服变得轻薄
5.1.2	标准解法 61，将产品（S_0）分成相互作用的若干部分	$F \rightarrow (S_1) -- (F_1) -- (S_0)$	⇒	$F_0 \rightarrow (S_1) \rightarrow (F_n) \cdots (S_{0N})$; $(S_{01}) -- (F_1) -- (S_{02})$	降低气流产生噪声（S_1）问题的标准解决方案是将基本气流（S_0）分成两股气流（S_{01} 和 S_{02}），从不同的方向形成涡流，并相互对消
5.1.3	引入的物质使物场的相互作用正常并自行消除	$F \rightarrow (S_1) -- (F_1) -- (S_2)$	⇒	$F_0 \rightarrow (S_1) \rightarrow (F_2) -- (S_{3自消失})$; $(S_2) -- (F_1)$	用干冰粒把粗糙物体表面打磨光滑

183

（续）

标准解编号	问题描述	问题模型		解决方案模型	案例
5.1.4	标准解63，如果条件不允许加入大量的物质，则加入虚有的物质	$F \rightarrow S_1 \text{---} S_2$	$\Rightarrow$	$F_0 \rightarrow (S_1) \text{---} F_2 \text{---} S_{3\text{虚空}}$ 下方 F_1，S_2	在物体内部增加空洞，以减轻物体的重量
5.2	引入场				
5.2.1	标准解64，应用系统中现有的场不会使系统变得复杂化	$F_0 \rightarrow S_1 \text{---} F_1 \text{---} S_2$，$F_2$	$\Rightarrow$	$F_0 \rightarrow S_1 \text{---} F_2 \text{---} S_1'$，下方 F_1，S_2	电场产生磁场
5.2.2	标准解65，应用环境中存在环境中的场	$F_0 \rightarrow S_1 \text{---} F_1 \text{---} S_2$	$\Rightarrow$	$F_{supersystem}$，$F_0 \rightarrow S_1 \text{---} F_2 \text{---} S_1'$，下方 F_1，S_2	电子设备在使用时产生大量的热。这些热可以使周围空气的流动，从而冷却电子设备自身
5.2.3	标准解66，应用系统中现有的物质的备用性能作为场资源	$F_0 \rightarrow S_1 \text{---} F_1 \text{---} S_2$	$\Rightarrow$	$F_0 \rightarrow S_1 \text{---} F_1 \text{---} S_2$，$F_n$，$F_m$	医生将放射性的物质，植入到病人的肿瘤位置，来杀死癌细胞，以后再进行清除
5.3	相变				

184

第五章 物场标准解与功能

（续）

标准解编号	问题描述	问题模型		解决方案模型	案例
5.3.1	标准解 67，相变 1：改变物质的相态	$F_0 \rightarrow S_1 \leftarrow F_1 - S_2$	$\Rightarrow$	$F_0 \rightarrow S_{1var\,phase} \leftarrow F_1 - S_2$	用 α-黄铜取代 β-黄铜。通过晶体结构的改变，特定温度下，黄铜机械性质的改变
5.3.2	标准解 68，相变 2：两种相态及相互互换	$F_0 \rightarrow S_1 \leftarrow F_1 - S_2$	$\Rightarrow$	$F_0 \rightarrow S_{1var\,phase\#} \leftarrow F_1 - S_2$	在精冰过程中，通过将刀片下的冰转化成水，来减小摩擦力；然后，水又结成冰
5.3.3	标准解 69，相变 3：应用相变过程中伴随出现的现象	$F_0 \rightarrow S_1 \leftarrow F_1 - S_2$	$\Rightarrow$	$F_0 \rightarrow S_{1variable\#} \leftarrow F_1 - S_2$	暖手器里面，有一个盛有液体的塑料袋，袋内有一个薄金属片。在释放热量过程中弯曲，触发液体转变为固体。当全部液体转变为固体后，人们将暖手器放回热源中加热，固体即可还原为液体
5.3.4	标准解 70，相变 4：转化为双相状态	$F_0 \rightarrow S_1 \leftarrow F_1 - S_2$	$\Rightarrow$	$F_0 \rightarrow S_{1variable\#} \leftarrow F_1 - S_2$	在切削区域敷一层泡沫，刀具能够穿透泡沫持续切割，而泡沫却不能穿透这层固体。蒸汽等可用于消除噪声泡沫
5.3.5	标准解 71，利用系统部件（相）之间的强系统的效率交互作用	$F_0 \rightarrow S_1 \leftarrow F_1 - S_2$	$\Rightarrow$	$F_0 \rightarrow (S_{1dualphase}) \leftarrow F - S_{3dualphase}$ $-F \leftarrow S_2$	白兰地经过两次蒸馏后，放在木桶中进行保存。这时，木材和液体之间相互作用

185

(续)

标准解编号	问题描述	问题模型	解决方案模型	案例
5.4	利用物理效应			
5.4.1 利用可逆物理转换	标准解法72，状态的自动调节和转换。如果一个物体必须处于不同的状态，那么它应该能够自动从一种状态转化为另一种状态	$F_0 \to S_1 - S_2$	$\Rightarrow$ $F_0 \to S_{1\text{variable}} \to F_1 - S_2$	变色太阳镜在阳光下颜色变深；在阴暗处又恢复透明
5.4.2 强化场的输出	标准解法73，将输出场放大	$F_0 \to S_1 - F_1 - S_2$	$\Rightarrow$ $F_0 \to S_{1\text{crit}} \to F_1^\# - S_2$ $\uparrow$ F_2	真空管、继电器和晶体管，都可以利用很小的电流来控制很大的电流
5.5	试验的标准解法			
5.5.1 通过降解更高一级结构的物质来获得物质颗粒（离子、原子、分子等）	标准解法74，通过降解更高一级结构的物质来获取所需的物质粒子	$F_0 \to S_1 - F_1 - S_2 - F_2 - S_3$	$\Rightarrow$ $F_0 \to S_{1\text{decomposition}} \to F_1 - S_2$	如果系统需要氢但系统本身又不允许引入氢的时候，我们可以向系统引入水，再将水电解转化成氢和氧
5.5.2 通过合并较低等级结构的物质来获得所需的物质粒子	标准解法75，通过合并较低等级结构的物质来获取所需的物质粒子	$S_1 - F_1 - S_3$ $S_2 - F_2$	$\Rightarrow$ $F - (S_1) - F_1 - S_2$ $(S_2)_{\text{synthesis}}$	树木吸收水分、二氧化碳，并且运用太阳光进行光合作用，得以生长壮大

第五章 物场标准解与功能

标准解编号	问题描述	问题模型	解决方案模型	案例
5.5.3 介于前两个解法之间	标准解法76，应用5.5.1和5.5.2。如果需要降解，但是又不能降解，就应用次高一个高级结构的物质。另外，如果需要把低级结构的物质组合起来，我们就需要应用较高级结构的物质	S_1—F_1—S_2—F_2—S_3	F→(S_1—F_1—S_2) synthesis 或者 F_0→$S_{1\text{decomposition}}$—$F_1$—$S_2$	如需要传导电流，可先将物质变成导电的离子和电子，离子和电子脱离电场之后，还可以重新结合在一起

187

第四节　对物质和场的深入理解与讨论

1. 关于几个经典物场概念的讨论

值得注意的是，在本章第一节中从《创》书中所摘录的阿奇舒勒对物场的阐述中，有几个问题需要做稍微深入一些的讨论。

(1) "最小技术体系（系统）"

《创》书指出物场是一种"最小技术系统"，该说法已经约定俗成地使用多年，但是作者认为这是一个不准确的、应该讨论和修订的概念。实际上，阿奇舒勒本人也曾经意识到了这个问题，多年后他在《寻》一书中写道，"下面我们来研究最小问题。有两种初步意见：第一，'最小'并不意味着是'小的'、'不大的'，只不过是在解决该问题时，需要在最少改变现有系统的条件下获得结果。……第二，在相同的情境中可以得到许多不同的最小问题。"由此看来，阿奇舒勒也试图在补充"最小"一词的不准确性，但是没有提出更好的替代词汇。

作者认为，物场并非是一种"最小技术系统"，更恰当的描述是一种"最简约技术系统"，或者是"组件最少的技术系统"，因为这可以反映出阿奇舒勒的物场定义的本意，即物场是一个"组件最少的技术系统"：只有两个物质和一个场（或"两个场，一个物质"）。

"最小"和"最少"是描述事物不同特性的限定词。通常对"最小"的认知是指"在相对尺度上最小"，与"最大"的词义相反；通常对"最少"的认知是指"在相对数量上最少"，与"最多"的词义相反。在较为严谨的语境情况下，二者并不能随意相互替代使用。如果不加说明地引用"最小技术系统"这一术语的话，容易引发读者"在尺度上最小"的思维惯性，不利于准确理解阿奇舒勒原著的本意。

例如，在物场模型中，金属锂原子核吸引一个外层电子的"核力场"相互作用模型，与地球吸引月球的"引力场"相互作用模型，是完全相似的"充分、有效的物场模型"。在彼此相互作用的界面/范畴上来考虑，二者都属于"组件最少的技术系统"，这是共性；在系统的尺度上，二者有天壤之别，这是差异。显然，仅用一个"最小技术系统"来一般化地描述物场的特性是有一定局限性的。

第五章 物场标准解与功能

至此的问题是，如果以"组件最少的技术系统"来做叙述，字数较多不简洁，而去掉"组件"二字直接说"最少的技术系统"又会让人不知所云。

解决问题的办法是，应该找出一个兼有"最少"的意思，但是词语上又比较简洁，又可不局限于尺度的术语。那么"最简约"就是一个比较恰当的术语了，"简"即简化、简洁，就是"少"的意思，"约"有"约束"和"简洁"的意思。因此，"最简约技术系统"与"组件最少的技术系统"几乎完全同义，可以相互替代使用。

基于以上讨论，可以认为，已经普遍使用的"最小技术系统"一词，其原意本应是"最简约技术系统"，即解决发明问题时，要充分"聚焦于技术系统中实现相互作用的最简约的要素"，或"聚焦于实现技术系统基本功能的直接参与者"，即"两个物质，一个场"（或"两个场，一个物质"），而不要把不相关的事物牵扯进来。如果技术系统的结构和功能比较复杂，则可将技术系统的整体功能拆分成"子功能"（实现子功能的最简约结构），直至分解到最基本的"子子功能"（实现子子功能的最简约结构），然后再研究是哪些要素彼此之间相互作用的（有直接或间接的接触），由此而引导我们找到"最小问题区域"，并通过求解"最小问题"而快速、彻底地解决问题。

例如，汽车（技术系统1）在公路（技术系统2）上行驶，车轮有些打滑，请找出该问题情境中有直接或间接接触的最小问题区域，构建该问题的物场模型，如图5-13所示。

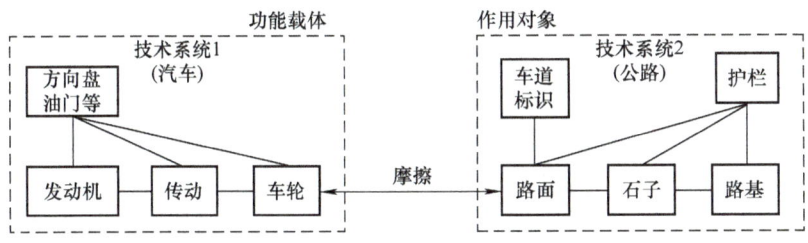

图5-13 汽车在公路上行驶的相互作用图

以功能分析的观点来看，汽车的行驶功能是依靠车轮与地面摩擦实现的。公路可以看作是汽车的超系统。分析该问题时，可把车辆和公路两个技术系统合并为一个问题系统考虑。并非所有的系统组件都参与了主要功能的实现。我们可以忽略问题系统中没有直接参与实现主要功能的组件，如汽车系统中的发动机、座椅、车漆、车窗等组件，公路系统中的护栏、车道标识线、提示牌、路基等组件，只把各自系统中有直接相互作用的系统组件（车轮与路面）画出来，形成"最小问题区域"，如图5-14所示。

如果把该"最小问题区域"中的组件作为物场模型的元素（图5-15）来考虑

189

的话，所表达的就是"最简约技术系统"。最简约技术系统中有问题的组件就是物场中的元素"S_1路面"和"S_2车轮"，其组件之间的相互作用是摩擦。无论是停车时的静摩擦，还是行驶中的滚动摩擦，还是转弯时的横向摩擦等，都可转换为物场模型中的机械场（重力、驱动力、离心力）所形成的摩擦力。

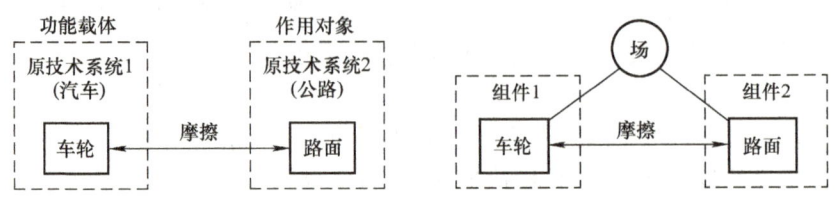

图 5-14　车轮与路面的相互作用关系　　图 5-15　车轮与路面相互作用的物场模型

由以上例子可以看出：最小问题区域意味着所包含的参与实现主要功能的系统组件数量最少，一般是两个物质一个场。最小问题区域内的技术系统，是最简约技术系统。因此，对物场准确的理解和阐述是：物场是一种"最简约技术系统"。

(2) 缺乏对功能的明确定义

在《创》、《寻》等阿奇舒勒的原著中，并没有对功能的定义。后来阿奇舒勒的学生对经典 TRIZ 做了一定的补充，给出了"两个物质的相互作用实现了技术系统的功能"这个功能的早期定义。该定义基本正确，但是显得不太全面、不够深入。

我们可以稍微深入一点提问：两个物质是怎么作用的？通过什么方式作用的？作用的机理是什么？显然阿奇舒勒没有给出详细阐述。他只是在《创》书大致地说，是场提供了能量，造成了相互作用："场，它给出能量、力；就是保证物$_2$对物$_1$的作用（或它们的相互作用）。"他已经说到了相互作用，说到了场让物$_2$发出动作，去作用在物$_1$上，这几乎差一点点就给出了"两个物质的相互作用实现了技术系统的功能"的初步定义。

在阿奇舒勒时代，由于没有"功能载体"、"功能受体"（更没有功能分析）的概念，因此只能使用"物质之间的相互作用"、"场"这样的概念。可以说《创》书通篇都在追求对功能的改进，但是就是没有给出功能的定义，当然对功能的认识和定义是不够的。

对功能的认识是不断发展的。从早期经典 TRIZ 中给出的"两个物质的相互作用实现了技术系统的功能"的定义，发展到在现代 TRIZ 中所给出的"一个组件改变或保持了作用对象的某个参数，即为该组件所实现的功能"的定义，一直到 USIT 的功能模型指出："两个物质的属性的相互作用，可以实现某个功能，并且该功能可以影响或激发第三个物质的某个属性。"形成了一个不断发展完善的过程。

第五章 物场标准解与功能

作者的基本认识是：物场是一种最简约技术系统，其中物$_2$对物$_1$的有效作用的结果，会形成技术系统的设计目标——功能。两个物质属性的相互作用可以形成一种效应，效应施加在作用对象上就形成了功能。例如在前面提到的车轮与路面相互作用的例子，场就是摩擦力，相互作用的功能是改变了轮子的质心与地面的相对位置（参数），驱使车辆前行。车轮和路面的摩擦是一种物理效应，由载荷质量和表面粗糙性两个属性形成的，无论是载荷质量为零或者轮胎和地面的表面粗糙性趋于零，都会导致摩擦力趋于零，车轮在光滑的冰面打滑就是例证。

在物质属性方面，《创》书在描述解题过程中曾经提到，"场"反映了物质的某些效应方面的相互作用。场确实是物质的一种属性，经典 TRIZ 对场的属性研究比较到位，但是对其他更丰富的物质属性却没有涉及，当然也从未提到"属性"概念。

(3) 对"场"的内容缺乏严谨的定义

《创》书中提出了一个广义的、物理学上并不完全存在的"技术场"的概念。阿奇舒勒认为："在决定场的概念时，情况要复杂些。"物理学意义上的场只有四种，电磁场、引力场、强相互作用场、弱相互作用场。阿奇舒勒把"技术场"扩展为所有的"携带一定的标量或矢量的物质"，电场、磁场、热场、声场、机械场、化学场、光场、辐射场等，"都与'合法的'物理学场同等看待"。至于"技术场"是什么，阿奇舒勒只有一句话，"它是一个空间。它的每一点，都对应着一定大小的标量或矢量。"至于场的能量是如何在这个空间内部传递的，是振荡的形式还是辐射的形式，能量的携带者实质是波还是粒子等，没有给出具体论述。

维基百科的"场（物理）"词条中对场做了比较详细、严格的阐述：在物理学里，场是一个以时空为变量的物理量。场可以分为标量场、矢量场和张量场等，依据场在时空中每一点的值是标量、矢量还是张量而定。例如，经典引力场是一个矢量场：标示引力场在时空中每一个点的值需要三个量，即为在每一个点的引力场矢量分量。更进一步地说，在每一范畴（标量、矢量、张量）之中，场还可以分为"经典场"和"量子场"两种，依据场的值是数字或量子算符而定。

场被认为是延伸至整个空间的，但实际上，每一个已知的场在够远的距离下，都会缩减至无法量测的程度。例如，在牛顿万有引力定律里，引力场的强度是和距离平方成反比的，因此在宇宙的尺度之下，地球的引力场会随着距离很快地变得不可测得。

定义场是一个"空间里的数"，这不应该减损场在物理上所有的真实性。"场占有空间。场含有能量。场的存在排除了真正的真空。"某些真空环境中可能没有物质，但并不是没有场，真空只是一定范围内的状态，即真空中的场形成了一个"空间的状态"；场必须由物质来实现，真空环境之外遥远的地方发出场的物质，支持了场的存在，代表了这些物质的基本属性。

2. 国际 TRIZ 专家对场的认识

(1) TRIZ 大师伊萨克·布赫曼（Isak Bukhman）在他的《TRIZ 创新的科技》一书中对场做了如下的介绍

"场代表了能量的来源，通常可由使用的能量类别所确认，如'磁'、'电气'、'机械'、'化学'、'热'、'核力'、'声'等。"

该书中还介绍："在免费的字典网站 www.thefreedictionary.com，场（Field）是定义为有某一特定物质性质的区域空间。例如，在该区域空间中的每一点有重力、电磁力和流体压力等物理特性的量。要使用场的资源，是指使用系统内部或系统外部任何可用的场，以解决问题或开发系统。"

解读：伊萨克·布赫曼比较强调场和物质之间的不可分性。认为场中的每一点都有多个物理场，也即有物理属性，隐含说明了"场是携能物质的一种属性"。

(2) TRIZ 大师弗拉基米尔·彼得罗夫（Vladimir Petrov）在他所编写的 TRIZ 术语表中，对场做了如下定义

"Field：An entity without rest mass that transmits interaction between Substances. Examples include magnetic, electric, thermal, and acoustic fields. 场：一个没有静止质量且在物质之间传输相互作用的实体。例如磁场、电场、热场和声场。"

解读：弗拉基米尔·彼得罗夫的定义表达了一种客观的认知，场是无静质量的实体，具有传递相互作用的特性，实体是物质的一种属性，携能也是物质的一种属性，因此以携带能量但是没有静质量的实体的注解，隐含说明了"场是携能物质的一种属性"。

TRIZ 大师谢尔盖·伊克万科（Sergei Ikovenko）在他所编写的 TRIZ 二级、三级专业资质级别认证培训教材中，也对场做了几乎同样的定义。

(3) USIT 创始人埃德·锡卡弗斯（Ed Sickafus）在他的《统一结构的创新思维（USIT—Unified Structured Inventive Thinking）》（以下简称《统》）书中，对场给出了比较详细的阐述

"场——场可以改变一个放在场里的物体属性的度量值。由此我们推导出由场产生的一个力让物体在它的量值方面经历了变化。但是，场如果缺少了质量的属性，就不可能做有形的接触；场如果种类相同，占有相同的空间，就失去了它们作为一个场的可识别性；场由物质生成，场是携能物质的一种属性，没有物质，就没有稳定的场，场无法单独存在；场与一个在场的作用中的物体，可以产生一个可以修改属性的功能。"

第五章 物场标准解与功能

"场这个术语,既用来描述两个非接触物体之间的动作,也用来描述一个物体内的条件的动作。场的种类有应力场、热场、应变场、电场、磁场等。场也可以分成内部场和外部场,都是物体的属性。"

解读:"场可以改变一个放在场里的物体属性的度量值"是一个非常清晰的结论。在《创》一书中,阿奇舒勒没有明确提出属性概念,对于物$_1$和物$_2$相互作用的结果,他只是笼统地说:"为了对物$_1$做点儿什么事,需要物质(物$_2$)和能量(场)";物$_1$"它应能被改变、加工、移动、发现、检查等"。但是在场中,物$_1$改变了什么?检查了什么?没有进一步的阐述和解释了。实际上,是在场中的物质的属性的度量值被改变了,被检查了,或者说得更一般化一些,被某种动作"操控"了。改变被作用物体的属性的度量值(即参数),是功能的基本定义。从这个意义上来说,《统》一书对场的定义要清晰、严谨得多,并且把场的作用结果直接指向了功能,直接指向了对物质属性的操作。

"场是携能物质的一种属性"——这是对场的新认识。场由两个相互作用的物质的属性构成,也必然是两个物质(或相互作用后新生成的第三个物质)的属性之一。场不仅是阿奇舒勒提到的"场,它给出能量、力",场如同物质是客观存在一样,作为物质的属性,场也是一种客观存在。有了物质才有场,没有了物质就没有了与该物质有关的场。场不能脱离物质而持续、恒久地单独存在,每个场的背后,都必须有物质的支持。多位 TRIZ 大师把场定义为"静质量为零的物质",实际上也是以特定的极端方式,阐明了是物质携带了场(属性),例如阳光没有静质量,但是源源不断地发出阳光的太阳则是有着巨大质量的物质,太阳支持了阳光的持久存在。从另一个角度说,尽管阳光没有静质量,但是光子有运动质量,即没有静质量的光子在运动过程中所产生的质量,使得光呈现出粒子性。

3. U-TRIZ 对场的认识

作者认为:在宇宙所有的物质中,万物其内皆有场,万物其外皆有场,这是一种客观规律。

万物其内皆有场,指在物质内部,皆有内能,有分子的振动,分子或原子间的结合力,电子绕原子核转动,有由自身质量而形成的对其他物质的引力。物质根据其类属具有不同的属性,如属于磁化物质则有磁性,如属于放射物则有辐射性,如属于记忆合金则有变形性和记忆性等。

万物其外皆有场,指所有物质都处在其他物质的场中,如地球上的任何物质都被地球所吸引(理论上也被其他星球所吸引),都会处于阳光场中,都会处于温度场中，都会处于空气流场中，都会处于氧化环境中，都会处于有湿度的环境中，甚至都会处于振动的环境中等。物场模型的五个特性之一——扩展性，正是基于这种客观存在而成立的。

有物必有场，有场必有物。物场实际上无法截然分开。有物即有多种属性的场，无论是物理学意义上的四种物理场，还是阿奇舒勒定义的MATCHEM形式的六种场。在解决物场问题时，引入物，必定隐含某种场，引入场，必定涉及某种物。我们不过是强调了标准解的物质属性或场的属性的某一方面而已。

物场与尺度无关，其大无外，其小无内。无论在宏观和微观的尺度上，物场的基本特性和解题规律，都指向技术系统进化的方向。因此，无论是有意为之，还是自然发展，产品的研发与创新，都无法脱离物场模型这样一种反映了事物发展趋势的客观规律。

场是物质的一种属性，因此很多携能物质就具有自己的特性（属性），这是万物其内皆有场的实证。我们经常把某些携带能量场的物质作为特殊材料，就是因为其具有解决问题的特殊属性，部分携能特殊材料如图5-16所示。有时一种物质往往不止携带一种场。携能物质的发展方向是智能材料。

图5-16 部分携能特殊材料

要点小结

万物其内皆有场，万物其外皆有场。场没有静质量，但是占有空间，含有能量，是实现功能的保障。场保证了物质之间的相互作用，即可以改变一个放在场里的物体的属性的量值。场是携能物质的一种属性，必须由物质来实现。这个物质在哪里并不重要，可能远在天边（如阳·光），也可能仅在眼前（如蜡·光），但是同样产生了光和热。没有物质，就没有稳定的场。因此，所谓引入物质，其实就是隐含引入了场；而引入场，也隐含了引入物质。物·场是物质属性的两个方面，相互依存，密不可分。

第五节　信息化设备、传感器与物场

信息，古来有之，并非新鲜事物。科学家用射电望远镜接收到了50亿年前的一个银河系发出的信号即为佐证。人类一直在为用信息来表达我们生存的这个世界的各种物质和状态而不懈努力。从远古时期人类的简单语言、符号（如八卦）、文字、烽火、锣鼓、旗语等，直到人们驾驭了电之后所使用的电报、电话、传真等，都是用信息表达物质、能量和信息的变化状态的有力手段。

自从计算机被发明之后，人们开始了用二进制数字来表示信息的伟大征程，信息革命由此诞生。物场模型与数字化、信息化有着密切的关系。

计算机并不直接处理信息，计算机只会按照既定的程序，处理0和1二进制数字。当任何自然界信息需要计算机处理的时候，先要做的工作是该类信息的数字化，然后交由计算机处理，然后再把处理后的数字化信息用软件（屏幕显示设备）或使能器（执行动作设备）表示出来。因此，所谓信息化，实际上是"自然信息→信息数字化→数字运算→数字化信息→显示或执行结果"这样一连串的信息产生质的飞跃变化的过程，如图5-17所示。

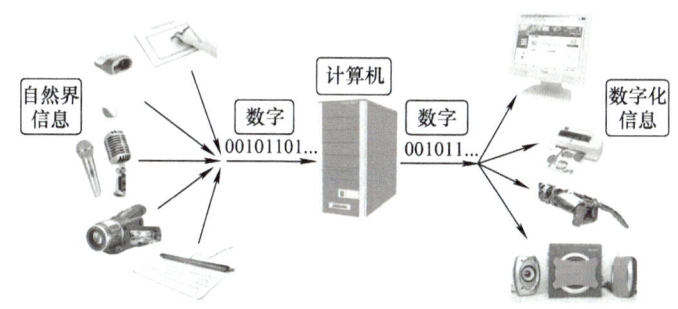

图5-17　计算机处理信息的基本过程

计算机中重要的元器件是CPU（中央处理单元）、存储器（内存、硬盘）等基本系统组件，外部设备有路由器、传感器、打印机、投影机等。

1. 计算机的计算功能与物场

计算机 CPU 的子系统是门电路，门电路的元件是晶体管，晶体管依赖于电场的变化（电平高低或电流通断）而表示 0 和 1。场效应管的物理结构如图 5-18a 所示。

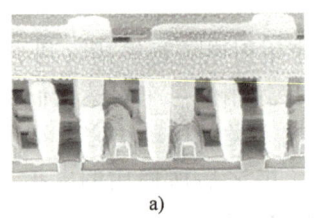
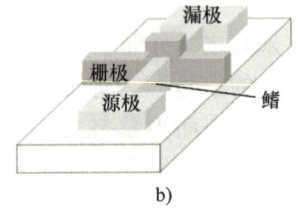

a)　　　　　　　　　　b)

图 5-18　某种鳍式场效晶体管结构及工作原理

如图 5-18b 所示，在这种场效应管结构中，栅极（gate）呈类似鱼"鳍（fin）"的叉状 3D 架构，可于电路的两侧控制电路的接通与断开。电流的通断，代表了 0 和 1 的二进制数字。由此，在物质支持下电场的状态，形成了晶体管的数字化逻辑运算状态。

场效晶体管的工作原理也可以用物场模型来表达，如图 5-19 所示。

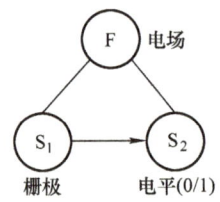

图 5-19　场效晶体管的物场模型

要点小结

计算机 CPU 的逻辑运算是由晶体管中电场的变化实现的。

2. 计算机的存储功能与物场

计算机存储功能由各类存储器来实现。在数据的记录形式上，现在多数采用磁介质材料来实现数据的读写。几十年来，磁记录技术不断发生革命性的变化，

第五章　物场标准解与功能

磁记录的极限一再被突破，但是，用磁头产生的磁场来对磁介质进行读写的基本原理一直没有变化。现在常用的垂直记录技术，是以磁颗粒的极性 N→S 和 S→N 来决定数据 0 或 1，该技术已经达到每平方英寸 TB 的存储密度，如图 5-20a 所示。

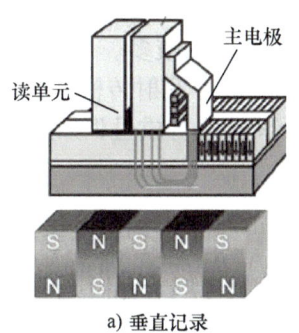
a) 垂直记录

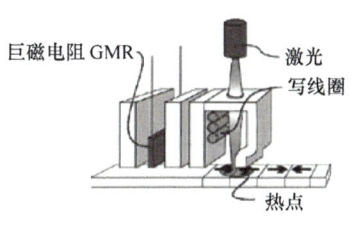
b) 热辅助记录（光磁合作技术）

图 5-20　垂直记录和光磁合作技术

但是，自从存储密度超过每平方英寸 40GB 之后，"超级顺磁效应"成为了限制存储密度进一步提升的最大障碍。为了克服超级顺磁效应，人们一方面不断寻找超顺磁效应小的新型磁性材料来代替传统材料；另一方面，人们采用了光磁合作来实现数据的写入和读取——在写入数据之前，预先用激光对写入区域进行加热，使该区域温度升高到磁颗粒极性容易被改变的程度，然后再用磁头携带的电磁场来极化写入区域的磁化方向，实现数据写入，如图 5-20b 所示。数据写入操作完成后该区域被迅速冷却，这样数据就以磁颗粒不同极性组合的方式妥善地记录在了磁介质层中。

垂直记录和光磁合作技术的工作原理的物场模型如图 5-21 所示。

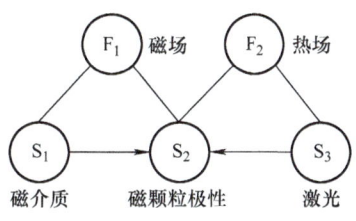

图 5-21　垂直记录和光磁合作技术的物场模型

要点小结

计算机存储器采用了磁场记录数据，并以激光形成热场来提高磁记录的可靠度。

3. 计算机的网络功能与物场

计算机之间的互通互联离不开网络。最近十年，基于无线网络（如 4G）和无线局域网（WiFi）数字通信方式的移动互联网发展迅猛。在我们生活的每一个空间，都有从未谋面的多种电磁波无线电信号。数字通信领域的基本原理是藉由路由器天线对电磁波的发射传输与解码接收。移动互联网的操作对象是数字无线电信号，其编码由二进制 0 和 1 组成。

FSK 是无线信息传输中使用得较早的一种调制方式，其优点是：实现容易，抗噪声与抗衰减性能较好，因此在数字移动通信系统使用较多。

如将二进制编码 10011001 以 FSK 调制方式的信号发射传输，其工作波形如图 5-22 所示。对 FSK 信号接收解码为 10011001，其接收合成过程如图 5-23 所示。

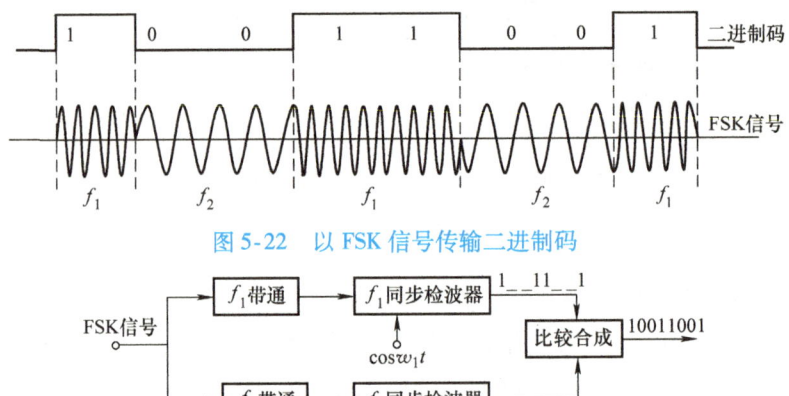

图 5-22　以 FSK 信号传输二进制码

图 5-23　以 FSK 信号接收二进制码

由以上两图读者可以看出，移动互联网的基本通信原理是以电磁波（场）的形式发射和接收二进制信号 0 和 1。

天线收发数字信号的工作原理的物场模型，如图 5-24 所示，其中图 a 为发射数字信号，图 b 为接收数字信号。

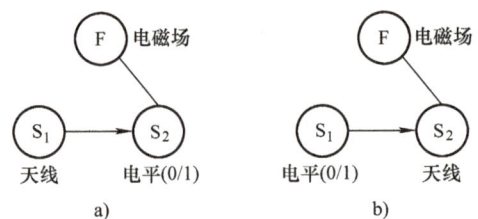

图 5-24　天线发射和接收数字信号的物场模型

要点小结

移动互联网以电磁场的形式发射和接收数字无线电信号。

第五章 物场标准解与功能

4. 计算机显示屏的功能与物场

TN 类型的液晶面板显示彩色的原理（图 5-25）利用了液晶的光电效应，背光板上对应每个像素点的位置都有三条分别只透红绿蓝（RGB）光的滤光条带，每个像素的每个条带处都有独立的电路来驱动所对应位置的液晶分子转动，由此来控制光线通过与否。对应于计算机二进制图像编码信号，1 为有光通过，0 为无光通过，每个像素点都形成不同亮度和颜色值的红绿蓝三色光合成结果，显示该像素的实际色彩。

图 5-25 显示器液晶板的工作原理

LCD 投影机的成像器件是液晶板，工作原理同上，红绿蓝（RGB）三色光线在精确的位置上穿过液晶板，通过投影仪镜头投射到屏幕上，合成为具有不同亮度及颜色值的彩色图像，如图 5-26 所示。

计算机显示器或投影机中液晶板的工作原理用物场模型来表达，如图 5-27 所示。

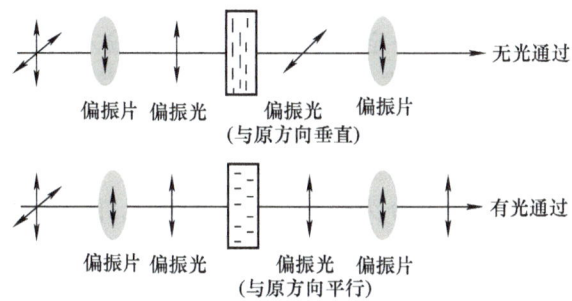

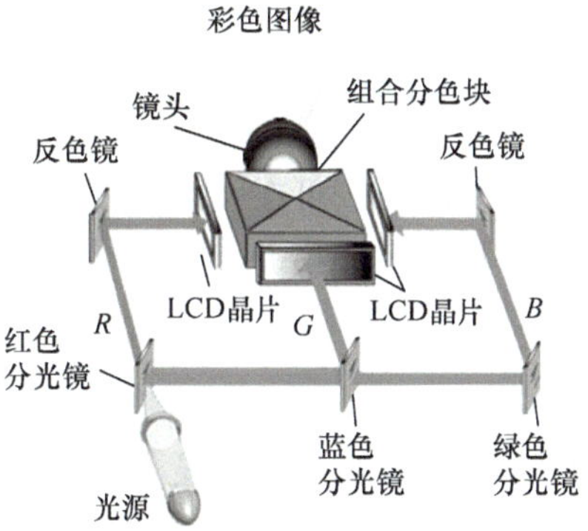

图 5-26 LCD 投影机液晶板的工作原理 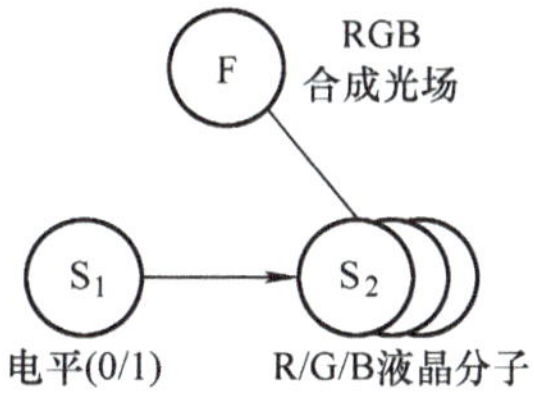　　图 5-27 计算机显示器或投影机中液晶板的物场模型

要点小结

无论是计算机显示屏还是投影机,其主要成像器件液晶板,都是基于电场和光场来工作,把计算机给出的二进制数字信号0和1,转换成红绿蓝(RGB)液晶分子的透光状态。

5. 传感器的功能与物场

传感器(transducer/sensor)是一种检测各种环境和运行设备的信息的感应装置,并能将检测到的信息,按一定的原理或规律,把输入信息转换成为便于计算机处理的电信号或其他所需形式的输出信息,以满足信息的传输、存储、处理、控制、显示和记录等要求。未来物联网的发展潜力巨大,在万物互联的需求下,几乎所有的技术系统都离不开传感器。

按照功能划分,传感器可分为热敏元件、光敏元件、声敏元件、力敏元件、磁敏元件、气敏元件、湿敏元件、放射线敏感元件、色敏元件和味敏元件十大类。

上述所有的传感器,都是专门利用了某一种场作为输入来执行检测任务的,输出为电信号,输入与输出之间是科学效应,其中蕴含了某种科学原理。热敏传感器与测量物场模型如图5-28所示。

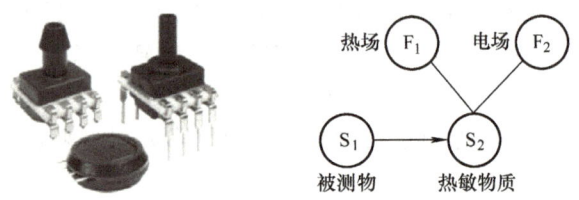

图5-28 热敏传感器与测量物场模型

在上图中,如果被测物 S_1 原来的热场 F_1 不易测量,可在引入热敏效应物质 S_2 后,以电场 F_2 的形式来较容易地测量和显示。F_1、S_2、F_2 三个基本要素共同组成了热敏传感器。两个场一个物质,是典型的测量类的物场模型。

要点小结

无论是计算机、手机的运算、存储、显示、网络器件,还是各类传感器和数码设备等,这些大家所熟知的赛博系统(Cyber System),都是基于物场的基本原理工作的。物质支持了场的存在,场支持了数字化、信息化的基本原理实现。赛博系统和物理系统的不断彼此融合与互联,形成了赛博物理系统(CPS),为未来无所不在的物联网铺平了道路。万物其内皆有场——CPS为物理系统注入了基于物场原理的赛博空间,万物其外皆有场——CPS 必须在电磁场网络环境中工作。

物场模型遵循了向微观及增加场应用进化法则,它反映了物质世界发展的规律和技术系统进化的方向。物场模型是描述物质世界相互作用的一种基本原理,研发人员大多未必了解这些 TRIZ 的基本内容,但是这些基本原理却一直在主导着数字化、信息化设备的研发原理、进化方向与发展路径。了解并掌握物场模型,对产生高水平的研发成果具有重要的指导意义。

第六节 从场到功能

1. 从经典物场模型到 U-TRIZ 功能模型

如前所述,场是携能物质的一种属性,没有能量场就没有相互作用的动作,就没有功能的实现。场的形式有很多,TRIZ 把场分类为"MATCHEM(机/声/热/化/电/磁/电磁)"几种常见形式,包括前面提到的携能材料。如果某物质(例如 S_1)具有某种场,我们认为这既是形成了一种问题状态,也是具备了一种解题条件。如果场变了,那么解题条件也就随之变化了,当然物质的属性也就变化了。

以属性的观点来看,所有的物质都具有多种属性。经典 TRIZ 对场的论述,只强调了携能物质(即功能载体)的场的属性(例如某种能量、力等),但是没有强调作用对象(即功能受体)的属性。因此,物质场较好地解释了在场的驱动下物质之间的相互作用,但是无法在物质场与功能之间建立明确的、显性的联系。

现代 TRIZ 的研究结果显示,两个物质的属性的相互作用可以形成一个效应,施加在作用对象上,形成一个功能。"两个物质的属性的相互作用"比"两个物质的相互作用"更能展现物质属性与功能的关系。因此,U-TRIZ 以物场模型为基础,给出了自己的功能模型,着力说明场和功能之间的关系。假设 S_1 是功能载体,S_2 是作用对象,F 是场,A_1、A_2 是属性,F_{uh} 是功能,经典 TRIZ 的物场模型如图 5-29a 所示,U-TRIZ 的功能模型如图 5-29b 所示。

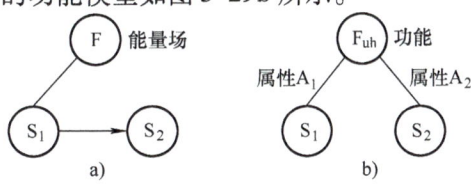

图 5-29 经典 TRIZ 的物场模型和 U-TRIZ 的功能模型

在经典物场中,我们知道两个物质相互作用的"结果"是功能,但是这个"结果"在哪里并不明确,无法在物场模型中以图示的方式明确展示出来。而在U – TRIZ的功能模型中,功能,作为两个物质的属性的相互作用的结果,可以以图示的方式清晰地展现出来,由两个相互作用的物质属性把场、功能与物质连接在了一起。

在物场模型中,场是显性的,场驱使物质所发出的动作是隐性的;所实现的功能是隐性的;而在U – TRIZ功能模型中,功能是显性的,能量(场)是隐性的,能量驱使物质所发出的动作是隐性的。二者各有侧重,各有所长。U – TRIZ的功能模型继承了经典物场模型的两个物质相互作用的基本特征,同时强调了以功能为导向、以属性为核心的技术侧重点和理论创新点。两种模型中所隐含的动作及其所实现的"VO"或"VOP"形式的功能,如图5-30a、图5-30b所示。

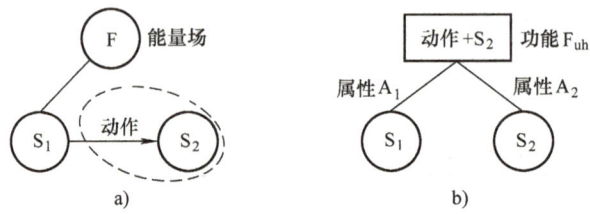

图5-30　物场模型和U – TRIZ功能模型中所隐含的动作

物场模型元素和功能模型元素之间是有着内在的对应关系的,见表5-6。

表5-6　物场模型元素和功能模型元素之间的关系

物场元素		功能元素					
物质	场	属性	动作(谓语)	主/客体	参数	语义	功能
S_1		携能(场),$F = A_1$	发出动作 V	功能载体 S		主语	VO
S_2		物质属性 A_2	接受动作	作用对象 O	P	宾语	VOP
	F	空间,MATCHEM	相互作用后改变 A_2 的度量值 P				F_{uh}

由上表,物场模型元素和功能模型元素之间的关系是彼此对应的。关键的对应关系是,场是携能物质 S_1 的属性 A_1,场(A_1)可以改变场中物质 S_2 的属性 A_2 的度量值 P,由此而实现功能 F_{uh},也即 VO/VOP。据此,物场模型可以转换为功能模型,功能模型也可以还原为物场模型。

2. U – TRIZ 功能模型与功能分析

在经典 TRIZ 中,物场分析无法直接体现功能和进行功能分析,因此才诞生了现代 TRIZ 中的功能分析工具。以物场模型表达的问题已经是一种"标准化"的问题模型,物场分析模型往往只针对问题情境中的"最简约问题",即最小问题区域中的微观问题。而功能分析则是针对一个复杂问题情境中,多个系统组件相互作用,还没有找到最小问题区域之前的情况。在经过认真、反复的功能分析之后,其分析结果可能是一个物场模型或者是一个功能化模型(或者是物理矛盾)。因此,在同一个问题情境中,二者可能被同时使用到,但是两种分析模型一直无法统一到一起。这是在现代 TRIZ 中需要解决的一个问题。

案例:在第二章第一节图 2-8 中所列举的笔(与纸)写字记录信息的功能模型,也可以用 U – TRIZ 的功能模型来表达,如图 5-31 所示。

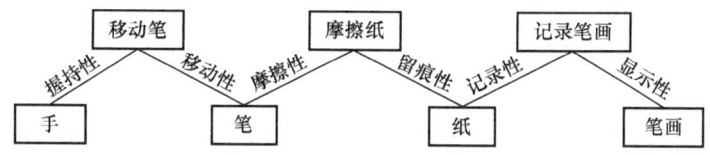

图 5-31 写字的 U – TRIZ 功能模型

对比图 2-12 中笔(与纸)的功能分析模型,U – TRIZ 的功能模型展示了形成每一个功能的两个属性,最终形成了一个功能链,完成了写字记录信息功能。这个过程符合能量(场)传递法则,能量流一直隐含地贯穿其中。实际上,能量就是通过了物质的属性来传递的。该问题的最小问题聚焦在移动的笔尖"摩擦纸"的功能上。

案例:在本章第二节图 5-3 中铆钉将飞机蒙皮铆接在桁梁上,铆钉帽挤压蒙皮的功能模型,如图 5-32 所示。

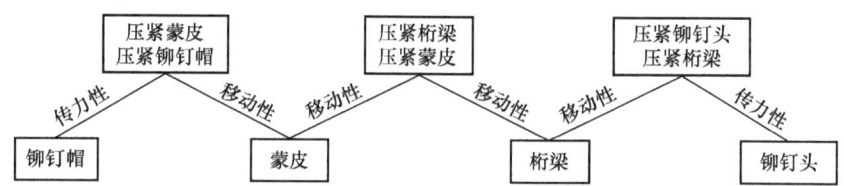

图 5-32 铆钉把蒙皮铆接在桁梁上的 U – TRIZ 功能模型

在这个例子中,铆钉帽压紧蒙皮,蒙皮也压紧铆钉帽;蒙皮压紧桁梁,桁梁也压紧蒙皮;桁梁压紧铆钉头,铆钉头也压紧桁梁。由于铆钉杆与铆钉帽和铆钉头是连成一体的,伴随着铆钉头的不断变形,铆钉头与铆钉帽的间距在不断缩短,所有其间组件都在两个方向力的作用下互相挤压。压紧力(场)是通过铆钉头和铆钉帽的双向传力性、蒙皮与桁梁的移动性,来实现彼此压紧的一连串功能的。该问题的最小问题聚焦在过度受力的铆钉帽"压紧蒙皮"的功能上。

由以上两个例子可见,U – TRIZ 的功能模型,既可以比较容易地从整个功能分析结果中抽取出某一个功能模型,也可以比较容易地把某一个功能模型的结果直接套用到整个功能分析图中去,同时还可以清晰地展现场、物质属性与功能的联系。

3. U–TRIZ 功能模型与功能导向搜索

通过前面的表5-6，我们已经把物场元素转换为功能元素，实现了物场模型与功能模型的对应转换。在已经给出了 U–TRIZ 功能模型的前提下，可以顺利地实现功能导向搜索（FOS）。因为在 U–TRIZ 的功能模型中，已经以"VO/VOP"的方式严格定义了结构化的语义功能，这已经为功能导向搜索做好了检索的准备工作。已知"VO/VOP"功能定义而去寻找发出功能动作的主体（主语，解决方案），是解决功能化类型问题的有效手段。

无论是物场模型问题，还是在功能分析过程中找出的功能问题，其问题表现形式是非常类似的，即产生了作用不足、作用过度和作用有害这三种现象，统称为不良功能。因此，在分析问题阶段识别系统中相互作用的问题时，作者把物场模型问题和功能分析过程中找出的功能问题，归为同一类问题加以识别。当然，在解决问题阶段，解决问题的方法还是有所区别的，物场模型问题用标准解系统求解，功能问题用 FOS 求解，详见第九章内容。

4. U–TRIZ 功能模型的进一步演变

在 U–TRIZ 中，功能模型只是一个过渡性的模型，可以用作一些简单的功能分析，其功能还需要进一步开发和完善。相对于物场模型，其优点是体现了功能的成因，用属性把功能和物质联系了起来；其缺点是没有体现出被作用对象状态变化——当手握笔并且"移动笔"的时候，其状态应该是"移动的笔"；当铆钉头被连续击打变形，其状态应该是"变形的铆钉头"，而在目前的功能模型中，这些状态是体现不出来的。同时，功能模型也没有体现出功能属性，而且，在绘制上也稍显麻烦，没有功能分析图的画法简单明了。

该模型的最大好处是，把作者的研究重点引导到了功能实现后的作用对象状态的研究以及功能属性的研究上，为进一步的开发指明了方向，铺平了道路。该模型最终将演变成更综合的、包含了状态变化因果关系和功能属性的 SAFC 模型。例如，按照功能元素定义，在功能载体 S_1 的动作所形成的功能的作用下，作用对象 S_2 有可能变成其衍生物质 S_3，并且体现出新的物质属性 A_3 等，如图 5-33 所示。

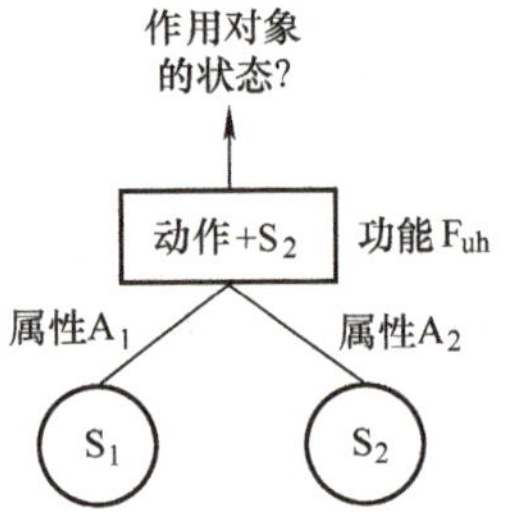

图 5-33　U–TRIZ 功能模型的改进方向

第五章 物场标准解与功能

要点小结

物场模型的主要内容可以概括为：一个物场模型，两方面内容（物质，场），三个元素，四种相互作用形式，五种问题模型的转换途径。

物质和场是物质属性的两个方面，相互依存，密不可分。物场处处存在，其大无外，其小无内。万物其外皆有场，万物其内皆有场。

通过物质属性，实现了物场元素与功能元素彼此对应和相互转换，即物场模型可以转换为功能模型，功能模型也可以还原为物场模型。

思考题

1. 什么是 TRIZ 中的场？有几种常见常用的场？
2. 物场模型的五个特性是什么？
3. 物场模型中有几种相互作用形式？分别以什么图示方式表达？
4. 经典 TRIZ 中的 76 个物场标准分为几级？第四级标准解是做什么用的？
5. "最小技术系统"的说法是否准确？
6. 简述物质与场的关系。
7. 物场模型与数字化、信息化是什么关系？
8. 未来 CPS 的普及应用重点体现了哪一条技术系统进化法则？
9. 场与属性的关系是什么？
10. 场与功能的关系是什么？

第六章 科学效应与功能

TRIZ进阶及实战
——大道至简的发明方法

第六章　科学效应与功能

第一节　科学效应概述

人类现有的工程技术产品和方法都是在漫长的文明发展过程中，以一定的科学效应为基础，一点一滴地积累起来的。效应是构建功能的基本单元；所有的功能都基于效应而存在；任何一个产品的功能，不管其结构有多复杂，经过不断分解，最终都可以分解成由某种效应实现的基本子功能。

阿奇舒勒发现并指出：那些不同凡响的发明专利通常都是利用了某种科学效应，或者是出人意料地将已知的效应用到以前没有使用过该效应的技术领域中。每一个效应都可能是一大批问题的解决方案，或者说用好一个效应可以获得几十项专利。例如，发明家爱迪生的 1023 项专利里只用到了 23 个效应；飞机设计大师图波列夫的 1001 项专利里只用到了 35 个效应。科学效应的推广应用，对于解决发明问题有着超乎想象的效用。

1. 科学现象、科学效应、科学原理

科学效应以前并没有统一的命名。科学现象、科学效应和科学原理这三个相似的术语都在同时使用。截至 2015 年 6 月，在百度、谷歌、维基百科等各大网络搜索引擎或知识类网站上，关于这三个术语的内容比较零散，对某些效应的解释也不一致。

- "科学现象"的搜索结果基本上都是诸如天气方面的打雷、闪电、刮风、下雨等，或者是水的结冰、蒸发、冷凝、沸腾等，或者是地球的自转、公转、地震，或者是光的折射、散射等，也会给出诸如"青蛙现象、鳄鱼法则、羊群效应、马太效应"等非科技词条。
- 用"科学效应"可以搜索出一些真正与物理、化学有关的效应。同时伴随着"青蛙现象、鳄鱼法则、羊群效应、马太效应"等词条，说明编辑者对科学效应的认识还是比较模糊的，而在维基百科上没有"科学效应"词条。对"物理效应"、"化学效应"只有几行文字的解释。
- "效应"，百度百科、维基百科都只给出了寥寥数语："效应，是指在有限环境下，由一些因素和一些结果而构成的一种因果现象，多用于对一种自然现象和社会现象的描述，效应一词使用的范围较广，并不一定指严格的

科学定理、定律中的因果关系。"百度百科多了一句话"由某种动因或原因所产生的一种特定的科学现象"。这句话把效应和科学现象等同了。

以上结果说明，在国内科学效应还没有形成一个系统化的知识领域，人们对效应的认知还处于一个比较模糊、缺乏定义与归纳不系统的阶段。截至 2015 年 6 月，能查询到的有关书籍资料不多，较早的是姜迅东先生在 1985 年所著的《发明用物理效应》一书，其中推荐了 95 个物理效应。现有的书面资料中多数只介绍两百个左右的效应。

科学现象是一种客观存在。当自然界发生电闪雷鸣、森林失火、水面结冰等自然现象时，人类祖先就接触到了科学现象；当人类学会了钻木取火（摩擦）、磁石指南、杠杆撬石等技巧后，人类利用并掌握了科学现象；最终，逐步将其约定俗成为"科学现象"。在最近一百年科学迅猛发展的过程中，又从实验室里的伟大发现中，验证了很多自然界的科学现象，同时发现了很多物理、化学效应，如放电、热辐射、元素放射性、居里点、感光材料、爆炸等，把"科学现象"进一步提升认识为"科学效应"。

科学领域的知识归纳与提炼，参与者很少，全面了解该领域知识的人更少，全面掌握效应知识的人几乎没有。由于涉及领域广泛（物理、化学、几何、生物、心理等），点多面散，在建制上无法由某个组织或单位牵头来做，因此形成了不系统、不全面甚至不准确的现状，也就不难理解了。

作者认为，科学现象、科学效应其实是一个事物的两种称谓，其中蕴含了科学原理。人们在自然现象和生活中所发现的科学因果现象往往称作"科学现象"，在基础科研中发现和提炼出来的科学因果现象往往称作"科学效应"。

<u>科学效应是在科学理论的指导下，实施科学现象的技术结果</u>，即在效应物质中，按照科学原理将输入量转化为输出量，并施加在作用对象上，以实现相应的功能。科学原理就是把输入量和输出量联系起来的各种定律，如摩擦效应包含了摩擦定律，杠杆效应包含了杠杆定律，电解效应包含了库仑定律、电化学当量和质量守恒定律等。

科学效应包括了物理效应、化学效应、几何效应等多种效应。效应内部所遵循的数学、物理、化学方面的定理，属于是科学原理。其相互关系如图 6-1 所示。

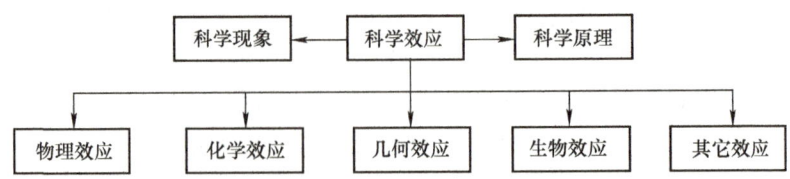

图 6-1　科学效应、科学现象、科学原理的关系

第六章 科学效应与功能

例如：压强是表示压力形变效果的物理量，也是一个物理效应。在压强效应中，体现了液压原理，说明了不同液体在同一深度产生的压强与液体的密度有关。其公式表示为：$P = F/S$，P 为压强，F 是垂直作用力，S 是受力面积。

2. 经典 TRIZ 中所介绍的物理效应

在《创》书中关于"物理学——重大发明的钥匙"，有以下描述：

"不难发现：综合措施（分割、翻转、结合等），在宏观水平中占优势。在微观水平中占优势的复杂措施里，差不多总是用到物理效应和现象。在微观水平上，措施都是物理和化学方面的。因此，必须供给发明家关于物理措施发明的资料，即把物理效应和现象用于发明的可能性。"

可以看出发明措施的升级版"物理效应"已经在这里被重点关注。

"全部（或几乎全部）物理效应，也应统一能用'场'、'物质'、'作用'这些术语表达出来。若是这样的话，那么就可以利用物场分析，作为发明课题和物理学（化学）之间的语言媒介。"

他列举了两个例子，如图6-2所示。

"在（1）里说的是，给了一种不能很好地受到直接监视的物质物$_1$，为了监视这种物质，就需要将它与物$_2$联系起来，物$_2$的特性将根据物$_1$的特性的变化而变化，这时物$_2$状态的变化，应该反映在很容易被发现的、与物$_2$相作用的场的状态中。物$_2$改变场的能力，就是某种物理效应。"

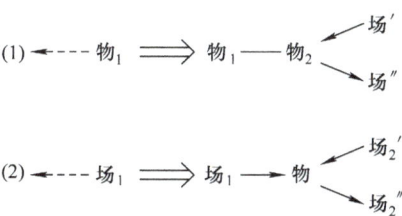

图6-2 物场与物理效应的关系

"在（2）中需要更微妙的物理效应，因为引进场$_1$中的物质，应该注意来改变自己的特性，使得它能在与场$_2$的相互作用中表现出来。"（如电场、磁场都可以）。

"若是我们有一份用物场形式表示的物理效应的清单，那么要找到所需的效应，就没有任何困难。何况所要找的效应的名称（但不是实质），还可以按照这一通用的规则得到：将起始端的场的名称，与终端场的名称联合到一起（如电－光效应，磁－光效应）。"

"在较好的发明里，在两个'结合起来的'效应之间，起联系作用的元素总是场，而不是物质（即是在一个效应终端的场，同时也是另一个效应起始端的场）。"

这里的起始端场（场′）和终端场（场″），就是效应的输入端和输出端的早期"原型"。

3. 现代 TRIZ 中效应的图示表达

在经典 TRIZ 中没有单独对效应做出图示，而只是以物场的形式做了如图 6-2 的解释。在其他 TRIZ 图书中，用以下的简图来表达效应，例如超导效应，如图 6-3 所示。

在 CBT/NOVA 软件中，对效应做了结构化图示，如图 6-4 所示。

该图比前面的效应图示更详细，增加了控制流，强调了效应的结构性。例如，在杠杆效应中，输入、输出端都是力，可以用杠杆施力点与支点之间的长度作为调节输出力的大小的控制参数。

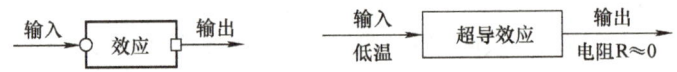

图 6-3 效应的一般图示和示例

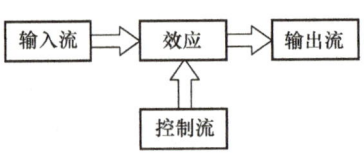

图 6-4 效应的结构

从物场的观点来看，上图并没有印证前面阿奇舒勒所讲的"全部（或几乎全部）物理效应，也应统一能用'场'、'物质'、'作用'这些术语表达出来"的结论。在上图的效应结构图示里，看不到哪里是物质，哪里是场；从技术系统完备性的观点来看，也看不出来技术系统的四个相互联系的子装置（动力装置、传动装置、执行装置、控制装置）在哪里。因此，效应和物场的对应关系，效应和技术系统四个子系统的对应关系，还需要做进一步地分析。

现代 TRIZ 强调效应的串接与复合使用，诸如多个效应串联、并联、反馈等，组合出更强大的产品功能。例如 Vortex 风力发电机，就采用了卡门涡街效应所形成的谐振，驱动直线加速器与磁约束装置相互作用，稳定运转，由此而发电。

4. 在 USIT 中对效应的使用与表达

USIT 大量使用了效应的概念和内涵，但是规避了"效应"这个术语，而是用"转换器（transduction）"和"属性（attribute）"两个术语来对效应做了另一种诠释：

[属性] [转换] [属性]

第六章　科学效应与功能

如果与 TRIZ 的效应对比，会发现二者形式上完全一致：

[输入] [效应] [输出]

由上面的表述可见，USIT 与经典 TRIZ 一致的是输入与输出的定义，不一致的是在输入、输出端广泛使用了经典 TRIZ 中原来没有的"属性"的概念，认为转换（即效应）是属性的相互作用所致。<u>单一物质中所体现的转换通常被称为一种效应</u>。例如，石英、氧化锌和其他缺少对称中心的晶体会呈现出压电效应。

<u>转换器是表示传感器和致动器的基本元素</u>。各种传感器、电磁开关、自动注射器、应变仪等设备中都有转换器。这些设备以不同的科学原理工作；例如，偏转电容、应变电阻率、磁致伸缩、压电效应等，即通过将偏转转换成电容，应变转换成电阻，磁场转换成应变、应变转换成电势等。本质上，转换是藉由效应，让能量从一种形式向另一种形式的转换：如由电到力、由力到电、由电到磁等。因此，转换现象是从一种属性向另一种属性的转变：压力到应变，磁场到应变，应变到磁场等。

决定一个转换器是传感器或致动器，由其输入和输入特性决定——传感器的输出为电属性（电流、电压、阻抗等）；致动器输入为电属性，输出为机械属性（位移、力等）：

传感器/致动器　　　　　[输入] [转换] [输出]
传感器　　　　　　　　　[属性] [转换] [电属性]
致动器　　　　　　　　　[电属性] [转换] …… [机械属性]

转换器中文表示为"属性–转换–属性"，用英文表示为"[a–t–a]"。当 [a–t–a] 转换器连接在一起，一个转换器的输出就变成了另一种转换器的输入，即 TRIZ 中的效应"串联"。USIT 只使用了效应串联，而没有使用更复杂的复合效应形式，诸如并联、反馈等。

当两个转换器 [a–t–a] [a–t–a] 串联时，转换器之间的属性符号不必重复书写，[a–t–a] [a–t–a] 可以简化为：[a–t–a–t–a]。

一个转换器 [a–t–a]，可以是效应物质，例如石英晶体，也可以是由物质所组成的技术系统，例如用玻璃制成的水银温度计。对前者而言，[a–t–a] 表述为 [应变] [压电] [电势]，石英晶体的应变引起不同晶体面的电势差；对后者而言，[a–t–a] 表现为 [内能] [热膨胀] [位移]，温度的属性内能使水银膨胀，其长度沿着刻度线发生显著变化。玻璃水银温度计的基本结构如图 6-5 所示。

由于玻璃水银温度计是一个技术系统，比单纯考虑水银的热膨胀稍微复杂一点。水银是液体，热膨胀产生的三维体积膨胀是各向同性的，在无约束状态下，这种体积膨胀不易观察。若使这种体积的相关变化明显可见，可使用玻璃毛细管盛装水银。玻璃比水银的热膨胀系数更

图 6-5　玻璃水银温度计的基本结构

低,玻璃毛细管只允许水银在一个维度运动而阻止它向另外两个维度发生位移。玻璃是透明的,透明的属性让水银的线性位移极易观测。由此,水银的热膨胀性与玻璃毛细管的形状约束性这两个属性相结合,将水银限定为线性膨胀。

水银的效应表示为[内能][热膨胀][形状],玻璃毛细管效应表示为[形状][把变形限定在一个方向][长度]。玻璃水银温度计可表示为:[内能][热膨胀][形状][把变形限定在一个方向][长度]。

当发明者都能按照如上所述的"属性的转换"来开发问题的概念解时,会启发他们想到更多的思路,形成更多的解决方案。

5. 在 P&B 中对效应的使用与表达

在德国人 G. Pahl 和 W. Beitz 等合著的《工程设计》一书也提到了物理效应,认为功能是通过物理过程得以实现的,物理过程的发生基于物理效应,物理效应可用物理原理表述。

在该书中,对哪些功能可以用物理效应实现做了汇总,提出了十几种机械、液压、热、电基本功能的转换和配置模式,以及所对应采用的几十个物理效应。在此仅列出其中两种转换模式,见表6-1。

表6-1 功能转换模式和所用到的效应

功能	输入	输出	物理效应					
$E_{机械} \to E_{电}$	力,长度,速度,压力	电压,电流	感应电	电动力学效应	电动力	压电	摩擦电	电容
$E_{热} \to E_{热}$	温度,热	温度,热	热传导	对流	辐射	冷凝	蒸发	结冰

在该书中,既给出了不同种类的功能之间的转换,如机械→电,也给出了同类功能之间的转换,如热→热。在输入和输出上,既有属性,也有属性参数,并没有做严格区分。该书给出的物理效应数量并不多,仅仅表达了功能和效应之间的一种对应关系,但是其意义在于:

1)并非只有发明领域,工程设计领域也已经开始注重物理效应的应用;

2)最常用的几十个物理效应,已经可以应对绝大部分机电领域的工程设计任务。

第六章　科学效应与功能

第二节　科学效应分类

本书重点介绍物理效应、化学效应、几何效应和生物效应。至于心理效应等非技术领域的效应,本书暂不涉及。

1. 物理效应

物理效应举例:通过改变物体的温度来改变物体的尺寸,如图6-6所示。改变物体的温度是输入作用,改变物体的尺寸是输出作用,控制参数是温度,物体的热膨胀系数可作为所述效应的控制参数。物体的热膨胀系数广泛应用于工程领域,用来对物体尺寸做可逆和可控制改变。热膨胀系数反映了构成物体的物质属性参数,其等于因温度发生1℃改变后物体某一尺寸变化与最初尺寸之比。物体的热膨胀系数变化幅度较大,可从气体的大约1/273到特种合金的0。

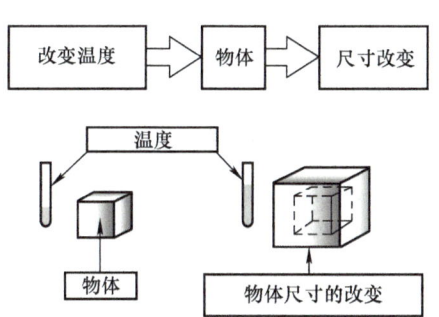

图6-6　热膨胀效应改变物体尺寸

实现功能与物理效应的关系对照,参见表6-2。

表6-2　实现功能与物理效应的关系对照表

编码	实现功能	物理效应
1	测量温度	热膨胀和由此引起的固有振动频率的变化;热电现象;光谱辐射;物质光学性能及电磁性能的变化;超越居里点;霍普金森效应;巴克豪森效应;热辐射
2	降低温度	传导;对流;辐射;相变;焦耳-汤姆森效应;珀耳贴效应;磁热效应;热电效应

213

(续)

编码	实现功能	物理效应
3	提高温度	传导；对流；辐射；电磁感应；热电介质；热电子；电子发射（放电）；材料吸收辐射；热电现象；物体的压缩；核反应（原子核感应）
4	稳定温度	相变（例如超越居里点）；热绝缘
5	探测物体的位置和位移（检测物体的工况和定位）	引入容易检测的标识——变换外场（发光体）或形成自场（铁磁体）；光的反射和辐射；光电效应；相变（再成型）；X射线或放射性；放电；多普勒效应；干扰
6	控制物体位移	将物体连上有影响的铁或磁铁；用对带电或起电的物体有影响的磁场；液体或气体传递的压力；机械振动；惯性力；热膨胀；浮力；压电效应；马格纳斯效应
7	控制气体或液体的运动	毛细管现象；渗透；电渗透（电泳现象）；汤姆森效应；伯努利效应；各种波的运动；离心力（惯性力）；韦森堡效应；液体中充气；柯恩达效应
8	控制悬浮体（粉尘、烟、雾等）	起电；电场；磁场；光压力；冷凝；声波；亚声波
9	搅拌混合物，形成溶液	形成溶液；超高音频；气穴现象；扩散；电场；用铁-磁材料结合的磁场；电泳现象；共振
10	分解混合物	电和磁分离；在电场和磁场作用下，改变液体的密度；离心力（惯性力）；相变；扩散；渗透
11	稳定物体位置	电场和磁场；利用在电场和磁场的作用下固化定位液态的物体；吸湿效应；往复运动；相变（再造型）；熔炼；扩散熔炼；相变
12	产生/控制力，形成高压力	用铁-磁材料形成有感应的磁场；相变；热膨胀；离心力（惯性力）；通过改变磁场中的磁性液体和导电液体的密度来改变流体静力；超越炸药；电液压效应；光液压效应；渗透；吸附；扩散；马格纳斯效应
13	控制摩擦力	约翰逊-拉别克效应；辐射效应；克拉格里斯基（Krагльский）现象；振动；利用铁磁颗粒产生磁场感应；相变；超流体；电渗透
14	分离物体	放电；电-水效应；共振；超高音频；气穴现象；感应辐射；相变热膨胀；爆炸；激光电离
15	积蓄机械能和热能	弹性形变；飞轮；相变；流体静压；热电现象
16	传递能量（机械能、热能、辐射能和电能）	形变；亚历山德罗夫效应；运动波，包括冲击波；导热性；对流；光反射（光导体）；辐射感应；赛贝克效应；电磁感应；超导体；一种能量形式转换成另一种便于传输的能量形式；亚声波（亚音频）；形状记忆效应

第六章 科学效应与功能

（续）

编码	实现功能	物理效应
17	移动的物体和固定的物体之间的交互作用	利用电-磁场（运动的"物体"向着"场"的连接）由物质耦合向场耦合过渡；应用液体流和气体流；形状记忆效应
18	测量物体尺寸	测量固有振动频率；标记和读出磁性参数和电参数；全息术摄影
19	改变物体尺寸	热膨胀；双金属结构；形变；磁电致伸缩（磁-反压电效应）；压电效应；相变；形状记忆效应
20	检查表面状态和性质	放电；光反射；电子发射（电辐射）；波纹效应；辐射；全息术摄影
21	改变表面性质	摩擦力；吸附作用；扩散；包辛格效应；放电；机械振动和声振动；照射（反辐射）；冷作硬化（凝固作用）；热处理
22	检测体积容量的状态和特征	引入转换外部电场（发光体）或形成与研究物体的形状和特性有关的自场（铁磁体）的标识物；根据物体结构和特性的变化改变电阻率；光的吸收、反射和折射；电光学和磁光现象；偏振光（极化的光）X射线和辐射线；电顺磁共振和核磁共振；磁弹性效应；超越居里点；霍普金森效应和巴克豪森效应；测量物体固有振动频率；超声波（超高音频）；亚声波（亚音频）；穆斯堡尔（Mossbauer）效应；霍尔效应；全息术摄影；声发射（声辐射）
23	改变物体空间性质（密度和浓度）	在电场和磁场作用下改变液体性质（密度、黏度）；引入铁磁颗粒和磁场效应；热效应；相变；电场作用下的电离效应；紫外线辐射；X射线辐射；放射性辐射；扩散；电场和磁场；包辛格效应；热电效应；热磁效应；磁光效应（永磁-光学效应）；气穴现象；彩色照相效应；内光效应；液体"充气"（用气体、泡沫"替代"液体）；高频辐射
24	构建结构，稳定物体结构	电波干涉（弹性波）；衍射；驻波；波纹效应；电场和磁场；相变；机械振动和声振动；气穴现象
25	探测电场和磁场	渗透；物体带电（起电）；放电；放电和压电效应；驻极体；电子发射；电光现象；霍普金森效应和巴克豪森效应；霍尔效应；核磁共振；流体磁现象和磁光现象；电致发光（电-发光）；铁磁性（铁-磁）
26	产生辐射	光-声学效应；热膨胀；光-可范性效应（光-可塑性效应）；放电
27	产生电磁辐射	约瑟夫森（Josephson）效应；感应辐射效应；隧道（tunnel）效应；发光；耿氏效应；契林柯夫效应；塞曼效应
28	控制电磁场	屏蔽，改变介质状态如提高或降低其导电性（例如增加或降低它在变化环境中的电导率）；在电磁场相互作用下，改变与磁场相互作用物体的表面形状（利用场的相互作用，改变物体表面形状）；引缩（pinch）效应

大道至简的发明方法

（续）

编码	实现功能	物理效应
29	控制光	折射光和反射光；电现象和磁-光现象；弹性光；克尔效应和法拉第效应；耿氏效应；约瑟夫森（Franz-Keldysh）效应；光通量转换成电信号或反之；刺激辐射（受激辐射）
30	产生和加强化学变化	超声波（超高音频）；亚声波；气穴现象；紫外线辐射；X射线辐射；放射性辐射；放电；形变；冲击波；催化；加热
31	分析物体成分	吸附；渗透；电场；辐射作用；物体辐射的分析（分析来自物体的辐射）；光-声效应；穆斯堡尔（mossbauer）效应；电顺磁共振和核磁共振

2. 化学效应

化学效应举例，将催化剂放入各种化学成分（相互作用物质）的混合物中，可加速该混合物各成分之间的化学反应，如图6-7所示。放入催化剂为输入作用，加速化学反应为输出作用，控制参数为催化剂的类型，催化剂颗粒的尺寸和形状、混合物化学成分的类型以及温度。

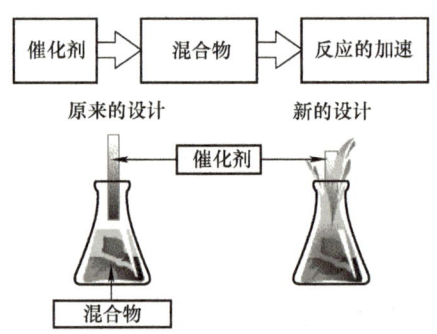

图6-7　催化剂加速化学反应

实现功能与化学效应的关系对照表，参见表6-3。

表6-3　实现功能与化学效应的关系对照表

编码	实现功能	化学效应
1	测量温度	热色反应；温度变化时化学平衡转变；化学发光
2	降低温度	吸热反应；物质溶解；气体分解
3	提高温度	放热反应；燃烧；高温自扩散合成物；使用强氧化剂；使用高热剂

第六章 科学效应与功能

(续)

编码	实现功能	化学效应
4	稳定温度	使用金属水合物；采用泡沫聚合物绝缘
5	检测物体的工况和定位	使用燃料标记；化学发光；分解出气体的反应
6	控制物体位移	分解出气体的反应；燃烧；爆炸；应用表面活性物质；电解
7	控制气体或液体的运动	使用半渗透膜；输送反应；分解出气体的反应；爆炸；使用氢化物
8	控制悬浮体（粉尘、烟、雾等）	与气悬物粒子机械化学信号作用的物质雾化
9	搅拌混合物	由不发生化学作用的物质构成混合物；协同效应；溶解；输送反应；氧化-还原反应；气体化学结合；使用水合物、氢化物；应用络合酮
10	分解混合物	电解；输送反应；还原反应；分离化学结合气体；转变化学平衡；从氢化物和吸附剂中分离；使用络合酮；应用半渗透膜；将成分由一种状态向另一种状态转变（包括相变）
11	物体位置的稳定（物体定位）	聚合反应（使用胶、玻璃水、自凝固塑料）；使用凝胶体；应用表面活性物质；溶解黏合剂
12	感应力、控制力、形成高压力	爆炸；分解气体水合物；金属吸氢时发生膨胀；释放出气体的反应；聚合反应
13	改变摩擦力	由化合物还原金属；电解（释放气体）；使用表面活性物质和聚合涂层；氢化作用
14	分解物体	溶解；氧化-还原反应；燃烧；爆炸；光化学和电化学反应；输送反应；将物质分解成组分；氢化作用；转变混合物化学平衡
15	积蓄机械能和热能	放热和吸热反应；溶解；物质分解成组分（用于储存）；相变；电化学反应；机械化学效应
16	传输能量（机械能、热能、辐射能和电能）	放热和吸热反应；溶解；化学发光；输送反应；氢化物；电化学反应；能量由一种形式转换成另一种形式，再利用能量传递
17	可变的物体和不可变的物体之间相互形成作用	混合；输送反应；化学平衡转移；氢化转移；分子自聚集；化学发光；电解；自扩散高温聚合物
18	测量物体尺寸	与周围介质发生化学转移的速度和时间
19	改变物体尺寸和形式（形状）	输送反应；使用氢化物和水化物；溶解（包括在压缩空气中）；爆炸；氧化反应；燃烧；转变成化学关联形式；电解；使用弹性和塑性物质

217

（续）

编码	实现功能	化学效应
20	控制物体表面形状和特性	原子团再化合发光；使用亲水和疏水物质；氧化-还原反应；应用光色、电色和热色原理
21	改变表面特性	输送反应；使用水合物和氢化物；应用光色物质；氧化-还原反应；应用表面活性物质；分子自聚集；电解；侵蚀；交换反应；使用漆料
22	检测（控制）物体容量（空间）状态和性质（形状和特性）	使用色反应物质或者指示剂物质的化学反应；颜色测量化学反应；形成凝胶
23	改变物体容积性质（空间特性，密度和浓度）	引起物体的物质成分发生变化的反应（氧化反应、还原反应和交换反应）；输送反应；向化学关联形式转变；氢化作用；溶解；溶液稀释；燃烧；使用胶体
24	形成要求的、稳定的物体结构	电化学反应；输送反应；气体水合物；氢化物；分子自聚集；络合酮
25	显示电场和磁场	电解；电化学反应（包括电色反应）
26	显示辐射	光化学；热化学；射线化学反应（包括光色、热色和射线使颜色变化反应）
27	产生电磁辐射	燃烧反应；化学发光；激光器活性气体介质中的反应；发光；生物发光
28	控制电磁场	溶解形成电解液；由氧化物和盐生成金属；电解
29	控制光通量	光色反应；电化学反应；逆向电沉积反应；周期性反应；燃烧反应
30	激发和强化化学变化	催化剂；使用强氧化剂和还原剂；分子激活；反应产物分离；使用磁化水
31	物体成分分析	氧化反应；还原反应；使用显示剂
32	脱水	转变成水合状态；氢化作用；使用分子筛
33	改变相态	溶解；分解；气体活性结合；从溶液中分解；分离出气体的反应；使用胶体；燃烧
34	减缓和阻止化学变化	阻化剂；使用惰性气体；使用保护层物质；改变表面特性（见21"改变表面特性"一项）

3. 几何效应

几何效应举例："改变旋转双曲线体底部的旋转角度，可改变其最窄处的直径",如图 6-8 所示。可将旋转双曲线体看作是由最初的圆柱形笼演变而来的,其垂直棒等距铰接到圆形底部上,当底部被转动时而形成双曲线体,双曲线体表面的线(棒状物)在空间相交。双曲线体底部旋转角度的改变为输入作用,双曲线体最窄处直径的改变为输出作用,控制参数为底部直径和两底部之间的距离。这一形状的功能,可用于夹持放置在双曲线体最窄处的工件。

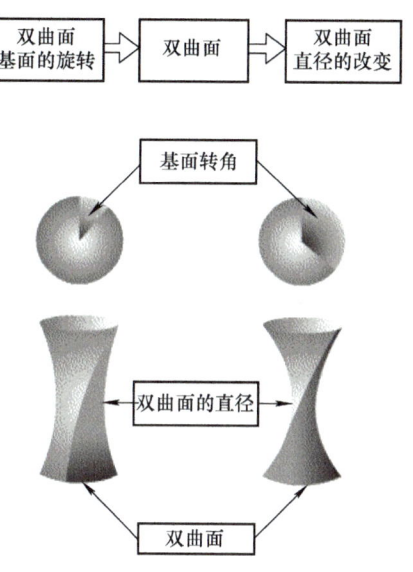

图 6-8 转动底部可改变双曲线体的直径

实现功能与几何效应的关系对照,参见表 6-4。

表 6-4 实现功能与几何效应的关系对照表

编码	实现功能	几何效应
1	质量不改变情况下增大和减小物体的体积	将各部件紧密包装;凹凸面;单叶双曲线
2	质量不改变情况下增大或减小物体的面积或长度	多层装配;凹凸面;使用截面变化的形状;莫比乌斯环;使用相邻的表面积
3	由一种运动形式转变成另一种形式	"列罗"三角形;锥形捣实;曲柄连杆传动
4	集中能量流和粒子	抛物面;椭圆;摆线
5	强化进程	由线加工转变成面加工;莫比乌斯环;偏心率;凹凸面;螺旋;刷子
6	降低能量和物质损失	凹凸面;改变工作截面;莫比乌斯环
7	提高加工精度	刷子(梳子、刷子、毛笔、排针、绒毛);加工工具采用特殊形状和运动轨迹

（续）

编码	实现功能	几何效应
8	提高可控性	刷子（梳子、刷子、毛笔、排针、绒毛）；双曲线；螺旋线；三角形；使用形状变化物体；由平动向转动转换；偏移螺旋机构
9	降低可控性	偏心率；将圆周物体替换成多角形物体
10	提高使用寿命和可靠性	莫比乌斯环；改变接触面积；选择特殊形状
11	减小作用力	相似性原则；保角映像；双曲线；综合使用普通几何形状

4. 生物效应

生物效应举例，如河蚌对环境中的有害杂质的浓度具有敏感性（属性），当水中有害杂质的浓度增加到一定限度时，河蚌就会合上其蚌壳。当有害物质的浓度降低后，蚌壳重新打开，如图 6-9 所示。可以采用这一生物效应来诊断危险化学品生产企业的废水处理设施。

关于生物效应的汇总还没有收集到更详实的资料，暂无法提供详细的效应汇总表。

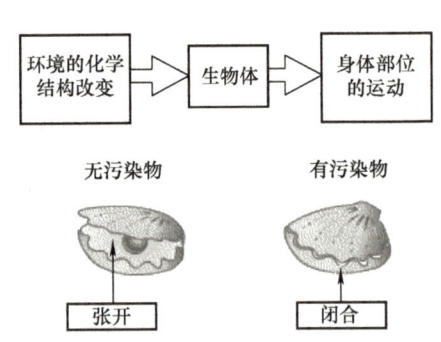

图 6-9　环境的化学构成改变导致生物体发生部位运动

第三节　对科学效应的深入理解与讨论

1. 效应与功能的关系

经典 TRIZ 认为："效应是在特定条件下，在技术系统中实施自然规律的技术结果。换句话说，效应是场（能量）与物质之间的互动结果。"在 CBT/NOVA 软件中对效应有如下的介绍："效应也可以看作是一种功能，它在使用这种或那种物

第六章 科学效应与功能

质、场或二者组合的过程中,将输入作用转换成所需的输出作用。通过输入与输出作用,就可以选出影响发挥效应功能程度的控制作用。"效应结构如图6-4所示。

上述介绍只是说明了效应是"是场(能量)与物质之间的互动结果","将输入作用转换成所需的输出作用",其"影响"是可以施加"控制行为"的。但是有哪些物质参与了相互作用?这个"影响"到底是什么?"控制行为"是如何施加的?缺乏具体的介绍。另外,"效应也可以看作是一种功能"一直是一个似是而非的问题。

作者经过仔细研究,提出了对效应和功能关系的新见解。作者认为,效应并非功能,功能也不是效应。但是<u>任何功能的具体实现都由效应构成,即功能是效应施加在作用对象上的结果</u>。

效应和功能相辅相成,是以"链"的相互嵌套方式共存的。效应必须由物质所承载。如果以一个效应物质 S_e 作为基点来解释效应的话,效应输入端施加的是上一级外部默认物质 S 所形成的输入属性(场/能量),该输入对效应物质的作用结果实现了一个前端功能,这个功能反映在输出端,输出的是效应物质 S_e 所形成的属性(场/能量),该属性(场/能量)作用于下一级被作用物质 O(作用对象),形成后端功能。效应的结构与功能的"链"式结构关系如图6-10a、b所示。

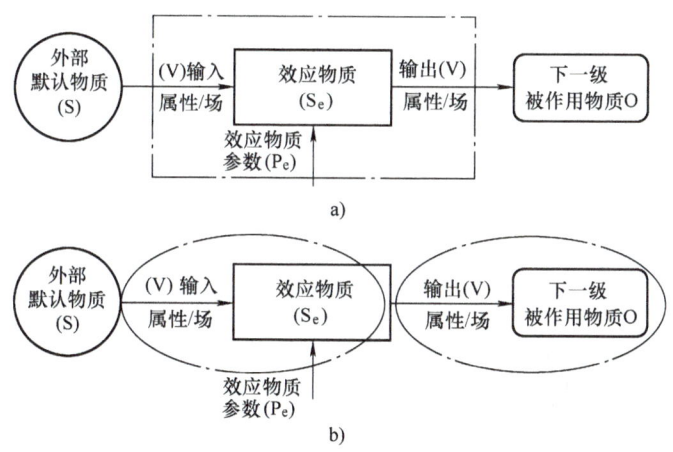

图6-10 U-TRIZ中效应与功能的"链"式结构

图6-10a中虚线方框是对效应基本结构的新的理解与表达,输入为因,则输出为果;图6-10b中两个点画线椭圆框表达的是效应物质的前端功能和后端功能,前端功能为因,后端功能为果。

万物相互作用,相互关联。U-TRIZ所定义的效应与功能的"链"式结构,揭示了效应与功能的相互嵌套、互为因果的真实关系。

221

效应是效应物质在外部物质属性输入作用影响下所形成的属性输出。功能是效应的输出施加在作用对象上，改变了作用对象属性的作用结果。

效应与功能的最大区别是，效应的关注重点是研究一个物质的属性的在输入影响下的输出结果，功能的关注重点是研究两个物质的属性的相互作用结果；在效应中，默认存在前一级物质和后一级（或下一级）物质，在功能中，默认两个物质的属性必然相互作用的，而且这种相互作用改变了被作用物质的属性，否则不实现任何功能。

从图 6-10a 中的效应结构可以看出，效应所反映的是效应物质的属性作用——效应物质在前端输入的作用下，在后端输出了一个新的属性并附带有效动作 V，该动作 V 施加在下一级被作用物质 O 上，产生了某种改变 O 的属性的结果，形成了（VO 或 VOP 形式的）功能。

据此，U - TRIZ 认为效应并不直接等同于功能，而只是受前级的物质属性作用影响而在效应物质上所形成的新的属性输出，如果该属性输出（动作）作用在下一级被作用物质上，即可形成功能；如果没有作用在下一级被作用物质上（即没有与其他物质发生相互作用），还不能算是形成了功能，而只是一种即将形成功能的"功能要素"。

值得指出的是，我们在讨论每两个相互作用的物质时，必须注意其功能载体和功能客体之间的转换关系。在一个链式的功能与效应结构中，一个物质（或组件）在前一级的相互作用中是功能受体（作用对象），而在下一级的相互作用中，它又成为了功能载体。

2. 效应物质与技术系统完备性的关系

效应物质本身是一个理想、简约的技术系统。效应物质在输入端的属性（相当于能量源）作用下，输出一个不同于输入端的属性（场/动作），从而施加在作用对象上，实现一个功能。

以记忆合金效应的手术夹钳为例，如图 6-11 所示。当外界施加的热量（热水）以内能属性为输入而作用于记忆合金物质时，记忆合金的热缩性导致其输出属性尺寸发生了变化。但是如果仅是记忆合金的尺寸自身发生了长短变化，并没有与其他物质有相互作用，只能说明记忆合金产生了一个效应，随之有了一个收缩动作，并没有产生功能意义上的结果。如果该收缩动作作用于下一级被作用物质——夹钳的把手，则实现了"移动夹钳"功能。

在图 6-11 的虚线框中，以效应物质（系统组件）为核心，实际上构成了一个微型技术系统。效应物质（记忆合金）本身兼具动力装置、传动装置、执行装置

第六章 科学效应与功能

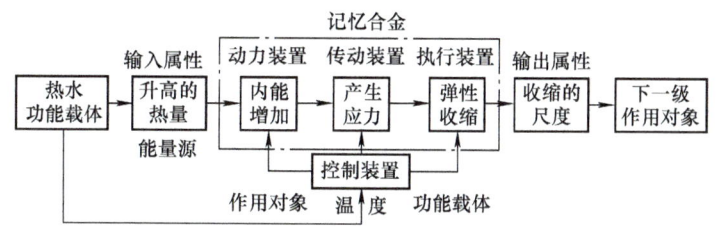

图 6-11　记忆合金与技术系统

三个部分，热水是控制装置，水温是控制参数，在输入属性"升高的热量"的控制作用下，产生了输出的属性"收缩的尺寸"，施加在下一级作用对象上，形成一个"移动夹钳"的功能。该效应物质既是前一级功能载体的作用对象，也是下一级作用对象的功能载体。

3. 效应与超系统、物场的关系

由于效应是自然规律对技术系统作用的结果，效应物质受到超系统（外部环境）的制约，只要条件具备，效应自然发生，不以人的意志为转移。例如湿衣服中水的蒸发，是由于阳光曝晒或风吹后，水分子获能，加速分子运动而汽化；航天返回舱进入大气层后，是在地球引力的作用下，与大气层发生剧烈摩擦，产生近 3000℃ 的高温；多普勒效应是波源相对于观察者运动时，观察者接收到波的频率与波源发出的频率有差异，相向运动频率变高，背向运动频率变低；电致伸缩效应该是外部带电场物质对电场内电介质施加了极化作用，电介质产生了与场强二次方成正比的应变。

在上述效应中，都隐含了物质之间的相互作用。我们不仅要意识到效应必须由物质承载，也应该意识到以效应物质作为一个技术系统来考虑时，效应的发生必然受到了某一个外部的、默认的环境（超系统）物质的作用，见表 6-5。

表 6-5　效应与物质、场、功能的对应关系

外部物质 S	外部场输入属性	动作 V	被作用物质 O	效应	输出属性	参数 P	功能
制冷剂	低温场	冷却	导体	超导	阻抗性	电阻	消除电阻
太阳	光场	加热	水	汽化	蒸发性	水量	蒸发水量
风	气流场	加速	水	汽化	蒸发性	水量	蒸发水量
地球	引力场	吸引	返回舱	摩擦	内能	温度	升高温度
波源载体	声场	运动	弹性介质	多普勒	变频性	频率	改变频率
带电物质	电场	极化	电介质	电致伸缩	变形性	长度	改变长度

依照技术系统完备性和 SVOP 的观点来看,外部发出动作的、默认的物质(S)是功能载体,它发出的场(S 携带的能量)以及由此而产生的动作 V,把能量和动作通过输入端施加到被作用物质(O,功能受体)上,产生了某种效应,改变了 O 的参数 P,实现了某种功能。上表中每一行都可以组成一个语义完整的 SVOP 句子,例如第一行:"制冷剂具有低温场属性,冷却导体,产生超导效应,使导体阻抗性趋于零,实现了消除电阻的功能"。

在效应物质的前级功能中,被作用物质 O 身兼"动力系统、传动系统、执行系统"数职,"控制系统"往往不需要单独存在,可以由自然条件来实现,只要条件具备,效应自然发生,充分利用了自然条件——环境中的理想资源。

当然,控制系统也可以由外部施加人工系统来实现,例如前面提到的水温控制记忆合金收缩;洗衣机自带的烘干机也可以烘烤湿衣服,其温度可控、可调;电致伸缩效应中的电场强度,也可以由人工设计的系统独立调节。但是从技术系统进化的角度来看,凡是使用了理想资源的技术系统都更趋近于理想系统。因此,在一个技术系统中,能不加入控制子系统,就不去加入它,最大程度上减少人工干预,尽量让自然条件(超系统)中的理想资源去实现自动控制。

4. 效应与属性的关系

现代科学研究证明,效应可以分解为两个物质属性的相互作用,例如热膨胀效应由内能和应变两个属性相互作用所引发;磁流变效应由磁场和黏性两个属性所引发。表 6-6 给出了部分效应与物质属性相互作用的关系。

表 6-6 效应与物质属性相互作用的关系

效应	属性	属性	效应	属性	属性
1. 热膨胀	内能	应变	11. 发电机	机械运动	电流
2. 压电	电场	应变	12. 中和反应	酸性	碱性
3. 电阻	电阻率	应变	13. 电解	电流	质量
4. 磁致伸缩	磁场	应变	14. 离心力	离心场	质量
5. 弹性	压力	应变	15. 多普勒	波长	位移
6. 电磁	电流	磁场	16. 冷凝	气体冷凝性	液体
7. 磁流变	磁场	黏性	17. 蒸馏	沸腾性	成分
8. 电流变	电场	黏性	18. 折射	折射性	角度、方向
9. 光电效应	光子吸收性	电子发射	19. 衍射	波长	角度、方向
10. 电动机	电流	机械运动	20. 振动	波长	周期

第六章　科学效应与功能

(续)

效应	属性	属性	效应	属性	属性
21. 摩擦	机械作用	内能	26. 电容	电场	电介质位移
22. 光解	光子吸收性	电子激发	27. 磁导	磁场	磁感应
23. 声呐、雷达	时间增量	距离	28. 电介质极化	极化	电场
24. 荧光	波长	原子数	29. 超导	内能	电阻
25. 热传导	分子热运动	热不均性	30. 杠杆	尺寸	力

效应是由物质的两个属性相互作用而形成的结论，支持构建了 U - TRIZ 的功能模型，并且进一步构建 SAFC 模型。

5. 不同理论对效应的表示

在上述的不同理论体系中，以不同的形式对效应做了定义与表达，但是其实质是一样的。作者在这里对它们做一下汇总和比较，见表6-7。

表6-7　不同形式效应的比较

分类	图示	含义
经典 TRIZ	(1) ←---- 物$_1$ ⟹ 物$_1$ — 物$_2$ ↗场′ ↘场″ (2) ←---- 场$_1$ ⟹ 场$_1$ — 物 ↗场2′ ↘场2″	一个物质场的起始端场（场′）和终端场（场″）。这里（1）出现的物$_2$和（2）出现的物即效应物质。未申明起始场与和终端场是参数还是属性
现代 TRIZ	输入 —○效应○— 输出 或 输入流→效应→输出流，控制流↑	输入与输出形成了效应。有的加上了控制端。在效应的使用上，有串联、并列、组合、反馈等不同形式。未申明输入与输出是参数还是属性
USIT	[属性][转换][属性]，[输入][转换][输出]	输入与输出经过转换形成效应。没有控制端的概念，全部是串联结果。明确了输入与输出是属性
P&B	$E_{机械}$ → $E_{电}$ 或 $E_{电}$ → $E_{电}$	输入与输出经过变换形成了效应。未申明输入与输出是参数还是属性
U - TRIZ	(V)输入/属性/场 → 效应物质(S_e) → 输出(V)/属性/场	两个属性相互作用形成效应。输入与输出可以是属性、场或功能属性

TRIZ 进阶及实战 大道至简的发明方法

U-TRIZ 效应概念集成了经典/现代 TRIZ、USIT 的优点，把输入与输入端明确为属性。由于场也是一种属性，所以输入与输入端也可以是场，或者是功能属性。由此，不同形式的效应概念和图示得到了统一。

第四节　科学效应知识库

1. 效应知识库的由来

每个人掌握知识的范围和能力是有限的，遇到的问题却是无限的。人们往往不知道，在其所面对的问题中，90%已经在其他领域被解决了。普通的工程师通常只知道大约少数科学效应和常见科学现象。理工科院校的学生们学习了一些效应，但并没有学过如何将这些效应用到实际工作中。他们毕业进入企业后，在工作中运用一些常见效应（如热膨胀、共振）时，往往会出现一知半解的现象，更不用说那些很少听说的效应了。另一方面，作为科学效应的发现者，科学家们常常并不关心该如何去应用他们所发现的效应，不少新效应被束之高阁。因此，构建科学效应库，让效应知识为大家所方便地查询使用，对于促进大众创业、万众创新具有重要和现实的意义。

从作者目前掌握资料来看，系统的"科学效应"提炼、汇编和编纂工作，始于1968年苏联"合理化建议者协会中央理事会"的发明方法学公共实验室，由阿奇舒勒与他的学生等 TRIZ 专家、发明家的自发推动。自1971年起，在苏联的一些发明学校和阿奇舒勒等 TRIZ 专家所主持的发明进修班里，就已经用物理效应来解决发明问题。效应的研究历程大致如下：

- 1968年——分析了5000多个发明专利，开始专门研究物理效应；
- 1971年——编辑了第一版"物理效应指南"；
- 1973年——整理了300页记录"物理效应"的手稿；
- 1978年——编辑了第二版"效应指南"；
- 1979年——阿奇舒勒在其《创造是精确的科学（Creativity As Exact Science）》一书中所提出的 ARIZ-77 中，以功能编码表的形式给出了有30个功能的包括99个物理效应的"效应指南"；

第六章 科学效应与功能

- 1981 年"物理效应"首次在"技术与科学"(Technologies and Science)杂志上发表。
- 1987 年"物理效应指南"首次通过《大胆的创新公式(Daring Formulas of Creativity)》一书,在卡累利阿共和国彼得罗扎沃茨克市发布;
- 1988 年"化学效应指南"首次通过《迷宫中的线索(A Thread in Labyrinth)》一书,在卡累利阿共和国彼得罗扎沃茨克市发布;
- 1989 年"几何效应"首次通过《没有规则的游戏规则(Rules of a Game without Rules)》一书,在卡累利阿共和国彼得罗扎沃茨克市发布。

至此,物理效应、化学效应、几何效应已经形成了表格式的指南。更进一步地,汇总了这些指南的"效应知识库"也开始进入了人们的视野。效应知识库涵盖了物理、化学、几何、生物等多学科领域的效应知识。效应知识库的应用对发明问题的解决有着超乎想象的促进作用。

随着 CAI 软件技术的发展,有些国家已经建立了庞大的效应知识库,把过去只有专家、学者才能使用的高深技术和渊博知识资源变成为大众易学好用的创新工具。有的 CAI 软件应用"本体论"来对自然科学及工程领域中事物之间纷繁复杂的关系进行全面的描述,借助于这些已有的关系去查询相关的效应知识和专利技术。在建库方法上,按照从技术需求论证到具体实现方案的原则建立效应知识库,其组织结构形式也比较适合发明者查询使用。发明者只要能确定需要实现的功能,给出规范化定义的功能语义检索式,就可以找到实现该功能的科学效应,从而能有效地克服发明者行业和领域知识不足的缺陷。

在国内,寻找、梳理、分析效应,建立效应知识库的工作,一直是一个短板。目前还没有看到特别详实的效应介绍资料。在本书的撰写过程中,作者花费了数年时间,在查阅、翻译和校对了大量技术资料的基础上,归纳、总结出了 922 个效应。某些 CAI 软件的技术资料提及了效应数量,常用效应大约有 1400 左右,复合效应有数千个,但是作者目前能找到的效应是大约 1000 个,剔除了一些内容重复的效应,形成了附录 4 中的 922 个。其他效应还有待发现与补充。

2. 效应知识库的分类

效应知识库的分类通常有以下四种:
1) 按学科分类,分有物理效应、化学效应、几何效应和生物效应 4 大类。
2) 按专利分类。
3) 按功能分类:
- 物理效应与实现功能对照表;

- 化学效应与实现功能对照表；
- 几何效应与实现功能对照表；
- 固、液、气、场不同形态物质实现功能的效应知识库。

4）按属性分类：
- 改变属性的效应知识库；
- 增加属性的效应知识库；
- 减少属性的效应知识库；
- 测量属性的效应知识库；
- 稳定属性的效应知识库。

事实上，无论怎样的分类方法，最后的落脚点，总是实现效应与某个功能紧密相关。本书作者尽量给出了以上四类效应知识库的绝大部分内容，请参见本章内容以及附录2~附录4。

3. 应用效应知识库解决发明问题的步骤

应用效应知识解决问题的步骤和过程如下：
1）首先对问题进行详细分析；
2）确定所解决的问题和要实现的功能，以 VO/VOP 的方式形成检索式；
3）根据检索式查询效应知识库，得到所推荐的一组效应；
4）筛选所推荐的多个效应，优选适合解决本问题的效应作为概念解；
5）把概念解形成具体的技术方案，并验证该方案的可行性，如果缺乏可行性或功能无法实现，请重新分析问题或查找合适的效应；
6）形成可实施的、工程化的解决方案。

以上查找和应用效应的过程，无论是手工方式还是使用软件的方式，过程基本相同。

要点小结

科学效应是重要的发明方法知识。科学效应库面向应用实际需求，抽取出多学科领域的效应，归纳、总结、分类，以便于大家理解物质的各种属性，方便大家的查询，有效地促进效应在研发中的实际应用。

几何效应、物理效应和化学效应主要是通过改变工作区域的物质，建立新的技术系统特征来消除系统功能中的矛盾。

在人类持续的科学探索中，科学效应库本身一直在不断地扩充和细分。经常发生多个效应合成一个复合效应，或者一个效应被拆分成两个其他效应的现象。

第六章 科学效应与功能

科学效应库知识提供了一种解决问题的手段,是更为基本的、有利于得到更高水平发明成果的科学知识。要较好地解决技术系统中的实际问题,关键还要看如何用好、用巧科学效应知识。

思 考 题

1. 什么是科学现象?
2. 什么是科学效应?
3. 科学现象、科学效应、科学原理之间有什么关系?
4. 科学效应分为几类?
5. 效应与属性的关系是什么?
6. 效应与功能的关系是什么?
7. 效应知识库的早期原型是什么?由谁构建?
8. 怎样查询效应知识库?
9. 效应的数量大致有多少?
10. 熟练掌握科学效应的益处?

第七章 解题流程：问题陈述与定义

TRIZ进阶及实战
——大道至简的发明方法

第七章 解题流程：问题陈述与定义

第一节 经典 TRIZ 问题求解流程

经典 TRIZ 解决发明问题的一般化思路是：首先将一个待解决的具体问题经过抽象、提炼、转化，表达为 TRIZ 的"问题模型"，然后利用 TRIZ 中的解题工具（例如分离原理）得到"解决方案模型"（例如空间分离方法或与其有关的发明措施等），然后再将"解决方案模型"工程化，落地为具体问题的具体解决方案。如果问

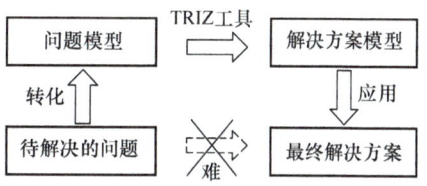

图 7-1 TRIZ 的一般解题模式与流程

题不能得到解决或者对解决方案还有不满意之处，那么重新定义待解决的问题，再次进行解题迭代。这种四步式的一般化的解决问题的模式，比以往人们靠"经验法"、"试错法"、"头脑风暴法"等传统创新方法要速度更快一些，而且解决方案的水平也相对较高。如图 7-1 所示。

无论是矛盾问题、物场模型问题，亦或是功能化问题，都可以套用上图的解题模式。因此该解题模式表达了 TRIZ 的一般解题模式与流程。

如果对该解题流程稍加变化，即可得到一个常用的、改进型的解题流程，如图 7-2 所示。

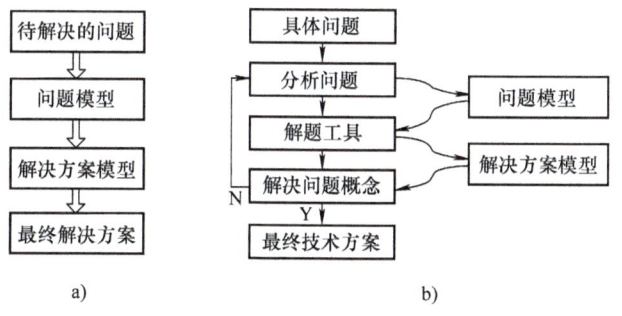

图 7-2 对 TRIZ 一般解题模式与流程的改进

图 7-2a 是图 7-1 "抻直了"了的解题模式与流程。图 7-2b 显示的是其改进型解题流程。在该流程中，增加了"分析问题"阶段，经过分析之后而得出"问题模型"，从逻辑上更严谨一些。根据问题模型而应用适用的"解题工具"，由此而得到解决方案模型（问题概念解）。然后，看概念解能否形成"最终技术方案"。如果可解决实际问题，则继续后续步骤（方案实施、申请专利等）；如果解题无效，则意味着此前对问题的分析和定义是不充分或不准确的，应该重新回到分析

231

问题阶段,继续分析和定义新的问题模型。该流程具有通用性,很多各具特色的解题流程(如九步法等)都是根据该流程演化而成。

第二节　U－TRIZ 的解题流程

U－TRIZ 解题流程由图 7-2b 演化而来,分为四个阶段和若干个解题步骤。该图考虑了解决问题的多种情况,表面看起来有点复杂,但实际应用时,多个步骤属于并行选择,只择其一,不需走完所有流程,因此实际流程比较简明有效,如图 7-3 所示。

在图 7-3 的左上部分,是"问题定义"阶段。该阶段无需 TRIZ 概念,只要求研发人员收集必要信息,用自己熟悉的技术语言,清晰、准确地叙述一个宏观技术问题,满足 5W1H 的要求。该阶段要点:描述清楚一个宏观问题。

所谓宏观问题,是相对于微观(最小问题)而言的。该部分将在下一节中阐述。

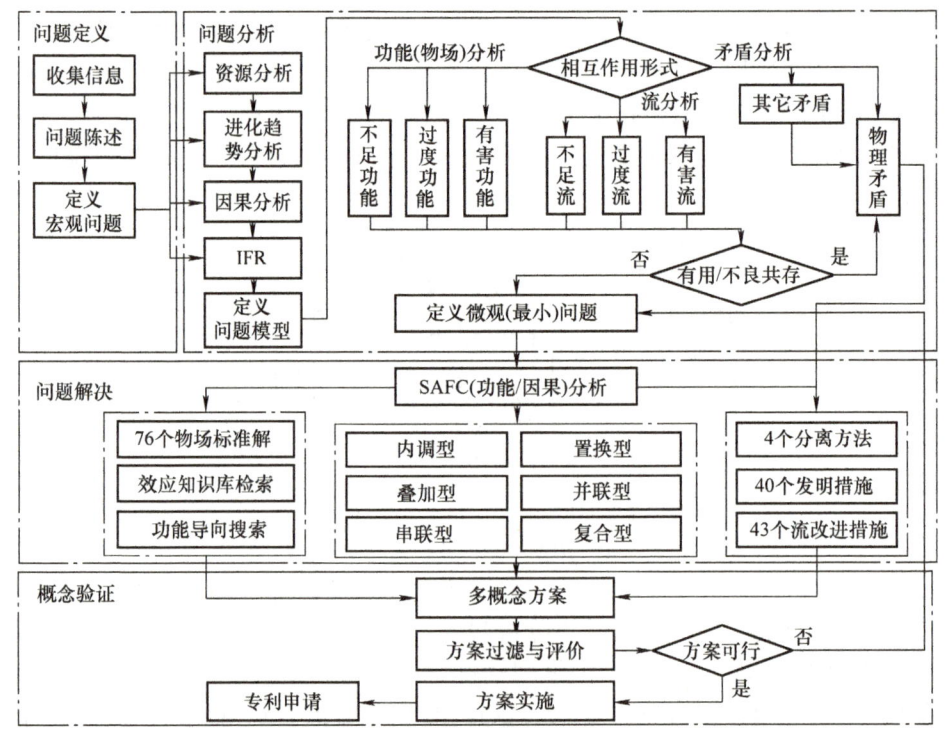

图 7-3　U－TRIZ 的解题流程

第七章 解题流程：问题陈述与定义

在该图上部的"问题分析"部分，开始使用 TRIZ 概念分析问题。从流程上可依序进行资源分析、进化趋势分析、因果分析以及给出求解该问题的 IFR，也可以省略前几步，只选择 IFR，然后进入定义问题模型。在给出 IFR 的时间点上，可以在定义问题模型之前给出 IFR，也可以在之后给出 IFR。U-TRIZ 的特点之一是以"相互作用形式"来统一描述几套问题分析工具，并且把功能分析与物场分析合并为同一类——"功能（物场）分析"，同时也把流分析单独列出，作为功能分析的一种特定形式。在确定"相互作用形式"时，可以选择的种类分别是"功能（物场）分析"、"流分析"、"矛盾分析"。通过分析工具对问题的分析与识别，找到微观（最小）问题。该阶段要点：识别问题模型的"相互作用形式"，逐渐收敛问题范围，以多种分析工具找到最小问题。如有用功能、不良功能共存，则可找出物理矛盾。

在图 7-3 中部，是"问题解决"阶段，首先要做 SAFC 模型分析。SAFC 模型分析既是分析模型，也是解题模型，因此实际上应用 SAFC 模型跨了问题分析和问题解决的两大阶段。分析之后，可选择适用的解题工具——如发明措施、分离原理和物场标准解、效应知识库、功能导向搜索、流改进措施、SAFC 模型等。在解题过程中，要紧紧抓住问题情境中的各种物质属性与功能属性，通过属性来调节最终产品的功能。由于矛盾分析、功能分析、流分析、SAFC 模型等都可以导出物理矛盾，因此多数情况下仅用分离原理即可解决问题。该阶段要点：进一步收敛问题，根据分析结果选择适用的解题工具，往往可获得多个概念方案。

在该图下部，是"概念验证"阶段。对已有的多概念方案进行过滤、评价，确定最终的解题策略，例如事先解决（消除问题根源）、事中解决（问题刚一出现随即消除），或者事后解决（对已经发生的问题采取补救措施），然后验证方案的可行性。如果所有的解题概念都无法形成可用的解题方案，要返回问题分析阶段，重新定义最小问题。如果方案可行，解题效果接近预先设定的 IFR，那么则进入到方案实施、申报成果和申请专利等环节。该阶段要点：筛选和确定解决方案，实施、优化并管理最终的技术方案。

第三节 如何陈述一个工程问题

1. 准确阐述问题的障碍

在作者十多年的 TRIZ 培训与技术咨询活动实践中，曾经审阅了大量的技术人员提交的问题。作者发现，能够在"问题定义"环节第一次就把问题说清楚的人，寥寥无几。绝大部分的问题都是含糊不清的，或者是没有说清楚问题，或者是叙述的逻辑有问题，或者是无法判定最终是要解决什么问题。往往需要与学员反复讨论、追述多次，才能把问题说清楚。

为此，作者特别找到一些航空、汽车等领域中大型企业的研发人员（曾经的 TRIZ 培训班学员）以及有关技术专家做了调研。以下是他们对该问题的反馈实录：

"一个是习惯不好，没有记录知识的习惯，临到用时一时半会儿又想不起来。第二个就是没有记录问题的习惯，只大概记得有这么个问题，具体的详细的就不记得了，用书面形式就很难提出了。第三个就是不知道怎样用书面的形式提问题，又怕书面表述不清。第四个就是内心认为这个问题不值得用书面的形式提出来。第五个就是这个问题是否适合在这个场合用书面的形式提出来。第六个就是保密的问题，有的是国家秘密，有的是商业秘密。第七个就是这个问题提出来可能就透露了本公司或单位的能力水平。"

"懒得写和没有从根本上系统地去想过这个问题的根本原因和解决方案。简单解决了就完了，五个 why 等等分析问题的方法，都只是知道，从来没有用过。"

"造成书面问题比口头问题更难的原因有两个。第一，文字难以表达倾向、感情等潜台词，对于问题的来龙去脉需要花费大量的描述。第二，语言交流是时时互动的，提问者和被问者随时能够修正自己的意思，而书面问题没有可修正的机会，就必须以绝对无误的描述引导被问者理解，这个篇幅就大了不少。"

"我接触的过程觉得常见有两点：一是较多技术人员关注技术本身，表达能力不强；二是问题本身对此人员是个不能再熟的事，了然于胸，表达时思维跳跃，自认为说明白了，其实听的人觉得逻辑不对。"

以上反馈反映出的问题是，工程技术人员普遍难以准确陈述自己所面临的问题。未经 TRIZ 培训的学员，往往在梳理和定义实际的疑难复杂问题上有困难。

提不出一个真实的、合适的问题，是技术人员的通病。能通过合理的分析提出一个好的、真实的、合适的问题，相当于问题解决了一半。

在任何企业或科研院所里，技术问题是一种客观存在，在产品创意、研发、批产、物流、销售、使用、报废等过程中，处处都会有问题，时时都可能发生问题。技术人员天天要与之打交道，几乎每天都被问题所困扰。按常理，技术人员应该对问题本身非常熟悉，应该能够比较清楚地陈述问题。但是实际情况却完全不是这样。为什么技术人员难以清晰地描述一个问题呢？

提出问题难，难在难以准确地定义问题。这里有几个方面的问题：

- 首先，在工作中，人们往往明显感觉到问题的存在，但是往往又缺乏认真的观察，即对问题的现象、特征没有进行仔细的观察。
- 其次，如果没有认真的观察，自然也就缺乏真实有效的问题记录，即对问

第七章 解题流程：问题陈述与定义

题发生的多方面情况（如发生问题的现象、时间、地点、影响范围等）没有做详实的监测与记录。
- 再者，没有对问题进行有效的思考，当然也无法从看得到的问题现象去深入揭示背后看不到的问题实质。

即使做到了以上三点，也未必对问题有了清晰的认识。因为上面的思考，可能还只是一种基于一般技术思维的思考，还不是基于创新思维的思考。因此在揭示问题的实质上，还会有层次上的差异。例如，当一个电子设备局部发生了过热的现象，一般的技术思考是电流过大了，线路短路了，或者冷却系统出了问题等。而基于创新思维的思考则不同，除了会考虑到以上的因素外，还会对产生过热的原因，即从相互作用的本质上去思考，如电子设备基本元器件的属性是什么，怎么引发的相互作用——引发过热的成因是什么，是过载所致，是放电所致，还是摩擦所致，还是其他有害作用所致。

作者无法要求每个提出宏观技术问题的人员都懂得一点 TRIZ 理论，但是作为基本要求，要求在"问题定义"阶段陈述宏观问题时，要做到 5W1H：

- 什么（What）——这是一个什么样的问题？有什么样的内容和表现？
- 何时（When）——问题何时发生？发生了多长时间了？何时可以解决？
- 何处（Where）——问题发生在哪里？影响范围有多大？
- 谁（Who）——是哪个设备的哪个零部件出了问题？这个问题会影响到谁？
- 为什么（Why）——为什么发生这样的问题？为什么无法阻止发生这样的问题？
- 如何（How）——这些问题是如何产生的？如何消除当前问题？以后如何不再产生类似问题？

达到上述要求，可视为已经完成了"问题定义"阶段的任务，即陈述工程问题的结果，是得到一个准确描述的宏观问题。

2. 避免不恰当地陈述问题

通常，我们应该避免提出如下三类"问题"：

1）陈述一个系统范围过大的问题——如"如何开发新能源汽车"、"如何开发五代战机"等这样宏观的问题。这样的问题范围过大，很不聚焦，没有锁定问题要点，让听者感觉无从下手，找不到着力点。正确的做法是，应该尽量指出，在什么样项目中的什么产品（或技术，或实验等）的研发过程中，在哪一个具体的产品结构（或流程的环节）中，遇到了什么问题。这样会尽量缩小问题的范围，锁定问题的要点，使得问题能够很快获得清晰的定位和理解。如果同时给出具体的图示，则效果更好。

2) 陈述一个过于笼统的问题——如仅仅给出了"如何解决发动机漏油"、"怎么往容器里加液体"等这样简单的问题描述。这样的问题虽然有"发动机"、"容器"等具体产品所指，但是对于问题发生的位置、场景、背景、过程等重要信息一无所知，让人难以判断。正确的做法与上个问题的提示相同，应该对问题的现象、影响范围做出清晰的描述，特别是要给出有问题的技术系统的图示（装配图或局部示意图），更有利于加速、加深对问题的理解。

3) 陈述一个"伪问题"——如"发明太空钢笔"（或"无人探月器的灯泡"）等。这样的问题并非真正问题所在，是在信息不完整、不对称的情况下做出的主观判断，而真正的问题本身往往有待于发掘和重新定义，而且在经过严谨分析和重新定义问题后，往往另有更实用的解决方案。

3. 必须给出问题区域的图示

一个良好的问题情境的图示，是分析问题、解决问题的基础。

每次开始 TRIZ 培训前，在"技术创新问题提交表"中，作者都有一项要求：提供问题发生的区域或工况情境的清晰、明确的图示，给出二维工程图、计算机三维造型图或手绘示意图都可以，最好能说明问题发生时刻的具体表现和相关细节。俗话说，"一图胜万言"，一张或多张发生问题的区域的全貌图、局部放大图或剖视图等，对于其他人正确地理解问题、分析问题和解决问题有莫大的帮助。如果没有具体图示，对问题的理解度会大幅度下降，或者基本上无法理解该问题。

作者的经验是，凡是提出了技术问题并要求作者予以咨询辅导的课题，都必须给出至少一个（或多个）问题情境图，没有图示的暂不讨论。

第二章已经提及，在问题情境中，把产品中与有问题的零部件直接或间接接触（相互作用）的其他零部件，划归到一个技术系统的范围，这样的系统范围就是"最小问题区域"。清晰的问题区域图示有助于快速划定最小问题区域。

在最小问题区域所发现的问题，是宏观层面的最小问题。将宏观层面的最小问题不断细分，可以找到微观层面的最小问题。

如果能对问题图示稍做加工，生成问题模型图，则更能说明问题。制作问题模型图，就是要把发生问题的"一刹那"的状态用一张瞬态图像的形式表现出来。尽量标出技术系统组件相互作用的界面，以及工作或受力的情况。图示越具体、越清晰、越体现微观作用，则效果越好。

案例：挎包或背包中的东西比较沉，则肩带压住肩膀上所产生的压力以及前后左右的移动所带来的摩擦，让肩膀产生不适感（不良功能）。图7-4展示了在某个瞬间肩膀的受压状态（最小问题区域）。该图可以作为下一步功能分析或因果分析的依据。

图 7-4 挎包肩带对肩膀施压状态的问题模型图

案例：以铆钉枪的气动高频锤头击打铆钉头部使其发生变形而压紧飞机蒙皮。如果铆钉径向膨胀过大，则可能挤压蒙皮上的孔，图 7-5 是该问题模型图。

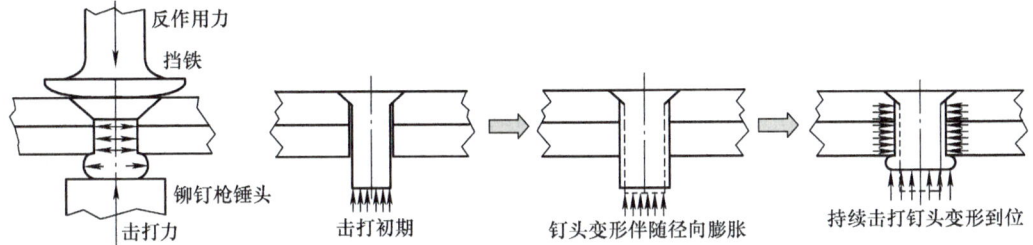

图 7-5 铆钉径向挤压飞机蒙皮孔的问题模型图

由该问题模型图可以看出，最小问题区域在铆钉帽、铆钉杆与蒙皮（及桁梁）的接触面上。

4. 定义良好的问题是知识

定义良好的问题也是一种知识的表达形式。如果一个问题提得好，定义清晰明确，可以很快获得解决方案。即使问题一时无法解决，没有找到适用的解决方案，也可以将其作为一种问题知识纳入到企业的知识库中。当一个企业的知识库中有很多这样的问题知识时，也说明了企业研发人员的思考能力和问题梳理能力。

鼓励企业的技术人员提出技术难题，是企业在开展技术创新和管理创新时必须要考虑的工作内容。建议企业以"技术创新问题提交表"的方式，收集、梳理企业在研发、生产、服务、管理等各方面的技术难题，并成立专门的专家组，对问题进行评估、分析和解决。

为了方便在 TRIZ 培训中分析和解决问题，作者开发了一个"技术创新问题提交表"，以方便技术人员提出自己遇到的任何技术问题。凡是准备带着技术问题参加培训的人员，应该提前一月填写好该表格，以图文并茂的方式，清晰地说明问题发生的情境和现象。"技术创新问题提交表"的参考样本，请参见附录1。

尽管在该表格中隐含了若干 TRIZ 的基本概念，但是对于填写该表的人，并不需要知晓 TRIZ，只需要按照每一步的要求如实填写即可。

第四节　工程问题的再定义

在收集信息阶段首次陈述和定义的问题是一个宏观问题，往往没有用 TRIZ 的概念去梳理和分析，因此初次定义的工程问题往往不是一个定义良好、结构清晰的问题。能否让该问题直指问题核心与实质，能否让该问题逐渐演变成一个真正的发明问题，需要经过多次的问题分析与问题再定义。问题再定义的目的，是要在宏观问题的相互作用中，找到微观层面的最小问题——这符合阿奇舒勒给我们的指导："宏观→微观"发展的结果，都往往会产生三级或者四级的高水平发明——找到微观层面的最小问题，是获得高水平发明成果的起点。

为此，在 U–TRIZ 中比较强调对问题的分析与再定义，即在图 7-3 中的"问题分析"阶段，通过必要的分析工具，首先辨识出问题中相互作用的诸要素。这些相互作用的要素，可以是系统组件（或物质），也可以是系统组件（或物质）的功能，可以是系统中的通用参数，也可以是系统中物质的属性参数，也可以是系统中物质的属性。确定了相互作用的类型，也就有了具体的解题方法。相互作用有以下几种类型。

1. 矛盾类型的相互作用

矛盾就是对立统一的双方面。如果问题表现形式属于对立统一的双方面，不管是两个参数/功能/属性的对立统一，还是在一个参数/功能/属性上汇聚了两种需求的对立统一，都是属于矛盾类型的问题。前一种是技术矛盾，后一种是物理矛盾。如果对一个问题进行认真分析的话，在这个问题情境中往往可以找到多个物理矛盾（找不到物理矛盾的问题是很少的）。找到的物理矛盾越多，问题所暴露出来的线索也就越多，解决问题的"抓手"也就越多。

由于物理矛盾是客观世界的根本性矛盾，消除了物理矛盾，往往意味着问题的较为彻底的解决，因此作者提倡把系统中的技术矛盾转化成物理矛盾，然后用分离原理将其消除。

技术矛盾转化成物理矛盾，也是一种问题的再定义过程。矛盾的转化工具有

第七章 解题流程：问题陈述与定义

两个，一个是图示转化模型，一个是表格转化模型。

(1) 图示转化模型

例如，在设计飞机机翼时，为了增大飞机的升力，往往把飞机机翼的迎风面积设计得较大，有利于飞机在起飞或降落时的操控；但是在飞机高速飞行时，机翼迎风面积大会增加风阻，影响飞行加速，所以飞机的升力和飞行速度之间难以协调，形成技术矛盾"升力 VS. 速度"。

将该技术矛盾转换为物理矛盾转化图示模型，如图7-6所示。该模型由英国TRIZ专家达勒尔·曼恩提出。

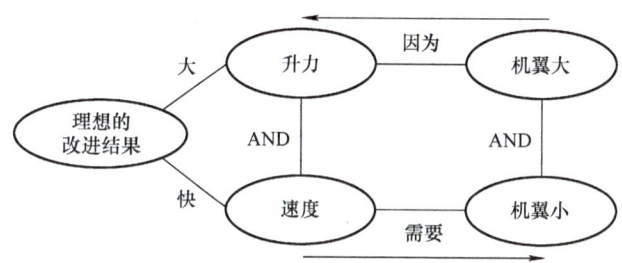

图7-6 技术矛盾转化为物理矛盾的图示模型

在该图示模型中，左边是理想的改进结果（相当于IFR），表示中间的技术矛盾对立统一的双方面都得到了满足。右边是物理矛盾，表示在充分满足了中间的技术矛盾的同时，对右边的机翼迎风面积提出了既要大、又要小的矛盾需求。图中的逻辑关系是，用"因为"和"需要"可以实现技术矛盾和物理矛盾的相互转换。

该图的要点是，让技术矛盾中的对立统一的双方都达到改善状态，那么这两种同时实现的改善（理想的改进结果）一定会对另一个相关的系统组件或参数提出截然不同的功能属性需求，这就是物理矛盾。

(2) 表格转化模型

技术矛盾转化成物理矛盾也可以用"IF THEN BUT（如果-那么-但是）"的表格模型，见表7-1。该模型由阿奇舒勒提出。

表7-1 技术矛盾转化为物理矛盾的表格模型

转化步骤	参数及对参数的需求		矛盾类型
IF（如果）	机翼迎风面积大	机翼迎风面积小	物理矛盾
THEN（那么）	升力大	飞行速度快	技术矛盾
BUT（但是）	飞行速度慢	升力小	

在该表格模型中，第二行"IF"中间的两列内容是物理矛盾，第三行、第四行中间的两列内容是技术矛盾。图7-6的稍显不足之处是只表现出了技术矛盾两方

239

面都好的理想状况。而表 7-1 则表现出了技术矛盾的"此好彼差"的两种矛盾状态。

矛盾分析的目的,就是把其他形式的矛盾统一转化为物理矛盾的问题模型,然后进入问题求解阶段。

如果在后期的问题求解过程中难以找到适用的问题解决方案,可能是在这一步的问题再定义不够准确或不够细致,那么要从解题阶段重新回到问题分析与再定义阶段,重新定义物理矛盾。重新定义的要求是,<u>一定要找到最小问题</u>,即问题所发生区域中最小接触面上的相关组件的物理矛盾。

2. 功能类型的相互作用

如果问题表现形式属于相互作用的两个组件,功能载体对功能受体(作用对象)发出了动作,改变了作用对象的属性参数或属性,就是功能的具体表现形式。物质场分析模型与功能分析模型在表现形式上虽有差异,但实质基本一致,都是强调两个物质的相互作用,两个物质也分为功能载体和作用对象,因此在 U–TRIZ 中将其合并为同一个功能类型的相互作用。

除了有用功能之外,有问题的功能模型表现为三种形式:不足功能、过度功能、有害功能,我们也可将其统称为不良功能。在问题的分析定义中,主要是找问题,一般无须对有用功能进行改进,所以也不用在问题的分析流程中将其表达出来。因此我们通过分析具体问题,找出三种不良功能,把它们定义成 TRIZ 中通用的问题模型。

我们把前面第五章第二节中的"铆钉枪将飞机蒙皮用铆钉固定在桁梁上"的物场模型的例子引用在这里,同时附加了功能分析模型。

(1) <u>不足功能</u>

铆钉枪冲击铆钉,让铆钉头发生变形,但是变形较小,虽然铆钉把蒙皮定位在桁梁上,但是蒙皮和桁梁之间还有少许间隙,这就是有用但不充分的相互作用。建立起来的这种系统的物场模型和功能模型,如图 7-7 所示。

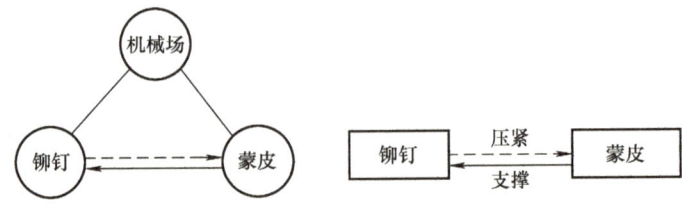

图 7-7 有用但不充分的相互作用

第七章　解题流程：问题陈述与定义

(2) 过度功能

铆钉枪冲击铆钉，让铆钉头发生变形，但是变形较大，虽然铆钉把蒙皮定位在桁梁上，但是蒙皮被过分压紧，产生局部变形，这就是有用但过度的相互作用。建立起来的这种系统的物场模型和功能模型，如图7-8所示。

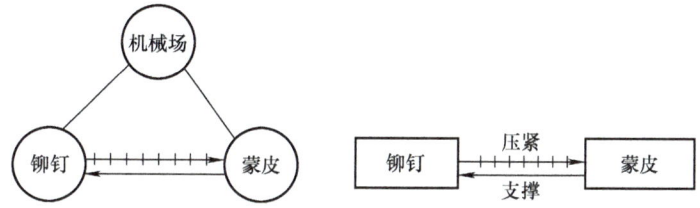

图7-8　有用但过度的相互作用

(3) 有害功能

铆钉枪冲击铆钉，让铆钉头发生变形，但是由于铆钉枪没有对准铆钉，铆钉头变形不对称，甚至钉杆变歪斜，由此而造成蒙皮变形。在这个系统中，除了铆钉对蒙皮的有用的压紧功能外，还存在着钉杆变歪斜、挤压蒙皮等有害功能。建立起来的这种系统的物场模型和功能模型，如图7-9所示。

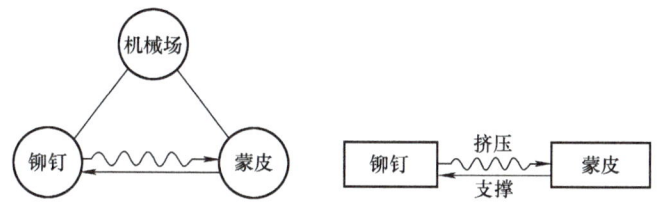

图7-9　有害的相互作用

如果在后期的问题求解过程中难以找到适用的问题解决方案，可能是在这一步的问题再定义不够准确或不够细致，那么要从解题阶段重新回到问题分析与再定义阶段，重新定义问题。重新定义的要求是，<u>一定要找到最小问题</u>，即问题所发生区域中最小接触面上的组件之间的相互作用。

3. 流类型的相互作用

如果问题表现形式属于连续运动的物质、能量（场）、信息，在技术系统及环境中与系统组件有相互作用——以连续运动的物质流、能量流或信息流为功能载体，对作用对象发出了动作，改变或保持了作用对象的属性参数或属性，就是流的具体表现形式。

流是一种相互作用的特定表现形式。在分析上与功能分析类似，但是具有自己的特点。

通常我们采用流分析来识别工程系统内的物质、能量（场）和信息流动的缺陷，识别流的种类，如有益流、有害流、不足流、过度流、浪费流、中性流等；分析流的传递，如流的数量、流的特征、流的路径或通道、特殊区域等；计算流的合并、流的分配和流的转换等。

与功能分析类似，即在技术系统中找到不足流（共有 11 种）、过度流（共有 3 种）和有害流（共有 6 种）。

如果在后期的问题求解过程中难以找到适用的问题解决方案，可能是在这一步的问题再定义不够准确或不够细致，那么要从解题阶段重新回到问题分析与再定义阶段，重新定义问题。重新定义的要求是，<u>一定要找到最小问题</u>，即问题所发生区域中，流对系统组件在最小接触面上的相互作用。

流分析工具可以与功能分析、因果分析等结合使用。较为普遍的流问题情境是有益流与有害流共存，因此可以导出物理矛盾。

至此，已经完成了图 7-3 的"问题定义"阶段全部任务和"问题分析"阶段中的第一步任务，对最初所陈述的具体技术问题进行了模型化和宏观问题再定义的过程。后期可以根据问题的类型，进入到使用相应的分析工具对问题进行详细分析的阶段，该部分内容请参见第八章。

第五节　确定解决问题的策略

在学会了 TRIZ 之后，读者往往会发现，找到一个问题的解决方案并不难，但是解决问题的水平往往是不同的。一个解题结果的发明水平暂且不谈，我们要关注的是解题者本人在解决问题之前的主观动机和策略设定。因此有必要介绍一下解决问题的三个策略。

当我们面对一个疑难复杂问题时，追求达到高水平解决问题的主观动机很重要。在追求卓越的主观动机指导下，根据具体的问题模型而设定出 IFR，制定出适宜的解题策略，是较好地解决问题的必要步骤。

解决问题有三种策略：事先解决，事中解决，事后解决。作者比较推崇前两

第七章 解题流程:问题陈述与定义

种解题策略,但是先从第三种解题策略开始介绍。

1. 事后解决问题策略

这是一种类似于"亡羊补牢"的方式。一个技术系统中发生了问题,经过一定的(但是是不彻底的)分析也找到了问题的表现现象,于是,针对问题的表象开始了纠正或治理。

典型的例子是消除割草机噪声的问题。割草机是人们为了保持草坪平整漂亮而专门发明的专用机械。割草机由汽油发动机、传动轮和传动带、割草刀片(或钢丝)、带万向轮的推车框架等主要零部件构成,主要功能是"割草"。但是割草机在实现了割草功能的同时,还存在着发出噪声、消耗能源、产生污染、高速飞出的草或地面上的土块有时会伤害到劳动者等有害功能。

为了克服上述的诸多缺陷,设计者首先想到的是要解决噪声问题。在传统的产品改进思路支配下,设计者一般都会想到传统的、行之有效的降噪手段——为割草机加装减震器、消声器等设备。虽然这些举措可以降低噪声,但是同时增加子系统的复杂性,降低了系统的可靠性。

这样的改进思路,就是典型的"事后解决"的境界和方案。

类似的例子有很多,例如设备发热了,就设法安装隔热设备、风冷或水冷装置;某些零部件强度不够,容易断裂,就多设计一些加强筋或增厚;吸入的空气如果含杂质多,就设法加装一个过滤网;法兰接头密封不好就用更多的螺钉去锁紧,等等。但是从结果上看,人们往往会发现,加装的制冷装置会大大增加设备成本,增厚的零件会恶化整体重量,过滤网会经常被杂质堵塞,增加螺钉锁紧法兰仍然无法有效改善密封性。

但是,对于原发性、原理性的问题,如笔记本、台式机等电子设备发热类的问题,只能采取"事后解决"问题的方案,因为每一个比特(bit)的运算,都有电流的作用,而常态下芯片中的电子运动没有特定的轨道,彼此相互碰撞摩擦从而必然以发热的方式产生能量损耗,除非发明了新的计算原理,例如未来有可能应用量子反常霍尔效应来大大减少芯片的发热。

2. 事中解决问题策略

事中解决问题方案的特点是,当问题刚一形成,立即将其消灭或去除。相对于事后解决问题,也不失为一种比较好的解题策略。

例如，城市轨道交通快速发展的同时，也会给城市环境带来一定影响，地铁/城铁列车在运营过程中，车轮与钢轨之间会产生冲击振动，振动以低频振动波的形式经过钢轨、扣件、轨枕和道床（或道床板），传递至隧道或桥梁基础，再传递到地面，从而对沿线民宅、学校、医院、实验室等周围区域产生低频振动干扰。低频振动波与高频振动波不同，高频振动波随着距离越远或遭遇障碍物，能迅速衰减，而低频振动波因声波较长，对障碍物有着很强的穿透力，长距离奔袭和穿墙透壁，产生振动噪声，从而影响人体身心健康。

由于车轮与钢轨之间的冲击振动是必然发生的，无法彻底消除，只能采用控制振动源、切断传播途径和保护被传播者这三种方法，其中最有效的方式是控制振动源，但这样列车和轨道都要改进，成本巨大；保护被传播者的方式，因为低频振动影响范围过大，该方法无法奏效；而在问题产生伊始就切断传播途径，例如使低频振动在振动产生初期就被控制，是成本最低、对系统改变最小的方法。

解题思路：根据流的改进措施：如果存在一个有害流，可引入一个反向的流与这个正向的有害流进行叠加，从而消除其有害作用，改进方案如图 7-10 所示。

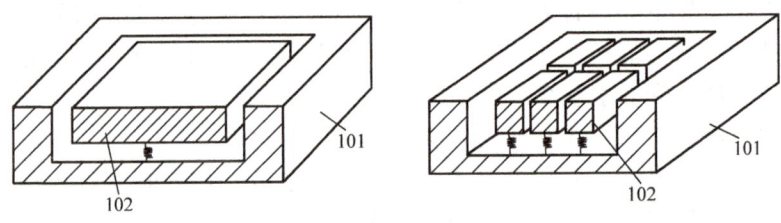

图 7-10　轨道板的构造（轨道基板 101，内板 102）

把原本实心的轨道基板做出如图 7-10 所示的空心形状（101），然后在空心处加入混凝土内板（可以是一块内嵌的整体板块 102 或者数块内嵌的小板块 102），102 与 102 之间以及各个被分割的小板块之间用柔性材料连接（如填充橡胶或加入弹性材料颗粒）。当轨道基板 101 振动时，内板 102 也随之振动，合理地选择主振系统 101 和附加小板块 102 之间的耦合关系，便可实现两者振动相位的时间滞后，即 102 施加的是一个反向的振动，由此而抵消了大部分轨道基板 101 的振动。即有害流一旦产生，立即将其消除，这就是事中解决的方案。

3. 事先解决问题策略

事先解决问题为上策。即消除问题产生的根源，让问题不再发生。为此，首先要对问题产生的根源进行必要的分析和追踪。分析的手段有：根据因果分析的

第七章 解题流程：问题陈述与定义

结果，消除产生问题的根本原因；根据功能分析的结果，找到并消除系统中存在的有害功能；根据流分析的结果，找到并消除系统中的有害流。通过以上分析过程，都可以达到事先解决问题的境界。

事先解决问题的策略，需要用 IFR 思维进行思考，<u>定义最小问题，用最小的改动，最低的成本，实现系统的最大价值</u>。

获得 IFR 的技术系统具有以下 4 个基本要点：

1) 保持了原系统的优点；
2) 消除了原系统的不足；
3) 没有使系统变得更复杂；
4) 没有引入新的缺陷。

以前面的割草机改进案例为例，通过增加消声器、减振器、增加围挡等手段改进了割草机，但是这些改进结果并不符合上述基本要点3)，增加子系统的方案会让系统变得复杂，问题并没有从根本上消除。

用 IFR 思维进行思考，会得到截然不同的发明结果方案。首先定义割草机的功能：按照 VO 可以定义为"修建草坪"，按照 VOP 可定义为"保持草的高度"。

1) 使用割草机的目的是什么？——整齐划一的草坪。
2) IFR 是什么？——草坪上的草能自己保持固定高度。
3) 达到 IFR 的障碍是什么？——草不断长高，不得不使用割草机。
4) 出现障碍的结果是什么？——割草机除了修剪草坪的有用功能之外，还有多种有害功能（使用维护成本、噪声、耗能、污染、伤人等）。
5) 不出现这种障碍的条件是什么？创造无障碍条件的可用资源是什么？——草始终保持在一个高度上，要么自动修剪齐整，要么在外力的作用下保持齐整，要么天生如此。

- 自动修剪齐整——各种自动化割草机；
- 在外力的作用下保持齐整——喷药抑制生长；
- 天生如此——特殊的、固定高度的草。

至此，我们把聚焦在割草机的改进过程，变成了对割草机的作用对象（草）的改进过程。在人工培育、筛选下，经过基因改造，就有了这种固定高度的草。足球草坪早就采用了这种特殊的草，这种草生长到一定高度就停止生成，人们不再需要割草机了，问题得到了理想的、彻底的解决。

这种从问题根源上解决问题的方式，属于事先解决。显然，事先解决是理想化程度非常高的解题策略。

要 点 小 结

事后解决策略适用于解决原发性、原理性的问题，往往采用控制和防护的手

TRIZ 进阶及实战　　大道至简的发明方法

段把有害功能控制在可接受的最低程度；事中解决策略往往采用抵消有害作用的手段，在问题产生的一刹那就把问题消除；事先解决策略强调找到问题根源，从源头消除问题。解题效果：事先好于事中，事中好于事后。

无论采用哪种解题策略，作者对解题效果提出了"三个最小"的评价要求：
- 最小问题——找到实际问题情境中的最小问题；
- 最小改变——对系统结构的改动或实际变化最小；
- 最小成本——在对系统的改进上所花费的成本最低。

思 考 题

1. 陈述一个技术问题的目的是什么，结果是什么？
2. 陈述问题必须要给出什么图示？
3. 如何将一个技术问题转化为 TRIZ 的问题模型？
4. 解决发明问题大致有几个关键步骤？
5. 陈述问题时，应该避免哪三类不恰当的问题？
6. 什么是最小问题区域？什么是最小问题？
7. 技术矛盾转化为物理矛盾有几种模型？如何使用？
8. 功能问题有几种缺陷？分别是什么？
9. 流问题有几种缺陷？分别是什么？
10. 解决问题有几种策略？哪种策略效果最高？

第八章 解题流程：问题分析

TRIZ进阶及实战
——大道至简的发明方法

第一节 资源分析及属性分析

构建技术系统需要资源，解决技术系统中的问题仍然依赖资源。

资源分析是解决疑难复杂问题的必要基础。在任何一个不理想的、有问题的技术系统内部，都有解决问题的资源。

1. 资源的分类

一切可以解决问题的物质、能量、信息及其他们的属性，都是资源。当我们遇到任何实际问题时，都应该注意分析产品（技术系统）内部和外部的资源。

技术系统内部资源分直接应用资源和衍生资源，外部资源除直接应用资源和衍生资源外，还有差动资源。对直接应用资源和衍生资源进行细分，它们分别又可以被划分为物质资源、场（能量）资源、信息资源、空间资源、时间资源和功能资源六个方面。差动资源按照差动的类型而划分为差动物质资源和场差动资源，并根据形成可利用差动的实质进行分类，可以把它们划分为结构相异性的利用、材料相异性的利用、梯度的利用、空间不均匀场的利用和场值与标准场偏差的利用等五种类别，如图8-1所示。

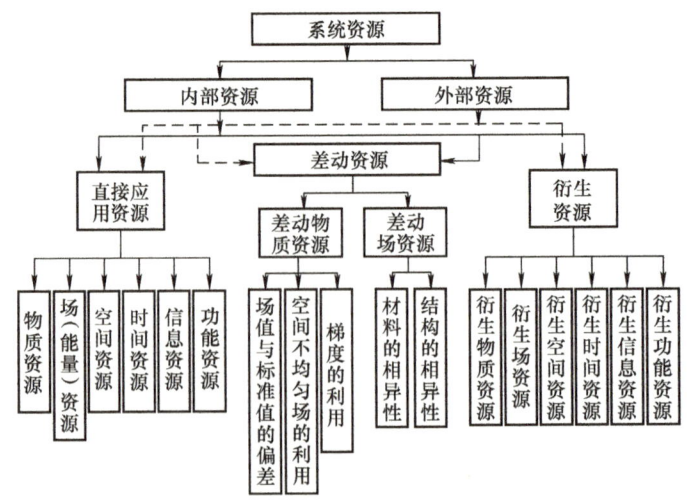

图8-1 系统资源的分类

第八章 解题流程：问题分析

内部资源：在矛盾发生的时间、区域内存在的资源，是系统内部主要的零部件及其所有的特征与属性。例如前面铆接飞机蒙皮案例中铆钉的形状、直径、长度、材料、涂镀层、硬度以及变形性（径向/轴向）、保形性、抗拉性、抗弯性、耐腐蚀性等；铆钉枪的锤击频率、每次锤击力的大小（牛顿）、使用寿命、振动性、可握持性、易操作性等。

外部资源：在矛盾发生的时间、区域外部存在的资源，是系统外部主要的零部件（如超系统资源）及其所有的特征与属性。例如前面铆接飞机蒙皮案例中人手的握力大小、握持性、抖动性、灵活性、对准性等。

差动资源：物质与场的不同属性/参数实现某种功能的资源。例如铆钉和蒙皮材料的差异性、铆钉头两次受到击打的变形量差异等。

直接应用资源：指在当前存在状态下，可被应用的资源。

衍生资源：是指一些经转换之后可利用的资源。未加工的材料、产品、废弃物以及其他系统组件包含有水、空气等等都是衍生资源。在现存的系统里，寻找一种方法如相变、化学反应、物理效应、热处理、分解、离子化等手段来改变物质属性的资源，也称为物质变更资源。

物质资源：包含系统与周围环境组成的、已经可以应用任何材料及其属性。

场（能量）资源：为一个物体对另一个物体施加的作用力。如地球上的重力场，还有机械、声、热、电场、化学场、电磁场、光场及其他辐射场等。

空间资源：包括系统元素间的空间、系统元素内部的空间、未被利用的系统元素表面、无用元素占用的空间，将未被使用的空间范围用来放置新的物体，以达到充分利用空间。嵌套式结构是充分利用空间资源的最好诠注。

时间资源：时间资源包含开始前，结束后以及程序周期的时间间隔。通过变更一个对象预先的配置位置、暂停、使用同时性的操作、消除待机的动作等途径可以找出时间资源。如双向打印机。

信息资源：利用系统本身累积和传达出来的任何知识、信息、技能。例如从汽车运行时排出废气中的油烟或颗粒情况，可以反映出发动机的性能信息。蒙皮明显凹陷证明铆钉变形过度。

功能资源：利用系统的已有组件，考虑系统的每一个特征，以实施新的附加功能。如人站在椅子上更换屋顶的灯泡时，椅子的高度是一种辅助功能的利用。功能本身还具有属性，例如人去更换灯泡时的功能有"握持灯泡"和"旋转灯泡"等功能，因此"握持灯泡"的功能具有"摩擦性"、"握持性"等属性，"旋转灯泡"的功能具有"旋转性"、"方向性"等属性。

2. 寻找和分析资源的原则

1）虚实结合的原则：如果是 TRIZ 新手，可以先从问题情境中看得见的物质资源（如系统组件、元件等）入手，然后逐步向物质的属性资源、能量（场）资源、信息资源、时间资源、空间资源和功能属性资源扩展。如果是比较有经验的 TRIZ 专家，可以把这个过程反过来，先充分利用场或信息的资源，其次选择利用闲置或废弃的物质资源，再选择其他物质资源。

2）由内向外的原则：先系统内部资源，后系统外部资源。优先使用系统内部资源解决问题，只有当系统内部的所有资源都不能解决问题时，才考虑从外部引入新资源。

3）先直接资源，后衍生资源，当现场资源不能直接利用时考虑衍生资源。

4）先静态资源，后动态资源。

利用资源的总目标就是要善于寻找整个系统及其周围环境中的资源，巧用资源，综合利用资源，特别是要在实现"自服务"和"变害为益"上下工夫，要将那些闲置的、免费的和廉价的、隐形的、原本要抛弃的资源充分利用起来，实现有用功能，消除有害的、不足的或过度的功能，增加辅助功能，逐步实现或接近系统的理想化最终结果。

3. 列举和分析物质属性

分析系统中的组件/物质属性的第一步，是弄清楚构成有问题的技术系统中，所有的系统组件/物质，具有什么样的物质属性或功能属性。该步骤是改善有问题的技术系统、实现发明创新的重要步骤，见表 8-1。

表 8-1 问题情境中的系统组件/物质属性和功能属性

物质＼属性	属性1	属性2	属性3	属性4	属性…	属性 m	功能	功能属性
组件 1	限位性	变形性	传力性	移动性	…	导电性	压扁组件2	有用
组件 2	移动性	受力性	受力性	嵌套性	…	延展性	压迫组件3	有害
组件 3	移动性	变形性	传力性	嵌套性	…	静止性	挤压组件5	有用
组件 4	移动性	变形性	受力性	嵌套性	…	阻挡性	…	…
组件 5	限位性	变形性	传力性	嵌套性	…	热熔性	…	…

第八章 解题流程：问题分析

（续）

物质＼属性	属性1	属性2	属性3	属性4	属性…	属性m	功能	功能属性
组件6	限位性	保形性	传力性	受力性	…	加热线	阻挡组件1	…
……	限位性	握持性	传力性	方向性	…	挥发性	定向组件n	有用
组件n	握持性	抖动性	灵活性	击打性	…	发汗性	握持组件n	有用

使用该表时，要把技术系统中所有参与相互作用的组件/物质列入进来，根据问题的情境，寻找组件/物质的属性，识别属性之间的相互作用以及相互作用后所形成的某种功能，包括其功能属性。针对有害的功能属性，要通过调节物质属性之间的相互作用而去抑制、弱化乃至彻底消除有害功能。调节物质属性相互作用的具体方法参见第九章阐述。

识别物质的属性是一项非常细致的工作，需要耐心，需要在问题分析阶段花一定的时间来做，无法一蹴而就。除了可以借助上面给出的表格之外，还需要平时的科技知识和专业知识的积累，需要适当地做一些练习。下面以最常见的物质——水——为例，列举水的多种属性，寻找与水有关的解题资源。

关于水的基本认知是：分子式 H_2O，生命之源。在我们生存的空间里，水几乎是无处不在。地球上大约有70%的面积被水覆盖，人体内大约有70%的含水比例。

水是一种很神奇的自然物质，有很多物质属性——与温度有关的属性，如蒸发性、凝结性、结冰性（0℃冰点）、沸腾性（100℃沸点）、密度（4℃密度最高点）、汽化热、热容量、导热性等；与形态有关的属性，如流动性、流体容积、透明、无色、无味等；其他属性还有功率、表面张力、水合作用、化学反应、导电率、与油的溶解力、pH值、范德华引力等。水还有5种特殊属性：

1) 热水之易结冰性（图8-2）

两杯体积的水，一冷一热，放入同一个冰箱中，首先结冰的会是那杯热水。在1963年，坦桑尼亚的一名高中生Mpemba发现，自己的热牛奶比常温牛奶更容易在冰箱里结冰而制成冰淇淋。科学家对这种现象做出的最终解释是：过冷现象、蒸发、对流等原因造成这个结果。热水在开始结冰时的温度确实高于冷水结冰时的温度，但是形成全部冰冻状态，冷水所耗时间多于热水。

2)"过冷现象"和"瞬间结冰"（图8-3）

通常水在0℃时开始结冰，但并不是所有的时候都是这样，即使温度已经低于冰点，大气压为标准大气压，有些情况下水仍然不结冰。

水要结冰需要先在水中任意一个区域内形成至少一个小冰"核"，有了这个核，水分子才能包围着核开始结晶成冰。如果没有这个核，结冰过程的"开关"

没有被打开，水还可以继续降温。如果外界给了一个刺激，水就如同打开了开关一样，瞬间结冰。

图 8-2　热水比冷水更容易结冰

图 8-3　"过冷现象"和"瞬间结冰"

3）超低温流体性——"玻璃水"（图 8-4）

水在液体时有 5 种不同状态，固体时有 14 种不同状态。前面提到的过冷现象，是纯净的水低于冰点时仍不结冰，但是，即使超级纯净的水，低于 -38℃ 时也会结冰，而继续冷冻会出现什么现象呢？当温度低于 -120℃ 时，冰会变得不那么坚硬，而是一种黏稠的固体，低于 -135℃ 时，它会变成一种无结晶状态的"玻璃水"，重新回到了流体状态。

4）"冰钉"的形成（图 8-5）

当冰盒中的蒸馏水开始凝固时，边缘的水首先形成冰，这样慢慢地就会形成一个中央有洞的冰层，当水在洞周围开始凝结时，由于冰层下的水凝结时被限制膨胀，所以洞中的水会受到压迫开始沿洞向上凝结，并慢慢形成一个中空且含水的冰钉。

图 8-4　"玻璃水"

图 8-5　"冰钉"的形成

5）沸水变雪球

第八章　解题流程：问题分析

在零下的寒冷空气中，把滚烫的沸水扔出去，它会马上变成一个雪球。

认识到水的这些特殊现象，牢记水的属性，作为解题资源，有助于我们高水平地分析和解决任何与水有关的疑难复杂问题。水的主要属性见表8-2。

表8-2　水的主要属性

温度/常压	相关属性	其他主要属性
100℃	沸腾性	流动性、透明、无色、无味、蒸发性、凝结性、结冰性、沸腾性、密度、流体容积、汽化热、热容量、功率、表面张力、水合作用、化学反应、导电率、与油的溶解力、pH值、范德华引力、灭火性、可压缩性、可分解性、可输送性、导热性等
4℃	密度最大	
0℃	冰水共容	
<0℃	普通水结冰	分子式：H_2O；结构式：H—O—H（两氢氧键夹角104.5°）；相对分子质量：18.016；液态比热容：4.186J/(g.℃)0.1MPa15℃，2.051J/(g.℃)0.1MPa100℃；密度：1g/cm³（4℃时）；临界温度：374.2℃；固态比热容：2.1351J/(g.℃) -20~0℃；融化热：333687.9J/kg0℃等
<-38℃	超纯水结冰	
<-120℃	黏稠固体冰	
<-135℃	"玻璃水"	

要点小结

资源分析的结果是找到系统中所有可用的解题资源，特别是我们平时没有观察到的隐性资源。从本质上说，所有的物质属性都是资源。因此，属性分析的结果是找到所有参与了相互作用的系统组件/物质的属性，更好地进行资源分析。

第二节　矛盾分析及矛盾属性分析

1. 技术矛盾的分析与识别

技术矛盾是由两个通用工程参数（如参数A、参数B）构成的矛盾，改善其中一个通用工程参数A时，往往会导致另一个通用工程参数B恶化，因此，我们定义"参数改善"的含义是：积极参数的有用作用增加，或消极参数的有害作用减少；反之，积极参数的有用作用减少，或积极参数的有害作用增加，则视为"参数恶化"。该部分内容参见第二章第四节内容。

技术矛盾有多种表达方式。不少人常用图8-6a表达技术矛盾。如果出现参数A和参数B相互制约、相互影响的情况，则认为两个参数之间构成技术矛盾。其典型矛盾特征是：当参数 A 趋于改善时，参数 B 趋于恶化，反之亦然。在理解和判断上，参数 A 和参数 B 就像是一个"跷跷板"上的两端，一方的升高（改善）是以另一方的降低（恶化）为代价的。

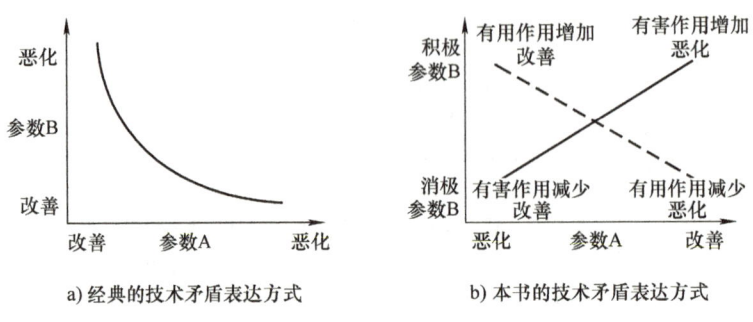

图 8-6　技术矛盾表达方式

图 8-6a 虽然表述了两个参数在改善和恶化上的相互制约关系，但是没有以图示的方式区分参数本身的含义是积极参数还是消极参数，在识别参数的两面性上有缺陷。U–TRIZ 所采用的技术矛盾表达方式如图 8-6b 所示，实线表示参数 B 为消极参数，虚线表示参数 B 为积极参数。伴随着参数 A 的改善，参数 B 会出现两种恶化的情况：一是消极参数 B 的有害作用增加（如实线所示），二是积极参数 B 的有用作用减少（如虚线所示）。同样，伴随着参数 A 恶化，该图中的虚线、实线结果仍然成立。

伴随着对矛盾本质的认识加深，实际上以参数形式表现出来的技术矛盾，在本质上是参数背后的属性之间的矛盾。调节属性，就可以消除技术矛盾。该部分内容将在本节后面介绍。

2. 构成技术矛盾的功能

在经典 TRIZ 中，只阐述了由通用工程参数构成的矛盾。但是在实际问题中，不同属性的功能之间也可以形成对立统一，构成技术矛盾。这是 U–TRIZ 对矛盾构成的一个增补内容。

由于功能有有用功能 F_u 与有害功能 F_h（广义上包含了不足功能、过度功能）之分，因此在技术系统功能实现上明显存在着矛盾，即当我们试图改善（强化）一个有用功能时，恶化（弱化）了另外一个有用功能或恶化（强化）了另外一个有害功能；或者，当我们试图改善（弱化）一个有害功能时，恶化（强化）了另外一个有害功能或恶化（弱化）了另外一个有用功能。这两种情况也都属于技术矛盾，如图 8-7 所示。

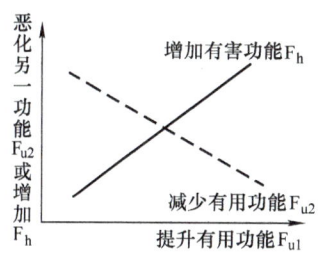 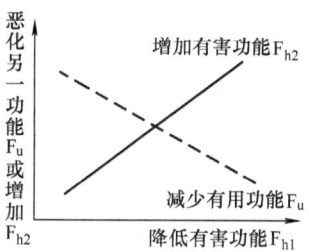

图 8-7　U-TRIZ 由功能所构成的技术矛盾

图 8-7 中的直线也可以是曲线，只要构成此消彼长的对应关系即可。

功能构成的技术矛盾无法直接使用矛盾矩阵表来消除。经典 TRIZ 中使用物场标准解的方式来消除此类的矛盾。U-TRIZ 中采用属性操作等措施来消除此类的矛盾。详见第九章。

3. 物理矛盾的分析与识别

物理矛盾——两种截然不同的需求 A 和非 A 制约一个参数 P（或属性）的矛盾。即对技术系统中的某一个组件/元件的参数 P（或属性）提出了截然不同（包括完全相反）的需求 A 和非 A 时，该系统存在物理矛盾。例如：某个物体尺寸既要大又要小、既要长又要短，速度既要快又要慢，颜色既要红又要绿等。

A 和非 A 两种截然不同的需求同"拔河"一样，相互较劲，此消彼长，一方的获益建立在另一方的损失之上。这是典型的一种物理矛盾。如图 8-8 所示。

在物理矛盾状态下，当参数 P 变化时，无论如何都无法达到 A 和非 A 都同时处于较好的状态。很多技术人员把希望寄托在通过"调参数"而得到的折衷点上，即 A 和非 A 都不算太好也不算太差，而实际上二者都非最佳值。这相当于"拔河的结果回到了中点"。

请读者注意两点：图 8-8 只说明了物理矛盾最常见的一种形式；图中的直线也可以是曲线，只要构成此消彼长的对应关系即可。

解决问题时寻找并解决矛盾最为重要，理解矛盾的概念会帮助我们从不同的角度观察问题，在理解问题的过程中会帮助我们消除思维惯性，取得好的思维效果。有些 TRIZ 学者认为，TRIZ 理论的诸多方法中，最具实用性、最为重要的核心内容就是寻找并解决技术系统中物理矛盾，尤其是问题情境的微观结构中的物理矛盾（最小问题）。通常，只要在一个系统组件上同时存在有用功能和有害功能，该组件上必有物理矛盾。

在定义和识别物理矛盾时，初学者最容易出错的是物理矛盾的双方面 A 和非 A 的范畴的界定。非 A 的意思，不仅是恰好与 A 相反（例如 –A），而且包含了所有不是 A 的部分，这是对非 A 的严格定义。因此，"物理矛盾由两个相反需求所构成"的定义是片面的。

图 8-9 说明了对 A 和非 A 的范围识别与判断。如用白色区域表示 A，其所对应的黑色区域就是 –A，–A 是非 A 的特例，但是并不全面，还有两侧其他区域（所有非白色的区域），包括 –A（黑色区域），都属于非 A 的范畴。至关重要的是，<u>所有的非 A 都会与 A 形成物理矛盾</u>。

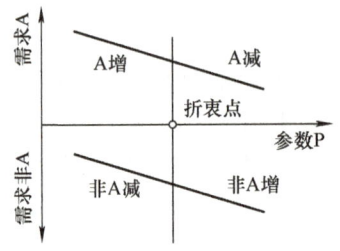

图 8-8　由需求构成的物理矛盾　　　图 8-9　对 A 和非 A 的范围识别与判断

以十字路口为例，如果把北向来车定义为 A，那么东、西、南向来车就是非 A。南向是 –A，包含在非 A 范畴中。如无管控，北向来车与南向、东向、西向的来车都有可能发生冲突，甚至同向车辆都会发生剐蹭。因此，南北方向依靠左右划分车道的空间分离，东西方向依靠通行次序的时间分离。

4. 物理矛盾由功能属性所致

常见的物理矛盾既可以是针对几何参数（属性）、物理参数（属性）的，也可以是针对功能属性的，见表 8-3。

表 8-3　常见参数的物理矛盾

空间/几何	时间	材料和能量	功能动作	管理
长 vs. 短	长 vs. 短	导电率：高 vs. 低	抛出 vs. 抓回	宽 vs. 严
对称 vs. 不对称	快 vs. 慢	密度：大 vs. 小	拉 vs. 推	投资 vs. 不投资
平行 vs. 交叉		热传导率：高 vs. 低	热 vs. 冷	人多 vs. 人少
薄 vs. 厚		延展度：高 vs. 低	快 vs. 慢	开会 vs. 不开会
圆 vs. 非圆		熔点：高 vs. 低	动 vs. 静	加薪 vs. 减薪

第八章　解题流程：问题分析

（续）

空间/几何	时间	材料和能量	功能动作	管理
尖 vs. 钝		黏滞度：高 vs. 低	强 vs. 弱	个体 vs. 群体
窄 vs. 宽		能量：大 vs. 小	软 vs. 硬	平均 vs. 不平均
水平 vs. 垂直		摩擦力：大 vs. 小	滑 vs. 涩	特定 vs. 一刀切
…		…	…	…

在上表中，一部分使用的是参数，一部分使用的是物质属性，还有一部分使用的是功能属性。过去，我们没有明确描述这些区别。因此，还是要对构成物理矛盾的根本原因进行一定的分析和探讨。

如果只讨论施加在参数上的物理矛盾，那么对物理矛盾的认识范围就窄了一点。实际上，几乎所有的物质属性、功能属性都可以构成更深层次、更微观结构上的物理矛盾。物理矛盾是我们生存的这个自然界中本质性的矛盾，物理矛盾本身必然与物质的客观特性——物质属性、其所执行的功能——功能属性有着内在的关联。物理矛盾看似是由施加在一个参数上的两个截然不同的功能需求组成，实际上，构成物理矛盾的根本原因，是两个截然不同的功能属性所导致。

例如，坦克的技战术指标有进攻性、防护性、机动性、保形性、加速性、制动性、乘员舒适性、操控性等多种功能属性。这些功能属性都是要持续改进和提高的技战术指标。改进防护性在传统设计理念上是采用比较坚固、厚重的装甲来保证的，厚重的装甲具有质量重、惯性大的属性，而这个属性与机动性之间形成了技术矛盾。机动性要求装甲薄，防护性导致装甲厚，因此属性关联、传递的结果是要求装甲厚度既要厚，又要薄，形成物理矛盾，见表 8-4。

表 8-4　坦克的有关属性所导致的物理矛盾

功能属性	关联属性→	关联属性→	关联属性→	关联属性
进攻性	机动性	速度（快）	质量轻，惯性小	装甲尺寸薄
防护性	保形性	密度（高）	质量重，惯性大	装甲尺寸厚

如果要装甲既要质量轻，惯性小，厚度不是太厚，又要具备较好的防护性（保形性，防穿甲弹），常规的均质钢材装甲是无法做到的，那么对坦克装甲就提出了新的物质属性或功能属性要求，这些新属性的优点如下：

- 装甲密度高，可抵挡钢芯弹，于是有了贫铀装甲——消除了装甲密度低的缺点；
- 装甲含能，可以部分抵消穿甲弹的穿透动能，于是有了反应装甲——消除了装甲被动性；
- 装甲具有滞留、转向穿甲弹的能力，于是有了复合材料装甲——消除了装甲的均质性；
- 装甲具有可置换性，于是有了可随时更换的模组式装甲——消除了装甲的不可置换性。

由于物质属性和技术系统的功能属性是非常多的，因此由物质属性和功能属性所构成的物理矛盾也是海量的。例如，在动词上，几乎任何一个动词都有反义词，因此在动作的属性上就是物理矛盾，如表 8-3 中的推和拉、静和动、抛出和抓回、分割和组合等；在几何属性上，长和短、平行和交叉、水平和垂直等；在成型工艺属性上，减材制造和增材制造、切割和连接、冷加工和热加工等；在材料属性上，有超导和电阻、隔热和导热、导体和绝缘体、金属和非金属等；在功能属性上，有防护和穿甲、开和关、加速和制动、写字和消字、起飞和降落等。

要 点 小 结

矛盾分析的结果是在问题再定义的过程中，找到微观层面的物理矛盾。矛盾属性分析的结果是找到由属性所构成的、反映问题本质的物理矛盾。

第三节 功能分析及功能属性分析

功能分析是改善系统实现创新过程中非常重要的步骤，要对与系统相关的所有元件加以完整定义并要识别元件间的功能关系，首先要找出系统的主要功能，以使这项功能表现得更好；要找出系统的有害的、不足的和过度的功能，以便找出系统的问题所在，进而把存在的问题彻底解决掉。

1. 功能分析的步骤

现代 TRIZ 中的功能分析，由以下几个步骤组成。

步骤一：建立系统组件模型

建立系统组件模型就是列出组成技术系统、子系统的各个组件以及相关的超系统中所有参与作用的组件，描述出各组件的系统所属关系。基于系统组件的相互关联性，系统应该至少由两个系统组件（子系统或元件）所构成，如图 8-10 所示。

在这里，以系统为主体，把所有参与了相互作用的子系统、元件、超系统中

第八章 解题流程：问题分析

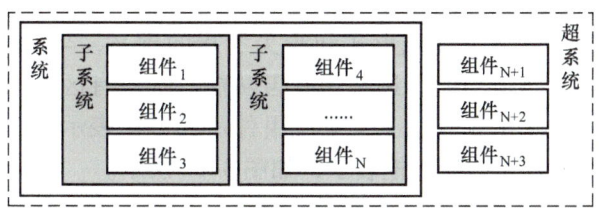

图 8-10　系统组件模型图

的某些组成部分，都统一称为系统组件而纳入分析过程。这样做的好处是，在分析问题时，不局限于通常在产品说明书或者装配图明细表中所列出的零部件，而是要考虑在发生问题时所有参与了相互作用的物质——可能有产品明细表上列出的部分零部件，可能有超系统中的重力、空气、电磁场、阳光、人等产品明细表上根本没有的"零部件"，而它们实际参与了系统的相互作用，贡献了某些功能。因此不能遗漏这些要素，必须作为系统组件来统一分析和考量。

步骤二：建立系统结构模型

系统结构模型是在已经列出了所有必要的系统组件模型的基础上，描述各组件之间的相互作用关系——画人字形网格交叉线。该步骤的目的是辅助和提醒大家，在识别和发现系统组件的功能时，要遍历检查每两个组件之间可能的相互作用关系。图中的黑点"●"表示在这两个组件之间，至少有一个或多个相互作用关系（即功能），如图 8-11 所示。

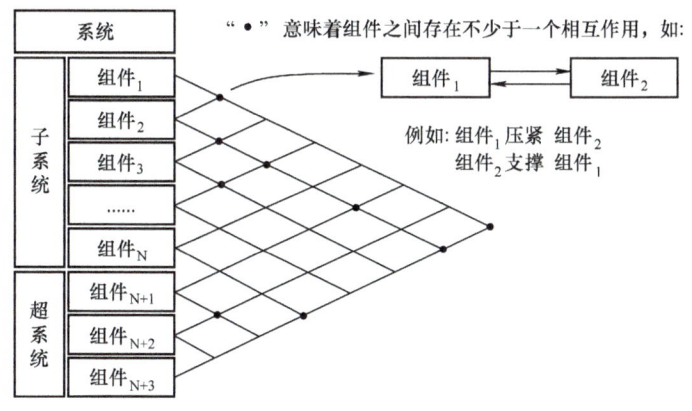

图 8-11　系统结构模型图

步骤三：建立系统功能模型

系统功能模型是在系统结构模型的基础上，进一步识别其功能类别，并用不同的连线和箭头来把所有的系统组件之间所存在的功能，以"SVO/SVOP"的标准格式表示出来，画出系统功能模型图。

对于功能的类别划分、连线形式和箭头所指的含义，与物场模型完全相同。功能分为有用功能、不足功能、过度和有害功能。唯一有区别的是，从这一步骤开始，在系统组件的图示化表达上，系统组件用长方框表示，作用对象用长方圆框表示，超系统组件用六边菱形框表示，如图 8-12 所示。

图 8-12　功能分析汇总的系统组件的图示

系统功能模型图是辅助我们进行功能分析、发现并消除不良功能的图示化工具。对从分析过程中所发现的系统中的有害功能必须首先予以消除；对于充分有用的功能必须予以确保实现或予以增强；对不足的或过度的功能应设法予以改变，调整到充分有效的状态。下面给出一个实例的功能分析的完整过程。

实例：用铆钉枪铆接飞机蒙皮的功能分析

用铆钉连接和固定飞机蒙皮是飞机生产中最常见的加工过程。铆合的基本原理是通过铆钉头部的合理的预期变形而实现蒙皮与桁梁的固定式连接。一架民用飞机上可以用到上百万个铆钉。通常以挡铁抵住铆钉帽，手持铆钉枪，以铆钉枪的气动高频锤头击打铆钉头部致使其发生变形，通过铆钉帽和变形的铆钉头所产生的定位、压紧与固定作用，将飞机蒙皮铆接在桁梁上。

该案例的系统、子系统和超系统的组件、系统组件模型、系统结构模型（也称组件–功能矩阵）如图 8-13 所示。

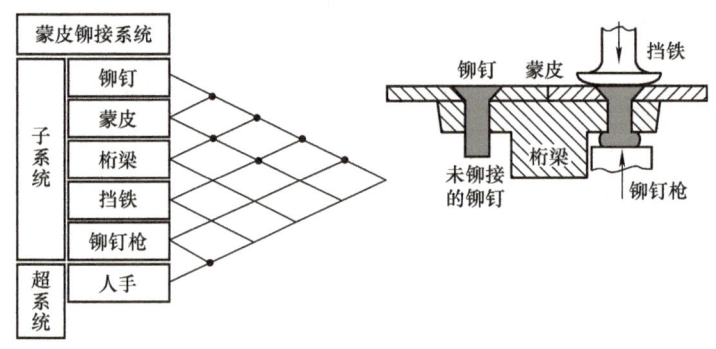

图 8-13　用铆钉枪铆接飞机蒙皮的系统组件和系统结构模型

在系统结构模型的人字形网格线中，所有有黑点的地方是组件有相互作用的地方。黑点背后隐藏着一个或多个相互作用（功能），要注意把这些功能都毫无遗漏地寻找出来。在该图中，仅在铆钉和蒙皮两个组件之间，就至少存在着四个功

第八章 解题流程：问题分析

能：铆钉压紧蒙皮，蒙皮支撑铆钉，铆钉定位蒙皮，铆钉径向挤压蒙皮的鱼眼坑。

如果用铆钉枪铆接飞机蒙皮时，如果出现击打力不够而导致间隙、击打力过度而导致蒙皮凹陷变形量超标、铆钉头歪斜变形、铆钉杆倾斜挤压蒙皮等，都属于必须纠正的不良功能，如图 8-14 所示。

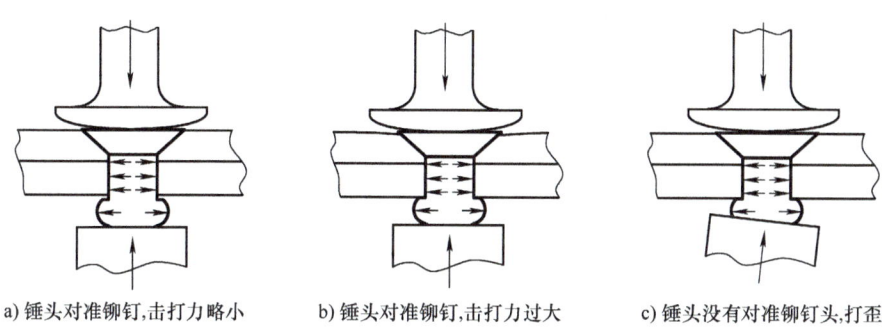

a) 锤头对准铆钉,击打力略小　　b) 锤头对准铆钉,击打力过大　　c) 锤头没有对准铆钉头,打歪

图 8-14　铆钉枪击打铆钉头的三种不良结果

由图 8-12 并结合铆钉枪的工作参数我们可以知道，铆钉枪的冲击锤以每分钟 2000 多次的频率击打铆钉，通常一个铆钉只需要 2－3 秒钟即可变形定位完毕。每一次铆钉枪击打都会造成铆钉头部变形，都会形成铆钉的新"形态"，即微量的结构改变和受力状态改变——如造成铆钉头的连续溃缩及径向膨胀变形，也会造成铆钉杆逐渐出现轻微的径向膨胀（变粗），还会造成铆钉杆的轴向微量缩短，当然也会造成铆钉自身和其他相关组件的受力变化。因此，为了更清晰、准确地分析铆钉的变形情况和由此引起的质量问题，我们需要把整个铆钉分解成铆钉头、铆钉杆和铆钉帽三部分。把一个系统组件按照不同的结构特征和局部功能分解成为更小的系统组件来做分析，在功能分析和因果的过程中经常用到。图 8-15 是该问题的功能分析结果。

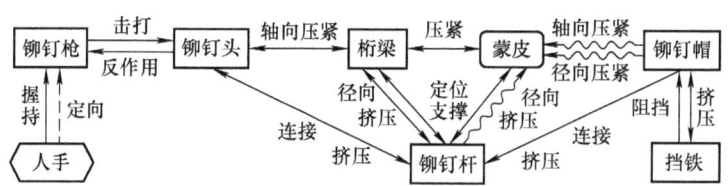

图 8-15　用铆钉枪铆接飞机蒙皮的功能分析模型图

经过功能分析，找到了一些问题产生的原因，锤头击打铆钉的冲击力的可控性不好，过小（不足）则没有让铆钉头变形到位，产生图 8-14a 问题，造成蒙皮

261

与桁梁之间有间隙,过大(过度)则钉杆变短,压迫蒙皮,产生图 8-14b 问题,造成蒙皮局部下陷;如果人手握持铆钉枪,由于呼吸、手抖动、视差和使用经验等原因,造成无法精准定向(即定向功能不足),则可能打歪铆钉头,产生图 8-14c 问题,由此导致铆钉杆倾斜,挤压蒙皮上的鱼眼坑,造成鱼眼坑轻微扩大或产生细微裂痕等,留下隐性的质量缺陷。

由功能分析导出物理矛盾:只要在功能分析图中出现了有用功能(实线箭头)和有害功能(波浪线箭头)同时指向了一个作用对象,那么在这个作用对象上一定存在物理矛盾。

2. 功能属性分析

功能属性分析是在功能分析的基础上,给相互作用的组件之间添加上组件的物质属性,强调了构成功能的基本要素是物质的各种属性的相互作用。在铆钉枪铆接飞机蒙皮问题情境中,所涉及到的物质属性以及它们之间的部分相互作用,如表 8-5 所示。

表 8-5　铆钉枪铆接飞机蒙皮问题情境中的组件/物质属性

物质 \ 属性	属性1	属性2	属性3	属性4	属性5	功能
铆钉头	限位性	变形性	传力性	移动性	…	压扁铆钉头
桁梁	移动性	受力性	受力性	嵌套性	…	压迫蒙皮凹陷
铆钉杆	移动性	变形性	传力性	嵌套性	…	挤压蒙皮孔壁
蒙皮	移动性	变形性	受力性	嵌套性	…	…
铆钉帽	限位性	变形性	传力性	嵌套性	…	…
挡铁	限位性	保形性	传力性	受力性	…	阻挡铆钉帽
铆钉枪	限位性	可握持性	传力性	方向性	…	定向铆钉枪
人手	握持性	抖动性	灵活性	…	…	握持铆钉枪

该表借鉴了 USIT 中的"属性-功能"分析模型。丁字线所表示的是"属性-功能"关系。如果以 VO 形式表示功能的话,不难看出,铆钉枪的传力性与铆钉头的变形性相互作用,构成了"压扁铆钉头"的功能;铆钉头被压扁后,其所形成的铆钉的轴向传力性与蒙皮的受力性相互作用,构成了"压紧蒙皮"乃至"压迫蒙皮凹陷"的功能;人手的握持性与铆钉枪的可握持性相互作用,构成了"握持铆钉枪"的功能;人手的灵活性与铆钉枪的方向性相互作用,构成了"定向铆钉枪"的功能;铆钉杆径向膨胀变粗或倾斜,形成了"压迫蒙皮孔壁"的功能。为了不让该表看起来凌乱,作者没有画出所有的"属性-功能"之间的关系,实际形成的功能还有很多。请读者自行练习画出其他的功能。

第八章 解题流程：问题分析

在表 8-5 的基础上，我们可以绘制出功能属性分析图，如图 8-16 所示。

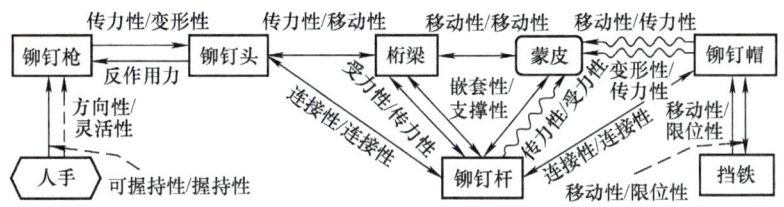

图 8-16 用铆钉枪铆接飞机蒙皮的功能属性分析图

要点小结

功能分析的结果是以系统组件/物质相互作用的形式，从实现功能的角度梳理、发现系统中的功能不良的问题，以两两组件/物质相互作用的方式，恰当地定义或再定义最小问题。功能属性分析的过程与功能分析相同，但是结果是注重找到以两个组件/物质的属性相互作用而构成的不良功能。

请读者特别注意发生功能相互作用的最小接触面（直接或间接接触），往往在这个最小接触面上，就是最小问题区域，我们可以找到分析问题的入口，找到形成问题的根因，找到转换问题的转换点，找到解决问题的概念解。

第四节 因果分析及因果属性分析

1. 因果分析

因果分析是 TRIZ 中一种常用的分析问题的方法，可以快速、有效地梳理和收敛问题。

找出问题产生的根本原因，是彻底地解决问题的基础。

问题不会平白无故地产生，问题的背后总是隐藏着原因。通常，消除引起问题的原因要比消除问题本身更容易，也更有效。在头脑中理清技术系统在过去和未来的功能，有助于理解技术系统的工作条件。对技术系统未来应具备的功能的理解还可以帮助我们发现新的、未预见到的、不会出现当前问题的工作条件，从而使问题自动得到解决。如果找到了某原因，一旦将其消除就彻底解决了问题，那么我们把该原因叫作根本原因。

因果分析中常用"追问法",即就所看到的问题现象,进行一步一步地追问,直到找到可以消除问题的根本原因为止。操作方法很简单,先问第一个"为什么",获得答案后,再问为何会发生,依次类推,连续问多个"为什么"。这种方法一般用于分析比较简单的问题。

对于复杂的问题,则需要根据问题情境和已知资源信息,启动一个审慎的、逻辑化的、多层次的思考和推理过程。不仅要就问题现象连续问"为什么",还要主动挖掘更多的隐性解题资源,尤其是导致产生问题的系统组件的物质属性和功能属性资源。在思考的顺序上,可以立足系统的当前状态向过去回溯(由果及因),也可以立足技术系统的过去状态向当前推演(由因及果)。在每一个因果层次上,都可能潜藏着解决问题的机会。

(1) 由因及果或由果及因

有因必有果,有果必有因。因果分析就是从系统存在的问题入手,层层分析形成问题的原因,直至分析到最后不可能再分为止。

每个事件(如技术系统的问题)发生一定是有原因存在的,而对原因导致的每一个结果也需继续寻找其原因。因此,如果从不同的角度分析,原因与结果是同一个事情,即一个原因可能是前一个结果的原因,而另一个结果可能又是这个原因的结果。如此,原因与结果可以构成一个无限链接的因果分析方法如图8-17所示。

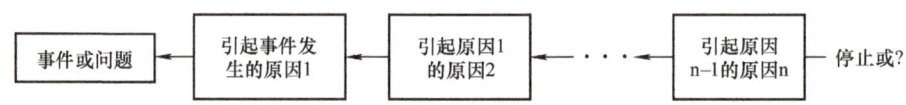

图8-17 理论上无限链接的因果分析法

该图中最后终止用"停止"或"?"。"?"表示由于某些条件或情况,我们已经找不到原因了,但并不等于进一步的原因不存在。原因与结果都是原因无限连续的部分。不管从这个因果链的何处开始分析问题,我们的问题状态总是处于这个因果链的中间,我们只是需要找出这个因果链中各元素之间的关系,并找出引起事件的最根本原因。只有当原因和结果在同一时间、地点发生时,事件才能出现。

分析的过程和方向,可以由因及果,也可以反过来由果及因。事实上,在具体的分析过程中,两种分析过程都经常用到。在具体画因果分析图时,往往是从上往下(由果及因)画一部分,也从下往上(由因及果)画一部分,最后把两个部分的因果链合理地对接起来。

因果分析是对技术系统的问题做分析的必需步骤,其目的是获得对问题在因果链上的多级分析结果,启发人们找到恰当的解决问题工具(如FOS的问题查询式等)。

第八章 解题流程：问题分析

案例：原因现象：改变一个物体的温度；结果现象：就改变了它的尺寸。

就原因现象而言，我们可以把它作为结果再向前追溯产生"改变了物体的温度"的原因，例如可能受摩擦或烘烤等；就结果现象而言，我们也把它作为原因再向后追溯"尺寸改变了"以后，又引起了自身或其他物体的什么变化，例如挤压了相邻的物体。

案例：原因现象：飞机机翼上下翼面空气流速不同；结果现象：使机翼上下翼面产生压力差（升力）。

就原因现象而言，可以把它作为结果再向前追溯产生"机翼上下翼面空气流速不同"的原因，例如翼型（翼面形状）的改变；就结果现象而言，也把它作为原因再向后追溯"使机翼上下翼面产生压力差（升力）"以后，又引起了自身或其他物体的什么变化，例如带动飞机爬升或下降。

我们也可以利用因果关系推断一下由于机翼结冰而造成的飞机失事原因，如图 8-18 所示。

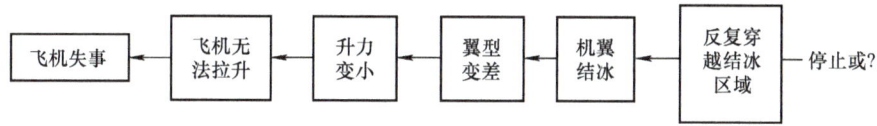

图 8-18　飞机失事的因果分析

不管从这个因果链的何处开始分析问题，我们的问题状态总是处于这个因果链的中间，我们只是需要找出这个因果链中各元素之间的关系，并找出引起问题的最根本原因。只有当原因和结果在同一时空条件下发生时，问题才能出现。

(2) 绘制因果分析图

对问题进行因果分析的结果可以横向形成一个因果链，也可以纵向形成一棵"因果树"。两种表达形式都能将构成问题的各个要素之间的因果关系形象地表现出来。

如果把各要素间存在的因果关系加以分离，概括起来不外乎有三种基本因果关系，如图 8-19 所示。就上下两层要素的关系来说，上为果，下为因。从上往下是由果及因，从下往上是由因及果。如果存在多层要素，对于某个中间层要素来说，该要素既是下层要素的果，也是上层要素的因。

因果关系的画图规则：一个长方框代表一个因果要素，一条连线表示有一个因果关系，箭头表示从因到果的方向，小圆弧表示两条以上因果连线存在"与"的关系，即同时具备两个（或两个以上的）原因才能导致结果；没有小圆弧则是"或"的关系，有一个原因即可导致结果。

长方框内表述的是一个因果事件。在填写长方框中的内容时，要求用较为精炼的词汇描述，以达到意简言赅、精确表达的效果。一般长方框内只能填写三种词汇

265

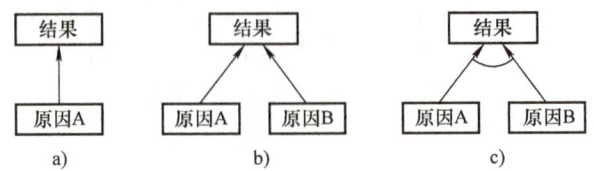

图 8-19 因果要素之间的三种基本因果关系

短语：动词+名词（功能），形容词+名词（状态），定语+名词（位置/所属，如我的，你的，他的），例如，挤压桁梁，压紧的蒙皮，等等。

如果根据问题情境，将三种基本因果关系合理地串接起来，就会形成前文中提到的"因果树"，如图 8-20 所示。

(3) 因果分析的作用和画图注意事项

因果分析是对技术系统的问题做分析的必需步骤，其目的是获得对问题在因果链上的多级分析结果，启发人们找到恰当的问题查询式，可以起到以下三个作用：

- 梳理问题中隐含的逻辑链及其形成机制，找出问题产生的根本原因。逻辑链的形成机制通常是按时间或操作程序或出现问题的状态顺序
- 从梳理出的逻辑链条及其形成机制中找出解决问题的所有可能的"突破点"

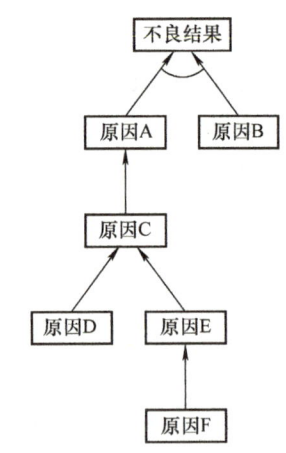

图 8-20 由三种基本因果关系形成的因果树

- 从所有可能的突破点中找出"最优"的突破点。"最优"是指在满足要求的前提下和在现有资源条件下（知识、技术、时间、成本……），花费的代价最小。

画图时的三个注意事项：

- 一定要对着一个东西来画（只画客观的、看到的画面，问题情境画面中没有看到的一定不要往上画）；
- 一定不要跳跃，要一小步、一小步地画，注重揭示细节，暴露出来的细节越多，后期解题手段也就越多；
- 不要带着自己的经验、解题方案来画，尤其是经验丰富技术人员，避免先入为主。

实际上，画因果分析图可以类比为看摄影胶片，胶片的每一格都表达了某个时刻的问题情境和结果的变化。如果你感觉有的细节没有介绍清楚，即两格画面之间还缺信息的话，那么，请引入"高速摄影"模式，把两格之间的时段再予以细分，

第八章 解题流程：问题分析

给出高速摄影的细分片段，可能就把问题发生的过程信息捕捉到了。这就是第二个注意事项所要强调"揭示细节"的意思。

案例：用铆钉枪铆接飞机蒙皮造成蒙皮局部凹陷质量问题的因果分析。在本案例中，初始状态是铆钉枪抵紧钉头，而挡铁抵紧钉帽，蒙皮和桁梁都处于在铆钉轴向的一定范围内可移动状态。铆钉枪发力后，铆钉头逐渐发生预期的变形，让蒙皮和桁梁可移动的范围越来越小，直至完全压紧。如果击打铆钉头时间过长，则导致蒙皮凹陷的质量问题，如图8-21所示。

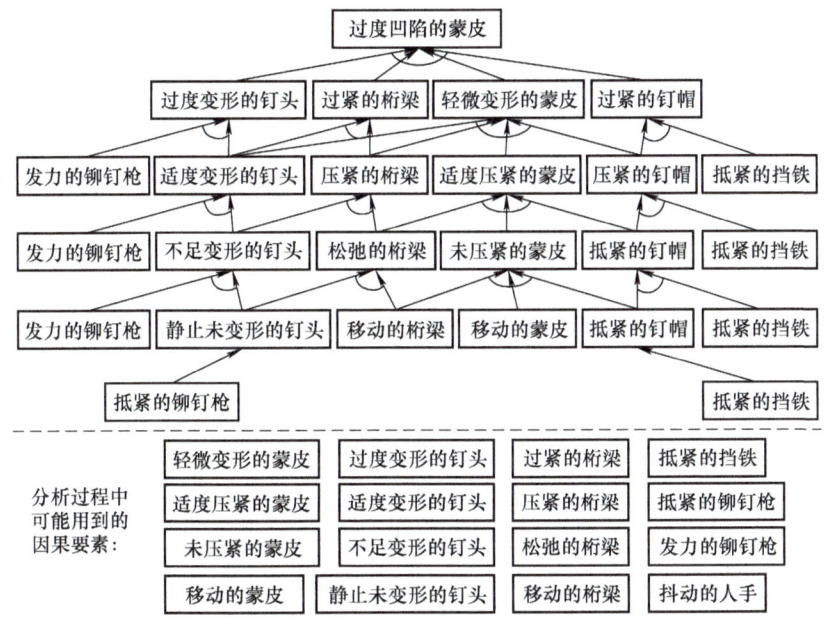

图8-21 用铆钉枪铆接飞机蒙皮的因果分析图

每一次铆钉枪击打都会造成铆钉头部的微量变形，即形成新的技术系统的状态，也即形成系统组件彼此之间新的相互作用关系。为了表达清楚所有的状态过程，从理论上说，应该画出每一次铆钉头变形之后的因果分析图。当然在实际画图操作中无需这样去做，只是把几个关键的相互作用状态表达清楚就可以了，即铆钉头未变形、开始变形但未压紧蒙皮、恰好压紧蒙皮、过度压紧蒙皮这几个关键状态。但是如果问题的成因比较复杂的话，可能就要考虑更多的中间状态，画出更多层次的因果分析图。

在图8-21中，首先把问题情境中可用到的因果要素放在下面待选，根据因果关系来随时选用。但图中并没有把所有的因果关系都考虑进去，也并不是所有待选的因果要素都用得上，如"抖动的人手"在上图中就没有采用。但是，如果一定要分析"抖动的人手"所引起的质量问题，例如，"抖动的人手"造成了"歪斜

267

的铆钉枪"，继而造成了"歪斜变形的铆钉头"，继而造成了"倾斜的铆钉杆"，"倾斜的铆钉杆"横向挤压了蒙皮，造成了"局部裂纹的蒙皮"等，同样可以画出另一个因果分析图。请读者自行练习。

2. 因果功能属性分析

因果属性分析的具体分析过程与因果分析相同，但是原因与结果之间的连线上，需要标明在当前原因层级上是什么物质属性引发了上一级的结果，即我们必须要清楚地知道，是哪两个物质属性作为原因，导致（造成）了上层的结果。相对于因果分析，因果属性分析可以从属性相互作用的角度，更清楚地剖析和阐述发生不良结果的根本性原因，如图 8-22 所示。

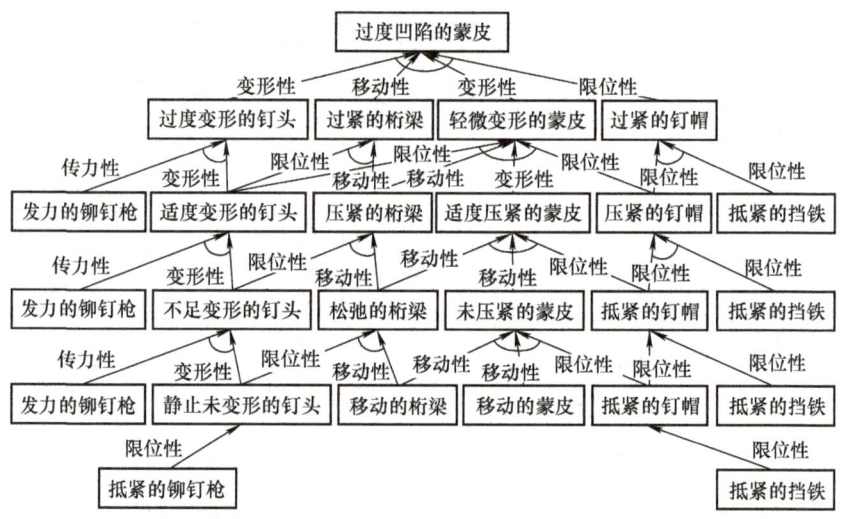

图 8-22　用铆钉枪铆接飞机蒙皮的因果属性分析图

因为每一次铆钉枪击打都会造成铆钉头部的微量变形。在上图中，"变形不足的铆钉"因钉头部不断受到击打而变形，其"限位性"与"未压紧的蒙皮"的移动性相互作用，最后造成了"变形凹陷的蒙皮"的质量缺陷。

在该图的分析中，并没有把铆钉杆作为一个独立的系统组件来做因果分析，这样会让分析过程复杂一些。如果读者有兴趣的话，可以加入铆钉杆，自行尝试练习。

要点小结

因果分析的结果是通过逐层梳理系统组件/物质在相互作用过程中，形成不良

第八章 解题流程：问题分析

问题的原因与结果的对应关系，找到产生问题的根本原因，恰当地定义或再定义最小问题。因果属性分析的过程与因果分析相同，但是结果是注重找到以两个组件/物质之间的属性相互作用而导致的根本原因。

第五节 其他常用问题分析方法

在 TRIZ 的分析方法工具集中，还有其他一些重要的、经常用到的分析工具，择其一二，略作介绍。

1. 流分析

使用流分析方法时，首先要画出问题情境图；其次在最小问题区域中，用箭头线标出流的具体作用形式；然后识别出哪个流是有益流，哪个流是有害流。最终，给出流分析的结论，为下一步解决问题做好准备。

案例：在铆钉压紧蒙皮的问题情境中，如果铆钉帽是恰好压紧蒙皮，蒙皮应该没有或基本没有凹陷。如果铆钉帽过度压紧蒙皮，则铆钉帽周边蒙皮产生局部凹陷。

该问题是受力（能量传递）问题，因此以能量流的方式来分析问题。我们画出问题情境的图示，对问题情境中的受力情况做出分析。当铆钉头产生变形压住蒙皮后，铆钉头和铆钉帽从两头卡紧了蒙皮和桁架。因此，铆钉和蒙皮、桁架都有了直接的受力接触，而且作用力等于反作用力，其受力情况可用箭头线标出，如图 8-23 所示。

在图 8-23 中，铆钉帽压紧蒙皮，铆钉头压紧桁架，蒙皮和桁架彼此压紧。在铆钉头处的受力情况比较简单，铆钉头压紧桁架的力等于桁架压紧铆钉头的反作用力。而在铆钉帽处，由于有鱼眼坑的倾斜曲面，因此铆钉帽压紧蒙皮时，压紧力 F 在二者接触面上每个点都会产生两个分力，一个是横向挤压的分力 F_1，一个是纵向压紧的分力 F_2，如图 8-24 所示。

如果铆钉压蒙皮过紧，导致蒙皮过度变形，则可以认为产生了有害能量传播，即有害能量形成不可控传播流。此时，纵向压紧的分力 F_2 过大导致蒙皮在纵向被轻微压扁，而横向挤压的分力 F_1 过大导致把蒙皮鱼眼坑周围的材料向中心线外挤出。在 F_1 和 F_2 的两个有害流的共同作用下，蒙皮鱼眼坑的直径实际上会稍微扩大一点点，

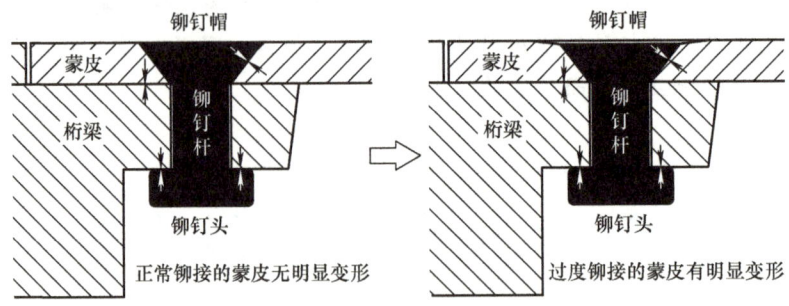

图 8-23　铆钉压紧蒙皮的流分析

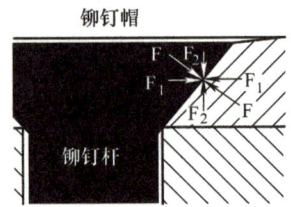

图 8-24　铆钉头压紧蒙皮时产生的分力

鱼眼坑局部会变薄一点点,这就是铆钉帽周边的蒙皮产生局部凹陷的原因。

要点小结

流分析的结果,是找到并辨识在最小问题区域中的物质、能量、信息流的实际状态,清晰准确地找出不足流、过度流或有害流,为消除这些不良作用而做好准备。

由流分析导出物理矛盾:只要在流分析图中出现了有益流和有害流共存于某一个相互作用的界面上,那么相互作用的两个物质(如本案例的铆钉或蒙皮),必定存在物理矛盾。

2. 多屏幕分析

多屏幕法是一种思考、理解和分析问题的方法。其要点是,在分析和解决问题的时候,不仅要考虑当前的系统,还要考虑它的超系统和子系统;不仅要考虑当前系统的过去和将来,还要考虑超系统和子系统的过去和将来,如图 8-25 所示。

因为使用多屏幕法的大多数情况是只画出了九个屏幕,因此多屏幕分析往往也被称作是"九屏幕法"、"九格图"、"九宫格"等名称。其实多屏幕法可以继续扩展,例如可以画出 25 个屏幕或更多的屏幕。阿奇舒勒认为,如果能针对一个当前

第八章 解题流程：问题分析

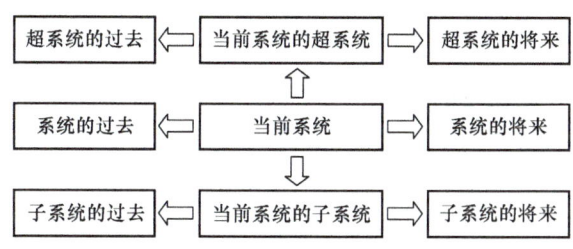

图 8-25 多屏幕分析

系统画出更多的屏幕，就意味着能找到更多的解题思路。

多屏幕法可帮助我们重新定义任务或矛盾，可帮助我们找出解决问题的新途径。多屏幕法是从多层次、多方位、多条件、多状态等一切与当前问题所在系统相关的系统去分析问题，这样才能更好地理解当前的问题及帮助找到解决方案。

"当前系统的过去"是考虑发生当前问题之前该系统的状况，包括系统之前运行的状态等。

"当前系统的未来"是指考虑发生当前问题之后该系统可能随后发生的状态等。

当前系统的"超系统"可以是各种物质、技术系统、自然因素、人与能量流的状态等。

当前系统的"子系统"可以是各种物质、系统组件、产品特征、人与能量流的状态等。

当前系统的"超系统的过去"和"超系统的未来"是指分析发生问题之前和之后超系统的状态，并分析如何利用和改变这些状态来防止或减弱问题的有害作用。

当前系统的"子系统的过去"和"子系统的将来"是指分析发生问题之前和之后子系统的状态，并分析如何利用和改变这些状态来防止或减弱问题的有害作用。

多屏幕分析的目的在于，帮助我们挖掘系统内部、外部不同时空条件下的系统信息和物质属性。做完细致的多屏幕分析后，我们就会发现一系列完全不同的视角和观点：原来没有思路的问题已经有了若干个考虑问题的新思路，新的发明问题定义取代了原有问题定义。如果对分析的结果还不满意，可以把某个窗口的分析结果作为当前系统，继续进行第二次分析，直至找到有利于解决问题所需的内容和信息。

多屏幕分析方法是一种分析问题的手段，或者说是一种辅助解决问题的手段。它本身还无法成为解决问题的工具。各个屏幕显示的信息，并不一定都能引出解决问题的新方法，也不一定都能填上相应的内容。如果实在找不到有关信息，可以暂时先空着它。但不管怎么说，多个屏幕的信息，总会对问题的总体评估与把握有所帮助。

案例：在铆钉压紧蒙皮的问题情境中，如果用多屏幕法做分析的话，可以把铆钉、蒙皮、桁架作为技术系统，把铆钉作为子系统，把挡铁、铆钉枪作为超系统，如图8-26所示。

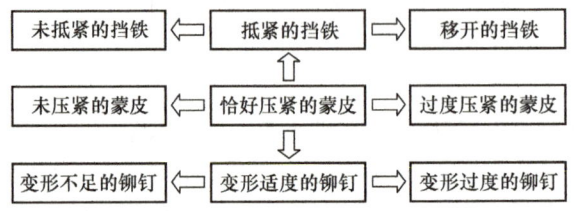

图8-26　铆钉过度压紧蒙皮问题的多屏幕分析

根据以上分析结果，我们也可以重新定义技术系统和子系统，再进行第二次的多屏幕分析。例如可以把蒙皮（及其上面的倒锥台形鱼眼坑沉孔）作为技术系统，把鱼眼坑沉孔作为子系统，把铆钉作为超系统。重新定义了技术系统、子系统、超系统后，以"过度压紧的蒙皮"作为当前系统，分析结果如图8-27所示。

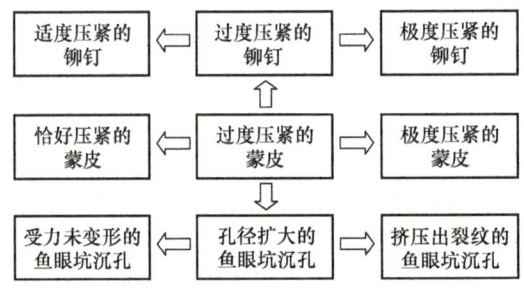

图8-27　蒙皮的多屏幕分析（九格图）

由以上分析结果可以看出，当蒙皮被过度压紧时，鱼眼坑沉孔的直径开始扩大，蒙皮产生局部凹陷。如果继续击打铆钉，则会导致铆钉极度压紧蒙皮，鱼眼坑沉孔产生细微裂纹，造成蒙皮报废或质量隐患。

当我们熟练掌握了多屏幕法，还可以尝试使用高级多屏幕法。高级多屏幕法不仅考虑当前系统，也同时考虑了当前系统的反系统、反系统的过去和将来、反系统的超系统和子系统以及它们的过去和将来，如图8-28所示。

采用高级多屏幕思维方法，当出现如图所示的九个以上的屏幕时，你会对问题有一种身临其境的感觉。这意味着，当解决技术系统升级问题时，还要考虑反系统的九个屏幕。我们可以把反系统理解成一个功能与原先的工程系统刚好相反的技术

第八章 解题流程：问题分析

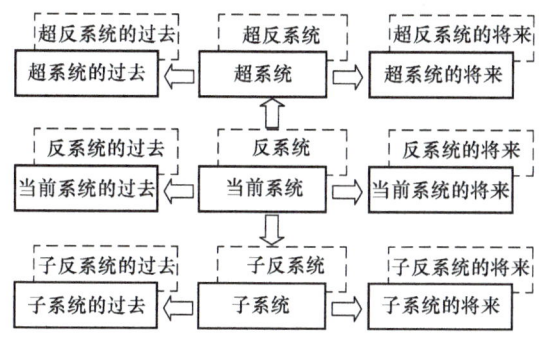

图 8-28 系统思维的高级多屏幕方法

系统。事实上，很多技术系统中都有反系统。例如，铅笔与橡皮，文字输入软件中的打字与删除，汽车中的加速踏板与刹车踏板、饮水机中有冷水和热水，空调可制冷和制热等。通过加入反系统的高级多屏幕分析方法获得的信息，有助于发现范围更广、更加有效的解决问题的方案。

要点小结

系统的多屏幕分析方法，让我们对一个有问题的技术系统做多时段、多层次、多方面的分析，拓宽分析界面，发散思考角度，增加决策信息，为消除系统中的不良作用做好信息准备。

3. 小人法分析

小人法是经典 TRIZ 中的有效分析手段之一。当技术系统内的部分组件/物质不能完成必要的预设功能时，可以用多个小人来形象地代表这些组件/物质。而不同形状或颜色的小人表示系统组件/物质执行不良的功能或具有某种矛盾；重新组合这些小人，使它们能够执行必要的预设功能，消除原有矛盾，达到系统的较为理想的状态。这种分析方法就是小人法。

小人法通常要画两张图：先用一组小人来模拟出现了矛盾、系统功能不良的状态，可把系统表示为多个小人来执行不同的组件功能（小人不用画得很多、很密集，但是也不要画得太少而无法准确表示组件功能）。然后再画一组重新组合后的这些小人，它们恢复或发挥了组件的功能、满足了矛盾的双方面要求，系统达到了理想状态，这个状态就是该问题的概念解。

案例：海关在检查集装箱时会遇到一个物理矛盾问题：既要花时间认真、准确地检查大型集装箱内是否有核原料（防止走私核原料），另一方面又要尽量缩短检查每一个集装箱车辆的时间（提高通关速度）。海关希望找到一种快捷的检测方法来解决该问题。

假设核原料为小黑人，集装箱外壳可以表示为很多的小红人，即多个小红人围绕着小黑人。假设小蓝人为这里需要使用的一种检测仪器或材料。希望小蓝人穿过小红人与穿过小黑人时具有明显的不同属性，这样可快捷地把小黑人辨别出来，检测出核原料的存在，如图8-29所示。

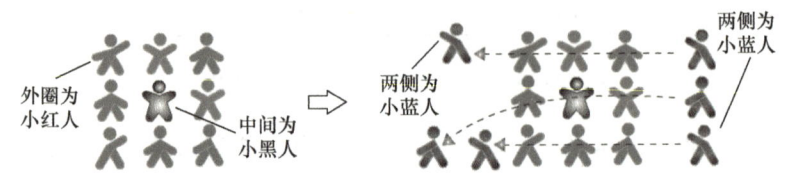

图8-29　用小人法检测集装箱中是否有核原料

小人法分析结果带给我们的启示是，可选择一种材料（小蓝人），当它与已知材料（小红人）相遇时不会改变前进的方向，而与核原料（小黑人）相遇时则改变前进方向。解题概念方案是选择高能粒子 μ 介子作为小蓝人，因为 μ 介子在与核材料相遇时会偏离原前进方向，而与遇到其他材料时不偏离。这样便可快速地探测出集装箱内是否有核原料。

要点小结

小人法的操作要点是系统组件的形象化细分、离散和重组，是一种对系统中实物的有效的发散方法。由发散而带来新的系统资源，由发散而获得新的解题信息，由重组而获得消除矛盾、解决问题的启示。

4. 粒子法分析

粒子法是小人法的升级版。它用更细小的粒子替代了小人，在思考顺序上有所不同，在画法上基本相同，在结果上更强调物质的属性和功能属性。

粒子法思考与画图步骤如下：

第一步，画问题情境简图。画图要求与小人法一致，随手绘制简图，说明问题即可，无需美观精确。在简图中用粒子表示与问题情境中的系统组件/物质有接触（相互作用）的元素，这些粒子所代表的元素具有任何所需的属性，可以执行任何所需功能。粒子的画法很简单，用"x"表示即可，比画小人还要简单。

第八章 解题流程：问题分析

第二步，想象问题解决后的理想化最终结果，即圆满完成预设功能，而且对原有系统改动最小、代价最低，然后在问题情境图的右边画出一个简图来表达这个理想结果。当达到这个理想结果时，粒子应该完成了预设功能，脱离了与系统组件的接触，可以将其画在旁边。

第三步，比较左右两个简图的差别，认真思考从左图变成右图，该过程中可能出现什么变化，粒子需要哪些资源支持，需要完成哪些功能以及所具备的功能属性。如果左右两个简图的差异较大，在思考上难以一步到位，可考虑增加一两个中间状态简图。再想象从现有的问题情境，如何一步步地经由中间状态，过渡到问题解决后的理想状态。其间的每一步，都需要预设粒子的功能，完成功能的动作，以及粒子所应具有的能量、功能属性等。

案例：一个几十吨的重型设备要安放在预先挖好的水泥底座坑中。如果不用大型起重设备，能否将其平稳安放入位？用粒子法思考分析该问题，如图 8-30 所示。

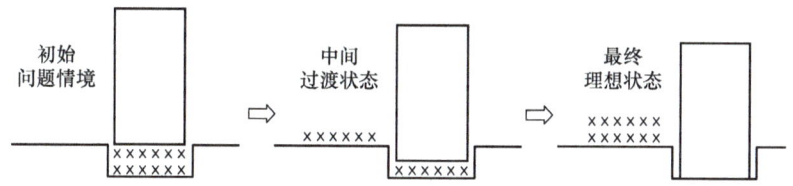

图 8-30 粒子法安放重型设备入位的分析简图

从左至右，问题的初始情境是利用粒子元素在设备底座作为支撑，平顺地平移了该设备；中间状态是部分粒子可以逐渐地脱离与设备的接触；理想状态是最终所有支撑设备的粒子都脱离了与设备的接触。这个过程是平稳、逐渐地实现的，设备安全完好地安装到位。

粒子法优于小人法之处是，粒子法简图的分析结果，可以启发我们思考支撑设备的粒子元素要具有什么属性、执行什么功能才能使初始问题渐变成为最终理想状态。由此找到粒子应该具有的物质属性和必须实现的功能，获得解决问题的概念解。在本案例中，由于粒子元素需要完成的初始功能是"支撑设备"其功能属性是支撑，很多比较坚硬的物质的属性中都有支撑性，但是，仅仅完成"支撑设备"功能还不够，设备还必须平稳降至坑底，因此，粒子元素还要同时具有逐渐"降低高度"的功能及功能属性，这就要求粒子元素要具备形态上的逐渐变化性。另外，由于坑壁具有四周包围设备底座的空间约束性（二者间狭窄的缝隙），因此要求粒子元素可以全部（或者绝大部分）通过狭窄的缝隙"逸出"，因此粒子元素应该具有"通过狭缝"的功能，具备一定的流动性。那么，这三个功能和功能属性彼此串接的结果，启发我们找到一种物质，初期具有坚硬的支撑性，随后具有可控的逐渐变形性，然后藉由流动性而逸出，脱离与设备底座的接触。只要粒子元素具备这三个属性，能完成三个功能，都可以作为该问题的概念解。

该问题的概念解决方案有多个。例如，可以采用相变的原理，所有具备相变的物质如水、液态、流体等都可以实现该功能。请读者依据粒子法的启发，自行思考其他的概念解决方案。

要点小结

粒子法的操作要点虽然也是系统组件的细分、离散和重组，但是粒子元素被更明确地赋予了理想化的特征。粒子法一步步地引导我们逻辑化地思考，粒子元素要具有什么属性、执行什么功能才能使初始问题渐变成为最终理想状态，最终将问题重新定义为一个由物质属性来实现功能的问题模型。

第六节　SAFC 模型分析及 SAFC 功能因果链

1. SAFC 模型缘起及基本构成

在对复杂问题的分析过程中，经常用到本章前面介绍到的两个常用分析工具——因果分析模型和功能分析模型。在作者长期讲授这两个分析工具的过程中，逐步将因果分析发展到了因果属性分析，功能分析发展到了功能属性分析，二者的共同点交汇在了物质属性上。

这引发了作者的深入思考，两种看似截然不同的分析工具，其共同点是相互作用的要素均指向物质属性，那么能不能在属性的基础上，把两种分析合并成一种分析？阿奇舒勒曾经睿智地指出，第四层次的综合措施是趋于专门化的"措施联合体"。既然不同的发明措施可以组合成高效的措施联合体，那么两种不同的分析工具也可以整合为一个综合性的、功能更强大的分析与解题工具。于是，一个现代 TRIZ 家族中全新的分析/解题工具——SAFC 模型诞生了。

SAFC 模型是基于物场模型，同时融入了属性分析、功能分析和因果分析的一种复合分析模型，是 U-TRIZ 独创的一个统一了分析问题、解决问题的综合工具。其使用特点是一次分析得出多种结果，而且可以边分析、边解决问题。

在 SAFC 分析模型中可能用到的各种符号的中英文符号有：物质（substance）

第八章 解题流程：问题分析

S_1、S_2、$S_3 \cdots$、S_n；属性（attribute）A_1、A_2、$A_3 \cdots$、A_n；有用功能（useful function）F_{u1}、F_{u2}、$F_{u3} \cdots$、F_{un}；有害功能（harmful function）；F_{h1}、F_{h2}、$F_{h3} \cdots$、F_{hn}；有用和有害共存功能 F_{uh}。

U-TRIZ 的功能定义：功能通常是指两个物质的属性发生相互作用的结果，该相互作用改变或保持了其中某个物质属性，或者影响、激发了第三个物质的某种属性的过程。物质与功能是通过属性来联系的。

在 U-TRIZ 中，用 SAFC 模型来表达和描述功能，并将其作为分析问题和解决问题的工具。SAFC 模型是 U-TRIZ 独创的、统一的分析问题和解决问题的复合模型。

在 SAFC 分析模型中，S_1 和 S_2 是两个相互作用的物质，各自对应的属性为 A_1 和 A_2。习惯上，将物质 S_1 作为功能载体——发出动作的主体，将物质 S_2 作为作用对象，即接受动作的客体；F_{uh} 是物质 S_1 的属性 A_1 与 S_2 的属性 A_2 相互作用形成的、可能有用或有害的功能；S_3 是实现功能后衍生的、具有属性 A_3 的第三物质；A_1 和 A_2 既相互作用形成了功能，也相互作用为 S_3 的成因。由于 SAFC 模型来自物场模型，因此我们把两个模型放在一起比较，如图 8-31 所示。

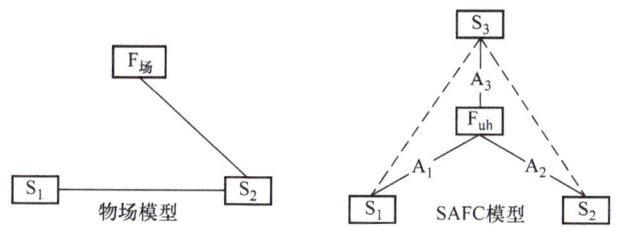

图 8-31　一个基本的物场模型与一个标准的 SAFC 模型

通过比较，可以发现二者的共同点是都是三角形的模型，都表征了两个物质相互作用的一轮过程。但是，也有明显的几点不同：

1）SAFC 模型多了一个物质 S_3，即在一个模型中体现了两个物质相互作用后的衍生（结果）物质，使得我们对相互作用的结果更清楚。物场模型无法做到这一点；

2）SAFC 直接体现了功能 F_{uh}，在物场模型中我们不知道确切的功能在哪里；

3）SAFC 表现了物场模型中所没有的因果关系，S_1 和 S_2 是因，S_3 是果。

由以上三点，我们可以认为 SAFC 模型包含了更全面的信息，是适用范围更广的模型。

2. SAFC 模型基于公理产生

公理：物质之间必然发生相互作用是公理。物质之间的相互作用是一种客观存在。

恩格斯在《自然辩证法》一书中对两个有联系物质的属性的"相互作用"给予了精湛的阐述:"当我们以当代自然科学的观点,从总体上观察运动着的物质时,相互作用是在我们面前最先发现的东西。我们观察到了一系列的运动形式:机械运动、热、光、电、磁、化学的化合与分解、聚合态的过渡、有机生命。所有它们(如果将有机生命暂时除外),都在相互转变、互为条件,在一处是原因,在另一处是作用,热、光、磁、化学是物质的属性,两个有联系物质的相互作用形成功能"。

基于相互作用公理,我们用如下四个推理来表示形成 SAFC 模型的过程和内在逻辑关系。在每个推理图示中,左边表示的是推理本身,其他为推理的举例。

推理一:功能是两个物质 S_1、S_2 的属性 A_1、A_2 相互作用的结果,形成一个有用功能或有害功能 F_{uh}。例如,驾驶汽车不慎撞到了树上,"撞树"就是功能(有害),从相互作用的角度来看,可以认为是汽车撞树,也可以认为是树撞汽车,最小作用区域在汽车保险杠和树皮之间,如图 8-32 所示。

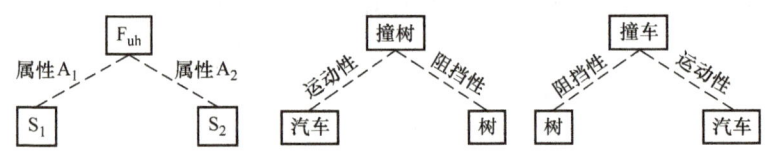

图 8-32 推理一

推理二:两个物质 S_1、S_2 相互作用后所形成的功能 F_{uh} 的属性与第三个物质 S_3 的属性 A_3 恰好一致,彼此之间形成对接。例如,驾驶汽车撞树后,其结果 S_3 可能是"撞弯的保险杠"和/或"撞破的树皮"。根据问题情境中所关注的重点(此处为汽车或树)来决定由功能发生后所衍生出来的第三种物质和其属性。这里"撞破的树皮"或"撞弯的保险杠"的共同属性 A_3 是"变形性",如图 8-33 所示。

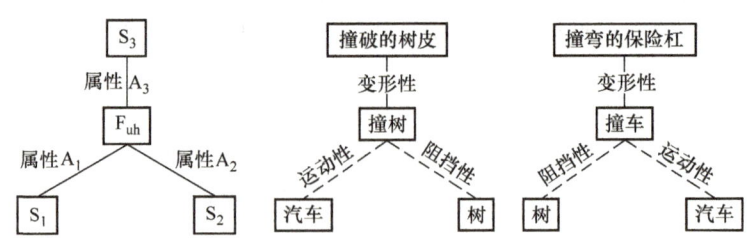

图 8-33 推理二

推理三:因果是两个物质 S_1、S_2 的属性 A_1、A_2 相互作用的结果,下层为因,上层为果。例如,因果物质"运动的汽车"撞上"静止的树"后,其因果结果是"撞弯的保险杠"和/或"撞破的树皮",如图 8-34 所示。

第八章 解题流程：问题分析

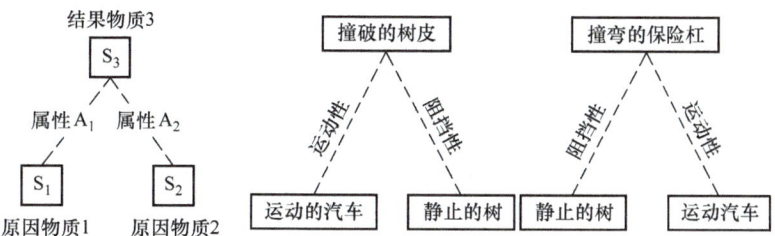

图 8-34　推理三

推理四：功能和因果都是两个有联系的物质 S_1、S_2 的属性 A_1、A_2 相互作用的结果，而且功能结果和因果结果通过属性直接相关。

由推理一和推理二形成的功能结果与推理三形成的因果结果具有密切的相关性和互补性，即物质 S_1 的属性 A_1 与物质 S_2 的属性 A_2 相互作用，既形成了功能结果 F_{uh}，也形成了因果结果 S_3，且功能结果 F_{uh} 通过属性 A_3 与因果结果 S_3 相关联，A_3 既是衍生物质 S_3 的属性，也是 F_{uh} 的功能属性。最终得到了由推理二和推理三复合在一起的 SAFC 模型，并由推理四加以验证。如图 8-35 所示。

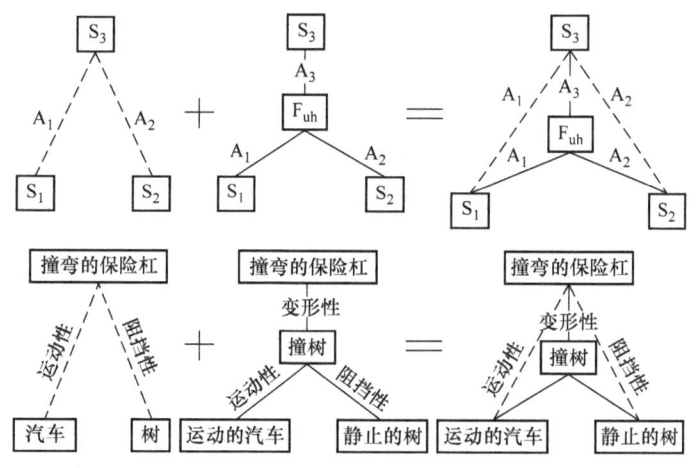

图 8-35　推理四

在该图中，仍然以汽车撞树为例，运动的汽车所具有的"运动性"和静止的树所具有的"阻挡性"相互作用，生成了"撞树"的有害功能。该功能的属性"变形性"必然导致所生成的结果物质 S_3 具有变形的属性——"撞弯的保险杠"。

3. SAFC 模型的标准表达方式及组成要素释义

将经典 TRIZ 中的物场、功能、属性和因果等创新要素集成到一个 SAFC 分析模型中，是 U-TRIZ 的最大创新亮点之一。U-TRIZ 以物质之间的相互作用为基础，继承并发展了经典 TRIZ 中物场模型中的三个元素所形成的三角形模型，对功能给出了更丰富、更全面的定义，形成了 SAFC 三角形复合模型，如前面图 8-35 所示。

SAFC 模型的标准表达方式有以下几个部分内容和含义：

1）**基本形状**：SAFC 模型是一个三层的三角形的模型。每一个三角模型都明确代表了一个功能，一层因果关系；

2）**组成要素**：S_1、S_2、S_3 为物质，A_1、A_2、A_3 为物质属性。S_1、S_2 位于模型的低层，S_3 位于模型的顶层。物质与物质或物质与功能之间的连线（实线和虚线）表示物质属性的传递；

3）**作用结果**：两条实线（从 S_1 到 S_2）交汇为物质属性相互作用后生成的一个功能结果（F_{uh}）；两条虚线（S_1 到 S_3、S_2 到 S_3）交汇表示为物质属性相互作用后生成的一个因果结果（S_3）；

4）**作用方向**：在因果作用的方向上，虚线自下而上，表示由因及果的方向；自上而下，表示由果及因的方向。在功能作用的方向上以实线连接，习惯上把物质 S_1 作为功能载体，是发出动作的主体，把物质 S_2 作为功能受体（或作用对象），是接受动作的客体。当然，由于是相互作用，动作发出的主体可以是从 S_1 作用到 S_2，也可以从 S_2 作用到 S_1；

5）**作用时序**：每个 SAFC 模型表示的都是一轮微观层面上的相互作用。因此，其实际发展顺序是自下而上的。即先有相互作用（功能），后有作用结果，因此 S_1、S_2 必须放在三角形模型的最下面的两个顶点位置，S_3 是最终结果，放在最上面的顶点位置，F_{uh} 必须放在三角形模型的中心位置，但是位于 S_3 和 A_3 的下方，表明作用的因果关系（含时序关系）；

6）**结果形态**：S_3 是具有 A_3 属性的衍生物质，它来源于改变了原有状态的 S_1 或 S_2 的变形物质或是其中一部分（如撞弯的保险杠、烤肉滴出的油），或者是 "$S_1 + S_2$" 叠加物质（如双金属片、木板和拧入其中的螺钉），或者是 "$S_1 \times S_2$" 融合物质（如合金、化合物），如图 8-36 所示。

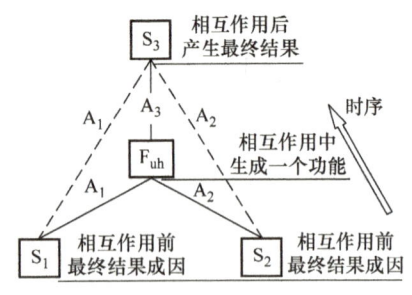

图 8-36 SAFC 模型的组成要素和相互作用的时序关系

有时 S_1、S_2 相互作用后，在产生一个期望的预设功能之后，又产生了多个衍生的有害功能，以及产生了多个衍生物的情况是比较复杂的。例如：分析炭火烤肉问题，S_1 是炭火，S_2 是肉，二者相互

第八章　解题流程：问题分析

作用后，在产生了"加热·肉"有用功能的同时，附带产生了"挤出油"和"烤煳肉"两个衍生功能。在炭火持续加热作用下，肉的状态形成了连续变化的 S_3，如果略去大多数中间状态而仅考虑一些重要的节点状态，那么 S_3 状态从生肉→半生半熟的肉（油）→熟肉（油）→煳肉（油）等，而且，"挤出的油"滴落到炭火中燃烧，产生"生成油烟"的功能，让油进一步变成了次级衍生物"油烟"。根据问题情境，我们关注的功能结果 S_3 就可以定义为"烤熟的肉"、"挤出的油"、"烤煳的肉"和"呛人的油烟"，它们都是 S_2 的衍生物或次级衍生物。而我们所需要的功能结果只有一种"烤熟的肉"。其他的诸如"烤煳的肉"等，都是我们不需要的结果。因此，从功能上看，显然"烤煳肉"是有害功能，而"挤出油"的功能本身虽然是中性的，但是油滴到了炭火上，又发生了"燃烧油"和生成"呛人的油烟"的有害功能。

虽然以上过程稍显复杂，但是只要把握好时序，按照两两物质相互作用成对处理，就一定能做到时序正确，逻辑清晰，把问题分析清楚。

4. SAFC 模型的绘制步骤

绘制 SAFC 模型的步骤如下：

第一步，在有问题的技术系统范围内，识别并标注出具有相互作用的物质/组件，如 S_1 和 S_2，以它们作为未来所画出的三角形底部的两个顶点。该步骤与画物场模型相同。

第二步，分别找出 S_1 和 S_2 两个物质的属性 A_1 和 A_2，分别向斜上方绘制实线，交汇于中间位置的上方。

第三步，在 S_1 和 S_2 的属性实线交汇点上方，标出 A_1 和 A_2 相互作用后所产生的功能 F_{uh}，识别功能的类别，找出有害的、过度的或不足的功能，以这些不良功能作为待解决的问题。

第四步，在功能 F_{uh} 的上方，找到 S_1 和/或 S_2 的衍生物质 S_3，并将之置于三角形的顶端。以实线连接 S_3 与 F_{uh}，标注其属性 A_3，A_3 既是 F_{uh} 的功能属性，也是 S_3 的物质属性。

第五步，用虚线连接 S_1 与 S_3 以及 S_2 与 S_3，这两段虚线表示物质属性的传递次序和上层结果 S_3 的成因。至此，SAFC 三角形模型绘制完成，如图 8-37 所示。

如果还有其他物质（如 S_4）参与相互作用，那么继续以 S_3 和 S_4 作为下一轮 SAFC 三角形模型分析的起点，重复此前的五个分析与画图步骤，画出下一 SAFC 模型，由此不断画下去，形成 SAFC 功能因果链。

SAFC 功能因果链的终止条件是：当不能继续找到下一层的原因时；当问题已

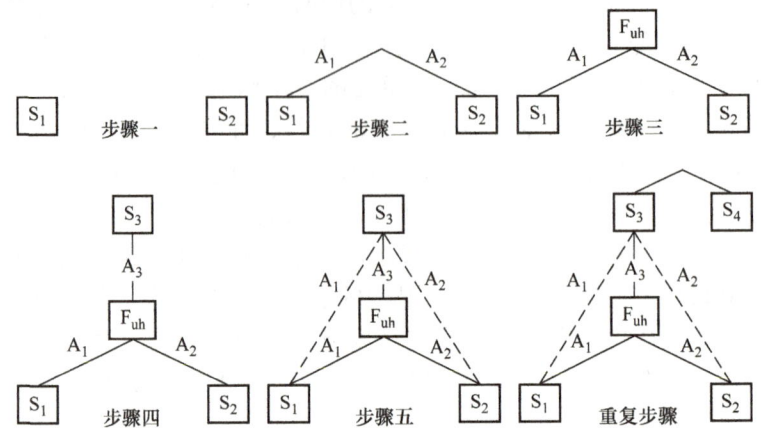

图 8-37　绘制 SAFC 模型的步骤

经解决时；当达到自然现象时；当达到制度/法规/权利/成本等的极限时。

完成功能因果链分析后，可以聚焦于有问题的 SAFC 模型，对其进行 SAFC 模型的转换，如调节属性、引入物质、引入效应等，消除不良功能，实现技术系统创新。

关于铆钉过度压紧蒙皮的问题情境的 SAFC 模型分析，如图 8-38 所示。

由以上分析可以看出，当蒙皮已经被压紧后，如果铆钉帽继续执行"挤压蒙皮"的功能，则会产生"变形的蒙皮"的不良结果。在整个的 SAFC 模型的功能因果链图中，每一个经过分析而构建的三角形模型中所表示出来的物质属性和功能实现，都是解决问题的"抓手"和资源。

5. SAFC 功能因果链与市场需求

由于每一个 SAFC 三角模型都是一个技术系统中的某一个实现功能的环节，都是一层因果关系，因此，多个 SAFC 连接起来，就形成了 SAFC 功能因果链。SAFC 功能因果链可以从下往上绘制，也可以从上往下绘制。这个过程是双向可逆的，但是各自具有完全不同的含义。

以由因及果（自下而上）的观点来看，是一个构建新功能、产生新物质的过程。一个功能结果和因果结果的产生，既意味着本轮相互作用结束，也意味着新一轮相互作用开始。前一轮相互作用的结果必然是新一轮相互作用的原因，由此而形成功能因果链，不断向上传递，产生新的要素或全新事物，形成最终产品。

以由果及因（自上而下）的观点来看，顶层的结果物质就是市场上所需要的

第八章 解题流程：问题分析

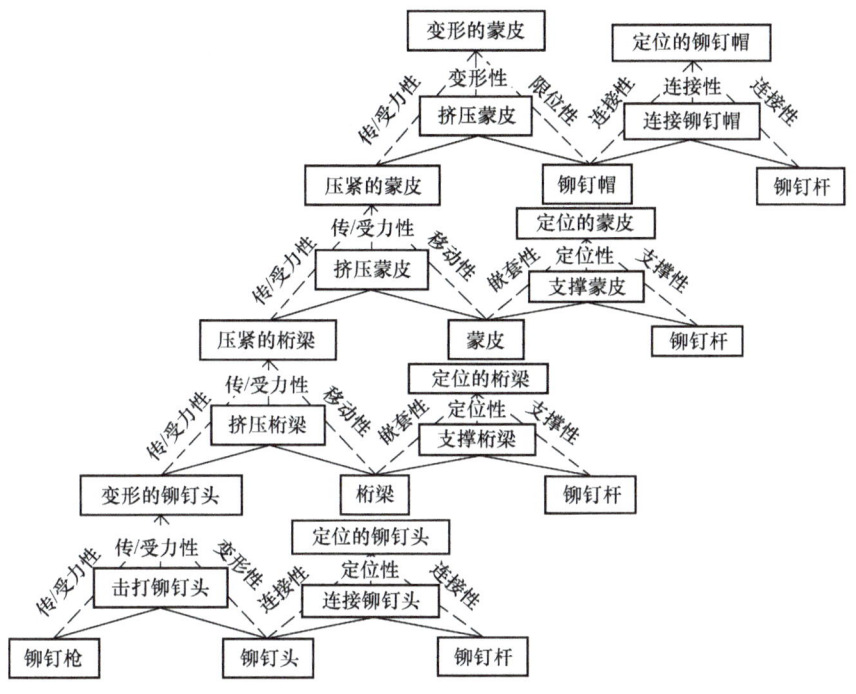

图 8-38　铆钉过度压紧蒙皮的 SAFC 模型功能因果链

最终产品，其指向下方的属性就是具体的客户需求（设计目的），所连接的功能就是最终产品的功能。以此为出发点，一层一层地向下分解，就可以推导出如何实现客户所需功能的一个技术功能方案，如图 8-39 所示。

假定 A_m 是客户所期待的产品/市场需求。S_n 是厂商所提供的最终产品，具备最终产品功能 F_n，并具有功能属性 A_n。如果 A_n 与 A_m 的符合度较高，那么我们认为该产品 S_n 较好地满足了客户的需求，如果符合度较低，那么该产品不满足客户需求。

6. 用 SAFC 模型来进行矛盾分析

矛盾形成的根本在于物质的属性。表面看，矛盾可以由参数形成对立统一（技术矛盾），也可以由需求形成对立统一（物理矛盾）。但是实际上，参数和需求的背后，都是物质的属性在起决定性的作用。

我们可以把技术矛盾、物理矛盾统一表达在一个 SAFC 复合模型中，如图 8-40 所示。

283

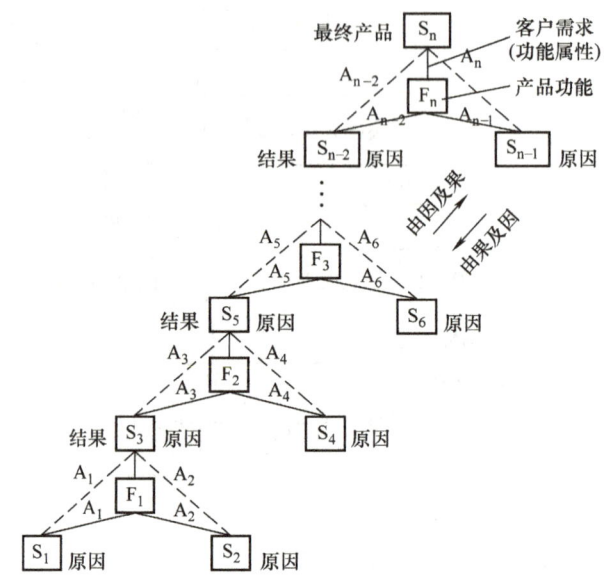

图 8-39　SAFC 模型所形成的 SAFC 功能因果链

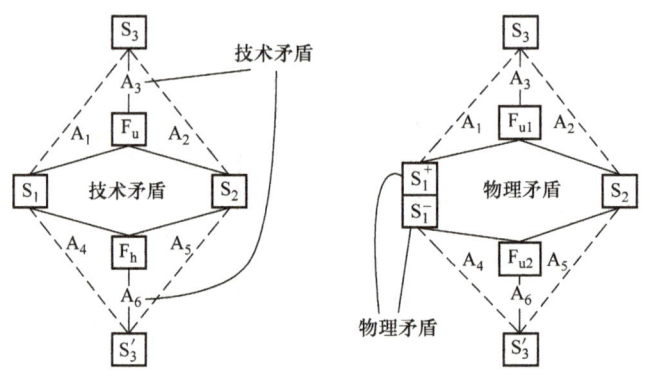

图 8-40　用 SAFC 模型表示技术矛盾和物理矛盾

技术矛盾的表现形式如图 8-40 左图。由于两个相互作用的物质 S_1 和 S_2 具有多种属性（A_1、A_2、A_4、A_5 等），因此在发生相互作用时，既生成了一个有用功能 F_u，也同时生成了一个有害功能 F_h，二者的功能属性 A_3、A_6 是相互矛盾的，即改善了 A_3 就恶化了 A_6，反之亦然。

物理矛盾的表现形式如图 8-40 右图。S_1 和 S_2 相互作用后，既产生了有用功能 F_{u1}，也产生了有用功能 F_{u2}，如果两个功能都想要的话，那么就对 S_1（也可以是 S_2）的属性 A_1 和 A_4 提出了截然不同的要求。

第八章 解题流程：问题分析

例如，坦克的战斗力体现在进攻性、防守性、机动性等方面的功能属性上。因此，坦克既要机动性好，又要防护性强。加厚坦克的装甲钢板可以改善防护性，但是会增大坦克本身的质量，恶化坦克的机动性。

在本例子中，加厚装甲可以实现"阻挡炮弹"的有用功能（其属性为"防护性"），但是带来了"加重本体"的有害功能（其属性为"机动性"），因此技术矛盾是坦克的"防护性 vs. 机动性"。

物理矛盾是在要求同时实现"阻挡炮弹"和"减轻本体"的两个有用功能的前提下，对"装甲厚度"提出了截然不同的需求，既要厚（满足"防护性"），又要薄（满足"机动性"），如图 8-41 所示。

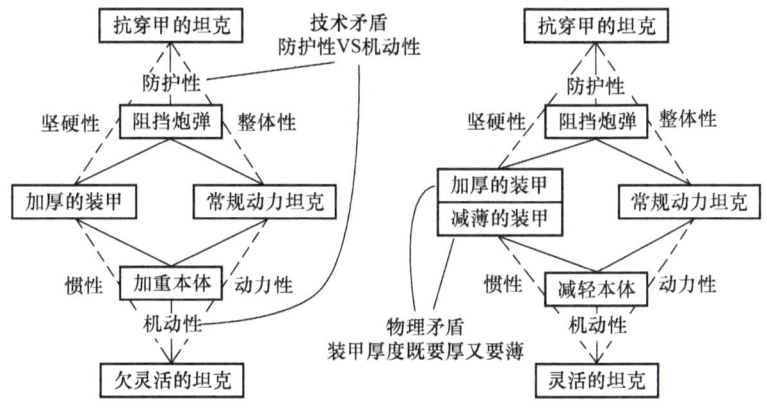

图 8-41　用 SAFC 模型表示的坦克的技术矛盾和物理矛盾

图 8-41 右图所表示的物理矛盾与上一章中图 7-3 把技术矛盾转化为物理矛盾的图示模型在要点上完全相同——即让技术矛盾中的对立统一的双方都达到改善状态，那么这两种同时实现的改善一定会对一个相关的系统组件（装甲的厚度）提出截然不同的属性需求，这就是典型的物理矛盾。

值得注意的是，在 SAFC 模型分析中，凡是在某一个组件/物质上交汇了不同的功能或属性需求，那么在该组件/物质上必然存在着物理矛盾。通过 SAFC 模型分析导出物理矛盾，也是一种比较快捷的解题途径。

要点小结

SAFC 模型是基于物场模型，同时融入了属性分析、功能分析和因果分析的一种复合分析模型，是 U–TRIZ 独创的一个统一了分析问题、解决问题的综合工具。SAFC 模型充分体现了 U–TRIZ 的以功能为导向、以属性为核心的技术特色，其使用特点是一次分析得出多种结果，而且可以边分析、边解决问题。

思 考 题

1. 寻找和分析资源的原则是什么?
2. 功能如何构成了矛盾?
3. 构成物理矛盾的根本原因是什么?
4. 功能分析的要点和结构是什么?
5. 功能属性分析的要点和结果是什么?
6. 因果分析的要点和结果是什么?
7. 因果属性分析的要点和结果是什么?
8. 流分析的结果是什么?
9. SAFC 模型基于哪几种经典分析模型而建立?
10. SAFC 模型的构成要素?绘制步骤?
11. SAFC 模型中功能属性与市场需求的关系?
12. 如何用 SAFC 模型来表示矛盾?

第九章 解题流程：问题求解

TRIZ进阶及实战
——大道至简的发明方法

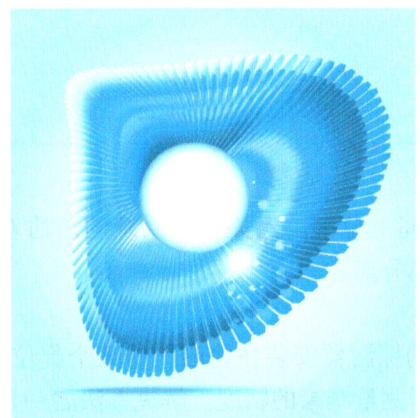

第一节　矛盾类型问题的求解

解决矛盾类型的问题，就是要最大限度地满足矛盾对立统一的双方面，达到双方面都改善的结果，由此而不折衷地解决问题。对矛盾的妥协、折衷、微调都不可能真正奏效，只有打破矛盾固有的结构，重新制定游戏规则，才能真正实现双赢，彻底消除矛盾。

在 TRIZ 中，把矛盾分为管理矛盾、技术矛盾和物理矛盾三种。管理矛盾经过分析后可以转化为技术矛盾和物理矛盾，技术矛盾可以转化为物理矛盾。因此，本节只讨论如何解决物理矛盾。

解决物理矛盾的核心思想，是实现矛盾对立统一双方的分离。分离原理是解决物理矛盾的唯一原理。基本的分离方法是空间分离和时间分离，在此基础上，又衍生出了条件分离和整体与部分分离。这四个分离方法是解决物理矛盾的最常用的解题手段。有些 TRIZ 专家认为只用空间分离和时间分离就可以解决绝大部分问题，其他的分离方法不过是时、空两个基本分离方法的衍生与重新组合而已。四个分离方法与分离原理的关系如图 9-1 所示。

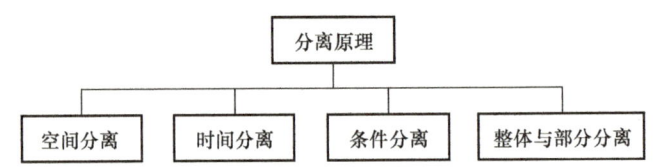

图 9-1　分离原理与四种分离方法的关系

下面将对这四个分离方法分别加以介绍。

1. 空间分离方法

空间分离方法是指将矛盾双方在不同的空间上分离。当关键子系统的矛盾双方，在某一空间中只出现一方时，可以进行空间分离。

（1）**案例：轮船与声呐探测器的分离**

轮船进行海底测量的过程中，早期是把声呐探测器安装在轮船上的某个部位，但是轮船本身的噪声成为了干扰源，严重影响了测量结果的精度。解决方法之一是

第九章　解题流程：问题求解

轮船用数百米至一千米的电缆连接并拖着声呐探测器，由于被拖拽的声呐探测器与产生噪声的轮船之间在空间上处于彼此分离状态，互不影响，可以在无干扰的海水中较准确地感知外界信息。

(2) 案例：空调制冷机

空调的主要工作部件是风机、压缩机和散热风扇。风机的作用是吹出冷风，压缩机的作用是压缩冷媒导致相变，通过压力释放产生吸热效应，散热风扇的作用是将室内交换出来的热量迅速散走。由于压缩机和风扇工作时噪声较大，因此无法把空调机做成一体式的。几乎所有种类的空调都采用了空间分离的设计，即把风机以壁挂或内嵌的方式放在室内，而把噪声较大的压缩机和风扇放在室外。

2. 时间分离方法

时间分离方法是指把矛盾双方在不同的时间段上分离，以解决问题或降低解决问题的难度。当关键子系统的矛盾双方，在某一时间段上，只出现一方时，就可以进行时间分离。

(1) 案例：折叠式自行车

自行车在骑行时，体积较大；有些人需要携带自行车乘坐公交车或者将自行车放入轿车行李箱内，在这些情况下，希望体积较小。而折叠式自行车在折叠后体积大大减小，可以分别满足以上两种需求。行走与存放是发生在不同的时间段，所以属于采用了时间分离方法来解决问题。

(2) 案例：手机键盘

早期的手机只有0~9数字键及接听、挂断等几个功能键，拨号没问题，但输入信息很不便。后来手机有了"QWERT"全键盘，虽然输入信息方便，但是键盘占据了手机上较大的面积，屏幕无法扩大。手机键盘面积，既要大，又要小；键盘上的键既要多，又要少。这些物理矛盾可以在智能手机上用图像键盘解决，在需要输入信息时在屏幕上显示图像键盘，不输入信息时，键盘不出现。

3. 条件分离方法

条件分离方法是将矛盾双方在不同的条件下分离，以解决问题或降低解决问题的难度。当关键子系统的矛盾双方，在某一条件下只出现一方时，可以进行条件分离。

(1) 案例：调光玻璃

会议室的玻璃窗应该满足玻璃既要透明（采光）、又要不透明（保密）的物理

289

矛盾需求。现在已经发明了高科技的调光玻璃。在调光玻璃通电时，玻璃是透明的；而断电时，玻璃是不透明的。

(2) 案例：关键词检索

利用搜索引擎在内网数据库或互联网上进行搜索时，物理矛盾是既要搜到的内容多（范围广），又要搜到的内容少（时间短）。合理地设定关键词是一种条件分离。满足关键词条件的词条等内容被搜索了出来，而不满足的则不出现。

4. 整体与部分分离方法

整体与部分分离（也叫作"系统层级分离"）方法是将矛盾双方在不同的系统层级上进行分离，以解决问题或降低解决问题的难度。当矛盾双方在关键子系统的层级上只出现一方，而该方在子系统、系统或超系统层次内不出现时，可以进行整体与部分分离。

(1) 案例：电动扶梯

在商场、超市、机场等大型建筑中，有很多方便客人上下行走的电动扶梯。对于扶梯的步梯来说，在系统层面上，完整的步梯是柔性的、可回转的链式结构；在子系统层面上，每一节步梯都是刚性的，结实可靠，能承重数百公斤。整体与部分的不同功能属性，满足了步梯系统既要软、又要硬的物理矛盾需求。

(2) 案例：空中加油机

为了让战斗机作战半径大，航程远，战斗机的油箱应该容积大；为了让战斗机转弯半径小，机动灵活，战斗机自重要轻，油箱应该容积小。油箱容积是一个物理矛盾。战斗机本身的油箱能够携带的燃油是有限的。在三代机以前，通常采用加挂副油箱来增加燃油量。自从对飞机的隐身性能提出要求以后，战斗机外表面无法悬挂任何弹或舱，当然也不能悬挂副油箱这个子系统了。此时可以采用整体与部分分离方法，把战斗机（技术系统）对副油箱（子系统）的功能需求剥离到空中加油机（超系统）去发展。由此不仅获得了多次的加油续航能力，也优化了技术系统本身。

5. 关于分离原理的 11 个分离方法

在经典 TRIZ 四种分离方法的基础上，以第四章表 4-7 为基础，进一步将四种分离方法细分成 11 种分离方法，用来解决更加细分的问题情境中的物理矛盾问题。其主要改进是对条件分离、整体与部分分离做了更细致的划分。四种分离方法与

11 个分离方法的对应关系见表 9-1。

表 9-1　四种分离方法与 11 个分离方法的对应关系

空间分离	1) 空间分离方法
时间分离	2) 时间分离方法
整体与部分分离 （系统层级分离）	3) 转换到超系统——系统转换分离方法 1a：将技术系统的均匀或非均匀元件集成为一个超系统 4) 转换到反系统——系统转换分离方法 1b：从技术系统元件转换到技术系统反元件或技术系统元件与反元件的组合 5) 转换到其他系统——系统转换分离方法 1c：技术系统的元件具有状态 A，该元件的子系统具有相互独立的状态非 A 6) 转换到子系统——系统转换分离方法 2：转换到在微观级工作的技术系统元件
条件分离	7) 改变相态——利用相变原理的分离方法 1：替换环境或技术系统的元件中的一部分（子系统）的相态 8) 系统一部分的"双相态"——利用相变原理的分离方法 2：技术系统的元件的一部分（子系统）的双相状态，根据工作条件，该部分（子系统）从一个相态转变到另一个相态 9) 利用双相态物质代替单相态物质——利用相变原理的分离方法 3：用双相物质替换单相物质 10) 利用相变伴随现象——利用相变原理的分离方法 4：利用伴随相变过程中发生的自然现象或物理效应 11) 利用物理和化学效应——利用物理 – 化学转换原理的分离方法

6. 从宏观层次的分离到微观层次的分离

由于物理矛盾是客观世界中最根本性的矛盾，因此解决物理矛盾就是在给定问题情境中来彻底解决问题。不管问题的最后表现形式是什么（例如物场模型、功能化模型、流模型等），其实最后的操作步骤往往就是消除物理矛盾。

但是在技术系统宏观层次的分离，有时并不能完全解决问题。作者就曾经接触过这样的案例，宏观层次的物理矛盾找到了，但是受到具体客观条件的限制，尝试了多种分离方法和措施，无法实现分离，问题长时间得不到解决。后来，在对问题情境用功能分析、流分析做了进一步分析之后，找到了微观层次的物理矛盾，使问题得到了解决。

作者的体会是，首先在宏观结构层次上进行分离；如果问题无法彻底解决，则可以考虑在微观结构层次上做分离；如果还是解决不好，则可以在分子结构、原子排列晶格上实施分离。

第二节　物场类型问题的求解

标准解是利用物质场分析法解决发明问题的一个工具。当我们把无数个技术系统，按物质场分析法进行分析后，可以把分析结果归纳为不同的类别。对于每种类别来说，它们都有自己特定的、规范的解题方法——标准解。显然，标准解具有特定性、通用性和普遍性等特点。这些特点使得物质场分析与标准解，作为一类TRIZ解题方法，在解决实际问题方面更具有广泛性。

物质场分析法已经把一个技术系统分解到了"物"和"场"这种系统基本组件的级别，显然这是一种趋向于微观的解题方法。从这个方面来说，在技术系统中，从解决技术矛盾到解决物理矛盾，再到求解物质场问题，是一个从宏观层面逐渐进入到微观层面的过程。

从第五章第三节内容来看，发明问题标准解有五级76个之多，让人感觉内容复杂，头绪较多，使用起来不是很容易和方便。其实在对其不断的使用和实践的过程中，人们已经总结出来了一整套的使用步骤与流程，让发明问题标准解的使用能够循序渐进，变得比较容易操作。对于不太熟悉标准解法的初学者，可以尝试遵循下面四个步骤进行问题的求解来解决。

1. 确定所面对的问题类型

首先要确定所面对的问题是属于哪一类的问题，是要求对技术系统进行改进，还是要求对某件物体有测量（或探测）的需求。问题的确定过程是一个比较复杂的过程，可以按照下列顺序进行分解：

1）问题工况的描述，最佳方式是以图文并茂的方式介绍问题情境；
2）分析产品或技术系统的工作过程，需要表述清楚各个环节的作用机理；
3）组件模型分析，包括系统、子系统、超系统三个层面的组件，确定可用资源；
4）将各个元素之间的相互作用表述清楚，用物场模型的作用符号进行标记；
5）确定最小问题所在的区域和组件，划分出相关的元素，作为下一步工作的核心。

2. 对技术系统进行改进

1）建立现有技术系统的物场模型；

2）如果是不完整物场模型，应用标准解法第一级中的 8 个标准解法；

3）如果是有害效应的完整物场模型，应用标准解法第一级中的 5 个标准解法；

4）如果是效应不足的完整物场模型，应用标准解法第二级中的 23 个标准解法和标准解法第三级中的 6 个标准解法。

3. 对某件东西进行测量

应用标准解法第四级中的 17 个标准解法。注意此时的物场模型应该是由两个场和一个物质组成。

4. 简化标准解法

如果已经获得了对应的标准解法和解决方案，检查模型（实际是技术系统）是否可以应用标准解法第五级中的 17 个标准解法来进行简化。标准解法第五级也可以被考虑为，是否有强大的约束限制着新物质的引入和交互作用。

在实际应用标准解法的过程中，必须紧紧围绕技术系统所存在的问题的最终理想解，并考虑系统的实际限制条件，灵活进行应用，并追求最优化的解决方案。很多情况下，综合多个标准解法，对问题的彻底解决程度具有积极意义，尤其是第五级中的 17 个标准解法。

案例：铆钉把蒙皮定位并固定在桁梁上，但是铆钉过分压紧蒙皮，产生了局部凹陷，形成了过度的相互作用。建立起来的这种系统的物场模型如第五章中图 5-8 所示。该问题的标准解法是需要引入一个场来监控并测量铆钉头的变形量，如图 9-2 所示。

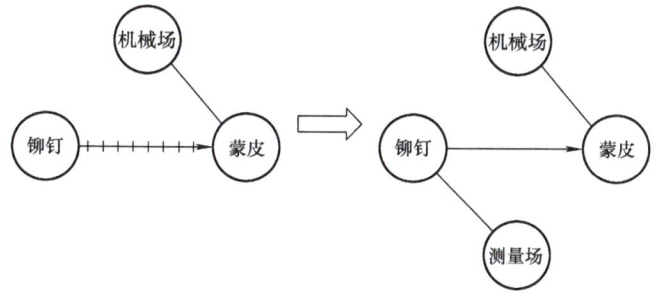

图 9-2　铆钉过分压紧蒙皮的标准解法

铆钉之所以过紧压蒙皮，是因为使用铆钉枪击打铆钉头时，没有可测量的判据证明恰好击打到位（即铆钉刚刚好压住蒙皮），因此就会过度击打多次，直到用人眼看到局部凹陷出现，才会认为击打到位而停止，由此造成铆钉头过度压紧蒙皮。由于铆钉和蒙皮之间必须紧密接触，引入缓冲物将会增加飞机的重量和系统复杂度（飞机上有数以百万计的铆钉），因此考虑引入场（标准解 1.2.4）来解决问题。如果能有一个测量系统监控铆钉头的变形情况，并能经过测量感知到铆钉头已经恰好压紧了蒙皮，则可避免过度击打的情况。

配有数控托架的自动钻铆系统、龙门式自动钻铆系统以及机器人自动钻铆系统等都已经较好地解决了这些问题。以上自动钻铆系统都已经实现多轴自动定位，并具有一定的铆钉变形测量功能，可以实现多个位置同时钻孔、锪窝（沉头铆钉）、注胶（需密封）、插钉、击打、铣平等作业步骤。铆接加工后，可以把蒙皮的变形控制在非常小的程度，大大提高了外观质量。

第三节 功能化类型问题的求解

1. 功能导向搜索（FOS）的基本原理

功能是实现发明的线索和抓手。功能化类型问题的解决往往通过功能导向搜索（FOS）来实现。功能导向搜索是一种根据功能定义的结构化检索式，去找到发出功能动作的主体（主语，解决方案）的检索方式。通俗地说，就是<u>由功能定义形成检索式，用检索式找到实现功能的解决方案</u>。

功能导向搜索并不要求科技人员或发明者去创造全新的解决方案，而是充分利用现有的科技知识，合理地去寻找和借鉴科技领域中全部既有解决方案（现成的解决方案或科学效应）。如果能在本专业或其他行业找到一个或多个适用的解决方案，就可以快速地解决问题，这远比发明新的解决方案更容易、更可靠，而且效率更高。

对于一个技术系统的功能，已知可以用图示化方式表达，或者用语义方式表达。功能语义检索式的基本形式是"VO"或"VOP"。以一个功能实现语句（知识条目）SVO 为例，其中 S 为主语（解决方案），V 是谓语（动作），O 是宾语（作用对象），VO 为该语句的主语 S 所要实现的功能，是对 SVO 语句的一种抽象后的结果，如图 9-3 所示。

第九章 解题流程：问题求解

例如，当我们提出一个"如何加热水？"的问题时，经过对这个问题进行功能分析，可以确定用"VO"功能语义结构表达其中所包括的信息（谓语："加热"，宾语："水"）。如果提出的问题是"如何升高水的温度？"，那么可以用"VOP"功能语义结构表达其中所包括的信息（谓语："升高"，宾语："水"，参数："温度"）。

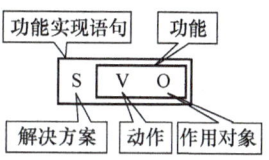

图 9-3 完整的功能实现语句中的各个要素

由此，我们获得的功能导向搜索的检索式是，基于"加热·水"或者"升高·水·温度"的功能语义定义，去找到所有有关的、可以实现该功能定义的主语 S——解决方案。

2. 由 VO/VOP 检索解决方案知识

由于功能 VO 通过 V 与 S 密切相连，当我们获知了准确的功能语义的 VO（或 VOP）定义之后，就可以通过功能导向搜索去查找可以实现 VO（或 VOP）的 S。而且，这种查询不仅仅是搜寻到一两个 S 的结果，如果经过语义扩展（例如本体论语义扩展，介绍从略），可以检索到几十个甚至上百个类似功能的解决方案，大大地扩展了实现既定 VO 的可能性和可行性。

检索的范围可以是 CAI 软件知识库、企业自建知识库、全球专利库等。检索工具一般是专业的 CAI 软件、专利查询工具或者是通用的搜索引擎。

专业 CAI 软件可以对所提取的 VO 或 VOP 功能语义结构自动进行词义上的匹配，从知识库中找到有关解决方案。例如，对宾语（作用对象 O）的语义扩展而找到更多的 S——通过直接匹配 VO 而在"同位词"中找到的 S 都属于精确解决方案；通过对 O 在"上位词"中进行一般化扩展而找到一般化解决方案 S；通过在"下位词"中进行特殊化扩展而找到特殊解决方案 S，如图 9-4 所示。

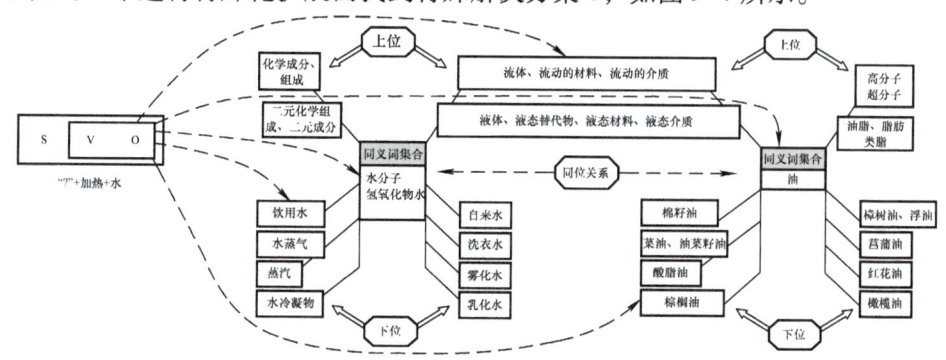

图 9-4 对"加热·水"功能进行本体论语义扩展后的检索结果

在上图中自上而下，最上面一条虚线表示在"上位词"中找到一般化解决方案，如"加热·液体"、"加热·流体"的解决方案S；第二条、第三条虚线表示在"同位词"中找到精确解决方案，如"加热·水"、"加热·油"的解决方案S；第四条、第五条虚线表示在"下位词"中找到特殊解决方案，如"加热饮用水"、"加热棕榈油"的解决方案S。由此而获得了多领域的、多层次的、实现同样或类似功能的参考解决方案，而这些解决方案，都可以作为实现预设功能的参考。

案例：某化工机械企业为潜艇设计大容量的储氧设备，高压氧气罐是重要部件。通常为了多贮存氧，要增大氧气罐内氧的密度，由此而增大氧气罐内压，当然也要增加氧气罐的壁厚。问题是过高的压力很不安全；加大的壁厚也增加了氧气罐的自重，降低了潜艇的有效载荷。

经过功能分析，我们可以把该问题情境中的储氧设备的主要功能以 VO 的形式定义出来："储存·氧气"。该定义也是功能导向搜索的检索式。

经过检索，我们找到了多个类似的解决方案。其中指导本案例设计改进的一个不错的方案是"球壳状碳分子（富勒烯）基吸附剂在低压下储存（V）大量氧（O）"的知识条目。球壳状碳分子是一族闭式阀罩球状碳分子。当结晶时，球壳状碳分子形成面心立方晶体结构。这种晶体结构的晶格空隙宽到足够容纳大量气体分子。晶格以范德瓦尔斯力效应吸收气体分子，由此形成了具有一个包容许多气体分子容量的"微气缸"。包含在球壳状碳分子晶体结构内的晶格（微气缸）的数量大大超过了普通活性炭孔内所含有的吸附点的数量。因此球壳状碳分子基吸附剂比普通活性炭具有更高的常压吸附能力，设计改进的结果使得氧气储存量大大提高，而氧气罐的压力反而降低了，如图9-5所示。

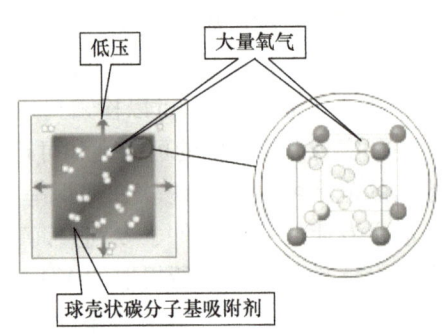

图9-5 用球壳状碳分子在常压下储存氧气

3. 由 VO/VOP 检索式查询科学效应知识

与检索 CAI 软件知识库、企业自建知识库、全球专利库等有所不同，检索科学效应知识库是需要单独讨论的内容。检索科学效应的工具一般是检索速度比较快的专业 CAI 软件或者是专用搜索引擎。在本书的附录中，也提供了手工检索效应的简化方式，这样可以让读者在没有专用软件的情况下，仍然能够顺利地检索到有

第九章 解题流程：问题求解

关科学效应。

我们可以根据 35 个规范化的动词（V）和 5 类最一般形态的操作对象（O）——固体、粉末、液体、气体、场——来定义功能。这样的功能定义方式与上一小节的 VO 方式基本相同。而且，这样组成的功能表达更具有一般化意义，如："加热·液体"、"移动·粉末"等。第二章中已经用表展示过这种功能定义，这里重新将该表列出，方便读者使用，见表 9-2。

表 9-2 用 35 个规范化功能动作来操作 5 类作用对象

功能动作 V	功能动作 V	功能动作 V	作用对象 O
吸收	破坏	混合	
积累	检测	移动	
弯曲	稀释	定向	
分解	干燥	产生	
相变	蒸发	保护	
清洁	扩张	提纯	固体，粉末，
压缩	提取	消除	气体，液体，场
集中	冻结	抵制	
凝结	加热	旋转	
约束	保持	分离	
冷却	连接	振动	
沉积	融化		

在本书的附录中，也给出了这种规范化 VO 功能定义的效应查询。只要能正确定义出规范化 VO 功能定义，就能检索出所对应的效应知识。

例如：如果定义了"消除气体"的功能，我们可以直接在附录"固、液、气、场不同形态物体实现功能的效应知识库"中查找到这些实现"消除气体"功能的科学效应：吸收；电晕放电；结晶；解吸；扩散（散射）；驻极体；水合物；兰克-赫尔胥效应；光（射）束；超声波。其中的每一个科学效应，都可以作为实现预设功能的原理级的参考方案。

4. 由 MA 检索式查询科学效应知识

属性是通向功能之桥，调节属性可以改善或重构产品的功能。功能物质与属性直接相关，两个物质的属性可以形成一个效应，施加在作用对象上构成一个功能（可以通俗地说两个物质的属性构成了一个功能）。由此，我们有了两种功能导向搜索的手段，一种是在上一小节介绍的 VO/VOP 的检索方式，另外一种就是通过属性检索的方式，因为属性直接与功能相关。

功能语义的抽象、再抽象的结果表明，功能语义有多种的表达方式。除了已经熟知的 VO、VOP 两种形式之外，还有操作属性参数、操作属性两种方式：
- "VP" = 操作（规范化动作）+ 属性参数，例如：定向角度；
- "MA" = 操作（一般化动作）+ 属性，例如：改变方向。

"VP" 操作属性参数的检索方式可以归类到规范化的 VO 检索方式中去。下面作者只介绍 MA 操作属性的功能定义方式和检索方式。

在本书附录 3 中，作者给出了"操作物质属性实现功能的效应知识库"。如果用操作属性的检索方式去搜索的话，过程和步骤都比较简单，以"变、增、减、测、稳"这五种操作方式（M），对作用对象的 36 种物质属性（A）进行操作即可，见表 9-3。

表 9-3 操作作用对象的 36 个属性及其所对应的参数

操作	属性	属性参数	属性	属性参数	属性	属性参数
改变 增加 减少 测量 稳定	发光性	亮度	均匀性	均匀度	表现性	形状
	光谱	颜色	干燥性	湿度	振动性	声音
	溶质非加和性	浓度	距离	一维占空性	运动性	速度
	致密性	密度	磁性	磁化率	抗破坏性	强度
	电导	电导率	方位	方向	二维占空性	表面积
	做功性	能量	偏振性	偏振率	粗糙	表面粗糙度
	流动性	流量	多孔性	孔隙率	内能	温度
	不平衡性	力	位置向量	位置	顺序	时间
	往复性	频率	做功速率	功率	透光性	透明度
	相对运动阻力	摩擦	纯净性	纯度	黏性	黏度
	抗压入性	硬度	应力	压强	三维占空性	体积
	热传	热传导	抗弹性变形性	刚度	质量	重量

根据发明问题的具体情节，我们可以定义诸如"改变内能"、"增加电导性"、"减少尺寸"、"测量黏性"、"稳定同质性"等具体的调节、改变和实现功能的结构化功能检索式。

例如，如果定义了"测量黏性"的功能，那么查询"操作物质属性实现功能的效应知识库"，我们可以得到以下这些效应作为技术系统的参考原理：泡沫；泡沫黏度计；表面张力波效应；库爱特气（液）流；阻力；驱动谐波振荡；落球黏度计；磁流体；福特黏度杯；卡门涡街；薄片（瓣）；塑性计；流变仪；旋转式黏度计；沉淀；搅拌；极限速度；飞行时间；涡轮机；U 形管黏度计；超声波；振动式黏度计；黏度计；水轮机；察恩（Zahn）杯。

第四节 流类型问题求解

流类型问题的求解，主要是根据流问题的类型，有针对性地查询改进流的 41 条措施，根据流改进措施的启发而获得概念方案。

案例：在铆钉压紧蒙皮的问题中，已知铆钉帽周边蒙皮产生局部凹陷是由有害流（横向力 F_1 和纵向力 F_2 挤压）造成。查询表 3-4，可以在消除有害流的 18 个改进措施中找到可行的概念方案。可用的流改进措施以及所形成的概念方案如下。

(1) 第 11 条：预设物质、能量、信息来中和流

概念方案 1，对蒙皮周边材料加以改进，预设某种材料变形时可提取的信息，如当铆钉头对蒙皮的横向挤压力增大时，蒙皮表面产生人眼可辨识的条纹、变色等。

概念方案 2，对铆钉加以改进，预设某种材料受力时可提取的信息，如当铆钉头压紧蒙皮时，铆钉就会变得难以击打、变声或变色等。

概念方案 3，在蒙皮鱼眼坑倒圆台曲面（或铆钉头到圆台）部位镀一种软金属材料，在铆钉帽过度压紧蒙皮后，软金属被挤压凸出，铆钉帽与蒙皮平齐即可。由此带来两个好处，一是容易判断已经击打到位，二是保护了蒙皮不被挤压变形。

概念方案 3，利用预置的测量工具，探测到铆钉头（或铆钉杆）变形的最佳程度，恰到好处时停止铆钉枪的击打。

(2) 第 13 条：重新分配流

概念方案 5，将鱼眼坑的倒圆台曲面改成台阶孔，减少铆钉帽对蒙皮鱼眼坑材料的横向挤压。

(3) 第 2 条：引入停滞区

概念方案 6，改进挡铁，在挡铁接触铆钉帽的位置，做一个稍微凹陷的（例如 $0.1 \sim 0.2 mm$）的挡铁凹坑，采取两次击打的工艺，即在铆钉枪击打铆钉头的绝大部分过程中，通过机械限位（停滞区）的方式，让铆钉帽只差一点距离就压紧蒙皮，这一点距离就是预留的挡铁凹陷深度。然后换成平头的挡铁，根据这个预留的裕量，计算好二次击打的次数（例如采用弱力击打或控制击打次数 $4 \sim 5$ 次），则也能较好地控制铆钉帽压紧蒙皮的程度，如图 9-6 所示。

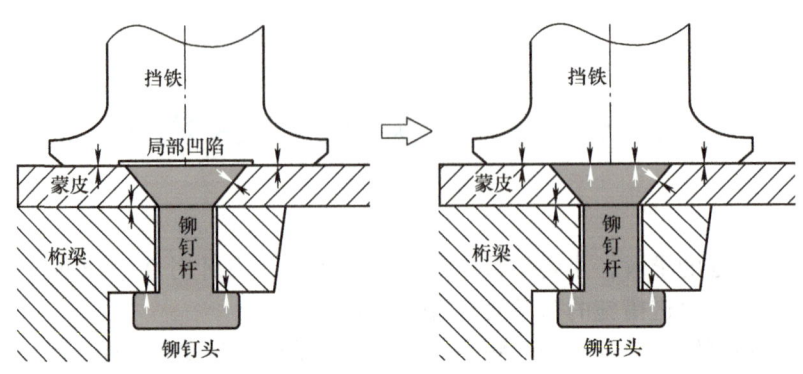

图 9-6　引入停滞区——两次击打的工艺示意图

第五节　SAFC 模型类问题求解

当 S_1 与 S_2 的属性相互作用而产生有害功能 F_h 以及不理想的物质 S_3 时，通过转换 SAFC 模型可以变不良功能 F_h 为有用功能 F_u，同时可使不理想的物质 S_3 转变为较理想的物质。

利用 SAFC 模型不仅可以分析问题，也可以同时解决问题。在解决问题的具体模式上，一种有六种转换模式。它们分别是：置换型、叠加型、并联型、串联型、复合型、内调型。

对 SAFC 模型进行转换的实质是：人们在不同的时空条件下对不同相态的物质属性实施改变、增加、减少、测量、稳定的精心调控与操作。SAFC 模型解题有六种应用模式。

(1) 置换型解题模式

该解题模式是向有问题的 SAFC 模型引入新的物质和属性（引入效应或场），置换掉相互作用不好的原有物质，图 9-7 所示。

① 引入新物质 S_4，它的新属性 A_4 分别与 A_1、A_2 或 A_3 相互作用，从而形成新的功能 F_u 和较理想的物质 S_3；

② 引入效应（E）物质 S_4，利用效应的输出获得新的属性 A_5；

③ 引入新的场（F）物质 S_4，该物质所具有的新场是一种新属性 A_6。

该模型可替代 10 个标准解：S2.2.1 ~ S2.2.4、S2.3.1、S3.2.1、S4.1.1、

第九章 解题流程：问题求解

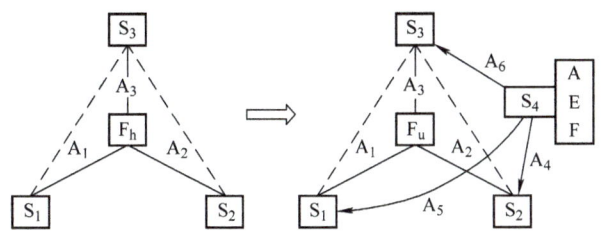

图 9-7　置换型解题模式

S4.2.1、S5.1.3、S5.2.1。

实例：压紧在衬垫紧固件下的楔子难以拔出，用低熔点属性的合金衬垫置换原有的高熔点衬垫，加热可熔化衬垫，紧固性消失，楔子随即拔出，如图 9-8 所示。

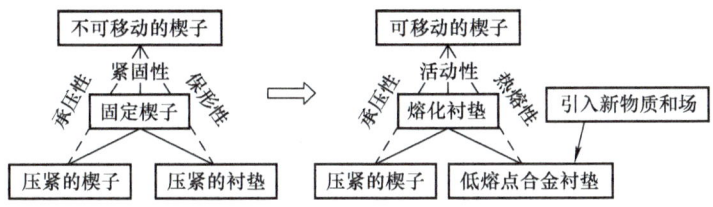

图 9-8　拔出夹在衬垫紧固件中的楔子

(2) 叠加型解题模式

该解题模式是对有问题的 SAFC 模型的不理想的衍生物质 S_3 属性 A_3 进行操作和调节，让问题中的不良功能 F_h 转变成有用功能 F_u。这种转变可以进行一次或迭代进行多次，如图 9-9 所示。

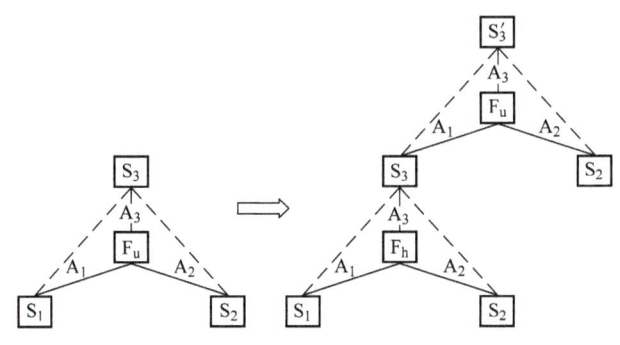

图 9-9　叠加型解题模式

该模式可替代标准解：S1.1.1 ~ S1.1.7、S1.2.1 ~ S1.2.4、S2.1.2、S2.2.5、S2.2.6、S2.3.3、S2.4.1 ~ S2.4.12、S4.1.2、S4.1.3、S4.2.2、S4.2.3、S4.2.4、S4.3.1、S4.3.3、S4.4.1、S4.4.2、S4.4.3、S4.5.2、S5.1.1、S5.1.4、S5.2.2、S5.3.1、S5.4.2、S5.5.1、S5.5.2。

实例：空调压缩机把制冷剂低压蒸汽压缩为高压蒸汽后排至冷凝器。风扇吹冷凝器带走制冷剂的热量，使制冷剂高压蒸汽凝结为高压液体。高压液体在蒸发器中低压蒸发，吸取周围的热量。周而复始，形成制冷循环，如图 9-10 所示。

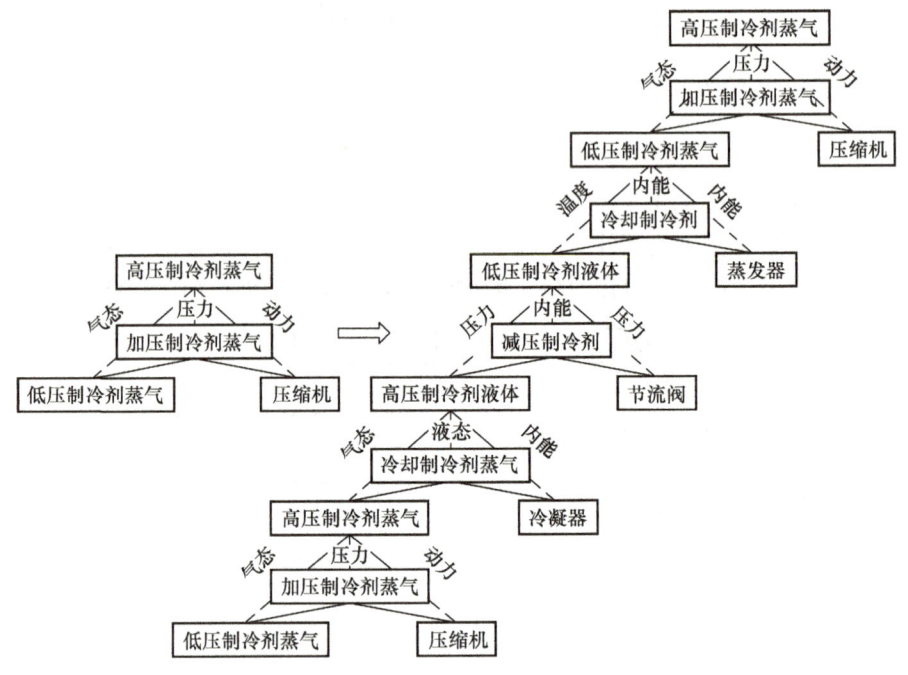

图 9-10　空调制冷原理

(3) 并联型解题模式

如果在系统中，需要完成 2 个互不相容或 2 个独立的功能时，为了使达到系统功能的协调，利用周期性作用，周而复始地在完成其中一个功能的间歇来实施并完成另一个功能，如图 9-11 所示。

该模式可替代 5 个标准解：S5.3.2、S5.3.3、S5.3.4、S5.4.1、S5.5.3。

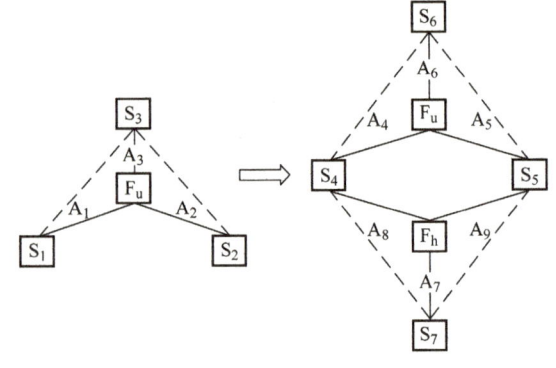

图 9-11　并联型解题模式

实例：接触式点焊机的自动热循环控制是基于测量热电动势来完成的。为改进高频脉冲焊接中的控制精度，在焊接电流的 2 个脉冲之间完成热焊接电动势的测量，如图 9-12 所示。

第九章 解题流程：问题求解

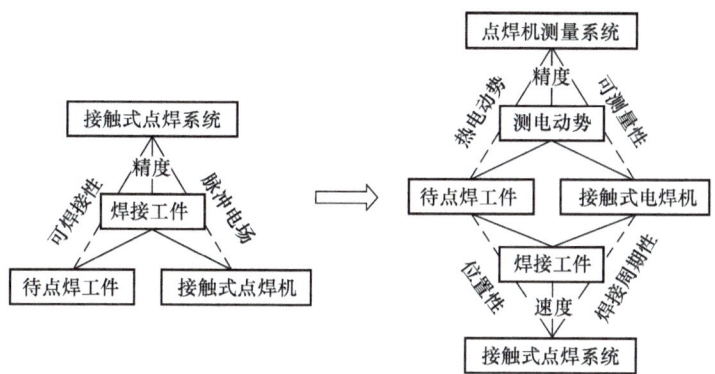

图 9-12　接触式点焊机的自动热循环控制

（4）串联型解题模式

基于"向较高级系统转换的法则"，通过加大元素功能特性差异，然后再进行组合，以此来获得双级系统和多级系统效率的增强。系统转换的路径之一是：

相同元素的组合→改变了特性的不同元素的组合→相反元素的组合

相反元素的组合是系统转换的终极状态，它意味着系统的变化由技术矛盾向物理矛盾的转换，因此，一旦能完成相反元素的组合，则预示着新一轮的创新产品的诞生，如图 9-13 所示。

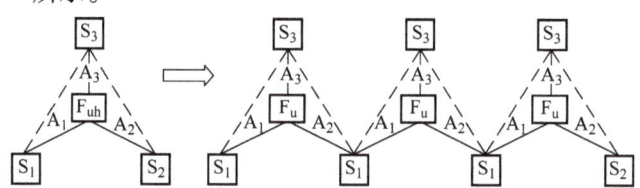

图 9-13　串联型解题模式

该模式可替代 5 个标准解：S3.1.1、S3.1.2、S3.1.3、S3.1.4、S3.1.5。

实例：普通继电器往往是由常开触点或者是常闭触点组成的。为了提高继电器的可操作性和灵活性，将其由相同的常开触点元件（相同的元素）组合的多系统，向具有常开触点元件和常闭触点元件（元素和反元素）组合的多系统转换，如图 9-14 所示。

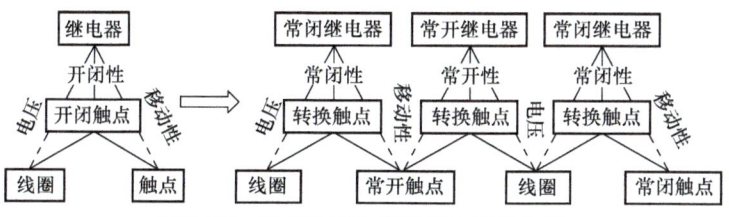

图 9-14　具有常开与常闭触点的继电器

(5) 复合型解题模式

复合型解题模式在测量情境下使用较多,如果单一测量系统的精确度不足,可以转而使用两个或多个测量系统,如图 9-15 所示。例如对一个测量对象可以使用两个或多个传感器,并由传感器接收被测对象的两个或多个信息,由于所接收的信息量增多,测量精确度可以获得显著提高。

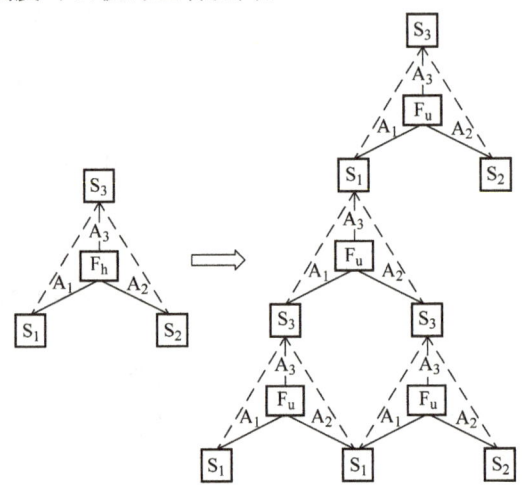

图 9-15 复合型解题模式

该模式可替代 11 个标准解:S1.1.8、S1.2.5、S2.1.1、S2.3.2、S4.3.2、S4.4.4、S4.4.5、S4.5.1、S5.1.2、S5.2.3、S5.3.5。

实例:为测量跳水者的跳跃距离,水面和水下各放置一个麦克风,两个麦克风接收信号的时间间隔与滑水者的跳跃距离成正比,如图 9-16 所示。

(6) 内调型解题模式

直接对现有系统组件的物质属性进行操作。新属性来自物质 S_1 或/和 S_2 内部现有的、未被认识的或尚未被利用的属性(例如 A_2'、A_3' 等),不必藉由引入外部物质就可获得系统的改进。如图 9-17 所示。

实例:法兰密封对接。经典的密封结构是在两个法兰端面上加上密封圈,然后用多个螺栓锁紧。其密封程度依赖于法兰边缘上螺栓分布的数量和螺栓拧紧的程度。法兰端面之间的压力 P 等同于螺栓的压力。过多的螺栓增加了结构的复杂度。如果要减少螺栓的数量同时增加法兰端面之间的压力(提高密封度)似乎是不可能的。但是,如果将某个法兰的端面从垂直于中心线的平面,改成略带一个很小的倾角 θ 的锥面,如果此时拧紧螺栓,让法兰端面夹角 θ 趋于零(即轻微变形),则可以成倍地增加 P,既减少螺栓数量,同时增加密封度,如图 9-18 所示。

在该案例中,法兰端面的 θ 角是法兰的一个新属性,如果用螺栓将其压紧趋零后,还将产生新的法兰属性——因杠杆效应而对端面施加的数倍于螺栓压紧力的压应力 P。

第九章 解题流程：问题求解

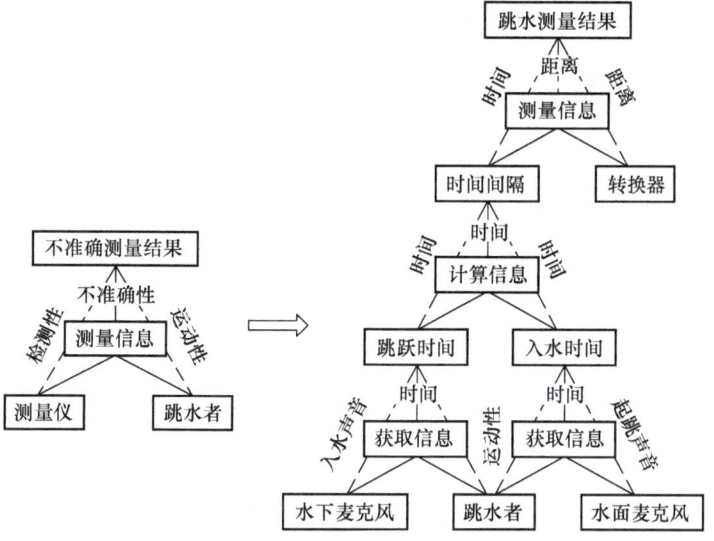

图 9-16　测量跳水者的跳跃距离

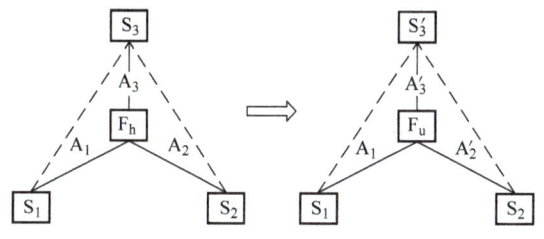

图 9-17　内调型解题模式

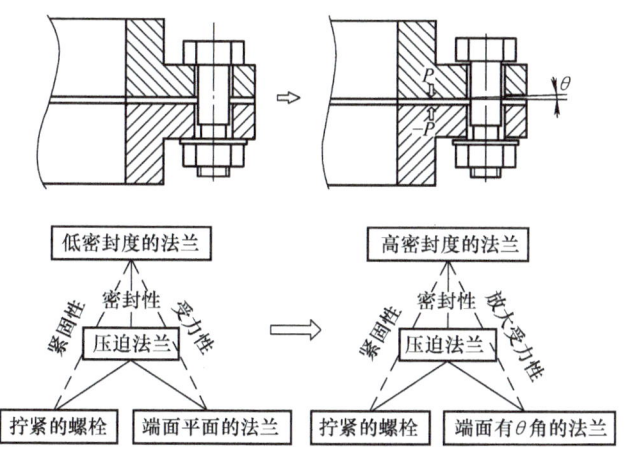

图 9-18　法兰端面增加一个 θ 角的改进设计

TRIZ 进阶及实战　大道至简的发明方法

内调型解题模式是非常有用的解题模式。它弘扬了 TRIZ 的基本精神——尽量在有问题的技术系统内部寻找解决问题的资源。既然技术系统中所有的物质（系统组件）的属性都是解题资源，而且一个物质往往是具有多个属性的。因此，有可能并不一定需要从技术系统外部引入物质或场来解决问题。我们只要充分利用系统组件的其他物质属性，或者对系统组件的特征稍微做一点改动并由此获得新属性，就可以利用新属性形成新功能，把问题解决掉。在这一点上，U–TRIZ 践行并超越了经典 TRIZ 中的物场模型的做法。在经典 TRIZ 物场模型中，解决问题的途径不外乎引入物质，引入场，或者同时引入物质和场。阿奇舒勒虽然一再告诫我们要注意使用技术系统内部的资源，但是在物场模型中，并没有这样的解题模型范式。究其原因，就是因为场仅仅表达了物质的一种属性，更多的物质属性无法通过物场模型表现出来。

思 考 题

1. 简述 TRIZ 的一般解题模式与该模式的改进模式。
2. 物理矛盾的求解方式？分离原理与分离方法的区别与联系？
3. 简述对物场模型进行求解的四个步骤。
4. 什么是功能导向搜索（FOS）？
5. 功能导向搜索（FOS）的范围是什么？
6. 科学效应知识有几种检索方式？
7. 流类型问题如何求解？
8. SAFC 模型有几种解题的应用模式？
9. 内调型的解题模式有什么特点？
10. 简述你对 SAFC 模型的使用体会。

第十章 行业应用案例

TRIZ进阶及实战
——大道至简的发明方法

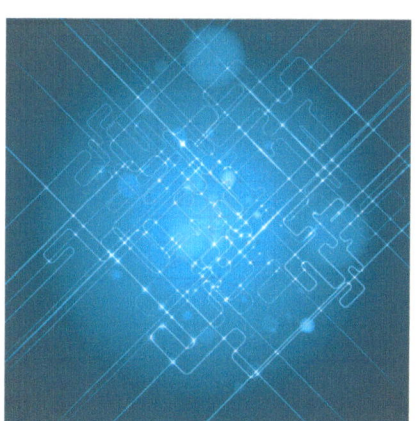

作者给出了几个不同行业的应用案例。在定义问题、分析问题、解决难题的过程中，尽量应用多种 U-TRIZ 的工具，让读者有汇总概念、综合工具、练习应用、融会贯通的复习机会。

案例一：某纪念堂外墙腐蚀问题

【作者注：该案例是在 TRIZ 培训中经常用到的经典案例之一。作者以多种分析工具对该案例问题加以分析，让读者对该问题的分析结果和解题方案有一个比较全面的认识。】

某纪念堂以白色大理石砌成，是一个开放式的、由大量石柱环绕的罗马万神殿式圆顶建筑，高约百尺，周边翠湖环绕，鸥鸟和鸽子在顶部聚集纷飞，一派祥和景象。但是建成后的一段时间里，其外墙白色大理石表面变色和污损严重。如何避免白色大理石表面的污损？通过结合了"追问法"的因果分析，可以在不断追问的过程中找到解决问题的突破点。

追问法的基本步骤就是从一个起点问题，一直对问题答案进行探问，直到找到启发性答案，并根据启发性答案做出问题的因果分析图。

问：为什么纪念堂的外墙表面经常污损？
答：因为经常用酸性的洗涤剂清洗墙面。
问：为什么要用酸性溶液经常清洗墙面？
答：因为墙面总是有大量的鸟粪。
问：为什么墙面总是有大量的鸟粪？
答：因为有大量的鸟聚集在纪念堂的墙垛上。
问：为什么有大量的鸟聚集在纪念堂的墙垛上？
答：因为纪念堂楼内有大量鸟爱吃的蜘蛛。
问：为什么纪念堂楼内有大量的蜘蛛？
答：因为楼内有大量的蜘蛛喜欢吃的小虫。
问：为什么楼内会有大量的小虫？
答：因为楼内窗台附近阳光充足，沉积

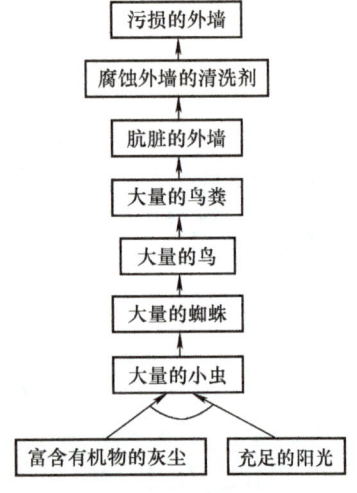

图 10-1　某纪念堂外墙面污损的因果分析

了大量富含有机物的尘土。

问到这里，产生问题的根源已经找到了。

基于追问法的因果分析图如图 10-1 所示。

在图 10-1 的因果分析中，很多长方框被用线条串接到一起而形成因果链。每个下层长方框是上层长方框的原因，每个上层长方框是下层长方框的结果。每层的原因都可以是问题成因，但是唯有最低层的原因是根本原因。

如果用因果属性分析该问题，分析结果如图 10-2 所示。

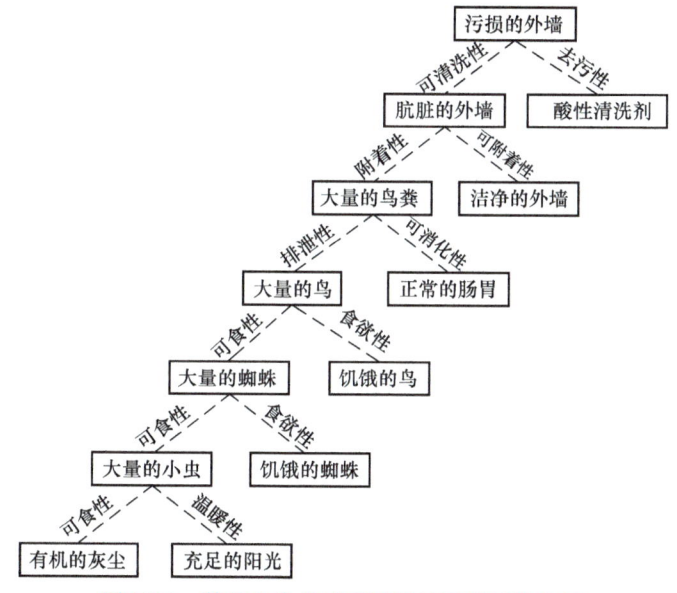

图 10-2　某纪念堂外墙面污损的因果属性分析

在图 10-2 中，下层属性向上传递，默认两个物质属性的相互作用为"与"的关系，下层物质属性是上层结果的成因，而上层结果的属性又是更上一层结果的成因之一，即："破损的外墙"源于"清洗剂"腐蚀了"肮脏的外墙"；"肮脏的外墙"源于"洁净的外墙"沾上了"大量的鸟粪"；"大量的鸟粪"是"饥饿的鸟"吃了"大量的蜘蛛"而留下的；"大量的蜘蛛"是因为"饥饿的蜘蛛"来吃了"大量的小虫"；"大量的小虫"是因为"充足的阳光"为之提供了可供食用的"灰尘"。

在图 10-3 中，以功能分析作为工具来分析该问题。从分析结果的逻辑关系来看，鸟粪"污染外墙"和清洗剂"腐蚀外墙"是最终造成外墙污损的有害功能。一路追踪下去，充足的阳光是有机灰尘滋生虫卵的"温床"，如果没有阳光，也就没有鸟粪，也就没有清洗剂"腐蚀外墙"的有害功能了。

如果采用 U–TRIZ 的 SAFC 模型分析该问题，则可得到如图 10-4 所示的分析结果。

从 SAFC 分析模型可以看出，因果属性分析和功能属性分析是同时进行的，完全可以得出同样的分析结果。在 SAFC 分析模型的因果属性分析部分,由于必须是两个物质属性的相互作用,因此两个物质属性之间只有"与"的关系,相互作用关系更为严谨。

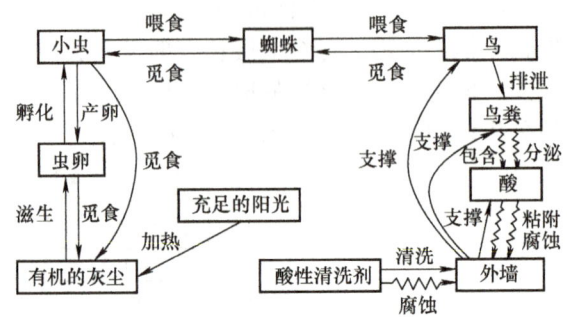

图 10-3 某纪念堂外墙面污损的功能分析

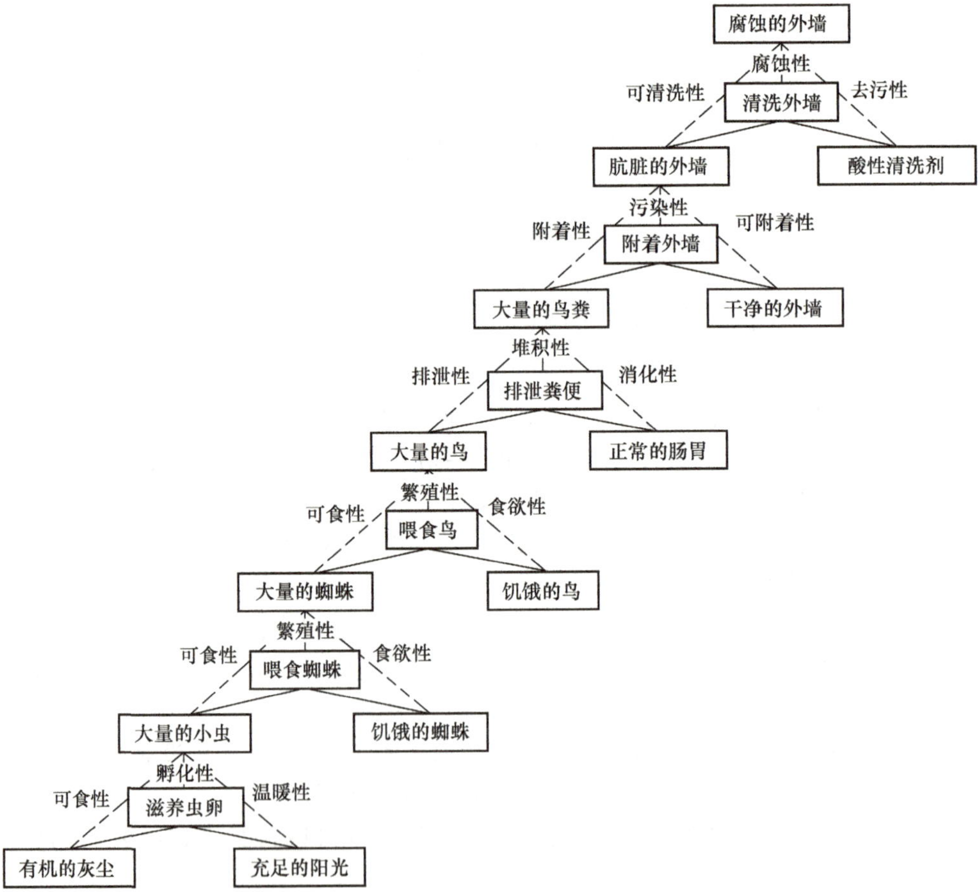

图 10-4 某纪念堂外墙面污损的 SAFC 分析模型

第十章 行业应用案例

由上述多种分析工具所得到的分析结果,大致可以归纳出的解决方案,见表10-1。

表10-1 某纪念堂外墙面污损的解决方案汇总与评价

因果要素	解决方案	方案评价
腐蚀外墙的清洗剂	采用中性清洗剂	需要经常购买中性清洗剂,成本较高
肮脏的外墙	定期清洗外墙	鸟粪多粘在几十米高外墙顶部,操作难
大量的鸟粪	无解	
大量的鸟	采用驱鸟设施	鸥鸟和鸽子是和平的象征,不宜驱赶
大量的蜘蛛	采用喷药杀蜘蛛方案	经常喷杀,成本较高,有污染,无法根治
大量的小虫	采用喷药杀虫方案	经常喷杀,成本较高,有污染,无法根治
富含有机物的灰尘	派人经常除尘	成本较高,无法根治
充足的阳光	遮挡阳光	用窗帘遮挡阳光,成本较低,可持续有效

经过比较以上方案,最小问题(根本原因)聚焦在尘土和阳光上。除了表中最后一个解决方案之外,其他解决方案都在空间上涉及范围较大,因此成本较高,而且属于事后解决策略,无法根治。较好的解决办法是:给纪念堂的窗户配备上遮阳的窗帘。该方案符合最小问题、最小改动、最小成本的要求,是一个符合 IFR 的解决方案。

案例二:解决充电电源生产工艺问题

——2mm 红胶线解决工艺难题,最小问题、最小改变、最低成本解决问题的经典案例。

【作者注:该案例由国内知名 TRIZ 实战专家李军研究员亲自解决、总结并提供给本书。这是一个流分析与矛盾分析结合较好的案例。】

某企业大量生产各种型号充电电源。充电电源的线路板生产出来之后,均采用"超声熔接工艺"对电源外壳进行封装。某种型号充电电源在封装前测试,线路板工作良好,但是在封装后测试,就会检测出 5% 产品无电流输出,拆开后发现贴片电容击穿。该产品属于大规模批产,5% 的废品率对企业来说是较高的损失。电路板的照片如图 10-5 所示。

该企业已经做过的检测及故障分析结果如下。

初步原因分析:超声封装前电路板是好的,超声封装后电路板无电流输出。判断：超声封装工艺导致 5% 的废品率。

进一步原因分析：在检测废品时发现，PCBA 上 C_2 位置的贴片电容 4.7μf/25V 坏掉，换一个新的贴片电容，电源线路板恢复正常输出。贴片电容 4.7μf/25V 在整个 PCB 线路中是起到启动 IC 的作用，因此判断是贴片电容的可靠性不佳导致 IC 无法启动，从而造成电路无输出。

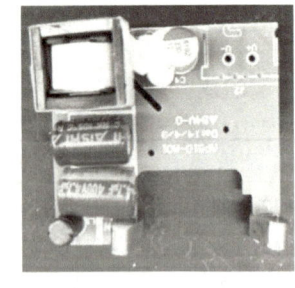

图 10-5　某型充电电源的线路板（正面）

在没有接触到 TRIZ 发明方法之前，分析过程和结果至此而止。企业考虑的两个解决方案是：

1）重新设计电路板；
2）选择可靠性更高的贴片电容。

由于重新设计电路板和更换贴片电容涉及成本较高，因此企业不得不以 5% 不合格率维持生产一年多。

该企业参加了由 TRIZ 专家带题培训的高阶实战课程，在专家指导下，运用学习到 TRIZ 知识按解题流程对该工程技术问题进行了诊断分析。

由于是对电子线路板进行工艺分析，所以采用了针对性比较强的流分析工具。在本书第三章已经介绍过，流分析是一种识别技术系统（产品）内外部的物质、能量（场）和信息流动缺陷的分析工具。流分析的目的就是要找出产品中的有益流和有害流，最终识别出产品中的各种有缺陷流，然后对其采取有针对性的改进措施予以消除，如图 10-6 所示。

该线路板的流分析结果显示在封装工艺中同时存在着有益流和有害流，如图 10-7 所示。

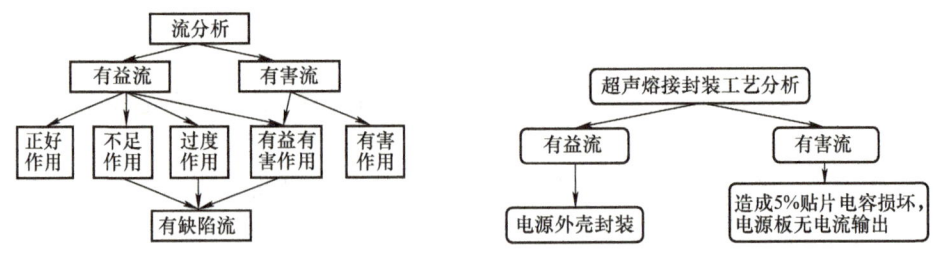

图 10-6　流分析的一般过程和结果　　　图 10-7　该线路板的流分析结果

根本原因分析结果：贴片电容 4.7μf/25V 为层积陶瓷工艺，本身由多层极薄的陶瓷细片组成，判断是超声熔接外壳时，超声波将电容内的少量陶瓷细片层振断，导致电容性能不稳定。超声波对贴片电容形成了有害作用，是问题情境中的有害流。

综上所述，在有益流和有害流共存的情况下，往往存在物理矛盾。在该问题中，物理矛盾体现在熔接工艺的超声波上，其能量：

既要强，封装电源外壳【A】；又要弱，避免将电容内的陶瓷细片层振断【非A】。

既然有物理矛盾存在，解决问题的方法一定是在某个时空条件下，对问题中的某个关键要素进行分离。这个关键要素要在后续的分析中继续寻找，找到问题发生区域中微观层面的最小问题的物理矛盾，是彻底解决问题的要点。最小问题分析：经反复仔细检查 PCB 的贴片部分，发现在电路设计布局中，插脚变压器的两个引脚与贴片电容相隔较近，在过锡时，锡将变压器的一个引脚和贴片电容连在一起，形成连锡面。因此，连锡面及附近的区域就是最小问题区域，是发生问题的微观界面，由此分析出另一个物理矛盾，即最小问题区域连锡面的通导性：

即要通，电流通过【A】；又不要通，超声能量波不能通【非A】

解决该问题的方法是条件分离，即 A 能通过，非 A 不能通过。

在生产工艺上，采用"空间分离"减少连锡面通导面积的方法，以达到用"条件分离"解决电路板工作过程产生的物理矛盾问题（A 能通过，非 A 不能通过）。

最小问题的有害流通道分析：

超声波通过最小问题区域连锡面这个"桥梁"通向了贴片电容，如图 10-8 所示，该图右侧从上往下为有害流通道。

对于技术系统中存在有害流并且弄清楚了有害流通道的情况下，可以根据流进化法则的 42 条改进措施来设法消除有害流。消除有害流有 7 条推荐改进措施。经过分析对比，该问题情境可以使用"引入瓶颈"和"减少通道部分的导通性"的两条改进措施，以阻断有害流（超声波）的通道，如图 10-9 所示。

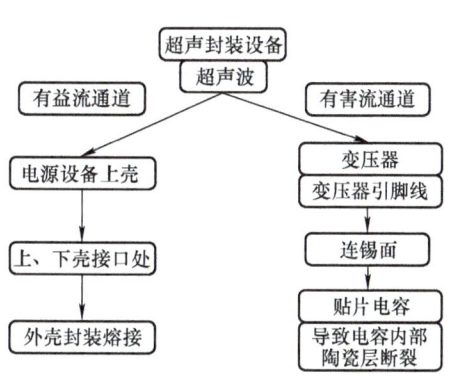

图 10-8　最小问题的有害流通道分析

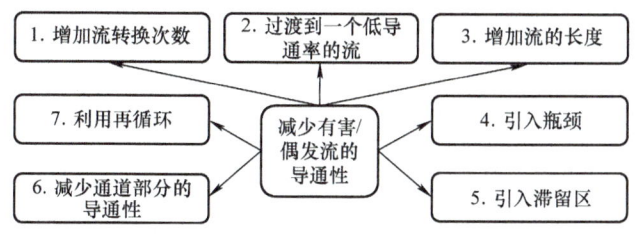

图 10-9　对该问题采用第"4"和第"6"条改进措施

应用"引入瓶颈"和"减少通道部分的导通性"的改进措施,目的在于形成一个让有害流不易通过的区域,结合此前所分析出的物理矛盾,流分析与矛盾分析结果均指向一点——要选择性地导通电流同时阻隔超声波。于是我们确定了采用空间分离和条件分离作为概念解决方案。

解决该问题的 IFR 可以定为:连锡面只通电流,不通超声波。

"空间分离和条件分离"只是一个启发性的概念性方案,如果要转化成可实施的技术方案,需要做什么?在何处做?怎么做?成本是多少?等等,一系列的问题都是需要考虑和研究的内容。经过对实际产品的仔细研究,以及与企业的沟通与商,最后确定了改进线路板的具体技术方案:

- 做什么:用专用红胶线笔在线路板上画一条 2mm 宽的红胶线,红胶线处的线路板在过锡时不会连锡,这样原来较宽的连锡面就变成了较窄的连锡面。较窄的连锡面可以通过电流,但是超声波的通路狭窄,相当于形成了一个瓶颈,阻隔了绝大部分超声波的通过;
- 在何处做:变压器引脚和贴片电容之间的缝隙;
- 怎么做:在做贴片钢网时增加这个要求即可;
- 成本:基本上可忽略不计,红胶线笔是生产线上的常用涂改设备,价格低廉,画红胶线工序无需十分精确,人人会操作。

在线路板上最小问题区域中,画 2mm 红胶线缩窄连锡面的操作工序,如图 10-10 所示。

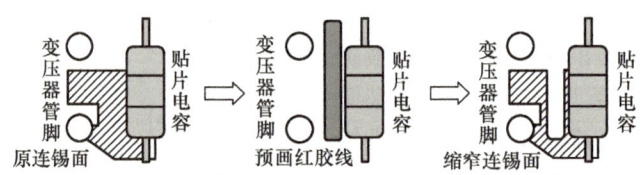

图 10-10 在线路板上画 2mm 红胶线示意图

在上图中的竖线,即 2mm 的红胶线,恰好画在线路板的变压器引脚和贴片电容之间。画了红胶线后线路板再过锡,红胶线不挂锡,缩窄了连锡面,超声波不易通过,但连锡面并未切断,可以通过电流。

按照如上方法改进过锡工艺,经检验,产品超声封装后,检验合格率 100%。在几个月的持续观察期中,连续生产几十万个充电电源,一直保持质量稳定。

解决该工程技术问题的流程如图 10-11 所示:

该工程技术问题是通过"流分析和物理矛盾分析相结合",找到最小问题,以系统的最小改变解决问题的经典案例。实现了该解题流程和本书共同提倡的"三个最小"的解题策略:"最小问题,最小改动,最小成本",并让问题得到了彻底解决。

第十章 行业应用案例

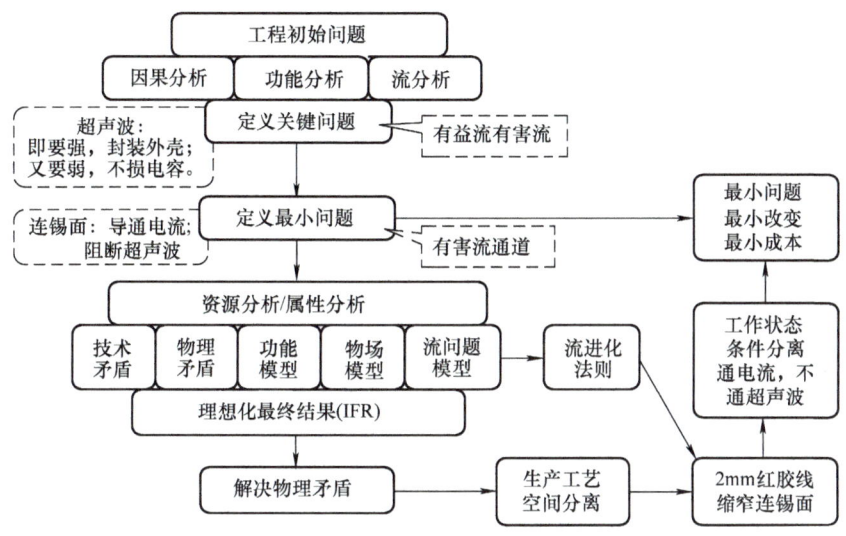

图 10-11 解决该问题的解题流程

案例三：解决炭火烤肉的问题

【作者注：该案例特点是作用对象的衍生物较多，在问题分析上有一定的复杂性。所给出的是以 SAFC 模型分析结果为基础，结合物理矛盾分析和属性分析解题的综合性结果。】

野外烧烤受人欢迎，尤其是炭火烤肉，香飘四溢，让人胃口大开，为聚会活动增加热闹和喜庆的气氛。常见的烧烤设备是烧烤炉，基本结构是一个箱体，箱内盛装炭火，上沿放置一个金属网架，用燃烧的炭火来加热金属网架上的生肉，直至烤熟，如图 10-12 所示。

 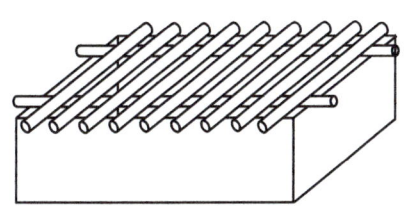

图 10-12 烤肉和所用的烧烤炉示意图

315

炭火烤肉有一些缺点，烤肉过程中，没有及时翻动的肉容易烤煳，滴落下的肉油在炭火中燃烧，造成呛人的油烟。另外，炭火致使金属网架温度极高而容易粘肉，或者肉与网架接触的位置最先烤煳、形成炭黑印等。

首先画出烤肉的问题情境图。问题情境图对于理解问题的发生与存在状态非常有用。可以说，没有问题情境图，基本上就无法开始着手解决问题。

图10-13 表示一个烤肉过程中的问题情境。技术系统的初始组件有箱体、网架、炭火、肉。在相互作用过程中，产生了肉末、肉油、油烟等衍生物质。

作者在第八章第六节提及，比较复杂的问题情境是，两个物质（S_1、S_2）相互作用后，在产生一个期望的

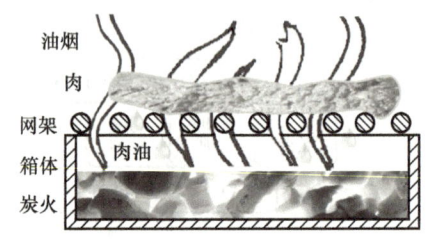

图10-13 炭火烤肉的问题情境图

预设功能之后，又产生了多个衍生物以及多个衍生的有害功能，该案例即是如此。如果只分析炭火 S_1 和肉 S_2，二者相互作用，其衍生物为 S_3，在产生了"加热·肉"有用功能的同时，附带产生了"挤出油"和"烤煳肉"两个衍生功能。在炭火持续加热作用下，肉的状态形成了连续变化的 S_3，如果略去大多数中间状态而仅考虑一些重要的节点状态，那么 S_3 状态从生肉→半生半熟的肉（油）→熟肉（油）→煳肉（油）等，而且，"挤出的油"滴落到炭火中燃烧，产生"生成油烟"的功能，让油进一步变成了次级衍生物"油烟"。根据问题情境，我们关注的功能结果 S_3 就可以定义为"烤熟的肉"、"挤出的油"、"烤煳的肉"和"呛人的油烟"，它们都是 S_2 的衍生物或次级衍生物。而我们所需要的功能结果只有一种"烤熟的肉"。其他诸如"烤煳的肉"等，都是我们不需要的结果。因此，从功能上看，显然"烤煳肉"是有害功能，而"挤出油"的功能本身虽然是中性的，但是油滴到了炭火上，又发生了"燃烧油"和生成"呛人的油烟"的有害功能。如果把炭火、肉、网架都考虑上，则问题就变得更为复杂，因为被炭火考得炙热的网架，会产生"粘肉末"和"烤煳肉末"的有害功能。该问题的 SAFC 模型分析结果如图10-14 所示。

通过 SAFC 模型的分析，可以导出很多物理矛盾。肉要加热后食用，因此炭火与肉的接触是必需的。网架起到支撑肉的作用，也是有存在价值的，但是"炙热的网架"是产生问题的根源之一，因为汇聚在网架上这个系统组件既有有用功能"支撑肉"，也有有害功能"粘肉末"、"烤煳肉末"。凡是有用功能和有害功能并存的系统组件，必然存在物理矛盾。例如：网架既要支撑肉，又不要支撑肉；网架既要在肉上，又要在肉下；网架既要在肉外，又要在肉里；网架既要有，又要无；网架既要温凉一些，又要热一些；网架既要接触炭火，又要不接触炭火等。

第十章 行业应用案例

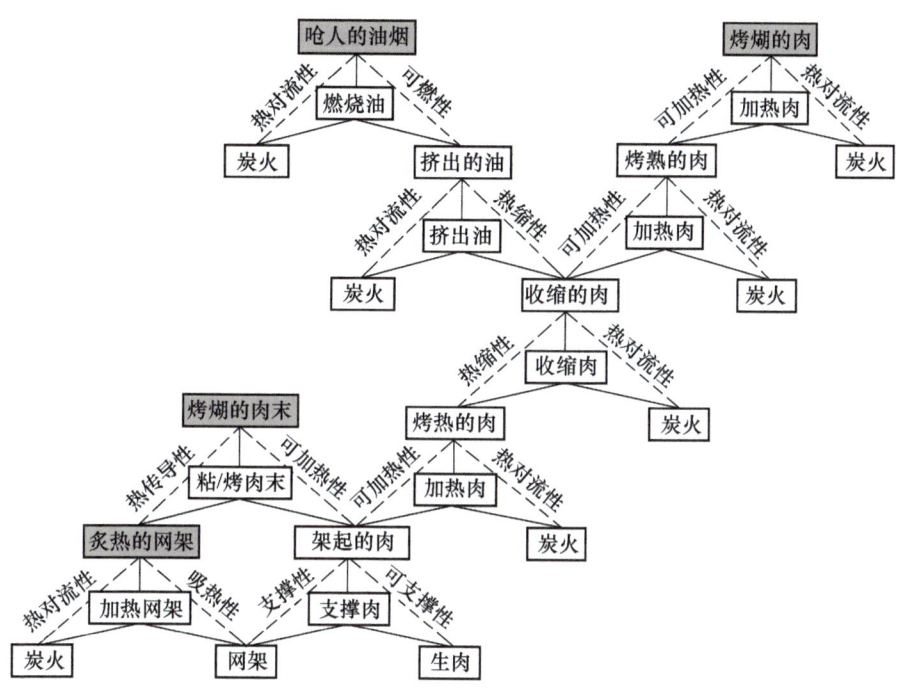

图 10-14 炭火烤肉的 SAFC 模型分析结果

解决该问题的 IFR 可以定为：炭火只加热肉，不加热网架。如果网架必须存在，无法避开炭火，那么稍微次之的 IFR 可以定为：炭火长期烘烤，网架温度不高。

在消除物理矛盾的技术方案上，可以让网架不接触炭火，例如可以用钩子的方式吊住肉；可以让网架分时接触炭火，例如采用旋转的方式支撑肉；可以让网架在肉里，例如采用烤肉串的方式；可以改变炭火位置，采用侧烤（多为电烤）的方式，让肉油滴落时不与炭火接触，由此而减少油烟，等等。

如果用网架的物质属性分析其炙热的原因，是因为其较高的吸热性和比热容。那么如欲改进这个问题，无非是采取两个策略，一是事前解决策略，换网架的材料，使用低吸热性和比热容的材料。另一个是事中解决的策略，即设法将炭火带给网架的高热量带走。事后解决的策略是开发出来刷净网架的专用设备。如此，采用事中解决策略，空心网架是一个可行方案，即在空心网架中内置流体（如水等），以热交换的方式不断带走热量。这是一个符合 IFR 的解决方案。

案例四：技术预测——医学用核磁共振成像技术的发展历程

【作者注：技术系统进化是由科学效应驱动的。效应的组合与更替驱动了技术系统的升级换代。SAFC 分析模型可以较好地表示这种效应组合与更替关系。】

科学效应是在科学理论的指导下，实施科学现象的技术结果，即在效应物质中，按照科学原理将输入量转化为输出量，并施加在作用对象上，以实现相应的功能。

在实际应用中，单一效应往往只支持实现某些组件/零部件级的功能，不足以实现整个技术系统（整机）的功能，而多个效应的组合（效应链）会使技术系统的功能更强大。效应应用模式有多种形式，请参见第六章。作者发现，技术系统的进化，从技术系统的角度看，是系统内部矛盾发展与克服的结果，而从物质相互作用的本质看，实际上是效应驱动的结果——效应的组合与更替驱动了技术系统的升级换代。强大的系统功能，由多种效应串接而成的效应链来实现。SAFC 分析模型可以较好地表示这种效应组合与更替关系。

医用核磁共振成像技术是应用效应链不断实现突破创新的典范之一。在该项技术的研发过程中，先后有多位科学家获得了 5 个诺贝尔奖。新效应的发现与应用让医用核磁共振成像技术和设备不断升级换代。

美国哥伦比亚大学教授 Isidor Isaac Rabi 发现，磁场中的原子核会沿磁场方向呈正向或反向有序平行排列，而施加无线电波后，原子核的自旋方向发生翻转。这是人类对原子核与磁场以及外加射频场相互作用的最早认识。Rabi 于 1944 年获得了诺贝尔物理学奖。

旅美瑞士物理学家 Felix Bloch 和美国物理学家 Edward Purcell 共同开发了通过检测无线电频率磁场中的能量来检测核磁共振的精密测量的新方法，并由此发现了核磁共振效应，于 1952 年获得了诺贝尔物理学奖。

瑞士物理化学家 R. R. Ernst 在发展高分辨核磁共振波谱学方面做出了杰出贡献——包括脉冲傅里叶变换核磁共振谱、二维核磁共振谱核磁共振成像，于 1991 年获得了诺贝尔化学奖。

瑞士科学家 Kurt Wüthrich、美国科学家 John B. Fenn 和日本科学家田中耕因发明了"利用核磁共振技术测定溶液中生物大分子三维结构的方法"，于 2002 年共同获得诺贝尔化学奖。

第十章　行业应用案例

美国科学家 Paul Lauterbur 和英国科学家 Peter Mansfield 凭借在核磁共振成像技术领域的突破性成就，于 2003 年共同获得诺贝尔生理学和医学奖。

图 10-15 所显示的是医用核磁共振成像技术诞生与进化历程中的效应链。

上图中的效应链其实也是该项技术发展的因果链，在每一层的因果关系中，有了下层原因（物质属性），才有上层的结果（新状态的物质）。如图 10-16 所示的效应因果链。

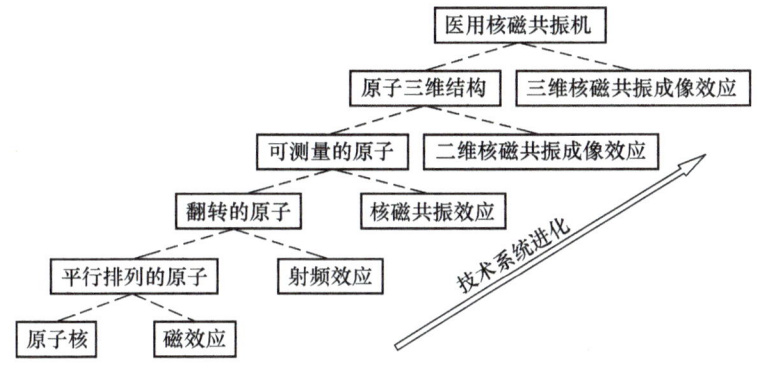

图 10-15　医用核磁共振成像技术诞生历程的效应链

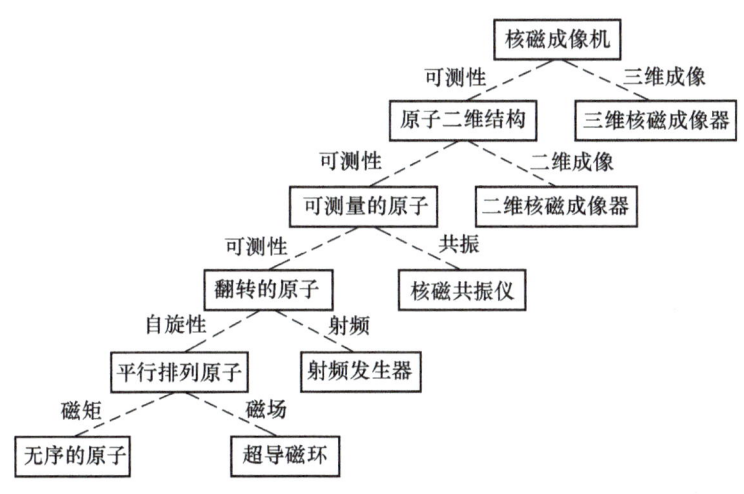

图 10-16　医用核磁共振成像技术诞生历程的因果链

当有了基于属性的因果链的分析结果后，SAFC 模型也就基本上有了整体框架。在每一层的因果关系中，加入下层两个物质属性相互作用的功能结果，即可形成如图 10-17 所示的医用核磁共振成像技术的 SAFC 分析模型。

从下图看出，这是一个典型的"叠加型"的 SAFC 分析模型。通过多次的模型迭代与转换，让此前功能稍差的衍生物质，不断地利用新的效应物质和属性，改变为功能增强的衍生物质，最终形成较为完善的产品功能。

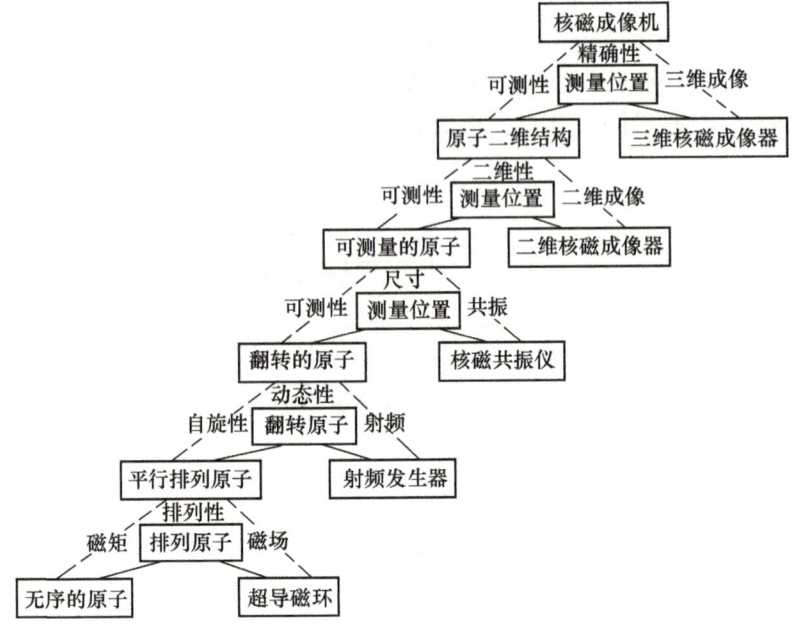

图 10-17　医用核磁共振成像技术的 SAFC 分析模型

附录1　技术创新问题提交表

项目名称			
填表人		企业名称	

1. 提交该问题的主要目的	① 原始创新（以新原理设计产品，重构产品功能及结构）：_____（尽量描述） ② 增强有用功能（不改原理，优化结构，提升既有性能）：_____（尽量描述） ③ 消除有害功能（消除系统在使用中不希望出现的功能）：_____（尽量描述） ④ 降低成本（使用廉价材料，减少零部件或简化结构等）：_____（尽量描述） **提示**：选①，则不可选其他；②、③、④可多选；有害功能是系统在实现有用功能时附带产生的噪声、振动、异味、强光、辐射、过热、过冷、冻结、破裂、泄漏、跑偏、腐蚀、霉变、伤人、运动中的摩擦/卡滞、制动时距离过长等 填写时可以通过换行来增加内容。如果认为空间不够，可另外加附页说明
2. 系统功能与内外部结构	① 系统设计目的：_____（尽量简明） ② 系统内部组件：_____（尽量细化到零部件、元器件） ③ 外部环境组件：_____（尽量描述与本系统相关的外部系统） **提示**：以包含问题的"最简约系统"来定义"<u>系统</u>"，例如陈述"轮胎爆胎"的问题，请尽量描述有直接相互作用的<u>系统内部组件</u>，如轮毂、空气、表面花纹、裂痕、内部钢丝、蜡线等，以及有相互作用的<u>外部环境组件</u>，如地面、石子等请不要引入"雨刷器""方向盘"等无关外部组件，避免问题无法聚焦
3. 系统问题情境描述	① 系统有何缺陷：_____（尽量聚焦，直接指向产生问题的部分） ② 系统待改善的参数/指标：_____（尽量简明） ③ 系统已恶化的参数/指标：_____（尽量简明） ④ 问题局部图示：_____（务必提供！以便于后续问题分析） ⑤ 以"动作+作用对象+程度"或"形容词+名词"来描述系统有害功能： _____（请指出哪些系统内部组件之间发生了何种相互作用，最好能细化到两个系统组件之间的相互作用的"动作"，"动作"用动词表示，"程度"可以选填，如"折射光线过度"、"发射信号较弱"、"润滑轴瓦不足"、"泄漏机油"，或"燃烧的汽车"、"颤动的液面"、"偏向的钻头"、"黏滞的熔融料"等 填写以下资料，可以有效地探索问题范围： ⑥ 为什么要解决该问题？_____（探索范围更大的问题） ⑦ 什么妨碍解决该问题？_____（聚焦范围更小的问题）

TRIZ 进阶及实战 大道至简的发明方法

（续）

项目名称			
填表人		企业名称	

4. 最理想的改进结果	① 最理想的改进结果：_____ ② 达到理想结果的障碍：_____ ③ 由于障碍引发的后果：_____ ④ 不出现障碍的条件：_____ 提示："最理想的改进结果"指在现有的条件下，用最小的代价获得的最好结果，其有用功能应该最多/最强，有害功能（如毒/副作用）最小，零部件最少或实现成本最低
5. 系统内部或外部的可用资源	实现上述改进系统内、外可用资源：_____ 提示：环境中的一些免费资源或自然现象常常是实现创新的优良条件。运用这些有效资源的特性可以消除系统的某些缺点。典型的环境资源如下： ① 物质资源：木材、石材可用作建筑物；钛合金可以做发动机蒙皮 ② 场资源：应力场、重力场、电场、磁场、电磁场、温度场、光场等 ③ 功能资源：人站在椅子上更换灯泡时，椅子的高度是一种辅助功能 ④ 信息资源：汽车尾气中的油和杂质颗粒，表明发动机的性能信息 ⑤ 时间资源：消除了返程空闲时间的双向打印机 ⑥ 空间资源：设备上可以打孔、焊接的位置；多层货架中的高层货架 ⑦ 属性资源：如物质的可溶性、沸腾性、导磁性、导热性、颜色等
6. 选择解决方案的概念和标准	① 期待的科技特征：_____ ② 期待的经济特征：_____ ③ 期待的时间表：_____ ④ 预计的新颖度：_____ ⑤ 其他判别标准：_____
7. 已尝试过的方案	① 以前曾尝试过的解决方案：_____ ② 该解决方案可否用在这里：_____
8. 其他补充事项	① 请补充陈述：_____

填表说明：1. 避免提出过于宏观的专业问题，如"如何设计新能源汽车？"请尽量让问题聚焦到产品具体功能实现的层面，例如用"插接件外框产生变形"来描述一个问题。

2. 前四栏提问是必填项，请尽量填写完整。后面的栏目是可选项，也请尽量填写。

附录2 固、液、气、场不同形态物质实现功能的效应知识库

编码及功能动作	形态	效应
1. Absorb 吸收 2. Accumulate 累积（存储）	固态	形状记忆效应
	液态	毛细管作用；化学吸附；吸热反应；放热反应；氢化
	气态	消除（分离）在溶液中的气体；超声波
	场	气溶胶；电池；电容；电晕放电；飞轮；燃料电池
3. Assemble 组合（装配）	固态	胶粘剂；吸附；扩散粘接；爆炸焊接；铁磁性；泡沫；摩擦焊接；钩；热压；激光焊接；磁脉冲焊接；机械紧固件；熔化；碳纳米管；渗透压；形状记忆效应；钎焊；锥形心轴；热膨胀；超声波振动
	液态	化学粘结；液体容器；泡沫；磁致热效应；渗透
	气态	化学粘结；气体容器；泡沫
	场	电容器；并行连接（并联）
4. Bend 弯曲	固态	压电效应；形状记忆效应；超塑性
	液态	伯努利原理；康恩达效应
	气态	伯努利原理；康恩达效应
	场	电场；磁场；折射
5. Breaks Down 分解（破坏）	固态	声空化；声振动；吸附；气蚀；燃烧；低温学（深冷）；解吸；溶解；电化学腐蚀；电解法；电脉冲解吸；爆炸；摩擦；水动力作用；离子作用；喷射侵蚀；激光蒸发；激光吸（除）气；机械刷；光电液压效应；光-氧化；放射性；氧化还原反应；火花侵蚀；热破坏；超声波振荡
	液态	声空化；声振动；吸收；生物破坏；低温学；水解反应；机械加热；臭氧；光氧化作用；超声波；精炼
	气态	吸收；超声波；振动
6. Changes Phase 相变 8. Condense 冷凝	固态	电弧；电子束；加热；热核反应
	液态	毛细管蒸发；降压；加热；热冲击；超声波
	气态	冷却；增压
	场	数字化；光电效应；相位调制；极化（偏振）

（续）

编码及功能动作	形态	效应
7. Clean 清除（净化）	固态	声空化；声振动；吸附；气蚀；燃烧；气蚀；解吸；溶解；电化学侵蚀；电解；电脉冲解吸；爆炸；摩擦；水动力学；离子作用；喷射侵蚀；激光蒸发；激光除气；机械刷；光电液压效应；光氧化；放射性；氧化还原反应；火花侵蚀；热破坏（蜕变）；超声波振荡
	液态	声空化；声振动；吸附；生物破坏（蜕变）；低温学；水解反应；机械加热；光氧化；臭氧；超声波；真空提炼
	气态	吸附；超声波；振动
9. Cool 冷却	固态	气射流冲击冷却；毛细管多孔材料；传导；对流；电晕放电；吸热反应；液喷射；流化床；能斯特效应；珀尔帖效应；热管；压电风扇；辐射；斯特林效应；热声效应；蒸腾冷却
	液态	空气流动；传导；对流；换热器；珀尔帖效应；相变；兰克-赫尔胥效应；热磁效应
	气态	传导；杜弗尔效应；换热器；焦耳-汤姆逊效应；兰克-赫尔胥效应；稀疏；热声学
10. Corrode 侵蚀	固态	声空化；声震；声振动；吸收；亚历山德罗夫效应；生物破坏；燃烧；气穴现象；相干光；燃烧；低温学；解吸；溶解；溶化；电化学腐蚀；电脉冲解吸；电解法；爆炸；摩擦；水动力学；加氢；热疗；离子效应；喷射侵蚀；激光蒸发；激光吸收器（吸杂）；机械刷；光电-液压效应；氧化法；臭氧；光氧化作用；放射性；氧化还原反应；共振；火花侵蚀；热破坏；超声波振荡；超声波；地震振动
	液态	声空化；声振动；吸收；生物破坏；生物破坏；低温学；加氢；水解反应；机械加热；光电-液压效应；氧化法；臭氧；光致氧化；放射性；超声学；超声波；精炼
	气态	吸收；加氢；氧化法；放射性；超声波；振动
11. Decompose 分解	固态	声空化；声振动；吸收；气蚀现象；燃烧；低温学；解吸；溶解；电化学腐蚀；电解法；电脉冲解吸；爆炸；摩擦；水动力气蚀；离子效应；喷射侵蚀；激光蒸发；激光吸（除）气；机械刷；光电-液压效应；光氧化；放射性；氧化还原反应；火花侵蚀；热破坏；超声波振荡
	液态	声空化；声振动；吸收；生物破坏；低温学；水解反应；机械加热；臭氧；光致氧化；超声波；真空精炼
	气态	吸收；超声波；振动
12. Deposit 沉积	固态	吸附；阴极溅射；化学气相沉积；化学结晶；电晕放电；电化学电解；电泳法；电镀；静电学；流化床；氧化；光化学沉积；等离子体沉积；火花消融；升华；化工运输反应（CTR）；润湿
	液态	空气压缩沉积；差异密度；静电沉积；重力；注射；压制和蒸烘；辊涂；旋转喷射；旋转涂层；喷射

附录2 固、液、气、场不同形态物质实现功能的效应知识库

（续）

编码及功能动作	形态	效应
13. Destroy 破坏（消灭）	固态	声震；亚历山德罗夫效应；生物破坏；燃烧；气穴（气蚀）现象；相干光；低温学；溶解；爆炸；氢化；热疗；光电液压效应；氧化法；臭氧；光致氧化；放射性；共振；超声波；振动
	液态	生物破坏；低温学；氢化；电光液压效应；氧化法；光致氧化；放射性；超声波
	气态	氢化；氧化法；放射性
14. Detect 探测	固态	声空化；声振动；电晕放电；多普勒效应；涡流；铁磁性；中子束散射；光致（励磁）发光；压电效应；放射性；散射；超声学；X光射线
	液态	伯努利效应；电晕放电；光致发光；压电效应；放射性
	气态	吸附阻效应；欧杰效应；气相色谱法；电晕放电；电离（离子化）作用；光吸收/光反射；潘宁效应；光致发光；放射性
	场	声发射；巴克豪森效应；驻极体；法拉第效应；光衍射；光偏振；磁致伸缩；光致变色；光电效应；共振；伦琴发光；张力阻效应；韦根效应；塞曼效应
15. Drie 干燥	固态	声振动；空气冲击；毛细管冷凝；离心机；对流；干燥剂；流化床；光聚合；兰克－赫尔肖效应；共振；升华；超声波干燥；真空干燥
	液态	毛细管冷凝；离心机；对流；超声干燥
	气态	毛细管冷凝；化学吸附剂；解吸；兰克－赫尔肖效应；超声波干燥
16. Embed 嵌入	固态	扩散；辉光放电；离子注入；热电子发射；热扩散；超声波振动
17. Erode 侵蚀	固态	声震；亚历山德罗夫效应；生物破坏；燃烧；气穴现象；相干光；低温学；溶解；爆炸；氢化；热疗；光电液压效应；氧化法；臭氧；光致氧化；放射性；共振；超声波；振动
	液态	生物破坏；低温学；氢化；光电液压效应；氧化法；光致氧化；放射性；超声波
	气态	氢化；氧化法；放射性
18. Evaporate 蒸发	固态	电弧；电子束；加热；热核反应
	液态	毛细管蒸发；减少压力；加热；热冲击；超声波
	气态	冷却；增加压力
	场	数字化；光电效应；相位调制；极化
19. Extract 精炼（提取）	固态	发酵；熔化；氧化/还原反应；沉积
	液态	吸收；离心分离；蒸馏；电渗透法；发酵；漏斗效应；重力/沉降；反渗透
	气态	吸收；声学；毛细管作用；化学吸附；凝结；兰克－赫尔肖效应；湍流加热（解吸）

（续）

编码及功能动作	形态	效应
20. Freeze Boil 冻结、沸腾	固态	电弧；电子束；加热；热核反应
	液态	毛细管蒸发；降压；加热；热冲击；超声波
	气态	冷却；增压
	场	数字化；光电效应；相位调制；极化
21. Heat 加热	固态	空气冲击；燃烧；冷凝加热；传导；对流；涡流；放热反应；感应加热；红外辐射加热；激光；光波加热；微波；珀尔帖效应；相变；辐射；射频加热；分流（并联）效应；太阳能；应变加热；超声波加热
	液态	声空化；燃烧；传导；对流；电磁感应；焦耳-楞次定律；磁致伸缩；微波辐射；相变；加压；辐射；兰克-赫尔胥效应；冲击波；太阳能；热虹吸管
	气态	燃烧；传导；对流；杜福尔效应；爆炸；光辐射；加压；辐射；兰克-赫尔胥效应；冲击波；太阳能；热虹吸管
22. Hold 固定 23. Join 连接	固态	胶粘剂；吸附；扩散粘接；爆炸焊接；铁磁性；泡沫；摩擦焊接；钩；热压；激光焊接；磁脉冲焊接；机械紧固件；熔化（瞬时液相焊接）；纳米-尼龙搭扣；渗透压；形状记忆效应；软/硬钎焊；锥形心轴；热膨胀；超声波振动
	液态	化学粘结；液体容器；泡沫；磁致热效应；渗透
	气态	化学粘结；气体容器；泡沫
	场	电容器；平行连接（并联）
24. Locate 定位	固态	刷；偏心负载装置；电致伸缩；摩擦；磁性；磁致伸缩；压电效应；热膨胀
25. Mixe 混合	固态	声振动；粘结剂；催化剂；库仑定律；驻极体；搅拌/摇动；超声波振动
	液态	起泡沫（鼓波）；粘结剂；催化剂；库仑定律；驻极体；铁磁性；声化学；搅拌/摇动；超声波；振动
	气态	化学粘结；扩散
26. Move 移动（运动） 37. Vibrate 振动	固态	鸟喙效应；边界层截留（抽吸）；刷子；康恩达效应；电晕放电；库仑定律；解吸；抗磁性；掺杂物离析；驻极体；电磁感应；电泳；静电场；爆炸；磁性铁；流态化；摩擦/扩散；漏斗；重力；双曲面；惯性；离子导电性；磁性爆炸；莫比乌斯带；帕斯卡定律；光泳；共振；雷劳克斯三角形；形状记忆效应；螺旋形物；热泳；扭矩振荡器；摩擦放电；振动
	液态	吸收；声空化；声振动；阿基米德原理；伯努利定理；沸腾/蒸发；毛细管凝结；毛细管蒸发；毛细管压力；康恩达效应；凝结；库仑定律；形变；干燥/干化；电毛细管效应；电解法；电渗透；电泳；静电感应；爆炸；铁磁性；漏斗效应；重力；液压冲击；惯性；离子交换；喷射流；洛仑兹力；磁致伸缩；机械致热效应；渗透；帕斯卡定律；泵；兰克-赫尔胥效应；共振；冲击波；螺旋形物；超热导性；超流动性；表面张力；热膨胀；热毛细管效应；热机械（应力）效应；超声波毛细管效应；超声波振动；应用泡沫；韦森贝格效应；润湿

附录2　固、液、气、场不同形态物质实现功能的效应知识库

（续）

编码及功能动作	形态	效应
26. Moves 移动（运动） 37. Vibrates 振动	气态	声振动；阿基米德原理；伯努利定理；康恩达效应；扩散；喷射器；电毛细管效应；电渗透；电泳；静电感应；风扇/压缩机；铁磁性；重力；惯性；喷射流体；帕斯卡定律；蠕动泵；兰克－赫尔胥效应；冲击波；螺旋形物；热膨胀；文丘里效应
	场	导体；电光学；法拉第效应；耿氏效应；克尔效应；光导体；磁光学；光弹（光致弹性）；反射；折射；超导性
27. Orient 定向（定方位）	固态	各向异性；人工晶体外延；螺旋体；洛仑兹力定律；磁力；机械装置
	液态	洛仑兹力定律；磁力；压力梯度；温度梯度；文丘里管
	气态	压力梯度；温度梯度；文丘里管
	场	透镜；极化；折射
28. Polishe 抛光（精加工） 35. Separate 分离	固态	声波；吸附；边界层动量；离心机；康恩达效应；电晕放电；驻极体；筛网过滤器；摩擦；惯性；磁场；马格努斯效应；熔化；雷劳克斯三角形；超声波；振动
	液态	毛细管多孔材料；气蚀碎裂；离心机；凝固；密度/重度/温度梯度；蒸馏；电渗透；电泳；静电学；亲水性；疏水性；液膜；材料；渗透；共振；运输反应
	气态	吸收；电晕放电；结晶；解吸；扩散（散射）；驻极体；水合物；兰克－赫尔胥效应；光（射）束效应；超声波
	场	双折射；棱镜
29. Preserve 保存（防护、维护） 32. Protect 保护（防止）	固态	吸附；化学吸附；涂料；低温学；电化学沉积；扩散；筛选器；泡沫；凝胶；硬/软多层涂层；水合化；过氧化氢溶液（双氧水）氧化剂；疏水性；隔离（分离）；克里格尔斯基效应；磁力；表面活化剂；真空包装
	液态	蓄能器；吸收；化学吸附；铁磁流体；筛选器；蛋白泡沫；隔离；臭氧；防腐剂
	气态	蓄能器；筛选器；泡沫；隔离
	场	电容器；筛选器；隔离
30. Prevent 防止（阻止、预防）	固态	形变；应变限速装置；热膨胀
	液态	泡沫；凝胶；热膨胀；阀门
	气态	泡沫；阀门
	场	吸附；双折射；扩散接合处；金属氢化物；普尔-弗伦克尔效应；穿透冲孔效应；热分解

（续）

编码及功能动作	形态	效应
31. Produce 产生（扩展、导致）	固态	集聚；化学外延晶体；结晶；扩散；电解法；渗透压；沉淀；氧化还原反应；火花放电；热扩散；运输反应
	液态	毛细管波（表面张力波）效应；凝结；溶解；蒸馏；反渗透作用；运输反应
	气态	声空化；电弧蒸发；沸腾；电晕放电；脱水（干燥）；电解法；蒸发；电离（离子化）作用
	场	电容；化学发光法；康普顿效应；涡流；电动力学效应；电动力学；电致发光；电磁感应；静电感应；荧光；摩擦起电；感应；磁流体力学效应；噪声效应；欧姆定律；光电导性；光致发光；压电效应；珀克尔效应；热电现象；放射性；辐射（励磁）发光；塞贝克效应；声致发光效应；热电子发射；摩擦发光
33. Remove 消除（去除）	固态	声波；吸附；边界层动量；离心机；康恩达效应；电晕放电；驻极体；筛网过滤器；摩擦；惯性；磁场；马格努斯效应；熔化；雷劳克斯三角形；超声波；振动
	液态	毛细管多孔材料；气蚀破裂；离心机；凝固；密度/重力/温度梯度；蒸馏；电渗透；电泳；静电学；亲水性；疏水性；液膜；材料；渗透；共振；运输反应
	气态	吸收；电晕放电；结晶；解吸；扩散（散射）；驻极体；水合物；兰克–赫尔胥效应；光（射）束；超声波
	场	双折射；棱镜
34. Rotate 旋转	固态	伯努利效应；螺旋转换器；扭矩力
	液态	离心机；兰克–赫尔胥效应
	气态	离心机；兰克–赫尔胥效应
	场	磁力
36. Stabilitie 稳定	固态	波纹状；椭圆；摩擦；陀螺仪；滞后；惯性阻尼；摆锤；螺旋转换器
	液态	毛细管压力；康恩达效应；结晶；电流变学；铁磁流体；磁致变流体；悬挂/悬浮
	气态	康恩达效应；电子束
	场	吸收；接地；磁滞；热敏电阻效应

附录3 操作物质属性参数实现功能的效应知识库

子表1——改变物质属性参数的效应表

属性参数	效应
1. Brightness 改变亮度105项	吸收（电磁辐射）；吸收过滤器；声光效应；抗泡剂；消泡剂；氙气闪光；生物发光；双折射；布拉格衍射；布鲁斯特角；阴极发光；化学发光；胆甾基液晶；克里斯坦森效应；相干光；胶体；燃烧；传导（电）；爆燃；景深；二向色滤光片；衍射；衍射光栅；散射波；电弧；电光效应；电致化学发光；电化学；电致发光；电子束；电镀；咖啡克雷玛效应；爆炸；法布里-珀罗干涉仪；法拉第效应；铁磁流体；过滤器（光学）；絮凝；荧光；对焦；弗朗茨-凯尔迪什效应；菲涅尔衍射；菲涅尔透镜；凝胶；引力透镜；加热；孔；炽热；感应加热；干扰；彩虹色；克尔效应；透镜；发光二极管；液晶体；发光；磁光效应；磁致克尔效应；机械致发光；微机电系统；莫尔效应；纳米复合材料；牛顿杯；核裂变；有机发光二极管；磷测温法；磷光；光致变色；光致弹性；光致发光；光子筛；光子晶体；压致发光；等离子体；全光摄影；泡克耳斯效应；极化；孔隙度；压敏涂料；棱镜；辐射；辐射发光；雷利散射；反射；折射；后向反射；散射；闪烁；阴影；溶胶；太阳能；声化学；声致发光；空间滤波器；热辐射；热致变色涂料；热致变色；热致发光；薄膜；全内反射；摩擦发光；福格特效应；波导；波导（光学）；波带板
2. Colour 改变颜色130项	消融；磨损；吸收（电磁辐射）；吸收型过滤器；阳极氧化；消泡剂；生物发光；漂白；布拉格衍射；气泡；阴极发光；化学气相沉积；化学发光；胆甾基液晶；克里斯坦森效应；涂层；胶体；胶体晶体；复合材料；传导（电）；结晶；爆燃；二向色滤光片；衍射；光栅；散射波；多普勒效应；电弧；电光效应；电致化学发光；电致变色；电沉积；电致发光；电解；电泳；电镀；静电沉积；乳化液；腐蚀（侵蚀）；ESAVD；咖啡克雷马效应；爆炸；法布里-珀罗干涉仪；铁磁流体；铁磁性粉末；过滤器（光学）；絮凝；荧光；泡沫；菲涅尔透镜；富勒烯；凝胶；引力红移；加热；外差；孔；水合物；过氧化氢；灼热；感应加热；红外辐射；干扰；离子注入；彩虹色；克尔效应；层压；激光消融；透镜；光；发光二极管；液晶；发光；Lyot滤光器；机械致发光；微乳液；微球；纳米复合材料；牛顿环；有机发光二极管；茴香效应；氧化；臭氧；磷测温法；磷光；光致变色；光致弹性；光致发光；光子筛；光子晶体；压致发光；等离子体；全光摄影；多色性；极化；孔隙度；沉淀；压降；压力增加；压敏涂料；棱镜；净化；辐射；辐射发光；稀疏；氧化还原反应；还原；反射；折射；散射；闪烁；定位（稳定）；阴影；溶胶；太阳能；空间滤波器；喷射（喷涂）；悬挂；热辐射；热致变色涂料；热致变色；热致发光；薄膜；全内反射；丁达尔效应；玻璃化；波导（光学）；磨损；风化；湿润；波带板
3. Concentration 改变浓度26项	泡沫；压缩；结晶；旋风分离；蒸馏；驻极体；电渗；电解；电泳；熵爆炸；爆炸；絮凝；流化；水凝胶；离子交换；液膜；液-液萃取；渗透；降水；逆扩散；反向扩散；反渗透；半透膜的；稳定；超临界流体萃取；过饱和

（续）

属性参数	效　应
4. Density 改变密度63项	曝气；消泡剂；细胞增大的材料；细胞增大的空隙；毛细管蒸发；泡沫陶瓷；复合材料；压缩；冷凝；冷却；结晶；密度梯度；沉积（物理）；除湿材料；干燥（干化）；弹性恢复；电沉积；电解；蒸发；风扇；絮凝；流化；泡沫塑料；力；冻结铸造；凝固（冻结）；气体压缩机；孔；均衡热冲压；液压机；发泡（膨胀）材料；磁性形状记忆；磁致弹性效应；磁致伸缩效应；泡沫金属；微乳液；负热膨胀；嵌套；渗透压；相变；孔隙率；沉淀；压降；压力增加；增压；泵；净化；稀薄；网状泡沫；辊；形状记忆合金；形状记忆聚合物；冲击波；喷射（喷涂）；升华；超临界流体；悬挂（悬浮）；温度梯度；张力；镶嵌；喇叭形风管；玻璃化；Voitenko压缩机
5. Electrical Conductivity 改变电导率76项	防熔丝；电子雪崩击穿；刷；巴克纸；毛细多孔材料；涂层；胶体；复合材料；压缩；冷凝；传导（电气）；结晶；德拜-法尔肯哈根效应；物理（沉积）；干燥（干化）；介电常数；二极管；掺杂物；接地；驻极体；电弧；电阻；电沉积；电解液；电子束；电泳沉积；电镀；静电沉积；静电放电；快离子导体；铁磁性粉末；过滤器（电子）；流化；泡沫塑料；冻结铸造；富勒烯；凝胶；槽；耿氏效应；加热；孔；离子注入；电离；约瑟夫森效应；发光二极管；润滑；磁阻；泡沫金属；相变；光导；光伏效应；压阻效应；等离子体；等离子喷涂；聚四氟乙烯（PTFE）；普耳-弗兰克尔效应；孔隙度；压降；压力增加；继电器；分割；分流（并联）；集肤效应；溶胶；电磁阀；溶解（溶剂化）；喷射（喷涂）；超导；悬挂（悬浮）；热电子发射；热敏电阻；热电阻效应；汤森放电；真空等离子喷涂；焊接；润湿
6. Energy 改变能量108项	消融；气动加热；氩气闪光；细胞增大的材料；细胞增大的结构；伯努利效应；毕奥-萨伐尔效应；波义耳定律；电容；毛细管蒸发；康普顿散射；集中光伏；冷凝；传导（电）；科里奥利力；库仑阻尼；库仑定律；曲轴；阻尼；爆燃；形变；沉积（物理）；爆炸；介电加热；接地；偏心装置；涡电流阻尼；电致变色；电子束；吸热反应；熵爆炸；蒸发；爆炸；爆炸透镜；法恩斯沃思赫希费瑟装置；发酵；过滤器（电子式）；荧光；飞轮；对焦；力；菲涅尔透镜；齿轮；引力；陀螺仪；谐波振动器；力发动机（热机）；热管；散热器；胡克定律；液压蓄能器；液压跳转（突变）；灼热；斜面；红外辐射；发泡（膨胀）材料；逆康普顿散射；潜热；透镜；环路（旁通）热管；磁致弹性效应；磁致伸缩；机械蓄能器；机械力；亚稳态；核裂变；珀尔帖效应；摆；相变；磷光；光致发光；光合作用；光伏效应；压电磁性；等离子体；伪斯特林循环；轮；热解；辐射；放射性衰变；反应（物理）；氧化还原反应；还原；聚能装药；太阳能；电磁阀；溶解（溶剂化）；弹簧；斯特林循环；斯托克布里奇阻尼器；保温；热辐射；热离子能量转换；热（分）解；潮汐发电；扭矩振荡器；扭转弹簧；调谐质量阻尼器；涡轮机；湍流；黏滞阻尼；Voitenko压缩机；水轮机；波浪发电；滚轮；轮轴；威德曼效应；风力
7. Flow 改变流量205项	研磨；吸收作用（物理）；附加质量；翼型；两亲化合物；阿米德螺旋；阿基米德原理（浮力）；巴色特力；伯努利效应；宾汉姆塑料；边界层；边界层抽吸；布朗原动机；刷子；毛细作用；毛细冷凝；毛细多孔材料；离心力；离心机；色谱法；凝血；咖啡环效应；梳子；压缩；对流；波纹；库埃特流；结晶；减压；爆燃；胀流性；排量；涡流；埃克曼层；电场；电渗；电渗泵；电流体动力推进器；电水动力学；电磁铁；电磁感应；机电薄膜；电渗泵；电永磁；电流变效应；静电流体加速器；静电场；电粘滞效应；电致润湿；夹带；熵爆炸；蒸发；爆炸；风扇；磁流体；铁磁性；过滤器（物理）；散热片；絮凝；流动分离；液击；流体雾化；泡沫；箔（流体力学）；力；强制对流；自由对流；凝固；摩擦；漏斗；气体压缩机；凝胶；万有引力；重力对流（非热）；导引式转子压缩机；孔；水跃；液压缸；水力空化；

附录3 操作物质属性参数实现功能的效应知识库

（续）

属性参数	效应
7. Flow 改变流量 205 项	疏水性；冲击力；叶轮；喷射器；离子斥力/引力；离子风；电离；喷射流；卡门涡街；凯伊效应；凯尔文-亥姆霍兹不稳定性；薄片；层流；莱顿-弗罗斯特效应；杠杆；直线电机；伦敦色散力；洛仑兹力；荷叶效应；磁场；磁性；磁流体效应；磁致变液；马朗格尼效应；机械力；机械致热效应；熔化；泡沫金属；亚稳态；微机电系统；微球体；米斯奈-沙尔丁效应；混合对流；蒙脱石；纳米复合材料；纳米泡沫；纳米多孔材料；绒毛；非牛顿流体；核裂变；成核现象；斜冲击波；昂内斯效应；光电液压效应；（液体）渗透；渗透压；降落伞；蠕动；蠕动泵；（固体）渗透；调相；光泳；物理控制；帕莱特奥-瑞利不稳定性；泊松效应；孔隙率；势阱；沉淀；压力梯度；压力增加；加压；泵；净化；辐射压力；瑞利-贝纳德对流；瑞利-泰勒不稳定性；反作用（物理）；复冰现象；网状泡沫；反向扩散；反向渗透；流变性；瑞克迈耶-梅什科夫不稳定性；火箭；辊；罗林薄膜；螺纹；沉降；森纳涡轮机机；半透膜；Senftleben-Beenakker效应；摇动；剪切增稠；剪切稀化；冲击波；溶胶；海绵；搅拌；斯托克斯漂移；升华；吸入；超临界流体；超流体性；超亲水性；表面张力；表面活性剂；悬浊液；虹吸管；温度梯度；特斯拉涡轮机；特斯拉瓣膜导管；热毛细对流；热磁电机；热磁对流；热机械效应；热虹吸管；触变性；托马斯效应；潮汐发电；水风筒；涡流机；湍流；超声波毛细管效应；真空；阀门；范德瓦尔斯力；文丘里效应；振动；Voitenko压缩机；涡流发生器；水轮机；失重；润湿；风；风力发电
8. Force 改变力 145 项	声学；汽转球；机翼形（轴流式叶片）；角动量守恒；拱；阿基米德的原理（浮力）；细胞增大的材料；细胞增大的结构；细胞增大的空隙；双金属片；滑轮（车）组；边界层；边界层抽吸；刷；凸轮；电容；离心力；压缩；反（逆）压电效应；科里奥利力；库仑阻尼；库仑定律；曲轴；恒定宽度的曲线；阻尼；德-拉伐尔喷嘴；形变；三角接地效应；引爆；抗磁性；阻力；偏心装置；涡流阻尼；涡流；弹性恢复；弹性；驻极体；电场；电动轴承；电水动力学；电磁铁；电磁感应；机电薄膜；电渗泵；电流变效应；静电感应；电致伸缩；椭圆形；熵爆炸；行星齿轮装置；棘轮（擒纵装置）；爆炸；爆炸透镜；铁磁流体；铁磁性；鳍状物；流体锤；飞轮；箔（流体力学）；力；检流计；齿轮；引力；陀螺仪；哈尔巴赫阵列；热力发动机；胡克定律；液压机；过氧化氢；冲击力；斜面；惯性；离子风；电离；喷射；约翰逊-拉')hack效应；杠杆；起重爪；洛仑兹力；磁性形状记忆；磁致弹性效应；磁流体效应；磁致变流体；磁致伸缩；磁致容积效应；马格努斯效应；机械优势；机械力；迈纳斯体；负热膨胀；渗透；降落伞；帕斯卡尔定律；摆；压电效应；压磁性；压降；压力增加；伪斯特林循环；滑轮；泵；反应（物理）；反作用轮；火箭；辊；橡胶带热力学；螺纹；形状记忆合金；形状记忆聚合物；聚能装药；冲击波；电磁阀；西班牙卷扬机；弹簧；斯图尔特平台；斯特林循环；斯托克布里奇阻尼器；应力松弛；太阳和行星齿轮装置；超润滑性；恒定宽度的表面；斜盘式；张力；特斯拉涡轮机；热收缩；热膨胀；热冲击；热磁电机；扭矩；扭矩弹簧；调谐质量阻尼器；湍流；传动（速度）比；维拉利效应；黏弹性；黏性阻尼；Voitenko压缩机；涡流发生器；楔；滚轮；轮轴；威德曼效应；风力；雅可夫斯基效应
9. Frequency 改变频率 23 项	凸轮；康普顿散射；偏心装置；电光效应；过滤器（电子式）；荧光；齿轮；引力红移；外差；热巧克力效果；逆康普顿散射；莫尔效应；Oloid曲面；摆；光声多普勒效应；鲁洛三角形；螺纹；扭曲双锥；斯图尔特平台；频闪效应；表面声波；斜盘；特雷门

（续）

属性参数	效应
10. Friction 改变摩擦 90 项	胶粘剂；休止角；消泡剂；阻泡剂；球（滚珠）；滚珠轴承；边界层；边界层吸刷；毛细管冷凝；离心力；涂层；复合材料；冷凝；波纹；库爱特气（液）流；结晶；恒定宽度的曲线；氰基丙烯酸酯；沉积（物理）；抗磁性；类金刚石结构碳；膨胀（膨化）；阻力；涡流；驻极体；电沉积；电动轴承；电磁感应；电镀；电流变效应；静电沉积；电致所示；电黏滞效应；爆炸焊接；铁磁流体；铁磁性；流化；馏分（分形）形式；冷冻；摩擦；摩擦焊接；壁虎脚趾鬃阵列；万向节；沟；亲水；结（节）；滚花；层流；莱顿弗罗斯特效应；起重爪；伦敦分散力；润滑；迈斯纳体；熔化；纳米复合材料；绒毛；氧化；降落伞；物理气相沉积；物理吸附；等离子喷涂；聚四氟乙烯（PTFE）；孔隙度；滑轮；棘轮；共振；触变性；螺纹；球状体（球面）；静摩擦；超空穴；超润滑性；恒定宽度的表面；表面张力；悬挂（悬浮）；张力；薄膜；湍流；真空等离子喷涂；范德瓦尔斯力；维可牢尼龙搭扣；振动；涡流发生器；步行；失重；焊接；润湿；滚轮；翼地效应
11. Hardness 改变硬度 61 项	退火；阳极氧化；消泡剂；包辛格效应；宾汉姆塑料；碳氮共渗；渗碳；硬化；阴极电弧沉积；泡沫陶瓷；凝固（冻结）（凝聚）；涂层；冷成形；胶体；复合材料；压缩；低温；结晶；形变；密度梯度；类金刚石结构碳；膨化（膨胀）；弹性；电沉积；电镀；电流变效应；铁磁流体；流化；凝胶；晶界强化；热处理；孔；水合作用；发泡（膨胀）材料；离子注入；层压；激光喷丸；熔化；泡沫金属；矿物的孔隙率；氮化；非牛顿流体；相变；物理抑制；孔隙度；沉淀硬化；网状泡沫；触变性；辊；剪切增强；剪切变弱；冲击硬化；喷丸硬化；溶胶；固溶体强化；溶解（溶剂化）；悬挂（悬浮）；薄膜；触变性；黏弹性；玻璃化
12. Heat Conduction 改变热传导 45 项	消融；吸附；平流；曝气；气溶胶；引气剂（加气剂）；布朗运动；泡沫；毛细作用；毛细管多孔材料；泡沫陶瓷；复合材料；对流；波纹；电沉积；电镀；吸热反应；风扇；流化；泡沫塑料；强制对流；自然对流；气体压缩机；槽；热管；孔；发泡（膨胀）材料；薄片（瓣）；莱顿弗罗斯特效应；环路热管；马吉里吉-勒杜克效应；磁制冷；泡沫金属；混合对流；渗透；等离子体；孔隙率；脉冲管制冷机；网状泡沫；第二声；分割；Senftleben-Beenakker 效应；悬挂（悬浮）；保温；湍流
13. Homogeneity 改变均匀度 52 项	吸附；平流；曝气；粘结剂；边界层；布拉格衍射；巴西果效应；布朗运动；泡沫；色谱法；胶体；复合材料；对流；电晕放电；衍射；衍射光栅；膨化（膨胀）；蒸馏；电解；电泳；电泳沉积；电镀；电流变效应；发酵；过滤器（物理）；絮凝；流化；分馏；冻结；凝胶；热处理；孔；干扰；液-液萃取；分子筛；渗透；孔隙度；降水；变压吸附；沉降（沉淀）；定位（稳定）；摇动（振荡）；溶胶；溶解（溶剂化）；吸附；搅拌；超临界流体萃取；悬挂（悬浮）；温度梯度；湍流；两相流；玻璃化
14. Humidity 改变湿度 35 项	吸收（物理）；活性氧化铝；吸附；平流；曝气；沸腾；Bong 冷却器；毛细管冷凝；毛细管蒸发；燃烧；压缩；冷凝；传导（电）；对流；冷却；潮解；沉积（物理）；减压；干燥剂材料；风化；蒸发；放热反应；风扇；流体喷雾；加热；水凝胶；纳米多孔材料；渗透；孔隙率；半透膜；溶解（溶剂化）；喷射（喷涂）；超临界干燥；超声波振动；沸石
15. Length 改变长度 77 项	磨损；细胞增大的材料；细胞增大的结构；细胞增大的空隙；宾汉姆塑料；凸轮；压缩；传导（电）；反压电效应；冷却；蠕变；形变；沉积（物理）；介质加热；偏心装置；弹性恢复；弹性；电沉积；电磁铁；电泳沉积；电镀；电致伸缩；椭圆形；腐蚀（侵蚀）；放热反应；爆炸焊接；挤压；铁磁流体；流化；折叠；力；馏分（分形）形式；冻结；加热；螺旋；铰；胡克定律；双曲面；发泡（膨胀）材料；结；长度收缩；杠杆；磁性形状记忆；磁致弹性效应；磁致伸缩；熔化；莫比乌斯带；嵌套；折纸；光塑性效应；压电效应；压磁；塑性；泊松效应；伪弹性变形；滑轮；刚性折纸；辊；橡胶带热力学；螺纹；分割；形状记忆合金；形状记忆聚合物；剪切应力；溶解（溶剂化）；西班牙卷扬机；弹簧；斯图尔特平台；升华；超塑性；斜盘；张力；热收缩；热膨胀；黏弹性；磨损；风化

附录3　操作物质属性参数实现功能的效应知识库

（续）

属性参数	效应
16. Magnetic Properties 改变磁化率 32 项	巴涅特效应；毕奥-萨伐尔特效应；复合材料；传导（电）；居里点（磁性）；形变；三角接地效应；抗磁性；涡流；电沉积；电磁感应；铁磁流体；铁磁性；Garshelis 效应；哈尔巴赫阵列；孔；霍普金森效应；冲击力；逆法拉第效应；磁滞；磁河；磁致弹性效应；长冈本田效应；纳米复合材料；奈尔温度；压电磁性；脉冲磁体；电磁阀；超导性；超抗磁性；悬挂（悬浮）；维拉里效应
17. Orientation 改变方向 91 项	平流；汽转球；角动量守恒；滚珠（球）；凸轮；猫正位反射；对流；反压电效应；曲轴；克鲁克斯辐射计；恒定宽度的曲线；形变；密度梯度；阻力；偏心装置；涡轮；弹性恢复；弹性；电场；电磁铁；电磁感应；静电学；电致伸缩；椭圆；行星齿轮装置；棘轮（擒纵装置）；铁磁流体；鳍状物；流化；飞轮；折叠；自由表面效应；电流（检流）计；齿轮；万向节；陀螺仪；热力发动机；螺旋；铰链；惯量；喷射；杠杆；磁性形状记忆；磁弹性效应；磁流体效应；磁致伸缩；马格努斯效应；机械力；迈斯纳体；莫比乌斯带；Oloid 曲面；折纸；降落伞；摆；压电效应；压电磁性；旋进；棱镜；滑轮；齿条和齿轮；辐射压力；棘轮；反应（物理）；反作用轮；鲁洛三角形；膛线（来复线）；刚性折纸；辊；螺纹；Segner 涡轮；形状记忆合金；形状记忆聚合物；剪切应力；电磁阀；扭曲双锥；球状体；斯图尔特平台；黏滑现象；太阳和行星齿轮；恒定宽度的表面；斜盘；扭矩；扭矩振荡器；扭矩弹簧；涡轮机；湍流；步行；楔；滚轮；轮轴；威德曼效应
18. Polarisation 改变偏振率 17 项	双折射；布儒斯特角；涂层；复合材料；结晶；介电常数；法拉第效应；过滤器（电子式）；过滤器（光）；液晶；磁圆二色性；光致弹性；棱镜；反射；薄膜；福格特效应；波导（光学）
19. Porosity 改变孔隙率 147 项	吸收（物理）；声空化；声润滑；胶粘剂；吸附；曝气；好氧消化；厌氧消化；阳极氧化；消泡剂；细胞增大的材料；细胞增大的结构；细胞增大的空隙；粘结剂；边界层；巴西果效应；泡沫；毛细作用；毛细冷凝；毛细管蒸发；毛细多孔材料；空化（气穴）；泡沫陶瓷；化学粘结；化学品运输反应；化学吸附；凝固（冻结）；涂层；凝聚力（粘合力）；胶状体；复合材料；压缩；冷凝；对流；反压电效应；共沉淀；蠕变；缝隙腐蚀；结晶；分解（生物）；形变；沉积（物理）；干燥（干化）；解吸；扩散；扩散阻挡层；阻力；弹性；电渗透；电渗流；电沉积；电水动力学；机电薄膜；电泳；电泳沉积；电镀；电流变效应；静电沉积；电致伸缩；电黏滞效应；电润湿；咖啡克雷马效应；蒸发；疲劳；过滤器（物理）；絮凝；流体分离；流化；泡沫塑料；强迫对流；馏分（分形）形式；自由对流；冷冻铸造；冻结；摩擦；凝胶；几何；引力；重力力对流（非热）；孔；均衡的热冲压；水力空化（气蚀）；憎水；层流；层压；液膜；磁流体效应；磁致变流体；磁致伸缩；泡沫金属；微机电系统；微球；矿物水和化；混合对流；分子筛；纳米复合材料；纳米材料；负热膨胀性；非牛顿流体；核化；光电液压效应；渗透压；降落伞；聚对二甲苯；渗透；渗透汽化；相变；物理气相沉积；压磁性；等离子体增强化学气相沉积；等离子喷涂；孔隙度；沉淀；压力增加；净化；网状泡沫；触变性；沉降（沉淀）；分割；半透膜；定位（稳定）；剪切增强；剪切变弱；冲击力；烧结；溶胶；吸附；旋转涂层；超临界流体；超亲水性；表面张力；表面活化性；张力；特斯拉瓣膜管道；热收缩；热膨胀；薄膜；触变；湍流；两相流；超声波毛细效应；超声波振动；真空；真空等离子喷涂；阀门；玻璃化；润湿

（续）

属性参数	效应
20. Position 改变位置 106 项	声润滑；平流；消泡剂；阿基米德螺旋；球（滚珠）；巴西果效应；沫；凸轮；对流；反压电效应；科里奥利力；恒定宽度的曲线；爆燃；抗磁性；偏心装置；涡流；弹性恢复；驻极体；电场；电水动力推进器；电磁铁；电磁感应；电泳；静电学；电致伸缩；椭圆形；熵爆炸；爆炸；铁磁流体；流化；飞轮；力；漏斗；检流计；齿轮；重力对流（非热）；谐波振动器；热力发动机；铰链；冲击力；斜面；喷射器；发泡（膨胀）材料；喷射；约翰逊-拉її克效应；卡门涡流街；直线电机；磁悬浮；磁河；磁性形状记忆；磁性；磁致弹性效应；磁流体效应；磁致伸缩；马格努斯效应；机械力；迈斯纳体；负热膨胀；嵌套；折纸；摆；蠕动；压电效应；压磁；等离子体；旋进；压力梯度；伪斯特林循环；泵；辐射压力；棘轮；反应（物理）；反作用轮；鲁洛三角形；刚性折纸；火箭；辊；橡胶带热力学；螺纹；沉淀；形状记忆合金；形状记忆聚合物；冲击波；电磁阀；溶解（溶剂化）；球状体；弹簧；静摩擦；斯图尔特平台；黏滑现象；斯特林循环；斯托克斯漂移；太阳和行星齿轮装置；恒定宽度的表面；斜盘式；弯管（虹吸管）；热磁电机；扭矩振荡器；振动；步行；楔；失重；滚轮；威德曼效应；翼地效应；雅可夫斯基效应
21. Power 改变功率 34 项	绝热加热；集中光伏；曲轴；爆燃；电子束；电流变效应；静电放电；爆炸；飞轮；聚焦；热力发动机；电感应器；约翰逊-拉її克效应；卡里纳循环周期；磁流体效应；磁致变流体；机械蓄能器；摆；光电效应；光伏效应；泵；热电效应；热解；继电器；集肤效应；太阳能；热离子能量转换；热电偶；热（分）解；Voitenko 压缩机；波导管；波导（光学）；轮轴；韦根效应
22. Pressure 改变压强 153 项	声空化；声学；汽转球；机翼；拱；细胞增大的材料；细胞增大的结构；细胞增大的空隙；伯努利效应；沸腾；边界层；边界层抽吸；波义耳定律；毛细管冷凝；毛细管蒸发；毛细管压力；表面张力波效应；空化（汽蚀）；离心机；燃烧；压缩；冷凝；传导（电）；圆锥形毛细管效应；反压电效应；冷却；德·拉瓦尔喷嘴；分解（生物）；爆燃；形变；三角接地效应；沉积（物理）；减压；钻石砧细胞；介电加热；膨胀（膨化）；弹性恢复；弹性；驻极体；电水动力学；机电薄膜；电子束；电渗泵；电致伸缩；椭圆形；熵爆炸；蒸发；放热反应；爆炸；爆炸透镜；风扇；发酵；铁磁性；鳍状物；液锤；对焦；箔（流体力学）；力；漏斗；气体压缩机；齿轮；地面效应；引导转子式压缩机；热力发动机；加热；胡克定律；液压机；液压活塞；水力空化；过氧化氢；冲击力；叶轮；惯性；喷射器；离子风；喷射；射流冲蚀；卡门涡流街；杠杆；起重爪；洛仑兹力；磁性形状记忆合金；磁致弹性效应；磁致伸缩；马格努斯效应；机械优势；Misznay-沙尔丁效应；蒙脱石；负热膨胀；核裂变；光电-液压效应；渗透；渗透压；降落伞；帕斯卡定律；蠕动；蠕动泵；渗透；相变；压电效应；压磁效应；泊松效应；孔隙度；压降；压力梯度；压力增加；增压；伪斯特林循环；泵；稀疏；反应（物理）；氧化还原反应；还原；常量声波合成共振；混响；火箭；辊；橡胶带热力学；螺纹；半透膜；形状记忆合金；形状记忆聚合物；聚能装药；电磁阀；声化学；西班牙卷扬机；弹簧；斯图尔特平台；斯特林循环；应力松弛；升华；太阳和行星齿轮装置；超临界流体；斜盘；弯管（虹吸管）；温度梯度；张力；特斯拉涡轮机；热收缩；热膨胀；热声学；扭矩；扭矩弹簧；喇叭形风管；阀门；蒸气压；文丘里效应；黏弹性；Voitenko 压缩机；涡流发生器；威德曼效应；风力；翼地效应

附录 3　操作物质属性参数实现功能的效应知识库

（续）

属性参数	效　应
23. Purity 改变纯度 35 项	活性氧化铝；活性炭；泡沫陶瓷；色谱法；燃烧；冷凝；结晶；旋风分离；沉积（物理）；蒸馏；驻极体；电渗透；酶；发酵；絮凝；泡沫浮选；吸气（除气）；离子交换；离子注入；液膜；液-液萃取；泡沫金属；纳米多孔材料；渗透；氧化；物理吸附；氧化还原反应；还原；网状泡沫；反渗透；半透膜；溶解（溶剂化）；超临界流体萃取；真空蒸馏；沸石
24. Rigidity 改变刚度 74 项	阻泡剂；细胞增大的材料；细胞增大的结构；宾汉姆塑料；气泡；泡沫陶瓷；链；凝固（冻结）；冷成形；胶体；复合材料；压缩；传导（电）；冷却；波纹；结晶；形变；介电加热；膨胀（膨化）；弹性；电流变效应；放热反应；挤压；铁磁流体；铁磁性粉末；鳍状物；泡沫；折叠；菲涅尔透镜；凝胶；万向节；槽；热处理；加热；螺旋；铰；孔；水合物；加氢；结；层压；磁致变流体；泡沫金属；非牛顿流体；折纸；相变；光致塑性效应；孔隙度；沉淀硬化；压降；压力增加；网状泡沫；触变性；刚性折纸；辊；聚能装药；剪切增强；剪切变弱；烧结；溶胶；溶解（溶剂化）；弹簧；升华；超塑性；悬挂（悬浮）；张力空气梁；张拉；张力；触变性；尼龙搭扣；粘弹性；玻璃化；弱点；焊接
25. Shape 改变形状 106 项	3D 打印；消蚀；磨损；消泡剂；细胞增大的材料；细胞增大的结构；宾汉姆塑料；冷成形；压缩；反压电效应；波纹；蠕变；结晶；爆燃；形变；膨化（膨体）；弹性恢复；弹性；电场；制造电发射；电沉积；机电薄膜；电泳沉积；电镀；电流变效应；静电沉积；电致伸缩；电润湿；椭圆形；腐蚀（侵蚀）；爆炸；爆炸焊接；挤压；发酵；铁磁流体；铁磁性粉末；铁磁性；流化；泡沫塑料；折叠；力；馏分（分形）形式；槽；螺旋；铰；孔；胡克定律；液压机；憎水；双曲面；发泡（膨胀）材料；离子束；射流冲蚀；结；激光消融；长度收缩；杠杆；磁性形状记忆；磁致弹性效应；磁致变流体；磁致伸缩；磁致容积效应；记忆泡沫；负热膨胀；嵌套；折纸；降落伞；蠕动；相变；光致塑性效应；压电磁性；等离子喷涂；塑性；泊松效应；压降；压力增加；增压；伪弹性变形；反应（物理）；硬质折纸；辊；橡胶带热力学；分割；选择性激光烧结；形状记忆合金；形状记忆聚合物；聚能装药；剪切应力；电磁阀；溶解（溶剂化）；弹簧；溅射；升华；超塑性；表面张力；悬挂（悬浮）；张力；摩擦腐蚀；湍流；真空等离子喷涂；黏弹性；弱点；磨损；风化；威德曼效应；风力
26. Sound 改变声音 26 项	声学透镜；声学；气动声学；泡沫陶瓷；反压电效应；爆燃（爆震）；散射波；多普勒效应；回声波（反射波）；电声波振幅；聚焦；热巧克力效应；干扰；卡门涡流街；声子晶体；压电效应；共振；常量声波合成共振；混响；冲击波；黏滑现象；热声发动机；两相流；维可牢尼龙搭扣；振动；波导

（续）

属性参数	效 应
27. Speed 改变速度 81 项	角动量守恒；伯努利效应；凸轮；感应线圈枪；动量守恒；科里奥利力；库仑阻尼；曲轴；恒定宽度的曲线；阻尼；德-拉瓦尔喷嘴；阻力；偏心装置；涡流阻尼；埃克曼层；电水动力（直流电场）推进器；电水动力学；电磁铁；电黏滞效应；爆炸；风扇；铁磁性；流体分离；飞轮；力；自由落体；摩擦；漏斗；齿轮；引力；谐波振动器；热力发动机；冲击力；叶轮；惯性；喷射器；离子风；喷射；层流；直线电机；磁悬浮；磁河；磁性；磁流体效应；马格努斯效应；机械蓄能器；机械力；迈纳斯体；降落伞；摆；等离子体；压力梯度；滑轮；齿条和齿轮装置；辐射压力；导轨枪；反应（物理）；触变性；火箭；辊；螺纹；弹簧；黏滑现象；斯托克布里奇阻尼器；斯托克斯漂移；频闪效应；太阳和行星齿轮装置；超空穴；恒定宽度的表面；极限速度；调谐质量阻尼器；阀门；传动比；文丘里效应；黏滞阻尼；步行；磨损；滚轮；轮轴；风力；翼地效应
28. Strength 改变强度 60 项	退火；阳极氧化；拱；自紧；细胞增大的材料；包辛格效应；粘结（粘合）剂；宾汉姆塑料；渗碳（硬化、布氏硬度试验）；巴克纸；表面硬化；泡沫陶瓷；凝固（冻结）；冷成形；复合材料；压缩；冷却；波纹；结晶；氰基丙烯酸酯；形变；介电加热；弹性恢复；爆炸；爆炸焊接；疲劳；流化；折叠；断裂力学；富勒烯；晶（粒）界强化；热处理；加热；孔；结；层压；磁致变流体；熔化；泡沫金属；矿物水合化；嵌套；折纸；相变；物理抑制；等离子喷涂；孔隙度；沉淀硬化；网状泡沫；刚性折纸；辊；冲击硬化；喷丸硬化；烧结；固溶体强化；张力；热冲击；真空等离子喷涂；玻璃化；磨损；焊接
29. Surface Area 改变表面积 55 项	活性氧化铝；活性炭；气溶胶；消泡剂；球（滚珠）；气泡；毛细蒸发；表面张力波效应；泡沫陶瓷；冷成形；复合材料；冷凝；圆锥形毛细管效应；反压电效应；波纹；弹性恢复；弹性；电沉积；静电沉积；电致；电润湿；蒸发；挤压；铁磁流体；鳍状物；流体喷雾；泡沫；折叠；馏分（分形）形式；槽；孔；憎水；发泡（膨胀）材料；滚花；薄片（瓣）；泡沫金属；莫比乌斯带；纳米多孔材料；绒毛；折纸；降落伞；孔隙度；压降；压力增加；网状泡沫；刚性折纸；辊；橡胶带热力学；分割；溶解（溶剂化）；球状体（球面）；表面张力；镶嵌；磨损；沸石
30. Surface Finish 改变表面粗糙度 111 项	消融；磨损；吸附；阳极氧化；电弧蒸发；包辛格效应；宾汉姆塑料；漂白；渗碳（硬化）；刷；泡沫；毛细管冷凝；表面张力波效应；碳氮共渗；渗碳；阴极电弧沉积；化学气相沉积；化学吸附；涂层；冷成形；梳状物；复合材料；冷凝；结晶；形变；沉积（物理）；类金刚石结构碳；扩散；弹性恢复；弹性；制造电放射；电沉积；电解；电子束；电子脉冲解吸；电泳沉积；电镀；静电沉积；电润湿；酶；外延；腐蚀（侵蚀）；ESAVD；咖啡克雷马效应；蒸发；挤压；疲劳；发酵；铁磁流体；铁磁性粉末；铁磁性；流体喷射；流化；泡沫塑料；折叠；馏分（分形）形式；冻结；摩擦；槽；热处理；孔；离子束；离子注入；喷射；射流冲蚀；滚花；层压；激光消融；激光喷丸；磁致变流体；熔化；微球；分子筛；纳米复合材料；绒毛；氮化；非牛顿流体；折纸；氧化；光致氧化；物理抑制；物理气相沉积；物理吸附；等离子体；等离子增强化学气相沉积；等离子喷涂；聚四氟乙烯（PTFE）；孔隙度；脉冲激光沉积；触变性；辊；剪切增强；剪切变弱；喷丸硬化；烧结；溶解（溶剂化）；声化学；吸附；旋转涂层；溅射；超亲水性；表面声波；薄膜；触变性；摩擦腐蚀；超声波振动；真空等离子喷涂；玻璃化；磨损；风化；润湿

附录 3 操作物质属性参数实现功能的效应知识库

（续）

属性参数	效 应
31. Temperature 改变温度 125 项	消融；吸收（电磁辐射）；绝热冷却；绝热加热；平流式；曝气；好氧消化；电子雪崩击穿；毛细管蒸发；泡沫陶瓷；燃烧；复合；压缩；传导（电）；传导（热）；对流；冷却；起波纹；德-拉瓦尔喷嘴；分解（生物）；爆燃；介电加热；杜福尔效应；涡流；电弧；电阻；电致变色；电解；电磁感应；电子束；静电放电；吸热反应；厄廷好森效应；蒸发；蒸发式冷却器；放热反应；爆炸；爆炸透镜；风扇；发酵；过滤器（光学）；鳍状物；流化；荧光；对焦；强制对流；自由对流；冻结；菲涅尔透镜；摩擦；气体压缩机；热力发动机；换热器；热管；散热器；加热；水合物；液体跳转（突变）；过氧化氢；炽热；感应加热；红外辐射；发泡（膨胀）材料；焦耳伦茨效应；焦耳-汤姆逊效应；潜热；透镜；光；发光二极管；环路（旁通）热管；磁制冷；磁致热效应；磁致弹性效应；磁致伸缩；机械致热效应；熔化；微波辐射；混合对流；核裂变；珀尔帖效应；相变；等离子体；孔隙度；压力降；压力增加；伪斯特林循环；脉冲管制冷机；泵；热解；辐射；兰克-赫尔胥效应；雷利-本奈尔对流；氧化还原反应；还原；反射；网状泡沫；里吉-勒杜古效应；橡皮带热力学；第二声；塞贝克效应；聚能装药；西门子循环周期；太阳能；溶解（溶剂化）；声化学；声致发光；喷射；斯特林循环；升华；超级黑；温度梯度；热霍尔效应；热离子能量转换；热声发动机；热声学；热电偶；热（分）解；热磁对流；热虹吸；汤姆逊效应；蒸腾；湍流；威德曼效应；风冷；沸石
32. Time 改变时间 1 项	时间延长（扩展）
33. Translucency 改变透明度 90 项	吸收型过滤器；曝气；气溶胶；各向异性；细胞增大的空隙；双折射；布拉格衍射；布里渊散射；刷；泡沫；阴极电弧沉积；化学气相沉积；胆甾相液晶；克里斯坦森效应；涂层；胶体；胶体晶体；梳状物；复合材料；共沉淀；克顿-莫顿效应；乳状液；结晶；沉积（物理）；二向色滤光片；介质体反光镜；衍射；衍射光栅；散射；蒸馏；电光效应；电沉积；静电沉积；乳胶；发酵；过滤器（光学）；絮凝；泡沫塑料；弗朗茨·凯尔迪什效应；冻结；菲涅耳透镜；几何；孔；干扰；克尔效应；透镜；液晶；Lyot 滤光器；融化；微机电系统；微乳液；莫尔效应；纳米复合材料；嵌套；光纤；茴香效应；相变；声子晶体；光致变色；光子筛；光子晶体；物理气相沉积；泡克耳斯效应；泊松效应；沉淀；压力增加；棱镜；净化；稀薄（稀疏）；反射；折射；散射；定位（稳定）；冲击波；溶胶；空间滤波器；旋转涂层；升华；悬挂（悬浮）；热致变色涂料；热致变色；薄膜；全内反射；丁达尔效应；真空；玻璃化冷冻；波导；波导（光学）；X 射线；波带板
34. Viscosity 改变黏度 52 项	声空化；曝气；两重性；宾汉姆塑料；边界层；泡沫；汽蚀（气穴）；凝固（冻结）；胶体；压缩；冷凝；传导（电）；冷却；结晶；介电加热；膨（膨胀）；电流变效应；电黏滞效应；乳化液；放热反应；铁磁流体；流化；泡沫塑料；凝胶；加热；水力空化（气蚀）；加氢；磁流变流体；微乳液；微球；蒙脱石；非牛顿流体；相变；压降；压力增加；触变性；Senftleben-Beenakker 效应；聚能装药；剪切增强；剪切变弱；溶胶；超空穴；超临界流体；超流性；悬挂（悬浮）；触变性；托马斯效应；湍流；两相流；超声波；振动；黏弹性

（续）

属性参数	效　　应
35. Volume 改变体积 73 项	阻泡剂；细胞增大的材料；细胞增大的结构；细胞增大的空隙；沸腾；波义耳定律；泡沫；毛细管冷凝；毛细管蒸发；泡沫陶瓷；燃烧；复合材料；压缩；冷凝；传导（电）；冷却；沉积（物理）；减压；爆燃（爆震）；介电加热；扩散；电沉积；椭圆形；熵爆炸；腐蚀（侵蚀）；蒸发；放热反应；爆炸；发酵；流化；泡沫塑料；力；菲涅尔透镜；气体压缩机；加热；孔；双曲面；发泡（膨胀）材料；磁性形状记忆；磁光效应；磁致弹性效应；磁致容积效应；迈斯纳体；熔化；泡沫金属；蒙脱石；负热膨胀；嵌套；折纸；相变；孔隙度；压降；压力增加；增压；泵；稀薄（稀疏）；网状泡沫；螺纹；形状记忆合金；形状记忆聚合物；溶解（溶剂化）；球状体（球面）；斯特林循环；升华；超临界流体；悬挂（悬浮）；镶嵌；热收缩；热膨胀；喇叭形风管；Voitenko 压缩机；磨损；风化
36. Weight 改变重量 44 项	厌氧消化；拱；阿基米德原理（浮力）；滑轮组；毛细多孔材料；离心力；泡沫陶瓷；燃烧；复合材料；冷凝；对流；沉积（物理）；除湿（干燥剂）材料；干燥（干化）；涡流；电沉积；电磁感应；熵爆炸；腐蚀（侵蚀）；蒸发；爆炸；发酵；铁磁性；自由落体；冷冻铸造；菲涅尔透镜；孔；磁性；熔化；泡沫金属；降落伞；孔隙度；滑轮；氧化还原反应；还原；网状泡沫；溶解（溶剂化）；斯图尔特平台；升华；悬挂（悬浮）；磨损；风化；失重；翼地效应

子表 2——增加物质属性参数的效应表

属性参数	效　　应
1. Brightness 增加亮度 95 个	消融；吸收（电磁辐射）；声光效应；消泡剂；阻泡剂；氩气闪光；生物发光；布拉格衍射；布儒斯特角；阴极发光；化学发光；涂层；相干光；燃烧；传导（电）；回旋加速辐射；爆燃（爆震）；二向色滤光片；衍射；光栅；电弧；电光效应；电致化学发光；电致发光；电子束；电镀；静电放电；咖啡克雷马效应；爆炸；法布里-珀罗干涉仪；絮凝；荧光；对焦；断口发光；弗朗茨·凯尔迪什效应；菲涅尔衍射；菲涅尔透镜；石墨烯；引力透镜；加热；孔；炽热；感应加热；干扰；克尔效应；激光；透镜；光；发光二极管；液晶；发光；机械致发光；微球；莫尔效应；纳米复合材料；牛顿环；核裂变；光纤；有机发光二极管；磷光；光致变色；光致弹性；光致发光；光子筛；光子晶体；压致发光；等离子体；全光摄影；泡克尔斯效应；极化；辐射；放射性衰变；辐射发光；反射；折射；后向反射器；散射；闪烁；太阳能；声化学；声致发光；空间滤波器；硫微波灯；同步辐射加速器；热辐射；热致变色涂料；热致变色；热致发光；薄膜；全内反射；摩擦发光；氚；波导；波导（光学）；波带板
2. Colour 增加颜色 19 项	生物发光；阴极发光；化学发光；胶体晶体；二向色滤光片；多普勒效应；光电效应；电致化学发光；法布里-珀罗干涉仪；过滤器（光）；激光；液晶体；机械致发光；光子晶体；压致发光；全光摄影；热致变色；薄膜；全内反射
3. Concentration 增加浓度 22 项	泡沫；压缩；结晶；旋风分离；蒸馏；驻极体；电渗；电解；电泳；絮凝；流化；水凝胶；离子交换；液膜；液-液萃取；渗透；反向扩散；反向渗透；辊；定位；超临界流体萃取；过饱

附录3　操作物质属性参数实现功能的效应知识库

（续）

属性参数	效　　应
4. Density 增加密度 50 项	阻泡剂；细胞增大的材料；细胞增大的空隙；泡沫陶瓷；车仁奥效应；复合材料；压缩；冷凝；冷却；结晶；沉积（物理）；干燥剂材料；干燥（干化）；弹性恢复；电沉积；电解；风扇；絮凝；流化；力；冷冻；气体压缩机；均衡的热冲压；液压机；磁性形状记忆；磁弹性效应；磁致容积效应；泡沫金属；微乳液；负热膨胀；嵌套；渗透压；相变；孔隙度；压力增加；增压；泵；净化；网状泡沫；辊；沉淀；形状记忆合金；形状记忆聚合物；冲击波；超临界流体；悬挂（悬浮）；镶嵌；喇叭形风管；玻璃化；Voitenko 压缩机
5. Electrical Conductivity 增加电导率 66 项	防熔丝；电子雪崩击穿；巴克纸；毛细多孔材料；胶状体；复合材料；压缩；传导（电）；低温；结晶；德拜－法尔肯哈根效应；介电常数；掺杂物；接地；驻极体；电弧；电阻；电沉积；电解液；电子束；电镀；静电放电；快离子导体；过滤器（电子式）；絮凝；流化；泡沫；冻结铸造；富勒烯；凝胶；石墨烯；加热；离子注入；电离；约瑟夫森效应；润滑；磁阻；泡沫金属；潘宁效应；相变；光导；光伏效应；压阻效应；等离子；等离子喷涂；普尔·弗兰克尔效应；孔隙度；压力降；压力增加；净化；继电器；分割；溶胶；焊接；溶解（溶剂化）；喷涂；超导；超抗磁性；悬挂（悬浮）；热电子（离子）发射；热敏电阻；热电阻效应；汤森放电；真空等离子喷涂；焊接；润湿
6. Energy 增加能量 50 项	气动加热；气凝胶；电容；集中光伏；库仑定律；爆燃（爆震）；接地；电致氢解；电产甲烷；爆炸；爆炸透镜；法恩斯沃思赫希费瑟装置；发酵；聚焦；力；液压蓄能器；斜面；红外辐射；潜热；机械蓄能器；机械力；亚稳态；微生物燃料电池；纳米泡床状物；核裂变；摆；相变；磷光；光合作用；光伏效应；热解；放射性衰变；氧化还原反应；还原；共振；聚能装药（起电）；太阳能；电磁阀；溶解（溶剂化）；声化学；声致发光；热辐射；热离子能量转换；热分解；潮汐发电；涡轮机；Voitenko 压缩机；水轮机；波浪发电；风力发电
7. Flow 增加流量 154 项	研磨；吸收作用（物理）；附加质量；翼型；阿基米德螺旋；阿基米德原理（浮力）；巴色特力；伯努利效应；宾汉姆塑料；边界层；刷子；毛细作用；离心力；离心机；色谱法；凝血；咖啡环效应；梳子；对流；波纹；库埃特流；结晶；胀流性；涡流；埃克曼层；电场；电渗；电渗流；电流体动力推进器；电水动力学；电磁铁；电磁感应；机电薄膜；电渗泵；电永磁；电流变效应；静电流体加速器；静电场；电黏滞效应；电致润湿；爆炸；风扇；磁流体；铁磁性；过滤器（物理）；散热片；絮凝；流动分离；液击；流体雾化；泡沫；箔（流体力学）；力；强制对流；自由对流；凝固；摩擦；漏斗；凝胶；万有引力；重力对流（非热）；孔；水跃；液压缸；水力空化；疏水性；冲击力；叶轮；喷射器；离子斥力/引力；离子风；电离；喷射流；卡门涡街；薄片；直线电机；伦敦色散力；洛仑兹力；磁场；磁性；磁流体效应；磁致变液；机械力；泡沫金属；亚稳态；微机电系统；微球体；米斯奈－沙尔丁效应；混合对流；蒙脱石；纳米复合材料；纳米泡沫；纳米多孔材料；绒毛；非牛顿流体；成核现象；斜冲击波；光电液压效应；（液体）渗透；渗透压；降落伞；蠕动；蠕动泵；调相；光泳；物理控制；泊松效应；势阱；沉淀；压力梯度；压力增加；加压；泵；辐射压力；反作用（物理）；网状泡沫；反向扩散；反向渗透；流变性；火箭；螺纹；沉淀；半透膜；Senftleben-Beenakker 效应；剪切增稠；剪切稀化；冲击波；溶胶；海绵；斯托克斯漂移；吸入；超临界流体；过热；超亲水性；表面张力；悬浊液；温度梯度；特斯拉涡轮机；特斯拉瓣膜导管；触变性；托马斯效应；潮汐发电；水风筒；涡轮机；湍流；真空；阀门；范德瓦尔斯力；文丘里效应；水轮机；失重；润湿；风；风力发电

（续）

属性参数	效应
8. Force 增加力 134 项	声学；汽转球；机翼型；角动量守恒；拱状物；阿基米德原理（浮力）；细胞增大的材料；细胞增大的结构；细胞增大的空隙；双金属片；滑轮车；边界层；凸轮；卡西米尔效应；弹射效应；离心力；压缩；反压电效应；科里奥利力；库仑定律；曲轴；德-拉瓦尔喷嘴；爆燃；三角接地效应；爆燃（爆震）；抗磁性；阻力；偏心装置；涡流；弹性恢复；弹性；驻极体；电场；电水动力学；电磁铁；电磁感应；机电薄膜；电渗泵；电流变效应；静电感应；电致伸缩；椭圆形；熵爆炸；行星齿轮装置；棘轮（擒纵）装置；爆炸；爆炸透镜；铁磁流体；铁磁性；鳍状物；液锤；箔（流体力学）；力；齿轮；引力；陀螺仪；哈尔巴赫阵列；热引擎；胡克定律；液压机；过氧化氢；冲击力；斜面；惯性；离子风；电离；喷射；约翰逊-拉别克效应；杠杆；起重爪；洛仑兹力；磁河；磁性形状记忆；磁致弹性效应；磁致变流体；磁致伸缩；磁致容积效应；马格努斯效应；机械优势；机械力；蒙脱石；负热膨胀；渗透；帕斯卡尔定律；摆；压电效应；压磁；压降；压力增加；伪斯特林循环；轮；泵；反应（物理）；反应（反作用）轮；共振；火箭；辊；橡胶带热力学；螺纹；Segner 涡轮；形状记忆合金；形状记忆聚合物；聚能装药；冲击波；电磁阀；西班牙卷扬机；弹簧；斯图尔特平台；斯特林循环；太阳和行星齿轮装置；超润滑；斜盘式；张力；特斯拉涡轮机；热膨胀；热冲击；热磁电机；潮汐发电；扭矩；扭矩弹簧；摩擦电效应；湍流；传动比；维拉利效应；黏弹性；Voitenko 压缩机；波浪发电；楔；轮轴；威德曼效应；风力；风力发电；雅可夫斯基效应
9. Frequency 增加频率 20 项	凸轮；多普勒效应；偏心装置；过滤器（电子式）；荧光；齿轮；外差；热巧克力效果；逆康普顿散射；发光二极管；Oloid 曲面；摆；光声多普勒效应；共振；螺纹；扭曲双锥；斯图尔特平台；频闪效应；表面声波；特雷门
10. Friction 增加摩阻 71 项	胶粘剂；阻泡剂；边界层；毛细冷凝；卡西米尔效应；离心力；涂层；复合材料；压缩；冷凝；波纹；库爱特气（液）流；结晶；氰基丙烯酸盐酸酯；沉积（物理）；抗磁性；膨胀（膨化）；阻力；涡流；驻极体；电沉积；电磁感应；电镀；电流变效应；静电沉积；电致伸缩；电黏滞效应；爆燃焊接；铁磁流体；铁磁性；流化；馏分（分形）形式；冻结；摩擦；摩擦焊接；齿轮；壁虎脚猪鬃阵列；槽；哈尔巴赫阵列；勾；结（节）；滚花；杆；起重爪；伦敦分散力；机械紧固件；纳米维可牢搭链；纳米复合材料；绒毛；氧化；降落伞；物理气相沉积；孔隙度；棘轮；共振；触变性；膛线；螺纹；焊接；静摩擦；表面张力；悬挂（悬浮）；张力；薄膜；湍流；范德瓦尔斯力；维可牢尼龙搭扣；步行；楔形；焊接；润湿
11. Hardness 增加硬度 60 项	聚合钻石纳米棒；交变磁场；退火；阳极氧化；阻泡剂；包辛格效应；宾汉姆塑料；碳氮共渗；渗碳；表面硬化；阴极电弧沉积；泡沫陶瓷；凝固（冻结）；涂层；冷成形；胶体；复合材料；压缩；低温；结晶；形变；类金刚石结构碳；膨胀（膨化）；弹力；电沉积；电镀；电流变效应；流化；冷冻；凝胶；晶界强化；热处理；水合物；膨胀材料；离子注入；层压（叠合）；激光冲击强化；蓝丝黛尔石；泡沫金属；矿物水合化；纳米复合材料；氮化；非牛顿流体；相变；光致聚合；物理抑制；孔隙度；沉淀硬化；网状泡沫；触变性；辊；剪切增强；冲击硬化；喷丸硬化；溶胶；固溶体强化；悬挂（悬浮）；薄膜；黏弹性；玻璃化
12. Heat Conduction 增加热传导 44 项	消融；吸收（物理）；平流；曝气；气动加热；气溶胶；布朗运动；毛细作用；毛细多孔材料；泡沫陶瓷；复合材料；对流；波纹；电沉积；电镀；吸热反应；风扇；流体喷雾；流化；强制对流；自然对流；气体压缩机；槽；热管；散热器；孔；红外辐射；薄板；回路（旁通）热管；马吉里吉-勒克效应；磁制冷；泡沫金属；混合对流；渗透；等离子体；孔隙度；脉冲管制冷机；网状泡沫；第二声；分割；Senftleben-Beenakker 效应；超流动性；悬挂（悬浮）；湍流

附录3 操作物质属性参数实现功能的效应知识库

（续）

属性参数	效应
13. Homogeneity 增加均匀度40项	声空化；平流；曝气；粘合剂；布朗运动；泡沫；气蚀（穴）；胶体；复合材料；对流；爆燃；蒸馏；电解；电流变效应；爆炸；过滤器（物理）；絮凝；流化；分馏；冻结；凝胶；吸气（除气）；热处理；水力空化（气蚀）；液 - 液萃取；莫比乌斯带；渗透；净化；瑞雷利 - 泰勒不稳定性；氧化还原反应；还原；振动（振荡）；溶胶；溶解（溶剂化）；搅拌；超临界流体；超临界流体萃取；表面活化剂；悬挂（悬浮）；玻璃化
14. Humidity 增加湿度28项	消融；活性氧化铝；对流；通风；气溶胶；沸腾；Bong 冷却器；毛细管蒸发；燃烧；传导（电）；对流；减压；风化；蒸发；放热反应；流体喷雾；冷冻干燥；燃料电池；加热；水凝胶；纳米材料；渗透；孔隙度；溶剂化；喷雾；超声波振动；蒸气压；沸石
15. Length 增加长度65项	细胞增大的材料；细胞增大的结构；细胞增大的空隙；宾汉姆塑料；钎焊；凸轮；压缩；传导（电）；反压电效应；蠕变；形变；沉积（物理）；介电加热；偏心装置；弹性恢复；弹性；电沉积；电磁铁；电镀；电致伸缩；椭圆形；放热反应；爆炸焊接；挤压；铁磁流体；流化；折叠；力；馏分（分形）形式；冻结；加热；胡克定律；双曲面；膨胀材料；结；层压（叠合）；杠杆；磁性形状记忆；磁致弹性效应；磁致伸缩；莫比乌斯带；嵌套；折纸；光致塑性效应；压电效应；压磁；塑性；泊松效应；伪弹性变形；刚性折纸；辊；橡胶带热力学；螺旋体；形状记忆合金；形状记忆聚合物；剪切应力；弹簧；斯图尔特平台；超塑性；表面活化剂；斜盘式；拉伸（张力）；热收缩；热膨胀；黏弹性
16. Magnetic Properties 增加磁化率10项	复合材料；居里点（铁磁性）；铁磁流体；哈尔巴赫阵列；冲击力；磁河；压磁；脉冲磁体；电磁阀；悬挂
17. Orientation 增加方向1项	马格努斯效应
18. Polarisation 增加偏振率14项	布儒斯特角；涂层；复合材料；结晶；介电常数；法拉第效应；过滤器（电子式）；过滤器（光）；液晶；磁圆二色性；光致弹性；反射；薄膜；福格特效应
19. Porosity 增加孔隙度109项	3D打印；声空化；声润滑；活性氧化铝；曝气；好氧消化；气凝胶；厌氧消化；阻泡剂；细胞增大的材料；细胞增大的结构；粘合剂；巴西果效应；气泡；毛细作用；毛细冷凝；毛细管蒸发；毛细多孔材料；气蚀（空化）；泡沫陶瓷；化学品运输反应；涂层；胶体；复合材料；压缩；对流；反压电效应；蠕变；缝隙间腐蚀；分解（生物）；形变；干燥（干化）；解吸；扩散；弹性；电渗；电渗透流；电水动力学；机电薄膜；电泳；电流变效应；电致伸缩；电黏滞效应；电润湿；咖啡克雷马效应；蒸发；疲劳；过滤器（物理）；流化；泡沫；强制对流；馏分（分形）形式；自然对流；冷冻铸造；凝胶；几何；引力；重力对流（非热）；孔；层流；液膜；磁致体效应；磁致变流体；磁致伸缩；泡沫金属；微机电系统；微球；混合对流；分子筛；纳米复合材料；纳米泡沫状物；纳米材料；负热膨胀系数；非牛顿流体；光电液压效应；渗透；渗透汽化；相变；压磁；等离子喷涂；孔隙度；压力增加；泵；净化；网状泡沫；触变性；分割；半透膜；剪切变弱；冲击波；溶胶；超临界流体；超流动性；超亲水性；表面活化剂；拉伸（张力）；热收缩；热膨胀；触变性；两相流；超声波毛细效应；超声波；振动；真空；真空等离子喷涂；阀门；玻璃化；润湿；沸石
20. Position 增加位置1项	马格努斯效应

(续)

属性参数	效 应
21. Power 提高功率 52 项	绝热加热；交变磁场；β 电压；集中光伏；曲轴；爆燃；电致氢解；电产甲烷；电子束；电流变效应；静电放电；厄廷好森效应；爆炸；聚焦；霍尔效应；热引擎；电感器；约翰逊-拉别克效应；卡里纳循环；磁流体效应；磁致变流体；机械累能器；微生物燃料电池；能斯特效应；核裂变；摆；光电效应；光致电离；光伏效应；压电效应；泵；热电效应；热解；继电器；共振；塞贝克效应；太阳能；热电子（离子）发射；热离子能量转换；热电偶；热分解；潮汐发电；汤森放电；摩擦电效应；Voitenko 压缩机；波浪发电；波导；波导（光学）；车轮和车轴；韦根效应；风；风力发电
22. Pressure 增加压强 143 项	吸收（物理）；声学；汽转球；机翼形；拱状物；细胞增大的材料；细胞增大的结构；物体增大的空隙；伯努利效应；沸腾；边界层；边界层抽吸；波义尔定律；毛细管蒸发；毛细压力；表面张力波效应；燃烧；压缩；传导（电）；圆锥形毛细管效应；反压电效应；分解（生物）；爆燃；形变；三角接地效应；爆燃（爆震）；钻石砧蓄电池；介电加热；膨化；弹性恢复；弹性；驻极体；电水动力学；机电薄膜；电渗泵；电致伸缩；椭圆形；熵爆炸；蒸发；放热反应；爆炸；爆炸透镜；风扇；发酵；铁磁性；液锤；对焦；箔（流体力学）；力；漏斗；气体压缩机；齿轮；引力；地面效应；引导变转子压缩机；热引擎；加热；胡克定律；液压机；液压活塞（夯锤）；过氧化氢；冲击力；叶轮；惯性；喷射器；离子风；喷射；射流冲蚀；杠杆；起重爪；洛仑兹力；磁性形状记忆合金；磁致弹性效应；磁致伸缩；马格努斯效应；机械优势；Misznay-沙尔丁效应；蒙脱石；负热膨胀；核裂变；斜冲击波；光电液压效应；渗透；渗透压力；降落伞；帕斯卡定律；蠕动；蠕动泵；相变；压电效应；压磁；泊松效应；压力梯度；压力增加；增压；伪斯特林循环（周期）；脉冲磁体；泵；反应（物理）；氧化还原反应；还原；谐振（共振）；常量声波共振器；火箭；辊；橡胶带热力学；螺纹；形状记忆合金；形状记忆聚合物；聚能装药；冲击波；电磁阀；声化学；吸附；西班牙卷扬机；弹簧；斯图尔特平台；斯特林循环；升华；太阳和行星齿轮装置；超临界流体；表面张力；斜盘；弯管（虹吸管）；温度梯度；张力；特斯拉涡轮机；热收缩；热膨胀；热声学；热虹吸；扭矩；扭矩弹簧；喇叭形风管；阀门；蒸气压；文丘里效应；黏弹性；Voitenko 压缩机；涡流发生器；威德曼效应；风力；翼地效应
23. Purity 增加纯度 40 项	活性氧化铝；活性炭；泡沫陶瓷；化学品运输反应；色谱法；燃烧；冷凝；共沉淀；结晶；旋风分离；沉积（物理）；蒸馏；驻极体；电渗；酶；发酵；絮凝；分馏；泡沫浮选；吸气（除气）；离子交换；液膜；液-液萃取；泡沫金属；纳米材料；渗透；氧化；渗透蒸发（汽化）；相变；净化；氧化还原反应；还原；网状泡沫；反向渗透；半透膜；溶解（溶剂化）；超临界流体萃取；真空；真空蒸馏；沸石
24. Rigidity 增加刚度 62 项	阻泡剂；细胞增大的材料；细胞增大的结构；宾汉姆塑料；气泡；泡沫陶瓷；链；密闭包装；凝固（冻结）（凝聚）；冷成形；胶体；复合材料；压缩；冷却；波纹；结晶；膨胀（膨化）；弹力；电流变效应；挤压；铁磁流体；铁磁性粉末；鳍片物；泡沫；折叠；冷冻；凝胶；热处理；螺旋；孔；水合物；加氢；结；层压；磁流变流体；泡沫金属；纳米复合材料；非牛顿流体；折纸；相变；光致塑性效应；光致聚合；孔隙度；沉淀硬化；压力增加；增压；网状泡沫；触变性；刚性折纸；聚能装药；剪切增强；烧结；溶胶；悬挂（悬浮）；张力空气梁；张拉；张力；触变性；维可牢尼龙搭扣；黏弹性；玻璃化；焊接
25. Shape 增加形状 5 项	阻泡剂；铁磁流体；胡克定律；聚能装药；溶解（溶剂化）
26. Sound 增加声音 22 项	声学透镜；声学；气动声学；反压电效应；爆燃（爆震）；驻极体；电声波幅；聚焦；谐波振荡器；干涉；卡门涡流街；光电液压效应；声子晶体；压电效应；谐振；常量声波合成共振；冲击波；黏滑现象；热声发动机；维可牢尼龙搭扣；振动；波导

附录3　操作物质属性参数实现功能的效应知识库

（续）

属性参数	效　应
27. Speed 增加速度65项	声润滑；角动量守恒；伯努利效应；凸轮；感应线圈枪；动量守恒；科利奥利力；曲轴；恒定宽度的曲线；德-拉瓦尔喷嘴；偏心装置；水力动力推进器；水力动力学；电磁铁；电黏滞效应；爆炸；风扇；铁磁性；飞轮；力；自由落体；漏斗状物；齿轮；引力；热力发动机；冲击力；叶轮；喷射器；离子风；射射；层流；直线电机；磁悬浮；磁河；磁性；磁流体效应；马格努斯效应；机械蓄能器；机械力；迈斯纳体；摆；等离子体；滑轮；齿条和齿轮；辐射压力；导轨枪；反应（物理）；火箭；辊；螺纹；弹簧；黏滞现象；斯托克斯漂移；太阳和行星齿轮装置；超空穴；恒定宽度的表面；汤姆斯效应；阀门；传动（速度）比；文丘里效应；步行；滚轮；轮轴；风力；翼地效应
28. Strength 增加强度60项	退火；阳极氧化；拱状物；自紧；细胞增大的材料；包辛格效应；粘合剂；宾汉姆塑料；巴克纸；表面硬化；泡沫陶瓷；密闭包装；凝固（冻结）（凝聚）；冷成形；复合材料；压缩；冷却；波纹；结晶；氰基丙烯酸酯；形变；介电加热；弹性恢复；爆炸焊接；氟代石墨烯；流化；折叠；断裂力学；冻结；富勒烯；晶界强化；石墨烯；热处理；加热；孔；层压；磁致变流体；泡沫金属；矿物的水合化；纳米复合材料；折纸；相变；物理抑制；等离子喷涂；孔隙度；沉淀硬化；增压；网状泡沫；刚性折纸；辊；冲击硬化；喷丸强化（硬化）；烧结；固溶体强化；张力空气梁；张力；超声；真空等离子喷涂；玻璃化；焊接
29. Surface Area 增加表面积56项	活性氧化铝；活性炭；气凝胶；气溶胶；阻泡剂；泡沫；毛细张力波效应；泡沫陶瓷；冷成形；复合材料；反压电效应；波纹；弹性恢复；弹性；电沉积；电致伸缩；电润湿；椭圆形；挤压；铁磁流体；鳍状物；流体喷雾；泡沫塑料；折叠；分馏（分形）形式；槽；散热器；孔；憎水；发泡（膨胀）材料；滚花；薄板；泡沫金属；莫比乌斯带；纳米复合材料；纳米泡沫状物；纳米多孔材料；绒毛；Oloid曲面；折纸；降落伞；孔隙度；压降；压力增加；网状泡沫；刚性折纸；辊；橡胶带热力学；分割；声化学；扭曲双锥；喷射；表面张力；表面活化剂；磨损；沸石
30. Surface Finish 增加表面粗糙度1项	复合材料
31. Temperature 增加温度113项	声空化；绝热加热；平流；曝气；好氧消化；气动加热；电子雪崩击穿；空化（气蚀）；泡沫陶瓷；燃烧；复合；压缩；传导（电）；传导（热）；对流；库仑阻尼；分解（生物）；爆燃；电解质；介电加热；杜福尔效应；涡流；电弧；电阻；电致变色；电解；电磁感应；电子束；静电放电；厄廷好森效应；放热反应；爆炸；爆炸性透镜；发酵；过滤器（光学）；散热片；流化；荧光；对焦；强制对流；自由对流；冻结；菲涅尔透镜；摩擦；气体压缩机；换热器；热管；散热器；加热；水合物；液压跳转（突变）；水力空化；灼热；感应加热；红外辐射；膨胀材料；焦耳伦茨效应；焦耳-汤姆逊效应；激光；潜热；透镜；光；发光二极管；回路（旁通）热管；磁致热效应；磁致弹性效应；磁致伸缩；机械致热效应；微波辐射；混合对流；核裂变；珀尔帖效应；等离子体；孔隙度；压力增加；增压；伪斯特林循环（周期）；泵；热解；辐射；兰克-赫尔胥效应；雷利-本奈尔对流；氧化还原反应；还原；反射；网状泡沫；里吉勒杜克效应；橡胶带热力学；第二声；塞贝克效应；聚能装药；冲击波；太阳能；溶解（溶剂化）；声化学；声致发光；斯特林循环；搅拌；超级黑；过热；温度梯度；张力；热霍尔效应；热辐射；热声发动机；热声学；热分解；热磁对流；热虹吸；汤普森效应；湍流；威德曼效应；沸石

(续)

属性参数	效应
32. Time 增加时间 2 项	摄影术；时间扩大（延长）
33. Translucency 增加透明度 57 项	吸收型过滤器；曝气；气溶胶；各向异性；细胞增大的空洞；布拉格衍射；气泡；胆甾基液晶；共沉淀；克顿－莫顿效应；蒸馏；电光效应；发酵；过滤器（光学）；絮凝；泡沫；弗朗茨·凯尔迪什效应；菲涅尔透镜；几何；孔；干扰；克尔效应；透镜；液晶；Lyot 滤波器；融化；微机电系统；微乳液；莫尔效应；纳米复合材料；嵌套；光纤；相变；声子晶体；光致变色；光子筛；光子晶体；泡克尔斯效应；泊松效应；棱镜；净化；稀疏；反射；折射；定位（稳定）；冲击波；空间滤波器；升华；热致变色涂料；热致变色；薄膜；真空；玻璃化；波导；波导（光学）；X 射线；波带板
34. Viscosity 增加黏度 40 项	气凝胶；宾汉姆塑料；边界层；气泡；凝固（冻结）；胶体；压缩；冷凝；冷却；结晶；膨体（膨化）；电流变效应；电黏滞效应；乳化液；铁磁流体；流化；泡沫；冻结；凝胶；加氢；磁致变流体；微乳液；微球；蒙脱石；纳米泡沫状物；非牛顿流体；相变；光致聚合；压力增加；触变性；Senftleben Beenakker 效应；聚能装药；剪切增强；溶胶；超临界流体；悬挂悬浮液；触变性；湍流；两相流；黏弹性
35. Volume 增加体积 56 项	3D 打印；气凝胶；阻泡剂；细胞增大的材料；细胞增大的结构；细胞增大的空隙；沸腾；波义耳定律；泡沫；毛细管蒸发；泡沫陶瓷；燃烧；复合材料；传导（电）；减压；爆燃（爆震）；介电加热；电沉积；椭圆形；熵爆炸；蒸发；放热反应；爆炸；发酵；流化；泡沫塑料；力；气体压缩机；加热；双曲面；膨胀材料；磁性形状记忆；磁弹性效应；磁体积效应；泡沫金属；蒙脱石；纳米泡沫（状物）；嵌套；折纸；相变；孔隙度；压力降；泵；稀疏；网状泡沫；螺纹；形状记忆合金；形状记忆聚合物；斯特林循环；升华；超临界流体；表面活化剂；悬挂（悬浮）；张力；热收缩；热膨胀
36. Weight 增加体重 18 项	滑轮组；毛细多孔材料；离心力；复合材料；冷凝；沉积（物理）；电沉积；发酵；铁磁性；流体喷射；冻结铸造；磁性；降落伞；度；氧化还原反应；还原；斯图尔特平；悬挂（悬浮）

子表 3——减少物质属性参数的效应表

属性参数	效应
1. Brightness 减少亮度 66 个	吸收（电磁辐射）；吸收型过滤器；声光效应；消泡剂；双折射；布拉格衍射；布儒斯特角；克里斯坦森鑫源；涂层；相干光；胶状体；景深；二向色滤光片；衍射；衍射光栅；散射波；电光效应；电致变色；法布里－珀罗干涉仪；法拉第效应；过滤器（光学）；絮凝；荧光；弗朗茨·凯尔迪什鑫源；菲涅尔衍射；菲涅尔透镜；凝胶；引力透镜；孔；干扰；克尔效应；透镜；液晶；磁光效应；磁光克尔效应；莫尔效应；纳米复合材料；牛顿环；磷光；光致变色；光致弹性；光子筛；光子晶体；全光摄影；泡克尔斯效应；极化；孔隙度；棱镜；辐射；雷利散射；反射；折射；散射；阴影；溶胶；空间滤波器；超级黑；悬挂（悬浮）；热辐射；热致变色涂料；热致变色；薄膜；全内反射；福格特效应；波导管（光学）；波带板

344

附录3　操作物质属性参数实现功能的效应知识库

（续）

属性参数	效　应
2. Colour 减少颜色16个	吸收型滤波器；漂白；克里斯坦森效应；二向色滤光片；多普勒效应；电光效应；法布里-珀罗干涉仪；过滤器（光）；液晶；臭氧；光子晶体；全光摄影；阴影；超级黑；薄膜；全内反射
3. Concentration 减少浓度16个	泡沫；压缩；电渗；熵爆炸；爆炸；絮凝；流化；水凝胶；液膜；液-液萃取；渗透；稀疏；反向渗透；半透膜；超临界流体萃取；悬挂（悬浮）
4. Density 减少密度49个	曝气；气凝胶；阻泡剂；毛细管蒸发；气蚀（空化）；泡沫陶瓷；车仁奥效应；复合材料；除湿（干燥剂）材料；干燥（干化）；电沉积；电解；蒸发；风扇；絮凝；流化；泡沫塑料；力；冷冻铸造；冻结；气体压缩机；孔；水力空化；发泡（膨胀）材料；磁性形状记忆；磁致弹性效应；磁致容积效应；泡沫金属；乳液；微球；纳米泡沫状物；嵌套；渗透压；相变；孔隙；压力降；泵；净化；稀疏；网状泡沫；形状记忆合金；形状记忆聚合物；喷射；升华；超临界流体；表面活性剂；悬挂（悬浮）；张力；真空
5. Electrical Conductivity 减少电导率49个	涂层；胶状体；复合材料；传导（电）；结晶；德拜-法尔肯哈根效应；干化；介电常数；掺杂物；接地；驻极体；电阻；电沉积；电镀；过滤器（电子式）；氟代石墨烯；流化；泡沫塑料（发泡）；凝胶；槽；加热；孔；离子注入；电离；发光二极管；润滑；磁阻；泡沫金属；相变；光电导性；压阻效应；等离子喷涂；聚四氟乙烯（PTFE）；孔隙度；压力降；压力增加；稀疏；继电器；分割；集肤效应；溶胶；电磁阀；溶解（溶剂化）；悬挂（悬浮）；热敏电阻；热电阻效应；薄膜；真空等离子喷涂；弱点
6. Energy 减少能量41个	气动加热；细胞增大的材料；细胞增大的结构；泡沫；关闭包装；库仑阻尼；库仑定律；阻尼；接地；电涡流阻尼；吸热反应；熵爆炸；爆炸；发酵；过滤器（电子）；力；散热器；液压跳转（突变）；斜面；红外辐射；发泡（膨胀）材料；潜热；机械蓄能器；亚稳态；摆；相变；磷光；热解（高温分解）；放射性衰变；氧化还原反应；还原；分割；溶解（溶剂化）；斯托克布里奇阻尼器；弯管（虹吸管）；保温；热辐射；热（分）解（散热）；调谐质量阻尼器；湍流；黏滞阻尼
7. Flow 减少流量155项	附加质量；翼型；两亲化合物；阿基米德螺旋；阿基米德原理（浮力）；巴色特力；伯努利效应；宾汉姆塑料；边界层抽吸；布朗原动机；毛细作用；毛细冷凝；毛细多孔材料；离心力；离心机；色谱法；压缩；对流；库埃特流；爆燃；排量；电场；电渗；电渗流；电流体动力推进器；电水动力学；电磁铁；电磁感应；机电薄膜；电渗泵；电永磁；电流变效应；静电流体加速器；静电场；电黏滞效应；电致润湿；夹带；熵爆炸；蒸发；爆炸；风扇；磁流体；铁磁性；散热片；液击；箔（流体力学）；力；强制对流；自由对流；气体压缩机；万有引力；重力对流（非热）；引导转子压缩机；孔；水跃；液压缸；水力空化；疏水性；冲击力；叶轮；喷射器；离子斥力/引力；离子风；电离；喷射流；卡门涡街；凯伊效应；凯尔文-亥姆霍兹不稳定性；层流；莱顿-弗罗斯特效应；直线电机；洛仑兹力；荷叶效应；磁场；磁性；磁流体效应；磁致变液；马朗格尼效应；机械力；机械致热效应；熔化；亚稳态；微机电系统；微球体；米斯奈-沙尔丁效应；混合对流；非牛顿流体；核裂变；斜冲击波；昂尼斯效应；光电液压效应；（液体）渗透；降落伞；蠕动；蠕动泵；（固体）渗透；调相；光泳；物理控制；泊松效应；孔隙率；压力梯度；压力增加；加压；泵；净化；辐射压力；瑞利-贝纳德对流；反作用（物理）；复冰现象；反向扩散；反向渗透；火箭；辊；罗林薄膜；螺纹；沉淀；森纳涡轮机；半透膜；Senftleben-Beenakker效应；摇动；剪切增稠；剪切稀化；冲击波；搅拌；斯托克斯漂移；升华；吸入；超临界流体；超流体性；超亲水性；表面活性剂；虹吸管；温度梯度；特斯拉涡轮机；热毛细对流；热磁电机；热磁对流；热机械效应；热虹吸管；触变性；托马斯效应；水风筒；涡轮机；湍流；超声波毛细管效应；真空；阀门；文丘里效应；振动；Voitenko压缩机；水轮机；失重；润湿；风

（续）

属性参数	效应
8. Force 减少力 113 个	声学；机翼型；角动量守恒；拱；阿基米德原理（浮力）；细胞增大的材料；细胞增大的结构；细胞增大空隙；滑轮组；边界层；边界层抽吸；刷；凸轮；离心力；压缩；反压电效应；科里奥利力；库仑阻尼；库仑定律；曲轴；恒定宽带的曲线；阻尼；形变；三角接地效应；抗磁性；膨化（膨胀）；阻力；偏心装置；涡流阻尼；弹性恢复；弹性；驻极体；电场；电动轴承；电水动力学；电磁铁；机电薄膜；电渗泵；电流变效应；静电感应；电致伸缩；椭圆形；行星齿轮传动；铁磁流体；铁磁性；鳍状物；箔（流体力学）；力；齿轮；引力；陀螺仪；哈尔巴赫阵列；胡克定律；冲击力；斜面；惯性；电离；约翰逊-拉别克效应；杠杆；洛仑兹力；磁性形状记忆；磁致弹性效应；磁致体效应；磁致变效应；磁致伸缩；磁致容积效应；马格努斯效应；机械优势；迈斯纳体；负旦膨胀；渗透；降落伞；帕斯卡定律；摆；压电效应；压电磁性；压力降；伪斯特林循环；滑轮；泵；反应（物理）；反作用轮；火箭；橡胶带热力学；螺纹；分割；形状记忆合金；形状记忆聚合物；弹簧；斯图尔特平台；斯特林循环；斯托克布里奇阻尼器；应力松弛；太阳和行星齿轮装置；超润滑性；恒定宽度的表面；斜盘；张力（拉伸）；热收缩；热膨胀；扭矩；扭矩弹簧；调谐质量阻尼器；湍流；传动比；维拉利效应；黏弹性；黏性阻尼；涡流发生器；失重；滚轮；轮轴；威德曼效应
9. Frequency 减少频率 22 个	凸轮；康普顿散射；多普勒效应；偏心装置；过滤器（电子）；荧光；齿轮；引力红移；外差；热巧克力效应；干扰；莫尔效应；Oloid 曲面；摆（锤）；光声多普勒效应；共振；螺纹；扭曲双锥；斯图尔特平台；频闪效应；声表面波；特雷门
10. Friction 减少摩擦 73 个	声润滑；休止角；消泡剂；阻泡剂；球（滚珠）；滚珠轴承；边界层；边界层抽吸；刷；毛细管冷凝；卡西米尔效应；涂层；复合材料；冷凝；库爱特气（液）流；恒定宽度的曲线；沉积（物理）；抗磁性；类金刚石碳结构；驻极体；电沉积；电动轴承；电镀；电流变效应；静电沉积；电致伸缩；电黏滞效应；铁磁流体；铁磁性；氟代石墨烯；流化；馏分（分形）形式；冻结；摩擦；万向节；亲水性；离子注入；层流；莱顿-弗罗斯特效应；润滑；磁悬浮；磁河；迈纳斯体；融化；纳米复合材料；绒毛；氧化；聚对二甲苯；物理气相沉积；等离子喷涂；聚四氟乙烯（PTFE）；孔隙度；滑轮；棘轮；共振；球状体；静摩擦；超空穴；超润滑性；恒定宽度的表面；悬架（悬浮）；张力；薄膜；汤姆斯效应；超声波振动；真空等离子喷涂；振动；涡流发生器；步行；失重；润湿；滚轮；翼地效应
11. Hardness 减少硬度 26 个	曝气；阻泡剂；包辛格效应；宾汉姆塑料；胶体；复合材料；弹性；电沉积；电流变效应；流化；凝胶；热处理；孔；水合物；发泡（膨胀）材料；熔化；泡沫金属；非牛顿流体；相变；孔隙率；剪切变弱；溶胶；溶解（溶剂化）；悬挂（悬浮）；触变性；黏弹性
12. Heat Conduction 减少热传导 32 个	消融；吸附；曝气；气凝胶；加气剂（引气剂）；泡沫；泡沫陶瓷；复合材料；波纹；电沉积；电镀；风扇；流化；泡沫塑料；气体压缩机；槽；孔；发泡（膨胀）材料；莱顿-弗罗斯特效应；马吉里吉-勒杜克效应；泡沫金属；纳米状泡沫；孔隙度；稀疏；耐火材料；网状泡沫；分割；Senftleben-Beenakker 效应；表面活化剂；悬挂（悬浮）；保温（隔热）；真空
13. Homogeneity 减少均匀度 40 个	平流；粘结剂；边界层；布拉格衍射；巴西坚果效应；泡沫；离心机；车仁奥效应；色谱法；复合材料；对流；共沉淀；衍射；衍射光栅；膨化（膨胀）；电解；电泳；电流变效应；滤波器（物理）；絮凝；流化；分馏；冻结；热处理；孔；液-液萃取；渗透；奥斯特瓦尔德催熟；光泳；孔隙度；沉淀；反向扩散；分割；定位（稳定）；溶解（溶剂化）；悬挂（悬浮）；温度梯度；湍流；两相流；弱点
14. Humidity 减少湿度 24 个	吸收（物理）；活性氧化铝；吸附；平流；毛细冷凝；压缩；对流；冷却；潮解；沉积（物理）；干燥剂材料；冷冻干燥；冻结；水凝胶；矿物水合化；纳米多孔材料；渗透；孔隙度；半透膜；溶解（溶剂化）；超临界干燥；真空；蒸汽压；沸石

附录3 操作物质属性参数实现功能的效应知识库

（续）

属性参数	效 应
15. Length 减少长度66个	磨损；细胞增大的材料；细胞增大的结构；细胞增大的空隙；宾汉姆塑料；凸轮；压缩；反压电效应；冷却；蠕变；形变；偏心装置；弹性恢复；弹性；电磁铁；电致伸缩；椭圆形；腐蚀（侵蚀）；挤压；铁磁流体；折叠；力；冻结；螺旋；铰链；胡克定律；液压机；双曲面；结；长度收缩；杠杆；磁性形状记忆；磁致弹性效应；磁致伸缩；融化；负热膨胀；嵌套；折纸；压电效应；压电磁性；塑性；泊松效应；伪弹性变形；滑轮；刚性折纸；辊；橡胶带热力学；螺纹；分割；形状记忆合金；形状记忆聚合物；剪应力；溶解（溶剂化）；西班牙卷扬机；弹簧；斯图尔特平台；升华；超塑性；斜盘式；张力；热收缩；热膨胀；摩擦蚀；黏弹性；磨损；风化
16. Magnetic Properties 减少磁化率9个	复合材料；居里点（铁磁）；铁磁流体；哈尔巴赫阵列；冲击力；压电磁性；电磁阀；超抗磁性；悬挂（悬浮）
17. Orientation 减少方向1项	马格努斯效应
18. Polarisation 减少偏振率11项	布儒斯特角；涂层；复合材料；结晶；介电常数；法拉第效应；过滤器（电子式）；过滤器（光）；液晶；光致弹性；福格特效应
19. Porosity 减少孔隙率110项	磨损；吸收（物理）；声空化；胶粘剂；吸附；阳极氧化；阻泡剂；细胞增大的材料；细胞增大的结构；细胞增大的空隙；粘结剂；边界层；巴西果效应；泡沫；毛细管作用；毛细管冷凝；空化（汽蚀）；化学粘结；化学吸附；凝固（冻结）；涂层；凝聚力；胶体；复合材料；压缩；冷凝；对流；反压电效应；共沉淀；蠕变；结晶；形变；沉积（物理）；扩散；扩散阻挡层；阻力；弹性；电渗透；电渗透流；电沉积；电水动力学；机电薄膜；电泳；电泳沉积；电镀；电流变效应；静电沉积；电致伸缩；电黏滞效应；过滤器（物理）；絮凝；流水分离；流化；电流变塑料；馏分（分形）形式；自由对流；冻结；摩擦；凝胶；几何；引力；重力对流（非热）；均衡热冲压；水力空化；憎水；层压；液膜；磁流体动力效应；磁致变流液；磁致伸缩；微机电系统；矿物水合化；混合对流；分子筛；纳米复合材料；负热膨胀；非牛顿流体；成核；渗透压；降落伞；聚对二甲苯；相变；物理气相沉积；压电磁性；等离子体增强化学气相沉积；孔隙度；沉淀；压力增加；触变性；沉降；半透膜；定位（稳定）；剪切增强；冲击波；烧结；溶胶；吸附；旋转涂层；超临界流体；表面张力；张力；特斯拉瓣膜导管；镶嵌；热收缩；热膨胀；薄膜；触变性；湍流；两相流；阀门
20. Position 减少位置1项	马格努斯效应
21. Power 减少功率17项	曲轴；电流变效应；热力发动机；电感（器）；磁流体动力效应；磁致变流液；机械蓄能器；摆；光电效应；泵；热电效应；热解（高温分解）；继电器；集肤效应；热（分）解；波导管（光学）；轮轴
22. Pressure 减少压强101项	声学；机翼型；拱；细胞增大的材料；细胞增大的结构；细胞增大的空隙；伯努利效应；边界层；波义耳定律；毛细冷凝；毛细压力；表面张力波效应；压缩；冷凝；反压电效应；冷却；德-拉瓦尔喷嘴；形变；三角接地效应；沉积（物理）；减压；弹性恢复；弹性；驻极体；电水动力学；机电薄膜；电渗泵；电致伸缩；椭圆形；风扇；铁磁性；鳍状物；液体锤；箔（流体力学）；力；漏斗；气体压缩机；齿轮；地面效应；胡克定律；液压活塞；冲击力；叶轮；惯量；喷射器；杠杆；洛仑兹力；磁性形状记忆；磁致弹性效应；磁致伸缩；马格努斯效应；机械优势；负热膨胀；渗透；渗透压；降落伞；帕斯卡定律；蠕动；蠕动泵；渗透；相变；压电效应；压电磁性；泊松效应；孔隙度；压力降；压力梯度；伪斯特林循环；泵；稀疏；反应（物理）；氧化还原反应；还原；橡胶带热力学；螺纹；形状记忆合金；形状记忆聚合物；电磁阀；弹簧；斯图尔特平台；斯特林循环；应力松弛；太阳和行星齿轮装置；超临界流体；斜盘；弯管（虹吸管）；温度梯度；张力；热收缩；热膨胀；热声学；扭矩；扭矩弹簧；喇叭形风管；真空；阀门；文丘里效应；黏弹性；威德曼效应；风力；翼地效应

（续）

属性参数	效应
23. Purity 减少纯度 14 项	燃烧；电渗；酶；发酵；絮凝；离子注入；液膜；渗透；氧化；氧化还原反应；还原；反渗透；溶解（溶剂化）；悬挂（悬浮）
24. Rigidity 减少刚度 48 项	阻泡剂；细胞增大的结构；宾汉姆塑料；链；胶状体；复合材料；压缩；传导（电）；介电加热；膨化（膨胀）；弹性；电流变效应；放热反应；挤压；铁磁流体；铁磁性粉末；泡沫塑料；菲涅尔透镜；凝胶；万向节；槽；热处理；加热；螺旋；铰链；孔；水合物；磁致变流体；非牛顿流体；折纸；相变；光致塑性效应；孔隙度；压力降；刚性折纸；分割；剪切变弱；溶胶；溶解（溶剂化）；弹簧；升华；超塑性；悬挂（悬浮）；张拉；张力；触变性；黏弹性；弱点
25. Shape 减少形状 4 项	阻泡剂；磁流体；胡克定律；溶解（溶剂化）
26. Sound 减少声音 11 项	声透镜；声学；泡沫陶瓷；反压电效应；散射波；回声波；泡沫塑料；干扰；声子（光子）晶体；共振；混响
27. Speed 减少速度 65 项	角动量守恒；伯努利效应；凸轮；感应线圈枪；动量守恒；科里奥利力；库仑阻尼；曲轴；阻尼；阻力；偏心装置；涡流阻尼；埃克曼层；电水动力推进器；电水动力学；电磁铁；电黏滞效应；风扇；铁磁性；流体分离；飞轮；力；摩擦；漏斗；齿轮；凝胶；引力；冲击力；叶轮；喷射；直线电机；磁河；磁性；磁流体动力效应；马格努斯效应；机械蓄能器；机械力；降落伞；摆；等离子体；滑轮；齿条和齿轮；辐射压力；导轨枪；反应（物理）；触变性；火箭；辊；螺旋；弹簧；黏滑现象；斯托克布里奇阻尼器；频闪效应；太阳和行星齿轮装置；极限速度；调谐质量阻尼器；阀门；传动比；文丘里效应；黏性阻尼；步行；磨损；滚轮；轮轴；风力
28. Strength 减少强度 36 项	包辛格效应；粘结剂；宾汉姆塑性；渗透硬化（布氏硬度试验）；泡沫陶瓷；冷成形；复合材料；压缩；冷却；结晶；氰基丙烯酸酯；爆燃；形变；介电加热；爆炸；疲劳；流化；折叠；断裂力学；热处理；加热；孔；结；致变流体；融化；泡沫金属；折纸；相变；孔隙度；网状泡沫；刚性折纸；张力；热冲击；玻璃化；弱点；磨损
29. Surface Area 减少表面积 30 项	阻泡剂；球（滚珠）；泡沫；密闭包装；冷成形；复合材料；圆锥形毛细效应；反压电效应；弹性恢复；弹性；电沉积；电致伸缩；电润湿；铁磁流体；折叠；憎水；荷叶效应；机械紧固件；折纸；压降；压力增加；刚性折纸；橡胶带热力学；沉降；溶解（溶剂化）；球状体；表面张力；镶嵌；磨损；失重
30. Surface Finish 减少表面粗糙度 1 项	复合材料
31. Temperature 减少温度 90 项	消融；绝热冷却；平流；曝气；气溶胶；Bong 冷却器；毛细管蒸发；毛细多孔材料；泡沫陶瓷；传导（热）；对流；冷却；波纹；低温；德-拉瓦尔喷嘴；杜福尔效应；电致变色；吸热反应；厄廷好森效应；蒸发；蒸发冷却器；风扇；过滤器（光学）；鳍状物；流体喷射；流化；荧光；强制对流；自然对流；冻结；菲涅尔透镜；热力发动机；换热器；热管；散热器（片）；水合物；灼热；红外辐射；发泡（膨胀）材料；焦耳-汤姆逊效应；潜热；莱顿弗罗斯特效应；透镜；环路（旁通）热管；磁制冷；磁致热效应；机械致热效应；融化；混合对流；珀尔帖效应；孔隙度；压降；伪斯特林循环；脉冲管制冷机；泵；热解；辐射；兰克-赫尔胥效应；稀疏；雷利-本奈尔对流；氧化还原反应；还原；反射；耐火材料；网状泡沫；里吉-勒杜克效应；橡胶带热力学；第二个声音；塞贝克效应；西门子循环周期；溶解（溶剂化）；喷射；斯特林循环；升华；过冷；温度梯度；热霍尔效应；隔热（保温）；热辐射；热离子能量转换；热声发动机；热声学；热电偶；热（分）解；热磁对流；热虹吸管；汤普森效应；蒸腾；风冷；沸石

附录3　操作物质属性参数实现功能的效应知识库

（续）

属性参数	效　应
32. Time 减少时间1项	时间延长（扩展）
33. Translucency 减少透明度80项	吸收型过滤器；曝气；气溶胶；各向异性；细胞增大的空隙；双折射；布拉格衍射；布里渊散射；刷；泡沫；阴极电弧沉积；化学气相沉积；胆甾基液晶；克里斯坦森效应；涂层；胶状体；胶体晶体；梳状物；复合材料；共沉淀；克顿-莫顿效应；乳状液；结晶；沉积（物理）；二向色滤光片；介质体反射镜；衍射；光栅；散色波；电光效应；电沉积；静电沉积；乳化液；发酵；过滤器（光学）；絮凝；泡沫塑料；弗朗茨·凯尔迪什；冻结；几何；干扰；克尔效应；透镜；液晶；Lyot滤光器；微机电系统；微乳液；莫尔效应；纳米复合材料；嵌套；光纤；茴香影响；相变；声子（光子）晶体；光致变色；光子筛；光子晶体；物理气相沉积；泡克耳斯效应；泊松效应；沉淀；压力增加；棱镜；反射；折射；散射；定位（稳定）；冲击波；溶胶；空间滤波器；旋转涂层；悬挂（悬浮）；热致变色涂料；热致变色；薄膜；全内反射；丁达尔效应；波导；波导管（光学）；波带板
34. Viscosity 减少黏度35项	曝气；宾汉姆塑料；边界层；胶状体；传导（电）；介电加热；膨胀（膨化）；电流变效应；电黏滞效应；乳化液；放热反应；铁磁流体；流化；泡沫塑料；凝胶；加热；磁致变流体；微乳液；非牛顿流体；相变；压力降；Senftleben-Beenakker效应；剪切变弱；溶胶；超空穴；超临界流体；超流动性；悬挂（悬浮）；触变；托马斯效应；两相流；超声；振动；黏弹性；玻璃化
35. Volume 减少体积58项	好氧消化；厌氧消化；细胞增大的材料；细胞增大的结构；细胞增大的空隙；球（滚珠）；沸腾；波义耳定律；毛细管凝结；密闭包装；燃烧；复合材料；复合；压缩；冷凝；冷却；分解（生物）；沉积（物理）；椭圆形；熵爆炸；腐蚀（侵蚀）；蒸发；爆炸；发酵；流化；力；菲涅尔透镜；气体压缩机；孔；双曲面；磁性形状记忆；磁致弹性效应；磁致容积效应；迈斯纳体；融化；负热膨胀；嵌套；折纸；相变；孔隙度；压力增加；增压；泵；螺纹；形状记忆合金；形状记忆聚合物；溶解（溶剂化）；球状体；斯特林循环；升华；超临界流体；镶嵌；热收缩；热膨胀；喇叭形风管；Voitenko压缩机；磨损；风化
36. Weight 减少重量51项	气凝胶；厌氧消化；拱；阿基米德原理（浮力）；滑轮组；离心力；泡沫陶瓷；燃烧；复合材料；对流；除湿（干燥剂）材料；干化（干燥）；涡流；电磁感应；熵爆炸；腐蚀（侵蚀）；蒸发；爆炸；发酵；铁磁性；自由落体；冻结铸造；冷冻干燥；菲涅尔透镜；地面效应；孔；磁悬浮；磁性；融化；泡沫金属；纳米复合材料；纳米状泡沫；纳米多孔材料；降落伞；孔隙度；滑轮；净化；放射性衰变；稀疏；氧化还原反应；还原；网状泡沫；溶解（溶剂化）；斯图尔特平台；升华；悬挂；张力空气梁；磨损；老化；失重；地面效应

子表4——测量物质属性参数的效应表

属性参数	效应
1. Brightness 测量亮度25项	吸收型过滤器；辐射热测量计；克鲁克斯辐射计；二向色滤光片；法布里－珀罗干涉仪；过滤器（光学）；荧光；菲涅尔透镜；克尔效应；透镜；发光二极管；光纤；磷光；光致变色；光导；光电效应；摄影；光致电离；光泳；光致塑性效应；光伏效应；全光摄影；声表面波；薄膜；汤森放电
2. Colour 测量颜色18项	吸收型过滤器；布拉格衍射；布儒斯特角；二向色滤光片；衍射；法布里－珀罗干涉仪；过滤器（光学）；对焦；发光二极管；光纤；光（电）导；光电效应；摄影；光子筛；光伏效应；全光摄影；薄膜；波带板
3. oncentration 测量浓度16项	消融；吸收（电磁辐射）；吸收光谱；声学；电弧蒸发；阿基米德原理（浮力）；传导（电）；传导（热）；解吸；电解；过滤器（光）；比重计；渗透；表面张力；热毛细对流；惠斯登电桥
4. Density 测量密度30项	阿基米德原理（浮力）；布拉格衍射；泡沫；毛细作用；介电常数；衍射；回声波；落球黏度计；流化；聚焦；比重计；光致弹性；摄影；比色计；雷达；折射；共振；后向反射器；混响；沉淀；影像图（X光摄影）；声呐；表面声波；极限速度；飞行时间；X光射线层析摄影术；丁达尔效应；超声波；惠斯登电桥；X射线
5. Electrical Conductivity 测量电导率29项	安培环路定律；安培力定律；弹射效应；传导（电）；反压电效应；科宾诺效应；驻极体；电阻抗层析成像；电阻；电阻率层析成像；电光效应；电解；法拉第效应；电流计；霍尔效应；感应加热；约瑟夫森效应；焦耳伦茨效应；克尔效应；磁光克尔效应；欧姆定律；寄生电容；泡克尔斯效应；扫描探测显微镜；电磁阀；热致变色涂料；热致变色；福格特效应；惠斯登电桥
6. Energy 测量能量10项	弹导摆（冲击摆）；辐射热测量计；量热仪；库仑定律；磷光；反应（物理）；分流（并联）；热致变色涂料；热致变色；飞行时间
7. Flow 测量流量72项	研磨；平流；汽转球；气动加热；气动弹性颤振；阿基米德螺旋；伯努利效应；传导（热）；科里奥利力；多普勒效应；涡流；电场；电磁感应；静电感应；蒸发；风扇；流动分离；箔（流体力学）；孔；水跃；水力空化；叶轮；喷射流；卡门涡街；激光；激光多普勒测速仪；激光表面测速仪；激光雷达；洛仑兹力；洛仑兹力测速仪；磁场；磁流体效应；马格努斯效应；机械致热效应；微机电系统；微波辐射；斜冲击波；粒子成像测速仪；声多普勒效应；等离子；压敏涂料；雷达；放射性示踪；电流计；流变性；辊；跃移（地质学）；螺纹；沉降；稳定；阴影；影像图；烟；声雷达；声呐；声波风速计；声速；弹簧；频闪效应；超空穴；特斯拉涡轮机；热成像；潮汐发电；飞行时间；涡轮机；湍流；文丘里效应；水轮机；磨损；风化；风寒指数；风力发电
8. Force 测量力48项	加速（度）计；声发射；声学；胶粘剂；细胞增大的材料；细胞增大的结构；平衡；巴克豪森效应；布拉格衍射；电容；弹性恢复；弹性；驻极体；电水动力学；电磁铁；机电薄膜；断口发光；Garshelis效应；陀螺仪；胡克定律；惯性；干扰；液晶；Matteucci效应；机械力；莫尔条纹；牛顿环；光纤；帕斯卡定律；光致弹性；压电式加速计；压电效应；压致发光；压阻效应；可塑性（塑性）；反应（物理）；橡皮带热力学；螺纹；剪切增强；剪切变弱；弹簧；表面声波；摩擦发光；维拉利效应；黏弹性；弱点；磨损；惠斯登电桥
9. Frequency 测量频率24项	声光效应；布拉格衍射；布儒斯特角；相干光；衍射；多普勒效应；电光效应；对焦；霍尔效应；零差式检测；干扰；约瑟夫森效应；激光多普勒振动仪；光电效应；光致电离；光子筛；压电式加速计；折射；共振；集肤效应；频闪效应；表面声波；塞曼效应；波带板
10. Friction 测量摩阻8项	声发射；摩擦系数；扫描探测显微镜；热致变色涂料；热致变色；温度记录法；飞行时间；磨损

附录3 操作物质属性参数实现功能的效应知识库

（续）

属性参数	效 应
11. Hardness 测量硬度11项	布氏硬度标尺；回声波（反射波）；詹卡硬度试验；努氏硬度试验；梅尔硬度试验；纳米刻痕（压痕）；销；扫描探测显微镜；肖氏硬度计；维氏硬度试验；磨损
12. Heat Conduction 测量热传导10项	扫描探针显微镜；影像图（X光摄影）；热收缩；热膨胀；热冲击；热敏电阻；热致变色涂料；热致变色；热电偶；温度记录法（热成像）
13. Homogeneity 测量均匀度7项	介电常数；折射；扫描探测显微镜；散射；影像图（X光摄影）；热致变色涂料；热致变色
14. Humidity 测量湿度12项	吸收光谱；泡沫；电容；传导（电）；传导（热）；干燥剂材料；水凝胶；温湿度计；普朗特格劳厄脱特性；后向反射镜；声速；蒸汽压力
15. Length 测量长度67项	吸收（电磁辐射）；阿基米德原理（浮力）；细胞增大的材料；细胞增大的结构；布拉格衍射；电容；毛细管作用；链；科宾诺效应；库仑定律；景深；介电常数；衍射；衍射光栅；位移；回声波；电场；电阻；电致发光；静电感应；法布里-珀罗干涉仪；落球黏度计；聚焦（对光）；菲涅耳衍射；菲涅耳透镜；几何形状；霍尔效应；胡克定律；干扰；激光表面测速仪；透镜；光；磁场；微球；莫尔效应；中子衍射；牛顿环；光纤；视差；摄影测量；摄影；光子筛；全光摄影；孔隙度计；雷利散射；反射；共振；后向反射镜；辊；橡皮带热力学；扫描探测显微镜；螺纹；阴影；影像图（X光摄影）；太阳能；Sonomicrometry；声速；弹簧；热辐射；飞行时间；丁达尔效应；超声波；楔；惠斯登电桥；滚轮；X射线；波带板
16. Magnetic Properties 测量磁化率25项	弹磁效应；科宾诺效应；涡流；电磁感应；法拉第效应；铁磁性粉末；霍尔效应；约瑟夫逊效应；克尔效应；马吉里吉-勒杜克效应；磁圆二色性；磁性形状记忆；磁致弹性效应；磁强计；磁阻；磁致伸缩；能斯特效应；压电磁性；里吉杜克效应；扫描探测显微镜；热霍尔效应；福格特效应；威德曼效应；韦根效应；塞曼效应
17. Orientation 测量方向性49项	吸收（电磁辐射）；加速度计；各向异性；阿基米德原理（浮力）；泡沫；离心调速器；集中光伏；科宾诺效应；介电常数；多普勒效应；回声波；电场；电阻抗层析成像；电阻率层析成像；电致发光；流动分离；Garshelis效应；几何；万向节；陀螺仪；霍尔效应；彩虹色；雷达；光；磁强计（磁力计）；Matteucci效应；微机电系统；莫尔效应；牛顿环；磷光；摄影测量；摄影；光致发光；光伏效应；压电加速度计；多色性；极化；齿轮和齿条；反射；后向反射镜；萨尼亚克效应；阴影；X光摄影；太阳能；气泡水准仪；热电偶；温度记录法（热成像）；X光射线层析摄影；韦根效应
18. Polarisation 测量偏振率16项	吸收（电磁辐射）；布儒斯特角；介电常数；法拉第效应；过滤器（光学）；海丁格电刷；液晶；磁圆二色性；磁光效应；磁光克尔效应；摄影；多色性；偏振；反射；X光摄影；福格特效应
19. Porosity 测量孔隙率21项	声发射；电容；传导（电）；传导（热）；冷却；库尔特计数器；减压；介电常数；电阻；激光多普勒测速仪；纳米孔；粒子图像测速仪；帕斯卡尔定律；光声多普勒效应；摄影；孔隙度计；压降；压力梯度；声波风速计；飞行时间；蒸气压力

（续）

属性参数	效应
20. Position 测量位置48项	吸收（电磁辐射）；布拉格衍射；电容；相干光；科宾诺效应；衍射；多普勒效应；回声波；驻极体；电场；电阻抗层析成像；电阻率断层扫描；电致发光；聚焦；菲涅耳衍射；几何；霍尔效应；干扰；激光雷达；光；发光；磁强计；大地电磁学；莫尔效应；牛顿环；视差；磷光；摄影测量；摄影；光致发光；全光摄影；雷达；反射；后向反射器；萨尼亚克效应；阴影；影像图（X光摄影）；太阳能；声呐；声表面波；特雷门；热致变色涂料；热致变色；热电偶；温度记录法（热成像）；层析X光摄影；韦根效应；X射线
21. Power 测量功率8项	安培（全电流）环路法则；安培力法则；毕奥–萨伐尔特效应；辐射热测量计；检流计；分流（并联）；电磁阀；热电偶
22. Pressure 测量压强49项	声发射；声学；绝热冷却；绝热加热；细胞增大的材料；细胞增大的结构；伯努利效应；布尔登弹簧；波义耳定律；布里渊散射；泡沫；电容；电晕放电；弹性恢复；弹性；驻极体；电水动学；机电薄膜；凝胶；胡克定律；液晶体；磁致弹性效应；微机电系统；莫尔效应；长冈本田效应；牛顿环；光纤；帕斯卡定律；渗透；光致弹性；压电效应；压致发光；压阻效应；塑性；普朗特格劳厄脱特性；压敏涂料；反应（物理）；橡胶带热力学；影像图（X光摄影）；声速；弹簧；表面声波；摩擦发光；涡轮机；阀门；维拉利效应；水轮机；弱点；惠斯登电桥
23. Purity 测量纯度4项	巴克豪森效应；过滤器（光）；比重计；惠斯登电桥
24. Rigidity 测量刚度5项	压缩；回声波；莫尔效应；纳米刻痕（压痕）；表面声波
25. Shape 测量形状23项	3D印刷；回声波；电阻抗层析成像；电阻率层析成像；电致发光；几何；激光雷达；光；牛顿环；摄影测量；摄影；光致发光；雷达；混响；扫描探测显微镜；阴影；X光摄影；太阳能；声呐；表面声波；温度记录法（热成像）；层析X射线摄影；X射线
26. Sound 测量声音8项	声学；胶体振动电流；驻极体；压电式加速度计；压电效应；共振；阴影；X光摄影
27. Speed 测量速度51项	加速度计；气动弹性颤振；弹道摆；巴涅特效应；伯努利效应；电容；动量守恒；科宾诺效应；科里奥利力；电晕放电；多普勒效应；多恩效应；阻力（阻尼）；回声波；涡流；电水动学；电磁感应；霍尔效应；铰链；卡门涡流街；激光多普勒测速仪；激光表面测速仪；洛伦兹力；磁流体动力效应；微机电系统；莫尔效应；粒子图像测速仪；光声多普勒效应；摄影；压电式加速计；普朗特格劳厄脱特性；压敏涂料；雷达；后向反射器；萨尼亚克效应；阴影；声雷达；声波风速计；声音；频闪效应；热致变色涂料；热致变色；飞行时间；摩擦电效应；涡轮机；超声波；传动比；文丘里效应；水轮机；磨损；韦根效应
28. Strength 测量强度11项	声发射；巴克豪森效应；压缩；詹卡硬度试验；努氏硬度试验；梅尔硬度试验；纳米刻痕（压痕）；光致弹性；扫描探测显微镜；张力；磨损

附录3　操作物质属性参数实现功能的效应知识库

（续）

属性参数	效　　应
29. Surface Area 测量表面积23项	吸收（电磁辐射）；电容；电阻抗层析成像；电阻率层析成像；电致发光；几何；光；发光；磷光；光电效应；摄影测量；摄影；光致发光；光伏效应；孔隙度；反射；阴影；影像图（X光摄影）；太阳能；终端速度；热电偶；热成像；X射线
30. Surface Finish 测量表面粗糙度17项	俄歇效应；伯努利效应；布氏硬度标尺；摩擦；摩擦系数；干扰；层流；光；牛顿环；核化（成核）；摄影；反射；扫描探测显微镜；散射；影像图（X光摄影）；邵氏硬度计；湍流
31. Temperature 测量温度59项	双金属片；沸腾；胆甾基液晶；传导（电）；传导（热）；对流；居里点（铁磁）；居里点（压电）；干化；多普勒效应；电阻；过滤器（光学）；冻结；易熔合金；热力发动机；热管；霍普金森效应；红外辐射；发泡（膨胀）材料；逆珀尔帖效应；液晶；磁性形状记忆；记忆泡沫材料；微机电系统；奈尔温度；能斯特效应；光纤；相变；磷测温法；摄影；热电效应；辐射；耐火材料；橡胶带热力学；塞贝克效应；影像图（X光摄影）；形状记忆合金；形状记忆聚合物；焊接；声波风速仪；声速；声表面波；热收缩；热膨胀；热霍尔效应；热辐射；热冲击；热电子发射；热敏电阻；热毛细对流；热电阻效应；热声学；热致变色涂料；热致变色；热电偶；温度记录法（热成像）；汤普森效应；蒸气压；惠斯登电桥
32. Time 测量时间24项	蠕变；分解（生物）；腐蚀（侵蚀）；棘轮（擒纵装置）；福特黏度杯；自由落体；谐波振荡器；焦耳伦茨效应；光；微波激射器；摆；渗透；压电效应；放射性衰变；共振；混响；定位（稳定）；太阳能；声速；频闪效应；热致发光；飞行时间；转矩振动器；风化
33. Translucency 测量透明度7项	光；光电导性；光伏效应；辐射；后向反射器；影像图（X光摄影）；温度记录法（热成像）
34. Viscosity 测量黏度25项	泡沫；泡沫黏度计；表面张力波效应；库爱特气（液）流；阻力；驱动谐波振荡；落球黏度计；磁流体；福特黏度杯；卡门涡街；薄片（瓣）；塑性计；流变仪；旋转式黏度计；沉淀；搅拌；极限速度；飞行时间；涡轮机；U形管黏度计；超声波；振动式黏度计；黏度计；水轮机；察恩（Zahn）杯
35. Volume 测量体积15项	波义耳定律；电容；介电常数；位移；回声波；电阻抗层析成像；电阻率层析成像；几何；磁致弹性效应；长冈本田效应；摄影测量；孔隙度；共振；混响；层析X光摄影
36. Weight 测量重量38项	加速度计；胶粘剂；安培力法则；阿基米德原理（浮力）；细胞增大的材料；细胞增大的结构；平衡；布尔登弹簧；量热仪；压缩；动量守恒；蠕变；旋风分离；弹性；电磁铁；机电薄膜；断口发光；几何；引力；杠杆；液晶；磁性；机械致发光；光纤；光致弹性；压电式加速度计；压电效应；压致发光；压阻效应；可塑性；电磁阀；弹簧；静摩擦；表面声波；张力；极限速度；扭矩弹簧；弱点

353

子表5——稳定物质属性参数的效应表

属性参数	效　　应
1. Brightness 稳定亮度69项	吸收（电磁辐射）；吸收型过滤器；声光效应；生物发光；布儒斯特角；层；胶状体；克顿－莫顿效应；二向色滤光片；介质反射镜；衍射；电光效应；电致变色；电致发光；电子束；电镀；法布里－珀罗干涉仪；反馈；过滤器（光学）；絮凝；荧光；对焦；弗朗茨·凯尔迪什效应；菲涅尔透镜；凝胶；迟滞；克尔效应；透镜；光；光二极管；液晶；发光；Lyot 滤光器；微机电系统；微球；莫尔效应；纳米复合材料；有机发光二极管；磷光；光致变色；光致弹性；光致发光；光子晶体；全光摄影；泡克耳斯效应；极化；防腐剂；棱镜；辐射；辐射发光；冗余；反射；折射；后向反射；散射；阴影；溶胶；太阳能；光孤子；声致发光；空间滤波器；超级黑；热辐射；热致变色涂料；热致变色；薄膜；全内反射；氚；波导（光学）
2. Colour 稳定颜色53项	吸收（电磁辐射）；吸收型过滤器；声光效应；布儒斯特角；克里斯坦森效应；涂层；胶体；二向色滤光片；多普勒效应；电光效应；电致变色；电致发光；电泳；电镀；乳化液；法布里－珀罗干涉仪；反馈；过滤器（光学）；絮凝；荧光；凝胶；外差；迟滞；彩虹色；光；发光二极管；液晶；Lyot 滤光器；纳米复合材料；有机发光二极管；光致变色；光致弹性；摄影；光致发光；全光摄影；极化；防腐剂；压敏涂料；棱镜；辐射；辐射发光；氧化还原反应；还原；冗余；折射；溶胶；太阳能；热辐射；热致变色涂料；热致变色；薄膜；全内反射；丁达尔效应
3. Concentration 稳定浓度17项	压缩；结晶；驻极体；电渗；电泳；反馈；絮凝；流化；水凝胶；迟滞；液膜；液－液萃取；渗透；物理抑制；防腐剂；半透膜；过饱和
4. Density 稳定密度36项	曝气；消泡剂；泡沫陶瓷；压缩；风扇；反馈；絮凝；流化；力；冷冻；气体压缩机；孔；迟滞；殷钢；磁性形状记忆；磁弹性效应；磁容积效应；泡沫金属；微乳液；负热膨胀；渗透压力；相变；物理抑制；孔隙度；防腐剂；增压；泵；净化；冗余；网状泡沫；辊（滚轮）；形状记忆合金；形状记忆聚合物；超临界流体；镶嵌；零热膨胀
5. Electrical Conductivity 稳定电导率41项	防熔丝；涂层；胶体；德拜－法尔肯哈根效应；介电常数；二极管；接地；电阻；电镀；反馈；滤波器（电子）；流化；凝胶；加热；迟滞；电感器；电离；约瑟夫森效应；发光二极管；磁阻；泡沫金属；相变；光导；光伏效应；压阻效应；聚四氟乙烯（PTFE）；普尔－弗兰克效应；孔隙度；防腐剂；冗余；继电器；分流；集肤效应；溶胶；电磁线圈（电磁阀）；溶剂化；超导；热电子发射；热敏电阻；热电阻效应；弱点
6. Energy 稳定能量72项	储存器（能量）；角动量；角动量守恒；弹道摆；电池（电力）；泡沫；电容；密闭包装；保护；动量守恒；库仑定律；居里点（磁性）；电介质；接地；弹性恢复；电能储存器；吸热反应；反馈；发酵；电子式过滤器；流体电池；电子式过滤器；流体电池；荧光；飞轮；力；燃料电池；陀螺仪；谐波振动器；热管；散热器；液压蓄能器；液压跳转；迟滞；电感；发泡（膨胀）材料；潜热；磁致弹性效应；磁致伸缩；机械蓄能器；机械力；亚稳态；摆；相变；磷光；光合作用；压磁；潜势阱；辐射；反作用轮；氧化还原反应；氧化；冗余；共振；橡胶带热力学；分割；分流；太阳能；孤子；溶剂化；超导；终端速度；热能储存器；保温；热辐射；薄膜；扭矩振荡器；调谐质量阻尼器；涡轮机；水轮机；威德曼效应；沸石

附录3　操作物质属性参数实现功能的效应知识库

（续）

属性参数	效　应
7. Flow 稳定流量 145项	翼型；宾汉姆塑料；边界层；边界层抽吸；气泡；色谱法；凝血；梳子；库埃特流；胀流性；涡流；弹性恢复；弹性；电场；电渗；电渗流；电流体动力推进器；电水动力学；电磁铁；电磁感应；机电薄膜；电渗泵；电永磁；电流变效应；静电沉积；静电流体加速器；静电场；电黏滞效应；电致润湿；乳化液；夹带；风扇；磁流体；铁磁性；过滤器（物理）；散热片；絮凝；流动分离；泡沫；箔（流体力学）；力；强制对流；摩擦；漏斗；气体压缩机；凝胶；万有引力；槽；地面效应；引导式转子压缩机；孔；液压蓄能器；液压缸；水力空化；叶轮；惯性；离子斥力/引力；离子风；喷射流；薄片；层流；莱顿-弗罗斯特效应；杠杆；直线电机；洛仑兹力；磁场；磁性；磁流体效应；磁致变液；马朗格尼效应；机械力；泡沫金属；亚稳态；微机电系统；微球体；混合对流；转动惯量；蒙脱石；纳米复合材料；纳米泡沫；纳米多孔材料；绒毛；非牛顿流体；成核现象；（液体）渗透；渗透压；降落伞；蠕动；蠕动泵；调相；光泳；物理控制；泊松效应；孔隙率；势阱；沉淀；压力梯度；压力增加；加压；泵；辐射压力；复冰现象；网状泡沫；反向扩散；反向渗透；流变性；辊；螺纹；沉降；半透膜；Senftleben-Beenakker效应；剪切增稠；剪切稀化；溶胶；海绵；斯托克斯漂移；吸入；过冷；超临界流体；超亲水性；表面活性剂；温度梯度；终端速度；特斯拉涡轮机；特斯拉瓣膜导管；热毛细对流；热磁电机；触变性；托马斯效应；潮汐发电；涡轮机；湍流；超声波毛细管效应；真空；阀门；范德瓦尔斯力；蒸气压；文丘里效应；涡流发生器；水轮机；失重；润湿；风；风力发电；零热膨胀
8. Force 稳定力 93项	储存器（能量）；角动量守恒；阿基米德原理（浮力）；平衡；双金属片；滑轮车组；边界层；刷；离心力；压缩；动量守恒；库仑定律；曲轴；恒定宽度的曲线；变形；三角接地效应；抗磁性；膨化；阻力；弹性恢复；弹性；电场；电水动力学；电磁铁；电流变效应；静电感应；电致收缩；反馈；铁磁流体；铁磁性；飞轮；力；电流计；齿轮；陀螺仪；哈尔巴赫阵列；胡克定律；液压蓄能器；迟滞；电离；约翰逊-拉别克效应；拉格朗日点；杠杆；磁河；磁性形状记忆；磁致弹性效应；磁流体效应；磁致变体；磁致伸缩；磁致容效应；机械蓄能器；机械优势；机械力；迈斯纳体；Misznay沙费丁效应；负热膨胀；渗透；降落伞；帕斯卡定律；摆；压电效应；压磁；伪弹性；泵；棘轮；反应（物理）；冗余；共振；触变性；火箭；辊；橡胶带热力学；分割；形状记忆合金；形状记忆聚合物；剪切增强；电磁线圈/（电磁阀）；弹簧；静摩擦；斯图尔特平台；应力松弛；恒定宽度的表面；张力；特斯拉涡轮机；热收缩；热膨胀；扭转弹簧；速度比；维拉利效应；黏弹性；轮轴；威德曼效应；翼地效应
9. Frequency 稳定频率 34项	声光效应；气动弹性颤振；布儒斯特角；泡沫；多普勒效应；擒纵装置；反馈；过滤器（电子式）；荧光；齿轮；耿氏效应；谐波振荡器；外差；迟滞；电感；发光二极管；Lyot滤波器；莫尔效应；Oloid曲面；摆；压电效应；冗余；共振；混响；螺纹；光孤子；扭曲双锥；斯图尔特平台；黏滑现象；表面声波；扭矩振荡器；振动；波导；滚轮
10. Friction 稳定摩擦 55项	声润滑；胶粘剂；休止角；消泡剂；球；滚珠轴承；边界层；边界层抽吸；刷；涂料；Couette库爱特气（液）流；恒定宽带的曲线；类金刚石碳；膨胀；驻极体；电动轴承；电镀；电流变效应；静电沉积；电致收缩；电滞效应；反馈；磁流体；铁磁性；氟代石墨烯；流化；馏分（分形）形式；冻结；壁虎脚猪鬃阵列；迟滞；层流；润滑；磁悬浮；迈纳斯体；纳米复合材料；绒毛；降落伞；聚四氟乙烯（PTFE）；孔隙度；棘轮；冗余；共振；静摩擦；超润滑；固定宽带的表面；张力；薄膜；汤姆斯效应；超声波振动；振动；涡流发生器；步行；磨损；车轮；翼地效应

（续）

属性参数	效应
11. Hardness 稳定硬度 27 项	阻泡剂；宾厄姆塑料；表面硬化；涂料；胶体；类金刚石结构碳；膨化；弹性；电镀；电流变效应；反馈；流化；凝胶；水合物；迟滞；层压；相变；光致聚合；孔隙度；防腐剂；冗余；辊；冲击硬化；溶胶；薄膜；黏弹性；玻璃化
12. Heat Conduction 稳定热传导 25 项	消融；平流；泡沫陶瓷；对流；波纹；电镀；吸热反应；风扇；反馈；流化；气体压缩机；热管；孔；迟滞；发泡（膨胀）型材料；莱顿弗罗斯特效应；马吉里吉-勒杜克影响；泡沫金属；孔隙；冗余；耐火材料；网状泡沫；Senftleben Beenakker 效应；保温；弱点
13. Homogeneity 稳定均匀度 21 项	胶体；扩散阻挡层；电流变效应；反馈；滤波器（物理）；絮凝；流化；分馏；冷冻；凝胶；孔；迟滞；渗透；物理抑制；孔隙度；沉淀；防腐剂；溶胶；溶剂化；过冷；玻璃化
14. Humidity 稳定湿度 21 项	吸收（物理）；活性氧化铝；吸附；压缩；风扇；反馈；流体喷雾；冷冻干燥；水凝胶；磁滞；纳米材料；渗透；物理抑制；孔隙度；冗余；半透膜；溶解（溶剂化）；过热；超声波振动；蒸气压；沸石
15. Length 稳定长度 46 项	宾汉姆塑料；压缩；库仑定律；恒定宽度的曲线；弹性恢复；弹性；电镀；电致收缩；反馈；磁流体；流化；折叠；力；冻结；螺旋；铰链；虎克定律；双曲面；迟滞；殷钢；结；磁性形状记忆；磁致弹性效应；磁致伸缩；迈纳斯体；负热膨胀；折纸；光致塑性效应；压电效应；压磁；塑性；泊松效应；冗余；橡胶带热力学；螺纹；形状记忆合金；形状记忆聚合物；弹簧；斯图尔特平台；应力松弛；恒定宽度的表面；拉伸；热收缩；热膨胀；黏弹性；零热膨胀
16. Magnetic Properties 稳定磁化率 20 项	巴涅特效应；毕奥-萨伐尔效应；居里点（铁磁）；三角接地效应；抗磁性；反馈；磁流体；哈尔巴赫阵列；霍普金森效应；迟滞；磁滞；磁河；磁饱和；磁弹性效应；长冈本田效应；压磁；冗余；电磁；超导；超抗磁性
17. Orientation 稳定方向 73 项	胶粘剂；角动量；各向异性；平衡；双金属片；猫正位反射；离心调速器；科利奥利力；氰基丙烯酸酯；阻尼；阻力；涡流阻尼；弹性恢复；电动轴承；电磁铁；静电；电致收缩；擒纵装置；爆炸焊接；反馈；鳍状物；飞轮；摩擦焊接；电流计；Garshelis 效应；壁虎脚猪鬃阵列；万向节；引力；槽；地面效应；陀螺仪；哈尔巴赫阵列；螺旋；钩；迟滞；惯性；喷气阻尼；层流；伦敦分散力；磁场；磁性形状记忆；磁致弹性效应；磁流体效应；磁致伸缩；机械紧固件；机械力；绒毛；降落伞；物理抑制；压电效应；压磁；针；齿条和齿轮；辐射压力；棘轮；反作用轮；冗余；鲁洛三角形；膛线；形状记忆合金；形状记忆聚合物；电磁阀；气泡水准仪；斯图尔特平台；斯托克布里奇阻尼器；张拉；镶嵌；汤姆斯效应；调谐质量阻尼器；范德瓦耳斯力；维可牢尼龙搭扣；焊接；威德曼效应
18. Polarisation 稳定偏振率 13 项	布儒斯特角；层；介电常数；法拉第效应；反馈；过滤器（电子式）；过滤器（光学）；迟滞；液晶；光致弹性；冗余；薄膜；福格特效应
19. Porosity 稳定孔隙率 73 项	3D 打印；胶；吸附；阳极氧化；消泡剂；细胞增大的材料；细胞增大的结构；细胞增大空隙；洞；粘结剂；边界层；巴西果效应；泡沫；泡沫陶瓷；密封包装；凝固（冻结）；涂层；胶体；压缩；逆压电效应；形变；扩散；弹性；电渗透；电渗流；电水动力学；机电薄膜；电泳；电流变效应；电致伸缩；电滞效应；电致润湿；反馈；滤波器（物理）；流化；馏分（分形）形式；自由对流；凝胶；几何；等压热冲压；迟滞；液膜；磁流体效应；磁流变流体；磁致伸缩；泡沫金属；微机电系统；分子筛；纳米复合材料；纳米材料；负热膨胀；嵌套；非牛顿流体；渗透的压力；压磁；孔隙度；防腐剂；压力增加；冗余；网状泡沫；触变性；半透膜；剪切增稠；剪切变稀；溶胶；超临界流体；拉伸；热收缩；热膨胀；触变性；阀；玻璃化冷冻；沸石

附录3 操作物质属性参数实现功能的效应知识库

（续）

属性参数	效　应
20. Position 稳定位置82项	胶；角动量；平衡；滚珠轴承；双金属片；泡沫；密闭包装；库仑阻尼；库仑定律；氰基丙烯盐酸酯；阻尼；抗磁性；涡流阻尼；弹性恢复；电动轴承；电磁铁；电泳；静电；电致伸缩；电黏滞效应；擒纵装置；爆炸焊接；反馈；摩擦焊接；漏斗；电流计；壁虎脚猪鬃阵列；引力；槽；地面效应；钩；迟滞；殷钢；约翰逊-拉别克效应；结；拉格朗日点；伦敦分散力；磁悬浮；磁河；磁性形状记忆；磁；磁致弹性效应；磁流体效应；磁致伸缩；机械紧固件；机械力；微球；纳米维可牢搭链；绒毛；负热膨胀；降落伞；摆；物理抑制；压电效应；压磁；销钉（枢轴）；势差阱；泵；辐射压力；棘轮；反作用轮；冗余；鲁洛三角形；膛线；形状记忆合金；形状记忆聚合物；电磁阀；静摩擦；斯图尔特平台；黏滑现象；斯托克布里奇阻尼器；应力松弛；频闪效应；张拉；镶嵌；调谐质量阻尼器；范德瓦耳斯力；维可牢尼龙搭扣；黏性阻尼；焊接；威德曼效应；零热膨胀
21. Power 稳定功率32项	电池（电力）；集中光伏；曲轴；电气蓄能器；电子束；电流变效应；反馈；飞轮；迟滞；电感；磁饱和；磁流体效应；磁流体；机械蓄能器；摆；光电效应；光致电离；光伏效应；泵；热电效应；冗余；继电器；共振；塞贝克效应；分流；集肤效应；太阳能；电磁阀；超导；储热能器；热电阻效应；轮轴
22. Pressure 稳定压强74项	储存器（能量）；边界层；边界层抽吸；毛细管压力；压缩；德·拉瓦尔喷嘴；三角接地效应；膨胀；弹力恢复；弹性；电水动力学；电致伸缩；风扇；反馈；铁磁性；翅；力；气体压缩机；齿轮；胡克定律；液压蓄能器；液压油缸；迟滞后；叶轮；层流；杠杆；磁性形状记忆；磁致弹性效应；磁致伸缩；机械优势；Misznay-沙尔丁效应；负热膨胀；渗透；渗透压力；帕斯卡定律；蠕动；物理抑制；压电效应；压磁；泊松效应；孔隙率；增压；泵；棘轮；氧化还原反应；还原；冗余；共振；火箭；辊；橡胶带热力学；螺纹；半透膜；形状记忆合金；形状记忆聚合物；电磁阀；弹簧；斯图尔特平台；应力松弛；超临界流体；温度梯度；张力；特斯拉瓣膜导管；热声学；扭力弹簧；阀；蒸气压；文丘里效应；黏弹性；涡流发生器；磨损；威德曼效应；翼地效应；零热膨胀
23. Purity 稳定纯度18项	活性炭；扩散阻挡层；驻极体；电渗；酶；反馈；絮凝；分馏；吸除气；迟滞；液膜；渗透；相变；物理抑制；防腐剂；氧化还原反应；还原；真空
24. Rigidity 稳定刚度36项	阻泡剂；宾厄姆塑料；泡沫陶瓷；密闭包装；胶体；压缩；波纹；膨胀（发泡）；弹性；电流变效应；反馈；磁流体；铁磁性粉末；翅；凝胶；孔；水合物；迟滞；叠层（层压）；磁致变流液；泡沫金属；相变；光塑性效应；光致聚合；孔隙度；防腐剂；冗余；网状泡沫；溶胶；张力空气梁；张拉；张力；调谐质量阻尼器；黏弹性；玻璃化；焊接

（续）

属性参数	效应
25. Shape 稳定形状61项	胶粘剂；消泡剂；细胞增大的材料；细胞增大的结构；泡沫；凝聚力；胶体；压缩；弹性恢复；弹性；电流变效应；电致伸缩；挤压；反馈；发酵；铁磁流体；铁磁性粉末；折叠；自由落体；冷冻；凝胶；疏水；迟滞；殷钢；磁性形状记忆合金；磁致弹性效应；磁致变流体；磁致伸缩；记忆泡沫；莫比乌斯带；纳米复合材料；负热膨胀；光致塑性效应；光致聚合；物理抑制；压磁；势差阱；防腐剂；冗余；鲁洛三角形；辊；直纹曲面；选择性激光烧结；形状记忆合金；形状记忆聚合物；烧结；溶胶；孤子；溶剂化；应力松弛；表面张力；张力空气梁；张拉；镶嵌；调谐质量阻尼器；玻璃化；磨损；失重；焊接；威德曼效应；零热膨胀
26. Sound 稳定声音14项	声学透镜；气动声学；多普勒效应；反馈；迟滞；声子晶体；压电效应；冗余；共振；混响；光孤子；黏滑现象；热声发动机；振动
27. Speed 稳定速度68项	声润滑；角动量；角动量守恒；离心力；离心调速器；曲轴；阻力；涡流；电水动力学；电磁铁；电磁感应；电流变效应；电致伸缩；电黏滞效应；风扇；反馈；铁磁流体；铁磁性粉末；铁磁性；飞轮；泡沫；铝箔（流体力学）；力；自由落体；摩擦；齿轮；凝胶；引力；胡克定律；迟滞；叶轮；惯性；层流；直线电机；洛仑兹力；磁悬浮；磁河；磁性；磁流体效应；机械蓄能器；机械力；非牛顿流体；降落伞；摆；滑轮；辐射压力；棘轮；冗余；火箭；辊；螺纹；剪切增稠；剪切变稀；声速；搅拌；频闪效应；表面张力；极限速度；触变；调谐质量阻尼器；涡轮机；阀；速度比；文丘里效应；步行；磨损；轮轴；翼地效应
28. Strength 稳定强度29项	宾汉姆塑料；表面硬化；密闭包装；压缩；波纹；氰基丙烯盐酸；反馈；氟代石墨烯；流化；石墨烯；孔；迟滞；层压（叠合）；磁流体；泡沫金属；折纸；相变；物理抑制；孔隙度；防腐剂；冗余；耐火材料；辊；冲击硬化；张力空气梁；张力；玻璃化；弱点；焊接
29. Surface Area 稳定表面积32项	消泡剂；球（滚珠）；泡沫；泡沫陶瓷；凝聚力；恒定宽度的曲线；弹性恢复；弹性；电致收缩；电致润湿；反馈；磁流体；流体喷雾；折叠；孔；憎水；迟滞；殷钢；荷叶效应；迈斯纳体；泡沫金属；折纸；物理抑制；冗余；网状泡沫；橡胶带热力学；球体；固定宽度的表面；镶嵌；磨损；失重；零热膨胀
30. Surface Finish 稳定表面粗糙度14项	泡沫；涂料；电镀；外延；反馈；铁磁性粉末；迟滞；荷叶效应；物理气相沉积；防腐剂；冗余；烧结；薄膜；磨损

附录3 操作物质属性参数实现功能的效应知识库

（续）

属性参数	效应
31. Temperature 稳定温度 126 项	消融；吸收（电磁辐射）；储存器（能量）；绝热冷却；绝热加热；平流；曝气；气动加热；气凝胶；气溶胶；双金属片；沸腾；Bong 冷却器；布雷顿循环；卡诺循环；泡沫陶瓷；化学粘结；涂层；复合材料；复合；传导（热）；对流；冷却；波纹；居里点（铁磁）；居里点（压电式）；德·拉瓦尔喷嘴；分解（生物）；电阻；电热效应；电致变色；电磁感应；吸热反应；熵爆炸；爱立信周期；厄廷好森效应；蒸发；放热反应；风扇；反馈；铁磁性粉末；过滤器（光学）；鳍状物；闪蒸；流体喷雾；荧光；泡沫塑料；冷冻；菲涅尔透镜；摩擦；易熔合金；气体压缩机；热力发动机；换热器；热管；散热器；加热；孔；水合物；迟滞；炽热；感应加热；红外辐射；膨胀材料；焦耳-楞次效应；焦耳-汤姆逊效应；卡里纳循环；潜热；莱顿弗罗斯特效应；镜头；光；液晶；回路热管；磁制冷；磁致热效应；磁致弹性效应；磁致伸缩；机械致热效应；熔化；微波辐射；纳米泡沫状物；奈尔温度；珀尔帖效应；相变；物理抑制；孔隙；伪斯特林循环；脉冲管制冷机；泵；热解；辐射；朗肯循环；兰克-赫尔胥效应；氧化还原反应；还原；冗余；反射；耐火材料；网状泡沫；里吉勒杜克效应；橡胶带热力学；塞贝克效应；西门子循环；太阳能；喷雾；斯特林循环；斯托达德引擎；热收缩；储热器；热膨胀；热霍尔效应；保温；热辐射；热声引擎；热声学；热致变色涂料；热致变色；热电偶；热分解；热磁对流；汤普森效应；蒸腾；润湿；威德曼影响；风冷；沸石
32. Time 稳定时间 4 项	Blinovitch 限制效应；迟滞；摆；摄影
33. Translucency 稳定透明度 54 项	吸收型过滤器；曝气；气溶胶；各向异性；细胞增大的空隙；刷；泡沫；胆甾基液晶；克里斯坦森效应；涂层；胶体；梳状物；二向色滤光片；电光效应；电沉积；反馈；过滤器（光学）；絮凝；泡沫状物；弗朗茨·凯尔迪什效应；几何；孔；干扰；克尔效应；透镜；液晶；Lyot 滤光器；微机电系统；微乳液；纳米复合材料；嵌套；光纤；茴香效应；相变；光致变色；光子晶体；泡克尔斯效应；泊松效应；棱镜；净化；稀薄；反射；折射；散射；定位；X 光摄影；空间滤波器；悬挂；热致变色涂料；热致变色；薄膜；真空；波导；波导（光学）
34. Viscosity 稳定黏度 25 项	曝气；宾汉姆塑料；边界层；胶体；膨化；电流变效应；电黏滞效应；乳化液；反馈；磁流体；流化；凝胶；滞后；磁致变流体；微乳液；微球；蒙脱石；相变；光聚合；防腐剂；触变性；Senftleben-Beenakker 效应；溶胶；超临界流体；黏弹性
35. Volume 稳定体积 33 项	消泡剂；球（滚珠）；泡沫；压缩；反馈；流化；力；气体压缩机；双曲面；迟滞；殷钢；磁性形状记忆；磁致弹性效应；磁致体积效应；迈斯纳体；负热膨胀；嵌套；渗透；泊松效应；孔隙度；防腐剂；增压；泵；冗余；螺纹；形状记忆合金；形状记忆聚合物；超临界流体；过热；镶嵌；热收缩；热膨胀；零热膨胀
36. Weight 稳定重量 19 项	阿基米德定律（浮力）；滑轮车；对流；反馈；铁磁性；自由跌落；地面效应；孔；滞后；磁悬浮；磁性；降落伞；孔隙度；防腐剂；净化；氧化还原反应；还原；冗余；斯图尔特平台

附录 4 科学效应总表（922 个效应）

效应名称	注解与说明
1. 3D Printing 三维打印（3D 打印）	使用材料打印机依据电子文件创建三维物体的过程，与纸面上印刷图像相似。这个效应与分层激光烧结增材制造技术最密切相关，目标对象是由连续的材料层堆砌而成的
2. Ablation 烧蚀	烧蚀是指因为气化等其他腐蚀作用，导致某物体表面有物质脱落的现象。这种技术在航天器返程、冰川研究、医药研制和被动消防等领域中尤其重要。在航天器设计中，烧蚀用于冷却并保护可能被极端高温造成严重损害的机械部件和/或装载物
3. Abrasion 研磨	在擦除、刮除、磨掉等使表面发生脱落变形的处置过程中，可以有意识地使用一种研磨剂来控制这个处置过程
4. Absorption（Physical） 吸收（物理）	一种原子、分子或离子进入一些体相——即气体、液体或固体物质的物理或化学现象或过程。这是一个与吸附不同的过程，因为吸收过程中的分子融入新物质，而不是表面的吸附
5. Absorption（EM Radiation） 吸收（电磁辐射）	量子能量一般被物质的微电子所吸收，转换成另一种能量，例如热能
6. Absorption Spectroscopy 吸收光谱	通过与样品的作用，根据辐射的频率或者波长来测量辐射吸收比率的光谱技术
7. Absorptive Filter 吸收型过滤器	该过滤器在传送入射波的同时，能吸收其中某些波长的辐射波
8. Accelerometer 加速度测量仪	一个通过反作用力来测量加速度和重力加速度的仪器
9. Accumulator（energy） 储能器	用一些方式来储存能量的各种装置。诸如可充电的蓄电池或是液压式的储能器。可以是电的、流体的或是机械的。有时将一个小的连续的能源转换成一个短期能量激增的能源，或反之亦然。其他的例子包括电容器、蒸汽储能器、飞轮和水轮机发电站等
10. Acoustic Cavitation 声空化（声气蚀）	由气蚀引起的声场。通常存在于液体中的微观气泡由于所施加的声场的作用将被强制振荡。如果声波的强度足够高，气泡的体积将首先变大，然后迅速破裂引起高功率超声波。通常用微观真空气泡的惯性空化处理液体和泥浆表面

附录4 科学效应总表（922 个效应）

（续）

效应名称	注解与说明
11. Acoustic Emission 声发射	材料中局域源快速释放能量产生瞬态弹性波的现象。声发射（AE）现象可能在材料开始崩坏时迅速发生。声发射常见的研究包括疲劳裂纹的复合材料的延伸，或纤维断裂。AE 是关系到能量的不可逆释放，并且可以从源头开始研究。不涉及材料失效，但包括摩擦、气蚀和冲击影响
12. Acoustic Len 声透镜	一种机械装置，被用于扬声器的设计和超声成像，还被用于指示和修改声波，其方式与光透镜类似
13. Acoustic lubrication 声润滑	声音带来的振动造成滑动面（或一系列粒子之间）之间分离。这个频率的声波正好能带来最佳的振动，此时就会引起声波润滑效应。所需的声音的频率，随粒子的大小而变化（高频率将会对砂砾产生作用，低频率将会对岩石产生作用）
14. Acoustics 声学	声学是使用机构产生振动或机械波，并进行波的传播和接收
15. Acousto-optic Effect 声光效应	声光效应是光弹性学中的一种特殊情况，在这种情况下物质的介电常数会发生改变。这种改变源于声波引发的机械应变，而声波是由透明介质改变折射率引发的。这个过程中创造了一种衍射光栅，它的速度由声波在媒介中的传播决定。此过程中会使光形成非常显著的衍射图样
16. Activated Alumina 活性氧化铝	指进行过加工的氧化铝（三氧化二铝），加工后具有纳米多孔结构
17. Activated Carbon 活性炭	活性炭具备很多微孔，通过这种方式来增大炭的表面积，使它具备吸附功能或者能够进行化学反应。由于具备很多微孔，仅 1g 活性炭的表面积就超过 $500m^2$。通过很大的表面积达到有效的激活水平，而进一步的化学处理常常能够提高其吸附性能
18. Added Mass 附加质量	或称虚拟质量。因为加速或减速的物体必须移动（或偏转），周围一些量的流体移动通过它，系统的惯性被添加
19. Adhesive 胶粘剂	胶粘剂是来源于天然的或是合成的化合物，可以将两个物体粘附或胶合在一起。现代的一些胶粘剂的吸附力非常强大，因此在现代建筑和工业中变得越来越重要
20. Adiabatic Cooling 绝热冷却	当物质自身的压力降低，并对周围环境做功时，便发生绝热冷却过程。绝热冷却不需要涉及流体
21. Adiabatic Heating 绝热升温	当周围物体做功导致气压上升时，绝热升温过程便出现，例如活塞运动。柴油机在压缩冲程时正是靠绝热升温原理来给燃烧室内的混合气体点火的
22. Adsorption 吸附作用	气体或液体的溶质在固体或液体（吸附剂）表面上积累，形成分子或原子（吸附质）薄膜的过程。大多数工业吸附剂分为三大类：①含氧化合物（硅胶和沸石）；②碳基化合物（例如活性炭和石墨）；③聚合物

（续）

效应名称	注解与说明
23. Advection 平流	在化学和工程学中，平流是传送物质的一种手法。因为流体基本是以一种特有的方向运动的，因此平流又是流体的一种守恒属性。例如，河流中的淤泥或污染物的传送
24. Aeolipile 汽转球	有类似火箭的、一个气密室（一般是球体或圆柱体）喷气发动机，在同一个轴承上旋转。由于设计的喷嘴是弯曲或弧形的（叶端喷口），蒸汽垂直于轴承排出，依据火箭原理（牛顿第三定律），产生一种推力，使该装置得以发生自转
25. Aeration 曝气	曝气是指空气循环通过流体或物质，被混合或被溶解的这个过程，即在液体等物质中加入空气的过程。在这种情况下，总的比重是气体/液体混合的比重
26. Aerobic Digestion 好氧降解（好氧消化）	好氧消化是微生物在有氧的环境中进行生物降解的一系列过程
27. Aerodynamic Heating 气动加热	彗星、导弹或飞机等物体运动时周围的流体（如空气）在其周围通过从而产生的固体升温。这是一种强制对流传热模式，因为流场是由力作用而不是热功过程产生的
28. Aeroelastic Flutter 气动弹性颤振	颤振是一种自馈式的和潜在的破坏性振动，一个对象上的空气动力与其结构的固有振动结合产生快速的周期性运动。任何对象在强烈的液（气）流中，其结构的固有振动与空气动力之间出现正反馈的情况下，都可能发生颤振
29. Aerofoel 机翼	横截面为翼或者叶片（螺旋桨、旋转体或者涡轮机上面的）或者帆的形状。机翼形的物体在通过流体时，会受到一个垂直于运动方向的升力
30. Aerogels 气凝胶	气凝胶是密度为最低的多孔性固体制造材料，在这种凝胶中液体成分已被替换为气体，是一个非常低密度的热绝缘固体
31. Aerophonics 气动声学	利用圆柱形管中空气的振动产生的声音。典型的情况是音乐会上用的管乐器
32. Aerosol 气雾剂	由固体或液体小质点分散并悬浮在气体介质中形成的胶体分散体系，又称气体分散体系。天空中的云、雾、尘埃，工业上和运输业上用的锅炉和各种发动机里未燃尽的燃料所形成的烟，采矿、采石场磨材和粮食加工时所形成的固体粉尘，人造的掩蔽烟幕和毒烟等都是气溶胶的具体实例
33. Air Entrainment 夹带空气	在加工泡沫混凝土时故意混入的空气（或者在其他材料中）。该气泡是在具有流动性、不硬化的混凝土搅拌过程中引入的，且大多气泡都成为了混凝土中的一部分。夹带空气的主要目的是为了提高硬化混凝土的耐久性，特别是在气候回暖冰融化时；次要目的是为了在塑性状态下提高混凝土的可加工性
34. Aggregated Diamond Nanorod 聚合钻石纳米棒	或简称 ADNR、超大钻石，在已知的材料中，钻石形的纳米晶体被认为是最硬的、最小可压缩的，作为不可压缩系数度量标准

附录4　科学效应总表（922个效应）

（续）

效应名称	注解与说明
35. Alternating Magnetic Field 交变磁场	在一定空间区域内连续分布的矢量场，磁铁周围的磁力线都是从N极出来进入S极，在磁体内部磁力线从S极到N极。每个矢量场（磁场）必须有N、S两极。交变磁场是N、S不断的交替变化。一般情况下只有通以交流电的电磁线圈才产生交变磁场
36. Ampère's Circuital Law 安培环路定律	表征恒定磁场基本特征的定律，它描述磁场强度的环路积分特性
37. Ampère's Force Law 安培力定律	安培力定律描述了两个载流导线之间的吸引或排斥的力
38. Amphiphiles 两亲化合物	化学化合物同时具有亲水性和疏水性能。肥皂和洗涤剂是常见的两亲性物质
39. Anaerobic Digestion 厌氧降解	微生物在缺氧的条件下，分解可生物降解材料的一系列处理过程。被广泛地用于泥泞的污水和有机的污水（废物）处理
40. Angle of Repose 休止角	或保持静止的临界角，与斜面有关，指使斜面上物体处于即将滑动的临界状态的斜面倾角。当大量颗粒状物质倒在水平面上，该物质将形成圆锥形的堆，圆锥表面和水平面的内角就是休止角，休止角与该物质的密度、表面积、颗粒形状以及摩擦系数都有关系
41. Angular Momentum 角动量	角动量是动量的旋转对应。一个旋转的飞轮有角动量
42. Angular Momentum Conservation 角动量守恒	在一个密闭系统中角动量是恒定的。当溜冰的人在旋转时把他的胳膊和腿移近旋转的垂直轴时，他的角速度会加速，这种现象就可以用角动量守恒来解释。通过把身体的一部分移近轴心，减小了身体的惯性力矩。由于角动量是恒定的，所以溜冰者的角速度（旋转速度）就一定会增加
43. Anisotropy 各向异性	晶体结构中有方向性的属性，不同方向上的质点排列方式不同，沿不同轴测量时，一些材料的物理特性（吸光率、折射率、密度等）的差异。例如光通过偏光透镜的现象
44. Annealing 退火	退火是冶金和材料学中为改变材料性能，如强度和硬度的一种热处理方法。该方法的过程是：将它们加热到所要求的温度，并维持一个适当的温度，然后给以冷却。利用退火诱发可锻性、消除内应力、改善结构和提高冷加工性能

（续）

效应名称	注解与说明
45. Anodising 阳极氧化	一种电解钝化过程，用于增加金属部件表面的自然氧化层的厚度。阳极氧化增强耐腐蚀性和耐磨损性，并为底层油漆和胶粘剂提供比裸金属更好的附着力。阳极氧化膜也可以用于一些美容效果，如可以吸收染料的厚的多孔涂层，或是增加反射光的干涉效应的薄的透明涂层
46. Antibubble 阻气泡	阻气泡是指气体的球面被薄层液体所包围，它与小液滴被薄层的气体所包围是相对立的。当液滴或流体紊动地进入同样的或另一种流体时，就会形成阻气泡。它们可以是通过液体的表面如水（即水珠），或是完全地直接潜入在液体中。阻气泡与气泡相比，以不同的方式反射光，因为它们是水滴，光进入水滴后以同样的方式朝向光源反射产生"虹"，由于这种反射，阻气泡具有明亮的外观
47. Antifoam 消泡剂	稳定反泡泡液滴集合（反泡泡：由气体薄膜包围的液滴，与气泡相反，球形状的气泡周围包围的是液体薄膜）
48. Antifuse 防熔丝	一种电气元件，它执行与熔丝相反的功能。熔丝具有低电阻并且可以永久性地破坏导电路径（通常是当路径上的电流超过规定极限时），而反熔丝具有高电阻并且可以永久性地创建导电路径（典型的发生条件是当加在熔丝上的电压超过一定水平时）
49. Arc Evaporation 电弧蒸发	阴极的表面引人注目的低电压高电流，产生一个小的发射高能量高温汽化区（阴极辉点），阴极材料以较高的速度汽化喷射，留下一个坑斑点。阴极斑点在很短的时间内自我熄灭，汽化区重新在一个靠近前面的坑斑点的新区域产生。这种行为会导致明显的弧线运动
50. Arch 拱	拱是弯曲的结构，变所有的力为压应力，从而消除了拉伸应力，跨越了空间，同时支持重量
51. Archimedes' Principle (Buoyancy) 阿基米德原理（浮力）	物理学中力学的一条基本原理。浸在液体（或气体）里的物体受到向上的浮力作用，浮力的大小等于被该物体排开的液体的重力。其公式可记为 $F_{浮} = G_{排} = \rho_{液} \cdot g \cdot V_{排液}$
52. Archimedes Screw 阿基米德螺旋	在圆筒内有一个旋转的螺杆形叶片结构装置。可用于输送液体、粉状或粒状形式的半流体固体，如煤炭和谷物
53. Argon Flash 氩气闪光	这是利用氩气或惰性气体的冲击波产生一种非常短暂的和非常明亮的闪烁光的一种方法。该装置由装满氩气的桶（容器）和装有一次性的固体炸药组成。爆炸产生的冲击波使气体加热到非常高的温度（超过1040K），于是气体发出强烈的可见闪烁和紫外线辐射。炸药量可以控制闪烁光的强度

附录4 科学效应总表（922个效应）

（续）

效应名称	注解与说明
54．Auger Effect 欧杰效应	以发现者法国人 Pierre Victor Auger 的名字命名的，是原子发射的一个电子导致另一个电子被发射出来的物理现象。当一个处于内层的电子被移除后，留下一个空位，高能级的电子就会填补这个空位，同时释放能量。通常能量以发射光子的形式释放，但也可以通过发射原子中的一个电子来释放。第二个被发射的电子叫作 Auger 电子。被发射时，Auger 电子的动能等于第一次电子跃迁的能量与欧杰电子的离子能之间的能差。这些能级的大小取决于原子类型和原子所处的化学环境。欧杰电子谱，是用 X 射线或高能电子束来产生欧杰电子，测量其强度和能量的关系而得到的谱线。其结果可以用来识别原子及其原子周围的环境。Auger 复合是半导体中一个类似的 Auger 现象：一个电子和空穴（电子空穴对）可以复合并通过在能带内发射电子来释放能量，从而增加能带的能量。其逆效应称作碰撞电离
55．Autofrettage 预应力处理	一种金属加工技术，加工过程中一个压力容器受到巨大压力引发内部部件断裂破碎，并导致内部有压缩的残余应力。预应力处理的目的是增强最终产品的耐用度。这项技术通常用于制造高压泵缸，以及战舰、坦克炮筒和柴油发动机的燃油喷射系统
56．Auxetic Materials 拉胀材料	拉胀材料指一种拉伸时在所施力的垂直方向上变厚的材料，也就是说，这种材料有负的泊松比。这样的材料有特殊的力学性能，如高能量吸收性和抗断裂性。可以在诸如以下场合应用，如防弹衣、填充材料、护膝和护肘、强防振材料和海绵拖把等
57．Auxetic Structures 拉胀结构	当材料被拉伸时，垂直施加的力变得增强，即它们有一个相反的泊松比。它们可包括复合材料、楔形的砖块构件、微孔聚合物、拉胀泡沫材料和蜂窝状物
58．Auxetic Voids 拉胀空隙	拉胀空隙材料含有孔、气孔、空腔或其他空隙的拉胀或结构。与传统的材料或结构相比，拉胀空隙材料在被拉伸时反应不同。例如，拉胀材料中的气孔或拉胀材料蜂窝孔中的巢室在受拉伸时会在横向和延展方向同时打开
59．Avalanche Breakdown 电子雪崩击穿	电子雪崩击穿是发生在绝缘体和半导体（固体、液体和气体）材料中的现象，该现象将引起绝缘体和半导体材料中流过大电流。在该现象中，材料中的电场强度足够大，以加速自由电子，自由电子撞击原子，以释放更多自由电子，不断循环，这样，自由电子的数量很快达到一定水平，形成大电流
60．Axle 轴（中心轴）	中心轴为一个旋转的轮子或齿轮的中心线

(续)

效应名称	注解与说明
61. Balance 秤	比较两个对象的重量（通常的质量）的仪器或方法
62. Ball 球（滚珠）	通常呈球形，但有时是卵形，有多种用途
63. Ball Bearing 滚珠轴承	一个环状轴承，包含大量的排成轨道的滚珠
64. Ballistic Pendulum 冲击摆	用于测量子弹的动量，它是可以计算的速度和动能的装置
65. Barkhausen Effect 巴克豪森效应	巴克豪森发现铁的磁化过程的不连续性，铁磁性物质在外场中磁化实质上是它的磁畴存在逐渐变化的过程，与外场同向磁畴不断扩大，不同向的磁畴逐渐减小。在磁化曲线的最陡区域，磁畴的移动会出现跃变，尤其硬磁材料更是如此 当铁受到逐渐增强的磁场作用时，它的磁化强度不是连续平衡地而是以微小跳跃的方式增大的。发生跳跃时，有噪声伴随着出现。如果通过扩音器把它们放大，就会听到一连串的"咔嗒"声，这就是"巴克豪森效应"。后来，人们认识到铁是由一系列小区域组成的，而在每个小区域内，所有的微小原子磁体都是同向排列的，巴克豪森效应才最后得到说明 每个独立的小区域，都是一个很强的磁体，但由于各个磁畴的磁性彼此抵消，所以普通的铁显示不出磁性。但是当这些磁畴受到一个强磁场作用时，它们会同向排列起来，于是铁便成为磁体。在同向排列的过程中，相邻的两个磁畴彼此摩擦并发生振动，噪声就是这样产生的。只有所谓"铁磁物质"具有这种磁畴结构，即这些物质具有形成强磁体的能力，其中以铁表现得最为显著
66. Barnett Effect 巴涅特效应	当铁磁体绕轴自旋时，铁磁体磁化，出现平行于旋转轴的磁力线
67. Barus Effect 巴拉斯效应	即黏弹性效应。流体通过喷嘴挤出时，流体的直径变得比喷嘴大的现象
68. Basset Force 巴色特力（巴吉力）	伴随着在流体中运动物体相对速度（加速度）的变化，造成边界层滞后扩展的力
69. Battery（Electricity） 蓄电池（电）	两个或多个存储能被转化成电能的电化学电池的组合

附录4 科学效应总表（922个效应）

（续）

效应名称	注解与说明
70. Bauschinger Effect 包辛格效应	包辛格效应就是指原先经过变形，然后在反向加载时弹性极限或屈服强度降低的现象，特别是弹性极限在反向加载时几乎下降到零，这说明在反向加载时塑性变形立即开始了。包辛格效应在理论上和实际上都有其重要意义。在理论上由于它是金属变形时长程内应力的度量（长程内应力的大小可用X光方法测量），可用来研究材料加工硬化的机制。工程应用上，材料加工成型时首先需要考虑包辛格效应，包辛格效应大的材料，内应力较大 包辛格效应分直接包辛格效应及包辛格逆效应。直接包辛格效应指拉伸后钢材纵向压缩屈服强度小于纵向拉伸屈服强度；包辛格逆效应在相反的方向产生相反的结果
71. Bernoulli Effect 伯努利效应	非黏滞不可压缩流体作稳恒流动时，流体中任何点处的压强、单位体积的势能及动能之和是守恒的，流体的速度增加的同时，流体压强或重力势能将减少
72. Betavoltaics 射线电池	实际上是蓄电池式的电流发生器。其使用的能源来自发射β粒子（电子）放射源。常用的能源是使用氢的同位素——氚。β电压使用非热的转换过程，这是与核动力源最大的不同。射线电池是特别适合作为长期工作低功率电器应用中的能量源
73. Binder 粘结剂	使两个或更多的混合物成分结合在一起的其他材料。它的两个主要属性是胶黏性和内聚力
74. Bi-Metallic Strip 双金属片	由两种不同的金属条带沿其整个长度连接。当钢带被加热或冷却时，由于两种金属条热膨胀的差异，导致金属条带弯曲
75. Bingham Plastic 宾汉姆塑料	一种黏塑性材料，在低受力作用下充当刚性体，但是在高受力作用下充当黏性流体。例如一般情况下牙膏是不会被挤出来的，只有在向管子施加一定的压力后，牙膏就像固态的堵塞物被推出，而它被挤出来之后牙膏口处的牙膏就变回一个固体塞
76. Bioluminescence 生物发光	指生物体发光或生物体提取物在实验室中发光的现象。它不依赖于有机体对光的吸收，而是一种特殊类型的化学发光，化学能转变为光能的效率几乎为100%，也是氧化发光的一种。生物发光的一般机制是：由细胞合成的化学物质，在一种特殊酶的作用下，使化学能转化为光能
77. Biot-Savart Effect 毕奥-萨伐尔效应	毕奥-萨伐尔效应（Biot-Savart Law）以方程描述，电流在其周围所产生的磁场。采用静磁近似，当电流缓慢地随时间而改变时（例如当载流导线缓慢地移动时），这定律成立，磁场与电流的大小、方向、距离有关。毕奥-萨伐尔效应适用于计算一个稳定电流所产生的磁场。这电流是连续流过一条导线的电荷，电流量不随时间而改变，电荷不会在任意位置累积或消失

（续）

效应名称	注解与说明
78. Birefringence 双折射	光束入射到像方解石晶体或氮化硼等向异性的晶体，分解为两束光（普通光或者非常光）的效应。它们是振动方向互相垂直的线偏振光，光在非均质体中传播时，其传播速度和折射率值随振动方向不同而改变，其折射率值不止一个。双折射是否发生取决于光的偏振度。这种效应只会在各向异性的材料中产生（定向依赖）
79. Blanching 酸洗	酸洗的目的是增白金属表面，通过各种手段，例如用酸浸泡或用锡涂覆。这个术语常用于硬币，在图像被印在硬币上之前，赋予表面亮泽和光彩
80. Blinovitch Limitatiom Effect Blinovitch 限制效应	一种虚构的物理时间行程意义的原理（和、像这样、不予认真对待）
81. Block and Tackle 滑轮组	用绳索或钢索穿过两个或更多个滑轮的系统。通常用它来提拉重物
82. Boiling 沸腾	相变的一种形式。通常当液体被加热到沸点温度时，液体的蒸气压与周围环境对液体施加的压力相等，液体就会快速汽化
83. Bolometer 测辐射热计	一种用于测量入射电磁辐射能量的装置。它包括一个吸收器，吸收器通过绝缘连杆吸收器连接到一个散热器（恒定温度的区域）。其结果是，被吸收体吸收的任何辐射都会使其温度高于该散热器的温度。能量被吸收得越多，温度就越高
84. Bong Cooler 钟状冷却器	钟状冷却器借助于蒸发冷却，能使冷却水的温度降至环境温度以下
85. Boundary Layer 边界层	边界层是指最邻近边界表面的流体层。边界层效应出现在所有的变化过程，发生在流动型态的场效应区。边界层会影响周围的非黏性流动
86. Boundary Layer Suction 附面层吸	用一台气泵抽取机翼或进气口处提取边界层的技术。以此改善气流，降低气流阻力
87. Bourdon Spring 布尔登弹簧	一种螺旋盘管，由于压力变化从而使盘管交替出现伸展或压缩
88. Boyle's Law 波义耳定律	又称 Mariotte's Law：在定量定温下，理想气体的体积与气体的压强成反比。是由英国化学家波义耳（Boyle），在 1662 年根据实验结果提出的："在密闭容器中的定量气体，在恒温下，气体的压强和体积成反比关系。"这是人类历史上第一个被发现的"定律"

附录4 科学效应总表（922个效应）

（续）

效应名称	注解与说明
89. Bragg Diffraction 布拉格衍射	布拉格衍射是三维周期性结构晶体中的原子，从不同的晶面反射的波之间的干扰的结果，该衍射类似于光栅衍射
90. Brayton Cycle 布雷顿循环	布雷顿热力循环，描述燃气涡轮发动机的工作原理，也是喷气发动机和其他发动机的基础
91. Brazil Nut Effect 巴西果效应	摇动含有不同大小颗粒的混合物，最终最大的颗粒将会上升到最上方，也称为麦片效应
92. Brazing 钎焊	填料金属或合金加热和熔化后，通过毛细作用焊接在两个或两个以上的部分之间的接合过程。薄薄的一层基体金属与熔融填充金属和焊剂相互作用，冷却后形成一个高强度的、密封的接头。根据定义，钎焊合金的熔点大致上比被接合材料的熔点低
93. Brewster's Angle 布儒斯特角	也就是偏振角，是特定的偏振光的入射角，完全地透过电介质表面，没有反射。当非偏振光在这个角度入射时，从表面反射的光会完全极化
94. Brillouin Scattering 布里渊散射	当介质（如空气、水或晶体）中的光随着时间相关性的光密度差异相互作用时，会发生布里渊散射，布里渊散射会改变光的能量（频率）和传播路径
95. Brinelling 布氏硬度试验	布氏硬度标尺装载在材料试验片上，通过硬度计压头的压入压痕比例来展示材料硬度的特性。适用于铸铁、非铁合金、各种退火及调质的钢材，不宜测定太硬、太小、太薄和表面不允许有较大压痕的试样或工件
96. Brinell Scale 布氏硬度标尺	布氏硬度标尺装载在材料试验片上，通过硬度计压头的压入压痕比例来展示材料硬度的特性
97. Brownian Motion 布朗运动	悬浮在液体或气体中的分子或颗粒的随机运动
98. Brownian Motor 布朗原动机	用激活热（化学反应）的方法，控制和用于在空间产生定向的运动，以及做机械功或电动功的一种纳米级或分子级组成的装置
99. Brush 刷	一种用猪鬃、线或者其他细丝制作的工具，用于清扫、修理的毛状物。利用液体可进行如刷上油漆、密封表面的缝隙、清理毛口以及其他类型的表面修整。一把带电刷给相对运动的对象之间提供导电，也可以为相对运动对象之间提供一个电气开关
100. Bubble 气泡	这是存在于另一种物质中的小球体，一般指在液体中的气体。由于马兰戈尼效应，泡沫可以保持完整无缺地到达浸入的液体表面上

（续）

效应名称	注解与说明
101. Bubble Viscometer 气泡（泡沫）黏度计	用于快速确定已知的液体中气泡上升所需要的时间，如树脂和清漆的运动黏度。气泡上升所需要的时间与液体黏度成反比，气泡上升越快，黏度越低
102. Buckypaper 巴克纸	它是由许多碳纳米管集聚而成的一个薄片，是用仅有人的头发五万分之一重量的分子制造的。最初，它被作为一种处理碳纳米管的方法，但它现在也被几个研究小组研究和发展到其他应用中，有希望作为装甲车的装甲、个人盔甲和下一代电子显示设备
103. Calorimetry 量热仪	热量测量是热力学的一个分支，测量化学反应或物理变化释放出的热量的科学。并据热效应研究物理和化学变化的规律的学科。测量热效应所用的仪器统称为量热仪或热量计
104. Cam 凸轮	凸轮可以是一个简单的齿，用于提供运动的脉冲，突出部的旋转轮或轴撞击在其圆形路径的一个或多个点上的杠杆，例如蒸汽锤功率的脉冲，或推动偏心盘或其他形状，产生一个平滑的往复运动。这种装置可把圆形运动变为往复式运动（或振荡）
105. Capacitance 电容效应	指装置或介质由于电势存储电荷。电荷存储设备最常见的形式是两板电容器。在输电线中因为传送地点的遥远，输电线的长度相当长，而输电线是并架、并行在一起的；此时这两根输电线就相当于电容器的两块导电电极，因此随着输电线的距离不断加长，在输电线的电容效应就越明显。一句话：电容效应就是指因输电线的距离遥远，导致输电线上的电容增大，从而影响输电线的传输效率。"电容效应"在学术文献中的解释：抬高电容电压的这种现象称为电容效应。对于输电线路而言，除了线路感性阻抗外，线路对地的电容也不能忽略；对于电缆线路，除了对地电容还要考虑相间电容
106. Capillary Action 毛细作用	含有细微缝隙的物体与液体接触时，浸润的液体在缝隙里上升或渗入，不浸润的液体在缝隙里下降的现象，称为毛细现象。这是液体和物质间黏附分子间作用力强（或弱）于液体内部分子间作用力的结果，在液体接触表面形成的凹（或凸）的液面。可引起液体的升高或降低（例如玻璃中的汞）
107. Capillary Condensation 毛细冷凝	通过该过程将蒸汽态从多分子层吸附到多孔介质中，使蒸汽态变为充满孔隙空间的冷凝液体。毛细管冷凝的独特性在于，在纯液体的饱和蒸汽压以下就能发生凝结。可以影响固体之间的接触以及改变宏观附着力和摩擦性能
108. Capillary Electrophoresis 毛细管电泳	一种根据它们的大小，在小的毛细管内部填充电解质来进行化学物质分离的技术

附录4 科学效应总表（922个效应）

（续）

效应名称	注解与说明
109. Capillary Evaporation 毛细管蒸发	液体在毛细管系统（例如一块多孔材料）内部的运输和随后在表面发生的蒸发。毛细蒸发器从热源吸收热量，尤其是在高热流条件下从热源吸收热量。毛细蒸发器包括一个具有多个肋的壳体，所述肋与现有的热源进行热交换
110. Capillary Porous Material 毛细多孔材料	通过毛细作用吸收或输送流体的一种多孔材料
111. Capillary Pressure 毛细管压力	毛细管中由弯曲液面上表面张力的合力形成的管内外两侧的压强差。是在毛（细）管中产生的液面上升或下降的曲面附加压力。该压力差与表面张力成正比，与界面的有效半径成反比
112. Capillary Wave Effect 毛细波效应	在两股流体之间移动的波。其动力受表面张力影响而不断变化。毛细波（表面张力波）通常被称为波纹（细浪），其波长通常小于几个厘米。在流体界面上的毛细波受表面张力和重力的影响外，还受流动惯性（惰性）的影响
113. Carbonitriding 碳氮共渗	碳氮共渗用于增加金属表面的硬度和弹性模量，在这个过程中，碳和氮原子以扩散进入金属原子的空隙金属，从而减少磨损。通常适用于廉价的、容易加工的低碳钢
114. Carburizing 渗碳	渗碳是一种热处理方法，在铁或钢被加热这过程中，分解的碳原子扩散进入金属空隙，铁或钢的外表面会比原来的材料具有较高的碳含量。当铁或钢通过淬火快速冷却，碳含量较高的外表面变硬，而核心保持柔软、强韧
115. Catalysis 催化作用	化学反应的速率通过催化剂的作用而增加。不同于其他参与化学反应的试剂，催化剂不会被消耗。通过降低反应的活化能，催化剂能显著提高反应速率。结果是产物的生成更迅速，反应也更快达到平衡状态
116. Carnot Cycle 卡诺循环	卡诺热机是一个特定的热力循环，是最有效的周期循环，可用于给定数量的热、冷能量转换工作
117. Casimir Effect 卡西米尔效应	由量子场产生的物理力。在真空中，间隔几个微米放两块不带负荷的金属板，板之间引起一个电磁场排斥力，自始至终出现卡西米尔的排斥力时，外部没有任何电磁场
118. Case Hardening 表面硬化	通过注入合金元素到低碳钢材料的表面，形成一层薄薄硬化的金属表面
119. Catapult Effect 弹射效应	一股电流穿过在磁场中两根松散连接起来的导线，由于在导线和磁场的自身作用下，使松散的导线发生弹射，水平地离开磁场

（续）

效应名称	注解与说明
120. Cathodic Arc Deposition 阴极电弧沉积	阴极电弧沉积或 Arc–PVD 的物理气相沉积技术，在该技术中使用电弧汽化阴极靶材料。汽化的材料凝结在基片上，形成薄膜。该技术可用于沉积金属、陶瓷和复合薄膜。阴极电弧沉积广泛用于合成极其坚硬的膜，保护刀具的表面，并能显著延长它们的使用寿命。可以通过此技术，将氮化钛、氮化铝钛、氮化铬、氮化锆和 TiAlSiN 合成各种各样的薄而硬的膜和纳米复合涂料
121. Cathodoluminescence 阴极发光	物质表面在高能电子束的轰击下发光的现象称为阴极发光。不同种类的宝石或相同种类、不同成因的宝石矿物在电子束的轰击下会发出不同颜色及不同强度的光，并且排列式样有差别，由此可以研究宝石矿物的杂质特点、结构缺陷、生长环境及过程。阴极发光仪是检测和记录阴极发光现象的一种光学仪器，主要由电子枪、真空系统、控制系统、真空样品仓、显微镜及照相系统构成。宝石学中可利用该仪器区分天然与合成宝石
122. Cat Righting Reflex 猫正位反射	猫正位反射是猫与生俱来的能力，猫在弯曲和相对平动、旋转时肢体部分的组合，使它们自己调整到相对安全的着陆方向
123. Cavitation 空化、气穴	在流动的液体中，液体压力下降到低于蒸气压力的区域里有蒸汽气泡形成的过程。通常分为两类反应。真空或气泡在液体中迅速崩解时会惯性（或瞬态）气蚀，产生冲击波。非惯性空穴作用是流体中的气泡，例如由于声场的能量输入，在大小或形状上产生强制振荡的过程
124. Centrifugal Force 离心力	离心力，指由于物体旋转而产生脱离旋转中心的力，也指在旋转物体中的一种惯性力，它使物体离开旋转轴沿径向向外的力，数值等于向心力但方向相反。当物体在做非直线运动时（非牛顿环境，例如圆周运动或转弯运动），因物体一定有本身的质量存在，质量造成的惯性会强迫物体继续朝着运动轨迹的切线方向（原来那一瞬间前进的直线方向）前进，而非顺着接下来转弯过去的方向走
125. Centrifugal Separation 离心分离、离心离析	利用在工业或实验室中装备的离心力来分离混合物的一种工艺过程。混合物中较致密的部分远离心机的转轴，而混合物中较少致密的部分则向转轴迁移
126. Centrifuge 离心机	离心机是利用离心力，分离液体与固体颗粒或液体与液体的混合物中各组分的机械。主要用于将悬浮液中的固体颗粒与液体分开；或将乳浊液中两种密度不同，又互不相溶的液体分开（例如从牛奶中分离出奶油）；它也可用于排除湿固体中的液体，例如用洗衣机甩干湿衣服

附录4　科学效应总表（922个效应）

（续）

效应名称	注解与说明
127. Centrifugal Governor 离心调速器	一种特殊类型的调速器，通过调节燃料量（或工作流体）控制发动机的转速，它采用比例控制的原则。不管负载或燃料供给条件，保持接近恒定的速度
128. Ceramic Foam 泡沫陶瓷	一种陶瓷制成的结实的泡沫，有着广泛的应用。如隔热系统，隔音系统，环境污染物的吸收，熔融金属合金的过滤，作为需要较大的内表面积的催化剂的基板。现在已经作为结实的轻型结构材料，专门用于支持反射望远镜的镜面
129. Chain 链	链是一系列连接的链路
130. Cheerio Effect 车仁奥效应	小的可润湿漂浮物体倾向相互吸引的一种现象，是表面张力与浮力共同作用的结果
131. Chemical Beam Epitaxy 化学束外延	化学束外延（CBE）是半导体晶片（基质）层系统中一类重要的沉积技术。这种外延生长是在超高真空系统中进行。此反应中，反应物处于活性气体的分子束形式，尤其常见的为氢化物或有机金属
132. Chemical Bonding 化学键	原子间以及分子间相互吸引的物理过程。该过程使得双原子、分子与多原子等化合物能稳定存在。一般情况下，化学键常由原子间共用电子对形成。分子、晶体和双原子气体分子和大多数我们周围的物质通过化学键结合在一起
133. Chemical Transport Reactions 化学品运输反应	一种用于非挥发性固体的纯化和结晶的方法，指非挥发性元素和化合物以及其挥发性衍生物之间的可逆转换。挥发性衍生物在密封的反应器内迁移，反应器通常是一个在管式炉中加热的真空玻璃管。管内不同位置保持在不同的温度，挥发性衍生物恢复到原固体的中间物质会被释放
134. Chemical Vapour Deposition 化学气相沉积	反应物质在气态条件下发生化学反应，生成固态物质沉积在加热的固态基体表面，进而制得固体材料的工艺技术，用于生产高纯度、高性能的固体材料的化学过程。这种工艺常在半导体工业中用于生产薄膜。在典型的化学气相沉积工艺中，晶片（基质）被暴露在一种或多种挥发性前驱物中，通过反应和分解在基质的表面生成所需的沉淀。经常会同时生成挥发性副产物，被通过反应室的气体流除去

(续)

效应名称	注解与说明
135. Chemiluminescence 化学发光	光的释放（发光），仅伴随少许的热量，是化学反应的结果。由于吸收化学能，使分子产生电子激发而发光的现象。化学反应放出的热量（即化学能）可转化为反应产物分子的电子激发能，当这种产物分子产生辐射跃迁或将能量转移给其他发光的分子，使分子再发生辐射跃迁时，便产生发光现象。但是多数的反应所发出的光是很微弱的，而且多在红外线范围，不容易被观测。产生化学发光的反应通常应满足以下条件：必须是放热反应，所放出的化学能足够使反应产物分子变成激发态分子；具备化学能转变为电子激发能的合适化学机制，这是化学发光最关键的一步；处于电子激发态的产物分子本身会发光或者将能量传递给其他会发光的分子
136. Chemisorption 化学吸附（吸收）	吸附的一种，指分子通过化学键的形成附着在物体表面，与产生物理吸附的范德华力相反。化学吸附则类似于化学键的力相互吸引，其吸附热较大。例如许多催化剂对气体的吸附（如镍对 H_2 的吸附）属于这一类。被吸附的气体往往在很高的温度下才能解脱，而且在形状上有变化。所以化学吸附大都是不可逆过程。同一物质，可能在低温下进行物理吸附，而在高温下为化学吸附，或者两者同时进行
137. Cherenkov Effect 切伦科夫效应	电磁辐射发射时的带电粒子（例如电子）穿过绝缘体的速度大于光在该介质中的传播速度
138. Cholesteric Liquid Crystal 胆甾相液晶	或称手性向列相液晶体。液晶具有螺旋结构（因此是手性型的）。带定向轴层面的排列方式随边界层变化。实际上，定向轴的变化往往是周期性的，随温度有各种各样的变化周期，并且，也可以被交界条件所影响 由于胆甾相液晶分子的排列方式会随着温度而变化，因此会反射不同波长的光，这种颜色随温度而变化的特性，常用于温度传感器上
139. Christiansen Effect 克里斯坦森效应	这是一种用于狭窄的带通或单色的滤光片，是填充了包括经粉碎的物质（例如玻璃）和液体（多半是有机的）的一种光电管
140. Chromatography 色谱法、色谱分析法	色谱法（又称层析法）是实验室用的一种分离和分析方法，在分析化学、有机化学、生物化学等领域有着非常广泛的应用。色谱法利用不同物质在不同相态的选择性分配，以流动相对固定相中的混合物进行洗脱，混合物中不同的物质会以不同的速度沿固定相移动，分离出需要被检测的分析物。色谱法可用于制备，也可以用于分析

附录4 科学效应总表（922个效应）

（续）

效应名称	注解与说明
141. Close Packing 晶粒致密堆积（密排）	原子和离子都具有一定的有效半径，因而可以看成是具有一定大小的球体。密堆积结构是指球体无限地、有规律地紧密排布。有两个简单的排布能达到最高的平均密度：面心立方（也称为立方密堆积）和六方密堆积。两者都基于每层的球体中心分布在等边三角形的顶点，不同之处在于各层之间的堆叠方式
142. Coacervate 凝聚层	来自周围液体分类的各种有机分子（特别是脂类分子）的微小球形液滴被疏水性的力吸附在一起
143. Coagulation 凝血	凝血是一个复杂的血液形成血块的过程，它是止血（停止损坏血管内的血液流失）的重要环节，其中血液形成凝块，血小板和纤维蛋白含有血块修复受损的血管壁，受损的血管壁停止出血
144. Coanda Effect 康恩达效应	流体有离开本来的流动方向，改为随着具有一定曲率的物体表面流动的倾向，康恩达效应同时也适用于粉状固体
145. Coatings 镀膜加工	在基片表面用液体、气体或固体盖上一层材料，如用浸渍、喷涂或旋涂等。应用镀膜加工的目的是提高疏松材料的表面性能，通常被称为基板，可以提高外观、粘合性、润湿性、耐腐蚀性、耐磨损性、耐擦伤性等
146. Coffee ring effect 咖啡环效应	是指当一滴咖啡或者茶滴落桌面时，其颗粒物质就会在桌面上留下一个被染色的环状物，而且环状物的颜色是不均匀的，边缘部分要比中间更深一些。宾夕法尼亚大学物理学家揭开了"咖啡环"效应，主要原因是液渍颗粒外形的影响以及流动方向的问题
147. Cohesion 凝聚	一种相互吸引的行为或属性，比如分子的相互吸引。这是由组成该物质的分子的结构和形状造成的物质的固有属性。当分子间相互靠近时，分子的形状和结构影响轨道电子，使得分子间产生电引力，此属性使物质保持宏观结构，比如一滴水
148. Coherent Light 相干光	相干光又叫同调光源，相干光应满足三个条件：频率相同；振动方向相同；相位差恒定。产生相干光的方法：①波阵面分割法把光源发出的同一波阵面上两点作为相干光源，产生干涉的方法，如杨氏双缝干涉实验；（2）振幅分割法——一束光线经过介质薄膜的反射与折射，形成的两束光线产生干涉的方法，如薄膜干涉、等厚干涉等；（3）采用激光光源，频率、相位、振动方向、传播方向都相同
149. Coilgun 线圈炮（感应线圈枪）	线圈炮为一种同步线性电动机，包括一个或多个电磁线圈，它可将磁弹加速到高速度
150. Cold-forming 冷成形	一种在低于其再结晶温度的温度下加工金属成形的方法，通常在室温下进行。冷成形技术通常分为四大类：挤压，弯曲，拉伸和剪切

（续）

效应名称	注解与说明
151. Colloid 胶体	是一种均匀混合物，在胶体中含有两种不同状态的物质，一种分散，另一种连续。胶体能发生散射光（丁达尔）现象，产生聚沉，具有电泳现象，渗析作用，吸附性等特性。如日常生活中可利用明矾形成的胶体净水
152. Colloidal Crystal 胶体晶体（胶质晶体）	它的长度可以形成在一个很长的范围（从几毫米到1cm）、颗粒高度有序的阵列中，而这类似于它们的原子或分子的同行。其中这种现象的最好的天然例子可以在珍贵的蛋白石（猫眼）上被发现，其美丽的纯光谱色区是二氧化硅（或硅石）的无定形胶体球紧密堆积的结果
153. Colloid Vibration Current 胶体振动电流	当超声波通过一个非均质的流体如分散体或乳化液时，产生的电信号
154. Comb 梳子	一个用来打理头发的齿状的装置，能够矫直并且清洁头发或者其他纤维。更多时候是一个有像梳子一样的排列的装置
155. Combustion 燃烧	燃烧是一系列复杂放热反应，燃料和氧化剂发生反应将放热或同时发光（产生火焰或辉光）。大气氧直接燃烧是一种自由基反应，因此当燃烧放出的热量达到自由基生成的高温时，可导致热失控
156. Composting 堆肥	好氧生物降解的有机物分解，产生堆肥。主要指兼性和专性好氧细菌、酵母菌和真菌的分解。一些较大的生物，如跳虫、蚂蚁、线虫和寡毛类环节蠕虫，堆肥在其初始和结束阶段有帮助
157. Compression 压缩	材料屈于压缩应力，导致体积减小。与压缩力对应的是张力。简单来说，压缩力是一种推力
158. Composite Materials 复合材料	由两种或两种以上不同物化性质的材料构成，并在宏观上保持结构内材料的独立性的工程材料
159. Compton Scattering 康普顿散射	当它与物质相互作用时，X射线或伽马射线的光子的能量减少（增加波长）
160. Concentrated Photovoltaics 聚光光伏	聚光光伏系统是聚集阳光到小区域光伏材料上来发电。与传统常用平板系统不同，因为聚光提供许多小区域太阳能电池，所以发电所需太阳能平板系统面积更小，CPV系统往往更便宜
161. Condensation 冷凝（凝结）	物质从气相到液相的物理聚集状态的过程
162. Conduction (Electrical) 传导（电）	带电粒子通过传输介质（电导体）的运动。电荷的运动产生电流。电荷传输可能会导致电场的响应，或产生电荷密度梯度

附录4 科学效应总表（922个效应）

（续）

效应名称	注解与说明
163. Conduction (Thermal) 传导（热）	热传导，是热能从高温向低温部分转移的过程，是一个分子向另一个分子传递振动能的结果。它也可以被描述成：热能通过直接接触从一个物质向另一个物质传递
164. Conic Capillary Effect 圆锥毛细管效应	锥形毛细管使弯液面具有不同的曲率，这将导致液体向具有更大的曲率的弯液面的方向流动
165. Conservation of Momentum 动量守恒	在一个封闭的系统中（与外界没有任何物质交换，不发生作用，不受外力的系统），其总动量是守恒的（常数）
166. Convection 对流	对流是流体（液体和气体）热传递的主要方式。热对流指的是液体或气体由于本身的宏观运动而使较热部分和较冷部分之间通过循环流动的方式相互掺和，以达到温度趋于均匀的过程 对流可分自然对流和强迫对流两种。自然对流是由于流体温度不均匀，引起流体内部密度或压强变化而形成的自然流动，例如气压的变化、空气的流动、风的形成、地面空气受热上升、上下层空气产生循环对流等；而强制对流是因外力作用或与高温物体接触，受迫而流动，例如，由于人工的搅拌或机械力的作用（如鼓风机、水泵）等，完全受外界因素的促使而形成的对流
167. Converse Piezoelectric Effect 逆压电效应	当施加一个应力产生电力时，材料显示正向压电效应；当施加一个电场产生应力和/或应变时，材料显示逆压电效应。例如，锆酸盐钛酸盐晶体显示最大的形变大约是原有尺寸的0.1%
168. Cooling 冷却	降低温度的一种行为
169. Coprecipitation 共沉淀	一种沉淀物质从溶液中析出时，引起某些可溶性物质一起沉淀的现象
170. Corbino Effect 科宾诺效应	一个类似于霍尔效应的现象，出现在盘状的金属平面上，磁盘会产生一个"圆"的环形电流
171. Coriolis Force 科里奥利（科氏）力	有些地方也称作哥里奥利力，简称为科氏力，是对旋转体系中进行直线运动的质点由于惯性相对于旋转体系产生的直线运动的偏移的一种描述。科里奥利力来自于物体运动所具有的惯性。例如，地球表面上可自由移动的物体受科里奥利力，并在北半球向右侧偏离，在南半球向左侧偏移

(续)

效应名称	注解与说明
172. Corona Discharge 电晕放电	电晕放电是气体介质在不均匀电场中的局部自持放电，是最常见的一种气体放电形式。在曲率半径很小的尖端电极附近，由于局部电场强度超过气体的电离场强，使气体发生电离和激励，因而出现电晕放电。发生电晕时在电极周围可以看到光亮，并伴有咝咝声。电晕放电可以是相对稳定的放电形式，也可以是不均匀电场间隙击穿过程中的早期发展阶段，但是不足以引起完整的电击穿或飞弧
173. Corrugation 波纹成形（起皱）	一个物体或表面形成平行的脊和槽的形状
174. Cotton–Mouton Effect 克顿–莫顿效应（双折射效应）	在物理光学中，克顿–莫顿效应是指液体在恒定的横向（与光波传播方向垂直的）磁场作用下，使光发生双折射的现象。所有物质在横向电磁场中都会发生折射率的改变，但液体的变化率最大
175. Couette Flow 库爱特气（液）流	在两个平行板面之间的空间内，一个相对于另一个运动的黏滞流体的层流。借助于作用在流体上黏滞阻力和施加在平行于板面上的压力梯度驱动流体流动。库爱特流动也被称为拖曳流动。在聚合物材料的加工程序中，由于加工成型方式不同，流体受到各种外力的作用，形成了相应的流动方式，拖曳流动就是其中的一种流动方式，它是一种剪切流动。在拖曳流动过程中，由于流体液层间黏性阻力以及和运动边界的摩擦力使得相邻液层间流体在移动方向上产生速度差，即形成一个速度梯度，靠近运动边界的流体运动速度快而远离运动边界，即靠近固定边界的流体运动速度慢
176. Coulomb Damping 库仑阻尼	库仑阻尼是一种能量会在其运动过程中损耗的机械阻尼，彼此压靠的两个表面的相对运动产生的摩擦是能量耗散源。在一般情况下，阻尼是能量从一个振动系统中的动能由摩擦转化为热的耗散。库仑阻尼是发生在机械运动中常见的阻尼机制
177. Coulomb's Law 库仑定律	静止点电荷相互作用的规律，在真空中两个静止点电荷之间的相互作用力与距离平方成反比，与电量乘积成正比，作用力的方向沿连线，同性相斥，异性相吸。数学表述为 $f = kq_1 q_2 / r^2$
178. Coulter Counter 库尔特计数器	一种用于计数和筛分颗粒和细胞的装置，比如测量细菌、原核细胞和组成空气的分子等物质的直径大小的分布情况。当含有细胞的流体通过小孔时，计数器将检测到小孔电导度的变化。细胞等非导电颗粒改变了导电通道的有效面积，从而改变了小孔的电导度

附录4　科学效应总表（922个效应）

（续）

效应名称	注解与说明
179．Crankshaft 曲轴	曲轴是车轴、传动轴或在垂直于传动轴端部楔形臂的一个弯曲的部件。来自曲轴的运动可以被传递或被接受，一般是用于将活塞的直线往复运动转换为部件的旋转运动。反之亦然
180．Creaming 乳液分层	乳液的分散相在浮力的影响下的迁移。颗粒向上浮动或下沉，这取决于分散相的大小，分散相与连续相的相对密度大小以及连续相的黏性或触变大小。只要粒子之间保持分离，该过程就被称为乳液分层
181．Creep 蠕变	在应力影响下，固体材料缓慢永久性的移动或者变形的趋势称为蠕变。它的发生是低于材料屈服强度的应力长时间作用的结果。当材料长时间处于加热当中或者在熔点附近时，蠕变会更加剧烈。蠕变常常随着温度升高而加剧。这种变形的速率与材料性质、加载时间、加载温度和加载结构应力有关
182．Creeping Wave 蠕变波（爬行波）	蠕变波是当波前通过障碍物时，散开进入阴影区的波。蠕变波在电磁学或声学中，是围绕着如同球体的一个光滑实体阴影面衍射的波
183．Crevice Corrosion 缝隙间腐蚀	腐蚀发生在内部和外部的缝隙。如部件之间的缝隙或连接区、垫片或密封圈下、内部裂纹和接缝内。一般由缝隙中高浓度的杂质（如氯化物、酸或碱），或缝隙内外差别的电解质化学反应（如一个单一的金属部件被浸泡在两种不同的环境）引起
184．Crookes Radiometer 克鲁克斯辐射计	也称光磨机，是提供定量测试电辐射强度的一种装置。由一个含有部分真空的密闭的玻璃球管组成，内侧主轴上安装有一组叶片。当受到曝光时，叶片便旋转，光越强烈，旋转就越快
185．Cryogenics 低温学	在非常低的温度下（通常低于 $-150℃$、$-238°F$ 或 $123K$）的材料的表现
186．Cryolysis 冻释	通过低温引起破坏（通常应用在医疗方面）
187．Cryptophanes 超分子	主要是对有机超分子化合物类合成分子封装和识别的研究。有机超分子化合物的一种潜在用途是为燃料电池汽车封装和储存氢气，也可以作为有机化学的反应容器用，如果用一般容器，运行反应将会是很困难的
188．Crystallisation 结晶	饱和溶液冷却后，溶质以晶体的形式析出的过程叫结晶

(续)

效应名称	注解与说明
189. Curie Point (Ferromagnetic) 居里点（铁磁性）	居里点是指铁磁性物质失去铁磁特性能力的临界点温度。铁磁性物质在居里点出现"相变"时，释放热量形式的能量（或放热） 居里点也称居里温度或磁性转变点，是指磁性材料中自发磁化强度降到零时的温度，是铁磁性或亚铁磁性物质转变成顺磁性物质的临界点。低于居里点温度时该物质成为铁磁体，此时和材料有关的磁场很难改变。当温度高于居里点温度时，该物质成为顺磁体，磁体的磁场很容易随周围磁场的改变而改变。这时的磁敏感度约为 10^{-6}。居里点由物质的化学成分和晶体结构决定
190. Curie Point (Piezoelectric) 居里点（压电）	压电材料失去自发极化特性与压电特性时的温度值称为压电居里点
191. Curve of Constant Width 恒宽曲线	也称定宽曲线，指的是平面形状呈凹凸状的曲线，其宽度按两条清晰的平行线之间的垂直距离确定，恒定不变。每一条曲线与边界线至少有一个点交会，但不触及内部，与上述的曲线取向无关。例如滚轴就是个固定宽度的横截面
192. Cyanoacrylate 万能胶、氰基丙烯盐酸酯	氰基丙烯盐酸酯是以氰基丙烯酸盐为基的快速粘合剂，如甲基-2-氰基丙烯酸酯，乙基-2-氰基丙烯酸酯（通常出售的商品名有强力胶等），正丁基腈基丙烯酸酯（兽医使用和用于皮肤的胶水）
193. Cyclone Separation 旋风分离	不使用过滤器，通过旋涡分离的方法，从空气、气体或水流中去除颗粒，再用旋转效应和重力，分离混合物中的固体和液体
194. Cyclotron Radiation 回旋加速辐射	回旋加速器移动带电粒子，通过磁场偏转，发射的带电粒子发出电磁辐射。在磁场中运动的所有带电粒子均能产生回旋辐射
195. Damping 阻尼	阻尼的作用是降低系统振荡的振幅
196. Debye – Falkenhagen Effect 德拜 – 法尔肯哈根效应	当施加非常高频率的电压时，电解液的导电率增加
197. Decomposition (Biological) 腐烂、分解（生物）	死亡后生物体组织分解为更简单形式的物质
198. Deflagration 爆燃	爆燃是描述亚声速燃烧的技术术语，一般通过导热（燃烧着的热的材料加热下一层的冷材料，然后被点燃）来传播。日常生活中用到的大部分"火"来自于爆燃。爆炸是一种不同的爆燃，爆炸是超声速和通过冲击压缩传播的

附录4　科学效应总表（922个效应）

（续）

效应名称	注解与说明
199. Deformation 形变	由于对物质施加了某种力，可能是拉力、压缩力、剪力、弯曲力或扭矩力，导致物质在形状和尺寸上发生变化。这种变化通常在技术术语上称之为形变
200. De Laval Nozzle 德－拉瓦尔喷嘴	即渐缩渐扩喷管，一种中间凹陷、均衡非对称沙漏形状的管子。管子用于加速已被压缩且加热后的气体。管子能使气体的流动速度达到超音速，并且在气体扩张时，能处理废气流以使用于推动气流的热能最大限度地转化为定向的动能。管子常被用于一些蒸汽轮机、火箭发动机和超音速喷气发动机
201. Deliquescence 潮解性	潮解性物质（主要是盐）对于湿气有很强的亲和力，潮解性物质如果暴露于气体中，将会从大气中吸收水分，形成液态溶液
202. Dellinger Effect 德林格效应	由于太阳耀斑导致电离层（D区）电离作用的增加而产生的一种短波收音机的收音间断现象
203. Delta－E Effect 三角接地效应	磁化引起弹性材料的弹性模量发生改变。也可以反过来，弹性模量引起磁化的变化
204. Density Gradient 密度梯度	只针对流体而言，由于流体的密度差会引发液体或气体的流动。在空气动力学中有一个名词叫水平气压梯度力，即单位水平距离内的气压差。同理：单位水平距离内的流体密度差异也可称之为密度梯度，并形成与之相应的密度梯度力。流体之间的密度差异越大，由密度差异产生的密度梯度力也越大
205. Deposition（Physical） 沉积（物理）	沉积是气体转化成固体的过程（又称凝华）。沉积的反面是升华。沉积的一个例子是在低于冰点的空气，水蒸气没有先成为液体，直接成为雪和霜以及冰。通过将气体以固体形式储存，物质可以比气体状态时更不易受破坏
206. Depressurisation 减压（降压）	减少压力。快速减压可以用来建立压力差
207. Depth of Field 景深	在光学中，尤其是在电影和摄影中，景深是指在图像所呈现的场景中最近和最远物体间的距离
208. Desiccant Material 除湿材料	一种引起或保持其附近场合干燥状态（脱水）的吸湿性物质
209. Desorption 解吸	指一种物质从表面或通过表面分离的过程。这是吸着（即吸附和吸收）的逆过程。这发生在一个处于流体相（即流体、气体或液体溶液）和吸附表面（固体或分离的两种液体的边界）间平衡状态的系统中。当流体相中的物质的浓度（或压力）降低，一些吸附的物质脱离原表面

（续）

效应名称	注解与说明
210. Diamagnetism 抗磁性	抗磁性是一些物质的原子中电子磁矩互相抵消，合磁矩为零。但是当受到外加磁场作用时，电子轨道运动会发生变化，而且在与外加磁场的相反方向产生很小的合磁矩。这样表示物质磁性的磁化率便成为很小的负数（量）。磁化率是物质在外加磁场作用下的合磁矩（称为磁化强度）与磁场强度之比值，符号为 κ。尽管超导体显示出了很强的抗磁性，但是抗磁性通常在大多数材料中是一种非常弱的效应。一般抗磁（性）物质的磁化率约为负百万分之一
211. Diamond Anvil Cell 金刚石压砧	科学实验用的人造尖端设备。设备的构件允许压缩得很小（尺寸不足 1mm），最终的压力可以超过 300 万个大气压（300GPa）。该设备已被用于重现行星内部的巨大压力，创造在正常环境下不能观测到的物质和状态
212. Diamond–like Carbon 类金刚石结构碳	DLC 存在于 7 种不同的非晶性结构形式的碳材料中。所有这 7 种非晶性结构都拥有大量 sp3 杂化的碳原子，具有天然钻石的一些独特特性，通常作为另一种材料的涂层用。类金刚石结构碳在任何已知的固体材料中，具有最低的摩擦系数、优良的硬度和耐磨性
213. Dielectric 电介质	一种不导电（或者弱导电）的物质（绝缘体）
214. Dichroic Filter 分色镜	分色镜是利用光的干涉原理制成的滤色镜。分色镜用于选择性地透过频率在某一小范围的有色光，而反射其他色光
215. Dielectric Heating 电介质加热	又称电子加热、射频加热、高频加热，是无线电波或微波电磁辐射使介电材料升温的现象，尤其是因电偶极跃迁引起的升温
216. Dielectric Mirror 介质镜（绝缘镜）	一种由多薄层介电材料组成的反射镜，通常被置于玻璃的衬底或其他光学材料上。通过仔细选择介电层的种类与厚度，便可设计出对不同波长的光具有特定反射率的光学涂层
217. Dielectric Permittivity 介电常数	在介质中形成电场时用于度量受到阻力大小的常数。换句话说，介电常数是用来度量电场是如何在电介质中发挥作用和受到影响的，它是由物质在电场中的极化能力强弱决定的，且能够减少物质内部的总电场。因此，介电常数与材料传输电场的能力相关
218. Diffraction 衍射	波在传播过程中经过障碍物边缘或孔隙时所发生的传播方向弯曲现象。当波在传播时，所在介质性能的改变也会引发非常相似的现象，例如光波折射率的变化或者是声波阻抗的变化，这些同样被称为衍射效应

附录4　科学效应总表（922个效应）

（续）

效应名称	注解与说明
219. Diffraction Grating 衍射光栅	借助于一个有规则的光栅，将一束光分割成若干个向不同方向传播光的光学器件。这些光束传播的方向与光栅的间距和光的波长有关，光栅的作用就像是一个分散的部件，因此，常被用于单色仪和光谱仪上。实际应用的衍射光栅通常是在表面上带有沟槽或刻痕的平板
220. Diffusion 扩散（散射）	化学方面：物质分子从高浓度区域向低浓度区域转移，直到均匀分布的现象。扩散的速率与物质的浓度梯度成正比。物理方面：指一种物质的分子扩散到另一种物质的分子中，最后均匀分布
221. Diffusion Barrier 扩散阻隔膜	一种薄层金属（通常为微米级厚度），通常放在另两种金属之间。这被作为屏障以保护其中任一种金属免受另一种的腐蚀
222. Diffusion Welding 扩散焊	使两种不同的金属能够结合在一起固态焊接过程。扩散是部件之间的原子由于浓度梯度而发生迁移。两种材料被紧压在一起，之后升高温度，通常达到熔点的50%～70%
223. Dilatant 膨化（剪切增稠）	（也称为剪切增稠）的黏度随剪切速率增稠的材料。这种剪切增稠流体，也称为STF，是一个非牛顿流体的例子
224. Diode 二极管	一种允许电流通过一个方向（称为正向偏压条件）并阻碍电流从相反的方向通过（反向偏压条件）的器件。实际的二极管不具备那样完美的开关方向性，但是具有一种更加复杂的非线性电学特性，这个特性根据不同的二极管类型而不同。许多的使用是应用其整流的功能二极管还有很多其他的功能，它们不是为实现这个开关操作而设计的
225. Dispersion（of waves） 色散	在光学中，色散是一种现象，其波的相速度与波的频率有关。具有这种特性的介质被称为色散介质。色散最常用来叙述光波，但也能用于描述与介质之间发生相互作用或传播过程中通过非均匀几何形状物体的任何波
226. Displacement 排量	当一个物体被浸在流体中，将流体推出并占据它的位置时将产生排量。流体的排量体积与物体浸入的体积相等。当物体沉底或完全浸入时，流体的排量等于其总体积
227. Distillation 蒸馏	一种基于不同成分在沸腾液体中具有不同挥发性特点的分离混合物的方法。它利用混合液体或液–固体系中各组分沸点不同，使低沸点组分蒸发，再冷凝以分离整个组分的单元操作过程，是蒸发和冷凝两种单元操作的联合

（续）

效应名称	注解与说明
228．Dopants 掺杂物	掺杂物，也被称为掺杂剂和涂料，是一种加入晶体与半导体晶格中的低浓度的杂质元素，用以改变半导体的光电特性。将掺杂剂引入半导体的过程称为掺杂
229．Doppler Effect 多普勒效应	是波源和观察者有相对运动时，观察者接收到波的频率与波源发出的频率并不相同的现象。远方疾驰过来的火车鸣笛声变得尖细（即频率变高、波长变短），而离我们而去的火车鸣笛声变得低沉（即频率变低、波长变长），这就是多普勒效应的现象
230．Dorn Effect 多恩效应	又名沉积电位，颗粒运动穿过水，引起电位差。颗粒运动通常由重力或离心分离引起，该运动破坏了颗粒平衡对称的双层结构，颗粒周围的黏性流带动扩散层的离子，使离子在表面电荷与电子扩散层之间发生微小位移，使颗粒产生偶极矩，产生电场
231．Drag 阻力	阻力（有时也被称为流体阻力）是阻碍物体在流体（气体、液体）中相对运动所产生与运动方向相反的力。最常见的阻力形式是摩擦力，平行于物体的表面；以及压力，垂直作用于物体的表面
232．Driven Harmonic Oscillation 受迫谐振	受迫谐振子是一种阻尼谐振子，该谐振子受到外部施加的作用力的影响较大
233．Dufour Effect 杜福尔效应	由浓度梯度引起的热量传递现象，它与热扩散现象正好相反。它是1872年由杜福尔（Dufour L.）发现的。与热扩散系数类似，当存在浓度梯度时，热通量也由两部分构成：一是傅里叶定律的贡献，正比于温度梯度；二是达福尔效应，正比于浓度梯度
234．Earthing 接地	导电体连接到地面或大地，为来自其他电压的电路测量提供一个电压基准点，或作为电路的公共回路，或直接连接大地的一个物理接线 　　将电路接地的原因： 　　当绝缘体损坏时，易与外界接触部件，会因为累积电荷而使得电位升高。为了安全的目的，主要电力设备必须连接到地面 　　保护电路的绝缘体，会因过量的电位而遭到损坏，所以必须限制电路与大地之间的电位升高 　　当处理易燃物或修理电子仪器时，静电很容易引燃易燃物或损坏电子仪器。因此，必须限制静电的增长 　　有些电报器材或电力传输电路会使用大地为导体，称为幻像电路（Phantom Loop）。可以省去安装另外一条导线为回程导体的费用 　　为了测量目的，将大地当作一个固定参考电位。根据这个参考电位，可以测量出其他电位。为了保持参考电位为零，一个电气接地系统应该拥有足够的电流载流能力 　　在电子电路理论里，接地通常被理想化为一个无穷电荷电源或电荷吸收槽，可以无限制地吸收电流，同时保持电位不变

附录4 科学效应总表（922个效应）

（续）

效应名称	注解与说明
235. Eccentric 偏心轮	一个旋转的物体（一般是环形的），它的中心与旋转轴不重合，偏心率用来描述轨道的形状，用焦点间距离除以长轴的长度可以算出偏心率。偏心率一般用 e 表示。它可以将旋转运动转换成直线的往复运动
236. Echo 回声波、反射波	一种声音的反射。回音到达听众比直接到达听众的声音要晚。典型例子是通过井的底部、建筑物或者一个封闭房间的墙壁产生的回音。回音是声源产生的单次反射。声音延迟的时间等于额外的距离除以声速
237. Eddy Currents 涡流	当块状金属置于变化的磁场中时，在变化磁场的激发下，块状金属中将产生感应电动势，从而在金属中引起感应电流。由于块状金属中电流形状如水中涡旋一样，因而得名涡电流，简称涡流
238. Eddy Current Damping 涡流阻尼	涡流的应用提供了一个阻尼效应
239. Efflorescence 风化	含水的或者溶剂化的盐在空气中失去结晶水（或溶剂）的过程
240. Effusion 泄流	在化学中，泄流是指单个分子流过小孔而不与其他分子发生碰撞的过程。泄流发生的条件是小孔的直径远小于分子的平均自由程
241. Ekman layer 埃克曼层	在标准的边界层理论中，黏滞流体扩散效应通常是被传递的惯性所平衡。然而，当流体旋转时，控制平衡可以用扩散效应和科里奥利力之间的碰撞来替代，这就是所述的埃克曼层。埃克曼层除了在器壁层面实施零速度外，还可以控制大范围流体的属性。经搅拌后的一杯茶，如何从旋转到静止就是一个日常实践的经典实例
242. Elasticity 弹性	在外力的作用下，物体发生形变，当外力撤消后，就会恢复到原来状态的一种物理特性，其变形量被称为应变。线性弹性是弹性的规范特征，表示应力和应变之间的线性关系
243. Elastic Recovery 弹性恢复	指对某物除去作用力之后，该物体恢复到原来的形状
244. Electric Sonic Amplitude 电动声波振幅	电动声波振幅出现在振荡电场作用下的胶体、乳剂和其他非均质的流体中。这些场领域的粒子相对于液体运动，从而产生超声
245. Electret 驻极体	将电介质放在电场中就会被极化。许多电介质的极化是与外电场同时存在同时消失的。驻极体是一个带有准永久性电荷或偶极子极化的电介质材料。驻极体具有体电荷特性，即它的电荷不同于摩擦起电，既出现在驻极体表面，也存在于其内部。若把驻极体表面去除一层，新表面仍有电荷存在；若把它切成两半，就成为2块驻极体。这一点可与永久磁体相类比，因此驻极体又称永电体。驻极体的发现不是太晚，但至今对它的研究仍不够深入，它的生成理论也不完善，应用也只是刚开始。虽然如此，驻极体已逐渐显示出它作为一种电子材料的潜力

（续）

效应名称	注解与说明
246. Electric Field 电场	电荷或随时间变化的磁场的存在使得周围空间存在电场（也可以等同于电通量密度）。电场能对电场内其他带电物体施加电场力
247. Electric Glow Discharge 电动辉光放电	电动辉光放电是指在低压下的气体（通常是氩气或其他惰性气体），被在100V至几kV下的电流通过而形成的一类等离子体。在很多产品中可以找到，例如：荧光灯和等离子屏幕电视等产品，以及在等离子物理和分析化学领域
248. Electric Magnet 电永磁	电永磁是一种可由电力控制的磁铁。它只需在充磁或退磁时需要电力，之后不需电力即可保持磁力。电永磁是由永久磁铁和电磁铁组合而成的
249. Electrical Accumulator 电能储存器	指一种储存电能的装置
250. Electrical Discharge Machining 电火花加工、制造电发射	也称为电火花腐蚀、燃烧、刻模或电线侵蚀，使用放电（火花）获得所需的形状的制造过程。通过由电解液和电压分离的两个电极之间放电，产生一系列的迅速反复的电流，将物质从工件上去除
251. Electrical Impedance Tomography 电阻抗层析成像	医学成像技术，意味着测量带电物体表面，人体部分的导电率或介电常数的成像。通常，把导电电极连接到物质的表层，并在所有的或部分的电极上施加交流电，从而测得其电势量。并且，该过程可以重复进行，且可以配置不同的电流
252. Electrical Resistance 电阻	物体对于电流通过的阻碍能力，根据欧姆定律，导体两端的电压（U）和通过导体的电流强度（I）成正比。由 U 和 I 的比值定义的 $R=U/I$ 称为导体的电阻，其单位为欧姆，简称欧（Ω）。电阻的倒数 $G=I/U$ 称为电导，单位是西门子（S）
253. Electrical Resistivity Tomography 电阻率层析成像	医学成像技能，意味着测量带电物体表面，人体部分的导电率或介电常数等的电的测量推导出的成像。通常，把导电电极连接到物质的表层，并在所有的或部分的电极上施加少量的交流电，从而测得其电势量。并且，该过程可以重复使用，为许多不同的构造形式施加电流
254. Electro‒Osmosis 电渗	电渗透也被称为电内渗现象。显示在施加电场的影响下，极性流体通过一层薄膜或其他能渗水结构物的移动现象。通常，沿着任意形状的表面变化，并也通过有离子晶格和允许吸附水的非大孔的材料，后者有时被称之为"化学孔隙度"材料
255. Electro‒Osmotic Flow 电渗流（电渗效应）	电渗流或电渗效应是指通过对毛细管、微通道或其他流体管道两端施加电压时造成的流体流动。电渗流是化学分离技法中的一个重要组成部分，特别是对小尺寸管道流体的流动（例如毛细管电泳）意义尤为重大。电渗流既可以在固有的未经过滤的水中，也可以在缓速溶液中出现

附录4 科学效应总表（922个效应）

（续）

效应名称	注解与说明
256. Electric Arc 电弧	电弧是一种气体放电现象，指电流通过某些绝缘介质（例如空气）所产生的瞬间火花。当用开关电器断电流时，如果电路电压不低于10~20V，电流不小于80~100mA，电器的触头间便会产生电弧
257. Electrocaloric Effect 电热效应	在应用现场材料展示出可逆温度变化的现象，通常被认为是热电效应的物理反转。效应的根本原理并未被完全确定，但是同任何孤立的（绝热的）温度变化一样，电热效应源于电压提升或降低系统的熵。类同于磁致热效应
258. Electrochemiluminescence 电致化学发光	电致化学发光是指溶液在电化学反应期间，产生发光的一种现象。在电致化学发光的过程中，电致化学产生的媒介物进行强烈的做功反应促使产生电子激发态，于是发光
259. Electrochromism 电致变色	是电光效应的一种类型。在物质中，随电场中的某些波长相应形成的吸收光束导致颜色的变色。即：在外加电场的作用下，当给荷载施加一个脉冲时，使有些化学类的物质显示了可逆变化的颜色的一种现象 由于颜色改变的持久稳固且仅在产生改变时需要能量，电致变色材料被用于控制允许穿透窗户（"智能窗"）的光和热的总量，也在汽车工业中应用于根据各种不同的照明条件下自动调整后视镜的深浅。紫罗碱和二氧化钛（TiO_2）一起被用于小型数字显示器的制造。它很有希望取代液晶显示器，因为紫罗碱（通常为深蓝）与明亮的钛白色有高对比度，因此提供了显示器的高可视性。 电致变色智能玻璃在电场作用下具有光吸收透过的可调节性，可选择性地吸收或反射外界的热辐射和内部的热的扩散，减少办公大楼和民用住宅在夏季保持凉爽和冬季保持温暖而必须消耗的大量能源。同时起到改善自然光照程度、防窥的目的。解决现代不断恶化的城市光污染问题，是节能建筑材料的一个发展方向。目前，电致变色调光玻璃已经在一些高档轿车和飞机上得到应用
260. Electrochromism 电化学	电和化学反应相互作用可通过电池来完成，也可利用高压静电放电来实现（如氧通过无声放电管转变为臭氧），这会引起颜色的变化。二者统称电化学
261. Electrodeposition 电沉积	使用电流的方法，通过沉积金属的导电性物体的阳离子材料层不同的属性，以赋予所需的属性（例如：耐磨损和耐腐蚀保护，润滑性，美感等）。另一种是用电镀给尺寸较小的部分增加厚度

（续）

效应名称	注解与说明
262．Electrodynamic Bearing 电动轴承	基于在一个旋转的导体上感应的涡流而产生非接触式电动悬浮的旋转轴的系统。当导电材料在磁场中运动时，在导体中产生的电流将阻碍磁场的变化（称为楞次定律）。电流产生的磁场方向与原磁场方向相反。因此导电材料可以作为磁镜
263．Electrohydrodynamics 电水动力学、电流体	粒子和流体的转换包括有下列各种不同的类型：机械、电泳、电动力、电介质电泳、电渗透以及电旋转。总的说来，是与电能转换成动力能有关的现象；反之亦然
264．Electrohydrodynamic Thruster 电流体动力推进器	高压直流电场（EHD）推进器基于离子流体推进作用，工作时没有运动部件，仅使用电能的推进装置。EHD 推进器有两个基本组成部分：一个离子发生器和离子加速器。EHD 推进器并不限于空气作为其主要推进的流体，其他流体（如油）也能很好地工作
265．Electrohydrogenesis 电致氢解	电解制氢或生物催化电解是用细菌分解有机物质产生氢气的特定名称
266．Electroluminescence 电致发光（场致发光）	电致发光，也称场致发光，是利用直流或交流电场能量来激发发光，在消费品生产中有时被称为冷光 电致发光与来自热辐射作用（灼热）、化学作用（化学发光）、声的作用（声致发光）、机械作用（机械致发光）的发光是不同的 电致发光实际上包括几种不同类型的电子过程。一种是物质中的电子从外电场吸收能量，与晶体相碰时使晶格离化，产生电子-空穴对，复合时产生辐射；也可以是外电场使发光中心激发，回到基态时发光，这种发光称为本征电致发光。还有一种类型是在半导体的 PN 结上加正向电压，P 区中的空穴和 N 区中的电子分别向对方区域注入后，成为少数载流子，复合时产生光辐射，称为载流子注入发光，亦称结型场致发光。用调制电磁辐射的场致发光称为光控场致发光。电致发光物料有：掺杂了铜和银的硫化锌、蓝色钻石（含硼）、砷化镓等 利用场致发光现象，可提供特殊照明，制造发光管，用来实现光放大和储存影像等。目前电致发光的研究方向主要为有机材料的应用，已有的应用为电致发光显示器（ELD）
267．Electrolysis 电解法	使用电流将靠化学键合的元素或化合物分离的方法称为电解，电解使得电流通过熔融状态或溶解于适当溶液中的离子性物质，从而在电极上发生化学反应。在电解槽中，直流电通过电极和电解质，在两者接触的界面上发生电化学反应，以制备所需产品的过程。电解池是由分别浸没在含有正、负离子的溶液中的阴、阳两个电极构成。电流流进负电极（阴极），溶液中带正电荷的正离子迁移到阴极，并与电子结合，变成中性的元素或分子；带负电荷的负离子迁移到另一电极（阳极），给出电子，变成中性元素或分子。广泛用于有色金属冶炼、氯碱和无机盐生产以及有机化学工业

附录4　科学效应总表（922个效应）

（续）

效应名称	注解与说明
268. Electrolyte 电解质（电解液）	电解质是指可以产生自由离子而导电的化合物。通常指在溶液中导电的物质，但熔融态及固态下导电的电解质也存在。电解质通常分为强电解质和弱电解质 强电解质指能完全或基本完全电离成为离子的化合物，通常包含三类物质：①强酸，如硫酸、硝酸、盐酸等；②强碱，如氢氧化钠、氢氧化钾；③大多数的盐，如氯化钠、氯化钾 弱电解质指能部分电离成为离子的化合物，通常包含四类物质：①弱酸，如醋酸、硅酸；②弱碱，如水合氨、氢氧化铜，但氢氧化镁为强电解质；③极少数盐：如醋酸铅、氯化亚汞、氯化汞；④水
269. Electromagnet 电磁铁	一种磁场由电流激发的磁铁。当电流中断时，磁场消失。电磁铁非常广泛用作电气设备，如电动机，发电机，继电器，扬声器，硬盘，MRI设备，科学仪器，磁分离设备，以及作为工业起重电磁铁
270. Electromagnetic Induction 电磁感应	电磁感应现象是指放在变化磁通量中的导体，会产生感应电动势。此电动势称为感应电动势或感生电动势，若将此导体闭合成一回路，则该电动势会驱使电子流动，形成感应电流（感生电流），这一过程被称为电磁感应
271. Electromechanical Film 机电薄膜	是厚度与电压有关一层薄膜，它可以用于压力传感器、麦克风或扬声器。它也可以产生如同一个制动器的作用，将电能转换振动能
272. Electromethanogenesis 微生物电解池	一种由微生物直接通过捕获电子、还原二氧化碳转化产生甲烷的电燃料
273. Electron Beam 电子束	是在真空管中观察到的电子流，即真空的玻璃管，配备至少两种金属的电极（阴极或负极性电极，阳极或正极），向电极施加电压时可以观察到电子流。电子经过汇集成束，具有高能量密度。它是利用电子枪中阴极所产生的电子在阴阳极间的高压（25～300kV）加速电场作用下被加速到很高的速度（0.3～0.7倍光速），经透镜会聚作用后，形成密集的高速电子流
274. Electron Impact Desorption 电子碰撞解吸、电脉冲解析	由于电子碰撞产生的解析引起吸附表面的断裂，表面上的分子也可能被电子碰撞化学性地转换成其他分子形式
275. Electro－Optic Effects 电光效应	材料在变化的电场中，光频率比缓慢的变化。这包含一系列不同的变化，可以细分为①吸收的变化（电吸收，弗朗兹－凯尔迪什效应，量子局限史塔克效应，电致变色效应）；②折射率指数的变化（泡克耳斯效应，克尔效应，电致旋光效应）

(续)

效应名称	注解与说明
276. Electroosmotic Pump 电渗泵	用于转移通道中、气体扩散层中或者质子交换膜上（位于质子交换膜燃料电池 EMA 的膜电极）形成的液态水。该泵用二氧化硅纳米球或亲水性多孔质玻璃制成。泵的形成机理与双电层以及施加于双电层的外电场有关
277. Electron Impact Desorption 电子碰撞解吸	电子碰撞引起吸附物表面断键，产生解吸（去吸附）作用。由于电子碰撞，表面上的分子也被化学地转化为其他分子
278. Electromethanogenesis 电产甲烷	以电为燃料，使二氧化碳直接生物转化产生甲烷的方式
279. Electrophoresis 电泳	在空间电场的作用下，分散粒子在流体中发生移动的现象1809年俄国物理学家 Peňce 首次发现电泳现象。他在湿黏土中插上带玻璃管的正负两个电极，加电压后，发现正极玻璃管中原有的水层变浑浊，即带负电荷的黏土颗粒向正极移动，这就是电泳现象。影响电泳迁移的因素有以下四种： 1）电场强度：电场强度是指单位长度（m）的电位降，也称电势度 2）溶液的 pH 值：溶液的 pH 值决定被分离物质的解离程度和质点的带电性质及所带净电荷量 3）溶液的离子强度：电泳液中的离子浓度增加时会引起质点迁移率的降低 4）电渗：在电场作用下液体对于固体支持物的相对移动称为电渗
280. Electrophoretic Deposition 电泳沉积	工业生产过程中一个运用广泛的术语，其中包括电泳涂漆，阴极电泳，电泳涂敷，电泳涂装。在此过程中的一个主要特征是：在电场的影响下，悬浮在液体介质中的胶体粒子发生迁移（电泳），并放电沉积在电极上形成沉积层
281. Electroplating 电镀	指用电流从溶液中减少所需材料的阳离子，以及给一个导电物体覆上一层较薄的材料，例如金属。主要用于给缺乏所需性能（如耐磨性、防腐性、润滑性和美感度等）的材料表面沉积一层材料。另一种应用是用电镀给尺寸稍小的部分增加厚度
282. Electrorheological Effect 电流变效应	电流变（ER）流体是极细的非导电颗粒（直径可达 $50\mu m$）在绝缘流体中的悬浮液。电流变流体的表观黏度能够在电场的作用下产生高达 100000 倍的可逆变化。一个典型的电流变流体的黏度能够迅速地从液体级别迅速变成凝胶级别，响应的时间为毫秒级。电流变效应有时也被称为温斯洛效应

附录4 科学效应总表（922个效应）

（续）

效应名称	注解与说明
283. Electrostatic Deposition 静电沉积	用静电力将液体喷到基质表面。过去常用于实现表面涂层
284. Electrostatic Discharge 静电放电	在两个不同的电势的对象之间产生的突发性和瞬时放电
285. Electrostatic Induction 静电感应	在外电场的作用下，导体中电荷在导体中重新分布的现象。这个现象由英国科学家约翰·坎顿和瑞典科学家约翰·卡尔·维尔克分别在1753年和1762年发现。如橡胶棒X原已带有负电荷，可称为施感电荷，若将导体D接近带电体X时，由于同性电荷相斥、异性电荷相吸，于是X上的负电荷在D中所建立的电场将自由电子推斥至D的远棒一边，并把等量的正电荷遗留在D的近棒一边，直至D中电场强度为零。如果有一条接地引线接触到导体D，则会有若干电子流向大地。导体D因失去电子而带正电荷，这种电荷称为感生电荷
286. Electrostatics 静电场	静电场是静止电荷产生的电场，又叫库仑场。基本特征是对置于场中的电荷有作用力
287. Electrostatic Len 静电透镜	一种用于聚焦或瞄准电子束的设备
288. Electrostatic Fluid Accelerator 静电流体加速器	静电流体加速器抽吸流体，例如空气，没有任何运动部件，通过使用电场来推进带电荷的空气分子。流体加速器过程的三个基本步骤：电离空气分子，利用这些离子在所需的方向推动更多的中性分子，然后再俘获和中和离子以消除任何净电荷
289. Electrostriction 电致伸缩	所有非导体或电介质都有的一种属性：能在电场的作用下改变形状。所有的电介质表现出一定的电致伸缩，但某些工程陶瓷，如弛豫铁电体，具有非常高的电致伸缩常数，其成分有铅镁铌酸盐（PMN）、铌酸铅镁－钛酸铅（PMN－PT）、锆钛酸铅镧（PLZT）
290. Electroviscous Effect 电黏滞效应	由于强静电场导致的液体的黏度变化
291. Electrowetting 电致润湿	或电毛细管效果，施加的电场引起的疏水性表面的润湿性改性。例如，改变疏水性表面的润湿性的过程
292. Ellipse 椭圆形	椭圆是平面上到两定点的距离之和为常值的点之轨迹，也可定义为到定点距离与到定直线间距离之比为一个小于1的常值的点之轨迹。它是圆锥曲线的一种，即圆锥与平面的截线。椭圆有一些光学性质：椭圆的面镜（以椭圆的长轴为轴，把椭圆转动180°形成的立体图形，其内表面全部做成反射面，中空）可以将某个焦点发出的光线全部反射到另一个焦点处；椭圆的透镜（某些截面为椭圆）有汇聚光线的作用（也叫凸透镜），老花眼镜、放大镜和远视眼镜都是这种镜片

（续）

效应名称	注解与说明
293. Emulsion 乳化液	乳化液是液体的混合物，其中一种液体（分散相）分散在另一种中（连续相），在浮力的影响下迁移。颗粒漂浮向上或下沉，取决于它们的尺寸大小、密度高低。只要颗粒保持分离，该过程被称为形成乳化液
294. Endothermic Reaction 吸热反应	这个概念经常用于化学、物理科学，如化学反应中热能（热）转换为化学键能量
295. Entrainment 夹带	一个流体的运动是由于另一个流体的运动
296. Entropic Explosion 熵爆炸	爆炸反应物发生大的体积变化，而不会释放出大量的热量
297. Enzyme 酶	酶在生物细胞中有足够的活性。酶的反应不同于大多数的催化剂，因为它们有高度的特异性。酶影响蛋白质产生的速率。几乎所有的生物化学反应需要有酶
298. Epicyclic Gearing 即行星齿轮传动装置	即行星齿轮系统，它由一个或多个外齿轮（或行星齿轮），一个旋转围绕中心（或太阳齿轮）构成。典型情况下，行星齿轮安装在一个可动臂或载体上（载体可相对太阳齿轮旋转）。周转轮系也可以合并使用啮合行星齿轮的外部环形齿轮或环形带
299. Epitaxy 外延	在原有单晶衬底（芯片）上长出新单晶膜的方法。外延膜可以从气体或液体的前体中生长，因为基板可作为晶种，沉积膜将呈现基板相同的晶格结构和取向
300. Ericsson Cycle 爱立信循环、埃里克森循环	理想的燃气轮机布雷顿循环的限定，采用多级中间冷却压缩和利用过热和再生的多级膨胀。布雷顿循环与爱立信循环相比较，布雷顿循环是绝热压缩和膨胀，爱立信循环是等温压缩和膨胀，因此，每个冲程能产生更多的净功。在爱立信循环中使用再生，通过减少所需的热输入，也就使效率得到提高
301. Erosion 侵蚀（风化）	侵蚀的过程是运动的固体（泥沙、土壤、岩石及其他颗粒）在自然环境中，通常由于风、水或冰下土壤和其他材料在蠕变力、重力的作用下，或由活的有机体生物（如穴居动物）产生的侵蚀
302. ESAVD（Electro static Spraying Auxiliary Vapor Deposition）静电喷涂辅气相沉积	静电喷涂辅助气相沉积是一种技术，化学前体在静电场作用下，向上对加热的基板喷洒，进行受控的化学反应，在衬底上沉积所需的涂层
303. Escapement 棘轮（擒纵装置）	一种将连续的旋转运动转化为摆动或往复运动的装置。通常组成一个钟表或手表计时器中的主要部件，一个摆锤或一个摆轮，就是擒纵装置

附录4 科学效应总表（922个效应）

（续）

效应名称	注解与说明
304. Espresso Crema Effect 咖啡克雷马效应	在材料学中，咖啡克雷马效应是变更表面材料的一个模拟模型。经历了某一变换过程，诸如风化作用可以影响接近物质表面的物理性质和化学成分，不影响介质下面的大部分；提高孔隙度可以提高光的折射度、反射度和散射度，从而使介质材料表面与介质的其他大部分相比，在亮度方面，增添了化学差异性
305. Ettingshausen Effect 厄廷好森效应	一种热电（或热磁）现象。当磁场存在时，该现象将影响导体中的电流，使导体上产生电势差。该现象一般既与磁场方向有关也与电流方向有关。此外，该现象使导体上产生温度梯度。该效应与能斯特效应相反
306. Evaporation 蒸发	物质从液相到气相（或简单的状态）的物理状态的变化
307. Expansion 膨胀	通常是指外压强不变的情况下，大多数物质在温度升高时体积增大，温度降低时体积缩小。在相同条件下，气体膨胀最大，液体膨胀次之，固体膨胀最小。也有少数物质在一定的温度范围内，温度升高时，其体积反而减小 物体因温度改变而发生膨胀现象叫"热膨胀"。因为物体温度升高时，分子运动的平均动能增大，分子间的距离也增大，物体的体积随之而扩大；温度降低，物体冷却时分子的平均动能变小，使分子间距离缩短，于是物体的体积就要缩小。又由于固体、液体和气体分子运动的平均动能大小不同，因而从热膨胀的宏观现象来看亦有显著的区别
308. Exothermic Reaction 放热反应	化学上把有热量放出（反应前总能量大于反应后能量）的化学反应叫作放热反应
309. Explosion 爆炸	一个极端的方式突然增加的体积和释放的能量，通常用产生高温和释放膨胀的气体
310. Explosive Lens 爆炸透镜	几种爆炸药组成的一种装置。它们的成形是以改变通过冲击波的形状方式。概念上与光学上的一台光学透镜的效果相类似
311. Explosive Welding 爆炸焊接	一种固相焊接方法，利用炸药爆炸产生的冲击力造成工件迅速碰撞而实现焊接的方法。通常用于异种金属之间的焊接。如钛、铜、铝、钢等金属之间的焊接，可以获得强度很高的焊接接头。而这些化学成分和物理性能各异的金属材料的焊接，用其他焊接方法很难实现
312. Extrusion 挤压	一个用于创建具有固定横截面形状的物体的过程。通过制作所期望物体的模具将材料压或拉，得到期望的实物。该方法可以用来创建非常复杂的横截面

(续)

效应名称	注解与说明
313. Fabry – Perot Interferometer 法布里–珀罗干涉仪	光谱分辨率极高的多光束干涉仪。由两个平行反射表面组成的系统，该系统可以使经过两个反射表面多次反射的光发生干涉，也被称为标准仪。由法国物理学家 C. 法布里和 A. 珀罗于 1897 年发明
314. Falling Sphere Viscometer 落球黏度计	落球黏度计用于测量液体黏度。液体在一个垂直玻璃管中。已知大小和密度的球体通过液体下降，测量所花费的时间转换为液体黏度
315. Fan 风扇	机械旋转叶片式风扇是用来使气体（原则上应是一种流体）产生流动的一种装置，在设计中应用非常广泛。用来移动空气的风扇主要有以下三种类型：轴流式、离心式（又称径向式）和横流式（又称切向式）
316. Faraday Cage 法拉第笼（机壳体）	由导电材料网丝构成的、能阻挡外部静电场一种笼式机壳。如果导体足够厚，以及任何孔都明显地小于辐射波长的话，在很大程度上，它们的内部也能屏蔽来自外部的电磁辐射
317. Faraday Effect 法拉第效应（磁旋转）	也称磁致旋光，是在介电材料中，光和磁场的相互作用。偏振片的旋转与磁场在光束方向上的分量的强度成比例。在处于磁场中的均匀各向同性媒质内，线偏振光束沿在磁场方向传播时，振动面发生旋转的现象。1845 年 M. 法拉第发现在强磁场中的玻璃产生这种效应，以后发现其他非旋光的固、液、气态物质都有这种效应。假设磁感应强度为 B，光在物质中经过的路径长度为 d，则振动面转动的角度为 $\psi = VBd$，其中 V 为费尔德常数
318. Farnsworth – Hirsch Fusor 法恩斯沃思–赫希费瑟装置	相对比较简单的、建立在约束惯性静电基础上的一种核聚变装置。该装置主体是一个内部呈真空状态的大球，四面布置上电极，在里面有一个带高压静电的金属网格组成的小球，将氘离子导入其中，在静电的约束下，离子碰撞，发生聚变反应。目前这种装置的输出功率远小于输入功率，还不能作为能源，但是可以用作实际的中子源
319. Fast Ion Conductor 快离子导体（固体电解质，超离子导体）	快离子导体导电的原因在于离子在晶格空隙（或空晶体位置）之间穿行。在导体的结构中，阴阳离子必须能自由运动，起到电荷载体的作用
320. Fatigue 疲劳	材料作为循环负载时发生的渐进的和局部的损坏。材料所受的最大应力值应小于极限拉伸应力值，而且有可能比材料的应力屈服极限值小
321. Feedback 反馈	一个环形的因果循环过程，系统的输出量按一定比例反馈到输入量，通常是用于控制系统的动态行为

附录4 科学效应总表（922个效应）

（续）

效应名称	注解与说明
322. Fermentation 发酵	在工业领域中，发酵是指对有机物的分解与重组成其他物质。复杂的有机化合物在微生物的作用下分解成比较简单的物质。其中固态发酵多指在没有或几乎没有自由水存在的情况下，在有一定湿度的水不溶性固态基质中，用一种或多种微生物发酵的一个生物反应过程。白酒和陈醋生产工艺就属于典型的固态发酵，将粮食中的糖转化成酒精，继而转化成醋
323. Ferrofluid 磁流体	磁流体又称磁性液体、铁磁流体或磁液，是由强磁性粒子、基液（也叫媒体）以及界面活性剂三者混合而成的一种稳定的胶状溶液。该液体在静态时无磁性吸引力，当外加磁场作用时，才表现出磁性 为了使磁流体具有足够的电导率，需在高温和高速下，加上钾、铯等碱金属和加入微量碱金属的惰性气体（如氦、氩等）作为工质，以利用非平衡电离原理来提高电离度
324. Ferromagnetic Powder 铁磁性粉末	铁磁材料的粉末或细碎状的形式。铁磁材料（如铁）形成的永久磁铁与磁铁表现出强烈的相互作用。铁磁材料在高于其特性的温度（居里点）会失去以上铁磁特性
325. Ferromagnetism 铁磁性	物质中相邻原子或离子的磁矩由于它们的相互作用而在某些区域中大致按同一方向排列，当所施加的磁场强度增大时，这些区域的合磁矩定向排列程度会随之增加到某一极限值的现象
326. Filter (electronic) 过滤器（电子式）	电子式过滤器是执行信号处理功能、以除去不需要的信号分量和/或加强需要的信号分量的电子电路。主要是通过移除不需要的频率以及/或者噪声来实现
327. Filter (optical) 过滤器（光）	光学过滤器选择性地透射具有某些特性的光，同时阻挡其余的光。光学过滤器一般有两类，最简单的是从物理上来吸收过滤器，而另外一类则是干涉滤片或双色向滤光镜，这一类在结构上可能会相当复杂
328. Filter (physical) 过滤器（物理）	过滤是指分离悬浮在气体或液体中的固体物质颗粒的一种单元操作，用一种多孔的材料（过滤介质通常是一个膜或片状、袋状物）使悬浮液（滤浆）中的气体或液体通过，截留下来的固体颗粒（滤渣）存留在过滤介质上形成滤饼。过滤操作既可用于分离液体中的固体颗粒，也可用于分离气体的粉尘（如袋式过滤器）
329. Fin 鳍状物（散热片）	鳍状物（散热片）是对象的平面延伸部分，通常用于增加表面面积，提高刚度或用于获得与外部的相对移动的流体动力或气流散热作用

(续)

效应名称	注解与说明
330. Flash Evaporation 闪蒸（急骤蒸发）	闪蒸发是一个饱和液体流通过一个节流阀或其他节流装置，经过压力降低时发生的局部汽化。如果节流阀或装置位于在压力容器中，使闪光的蒸发发生在容器内，容器通常称为作为闪蒸鼓
331. Flocculation 絮凝	在接触和粘附的过程中使液体中悬浮微粒集聚变大的簇状体
332. Flow Battery 液流电池	一种可充电电池，其中电解液含有一种或多种溶解的电活性物质，在电源电池/电抗器内流过这个过程中化学能被转换为电能。电池外部存储着额外的电解质，通常泵送通过反应器中的单元格。这个电池可以迅速地更换电解质（类似于可再填充的燃料箱），同时能回收使用过的材料加以充电
333. Flow Separation 流动分离（分流器）	实心物体通过流体（或静止的物体暴露在运动着的流体中，两者任其一），当边界层相对于逆压梯度行进足够远，使得边界层的速度几乎下降到零时，将发生流动分离。流体与物体的表面脱离，取代呈现的是涡流和漩涡
334. Fluid Hammer 水锤、流体锤	当运动的流体被强迫截止或突然被强迫改变运动方向时，压力骤增（动量的变化）。管道系统末端的阀门突然关闭时常引起水锤作用，此时压力波动将沿着管道传播
335. Fluidisation 流体化	流体化过程与液化过程相似，是一个将颗粒状物质从静止的类似固态转换成类似液态状的过程。当流体（液体或气体）向上运动透过颗粒状物质的时候，流化过程就会出现，当流化的时候，固态小颗粒将产生与流体一样的运动
336. Fluid Spray 流体雾化	当流体被分散成一连串雾状液滴时被称之为雾化。使用雾化喷嘴主要为实现两大功能：为加强蒸发以加大流体的表面积；为使流体的分布遍及一个区域
337. Fluorescence 荧光	又称"萤光"，是指一种光致发光的冷发光现象。当某种常温物质经某种波长的入射光（通常是紫外线或X射线）照射，吸收光能后进入激发态，并且立即退激发并发出一个更长波长（更少能量）的光子的现象。吸收和激发的光子的能量差最终转化为分子的转动、振动或者热能。有时候这个被吸收的光子是在紫外线范围内，激发出的光在可见光范围
338. Fluorographeme 氟化石墨烯	氟化石墨烯是完全氟化的石墨烯，基本上是特氟隆（聚四氟乙烯）在二维上的改型，具有类似的化学惰性和热稳定性等特性

附录4 科学效应总表（922个效应）

（续）

效应名称	注解与说明
339. Flywheel 飞轮	具有适当转动惯量、起储存和释放动能作用的转动构件。是发动机装在曲轴后端的较大的圆盘状零件，它具有较大的转动惯性
340. Foam 泡沫	使气泡分散在液体或固体中形成的物质。泡沫聚合物是气体分散于固体聚合物中所形成的聚合体。它的热传递作用主要是传导传递，不发生对流作用，辐射传递很小。它的热导率主要取决于气泡内部气体的热导率，在低温条件下，其热导率进一步降低，因此具有很好的保温隔热功能
341. Focusing 聚焦、对焦	一列波的波前（如辐射）成一个球形或圆柱形状聚集。聚焦在光学系统中使用，也可应用到任何辐射或波
342. Foil（fluid mechanics） 箔（流体力学）	在给定的条件范围内，为了最大化升力（垂直于流体流动方向的力）同时最小化拖拽力（流体流动方向的力）而设计的平面。箔被设计成可以在任何流体内操作，例如空气或者水
343. Folding 折叠	使板状材料或结构弯曲，通常沿一条直线将材料折成180°角
344. Force 力	力能使有质量的物体获得加速。力既有大小和方向，即它是一个向量。一个具有恒定质量的物体的加速度与它所受合外力成正比，与其自身质量成反比（或在物体上所受合外力等于其动量的变化率）。力可以使物体旋转或变形，或导致压力变化
345. Forced Convection 强制对流	在强制对流中，热量转移形成于其他力所导致的流体运动，比如风扇或水泵，而不是自然力量（浮力）引起的对流
346. Ford Viscosity Cup 福特黏度杯	一个简单的重力装置，该装置能使具有已知体积且流过杯顶部的小孔的液体随着时间而变化。在理想情况下，这个流动变化率与动力黏度（单位：厘泡和泡）成正比。动力黏度取决于排出液的比重。然而简单流杯的条件很少达到理想状态，所以不用于黏度的真实测量
347. Fractal Forms 分形	分形一般是可以被分成几部分粗糙或零碎的几何形状，其中每个基本上都是原来形状的缩小版，这种属性叫做自相似性。数学分形时基于迭代方程，即一种基于递归形式的反馈
348. Fractionation 分馏	分馏是根据特定的属性梯度差异的变化，将混合物（固体、液体、溶质、悬浮或同位素）定量分离的过程。在该过程中被划分、收集成较小属性差异的组合物
349. Fractoluminescence 断口发光	放射的光来自晶体的裂痕，而不是来自摩擦。晶体的合成取决于原子和分子，当晶体断裂时会发生电荷分离，使断裂晶体的一侧是正荷载，另一侧是负荷载。至于摩擦发光，如果电荷离析产生一个足够大的电势，可能会在间隙或接口间的气槽中发生放电

TRIZ 进阶及实战　大道至简的发明方法

（续）

效应名称	注解与说明
350. Fracture Mechanics 断裂力学	断裂力学是一种改善材料和部件的力学性能的重要工具。它将物理学中的压力和张力（特别是弹性力学和塑性力学）用于在实际材料中发现微观晶体缺陷，以预测机身的宏观机械故障
351. Franz – Keldysh Effect 弗朗茨 – 凯尔迪什效应	当施加电场时，半导体光吸收会发生变化，用于制作电吸收调制器
352. Free Convection 自由对流	由于流体温度梯度发生的密度差，液体（或气体）的分子发生自然运动
353. Free Fall 自由落体	只在重力作用下或者重力是主导力量引发的物体的运动（至少在最开始）
354. Free Surface Effect 自由液面效应	使船会变得不稳定和倾覆的几种机制之一。它指的是液体和小型固体，如种子、砂石或粉碎的矿石的聚集物（可以像液体一样流动），响应海浪和风力引发的作用于船体的状况，在船的货舱、甲板或液体储罐中发生的姿势改变的倾向
355. Freeze Casting 冷冻铸造	或冷冻凝胶，制造复杂的陶瓷物质不需要高温烧结，用溶胶 – 凝胶的方法。一般将硅溶胶与填料粉末混合，利用润湿剂使填料分散在溶胶中，当振动模具时，使触变性的混合物液化，释放出被捕集到的空气，冻结模具使溶胶中的二氧化硅沉淀，制造的粘合填料的凝胶像是一个由绿色干燥熔炉成形的烧结物。通常冷冻铸造形成的物质的致密性比传统方法加工制造成的物质稍小
356. Freeze Drying 冷冻干燥	也称为冻干法，通过减少冻结材料周围的压力，并增加足够的热量，以便使材料中的固相水直接升华为气体的脱水处理
357. Freezing 凝固（冻结）	当温度低于其凝固（冻结）点时液体变为固体的相变化。通俗地说用于描述水的凝固（冻结），但在学术上它适用于任何液体。所有除了液态氦以外的已知的液体，都将在当温度足够低时凝固（冻结）
358. Fresnel Diffraction 菲涅耳衍射	或称近场衍射，指的是当光波通过一个小孔后，在场的附近发生的衍射现象。观察其产生的衍射图的大小和形状，取决于小孔与投射物之间的距离。在衍射波的传播中，距离短就会出现菲涅耳衍射，当距离加大后，衍射波就成了平面型的，并且出现菲涅耳衍射
359. Fresnel Lens 菲涅耳透镜	相比传统的球面透镜，菲涅耳透镜通过将透镜划分为一系列理论上无数个同心圆纹路（即菲涅耳带）达到相同的光学效果，同时节省了材料的用量。其中的每个菲涅耳带的总厚度减小，打破了常规的连续表面透镜标准而变为有一系列相同曲率的不连续的表面。这将以降低成像质量为代价下减少镜片的厚度（重量和体积）

附录4 科学效应总表（922个效应）

（续）

效应名称	注解与说明
360. Friction 摩擦力	在流体与物体表面（空气与航空器或水与管道）和两个物体表面接触处产生的阻止相对运动的力
361. Friction Coefficient 摩擦系数	用于描述两物体之间摩擦力与压力之间的大小关系的无量纲标量值。摩擦系数取决于物体的材料。比如冰与钢接触处的摩擦系数较小，橡胶与路面接触处的摩擦系数较大
362. Friction Welding 摩擦焊接	通过一个运动工件与一个固定部件之间的机械摩擦产生热量的一种固态焊接过程。为了排气和塑性材料融合，施加一个横向力，称作是"锻造力"。学术上，由于并没有融化出现，所以摩擦焊接不是一个传统意义上的焊接过程，而是一种锻造技术
363. Froth Floatation 泡沫浮选	泡沫浮选是选择性地分离亲水性的疏水性材料的方法。精细研磨的原料与水混合，以形成浆料。加入所需的矿物的疏水性的表面活性剂，浆料中有空气或氮气，形成气泡，疏水性粒子附着于气泡，气泡上升到浆料表面上，对泡沫可以选择性地分离，以便进一步精炼
364. Fuel Cell 燃料电池	将燃料具有的化学能直接变为电能的发电装置，是一种将存在于燃料与氧化剂中的化学能直接转化为电能的发电装置。燃料和空气分别送进燃料电池，产物流出，而电解质保留在内部，只要必要的物流保持下去，实际上燃料电池可以持续运作，电就被奇妙地生产出来。它从外表上看有正负极和电解质等，像一个蓄电池，但实质上它不能"储电"而是一个"发电厂"
365. Fullerenes 富勒烯	碳族，碳的同素异形体，分子完全由碳以空心球体、椭圆形、管状或平面的形式组成
366. Funnel 漏斗状物	漏斗是一个广口的，通常由圆锥形的漏嘴和一个细玻璃管组成，用于将液体或细粒物质引流到一个小口容器中。若不使用漏斗将会发生较大的溅出。漏斗效应是指当流体从管道截面积较大的地方运动到截面积较小的地方时，流体的速度会加大，类似水流过漏斗时的现象。对于定常流，其密度 ρ、速度 v 和管道截面积 S 的关系如下：$\rho_1 v_1 S_1 = \rho_2 v_2$，事实上，这也正是流体力学中连续性方程的体现
367. Fusible Alloy 易熔合金	易熔合金是一个能够熔化，即加热液化的合金。例如：伍德合金，菲尔德金属，铅铋锡易熔合金，镓铟锡合金，钠钾共晶合金等
368. Galvanlmeter 电流计、检流计	有限制电弧产生旋转偏移，用以应答电流通过感应线圈的一种模拟机电转换装置
369. Garshelis effect 伽世利斯效应	该效应的特征是：沿圆周方向磁化的磁致伸缩材料棒，随着施加的转矩而产生一个轴向的磁场

(续)

效应名称	注解与说明
370．Gas Compressor 气体压缩机	气体压缩机是一种机械装置，由于气体是可压缩的，气体通过增加压力减少它的体积。压缩机同泵相似：增加了流体的压力，可以通过管道输送流体。对不可压缩液体，泵的主要作用是输送液体
371．Gear 齿轮	齿轮是旋转机器的一部分，它具有长牙或嵌齿，与其他带齿的部分啮合，以传递转矩。以串联方式工作的两个或更多的齿轮被称为传动装置，并且能够通过齿轮比产生机械优势，因此这也可以被认为是一个简单的机器。齿轮传动装置可以改变速度、振动幅度和动力的方向
372．Gecko – Foot Bristle Array 壁虎脚鬃刚毛阵列	壁虎脚趾可以抓着到各种表面上，而无需使用液体或通过表面张力。壁虎与接触面间的抓着力，由细碎分割的铲状镶刃刚毛（刚毛阵列）和表面之间的范德华吸附力构成
373．Gel 凝胶	凝胶是一种固态果冻状物质，性能可从软而低强度到硬而高强度。凝胶可定义为互相连接的系统，该系统在稳态时没有流动性。在重量上，凝胶主要是液体，但它们形成了空间网状的类似固体的结构。正是流体这样相互交联的特性导致了凝胶的结构特点（硬度）和黏性（黏着性）
374．Geometry 几何	以形状、大小和相对位置等具有空间属性的问题为研究对象的数学分支
375．Gettering 吸气、除气、吸杂	除去杂质的方法，在烧结过程中吸收或化合烧结气氛中对最终产品有害的物质的材料。也称消气剂，是用来获得、维持真空以及纯化气体等，能有效地吸着某些（种）气体分子的制剂或装置的通称。有粉状、碟状、带状、管状、环状、杯状等多种形式。吸气起源于真空（vacuum）管，其中 Ti 的吸气剂用于微量残余气体。现在，吸杂在从硅集成电路去除不需要的残余元素（通常是金属）方面有重大作用
376．Gimbal 万向节	让一个物体绕单一的轴线旋转的枢轴。一组万向节（其中一个安装在另一个上使它们的转轴正交）可使无论其支撑轴怎样运动，安装在最内层的万向架保持不动
377．Glassy Carbon 玻璃碳	也称为非晶态碳，一种将玻璃和陶瓷的性能与石墨结合的非石墨化碳。这种材料最重要的性能是耐高温，耐强化学腐蚀，以及对气体和液体的抗渗性。玻璃碳在电化学中被广泛地当作电极材料使用，也被用作高温坩埚和一些假肢器官的部件
378．Goos – Hänchen Effect 古斯 - 汉欣效应	一种光现象，表现为线性极化光在全反射的过程中经历一小段平行于传播方向的位移。这是英伯特 - 费多罗夫效应（Imbert - Fedorov Effect）的线偏振模拟。这种现象会发生是因为有限大小的光束会沿着横向对平均传播方向的线进行干扰

附录4　科学效应总表（922个效应）

（续）

效应名称	注解与说明
379. Grain Boundary Strengthening 晶界强化	指一种通过改变平均晶粒大小来加强材料的方法。它基于晶界阻碍位错运动，且晶粒中的位错数对位移穿过晶界和在晶粒间传递的难易度有影响。改变晶粒大小可以影响位错运动和屈服强度
380. Graphene 石墨烯	指一种由碳原子以 sp2 杂化轨道密集地组成蜂巢状晶格的单原子厚度的平面薄膜。它可以看作是由碳原子和它们的键组成的原子级铁丝网。这个名字来源于石墨＋烯，石墨本身由许多堆叠的单层石墨组成。石墨烯有高强度，这与其他性能相结合可提供多种应用，例如显示屏。石墨烯也能抵抗强酸和碱金属的攻击
381. Gravitation （万有）引力	有质量的物体会相互吸引的自然现象。在日常生活中，引力被广泛认为是将重量赋予有质量物体的"中介"
382. Gravitational Convection (non heat) 重力对流（非热）	在重力场中不同的浮力造成对流可能是流体密度差异源头引发的，而不是由热产生的源头，例如可变的成分引发的。例如，由于盐水比淡水重，会产生干盐向下扩散浸入潮湿土壤的现象，干盐作为源头材料发生了扩散
383. Gravitational Redshift 引力红移	位于强引力场中的波源发出的光或其他形式的电磁波（可以说"离开"引力场）被弱引力场中的观察者接收时，具有比原来更长波长的现象。从光的波长来看，表现为光的频谱整体向红色端（能量和频率较低、波长较长）移动
384. Gravitational Lensing 引力透镜	当从一个非常遥远的、明亮的光源（如类星体）发出的光线在光源和观察者之间被一个质量巨大的物体（如星系团）"弯曲"时，一个引力透镜就形成了。该过程被称为引力透镜效应，是爱因斯坦的广义相对论的预言之一
385. Groove 槽	槽是零件表面的一个长而窄的压痕，一般允许其他材料或零件遵循它的目的在凹槽内移动
386. Ground Effect 地面效应	飞机可能会受到多个地面的效果的影响，或者，由于飞行体的贴地飞行而产生的空气动力学效应
387. Guided Rotor Compressor 引导式转子压缩机	正位移旋转气体压缩机。压缩量由安装在偏心驱动轴处的旋转摆线转子决定

（续）

效应名称	注解与说明
388. Gunn Effect 耿氏效应	也称为电子转移装置（TED），一种在高频电子中使用二极管的形式。与半导体的能带结构有关：砷化镓导带最低能谷1位于布里渊区中心，在布里渊区边界L处还有一个能谷2，它比能谷1高出0.29eV。当温度不太高时，电场不太强时，导带电子大部分位于能谷1，能谷1曲率大，电子有效质量小。能谷2曲率小，电子有效质量大（$m_1 = 0.067m_0$，$m_2 = 0.55m_0$）。由于能谷2有效质量大，所以能谷2的电子迁移率比能谷1的电子迁移率小，即$u_2 < u_1$。当电场很弱时，电子位于能谷1，平均漂移速度为u_1E；当电场很强时，电子从电场获得较大的能量由能谷1跃迁到能谷2，平均漂移速度为u_2E。由于$u_2 < u_1$，所以在速场特性上表现为不同的变化速率（实际上u_1和u_2是速场特性的两个斜率。即低电场时$dvd/dE = u_1$，高电场时$dvd/dE = u_2$）。在迁移率由u_1向u_2变化的过程中经过一个负阻区。在负阻区，迁移率为负值。这一特性也称为负阻效应。其意义是随着电场强度增大而电流密度减小
389. Gyroscope 陀螺仪	基于角动量的原理的该装置是一个旋转的转轮或转盘，根据角动量的原理，其车轴自由采取任何方位，用于测量或维持取向。这种定向响应于一个给定的外部转矩与陀螺仪的高旋转速率的变化多少
390. Haidinger's Brush 海丁格电刷	一种内视现象。很多人能感受到光的偏振。人观察的视场的中心在蓝天的映衬面对远离太阳的同时，通过偏光太阳镜在视野中央可观察到黄色的单杠或领结形状的图像。该图像为蝴蝶结尾部，故名"刷"
391. Hall Effect 霍尔效应	是电磁效应的一种，这一现象是美国物理学家霍尔（A. H. Hall，1855—1938）于1879年在研究金属的导电机制时发现的。当电流垂直于外磁场通过导体时，在导体垂直于磁场和电流方向的两个端面之间会出现电势差，这一现象就是霍尔效应。这个电势差也被称为霍尔电势差
392. Halbach Array 哈尔巴赫阵列	一种特殊的永磁体的磁体单元的排列，能增强磁场一个方向上的场强，同时将另一方向的磁场降至接近零。它有许多应用，从平凡的冰箱磁铁、无刷交流电动机和磁耦合等工业应用，到扭摆磁铁粒子加速器和自由电子激光器等高科技的应用
393. Harmonic Oscillator 谐波振荡器	当偏离其平衡位置时会受到一个与位移成比例的回复力的系统。机械方面的例子包括翻车机（小角位移）和弹簧振子
394. Heating 加热	随着加热温度上升的行为

附录4 科学效应总表（922个效应）

（续）

效应名称	注解与说明
395. Heat Engine 热力发动机	利用热源和冷源之间的温度梯度差将热能转换成机械功的一个系统。热量从热源通过发动机转移到冷源，并在此过程中，通过利用工作物质（通常是气体或液体）的属性，将一些热量转换为功
396. Heat Exchanger 换热器	也称为热交换器或热交换设备，用来使热量从热流体传递到冷流体，无论介质间是否有固体防护隔开（防止其混合或直接接触），以满足规定的工艺要求的装置
397. Heat Pipe 热管	封闭的管壳中充以工作介质并利用介质的相变吸热和放热进行热交换的高效换热元件。热管技术是1963年美国洛斯阿拉莫斯（Los Alamos）国家实验室的乔治·格罗佛（George Grover）发明的一种称为"热管"的传热元件，它充分利用了热传导原理与制冷介质的快速热传递性质，通过热管将发热物体的热量迅速传递到热源外，其导热能力超过任何已知金属的导热能力
398. Heat Sink 散热器	散热器是一个组件，利用热传导原理与制冷介质，如空气或液体，将组件内产生的热量迅速传递到热源外
399. Heat Treatmen 热处理	指一种通过加热或冷却（通常达到极端温度）来改变材料的物理或化学性质的方法，从而实现所需的材料硬化或软化。热处理技术包括退火、表面硬化、沉淀强化、回火和淬火
400. Helix 螺旋	是一种特殊的空间曲线，即三维空间中的一条光滑的曲线。螺旋线上的任何点的切线与一条固定直线的角度为常数。是螺旋输送机的基本零件，由螺旋轴和焊接在轴上的螺旋叶片组成。根据功的原理，在动力 F 作用下将螺杆旋转一周，F 对螺旋做的功为 $F2\pi L$。螺旋转一周，重物被举高一个螺距（即两螺纹间竖直距离），螺旋对重物做的功是 Gh。依据功的原理得 $F = (h/2\pi L)/G$。因为螺距 h 总比 $2\pi L$ 小得多，若在螺旋把手上施加一个很小的力，就能将重物举起。螺旋因摩擦力的缘故，效率很低。即使如此，其力比 G/F 仍很高，距离比由 $2\pi L/h$ 确定。螺旋的用途一般可分紧固、传力及传动三类
401. Heterodyne 外差	在无线电和信号处理领域中，外差是两个新频率的振动波形通过混合或相乘产生的。在信号的调制、解调以及将信息存储在一定频率范围内的波形中具有重要作用
402. Hinge 铰链	用来连接两个固体，并允许两者之间做转动的机械装置
403. Hole 孔	孔就是指一个实体上所缺失的、并且封闭的部分

(续)

效应名称	注解与说明
404. Homodyne Detection 零差检测	指一种用于检测与一个基准频率非线性混合的频率的辐射的方法，其原理与外差检波相同
405. Hook 钩	持有弯曲钩以悬挂或拉东西的机械装置
406. Hooke's Law 胡克定律	胡克定律是力学基本定律之一。适用于一切固体材料的弹性定律，它指出：在弹性限度内，物体的形变跟引起形变的外力成正比。胡克定律的表达式为 $F=kx$ 或 $\Delta F=k\Delta x$，其中 k 是常数，是物体的胡克定律劲度（倔强）系数。在国际单位制中，F 的单位是牛，x 的单位是米，x 是形变量（弹性形变），k 的单位是牛每米。刚度系数在数值上等于弹簧伸长（或缩短）单位长度时的弹力。弹性定律是胡克最重要的发现之一，也是力学最重要基本定律之一。在现代，仍然是物理学的重要基本理论。胡克的弹性定律指出：弹簧在发生弹性形变时，弹簧的弹力 F 和弹簧的伸长量（或压缩量）x 成正比，即 $F=-kx$。k 是物质的弹性系数，它由材料的性质所决定，负号表示弹簧所产生的弹力与其伸长（或压缩）的方向相反
407. Hopkinson Effect 霍普金森效应	处于低强度磁场中的铁磁材料的磁导率是随温度变化的函数，可用来测量温度。温度最大值小于材料的居里点
408. Hot Chocolate Effect 热巧克力效应	将可溶性溶剂加入装有热液体的杯子中，轻敲杯壁可以听到声音频率上升。将巧克力粉加入一大杯热牛奶中搅拌，用勺子轻敲搅动中的牛奶杯底，可以观察到这个现象。轻敲杯子的声音频率会逐渐上升。随后的搅拌声音频率会降低再升高。这是由于气泡密度对液体中声速的影响。注意听到的是液柱高度影响固定波长的频率
409. Hot Isostatic Pressing 热等静压、均衡的热冲压	在热等静压制造工艺中，可以减少金属陶瓷材料的孔隙率、提高机械性能。HIP 工艺是将制品放置到密闭的高压容器中，向制品施加各向同等的压力，同时施以高温
410. Hydrate 水合物	气体或挥发性液体与水相互作用过程中形成的固态结晶物质。化合物从其组成离子的水溶液中结晶出来时，所得到的晶体往往是水合物。在无机化学中，水合物含有束缚于金属中心的或与金属络合物结晶的水分子。在有机化学中，水合物是一种由水或它的元素添加到主体分子中形成的化合物。在无机化学中，水合物含有束缚于金属中心的或与金属络合物结晶的水分子。这类水合物也被认为含有"结晶水"或"化合水"
411. Hydraulic Accumulator 液压蓄能器	一种能量储存装置，一种压力储存器，在储存器中不可压缩的液压流体由外源在压力下保存。外源可以是，例如一根弹簧，一个举起的重物或压缩气体

附录4 科学效应总表（922个效应）

（续）

效应名称	注解与说明
412．Hydraulic Ram 液压缸	液压缸（活塞）的功能作为一个液压变压器，能源是循环水泵（油泵），以液体作为工作介质来传递动力，输出不同的液压头和流率的水（油）
413．Hydride Compressor 氢压缩机	氢压缩机工作原理是利用金属氢化物在低压状态时吸收氢气，在高压状态（通过外加热，比如热水床或电动线圈，升高温度）时解吸氢气的特性
414．Hydraulic Press 液压机	液压机是以液压传动。液压传动用液体的压力能来传递动力。一个完整的液压系统由五个部分组成，即能源装置、执行装置、控制调节装置、辅助装置、液体。液压由于其传动力量大，易于传递及配置，应用广泛。液压系统的执行元件液压缸和液压马达的作用是将液体的压力能转换为机械能，而获得需要的直线往复运动或回转运动
415．Hydraulic Jump 水跃	当液体以极高的速度排放到液体速度较低的区域时，液体表面将会显著上升（一个梯级或驻波）。液体速度突然减慢和液面的增高使流体的初始动能转换成势能，由于热湍流损失一些能量。在明渠中，这表现为急流迅速放缓同时水深增加
416．Hydrodynamic Cavitation 水力空化（气穴、气蚀）	声波在液体中传播，基于系统特定的几何形状（局部缩颈），在时空上产生低于静态压力的负压现象。在液体的负压区域，液体中的结构缺陷（空化核）会逐渐成长，形成肉眼可见的微米级的气泡，这就是声空化现象。微气核空化泡在声波的作用下振动，当声压达到一定值时空化泡将会长大和剧烈地崩溃，释放高能，产生剧烈的破坏作用
417．Hydrogel 水凝胶	水凝胶是一种亲水性（它们可以包含超过99.9%的水）聚合物链形成的网状结构物，呈凝胶态，其中的水起到分散质的作用。由于含有大量水分，水凝胶具有类似于天然组织的灵活性
418．Hydrogenation 氢化（加氢）	氢化是通过化学反应在物质中添加氢原子的过程。该过程可以用来增加或减少有机化合物的饱和度。通常，氢化过程会在分子中添加一对氢原子
419．Hydrolysis 水解	一种化学反应。在该化学反应过程中，一个或者多个水分子被分解成氢离子和氢氧根离子。这些离子可以参与进一步的反应
420．Hydrogen Peroxide 过氧化氢（双氧水）	过氧化氢溶液，化学式为 H_2O_2，其水溶液俗称双氧水，外观为无色透明液体，是一种强氧化剂，因此，作为消毒剂、氧化剂和防腐剂使用，并作为火箭助燃剂。过氧化氢的氧化能力十分强，被认为是高活性氧化物

（续）

效应名称	注解与说明
421．Hydrometer 比重计	比重计是一种仪器，用于测量液体的比重或相对密度（该液体的密度比水的密度）
422．Hydrophile 亲水性	带有极性基团的分子，对水有大的亲和能力，可以吸引水分子，或溶解于水。这类分子形成的固体材料的表面，易被水所润湿。具有这种特性就是物质的亲水性。金属板材如铬、铝、锌及其生成的氢氧化物，以及具有毛细现象的物质都有良好的亲水效果。两个不相溶的相态（亲水性对疏水性）将会变化成使其界面的面积最小时的状态。此一效应可以在相分离的现象中被观察到
423．Hydrophob 疏水性	疏水性指的是一个分子（疏水物）与水互相排斥的物理性质。疏水性分子偏向于非极性，因此会溶解在中性和非极性溶液（如有机溶剂）中。水中的疏水性分子经常聚集形成胶团。疏水面上的水表现出高交汇角。疏水性分子包含烷烃、油、脂肪和多数含有油脂的物质
424．Hygrometer 湿度计	一种用于测量环境中水含量的仪器。湿度测量仪器通常是测量物体吸收水分后其温度、压强、质量或者其他机械电气量的变化
425．Hyperboloid 双曲面	双曲线绕其对称轴旋转而生成的曲面即为双曲面。双曲面是三维空间中的二次图形。双曲线绕其短半轴旋转可以得到单叶双曲面。双叶双曲面的轴为 AB，曲面上的点为 P，则 AP－BP 为一常数，其中 AP 是 A 与 P 之间的距离，点 A 与 B 是双曲面的焦点。在现实中，许多发电厂的冷却塔结构是单叶双曲面形状。由于单叶双曲面是一种双重直纹曲面（Ruled Surface），它可以用直的钢梁建造，这样会减少风的阻力，同时也可以用最少的材料来维持结构的完整
426．Hysteresis 磁滞、滞后	磁滞现象在铁磁性材料中是被广泛认知的。当外加磁场施加于铁磁性物质时，其原子的偶极子按照外加场自行排列。即使外加场被撤离，部分排列仍保持：此时，该材料被磁化。准确地说，具有滞后现象的系统具有路径独立性，或者"独立记忆率"
427．Imbert－Fedorov Effect 英伯特－费多罗夫效应	一种光学现象，当圆或椭圆偏振光完全在内部发生反射时，会产生小的偏移且会横向传播。这种效应是的古斯－汉欣效应的圆极化模拟
428．Lewis 起重爪	一种用来从上方提升大型石块的起重装置。在石头中心的正上方，一个特别配置的槽或"装置"，起重爪从石头的顶部的正上方插入。它应用杠杆原理操作，石头的重量作用在杠杆的长臂上，转换成在杠杆短臂上产生非常高的反应力和摩擦力，使槽的内侧与石头保持接触，防止石头下滑

附录4 科学效应总表（922个效应）

（续）

效应名称	注解与说明
429. Impact Force 冲击力	在很短的时间内产生巨大的碰撞力。施加这样的力或加速度有时比长时间施加较小的力具有更大的影响
430. Impeller 叶轮	用于增加流体的压力和流量的一种旋转组件，是离心式泵的典型组件。将能量从驱动该泵的电动机传递到被加速流体，使其从旋转中心向外加速运动。流体的运动被泵壳所限制时，叶轮使流体获得的速度将转变成对泵壳的压力
431. Incandescence 炽热	炽热是由于热体的温度发射的光（可见的电磁辐射）产生的
432. Inclined Plane 斜面	一个平坦的表面上，但其端点在不同的高度（不是完全垂直的）所以是倾斜面。在斜面上移动一个对象的能源（是一个倾斜平面上的位置函数）是引力
433. Induction Heating 感应加热	通过电磁感应，导电物体（通常是金属）被加热的过程，例如通过电磁感应产生涡流，电阻产生焦耳热
434. Inductor 电感应器	一种无源电气元件，可以由通过它的电流产生的磁场中储存能量。一个电感器通常是把导线做成线圈状，依据安培定律，这些通电的导线环能够在圈内产生强大的磁场。因为线圈内的磁场的变化的，因此根据法拉第电磁感应定律会产生感应电场电压，同时也遵循楞次定律抵抗电压的改变
435. Inertia 惯性	惯性是任何有形物体反对运动状态改变的特性。惯性的大小和对象的质量成比例
436. Infrared Radiation 红外辐射	红外（IR）辐射是电磁辐射，其波长比可见光（400~700nm）长，但短于太阳辐射（3~300μm）和微波（~30000μm）。红外辐射跨越大约三个数量级（750 nm 和 1000μm）
437. Injector 喷射器	喷射器使用缩扩喷嘴的文丘里效应，形成一个低压区吸入流体，并将流体的压力能转换为速度能的类似于泵的设备。混合流体通过喷射器的喉部之后，扩散的速度降低，通过流体速度能量转换为流体压力从而再次压缩
438. Interference 干扰	两个或两个以上的波的叠加产生一个新的波。干扰通常是指彼此相关或相干波的相互作用，可能是因为它们从相同的源发出，或者是因为它们具有相同的或几乎相同的频率
439. Intumescent Materials 发泡（膨胀）材料	膨胀材料在受高温时可引发一种能促使材料膨胀的化学进程，从而体积增大、密度减小。膨胀材料通常用于被动消防
440. Invar 殷钢	殷钢是一种镍钢的高合金钢 FeNi36（64FeNi 美国），其特性是低的热膨胀系数

（续）

效应名称	注解与说明
441. Inverse Compton Scattering 逆康普顿散射	当 x 射线或 γ 射线的光子与物质发生相互作用时，光子的能量会增加（波长减小）
442. Inverse Faraday Effect 逆法拉第效应	与法拉第效应相反，外部振荡电场引起静态磁化
443. Inverse Peltier Effect 逆珀尔帖效应	1834 年，法国科学家珀耳帖发现：当两种不同属性的金属材料或半导体材料互相紧密联结在一起的时候，在它们的两端通直流电后，只要变换直流电的方向，在它们的结头处，就会相应出现吸收或者放出热量的物理效应，于是起到制冷或制热的效果，这就叫作"珀耳帖效应"。珀耳帖冷却是运用"珀耳帖效应"，即组合不同种类的两种金属，通电时一方发热而另一方吸收热量的方式。因此，应用珀耳帖效应制成的半导体制冷器，就能制造出不需要制冷剂、制冷速度快、无噪声、体积小、可靠性高的绿色电冰箱
444. Ion Beam 离子束	离子束是一种由离子组成的粒子射线。离子束受到外界的作用射向固体材料，并能停留在固体材料中，这一过程就叫作离子注入
445. Ion Exchange 离子交换	借助于固体离子交换剂中的离子与稀溶液中的离子进行交换，以达到提取或去除溶液中某些离子的目的，是一种属于电解质分离过程的单元操作。离子交换是可逆的等当量交换反应。目前，离子交换主要用于水处理（软化和纯化）；溶液（如糖液）的精制和脱色；从矿物浸出液中提取铀和稀有金属；从发酵液中提取抗生素以及从工业废水中回收贵金属等
446. Ion Implantation 离子注入	当真空中有一束离子束射向一块固体材料时，离子束把固体材料的原子或分子撞出固体材料表面，这个现象叫作溅射；而当离子束射到固体材料时，从固体材料表面弹了回来，或者穿出固体材料而去，这些现象叫作散射；另外有一种现象是，离子束射到固体材料以后，受到固体材料的抵抗而速度慢慢减低下来，并最终停留在固体材料中，这一现象就叫作离子注入
447. Ion Repulsion 离子斥力（引力）	带相反电荷的离子间的吸引力或带有负电荷的离子之间的排斥力
448. Ionisation (Ionization) 电离	原子是由带正电的原子核及其周围的带负电的电子所组成的。由于原子核的正电荷数与电子的负电荷数相等，所以原子是中性的。原子最外层的电子称为价电子。所谓电离，就是原子受到外界的作用，如被加速的电子或离子与原子碰撞时使原子中的外层电子特别是价电子摆脱原子核的束缚而脱离，原子成为带一个（或几个）正电荷的离子，这就是正离子。如果在碰撞中原子得到了电子，则其成为负离子

附录4 科学效应总表（922个效应）

（续）

效应名称	注解与说明
449. Isoelectric Focusing 等电子聚焦	也称为电子聚焦，一种利用分子间的电荷差异分离不同分子的技术。这是一种区带电泳法，通常在凝胶中进行，该方法利用了分子所带电荷量会随着周围环境的pH值的变化而变化的特点
450. Ion Wind 离子风	当电场强度（尤其是尖锐导体产生的强电场）超过电晕放电所需的起始电压时，在尖端处空气被电离，形成一个等离子体喷射现象，从而形成离子流。空气分子被电离后，与尖锐端具有相同极性的离子云受到排斥力的作用，同时由于极性相同的离子间相互排斥，离子云会发生扩散，形成电"风"，并且发出嘶嘶声（压力变化造成）
451. Iridescence 彩虹色	彩虹色也称虹彩，指某些物体表面属性导致视觉上的改变而出现颜色的改变。如果观测物体表面的角度改变，色彩也随之改变，这样一种光学现象就叫作彩虹现象，即彩虹色，是来自多层次的反射、半透明表面相位移和反射调节入射光的干扰引起的。彩虹色常见于肥皂泡、蝴蝶翅膀、贝壳等物体
452. Janka Hardness Test 詹卡硬度测试	詹卡硬度测试法用于测量木材的硬度。方法是用一个11.28mm（0.444in）的钢球嵌入到钢球直径的一半处时，测量其所需的力，这种方法会在木材表面留下一个面积为$100mm^2$的压痕。它是测量木质耐压缩和耐损耗率的最好方法，也是检验木质造成锯子和钉子如何费力的指示器
453. Jet 喷射	一种连贯的流体流（例如气体或液体），从一些喷嘴或孔束射到周围的介质中
454. Jet Damping 射流阻尼	或推力阻尼，是火箭喷焰从火箭的横向角运动中消除能量的效应。如果火箭进行俯仰运动或偏移运动，那么必须在气体喷出排气管和喷嘴时进行横向加速。一旦排气离开喷嘴运载工具将失去这个横向动力，从而有助于抑制横向振动
455. Jet Erosion 射流冲蚀（侵蚀）	液体/气体的磨料物质的混合物，使用具有极高的速度和压力束射出混合物射流，使材料产生冲蚀
456. Johnsen–Rahbek Effect 约翰逊–拉别克效应	在经过金属表面和半导体材料表面间边界处加一电势（电压），此二表面间就会出现一吸引力，此力的大小和所加的电压与所包含材料的特性有关。1920年，约翰逊和拉别克发现，抛光镜面的弱导电物质（玛瑙、石板等）的平板，会被一对连接着220V电源的、邻接的金属板稳固地固定。而在断电情况下，金属板可以很轻易地移开 对此现象的解释如下：金属和弱导电物质，两者是通过少数的几个点相互接触的，这就导致了过渡区中的大电阻系数、金属板间接触的弱导电物质与金属板自己本身的小电阻系数（由于大的横截面），所以在金属和物质间的如此狭小的一个转换空间内，存在着电场，将会发生巨大的压降，由于金属和物质之间的微小距离（大约1mm），此空间就产生了很高的电位差

（续）

效应名称	注解与说明
457．Josephson Effect 约瑟夫森效应	电流通过两个弱的耦合的超导体时，被一个非常薄的绝缘屏障分离的现象
458．Joule – Lenz Effect 焦耳－楞茨效应	1840年，焦耳把环形线圈放入装水的试管内，测量不同电流强度和电阻时的水温。通过这一实验，他发现：导体在一定时间内放出的热量与导体的电阻及电流强度的平方成正比。同年12月焦耳在英国皇家学会上宣读了关于电流生热的论文，提出电流通过导体产生热量的定律，由于不久之后，俄国物理学家楞茨也独立发现了同样的定律，该定律被称为焦耳－楞次定律
459．Joule – Thomson Effect 焦耳－汤姆逊效应	指气体通过多孔塞膨胀后所引起的温度变化现象。气体经过绝热节流膨胀过程后温度发生变化的现象，称为"焦耳－汤姆逊效应"。当气流达到稳定状态时，实验指出，对于一切临界温度不太低的气体（如氮、氧、空气等），经节流膨胀后温度都要降低；而对于临界温度很低的气体（如氢），经节流膨胀后温度反而会升高。在通常温度下，许多气体都可以通过节流膨胀使温度降低，冷却而成为液体。工业上就利用这种效应制备液化气体 正焦耳－汤姆逊效应：在焦耳－汤姆逊系数 α>0 时，气体通过节流，凡膨胀后温度降低者，称为"正焦耳－汤姆逊效应"，亦称致冷效应 负焦耳－汤姆逊效应：在焦耳－汤姆逊系数 α<0 时，气体通过节流，凡膨胀后温度升高者，称为"负焦耳－汤姆逊效应"
460．Kalina Cycle 卡里纳循环（周期）	一种将热能转化为机械能的热力学循环，与散热片（或环境温度）相比，热源能在相对较低的温度下得到优化使用。该循环的工作流体由两种或两种以上液体构成的混合物（通常为水和氨），且系统不同部分，液体之间的混合比率不同，以此来提高热力可逆性和总体热力学效率。卡利纳循环具有多种形式的变体
461．Kármán Vortex Street 卡门涡街	在一定条件下，正常的层流流体绕过某些物体时，物体两侧会周期性地形成旋转方向相反、排列规则的双列线涡，经过非线性作用后，形成卡门涡街。这解释了电话线或电源线发出的声音，以一定速度振动的汽车天线等现象
462．Kaye Effect 凯伊效应	合成液体的一种属性，常用在剪切变稀的液体中（液体在剪切应力情况下会变稀）。当把这种液体喷淋在表面时，表面突然喷出的液体与即将到来的下行的液体溶合。普通家用液体洗洁液、洗发水、无滴漏油漆等都具体这种属性。然而，这种效果通常被人们所忽视，因为它持续时间很短，大约不会超过300ms

附录4 科学效应总表（922个效应）

（续）

效应名称	注解与说明
463. Kelvin – Helmholtz Instability 凯尔文 – 亥姆霍兹不稳定性	两种流体作平行相对运动，由于沿流速方向的小扰动，运动流体是不稳定的。比如风吹过水面时，产生的波就是在水面不稳定的表现。更普遍的是，云、海洋、土星环带和日冕都反映了这种不稳定
464. Kerr Effect 克尔效应	材料对电场的响应导致材料的折射率发生变化。克尔效应指与电场二次方成正比的电感应双折射现象。放在电场中的物质，由于其分子受到电力的作用而发生偏转，呈现各向异性，结果产生双折射，即沿两个不同方向物质，对光的折射能力有所不同。这一现象是1875年J. 克尔发现的。后人称它为克尔电光效应，或简称克尔效应
465. Knoop Hardness Test 努氏硬度试验	努氏硬度测试是一种显微硬度测试，该机械硬度测试的测试对象是非常脆的材料与薄板，该测试只需要一个小压痕就可以达到目的。用一个已知的力将一个锥体金刚石压入被测材料的抛光表面，停留一段规定时间，然后用显微镜测量得到缩进量
466. Knot 绳结（结、节）	指一种结绳方法，用系结或交织来扣紧或固定活动的线性材料，如绳子
467. Knurling 滚花	一种制造工艺，通常在车床上进行，通过切削或滚压在金属表面产生有视觉吸引力的菱形（十字形）的花纹。有时，滚花图案是一系列直脊线或螺旋式的直脊线，而不是常见的十字纹
468. Lagrangian Point 拉格朗日点	拉格朗日点是指轨道结构上的五个位置，在这些点上仅受重力作用的一个小物体理论上可以与两个较大的物体保持相对静止（如卫星与地球和月球）。拉格朗日点上两个较大物体产生的万有引力的合力恰好提供了围绕它们旋转所需的向心力
469. Lamella 薄片（瓣）	一种鳍形结构：细片材料保持彼此相邻而且在两者之间存在流体的结构。它们出现在生物学和工程学中，如过滤器和热交换器。在骨骼的微观结构和珍珠层是材料科学意义上的薄片
470. Lamination 层压（叠片结构）	能将两层或多层结合成一个整体层叠的材料过程叫作层压
471. Laminar Flow 层流	层流是流体的一种流动状态。当流速很小时，流体分层流动，互不混合，称为层流，或称为片流。这种变化可以用雷诺数来量化。雷诺数较小时，黏滞力对流场的影响大于惯性力，流场中流速的扰动会因黏滞力而衰减，流体流动稳定，为层流。层流与紊流相反。通俗地说，层流是"平滑的"，而紊流是"粗糙的"
472. Laser 激光	激光是通过受激发射的光（电磁辐射）。准分子激光（Excimer laser）是指受到电子束激发的惰性气体和卤素气体结合的混合气体，使材料的分子向其基态跃迁，从而发射出所产生的激光

(续)

效应名称	注解与说明
473. Laser Ablation 激光烧蚀	激光烧蚀是用激光束照射固体（或偶尔是液体）的表面以去除材料。在低激光通量作用下，该材料吸收激光能量被加热而蒸发或升华。一般，激光烧蚀法是指用脉冲激光去除材料。在高的激光通量作用下，该材料通常是转换成等离子体。如果激光的强度足够高，材料可能连续被激光束烧蚀
474. Laser Beam Welding 激光束焊接	通过使用激光连接多个金属件的焊接技术。激光是一个集中的热源，适用于窄处、深处焊接，同时焊接率很高。激光束焊接经常用于大批量生产中，如汽车行业
475. Laser Doppler Velocimetry 激光多普勒测速仪	使用激光束的多普勒频移来测量透明或半透明液体的流动速度，即可反射且不透明的表面上的直线运动速度或振动运动速度。粒子（天然存在或合成）由流体携带，通过两个由单色激光束形成的干涉条纹，此时，反射光强度波动，波动的频率等于入射光与反射光之间的多普勒频移，且该频率正比于粒子的运动速度
476. Laser Doppler Vibrometry 激光多普勒振动计	一种非接触式的表面振动测量技术。激光束由 LDV 发出，指向被测物体表面。由于表面振动，激光束频率发生多普勒频移，从而得知表面振动的振幅和频率
477. Laser Peening 激光喷丸	或称为激光冲击强化（LSP），采用强大的激光硬化或喷丸金属的过程。激光喷丸可以使表面受到一层残余压应力，表面受力深度为常规喷丸硬化方法的 4 倍。所用涂料通常为油漆或黑色胶带，以吸收能量。短脉冲能量被聚焦，使涂料烧蚀爆炸，产生冲击波。随后激光束被重新定位，重复该过程，以形成被压缩且具有一定深度的微小凹痕阵列
478. Laser Surface Velocimeter 激光表面测速仪	一种非接触式光学传感器，采用激光多普勒原理，评估移动物体散射回来的激光，测量表面移动的速度和长度。它们被广泛用于工业生产过程的工艺和质量控制
479. Latent Heat 潜热	潜热是一种化学物质的状态变化（即固体、液体或气体），或相变过程中释放或吸收的热量
480. Leidenfrost Effect 莱顿弗罗斯特效应	液体在近距离接触温度远高于其沸点的强热源后，产生蒸汽绝缘层防止该液体猛烈沸腾的现象。这种情况常见于将水滴掠过一个非常热的金属表面
481. Lenard Effect 勒纳德效应	也称电力喷雾或瀑布效应，电荷随着水滴的空气动力的中断而分解

附录4　科学效应总表（922个效应）

（续）

效应名称	注解与说明
482. Length Contraction 长度收缩（尺缩效应）	当物体相对观测者以非零速度运动时，观测者测得的长度将比物体静止时的实际尺寸小的物理现象。尺缩效应只有在物体运动速度接近光速时才能明显观察到；且尺缩方向与观察者运动方向平行
483. Len 透镜	拥有完美或近似轴对称属性的光学设备，用来传播或者折射光线，汇聚或发散光束
484. Lever 杠杆	刚性物体，选取合适的支点或枢轴点后可以放大机械力的作用，以施加到另一个物体上
485. Lewis 起重爪（吊楔）	一种用来从上方吊起大石块的起重装置。它被插入到一个专门的孔槽（在大石块质心上方）。它的操作是根据杠杆原理：石头的重量作用在可旋转的杠杆力臂上，在杠杆短臂与石块孔槽上产生一个非常高的反作用力和摩擦力，从而防止打滑
486. LIDAR 激光雷达	激光雷达是一种光学遥感技术装置，可通过测量分散光的性质来查找远距离目标的范围和其他信息。使用激光脉冲时，常用这种技术方法来确定目标或表面的距离。和使用无线电波的雷达技术相似，这种技术是分析脉冲发射和检测返回信号的时间差来决定目标的范围的
487. Light 光	人眼可见的波长从约380～400nm到约760～780nm的范围内的电磁辐射
488. Light Emitting Diode 发光二极管	发光二极管是一种固态半导体材料PN结发光二极管，只允许电流由单一方向流过。当LED电路被施加电流，由固体材料的PN结发出窄谱光和非相干光
489. Linear Motor 直线电机	本质上是一个通过其定子展开的多相交流（AC）电动机，这样，它不是产生旋转力矩，而是产生一个沿其长度方向的线性力
490. Liquid Crystals 液晶	物质展示出传统液体和固体之间的一种物质相态
491. Liquid–Liquid Extraction 液–液萃取	即液–液提取法，是一种分离过程，用于分离化合物，此方法基于化合物相对两种不可混溶的液体之间的溶解性，通常为水和有机溶剂。这种提取方法令物质能由一种溶液移至另一种溶液
492. Liquid Membrane 液膜	液膜是一种活性成分液态的膜，其活性成分是乳剂形式或支撑在一些装置的轴孔中
493. London Dispersion Force 伦敦色散力（散射力）	伦敦色散力是量子引起的瞬时偶极化的原子和分子间微弱的作用力，因此分子之间没有永久的多极矩

(续)

效应名称	注解与说明
494. Lonsdaleite 蓝丝黛尔石	又称六角形钻石,是六角晶格碳的同素异晶体。在自然界中,它由撞击地球时的陨石中的石墨形成。六方碳可能比钻石硬58%
495. Loop Heat Pipe 回路热管	两相热交换装置。利用毛细管作用,将热从热源处转移到散热器或冷凝器中,与热管相似,但它具有可以长距离可靠地操作和克服重力的能力。设计规格可以有大功率大型管、小型管(微型环路热管)。广泛应用于地表面和空间技术中
496. Lorentz Force 洛伦兹力	电磁场对点电荷的作用力。载流导线被放置在磁场中时,形成电流的每个电荷在移动过程中都受到洛仑兹力,它们一起在导线上可以产生一个宏观力(有时称为拉普拉斯力)。洛仑兹力的公式是:$f = qvB\sin\theta$,式中 q、v 分别是点电荷的电量和速度;B 是点电荷所在处的磁感应强度;θ 是 v 和 B 的夹角。洛仑兹力的方向循右手螺旋定则垂直于 v 和 B 构成的平面,为由 v 转向 B 的右手螺旋的前进方向(若 q 为负电荷,则反向)。由于洛仑兹力始终垂直于电荷的运动方向,所以它对电荷不做功,不改变运动电荷的速率和动能,只能改变电荷的运动方向使之偏转
497. Lotus Leaf Effect 荷叶效应	是指荷叶表面具有超疏水性以及自洁的特性。荷叶的微观结构和表面化学特性意味着不会被水弄湿;水滴在叶片表面就如水银一般,并且可以带走污泥、小昆虫及污染物。然而,水滴在芋头叶子亦有相似的行为。一些纳米科技学家正在开发一些方法,使涂料、屋瓦、纺织品和其他表面可保持干燥和干净,就如荷叶表面的方式相似。通常使用氟化物或硅处理表面可达到此效果;利用葡萄糖和蔗糖化合成聚乙二醇亦可达到此效果。有自洁效应的新涂料,目前已被开发出来,甚至有自洁功能的玻璃板已经走上了市场,使用于温室的屋顶等
498. Lubrication 润滑	润滑是通过插入润滑剂,来减少两个紧密接触且发生相对移动的负载(产生压力)表面间的磨损的技术方法,插入的润滑剂可以是固体(如石墨)的固/液分散体、液体、液体分散液(润滑脂)或一些特殊气体
499. Luminescence 发光(发冷光)	发光是冷辐射体的一种形式,光的产生通常发生在低的温度下。它可以通过化学反应、电能、亚原子交换或晶体上的应力引起。区别于由高温引起的白热发光
500. Lyot Filter 莱奥特滤光器	是一种双折射光学过滤器,能产生发送波长的一个狭小通频带

附录4 科学效应总表（922个效应）

（续）

效应名称	注解与说明
501. Maggi – Righi – Leduc Effect 马吉 – 里齐 – 勒迪克效应	在磁场中放置一个导体时，导体的热传导率的变化
502. Maglev 磁悬浮	使用磁力产生悬浮，引导和驱动车辆（主要是火车）运行运输系统
503. Magnetic Circular Dichroism 磁圆二色性	指材料在强磁场作用下，电子跃迁到不同的激发态。这些激发态对左旋和右旋圆极化光吸收是不同的，使材料出现磁圆二色的性质。一般情况下的做法是：在一块大的电磁铁中，缠绕上一个圆形的二色测量计。圆二色性是由于材料分子的螺旋结构造成左和右圆极化光的吸收不同，圆二色性的仪器一般选在紫外段，而磁性圆二色性则选在近红外：300~2000nm 区段 磁圆二色性是能用来观察电子的基态和激发态的电子结构的光学技术，也是吸收谱仪的一种强有力的补充手段。它可以观察到普通光吸收谱很难看到的电子跃迁；能研究顺磁性和系统中电子对称性等
504. Magnetic Field 磁场	在永磁体或电流周围所发生的力场，即凡是磁力所能作用的空间，或磁力作用的范围，叫作磁场；所以严格说来，磁场是没有一定界限的，只有强弱之分。与任何力场一样，磁场是能量的一种形式，它将一个物体的作用传递给另一个物体。磁场的存在表现在它的各个不同的作用中，最容易观察的是对场内所放置磁针的作用，力作用于磁针，使该针向一定方向旋转。自由旋转磁针在某一地方所处的方位表示磁场在该处的方向，即每一点的磁场方向都是朝着磁针的北极端所指的方向。如果我们想象有许许多多的小磁针，则这些小磁针将沿磁力线而排列，所谓的磁力线是在每一点上的方向都与此点的磁场方向相同。磁力线始于北极而终于南极，磁力线在磁极附近较密，故磁极附近的磁场最强。磁场的第2个作用便是对运动中的电荷所产生的力，此力始终与电荷的运动方向相垂直，与电荷的电量成正比
505. Magnetic Hysteresis 磁滞	磁滞现象在铁磁性材料中是被广泛认知的。当外加磁场施加于铁磁性物质时，其原子的偶极子按照外加磁场自行排列。即使当外加磁场被去除时部分原子排列仍保持，发生滞后效应。磁滞损耗引起热效应。这个效应被应用到烹饪上，交变的磁场引起铁氧体直接发热，而不是通过一个外部的热源加热
506. Magnetic Pulse Welding 磁脉冲焊接	一种焊接工艺，使用磁力将两个工件连接并焊接在一起。这种焊接方法与爆炸焊接相似程度高

(续)

效应名称	注解与说明
507. Magnetic Refrigeration 磁制冷	又称绝热去磁、磁热效应，绝热去磁是产生1K以下低温的一个有效方法，即磁冷却法，这是1926年德拜提出来的。在绝热过程中顺磁固体的温度随磁场的减小而下降。将顺磁体放在装有低压氦气的容器内，通过低压氦气与液氦的接触而保持在1K左右的低温，加上磁场（量级为10^6 A/m）使顺磁体磁化，磁化过程时放出的热量由液氦吸收，从而保证磁化过程是等温的。顺磁体磁化后，抽出低压氦气而使顺磁体绝热，然后准静态地使磁场减小到很小的值（一般为零）
508. Magnetic River 磁河	一层薄导电板覆盖在一个交流线性感应电动机上组成的电动磁悬浮装置，横向的磁力线（磁通）和几何结构使其具有提升力、稳定性和驱动力。磁悬浮是5轴稳定，而第6轴中性稳定，或者偏离之后可以以任一沿电动机的方向加速，即可以制动沿着电动机任何方向的加速。在侧面，会呈现出"河岸"效应，即向一旁移动板（横盘）导其上升，进而它在重力作用下设法返回到中心线
509. Magnetic Saturation 磁饱和	某些磁性材料如铁、镍、钴和它们的合金，达到磁饱和状态后，即使增加外部磁场水平，材料的磁化不进一步增加，运用铁磁材料的这一特点，制造磁饱和电芯变压器，用于弧焊，铁磁饱和变压器作为电压调节器来限制电流。当初级电流超过一定值时，铁芯进入其饱和区，限制二次电流的进一步增加
510. Magnetic Shape Memory 磁性形状记忆	磁性形状记忆合金（MSM, Magnetic Shape Memory），或铁磁性形状记忆合金（FSMA, Ferromagnetic Shape Memory Alloys），是一种在马氏体相变引起的外加磁场作用下形状和大小会表现出较大变化的铁磁材料
511. Magnetism 磁性	一种材料对其他材料施加吸引力或排斥力的现象。一些众所周知的材料，表现出易于检测的磁特性，称为磁铁，包括镍、铁、钴及它们的合金，然而，所有的材料在磁场的中都会受到或多或少的影响
512. Magnetocaloric Effect 磁致热效应	绝热过程中铁磁体或顺磁体的温度随磁场强度的改变而变化的现象。合适的材料置于变化的磁场中引起温度的可逆变化。也被称为绝热退磁。可用于达到极其低的温度（远低于1K），也可以达到和普通冰箱一样的温度范围
513. Magnetoelastic Effects 磁致弹性效应	磁弹性效应包括磁致伸缩（或焦耳磁致伸缩），△-E效应，威德曼效应，电磁容积效应，以及它们的逆效应：维拉利效应，△-E效应，马泰乌奇效应和长冈本田效应等一系列效应。当弹性应力作用于铁磁材料时，铁磁体不但会产生弹性应变，还会产生磁致伸缩性质的应变，从而引起磁畴壁的位移，改变其自发磁化的方向

附录4 科学效应总表（922个效应）

（续）

效应名称	注解与说明
514．Magnetohydrodynamic 磁流体动力	磁场在移动的导电流体中产生感应电流，从而对导体产生力的作用也改变磁场本身
515．Magnetohydrodynamic Effect 磁流体（力学）效应	例如永磁磁性微粒（磁流体）通过界面活性剂高度分散于载液中而构成的稳定胶体状体系。它既有强磁性又有流动性，在重力、电磁力作用下能长期稳定存在，不产生沉淀与分层。当置于磁场中时，流体的表观黏度将大大增加，直到成为黏弹性固体。在它的活性为"开"的状态时，流体的屈服应力可以通过改变磁场强度而非常精确地控制，因此，可以通过电磁铁控制流体传递力的能力，从而产生许多可能的建立在这种控制之上的应用
516．Magneto – Optic Effects 磁光效应	由磁场引起的物质光学特性发生改变的效应，电磁波传过已被准静态磁场改变了的一些介质的现象。包括法拉第效应和磁光克尔效应
517．Magneto – Optic Kerr Effect 磁光克尔效应	指与电场二次方成正比的电感应双折射现象。放在电场中的物质，由于其分子受到电力的作用而发生取向（偏转），呈现各向异性，结果产生双折射，即沿两个不同方向物质对光的折射能力有所不同。这一现象是1875年J．克尔发现的。后人称它为克尔电光效应，或简称克尔效应
518．Magnetometer 磁力仪（磁强计）	用于测量磁场的强度和/或方向的仪器
519．Magnetoresistance 磁阻	威廉·汤姆逊（开尔文勋爵）在1856年首次发现，由于外加磁场引起物质电阻变化的效应。所谓磁电阻效应，是指对通电的金属或半导体施加磁场作用时会引起电阻值的变化。其全称是磁致电阻变化效应
520．Magnetorheological Fluid 磁致变流体（液）	承载纳米级悬浮物颗粒的流体通常是一种油类。当经受磁场时，显示流体的黏度大大地提高，直到成为一个黏弹性固体。当流体的活性处于"开放"状态时，流体的屈服应力通过改变磁场强度得以非常精确地控制。因此，电磁可以用来控制流体的传送力
521．Magnetostriction 磁致伸缩	铁磁性材料的一种性质。磁化过程中铁磁材料能够改变形状和大小。由于所施加的磁场改变，材料的磁化强度发生变化，从而导致磁致伸缩应变，直到达到其饱和值。这种效应会导致易感铁磁芯摩擦产热
522．Magnetotellurics 大地电磁法	大地电磁法是电磁地球物理成像的方法，通过测量地球表面电场和磁场的自然变化形成地表下层的图像。探测深度从地下300m到10000m或更深（通过记录更高的频率或用更长周期的探测）

(续)

效应名称	注解与说明
523. Magnetovolume Effect 磁致容积效应	磁弹性效应中的一种。铁磁物质（磁性材料）由于磁化强度的改变，其尺寸、体积发生变化，最明显的是在居里温度附近
524. Magnus Effect 马格努斯效应	指一种现象，一个在流体中转动的物体在其周围产生漩涡，并受到垂直于运动方向、背离旋转方向的力。总体表现类似气流中的机翼，其中气流不是由机翼运动产生，而是由机械旋转而产生的
525. Marangoni Effect 马朗格尼效应	或称吉布斯-马朗格尼效应（Gibbs-Marangoni effect）。由于表面张力的不同，物质在流体层上或在流体层中传递。最熟悉的实例是肥皂膜，马朗格尼效应使形成稳定的肥皂膜
526. Maser 微波激射器	指一种通过放大受激辐射产生相干电磁波的设备。激光器（镭射）是一种光学微波激射器，作为高精密频率标准，是原子钟的一种形式
527. Matteucci Effect 玛特尤茨效应	是逆磁致弹性效应中的一种。当磁致伸缩物质受到转矩时，产生螺旋形各向异性的磁化效应
528. Mechanical Accumulator 机械蓄能器	一种储存能量的机械装置。例子包括弹簧和液压蓄能器
529. Mechanical Advantage 机械优势（增益）	是通过使用工具、机械装置或机器系统来实现力的扩增的度量。理想情况下，设备保持了输入功率，简单地折衷抵抗运动的力，并获得所需的输出力的放大。该模型的典范是杠杆定律。机器组件被设计成以这种方式来管理力和运动，称为机构。一个理想的机构传递功率，而不会对其进行增减。这意味着理想的机制不包括动力源，而且没有摩擦，刚体不发生变形或磨损。相对于该理想系统，一个实际系统的性能在效率因子的表示上要考虑到摩擦、变形和磨损
530. Mechanical Fastener 机械紧固件	机械紧固件是将两个或多个物体机械连接或粘贴组合在一起的设备
531. Mechanical Force 机械力	机械力是一种导致物体产生加速度的机械性的力
532. Mechanocaloric Effect 机械致热效应	指一种效应，由于氦Ⅱ的温度梯度总是伴随着相反的压力梯度而造成。例子是喷泉效应，当液氦在一个容器里加热时，一部分液氦通过小孔喷出
533. Mechanoluminescence 机械致发光、力致发光	指任何由固体上的机械运动造成的发光。它可以通过超声波，或其他手段产生
534. Meissner Body 迈斯纳体	指宽度恒定的表面，由用弯曲的贴片替代鲁洛克斯四面体的三条边缘弧构成，从而形成圆弧状旋转的表面。已有猜测（但尚未证实）迈斯纳体是宽度恒定的体积最小的三维形状
535. Melting 熔化	熔化是指物质由固态转变为液态的一个过程。固体物质的内部能量（通常是吸收的热量）增加，到一特定的温度（所谓的熔点），引起物质从固相到液相的转变

附录4 科学效应总表（922个效应）

（续）

效应名称	注解与说明
536．Memory Foam 记忆海绵	记忆海绵是黏弹性聚氨酯泡沫体，由聚氨酯与其他增加其黏度的化学品构成，在低温下黏弹性增加，能精密记忆本身的形状，在高温时黏弹性较低，对压力敏感，这使得它能够在几分钟内将自己塑造成模具的形状
537．Metal Foam 泡沫金属	一种由固体金属，通常是铝，组成的蜂窝状结构，含有大量的充气气孔。气孔可以被密封（即闭孔泡沫），或它们可以组成一个互联的网络（即开孔泡沫）
538．Metastability 亚稳态	亚稳态是描述了微妙的平衡状态的科学概念。一个系统处于亚稳态时，它处于平衡状态（不随时间变化），但易受轻微的交互作用陷入低能量状态。这类似于在一个小山谷的底部，而附近有一个更深的山谷
539．Meyer Hardness Test 迈耶硬度测试	迈耶硬度测试是一种很少使用的测试方法，它基于一种达到压痕的投影面积所需的平均压力。这是比基于压痕表面积的硬度测试方法更基础的一种硬度测量。该测试的原理是，测试材料达到压痕面积所需要的平均压力，即是该材料的测量硬度
540．Microbial Fuel Cell 微生物燃料电池	微生物燃料电池（MFC）或生物燃料电池是一种生物电化学系统，通过模仿自然界中已发现的细菌的相互作用来驱动电流
541．Microemulsion 微乳液	微乳液是油、水和表面活性剂形成的均一、稳定、各向同性的液体混合物，经常与助表面活性剂相结合。与普通乳液相比，微乳液形成于简单的成分混合且不需要普通乳液的形成时通常需要的高剪切条件。微乳液的两种基本类型是直接的（油分散在水中，O／W）和反转的（水分散在油中，W／O）
542．Microelectromechanical System 微机电系统（MEMS）	MEMS是非常小的、纳米尺度的机电系统，融入了纳米电机械系统（NEMS）和纳米技术。微机电系统是由1～100μm大小（即0.001～0.1mm）的部件组成，且微机电系统器件的尺寸范围通常为20μm（米的百万分之二十）到1毫米
543．Microsphere 微球体	微球体是一个术语，用于描述直径在微米范围（通常为1微米到1毫米）的小球形颗粒，在化妆品中，不透明的微球体用来掩盖皱纹和颜色
544．Microwave Radiation 微波辐射	微波是波长范围为1mm～1m的电磁波，或等价的、频率为300～300MHz（0.3千兆赫）的电磁波

(续)

效应名称	注解与说明
545. Mineral Hydration 水合化	矿物的晶体结构加入结晶水的无机化学反应，通常会形成一种新的矿物，称为水合物。水合作用有两种主要方法，一种是氧化物转化成氢氧化物，例如氧化钙（CaO）转化为氢氧化钙（Ca(OH)$_2$）的转换，另一种是让水分子直接进入矿物的晶体结构，例如长石的黏土矿物的水合。水合是普通硅酸盐水泥提高强度的一种途径
546. Misznay – Schardin Effect 米斯奈-沙尔丁效应	广阔的平面板引爆的爆炸不像圆筒形装药引爆的爆炸，其特征是：爆炸扩展的冲击波直接远离垂直于爆炸的表面
547. Mixed Convection 混合对流	自由对流和强迫对流共同导致的液体或气体（或液体或气体所携带的颗粒）的运动
548. Möbius Strip 莫比乌斯带	只有一个表面和一个边界组分的带。莫比乌斯带常被认为是无穷大符号的创意来源，因为如果某个人站在一个巨大的莫比乌斯带的表面上沿着他能看到的"路"一直走下去，他就永远不会停下来
549. Moiré Effect 莫尔效应	当两个网格在某个角度重叠时，或是当网格尺寸略有差异时产生的一种干涉图像
550. Molecular Sieve 分子筛	一种含精确的、统一尺寸微孔的材料，用于气体和液体的干燥、纯化、分离和回收。是天然或人工合成具网状结构的化学物质，如沸石等。当作为层析介质时，可按分子大小对混合物进行分级分离。分子筛吸湿能力极强（被广泛地用作干燥剂），用于气体的纯化处理。其晶体结构中有规律而均匀的孔道，孔径为分子大小的数量级，它只允许直径比孔径小的分子进入，因此能将混合物中的分子按大小加以筛分
551. Montmorillonite 蒙脱石	蒙脱石是一个非常软的层状硅酸盐黏土，通常形成微小晶体，含水量是可变的，它吸收水分后体积会极大地膨胀
552. Nagaoka – Honda Effect 长冈本田效应	磁弹效应的一种。容积的变化会引起的磁性性能变化，与电磁容积效应相反
553. Nanocomposite 纳米复合材料	纳米（nm）表示10亿分之1米。纳米大小的东西用肉眼是看不到的。在纳米尺度下，物质中电子波性依据原子之间的相互作用将受到尺度大小的影响。在这个尺度时，物质会出现完全不同的性质，就好像生物进化一样，产生无穷的变化。即使不改变材料的成分，纳米材料的基本性质，诸如熔点、磁性、电学性能、力学性能和化学活性等都将与传统材料大不相同，呈现出用传统模式和理论无法解释的独特性能。纳米复合材料指一种多相固体材料，其中一个相有一维、两维或三维小于100nm，或一种由不同相间有重复的纳米尺度的距离来组成材料的结构，可以包括多孔介质、胶体、凝胶和共聚物，但更多地用于指由块状基质和纳米级物质构成的固体组合

附录4 科学效应总表（922个效应）

（续）

效应名称	注解与说明
554. Nanofoam 纳米泡沫	一种纳米结构的多孔材料，包含大量直径小于100nm的孔。气凝胶是纳米泡沫的一个例子。纳米泡沫可以作为一种非常有效的绝热材料
555. Nanoindentation 纳米压痕技术	用于测量纳米级材料的硬度（或其他机械性能）的技术，具有精确的尖端形状、高空间的分辨率，在压痕过程中提供实时的荷载（进入表面）数据
556. Nanopore 纳米孔（纳米通道）	电绝缘薄膜中的小孔（通道），可以作为单分子检测器。纳米孔是更小的粒子的库尔特计数器。它可以是双层的生物蛋白通道，也可以是固态薄膜中的细孔。检测原理是施加电压时，监测通过膜纳米孔的离子电流
557. Nanoporous Material 纳米多孔材料	纳米多孔材料是由常规的有机或无机的材料组成的，具有有规律的毛孔，孔直径大致在纳米范围内
558. Nano–Velcro 纳米魔术贴	一种铺满了端部带钩的碳纳米管，每个横截面只有百万分之一毫米直径，可重复使用
559. Nap 绒毛	使在一定品种的织物（如似天鹅绒的织物）或其他材料的表面上凸起细绒毛
560. Néel Temperature 尼尔温度	使反铁磁性材料变成顺磁性的温度。也就是说，热能大到足以破坏材料内的宏观磁序。尼尔温度类似于铁磁材料的居里温度
561. Negative Thermal Expansion 负热膨胀	物理化学的过程中多数材料加热时产生膨胀，有些材料加热时产生负热膨胀，两种类型材料混合可能会导致零膨胀复合材料的产生。这种不寻常的材料有一系列潜在的工程应用
562. Nernst Effect 能斯特效应	指霍尔效应伴生的副效应，在产生霍尔电压 V_h 的同时，还伴生有四种副效应，副效应产生的电压叠加在霍尔电压上，造成系统误差
563. Nesting 嵌套	一种机械元件的组合方式，例如一个或多个元件嵌入另一个内，或者将元件移入一个腔体内。可伸缩的天线就是嵌套的常见例子
564. Neutron Diffraction 中子衍射	一种用中子来确定材料的原子和/或磁性结构的方法。它可用于研究结晶固体、气体、液体或非晶态材料。待检验的样品放在热或冷中子束中，样品周围的布格衍射强度图案给出有关材料结构的信息
565. Newton's Rings 牛顿环	指由光在球面和相邻平面间反射所产生的干涉图案。当用单色光观察时，它表现为一系列同心的、明暗交替的、中心在两表面间的接触点上的环。当用白色光观察时，它形成彩虹色的同心环图案，因为不同波长的光在两表面间不同厚度的空气层处发生干涉

(续)

效应名称	注解与说明
566. Nitriding 氮化、渗氮	在一定温度下一定介质中使氮原子渗入工件表层的化学热处理工艺，生成硬化的表层。主要用于对钢，但也对钛、铝和钼合金金属表面的硬化。经氮化处理的制品具有优异的耐磨性、耐疲劳性、耐蚀性及耐高温的特性
567. Non-Newtonian Fluids 非牛顿流体	指其流动性不能用一个恒定黏性值描述的流体。在非牛顿流体中，剪切力与应变率之间的关系是非线性的，甚至可以是随时间变化的。因此，无法定义一个恒定的黏度系数
568. Nuclear Fission 核裂变	原子的原子核分裂成几部分（较轻的原核），往往产生自由中子和其他较小的核，最终还可能会产生光子（以伽玛射线的形式）。重元素的核裂变反应是放热反应，可以释放大量的能量，形式有电磁辐射和碎片的动能（裂变发生加热散装物料）
569. Nucleation 成核现象	成核，也称形核，是相变初始时的"孕育阶段"。天空中的云、雾、雨、燃烧生成的烟，冰箱中冰的结晶，汽水、啤酒的冒出的泡等的形成，均为成核现象。在饱和蒸汽中形成液滴也是通过成核作用。大多数成核过程是物理过程，而不是化学过程，但也有少数例外，比如电化学成核
570. Nuclear Fusion 核聚变	核子融合在一起，形成一个较重的原子核而产生能量的过程
571. Oblique Shock Wave 斜冲击波	斜冲击波像一个普通的波，它承载的能量可以通过介质（固体、液体、气体或等离子体）传播，如电磁波。斜冲击波的热力学特征在于介质的特性突然的不连续的变化，相关联的压力，温度和密度的迅速崛起。以比普通波更高的速度冲击穿过大多数的介质
572. Ohm's Law 欧姆定律	欧姆定律指出：通过两个点之间的电流与电位差或电压成正比，和它们之间的电阻成反比
573. Oloid Oloid 曲面	一种可展曲面。将两个半径相同的凸圆形状磁盘彼此垂直相交，两圆盘间距等于它们的半径，形成一个三维的立体。当滚动时，可展为球状体组件的整个表面
574. Onnes Effect 昂内斯效应	超流态液体跨过较高的障碍物的能力。昂内斯效应由支配重力和黏性力的毛细作用力实现
575. Optical Fibre 光纤	能沿其长度方向传播光的纤维（通常由玻璃或塑料制成的）

附录4 科学效应总表（922个效应）

（续）

效应名称	注解与说明
576. Optical Tweezers 光镊	利用聚焦的激光束提供吸引力或排斥力（通常为微牛顿力的数量级）的科学仪器。这取决于折射率与物理上保持或移动微观电介质物体位置的不匹配。光镊在研究各种生物系统方面卓有成效
577. Opto-hydraulic Effect 光电液压效应	光电液压效应指：当激光脉冲被液体吸收时，将产生高功率的声脉冲和高静压力，导致液体向激光束的方向喷射
578. Organic Light-emitting Diode 有机发光二极管	也称为发光聚合物（LEP）或有机电致发光（OEL），指一种发光二极管（LED），其发射的电致发光层由一层有机化合物组成。该层通常包含聚合物，允许相适应的有机化合物能够沉积。它们通过一个简单的"印刷"工艺以行和列的形式沉积在平面载体上。所产生的像素矩阵可以发射不同颜色的光
579. Origami 折纸	指一种传统的日本折纸艺术。这种艺术的目标是用几何折叠创造一个物体，且折叠方式尽量少用胶水或剪切纸张，并且只用一张纸。折纸只用较少的不同的折叠，但可以通过多种方式的组合实现复杂的设计
580. Oscillator 振荡器、加速器	振荡器是用来产生重复电子信号（通常是正弦波或方波）的电子元件。其构成的电路叫振荡电路，能将直流电转换为具有一定频率交流电信号输出的电子电路或装置。主要有由电容器和电感器组成的LC回路，通过电场能和磁场能的相互转换产生自由振荡
581. Osmosis （液体）渗透	渗透作用指分离不同浓度的两种溶液的物理过程。该过程中没有能量的输入，溶剂移动通过半透膜（溶剂运动，而非溶质）。渗透作用释放能量，可对外做功。两种不同浓度的溶液隔以半透膜（允许溶剂分子通过，不允许溶质分子通过的膜），水分子或其他溶剂分子从低浓度的溶液通过半透膜进入高浓度溶液中的现象，或水分子从水势高的一方通过半透膜向水势低的一方移动的现象。植物细胞的液泡充满水溶液，将液泡膜、细胞质及细胞膜称为原生质层，则细胞与细胞之间，或细胞浸于溶液或水中，都会发生渗透作用。实际上，生物膜并非理想半透膜，它是选择透性膜，既允许水分子通过也允许某些溶质通过，但通常溶剂分子比溶质分子通过要多得多，因此可以发生渗透作用。植物细胞中有细胞壁，细胞壁有保护和支持作用，可以产生压力而逐渐使细胞内外水势相等，细胞停止渗透吸水，所以植物细胞放在水中一般不会破裂，动物细胞如红细胞放入水中则会因吸水而破裂

（续）

效应名称	注解与说明
582. Osmotic Pressure 渗透压	将溶液和水置于U形管中，在U形管中间安置一个半透膜，以隔开水和溶液，可以见到水通过半透膜往溶液一端跑，假设在溶液端施加压强，而此压强可刚好阻止水的渗透，则称此压强为渗透压，渗透压的大小和溶液的质量摩尔浓度、溶液温度和溶质解离度相关
583. Ostwald Ripening 奥斯特瓦尔德熟化	奥斯瓦尔德熟化（或奥氏熟化）是一种可在固溶体或液溶胶中观察到的现象，其描述了一种非均匀结构随时间所发生的变化：溶质中的较小型的结晶或溶胶颗粒溶解并再次沉积到较大型的结晶或溶胶颗粒上
584. Ouzo Effect 茴香烈酒效应（乌佐效应）	乌佐效应（也称悬乳效应或自发乳化）是当水被兑入某些茴香风味力娇酒或烈酒中时产生一种乳白色悬乳状的水包油型微颗粒的反应。乌佐酒、拉克酒、中东亚力酒和苦艾酒都会发生乌佐效应。当微乳液只有较少的混合且高度稳定时发生
585. Oxidation 氧化	一种涉及电子的损失或在氧化态下增加分子、原子或离子的化学反应
586. Ozone 臭氧	臭氧（O_3）是一个三原子分子，由三个氧原子组成。是一种比双原子同素异形体（O_2）不太稳定的三原子同素异形体的氧气。可利用臭氧的强氧化作用去除杂物，如用臭氧去除轮船底部的锈迹
587. Parachute 降落伞	拖放降落伞，通过产生拉拽，或冲压空气，或气动升力，以减缓物体通过大气降落的运动速度
588. Parllax 视差	沿着两条不同的视线观察到的物体明显的位移或视位的不同，可通过两条线之间全角或半角的倾斜测量。从不同位置观察，近的物体比远的物体有更大的视差，因此视差可用于确定距离
589. Parasitic Capacitance 寄生电容	电感、电阻、芯片引脚等在高频情况下表现出来的一种不可避免的电容特性，且通常是有害的。本来没有在那个地方设计电容，但由于布线之间总是有互容，互感就好像是寄生在布线之间的一样，所以叫寄生电容
590. Parylene 聚对二甲苯	聚对二甲苯是多种化学气相沉积的聚酯（对苯二甲）聚合物的商品名，用作防潮层和电绝缘体。主要有 Parylene N（聚对二甲苯）、Parylene C（聚一氯对二甲苯）和 Parylene D（聚二氯对二甲苯）三种。其中，聚对二甲苯最受欢迎，因为它兼具有阻隔性能、成本和其他制造的优势。主要用作薄膜和涂层，用于电子元器件的电绝缘介质、保护性涂料和包封材料等

附录4 科学效应总表（922个效应）

（续）

效应名称	注解与说明
591. Particle Image Velocimetry 粒子成像测速仪	指一种流动可视化的光学方法，用于获取流体中的瞬时速度测量值和相关的属性。流体中接种足够小的示踪微粒，被假定为完全遵循流体动力学。夹带微粒的流体被照亮，使微粒可见。夹带颗粒的运动被用于计算正在研究的流动的速度和方向（速度场）
592. Pascal's Law 帕斯卡定律	或称为流体压力的传输的原理，在密闭容器内，施加于静止液体上的压强将以等值同时传到各点，使得整个流体压力比（初始差异）保持相同
593. Peltier Effect 珀尔帖效应	又称为热电第二效应，是指当电流通过A、B两种金属组成的接触点时，除了因为电流流经电路而产生的焦耳热外，还会在接触点产生吸热或放热的效应，它是塞贝克效应的逆反应。即两种不同的金属构成闭合回路，当回路中存在直流电流时，两个接头之间将产生温差
594. Pendulum 摆锤	指从一个枢轴悬挂下来的重物，其可以自由摆动
595. Penning Effect 潘宁效应	由于少量的另一种惰性气体或其他杂质的存在，而产生的惰性气体电离电压的下降。在霓虹灯管中充入两种以上的混合气（混合气的混合比有很严格的要求），气体被击穿的电位明显低于单纯气体的击穿电位从而极大地降低了启动电压，这一现象就是潘宁效应
596. Peristaltic（Peristalsis）蠕动	径向的对称收缩和肌肉放松在肌肉中的传播
597. Peristaltic Pump 蠕动泵	一种用于抽运各种液体的容积式正排量泵
598. Permeation （固体）渗透	渗透物（如液体、气体或蒸汽）穿过固体的过程。渗透总是通过三个步骤从高浓度向低浓度进行：①吸附（在界面处）；②扩散（通过固体）；③脱附（作为气体吸附离开固体）。被半透膜所隔开的两种液体，当处于相同的压强时，纯溶剂通过半透膜而进入溶液的现象称为渗透。渗透作用不仅发生于纯溶剂和溶液之间，而且还可以在同种不同浓度溶液之间发生。低浓度的溶液通过半透膜进入高浓度的溶液中。砂糖、食盐等结晶体之水溶液，易通过半透膜，而糊状、胶状等非结晶体则不能通过 渗透现象：在生物机体内发生的许多过程都与渗透作用有关，如各物浸于水中则膨胀；植物从其根部吸收养分；动物体内的养分透过薄膜而进入血液中等现象都是渗透作用产生的现象

(续)

效应名称	注解与说明
599. Pervaporation 渗透汽化	一种分离液体混合物的方法，该方法先使混合物通过多孔或者非多孔的膜，然后使混合物部分汽化，因此得名。该方法被多种工业采用并应用于多种不同的工艺，包括纯化和分析，这主要取决于该方法的简单性和易于流程化操作的特点
600. Phase Change 相变	物质从一种相转变为另一种相的过程。物质系统中物理、化学性质完全相同，与其他部分具有明显分界面的均匀部分称为相。与固、液、气三态对应，物质有固相、液相、气相
601. Phase Modulation 调相	一种调制的形式，以载波的瞬时相位的变化表现信息。与调频不同，调相并不被广泛使用，因为它往往需要更复杂的接收设备，且易产生歧义问题，例如确定信号相位改变了 +180°或 –180°
602. Phononic Crystal 声子晶体	声子晶体是一种具有声子阻带的材料，防止所选取频率范围内的声子通过材料传播
603. Phosphorescence 磷光现象	一种特定类型与荧光相关的光致发光。不同于荧光，磷光材料并不立即重新释放它吸收的辐射，磷光是由温度达到某个临界点而引发的
604. Phosphor Thermometry 磷测温法	磷测温法是用光学测量表面温度的方法。该方法利用荧光体材料的发光。荧光粉是细白或柔和色的无机粉末，任何一种发光装置的刺激即发光。随温度的变化所发射的光的某些特性，包括亮度、色度和余晖持续时间。这一现象可用于温度测量
605. Photoacoustic Doppler Effect 光声多普勒效应	一种特定的多普勒效应，当强度调制的光波粒子以特定频率运动时，产生光声波现象。所观察到的频移可以用于检测受照的运动粒子的速度。一种潜在的生物医学应用是测量血流量
606. Photochromism 光致变色	光致变色是基于光照的颜色的可逆变化。光致变色是指一个化合物 A，在适当波长的光辐照下，可进行特定的化学反应或物理效应，获得产物 B，由于结构的改变导致其吸收光谱（颜色）发生明显的变化，而在另一波长的光照射或热的作用下，产物 B 又能恢复到原来的形式
607. Photoconductivity 光电导性	指一种光学和电学现象，材料由于吸收电磁辐射（如可见光、紫外光、红外光或 γ 射线）导电性变强。类似光纤的光信号导体，基本是用有机玻璃做光的传导介质，能有效地传播信号
608. Photoelasticity 光测弹性学	指一种通过由压力引起的双折射变化来确定材料中的应力分布的方法。光弹性是某些均质透明固体在应力作用下发生双折射的性质。光线通过各向同性的透明介质时，由于介质中的微粒或分子的作用，产生散射光。垂直于传播方向的散射光，是平面偏振光。它的光强度和入射光的性质、材料的散光性能以及观察方向有关。入射为自然光时，在传播轴的所有垂直方向的散射光的光强度相等。利用这种物理性质可以在偏振光镜下通过观测等色线和等倾线，定量研究应力的分布形式

附录4　科学效应总表（922个效应）

（续）

效应名称	注解与说明
609. Photoelectric Effect 光电效应	指电子从物质（金属和非金属固体，液体或气体）中被激发的现象，这是物质从短波（例如可见光或紫外线）的电磁辐射中吸收能量的结果。使物体内部的受束缚电子受到激发，从而使物体的导电性能改变，这就称为内光电效应。光导管（又称光敏电阻）就是利用内光电效应制成的半导体器件
610. Photogrammetry 摄影测量法	根据摄影影像来确定物体几何特性的一种通常做法
611. Photography 摄影	指一种从摄影图像确定物体的几何性质的做法。用对辐射敏感的介质（如照相胶片或电子图像传感器）记录图像的过程
612. Photoionisation 光致电离	电离作用，即物质中原子被电离，在粒子通过的路径上形成许多离子对。光致电离是物理过程，是指不带电的粒子在（激）光作用下，变成了带电的离子的过程
613. Photoluminescence 光致发光	一种发光方法，其中一物质吸收光子（电磁辐射），然后重新辐射光子。量子力学说明可将物质激发到更高的能量状态，然后返回到更低的能量的状态，伴随着一个光子的发射。有多种形式的发光，并通过光（光子激发）区分 物体依赖外界光源的照射来获得能量，产生光子激发导致发光的现象，它大致经过吸收、能量传递及光发射三个主要阶段，光的吸收及发射都发生于能级之间的跃迁，都经过激发态。而能量传递则是由于激发态的运动。紫外辐射、可见光及红外辐射均可引起光致发光，如磷光与荧光
614. Photo-oxidation 光致氧化	在光照下进行的氧化反应，氧化促进辐射能量，如UV光或人造光。这个过程通常是聚合物的自然风化的最重要的组成部分
615. Photophoresis 光泳	悬浮在气体（气体溶胶）或者液体（凝胶）物质中的小颗粒在足够强度的光照下产生迁移。这种现象是指光照下流体介质中的粒子随温度的非均匀分布
616. Photon Sieve 光子筛	用光的衍射和干涉进行聚焦的一种装置。它包括布满有序小孔洞的平板材料，与菲涅尔波带片相似，但是光子筛能使光线聚集在更小的焦点
617. Photonic Crystal 光子晶体	光子晶体是纳米光学结构材料，特性是周期性的光学（纳米）结构，会影响电磁波的传播，可用于控制和操纵光线流

(续)

效应名称	注解与说明
618. Photoplastic Effect 光塑性效应	在物理学中，塑性是指在应力超过一定限度的条件下，材料或物体不断裂而继续变形，在外力去掉后还能保持一部分残余变形，又称塑性。光塑性法是实验应力分析方法的一种。偏振光通过透明的弹塑性变形模型时，会产生双折射效应。用这种原理研究物体的塑性变形的实验分析方法，称为光塑性法。它可模拟原型结构或构件的塑性变形过程，并利用塑性变形时记录所得的应力图像，解决超出弹性极限时的应力分析问题。用光塑性法还可以研究塑性流动的一些物理现象，如流动和破坏的观察，研究残余应力、蠕变和松弛等问题光塑性法主要有两种：非晶态模型材料的光塑性法，凡是有明显塑性变形和双折射效应的透明塑料，都可选为光塑性模型材料。例如，硝化赛璐珞比较适用于模拟强化材料；聚碳酸酯适用于模拟理想塑性材料
619. Photopolymerisation 光致聚合	暴露在光或紫外线辐射下而导致的聚合。光化学反应是物质一般在可见光或紫外线的照射下而产生的化学反应，是由物质的分子吸收光子后所引发的反应。分子吸收光子后，内部的电子发生能级跃迁，形成不稳定的激发态，然后进一步发生离解或其他反应
620. Photosynthesis 光合作用	植物和其他生物捕获太阳能，转换为化学能，可用于为生物体的活动供能
621. Photovoltaic Effect 光生伏打效应（光伏效应）	物质暴露在光线下产生电压（或相应的电流）的现象。虽然直接与光电效应相关，但这两个过程是不同的，应加以区别。光电效应中电子暴露于足够的能量辐射从物质表面喷射。光伏效应所产生的电子在不同频带（即从价导带）的材料间转移，从而在两个电极之间产生电压的积累。1839 年，法国物理学家 A. E. 贝克勒耳意外地发现，用两片金属浸入溶液构成的伏打电池，受到阳光照射时会产生额外的伏打电势，他把这种现象称为光生伏打效应 1883 年，有人在半导体硒和金属接触处发现了固体光伏效应。后来就把能够产生光生伏打效应的器件称为光伏器件 由于半导体 PN 结器件在阳光下的光电转换效率最高，所以通常把这类光伏器件称为太阳能电池，也称光电池。太阳能电池又称光电池、光生伏打电池，是一种将光能直接转换成电能的半导体器件。现主要有硅、硫化镓太阳能电池
622. Physical Containment 物理控制（隔离）	指用某些物理介质部分或完整地包围、隔离物体或物质，通常目的是保护或限制物体运动

附录4　科学效应总表（922个效应）

（续）

效应名称	注解与说明
623. Physical Vapour Deposition 物理气相沉积	物理气相沉积是运用汽化形式的物质，通过冷凝沉积到不同物质的表面变成薄膜的方法
624. Physisorption 物理吸附	物理吸附是以分子间作用力相吸引的，吸附热少。如活性炭对许多气体的吸附属于这一类，被吸附的气体很容易解脱出来，而不发生性质上的变化。所以物理吸附是可逆过程。常见的吸附剂有活性炭、硅胶、活性氧化铝、硅藻土等。电解质溶液中生成的许多沉淀，如氢氧化铝、氢氧化铁、氯化银等也具有吸附能量，它们能吸附电解质溶液中的许多离子吸附性能的大小取决于吸附剂的性质、吸附剂表面的大小，吸附质的性质和浓度的大小，以及温度的高低等。由于吸附发生在物体的表面上，所以吸附剂的总面积愈大，吸附的能量愈强。活性炭具有巨大的表面积，所以吸附能力很强。一定的吸附剂，在吸附质的浓度和压强一定时，温度越高，吸附能力越弱。所以，低温对吸附作用有利。当温度一定时，吸附质的浓度或压强越大，吸附能力越强
625. Piezoelectric Accelerometer 压电加速计	指一种加速计，它利用某些材料的压电效应来测量机械变量中的动态变化（例如加速度、振动和机械冲击）
626. Piezoelectric Effect 压电效应	由物理学知，一些离子型晶体的电介质（特别是晶体、某些陶瓷、生物物质，如骨、DNA和各种蛋白质、石英、酒石酸钾钠、钛酸钡等）不仅在电场力作用下，而且在机械力作用下，都会产生极化现象。即： 1）在这些电介质的一定方向上施加机械力而产生变形时，就会引起它内部正负电荷中心相对转移而产生电的极化，从而导致其两个相对表面（极化面）上出现符号相反的束缚电荷 Q，且其电位移 D（在MKS单位制中即电荷密度 σ）与外应力张量 T 成正比。当外力消失，又恢复不带电原状；当外力变向，电荷极性随之而变，这种现象称为正压电效应，或简称压电效应 2）若对上述电介质施加电场作用时，同样会引起电介质内部正负电荷中心的相对位移而导致电介质产生变形，且其应变 S 与外电场强度 E 成正比。这种现象称为逆压电效应或称电致伸缩
627. Piezoluminescence 压致发光	通过对某些固体施加压力而产生发光

（续）

效应名称	注解与说明
628. Piezomagnetism 压磁效应	一些反铁磁晶体中观察到的现象。它的特点是由一个线性系统的磁性极化和机械应变之间的耦合。压磁效应中，通过施加磁场施加物理压力，或物理变形很可能会引起自发磁化。压磁不同于相关磁致伸缩的属性 当铁磁材料受到机械力作用时，在它的内部产生应变，从而产生应力 σ，导致磁导率 μ 发生变化的现象称为压磁效应。磁材料被磁化时，如果受到限制而不能伸缩，内部会产生应力。同样在外部施加力也会产生应力。当铁磁材料因磁化而引起伸缩（不管何种原因）产生应力 σ 时，其内部必然存在磁弹性能量 E_σ，分析表明 E_σ 与 $\lambda_m \times \sigma$ 之积成正比，其中 λ_m 为磁致伸缩系数，并且还与磁化方向与应力方向之间的夹角有关。由于 E_σ 的存在，将使磁化方向改变，对于正磁致伸缩材料，如果存在拉应力，将使磁化方向转向拉应力方向，加强拉应力方向的磁化，从而使拉应力方向的磁导率 μ 增大。压应力将使磁化方向转向垂直于应力的方向，削弱压应力方向的磁化，从而使压应力方向的磁导率减小。对于负磁致伸缩材料，情况正好相反。这种被磁化的铁磁材料在应力影响下形成磁弹性能，使磁化强度矢量重新取向，从而改变应力方向的磁导率的现象称为次弹效应或压磁效应
629. Piezoresistive Effect 压阻效应	压阻效应是由于施加的机械应力，而产生的半导体的电阻率的变化
630. Pin 销	一个使物体结合在一起的简单的机械装置
631. Plasma 等离子体	等离子体是指物质原子内的电子在高温下脱离原子核的吸引，使物质呈现为正、负带电粒子状态存在。等离子态是一种普遍存在的状态。宇宙中大部分发光的星球内部温度和压力都很高，这些星球内部的物质差不多都处于等离子态。只有那些昏暗的行星和分散的星际物质里才可以找到固态、液态和气态的物质。等离子体的用途非常广泛，从我们的日常生活到工业、农业、环保、军事、宇航、能源、天体等方面，它都有非常重要的应用价值
632. Plasma Enhanced Chemical Vapour Deposition 等离子体增强化学气相沉积	等离子体增强化学气相沉积法（PECVD）是在化学反应的过程中，使用反应气体的等离子体，增强从气体状态（蒸气）向固体状态在基板上沉积为薄膜的过程
633. Plasma Spray 等离子喷涂	等离子喷涂是使用等离子射流的热喷涂涂料的方法，涂料材料包括金属、陶瓷、聚合物和复合材料。可以使部件表面覆盖上从微米到几毫米厚的涂料材料

附录4 科学效应总表（922个效应）

（续）

效应名称	注解与说明
634. Plenoptic Camera 全光相机（光场相机）	使用微透镜阵列的一种能够捕获场景中4D光场信息的相机。这些光场信息可以被用于提高计算机的图形和视觉相关的问题的解决能力
635. Plasticity 塑性形变	施加于材料的力使其发生不可逆的形状变化。例如，一块金属或塑料等可塑性材料形状被弯曲或畸变成新的形状，内部本身会发生永久性的变化
636. Plastometer 塑性计	塑性计是用来测定塑性物料流动性的一种工具
637. Pleochroism 多色性	指一种光学现象，物质从不同角度看呈现出不同的颜色，尤其是在偏振光下
638. Pockels Effect 普克耳斯效应	一个不变或者一个变化的电场导致光学介质产生双折射效应。平面偏振光沿着处在外电场内的压电晶体的光轴传播时发生双折射，且两个主折射率之差与外电场强度成正比，这种电光效应即为普克耳斯效应。可用于制造普克尔斯盒（一种压控波板）
639. Poisson's Effect 泊松效应	泊松效应是指物体在一个方向上被压缩，它通常倾向于在垂直于压缩方向的两个方向上扩大
640. Polarisation 极化（偏振）	描述波的振幅的取向的特性。对于电磁波这样的横向波，它描述了垂直传输方向平面的振幅取向。振幅可能是取向一个方向的（线偏振），或者振动方向随着光的传播而发生旋转（圆偏振或者椭圆偏振）
641. Polytetrafluoroethylene（PTFE） 聚四氟乙烯（PTFE）	是一种合成的含氟聚合物，使用了氟取代聚乙烯中所有氢原子的人工合成高分子材料。碳氟化合物不容易发生物理吸附，具有抗酸抗碱、抗各种有机溶剂的特点，几乎不溶于所有的溶剂。同时，聚四氟乙烯具有耐高温的特点，它的摩擦系数极低，所以可作润滑作用之余，也成为易洁镀和水管内层的理想涂料
642. Pool-Frenkel Effect 普耳-弗兰克普尔效应	或称为弗兰克普尔排放量，通过给予一个强电场的环境，使电绝缘体可以导电
643. Porosity 孔隙率	多孔的特性。即在一个固体物质内部有许多可以保存液体的孔或间隙。孔隙率指散粒状材料堆积体积中，颗粒之间的空隙体积占总体积的比例。材料孔隙率或密实度大小直接反映材料的密实程度。材料的孔隙率高，则表示密实程度小。孔隙率（Porosity）在多孔介质中的定义为：多孔介质内的微小空隙的总体积与该多孔介质的总体积的比值

（续）

效应名称	注解与说明
644．Porosimetry 孔隙率计	用于确定材料多孔率的各种量化方面，如孔径、总的孔体积、表面积、体积和绝对密度的分析技术。该技术涉及使用高压，迫使非浸润液体（通常是汞）通过孔隙率计侵入某种材料，可以测量出孔的大小。检测材料内部空隙的无损检验方法，主要有软X射线法和超声C扫描法
645．Potential Well 势阱	某一有限范围内势能局部最小的区域。势阱中的势能无法转换为另一种形式的能量（如在重力势阱中重力势能无法转换为动能），因为势阱中局部势能最小值可能不能继续成为全局势能最小值，从而自然会倾向于保持熵
646．Prandtl–Glauert Singularity 普朗特–格劳尔奇点	也称为蒸汽锥、冲击领或休克蛋，在适当的大气条件下，由空气压力突然下降创建一个可见的凝聚云，例如通过飞机以超音速的情况下飞行
647．Precession 进动（旋进）	旋转物体的轴线方向的改变。有两种类型：无转矩进动和转矩进动。有关对象旋转的轴线与其稳定旋转轴线略有不同是会发生无转矩进动。转矩进动（陀螺进动）是其中一个旋转对象（例如，陀螺仪的一部分），当施加一个转矩时，它产生不稳定"摆动"
648．Precipitation 沉积（沉淀）	在溶液中生成固体或在化学反应期间内部生成固体沉积于另一种固体
649．Precipitation Hardening 沉淀硬化	也称为时效硬化，一种热处理技术，用于加强有延展性的材料，包括大多数铝、镁、镍和钛的结构合金，及一些不锈钢。它依赖于随温度变化的固体溶解度来析出杂质中的细颗粒，从而阻碍位错运动，或避免晶体晶格的缺陷
650．Preservative 防腐剂	指一种添加到如食物、药品、涂料、生物样本、木材等产品中的天然或合成的物质，用于防止由于微生物的生长或不良的化学变化引起的分解腐烂
651．Pressure Drop 压降	物体表面被施加力时，会产生压力的效应。压力被传递到固体边界或任意区段，和正常流体的任意部分之中。快速压降是施力或破坏拆分对象的一个有用的技术
652．Pressure Gradient 压力梯度	沿流体流动方向，单位路程长度上的压力变化。可用增量形式 $\Delta P/\Delta L$ 或微分形式 dP/dL 表示，式中 P 为压力；L 为距离。流体（气体或液体）内的压力梯度会导致从高压力区指向低压力区的净力（压力梯度力）

附录4　科学效应总表（922个效应）

（续）

效应名称	注解与说明
653. Pressure Increase 压力增加	当力施加在某一表面上时产生的效果，压力被传递到流体的固体边界或任意点的截面
654. Pressurization 加压（增压）	压力在给定情况和环境下的一种应用，更多的情况下是指将孤立或半孤立状态下的大气环境维持一定大气压力状态的过程
655. Pressure – Sensitive Paint 压敏涂料	PSP测量技术是一种非接触式光学测量方法。它是利用光致发光材料的某些光物理特性来进行实验模型表面的压力测量，可在接近传统压力测量精度的前提下，获得测量表面全域的压力分布，且准备过程也相对简便，只需将PSP覆盖于模型测量面并开设必要的测压孔即可开展实验测量，时间和经济效益显著提高。PSP测量技术的作用机理是基于光致发光的高分子氧猝灭效应。将一种含光致发光探针的压力敏感涂料喷涂到模型表面，在特定波长激发光的照射下，可发出荧光或磷光。由于其发光强度与风洞中气流马赫数即氧浓度成反比，使压力敏感涂料具有类似压力传感器的功能特点。使用高分辨率的科学级电荷耦合器件（Charge – Coupled Device，CCD）相机摄取表面光强图像，经计算机图像处理，即可得到模型表面气流流态及压力分布
656. Pressure Swing Adsorption 变压吸附	是一种技术，用来根据某种类的分子特性和对吸附材料的亲和性，在压力下从气体混合物中分离某些气体。特殊的吸附材料（如沸石）被用作分子筛，在高压下优先吸附目标种类气体。然后调至低压以解吸吸附材料
657. Prism 棱镜	棱镜是一个透明的光学元件，平整、抛光的表面折射光。棱镜表面之间的精确角度依赖于应用程序。传统的几何形状是具有三角形底座和矩形侧面的三角形棱镜，通常说的"棱镜"就是指这种类型
658. Pseudoelasticity 伪弹性变形	或称为超弹性，对由晶体的马氏体和奥氏体间的相位变换引起的相对高压的弹性回应（暂时的）。这种性质在记忆合金中表现出来。超弹性合金属于记忆合金的大家族。与记忆合金不同的是，超弹性合金不需要温度变化来恢复其初始形状
659. Pseudo Stirling Cycle 伪斯特林循环	也称为绝热斯特林循环，是以一个绝热工作容积、等温加热器和冷却器构成的一个热动力循环。与具有一个等温工作容积的斯特林循环相比，工作流体不影响伪斯特林循环的最大热效率
660. Pulley 滑轮 Block and Tackle 滑轮组	指在其圆周上的两个法兰盘之间有凹槽的轮子。钢绳或传动带通常在凹槽内滑动。滑轮用来改变所施加的力的方向，传递回转运动，或实现运动的线性，或实现回转系统的机械优点

（续）

效应名称	注解与说明
661．Pulsed Laser Deposition 脉冲激光沉积	一种薄膜的物理气相沉积技术。在该技术中，高功率脉冲激光束聚焦于真空室内来轰击目标混合物。蒸发的靶材料将在衬底上沉积成为薄膜，以取得所需的组合物
662．Pulsed Magnet 脉冲磁体	脉冲的磁铁可以远远超过常规磁铁产生的磁场强度，有两种类型：破坏性和非破坏性的
663．Pulse Tube Refrigerator 脉管制冷器	一种发展中的技术，与其他热声场领域的创新成果一起出现于20世纪80年代。与其他的制冷机（即斯特林深冷机和吉福德－麦克马洪冷却器）相比，此制冷机在低温中的部分没有运动的部件，致使该装置适用的范围非常广泛
664．Pump 泵（抽吸）	用于移动的流体（如液体、气体或浆体）的装置，按构造及对液体施压方式的不同，可分机械回转式、往复式和离心式
665．Purification 净化（提纯）	是某些东西变纯粹的过程，也就是清理外来元素
666．Pycnometer 比重计	也称比重瓶，通常是带有配合紧密的毛玻璃塞的一个烧瓶。塞子上有一根毛细管通过，以使设备中的气泡可以从这里逸出。通过一个与工作流体相适应的参照物，例如水或汞，使用分析天平，就可以精确地得到流体的密度值
667．Pyroelectric Effect 热释电效应	某些材料被加热或冷却时产生电势的能力。这种变化的温度的结果是正、负电荷通过迁移移动到相对的端部（即材料变得极化），因此建立了一个电势
668．Pyrolysis 热解（高温分解）	热解（高温分解）是有机材料的热化学分解，在没有氧存在和温度高于430℃（800°F）时导致热分解。热解通常会发生在一定压力下
669．Rack and Pinion 齿条和齿轮	齿条和齿轮是一对用于将旋转运动转换成线性运动的齿轮（反之亦然）。圆齿轮啮合在齿条上，齿轮的旋转运动将导致机架移动，直到其行程的极限
670．Radar 雷达	一种使用电磁波的物体检测系统，以确定范围、高度、方向、速度、移动和固定物体，如飞机、轮船、汽车、天气形成和地形
671．Radiation 辐射	辐射指能量以电磁波或粒子（如阿尔法粒子、贝塔粒子等）的形式向外辐射。自然界中的一切物体，只要温度在绝对温度零度以上，都以电磁波和粒子的形式时刻不停地向外传送热量，这种传送能量的方式被称为辐射。一般可依其能量的高低及电离物质的能力分类为电离辐射或非电离辐射

附录4 科学效应总表（922个效应）

（续）

效应名称	注解与说明
672. Radiation Pressure 辐射压力	辐射压力是电磁辐射对被照射的物体所施加的压力。对暴露于电磁辐射的任何表面，电磁辐射都能施加压力。如果吸收，压力是功率通量密度除以光速。如果被完全反射，辐射压力增一倍
673. Radioactive Decay 放射性衰变	不稳定的原子核自发地通过发射电离的粒子和辐射失去能量
674. Radioluminescence 辐射发光	发光材料中产生电离辐射的现象，如β粒子的轰击。例如用在手表表盘和枪瞄准器的氚发光涂料
675. Railgun 电磁炮	电磁炮是一个纯粹的电子枪，使导电弹丸沿着一对金属导轨加速，采用直线电动机相同的原则加速弹丸
676. Rankine Cycle 兰金循环	兰金循环是一种将热转换成功的热力循环。热量从外部供给到闭合回路中，通常用水作为工作介质。这个循环约产生全世界使用的所有电力中的80%，包括几乎所有的太阳能、生物质能、煤炭和核电站
677. Ranque–Hilsch Effect 兰克-赫尔胥效应	兰克-赫尔胥涡流管（或涡管）是一种机械装置，气体从切线方向进入管子形成涡流而产生冷效应。它能将压缩的气体分离成冷暖两流，没有可动部件，加压的气体被注入到涡流室，切向加速到高的旋转速度。由于上面管子端部的锥形喷嘴，只有外层的压缩气体能在此处逸出。剩余气体被强制输送回到外涡内直径减小的内涡
678. Rarefaction 稀疏（稀薄）	减少介质的密度，或与压缩意义相反。有多种诱发因素，如声波穿过气体，地球随海拔高度对大气引力的递减效应
679. Ratchet 棘轮	允许仅在一个方向的线性运动或旋转运动，同时能阻止相反方向运动的一种机械装置
680. Rayleigh–Bénard Convection 瑞利-贝纳德对流	从下方加热液体层，当对流发生时会产生宏观有序的格子结构，是分散固体在流体中的传播
681. Rayleigh Scattering 雷利散射	也称为受激辐射效应（Stimulated Radiation Effect）。由于场效应的作用，处于高能态的粒子受到感应而跃迁到低能态，同时发生光的辐射，这种辐射称为受激辐射。这种辐射又感应其他高能态的粒子发生同样的辐射，即产生受激辐射效应。受激辐射的特点是辐射光和感应它的光子同方向、同位相、同频率并且同偏振面
682. Rayleigh–Taylor Instability 雷利-泰勒不稳定性	在两种不同密度的流体中，当较轻的流体推动较重的流体时，导致这两种不同密度流体之间出现不稳定的界面

(续)

效应名称	注解与说明
683. Reaction（Physics）反作用（物理）	在经典力学中，牛顿第三定律指出，力总是成对出现的，被称为作用力和反作用力。这两个力大小相等方向相反。作用力和反作用力的任何一个动作可以被认为是作用力，在这种情况下，另一个（对应的）力就是反作用力
684. Reaction Wheel 反应轮、反作用轮	一种主要用于飞船改变其角动量的飞轮，而无需使用火箭燃料或其他反应设备。由于反作用轮只占飞船总质量的一小部分，其容易掌控的速度能提供非常精确的角度变化。因此，它保证了飞船在姿态上做出非常精确的调整的能力，出于这个原因，反作用轮也用于相机或望远镜瞄准航天器
685. Redox Reactions 氧化还原反应	氧化还原反应描述所有参与反应的原子的化合价（氧化态）改变的化学反应。这可以是一个简单的氧化还原过程，如碳的氧化得到二氧化碳（CO_2）；或碳的还原得到糖类（$C_6H_{12}O_6$）、甲烷（CH_4）；或其他复杂的过程，例如人体中氢发生的一系列复杂的电子转移过程
686. Reduction 还原（减少）	分子、原子或离子在氧化态下发生的得到电子或化合价降低的一种化学反应
687. Redundancy 冗余	为达到提高系统可靠性的目的，通常在系统保险装置或失效保护方面的关键部件做好备份。在故障产生的条件下使用
688. Reflection 反射	波的反射：波由一种媒质到达与另一种媒质的分界面时，返回原媒质的现象。例如声波遇障碍物时的反射，它遵从反射定律。在同类媒质中，由于媒质不均匀亦会使波返回到原来密度的介质中，即产生反射 光的反射：光遇到物体或遇到不同介质的交界面（如从空气射入水中）时，光的一部分或全部被表面反射回去，这种现象叫作光的反射，依据反射面的平坦程度，有单向反射及漫反射之分。人能够看到物体正是由于物体能把光"反射"到人的眼睛里，没有光照明物体，人也就无法看到它
689. Refraction 折射	波在传播过程中，由一种媒质进入另一种媒质时，传播方向偏折的现象，称波的折射。在同类媒质中，由于媒质本身不均匀，亦会使波的传播方向改变，此种现象也是波的折射 绝对折射率：任何介质相对于真空的折射率，称为该介质的绝对折射率，简称折射率（Index of Refraction）。对于一般光学玻璃，可以近似地认为以空气的折射率来代替绝对折射率

附录4 科学效应总表（922个效应）

（续）

效应名称	注解与说明
690. Refractory Material 耐火材料	在高温下能保持其强度的一种材料（通常为非金属）。耐火材料通常被当作炉衬材料用于熔炉、窑炉、焚化炉及电抗器等。它们也会被用于制造坩埚
691. Regelation 复冰现象	复冰现象指的是在受压的情况下熔化，一旦压力降低时，再一次冻结的现象。例如冰，在冻结时具有体积膨胀的特性，可以通过提高外部的压力降低它们的熔点。用手捧起一堆雪，使劲捏紧给雪施加压力，在加压的情况下，熔点降低使雪熔化，一旦松手后，因压力消失，熔化的雪又会再次凝结
692. Relay 继电器	一个电开关，通过此开关控制另外一个电路。传统的形式是通过磁体控制闭合、断开一个或者多个连接。因为一个继电器能控制一个比输入电路更高功率的输出电路，它可以从广义上被认为是电子放大器的一种形式
693. Resonance 共振（谐振）	共振是物理学上的一个运用频率非常高的专业术语。共振的定义是两个振动频率相同的物体，当一个发生振动时引起另一个物体振动的现象。共振在声学中亦称"共鸣"，它指的是物体因共振而发声的现象，如两个频率相同的音叉靠近，其中一个振动发声时，另一个也会发声。在电学中，振荡电路的共振现象称为"谐振"
694. Resonant – Macrosonic Synthesis 共振强声合成器	一种通过特殊形状的封闭腔共鸣产生非常强力的声驻波的技术
695. Reticulated Foam 网状泡沫	一种多孔、低密度的固体泡沫。网状泡沫是非常开放的泡沫，也就是它有极少的，如果有的话，完整的气泡或细胞窗口。与此相反，由肥皂泡沫形成的泡沫只由完整的（完全封闭的）气泡组成。在网状泡沫中只有线性边界处的气泡保持完整
696. Retroreflector 后向反射器	能够以最低的散射将光或者其他辐射反射回其源头的装置或者平面
697. Reuleaux Triangle 鲁洛三角形	分别以等边三角形三个顶点为圆心，等边三角形边长为半径所作三段60度圆弧围成的曲边三角形。鲁洛三角形某条边上的任一点到该边相对顶点的距离相等
698. Reverberation 混响	特定空间内，原始声音消失后，声音的延续。混响是当声音在封闭空间内引发大量的增强声音的回声然后由于墙和空气的吸收声音慢慢衰退的现象。在声音源头停止但是回声继续，并伴随着振幅减小，直到再也听不到声音为止的过程中，这种现象非常显著

(续)

效应名称	注解与说明
699．Reverse Diffusion 反向扩散	介质中粒子（原子或分子）向较低的浓度梯度区域运输的情况，与扩散过程中所观察到的相反。这种现象发生在相分离中
700．Reverse Osmosis 反向渗透	又称 RO 逆渗透或反渗透，是一种净化水的办法，将清水（低张溶液）和咸水（高张溶液）置于一管中，中间以一只允许水通过的半透膜分隔开来，可见到水从渗透压低（低张溶液）的地方流向渗透压高（高张溶液）的地方，这就是渗透。如果在高张溶液处施加力，则可见水由渗透压高的地方流向渗透压低的地方。逆渗透是"正渗透"的反向，通常比正渗透的自然过程要耗费更多的能量
701．Rheometer 流变仪	流变仪是用于测量液体、悬浮液或浆料，在施加剪切力之后变化的实验室设备。有些液体不能用单一黏度表示，因此需要更多的参数和测量方式，流变仪正是应用于此
702．Rheopecty 或 Rheopexy 触变性	或称振凝性，指某些非牛顿流体的一种少见的性质，表现在黏度依赖于时间的变化。液体经受剪切力的时间越长，黏度越高。振凝流体，如一些润滑剂，在摇动时变稠或凝结（相反的表现，流体经受剪切时间越长，黏度越低，这被称为触变性，更常见）
703．Richtmyer – Meshkov Instability 瑞克迈耶-梅什科夫不稳定性	不同密度的流体突然加速时，它们之间的界面干扰造成了不稳定性。例如，通过一个冲击波的通道
704．Rifling 膛线（来复线）	膛线是火器枪口上的螺旋细槽，在子弹通过时，使子弹围绕其长轴旋转的过程。借此能够在回旋旋转上稳定子弹，提高子弹的空气动力学方面的稳定性和精度
705．Righi – Leduc Effect 里吉-勒杜克效应	沿导体的温度梯度垂直的方向上施加磁场，则导体在和原有温度梯度和磁场平面垂直的方向又形成一个新的温度梯度。产生这种效应的物理原因是导体的温度梯度的"热流"电子在磁场所产生的络仑兹力作用下，向垂直温度梯度和磁场合成的平面方向运动，冲击晶格点阵而形成的新的温度梯度。其原理和霍尔效应的原理相似，只不过霍尔效应产生的电场梯度是由于电流的电子受络仑兹力的作用，而里吉-勒杜克效应受络仑兹力作用的是"热流"电子。因此，里吉-勒杜克效应也可看成热霍尔效应
706．Rigid Origami 刚性折纸	刚性折纸是折纸的一个分支，它是注重研究通过铰链连接平硬片而形成折叠结构。它是折纸的数学研究的一部分，它可以被认为是一种类型的机械联动装置，并且具有很大的实用意义。没有要求起始结构为平板，例如购物袋与平底和安全气囊，都可以作为刚性折纸研究的一部分

附录4　科学效应总表（922个效应）

（续）

效应名称	注解与说明
707. Rocket 火箭	通过使用推进剂形成高速推进喷射的喷气发动机。火箭启动发动机引擎，根据牛顿第三定律获得推力。因为它们不需要外部的物质用于形成喷气，火箭可以作为航天器的推进器，也可以用于地面设备，如导弹。虽然非燃烧形式也存在，但最常用的火箭发动机是内燃机
708. Roller 辊	绕其主轴旋转的圆筒形的机械装置，通常是一对辊子来压缩金属板，以此进行有效的工作
709. Rollin Film 罗林薄膜	罗林薄膜，以 Bernard V. Rollin 的名字命名，是氦的氦Ⅱ状态的 30nm 厚的液膜。它在跟以往薄膜面（波传播）一样，延伸表面时，会出现"爬行"的效果。氦Ⅱ可从任何非密闭容器，通过表面不可思议地沿 10^{-7} 到 10^{-8} 米或更大的毛细管蒸发逸出
710. Rotational Viscometer 旋转黏度计	旋转黏度计的设计理念是：旋转一个在液体中物体所需要的转矩就是该液体黏度的代数化表现。它们在一个已知速度的流体中，测量旋转磁盘或锤所需的转矩
711. Rubber Band Thermodynamics 橡皮筋带热力学	拉伸橡皮筋带，会导致橡皮筋带释放热量。然后，已被伸长的橡皮筋带会吸收热量，使其周围的温度降低。加热使橡皮筋带收缩，冷却使橡皮筋带伸展
712. Ruled Surface 直纹曲面	规定一个面积 S，如果整个 S 面上的每个点是一根直线的话，就称为直级曲面。最熟悉的例子就是圆柱形或圆锥形的平面和曲面。一个规定面，总是（至少是局部的）可以被说成是由一根直线运动过的线集。例如：保持直线一端是固定点，直线的另一段以一个圆形作运动，就形成了一个锥形体
713. Sagnac Effect 萨尼亚克效应	或称萨格奈克干扰，就是因受到旋转而诱发产生干扰的一种现象，是环干涉仪的基础。一束光线被分裂成两束光以跟踪一个轨迹沿两个相反的方向包围一个区域（通常使用的反光镜）。返回入口点的光允许离开该装备，这样就获得了一幅干扰图。干扰条纹带的方位取决于装备的角速度
714. Saltation (geology) 跃移（地质学）	是特定种类的颗粒物质被风或水等流体跳跃搬运的现象。这种现象发生于岩床表面松散的物质被流体移动离开表面，搬运一段距离以后再回到表面的状况。典型的例子就是鹅卵石被河水搬运、沙漠表面上的风沙、土壤被风吹离地表、甚至是北极或加拿大草原地区的雪被风吹离地表

(续)

效应名称	注解与说明
715. Scanning Probe Microscopy 扫描探针显微镜	扫描探针显微镜是显微镜的一个分支，是用物理探针试样形成的平面成像。通过机械式的移动探针使光栅一行一行地扫描试样而获得平面影像，并记录所述探针表面相互作用位置处的函数。影像分辨率主要取决于探针的大小（通常在纳米的范围）
716. Scattering 散射	某些形式的辐射，例如光、声波或者移动的粒子在介质中传播时，由于局部的非均匀性，使其被迫偏离直线轨道的常见的物理过程。根据反射定律，包括有角度的反射辐射的偏离
717. Scintillation 闪烁	离子化过程引发的透明材质中光的闪现
718. Screw 螺纹	螺纹是表面具有斜面呈螺旋线形条纹的圆柱体或圆孔体。可以将旋转运动变换为直线运动、将旋转力（转矩）变换为线性力，反之亦然。作用力可以被放大，施加较小的旋转力可以变换为较大的轴向力。螺距是两条邻近螺纹之间的轴向距离。螺距越小，则能越高，即输出力与输入力的比值越大
719. Second Sound 第二声音	第二声音是指热交换发生波浪状运动，而不是普通的机械扩散。热量会在普通声波下产生压力，所以有非常高的热导率，它被称为"第二声音"，因为热量的波动是类似于声音在空气中的传播
720. Seebeck Effect 塞贝克效应	指温差直接变成电能的转换，是热电效应的一种（见珀尔贴效应和汤普森效应）。由于两种不同的金属或半导体间温差的存在而产生热电动势（电压）。如果它们形成一个完整的回路，这将在导体中引发一个连续的电流。利用塞贝克效应，可制成温差电偶（Thermocouple，即热电偶）来测量温度
721. Sedimentation 沉降（沉淀）	在外力（重力、离心力或电场力）的作用下造成溶液或悬浮物中粒子的运动。沉淀可能涉及各种大小的粒子，从灰尘和花粉颗粒，到单分子蛋白质和肽，到细胞悬浮液中的细胞
722. Segmentation 分割	将物体划分成多个部分。操作细则是：1）将物体分割成相互独立的部分；2）将一个物体分成可组合的几部分；3）提高物体的分割程度和分散程度
723. Segner Turbine Segner 森纳涡轮机	这是一种简单的水轮机，利用来自成形喷嘴喷射的水力的作用来驱动
724. Selective Laser Sintering 分层激光烧结	这是一种添加剂快速制造技术。用一种高功率的激光器（例如二氧化碳激光器），将塑料、金属的小颗粒或玻璃粉分层熔化烧结，创建三维物体

附录4 科学效应总表（922个效应）

（续）

效应名称	注解与说明
725. Semipermeable Membrane 半透膜	是一种对不同物质分子、粒子或离子透过具有选择性的薄膜。例如细胞膜、膀胱膜、羊皮纸以及人工制的薄膜等。透过的速率依赖于分子或溶质的压力、浓度、温度，以及各溶质的膜的渗透性
726. Senftleben – Beenakker Senftleben – Beenakker 效应	Senftleben – Beenakker 效应依赖于磁场或电场对多原子气体的传输性质（如黏度和热导率）。Senftleben – Beenakker 效应类似于多原子气体的中性粒子的热霍尔效应
727. Settling 沉淀	微粒通过该过程沉降到液体的底部，并形成沉淀物。粒子在力的作用下（无论是由于重力或离心运动）会朝着该力所指定的方向运动。重力沉降，这意味着该粒子将趋于下降到容器底部，在容器底部形成淤浆
728. Shadow 阴影	由于物质的阻挡，光源不能直接照射（或其他辐射）的区域。影子的横截面是阻碍光线（或其他辐射）的物质的二维轮廓或者反向投影
729. Shadowgraph 影像图、X光摄影	一种揭示了透明介质，例如空气、水或玻璃中的非均匀性的光学方法。原则上，我们不能直接观察到温差、不同的气体或透明空气中的冲击波。然而，这些干扰使光线发生折射，这样它们就可以投射阴影。例如，热空气从火中升起，可以通过它的影子被均匀太阳光投射在附近表面观察到
730. Shaking 摇动	物体迅速从一侧到另一侧移动
731. Shaped Charge 聚能装药	聚能装药能够集中炸药的爆炸性能量。被应用于切割和塑造金属，启动核武器，穿透装甲，以及在石油和天然气行业的一些方面。一个典型的现代穿甲弹，能穿透的装甲钢厚度达到穿甲弹直径的7倍以上，甚至10倍以上也是可能的
732. Shape Memory Alloy 形状记忆合金	指具有一定形状的固体材料，在某种条件下经过一定的塑性变形后，加热到一定温度时，材料又完全恢复到变形前原来形状的现象，即它能记忆母相的形状。形状记忆效应可以分为三种：1）单程记忆效应；2）双程记忆效应；3）全程记忆效应
733. Shape Memory Polymer 形状记忆聚合物	高分子智能材料，能够在外部刺激，如温度变化下，从变形状态（临时的形状）回到它们原来的形状（永久的形状）。形状记忆聚合物可以记忆两种甚至三种形状，而且这些形状间的转变由温度、电场、磁场、光或溶液引起

(续)

效应名称	注解与说明
734. Shear Thickening（or Dilitant） 剪切增稠（增强）	或称胀流性，指物体的一种性能，黏度随剪切力的增大而增加。这种剪切增稠流体，也被称作STF，是非牛顿流体的一个例子
735. Shear Thinning（or Pseudo-plasticty） 剪切稀化（或假塑性）	表示物质的一种属性：该物质的黏度随着剪切速率的增加而降低。有些复合的溶液例如番茄酱、鲜奶油、血液、油漆和指甲油等具有这种属性。它也是高分子溶液和聚合物熔体的共同性质
736. Shear Stress 剪应力	平行或切向施加在材料表面的应力，与垂直施加的普通应力不同
737. Shock Hardening 冲击硬化	用于强化金属和合金的一种方法：一个冲击波在材料的晶体结构中产生原子级的缺陷。如在冷加工中，这些缺陷干扰正常的加工过程，使材料更硬，但更脆
738. Shock Wave 冲击波	一种传播的干扰。像普通的波一样，它承载能量而且可以通过介质（固体、液体、气体或等离子体）传播或通过一个场（如电磁场）传播。其介质特性有突然而几乎不连续变化的特征。经过激波，气体的压强、密度、温度都会突然升高，大多数冲击波以比普通波更高的速度传播
739. Shore Durometer 邵氏硬度计	指一种硬度测量，通过测量由标准化压头在材料上产生压痕的深度来测量硬度
740. Shot Peening 喷丸硬化	一种用于产生压缩残余应力层和强化金属的机械性能的加工方法。它需要喷丸足够大的冲击力（圆形金属、玻璃或陶瓷颗粒）以产生塑性变形。它和喷砂类似，不同之处在于它运用了可塑性机理而不是磨损。在实际应用中，这意味着加工移除更少的材料，产生更少的灰尘。喷丸硬化是广泛采用的一种表面强化工艺，其设备简单、成本低廉，不受工件形状和位置限制，操作方便，但工作环境较差。喷丸广泛用于提高零件机械强度以及耐磨性、抗疲劳和耐腐蚀性等。还可用于表面消光、去氧化皮和消除铸、锻、焊件的残余应力等
741. Shunt 分流器	分流器是电子学中允许电流在电路中某点进行分发的一种器件
742. Siemens Cycle 西门子循环（周期）	是用来冷却或液化气体的一种方法。经压缩后的气体温度升高（根据伽诺里定律中压力与温度的关系）。随后，被压缩的气体通过一个热交换器，于是被冷却，让被压缩的气体再压缩，进一步冷却（再一次根据伽诺里定律），最终，使气体（或液化的气体）在同样的压力下，获得比最初更低的温度

附录4　科学效应总表（922个效应）

（续）

效应名称	注解与说明
743．Sintering 烧结	烧结是使用材料的粉末，通过加热材料（低于其熔点），直到其颗粒彼此粘结（固态烧结）。传统上用于制造陶瓷物件，许多非金属物质，如玻璃、氧化铝、氧化锆、二氧化硅、氧化镁、石灰、氧化铍、三氧化二铁，及各种有机聚合物也可以烧结。大多数金属也可以烧结，尤其是在真空中纯金属表面不会受到污染
744．Skin Effect 集肤效应	集肤效应是指交变电流（AC）在导体表面附近的密度大于在其核心的密度。也就是说，电流趋向于在导体的"皮肤"流动。集肤效应导致导体的有效电阻随电流频率变化。产生集肤效应的原因主要是变化的电磁场在导体内部产生了涡旋电场，与原来的电流相抵消
745．Smoke 烟	烟是由材料经燃烧或热解时，急速的化学变化转化或分解放射出的微粒，并由大量空气夹带的或以其他方式混入空气中的固体和液体颗料、气体的物质。不同颜色的烟代表其含有不同的成分，燃烧测试法是实验室内经常使用的方法
746．SODAR 声雷达	用于声波探测和测距（Sonic Detection And Ranging），是一种气象仪器，也被称为风廓线雷达，它测量大气湍流声造成的声波散射。声雷达系统用于测量地面以上不同高度的风速，以及较低层大气的热力学结构。声雷达系统和雷达系统的原理是一样的，除了使用的是声波而不是无线电波
747．Sol 溶胶	溶胶是一种胶体悬浮液，在液体中的固体颗粒（1~500nm大小）。实例包括血液、着色油墨和油漆
748．Solar Energy 太阳能	收集或利用来自太阳的能量
749．Soldering 焊接软、钎焊	焊接是通过加热或加压或两者并用，并且用或不用填充材料，使工件的材质（同种或异种）达到原子间的结键而形成永久性连接的工艺过程。钎焊是焊接的一种，是使用比工件熔点低的金属材料作钎料，将工件和钎料加热到高于钎料熔点、低于工件熔点的温度，利用液态钎料润湿工件，填充接口间隙并与工件实现原子间的相互扩散，从而实现焊接的方法。当焊剂熔点较低时，叫作软钎焊，如锡焊；当焊剂熔点较高时，叫作硬钎焊，如铜焊
750．Solenoid 螺线管	（电磁）螺线管是个三维线圈。在物理学里，术语螺线管指的是多重卷绕的导线，卷绕内部可以是空心的，或者有一个金属芯。当有电流通过导线时，螺线管内部会产生均匀磁场。螺线管是很重要的元件，很多物理实验的正确操作需要有均匀磁场。螺线管也可以用作电磁铁或电感器
751．Solid Solution Strengthening 固溶体强化	固溶体强化技术的工作原理是将一种合金元素的原子添加到另一合金晶格中，形成固溶体，使纯金属的强度提高

(续)

效应名称	注解与说明
752. Soliton 光孤子	是一种自我增强的孤波（波束或脉冲波）。当它以恒定的速度移动时，其形状保持不变。孤子光波是由于在介质中非线性和色散效应被删除而发生的。术语"色散效应"指的是某些系统的波的速度随频率的变化而变化的属性。例如：在光纤中的光孤波
753. Solvation 溶剂化	俗称溶解，指溶剂的分子和溶质的分子或离子相吸引和结合的过程。随着离子溶入溶剂，离子散开并被溶剂分子包围。离子越大，溶剂分子越容易包围它并使它溶剂化
754. Sonar 声呐	声呐是一种利用水下声波在海底搜寻其他对象的机器。声呐可以通过发送声音和聆听的回声（主动声呐），或侦听由它试图找到的对象所发出的声音（被动声呐）
755. Sonic Anemometer 声波风速计	声波风速计利用了超声波，根据传感器之间音波脉冲的行程时间来测量风速。来自耦合传感器的测量可以是1维、2维或3维合并的流量流速的测量。声波风速计能够以优良的瞬时清晰度（20Hz或者更高）进行测量，这使得它非常适合湍流的测量
756. sonic boom 声震	也叫作音爆或声爆。是飞机以超音速飞行时就会产生声震。飞机前的空气被压缩，产生冲击波。冲击波以锥形形状向飞机后方传播。观察者所听到的冲击波便是声震。声震与音障之间存在联系，飞机导致音障产生后被人察觉到的一种声音结果
757. Sonochemistry 声化学	声化学主要是指利用超声波加速化学反应，提高化学产率的一门新兴的交叉学科。声化学反应主要源于声空化——液体中气泡的形成、振荡、生长、收缩，直至崩溃，及其引发的物理、化学变化。声化学解释了如超声、声波降解法、声致发光和声波的空化等现象
758. Sonoluminescence 声致发光	1934年，德国科隆大学两位科学家在一次实验中向水中射入超声波，用以研究军用声呐雷达，结果在水中产生了一种蓝色的跃动光斑，当声波穿过液体的时候，如果声音足够强，而且频率也合适，那么会产生一种"声空化"现象——在液体中会产生细小的气泡，气泡随即坍塌到一个非常小的体积，内部的温度超过10万摄氏度，在这一过程中会发出瞬间的闪光。这种现象被称为"声致发光"。科学家认为，如果产生的气泡越大，那么它坍塌后的温度就越高——甚至可能高达1000万摄氏度。这个温度足以引发核聚变反应。不过，核聚变是这个现象最惊悚的理论解释
759. Sonomicrometry 微声测法	一种根据听觉信号通过介质的速度来测量压电晶体之间的距离的技术。一单元的晶体可以产生一单元的声脉冲，它可以穿过晶体间的间隔并被其他晶体所探测到——此过程所用的时间被用来计算晶体间的距离

附录4 科学效应总表（922个效应）

（续）

效应名称	注解与说明
760. Sorption 吸附与吸收	Sorption 指同时发生吸收和吸附的动作，也就是气体或液体被结合到另一种不同状态的材料上，或者粘附到另一分子的效应。吸收是一种状态的物质结合到另一种状态的物质（例如液体被固体吸收，或气体被液体吸收）。吸附是离子和分子在另一种分子表面上的物理附着或粘结
761. Sound 声音	声音是一种机械诊断波，也就是通过的固体、液体或气体的压力振荡，由听觉和足以听到的频率范围组成
762. sound barrier 音障	音障是一种物理现象，当物体（通常是航空器）的速度接近音速时，将会逐渐追上自己发出的声波。声波叠合累积的结果，会造成震波的产生，进而对飞行器的加速产生障碍，而这种因为音速造成提升速度的障碍称为音障。突破音障进入超音速后，从航空器最前端会产生一股圆锥形的音锥（巨大的能量以冲击波的形式释放出来），在旁观者听来这股震波有如爆炸一般，称为声震
763. sound vibration 声振动	当低密度气体稳定地横向流过管束时，在与流动方向及管子轴线都垂直的方向上形成声学驻波。这种声学驻波在壳体内壁（即空腔）之间穿过管束来回反射，能量不能往外界传播，而流动场的漩涡脱落或冲击的能量却不断地输入。当声学驻波的频率与空腔的固有频率或漩涡脱落频率一致时，便激发起声学驻波的振动，从而产生强烈的噪声，同时，气体在壳侧的压力降也会有很大的增加
764. Spark Plasma Sintering 放电等离子烧结	放电等离子烧结 SPS（现场辅助烧结技术 FAST，或脉冲电流烧结 PECS）的主要特点是：在试样导电的情况下，脉冲直流电不仅直接通过石墨模具，也通过粉末压块，因此，其内部产生的热量促进一个非常高的加热和冷却的速率（高达 1000K/min），烧结过程一般是非常快速的（在数分钟内）
765. Spanish Windlass 西班牙卷扬机	一种可以提供把两个物体拉拢在一起的拉力的简单器械。由传送物体的绳索的连续环圈和一个通过环圈正中间的梁栋（比如棍子）构成。梁栋围绕着环圈轴心的转动使环圈围绕自身旋转，这有效地缩短了绳索的长度，将物体拉到一处
766. Spatial Filter 空间滤波（光、色）器	一种光学装置，它使用傅里叶光学的原理来改变相干光或其他电磁辐射的光束的结构
767. Speed of Sound 声速	指单位时间内声波通过弹性介质传送的距离

（续）

效应名称	注解与说明
768. Sphericon 扭曲双锥	具有一个面、两条边的三维实体。可以由一个有着90度顶点的双锥体演化而成，通过将双锥体沿着一个平面分开，将两半分别旋转90°，并重新连接而形成。当在平坦的表面上滚动时，在它的表面上每个点都与滚动平面接触
769. Spheroid 球状体	一种将椭圆围绕着其中一条轴线旋转一周得到的二次曲面，换句话来说，指拥有两个相同的半、直径的椭圆体。如果椭圆绕着长轴旋转，会得到一个扁长（加长）的球体，其形状和橄榄球相似。如果椭圆围绕着短轴旋转，会得到一个扁平（变平）的球体，其形状和扁豆相似。如果椭圆本身是一个正圆，那么会得到一个球体
770. Spin Coating 旋涂	指将相同的溶液薄层涂在平整的基层板面上的过程。简单来说，过量的溶液被放置在基层板面上，之后，高速旋转使液体由于离心力被旋涂到基层板上
771. Spirit Level 水平仪	指用来指示一个平面是否水平的器材
772. Sponge 海绵	指包括多孔材料组成的工具或洁具
773. Spray 喷雾	当液体分散为一连串的小水珠（雾化），这被称为喷雾。喷嘴有两个基本的用途：增加液体的表面积以增强蒸发；把液体在整个区域内散布开来
774. Spring 弹簧	弹簧是一个通常由金属制成的（钢制居多）器件。该金属可以被压缩（挤压）。当压缩力被移除时，弹簧会返回到其原始长度。材质通常选用弹簧钢，它紧密地绕圈，有很多不同的用途与尺寸和类型的，例如一些弹簧已经被设计用于拉动，而不是推动；气弹簧经常被用来制作车辆后挡板
775. Sputtering 溅射	由于高能离子轰击使原子从固体靶材料溅出的过程。它通常用于薄膜沉积，以及蚀刻和分析技术
776. Static Friction 静摩擦	或称为静态阻力，静摩擦是指两个固体物质彼此压紧（但没有滑动）。为了克服静摩擦，需要有一个平行于接触表面的临界力。静摩擦力是一个临界值，不是一个连续的力
777. Stewart Platform 斯图尔特平台	一种并行机器人，包含了六个棱柱形致动器，通常是液压起重器。这些成对的致动器是机构的基础，穿过顶板上的三个上升点。顶板上的装置可以进行六个自由度的移动，在这其中可以使自由悬挂的物体移动

附录4　科学效应总表（922个效应）

（续）

效应名称	注解与说明
778. Stick – slip Phenomenon 黏滑现象	两个物体互相滑过时出现的自发的冲击运动
779. Stirling Cycle 斯特林循环	描述通用类斯特林装置的热力循环。该循环是可逆的：如果提供机械功率，它可以作为热泵加热或冷却，或低温冷却。该循环是一个封闭（流体永久包含于热力学系统内）可再生的（使用内部热交换器）气态流体的循环
780. Stirring 搅拌	流体中使用重复动作的搅动。其中重复动作的典型是旋转。搅拌的目的通常是混合或者阻止流体和一些固体的特定部分的连续接触
781. Stockbridge Damper 架空线减振器	一种用于压制由于风而绷紧的缆绳（比如空中的输电线）引起的振动的调频质量阻尼器。这个哑铃形状的设备包括一根短缆绳或者柔性杆和在其两端的两个重物，重物的中心夹住主缆绳。减振器可以降低主缆绳中振动的能量使其达到一个可接受的水平
782. Stoddard Engine 斯托达德引擎	一种利用真空管和单相气态工作流体的外燃机（换言之，是一种"热空气发动机"）。内部的工作流体原本是空气，不过在现代版本中，其他气体比如氦气和氢气也可以使用
783. Stokes Drift 斯托克斯漂移	一种特定的流体块的运动，由于波动导致的流体流动的运动
784. Stress Relaxation 应力松弛	一个弹性材料在恒定的应变和变形下应力随时间减小
785. Stroboscopic Effect 频闪效应	当连续的运动由一系列短暂或者瞬时的取样表示出来的一种直观现象。这样一种直观现象引起的视觉现象被称为频闪效应。正在观看移动物体的连续视线被一系列短暂而分离的取样所代替，而这个运动物体正处于运动速度和抽样接近的转动或其他周期运动时，此效应会发生
786. Sublimation 升华	聚集态（或单一状态）的物质，不通过中间的液相，直接从固相到气相的物理状态的变化
787. Sulphur – Microwave Lamp 微波硫灯	一种高效的全谱无电极照明方式，它的光由硫电离子在微波辐射刺激下产生
788. Suction 吸入	流体进入局部真空或低压区域，该区域与周围环境之间的压力梯度使物质向着低压区域推进
789. Sun and Planet Gear 太阳和行星齿轮	往复运动和旋转运动之间的转换方法

（续）

效应名称	注解与说明
790. Superconductivity 超导电性	某些材料在特定温度以下发生电阻恰好为零的现象。类似铁磁性和原子谱线，超导是一种量子力学现象。这种现象被称为迈斯纳效应，指超导体过渡到超导状态时从内部会发出的任何较弱磁场
791. Super Black 超级黑	一种表面处理（建立在用针和酸类在金属板上蚀刻镍磷合金的基础上），能比传统不光滑的黑色涂料反射更少的光。传统黑色涂料能够反射2.5%左右的入射光。超级黑则吸收了大概99.6%的正射光。而对于其他入射的角度，超级黑甚至表现得更为有效
792. Supercavitation 超空化	指利用空化效应在液体中制造一个大型气泡，允许物体在完全被气泡包裹的情况下快速通过液体。这个空洞（气泡）减少了物体上的阻力而这使超空化成为了一项有吸引力的技术；水中的阻力通常是空气中的1000倍左右
793. Supercooling 过冷	也称为低温冷却，指将液体或气体的温度降至其凝固（冻结）点以下，且不变成固体的过程。一种低于其标准凝固（冻结）点的液体会在晶种或周围可形成晶体结构的核存在的情况下结晶。若没有任何相关的核，液相可以保持不变，一路降至晶体发生均匀核化的温度
794. Superdiamagnetism 超抗磁性	超抗磁性是某些材料在低温环境下出现的一种现象。超抗磁性物质的磁导率完全不存在（即磁化率 $v = -1$），并且超抗磁性物质的内部磁场与外在环境隔离。超抗磁性是超导性的一种特征。超导体的磁悬浮作用亦是由于其超抗磁性排斥磁铁的磁场；由于磁通锁定作用，磁铁被固定于空中不会飘走
795. Superfluidity 超流体性	超流体性是物质的一种状态，其特点是：黏度完全消失，而热传导变得无限大。这种不寻常现象可以从典型的氦-4或氦-3流体中观察到。在表面相互作用克服摩擦的阶段（被称作为氦-4温度和压力的"拉姆达点"），这些流体的黏度变为零。如果将超流体放置于环状的容器中，由于超流体完全缺乏黏性，没有摩擦力，它可以永无止尽地流动。能以零阻力通过微管，甚至能从碗中向上"滴"出而逃逸
796. Superheating 过热	有时称为沸点的迟滞，或沸点延迟，指液体被加热到高于其沸点的温度而没有沸腾的现象。过热是通过加热在一个干净的容器中的均质物质来达到的。免除成核位点，同时注意不要打扰液体
797. Superhydrophilicity 超亲水性	在光的照射下，水滴落到二氧化钛上没有接触角（角度接近零），被称为超亲水性效应。其用途例如：去雾玻璃、用水能够清除掉油污、汽车用的门镜、建筑用的涂料、自洁式玻璃等，污垢通过光致分解的自洁特性的其他方面的应用，诸如将有机化合物吸附在表面上的应用

附录4 科学效应总表（922个效应）

（续）

效应名称	注解与说明
798. Supercritical Fluid 超临界流体	在接近温度和压力临界点时，例如液态氦在 -271 ℃ 以下时，它的内摩擦系数变为零，这时液态氦可以流过半径为十的负五次方厘米的小孔或毛细管，这种现象叫作超流现象（Superfluidity），这种液体叫作超流体（Superfluid），接近临界点时，压力或温度的轻微变化会导致密度较大的变化
799. Supercritical Drying 超临界干燥	通过变成气体的形式来去除液体，不跨越任何相边界而是通过超临界区域的一种工艺过程。此处的气体与液体之间的差别不再存在
800. Supercritical Fluid Extraction 超临界流体萃取（分离）	超临界流体萃取（SFE）是一种将超临界流体作为萃取剂，把一种成分（萃取物）从另一种成分（基质）中分离出来的技术。其起源于20世纪40年代，20世纪70年代投入工业应用，并取得成功。使用这种技术时基质通常是固体，但也可以是液体。SFE可以作为分析前的样品制备步骤，也可以用于更大的规模，从产品剥离不需要的物质（例如脱咖啡因）或收集所需产物（如精油）。二氧化碳（CO_2）是最常用的超临界流体
801. Superlubricity 超光滑	指摩擦力消失或极其接近消失的运动规则。当两个结晶面在干燥的接触环境下互相滑过时，超光滑（也叫作结构性光滑）可能会发生。这种超低的摩擦力的状态也可能发生在当一个锋利的尖端滑过平面，而它施加的负载低于一定的界限的情况下。"超光滑的"界限取决于尖端和平面的相互作用以及相接触的材料的硬度
802. Superplasticity 超塑性	在材料科学，超塑性是指固体结晶物质变形远远超出了一般在拉伸变形期间的断裂点，通常拉伸变形约200%。通常是在一半的绝对熔点温度时，即可获得这种状态。超塑性材料的例子是一些细粒的金属和陶瓷。其他非结晶性材料（非晶态）如石英玻璃（"熔融玻璃"）和聚合物也同样地变形，但称为超塑性，因为它们是不结晶的，它们的变形通常被描述为牛顿流动
803. Supersaturation 过饱和	指溶液已溶解了足够多的溶质（达到溶解度），以至于不能再溶解更多该溶质的状态。它也可以指达到蒸汽压的某种蒸汽继续被施加较大压力时的状况
804. Surface Acoustic Wave 表面声波	一种沿着具有弹性材料表面传播的声波，该声波的振幅随着衬底的深度呈指数衰减。这种波被用于SAW器件中，从而应用于电子电路
805. Surface of Constant Width 宽度恒定的表面	凸形的，不考虑这两个平行平面的方向，其宽度，通过两个相对应的平行平面触摸它的边界之间的距离测量是相同的，恒定宽度的曲线三维类似物，两个相平行的切线之间距离是恒定宽度的二维形状。球体显然是固定宽度的表面，但还有其他的形状如迈斯纳体

(续)

效应名称	注解与说明
806. Surface Tension 表面张力	表面张力是液体表面层由于分子引力不均衡而产生的沿表面作用于任一界线上的张力。在表面的水分子，因上层空间气相分子对它的吸引力小于内部液相分子对它的吸引力，所以该分子所受合力不等于零，其合力方向垂直指向液体内部，结果导致液体表面具有自动缩小的趋势，这种收缩称为表面张力。表面张力是物质的特性，其大小与温度和界面两相物质的性质有关
807. Surfactant 表面活性剂	表面活性剂能更容易扩散而且降低两种液体之间的表面张力的润湿剂，并提高有机化合物的可溶性。表面活性剂范围十分广泛（阳离子、阴离子、非离子及两性），为具体应用提供多种功能，包括发泡效果、表面改性、清洁、乳液、流变学、环境和健康保护。表面活性剂在许多行业配方中被用作性能添加剂，如个人和家庭护理，以及无数的工业应用中：金属处理、工业清洗、石油开采、农药等
808. Suspension 悬浊液	指含能沉淀的固体颗粒的非均匀流体。颗粒通常大于1μm。内相（固体）通过某些赋形剂或助悬剂进行机械搅动，分散于外相的各处（流体可能是液体或气体）
809. Swashplate 旋转斜盘	旋转斜盘是在机械工程发动机设计中替代曲轴的装置，可以用来将旋转轴式的运动转换成往复式运动，或将往复运动转换成旋转运动
810. Synchrotron Radiation 同步辐射	电磁辐射时，带电粒子在坐标轴上沿径向加速的过程称为同步辐射发射。它产于使用弯曲磁铁，波荡和（或）扭摆磁铁同步加速器。它类似于回旋加速器辐射，除了同步加速器辐射是由通过磁场的带电粒子产生的相对加速度。同步辐射能人为地在同步加速器或储存环中实现，或者自然地在电子通过磁场时出现以这种方式产生的辐射，具有偏振特性，可以在整个电磁波谱频率范围产生
811. Syphon 虹吸管	通常是一个倒U形管，它允许液体不通过泵就能向上流动，穿越障碍物，然后再在一个比原始容器水面低的位置上流出。实际的虹吸管由于重力的作用，管的下游端的压力明显高于周围，因此液体从管中流出到大气中或到一个静水压力低于第一管的第二蓄水池
812. Temperature Gradient 温度梯度	温度梯度是温度随距离的变化。自然界中气温、水温或土壤温度随陆地高度或水域及土壤深度变化而出现的阶梯式递增或递减的现象
813. Tea Leaf Paradox 茶叶悖论	指一杯茶中的茶叶会在搅拌后迁移到茶杯中间和底部而不是在离心力的作用下分布在茶杯边缘

附录4 科学效应总表（922个效应）

（续）

效应名称	注解与说明
814. Tensarity 张力空气梁	使用充气的弹性构件横梁和/或通过抗拉的刚性构件的相互连接，有助于获得轻质机械工程基础结构的机械增益
815. Tensegrity 张拉整体	通过一个有限的压缩网络、拉力所连接的刚性元件或弹性元件，使形成一个总体完整的结构富勒（Buckminster Fuller），创造了"Tensegrity（张拉整体）"这个词，它由"Tensional（张拉的）"和"Integrity（整体）"两个词的英文缩写组合而成。富勒把张拉整体结构比喻成：受压的孤岛分布于拉力的海洋之中。莫特罗对张拉整体结构作了更为确切的定义，他认为：张拉整体结构是一种稳定的自平衡结构体系，它由离散的受压构件包含于一组连续的受拉构件内部构成
816. Tension 张力	通过一根绳索、电缆、链条或在其他固体上施加的拉力。它与压力是相对立的
817. Terminal Velocity 终端速度	终端速度就是物体在下落运动时所能达到的最大速度。不同的物体下落速度不同
818. Tesla Turbine 特斯拉涡轮机	或称为边界层涡轮机、粘附型涡轮机、普朗特层涡轮机，是一种无叶片的离心式水流涡轮扩管装置。使用边界层效应，而不是像传统的涡轮机流体冲击在叶片上。它是由一组光滑的圆盘组成，喷嘴向圆盘的边缘施加流动的气体。由于黏滞性和气体表面层的吸附作用，使气体被拖曳在圆盘上。当气流放慢和圆盘的能量增加时，气流螺旋上升进入中心排气口。由于转子没有突出部分，所以该装置非常坚固
819. Tesla Valvular Conduit 特斯拉瓣膜管道	一种没有活动件的单向瓣膜，利用水道的几何学来改变液体的流向，目的为它自身以一个方向运动，另一个方面提供很小的阻力
820. Tessellation 曲面细分	也称"镶嵌化处理技术"。一个曲面的细分是一个平面图形的集合，由所有平面图形不重叠并且无间隙地结合形成
821. Theremin 塞里明（特雷门）	1928年由苏联科学家Leon Theremin教授发明的特雷门琴，是一种不需要演奏者接触和对其进行控制的电子乐器。其原理是利用天线和演奏者的手构成电容器，天线接在一个带有放大电路和扬声器的LC回路上。通过天线感受手的位置变化来发出声响
822. Thermal Contraction 热收缩	物体响应温度变化或者在冷却时体积缩小的一种趋势
823. Thermal Energy Storage 蓄热	一类将能量储存在热库中供以后重复使用的技术

（续）

效应名称	注解与说明
824. Thermal Expansion 热膨胀	指物质由于温度改变或被加热时有改变体积的趋势。实际应用中，有两种主要的热膨胀系数，分别是：线性热膨胀系数（Coefficient of Linear Thermal Expansion，简称CLTE线胀系数）和体积热膨胀系数
825. Thermal Hall Effect 热霍尔效应	热霍尔效应是霍尔效应的热模拟，在这实验中跨越固体而生是一个热场而不是磁场。当施加磁场时，生成正交梯度温度
826. Thermal Insulation 绝热	用于减少热传递的材料，或用于减少热传递的方法和过程
827. Thermal Radiation 热辐射	物体由于具有温度而从表面辐射电磁波的现象
828. Thermal Shock 热冲击（骤冷骤热）	指剧烈的温度变化导致的破裂。当热度变化率造成一个物体的各部分不同程度地膨胀时，就产生了热冲击。这种有区别的膨胀可以被理解为是由于压力或者拉力。在某个时间点，这种压力或者拉力，超出了材料本身的强度，使得材料产生了裂缝。如果不阻止裂缝的扩大，最终物体的结构会被破坏
829. Thermionic Emission 热离子（电子）发射	又称爱迪生效应，指热振动能导致的电子或离子的发射。与气体分子相似，金属内自由电子作无规则的热运动，其速率有一定的分布，在金属表面存在着阻碍电子逃脱出去的作用力，电子逸出需克服阻力做功，称为逸出功。一般当金属温度上升到1000℃以上时，动能超过逸出功的电子数目极具增多，大量电子由金属中逸出，这就是热电子发射
830. Thermionic Energy Conversion 热离子能量转换	指由热电子发射产生的热能直接提供的电能
831. Thermistor 热敏电阻	也称为电热调节器。一种电阻器，与普通电阻器相比，其电阻随着温度变化而变化的幅度大得多
832. Thermoacoustic 热声学	指热动力学和声学现象的相互作用，比如说压力变化和温度变化的关系。变化的压力会产生变化的温度，反之亦然
833. Thermoacoustic Engine 热声（发动）机	指利用高振幅的声波来输送热量，或利用热能差来引起高振幅的声波的热声设备。可以分成驻波设备和行波设备。这两种设备又可以分为两个热力学等级，一个原动力（或者叫热发动机），和一个热力泵。原动力用热能制造动能，热力泵用动能制造或转移热能
834. Thermo–capillary Convection 热毛细对流	由于温度梯度引起的表面张力梯度，由于表面张力梯度而产生的物质转移，热毛细对流发生在两流体界面处

附录4 科学效应总表（922个效应）

（续）

效应名称	注解与说明
835. Thermochromic Paint 热致变色涂料	一种建立在变色色素基础上的涂料。它涉及了液晶或者隐色染料技术的应用。在吸收了一定量的光热后，色素的晶体或者分子结构可逆地改变了，这使得它开始吸收和放射一种不同于低温状态下吸收和放射的波长的光。热致变色涂料颜色的变化来指示涂装物温度的变化和分布情况
836. Thermochromism 热色现象	热色现象指某些物质在受热或受冷时所发生的颜色的变化。热色现象是几种着色异常现象中的一种。此现象的两种基本途径是使用液晶或隐色染料
837. Thermocouple 热电偶	两种不同金属构成的连接，根据温度差提供电压。热电偶是一种应用广泛的温度传感器，用来测量和控制温度，也可以将热能转换成电能
838. Thermography 热成像、	热成像仪的辐射检测范围在红外电磁光谱区（约 9000~14000nm 或 9~14μm），产生辐射图像（称为温谱图）
839. Thermoluminescence 热释光法	一种通过某些晶体材料发光的方式（如某些矿物质），该材料先前从电磁辐射或其他电离辐射中吸收的能量，在光加热该材料的过程中，被再次释放出去。这种现象与黑体辐射截然不同
840. Thermolysis 热（分）解（散热）	或称为热分解，由热所引起的热化学分解。该反应通常是吸热的，需要打破化学键使化合物发生分解。如果分解充分放热，则会创建正反馈回路产生热失控并可能导致爆炸
841. Thermomagnetic Convection 热磁对流	铁磁流体可用于传递热量，由于在这样的磁性流体内热量和质量的传输可通过外部磁场来控制。这种形式的热传递可以是在传统的对流未能提供足够的热量传递的情况下施用，例如，在精密微型器件或低重力条件下的情况下非常有用
842. Thermo-magnetic Motor 热磁电机	热磁电机的工作是通过把磁铁材料加热到居里点以上（这个过程它变为非磁性），然后将它冷却到低于该临界温度。现有的实验只能生产效率极其低下的原型电机
843. Thermomechanical Effect 热机械效应	超流体的性质中最壮观的成果之一被称为热机械或"喷泉效应"。如果毛细管被放置到超流氦浴中，然后加热，即使在上面照上光，超流氦也能通过管从顶部流动起来
844. Thermophoresis 热泳	也称为热扩散或索雷特效应，对多组分（或同位素）的颗粒混合物在温度梯度下的效应（即粒子从较热部分运动到较冷部，反之亦然）。粒子运动从热到冷时，被视为"正"分子运动，"负"时的情况正好相反。通常混合物中较重/大的组分表现出正效应，而更轻/小的组分表现出负效应

(续)

效应名称	注解与说明
845. Thermo-resistive Effect 温阻效应、热敏电阻效应	金属和半导体的电阻随温度变化的现象
846. Thermosyphon 热虹吸管	一种基于自然对流的被动热交换的方法，它不需要机械泵就能完成液体循环。虹吸现象是液态分子间引力与位能差所造成的，即利用水柱压力差，使水上升后再流到低处，由于管口水面承受不同的大气压力，水会由压力大的一边流向压力小的一边，直到两边的大气压力相等，容器内的水面变成相同的高度，水就会停止流动
847. Thompson Effect 汤姆逊效应	1856年，汤姆逊发现第三热电现象：电流通过具有温度梯度的均匀导体时，导体将吸收或放出热量（这将取决于电流的方向），这就是汤姆逊效应。由汤姆逊效应产生的热流量，称为汤姆逊热。汤姆逊热是焦耳热之外的一种热。原理上，"逆汤姆逊效应"也是可能的：随着交替的温度梯度，导体中的电势差也会出现。但是，这种效应是否存在，还没有得到实验上的证实
848. Thin Films 薄膜	材料薄层的厚度范围从一个纳米级到几个微米级。电子半导体器件和光学涂层是从薄膜结构中受益的主要应用
849. Thoms Effect 托马斯效应	管道的中心为紊流核心，它包含了管道中的绝大部分流体；紧贴管壁的是层流底层；层流底层与紊流漩涡之间为缓冲区，层流的阻力要比紊流的阻力小 1948年，英国科学家B. Thoms发现，在液体中添加聚合物可以将管内流动从紊流转变成层流，从而大大降低输送管道的阻力，这就是摩擦减阻技术。然而，Thoms的发现真正得到重视是在1979年，美国大陆石油公司生产的减阻剂首次商业化应用于横贯阿拉斯加的原油管道，获得了令人吃惊的效果：在使用相同油泵的情况下，可以输送的原油量增加了50%以上。在取得巨大成功之后，减阻剂被应用于海上和陆上的数百条输油管道。这次应用的成功激发了学术界和工程界对该技术的研究热潮
850. Tidal Power 潮汐发电	将潮汐能转换成电能或其他有用形式的能
851. Time Dilation 时间膨胀	在相对论中，时间膨胀是指通过观察来测量在两个情况（彼此相对的运动或是位于不同的重力物质的运动）之间实际时间差。在广义相对论中，在引力场中拥有较低势能的时钟都走得较慢 在狭义相对论中，时间膨胀效应是相互性的：从任一个时钟观测，都是对方的时钟走慢了（假定两者相互的运动是等速均匀的，两者在观测对方时都没有加速度）。相反，引力时间膨胀却不是相互性的：塔顶的观测者觉得地面的时钟走慢了，而地面的观测者觉得塔顶的时钟走快了。引力时间膨胀效应对于每个观测者都是一样的，膨胀与引力场的强弱与观察者所处的位置都有关系

附录4　科学效应总表（922个效应）

（续）

效应名称	注解与说明
852．Time of Flight 飞行时间、行程时间	取对象、粒子或声音，测量它们的电磁波或其他波通过一段介质所用时间的方法。可以使用时间标准器（如一个原子钟）来测量的方法，如同测量速度或通过给定介质的路径长度的方法；或如同查明关于粒子或介质的组成或流速方法
853．Tomography 断层摄影技术	通过使用任何一种穿透波穿过部分或分层切片来成像的技术。该方法用于放射学、考古学、生物学、地球物理学、海洋学、材料科学、天体物理学和其他科学
854．Torque 转矩（力矩）	是一种使物体绕轴或支点或中心点旋转的力的倾向。正如一个力理解为推或拉，转矩可以想象为扭或拧。转矩是旋转的力
855．Total Internal Reflection 全内反射	当一束光以比一个特定角度大的入射角照射到介质分界面上产生的光学现象。如果另一侧的折射率较低，没有光能够通过。这个关键角就是发生全内反射的入射角
856．Torque Oscillator 转矩振荡器	使振荡器移位或复位的是一个非线性的力矩（例如用弹簧悬挂物体）。平衡力弹簧是个很好的例子
857．Torsion Spring 转矩弹簧	一种可伸缩的弹性物体，当被旋转时储存机械能。它所产生的作用力（实际是转矩）与它旋转的圈数成正比。转矩弹簧通常是由金属或橡胶制成的线材、条板或带状物。更精致的转矩弹簧是用丝绸、玻璃或适应纤维制成的
858．Townsend Discharge 汤森放电	一种气体电离的过程，一个最初极少量的自由电子通过一个足够强的电场加速，穿过气体提升其传导产生由雪崩倍增效应。当自由电荷数减少或电场变弱时，该现象不再产生
859．Transpiration 蒸腾	蒸腾作用是指水分从植物表面散失的现象。特别是在植物的叶片部分，但是在茎部、花和根部也都有。叶片表面遍布敞开的被称为聚合性的气孔，叶片通过气孔发生蒸腾，并由于气孔的敞开需要有关的"耗费"，让来自空气中的二氧化碳扩散进行光合作用。蒸发也冷却植物和实现使大量的矿物养分和水从根部流向芽部
860．Tribocorrosion 摩擦腐蚀	一种由于腐蚀和磨损的综合效应引起的材料的降解。摩擦腐蚀表示由摩擦学和腐蚀学结合的基本学科
861．Triboelectric Effect 摩擦电效应	摩擦起电效应，也就是通过摩擦的方式使得物体带上电荷。摩擦起电的步骤，是使用两种不同的绝缘体相互摩擦，使得它们的最外层电子得到足够的能量发生转移

(续)

效应名称	注解与说明
862. Triboluminescence 摩擦发光	某些固体受机械摩擦、振动或应力时的发光现象。例如蔗糖、酒石酸等晶体受挤压、粉碎时发出闪光；合成的磷光体 $CaPO·Dy$ 经划伤、磨损，可观察到很强的发光等
863. Tritium 氚	氢的放射性同位素。氚的原子核中包含一个质子和两个中子，而氘的核（迄今为止最丰富的氢同位素）包含一个质子和中子。氚 β 衰变后变为氦-3
864. Trompe 水风筒	一种以水为动力的气体压缩机，在电动压缩机未出现前经常被使用。一根垂直的管或轴连通一个分离腔，一根管子从分离腔引出，使得水能从低位流出，另一根管子从腔内引入，使得压缩空气可以根据需要来调节排出
865. Tuned Mass Damper 调谐阻尼器	为克服因谐波振动而产生激烈振动的一种稳定装置。利用相对较轻量级的调谐阻尼器来降低系统的振动，以致最坏的情况下振动也很少剧烈。大体上讲，对于一个实际系统，不是把主要的振动模式调到远离麻烦的干扰频率，就是对共振加一个阻尼。然而，直接的阻尼的方法是困难的，或是代价昂贵的
866. Turbine 涡轮机	从流体流中提取能量的旋转式发动机。最简单的涡轮机有一个可移动部件的转子组件，这是附加的叶片的轴。移动流体作用在叶片上或叶片的转动的相互作用，使它们旋转和传递到转子的能量。早期的涡轮机的例子是风车和水车
867. Turbulence 湍流	湍流一般相对"层流"而言。当流速增加到很大时，流线不再清楚可辨，流场中有许多小漩涡，称为湍流，又称为涡流、扰流或紊流。若雷诺数较大时，惯性力对流场的影响大于黏滞力，流体流动较不稳定，流速的微小变化容易形成、增强紊乱、不规则的湍流流场
868. Two-Phase Flow 两相流	通过弯月面将两相（气体和液体）分离的系统
869. Tyndall Effect 廷德尔氏效应	光通过有胶体颗粒或有颗粒的悬浮液中产生散射的现象
870. Ultrasonic Capillary Effect 超声波毛细管效应	由于高强度超声场造成的液体和其对于毛细管道的渗透程度的异常的快速增长。这是由毛细管入口处空泡的崩溃引起的。崩溃的气泡会产生一种液体的微喷，从而渗透进入毛细通道使毛细管液相柱的高度增加。这种增量总和增加是超声波作用下毛细管内的液体高度和速度上升的原因

附录4　科学效应总表（922个效应）

（续）

效应名称	注解与说明
871. Ultrasonic Vibration 超声波振动	在超声波频段的振动
872. Ultrasound 超声波	超声波是频率高于20000Hz的声波，它方向性好，穿透能力强，易于获得较集中的声能，在水中传播距离远，可用于测距、测速、清洗、焊接、碎石、杀菌消毒等。在医学、军事、工业、农业上有很多应用。超声波因其频率下限大约等于人的听觉上限而得名
873. U–Tube Viscometer U形管式黏度计	在固定温度中垂直悬起的U形玻璃管。在U形管中的一个臂有精确的毛细管部分，上面有一个玻璃球。另一个球在另一臂的较低处。液体通过抽吸被抽入上部玻璃球，并能够流过毛细管进入下部玻璃球。液体通过上部玻璃球每一侧的标记（表示一个已知的体积）所耗费的时间与其运动黏度成正比
874. Vacuum 真空	一定量的基本没有物质的空间，因此它的气体压力远小于大气压。完美或理想的真空中没有任何粒子，但这在实践中是不可能实现的。物理学家经常讨论一些发生在完美真空中的完美的测试结果，他们简单的称呼完美真空为真空或者自由空间，并且使用术语局部真空来指代真实的真空。真空是一种不存在任何物质的空间状态，是一种物理现象。粗略地说，真空是指在一区域之内的气体压力远远小于大气压力。理想的真空不带任何粒子，声音因为没有介质而无法传递，但电磁波的传递却不受真空的影响。物理学家经常讨论理想的测试结果应出现在理想的真空中，他们简单称呼的"真空"或"自由空间"，并用术语局部真空认为是真实的真空 目前在自然环境里，只有外太空堪称最接近真空的空间
875. Vacuum Distillation 真空蒸馏	真空蒸馏是一种使待分离液体上方压强小于其蒸汽压（通常比大气压还小）的蒸馏方法。这种方法适用于蒸汽压大于环境压力的液体
876. Vacuum Plasma Spraying 真空等离子喷涂	真空等离子喷涂是一种技术，用于蚀刻和表面改性，以创建具有高再现性的多孔层，以及对塑料、橡胶、天然纤维的清洗和表面工程。此表面工程可以提高物体的性能，如摩擦性、耐热性、表面导电性、润滑性、膜的粘合强度或介电常数等，也可以使材料亲水或疏水
877. Valve 阀门	一种通过开、关或者部分阻碍不同管道的方式控制流体（气体、液体、流态化固体或者浆体）流速的器件
878. van der Waals Force 范德华力	也叫作范德瓦尔斯力，分子间（或在同一分子之间的部分）由于共价键，或离子与离子或中性分子之间的静电力而产生的吸引力或排斥力的相互作用的总和。包括定向力、诱导力和伦敦色散力

(续)

效应名称	注解与说明
879. Vapour Pressure 蒸汽压	蒸汽压也称作饱和蒸汽压，指的是这种物质的气相与其非气相达到平衡状态时的压强。任何物质（包括液态与固态）都有挥发成为气态的趋势，其气态也同样具有凝聚为液态或者凝华为固态的趋势。在给定的温度下，一种物质的气态与其凝聚态（固态或液态）之间会在某一个压强下存在动态平衡。此时单位时间内由气态转变为凝聚态的分子数与由凝聚态转变为气态的分子数相等。这个压强就是此物质在此温度下的饱和蒸汽压。蒸汽压与物质分子脱离液体或固体的趋势有关。对于液体，从蒸汽压高低可以看出蒸发速率的大小。具有较高蒸汽压的物质通常说其具有挥发性
880. Velcro 维克牢尼龙搭扣	织物钩环扣件的品牌名。它由两层组成：一侧是"钩"，是一块织物覆盖的小钩，一侧是"环"，其上覆盖更小的"毛茸茸"环。当双方被压在一起，钩和环结合使物件结合在一起。当它们分开时，会发出特征性的"抓取"的声音
881. Velocity Ratio 速率比	在一台机器中，衡量由移动力点运动到负载点引起的位移的比值
882. Venturi Effect 文丘里效应	文丘里效应，也称文氏效应。这种现象以其发现者，意大利物理学家文丘里（Giovanni Battista Venturi）命名。这种效应是指在高速流动的气体附近会产生低压，从而产生吸附作用。利用这种效应可以制作出文氏管
883. Vibration 振动（振荡）	在一个平衡点附近的机械振荡。振荡是周期性的如钟摆的运动，或者是随机的如运动轮胎在砂石路上。
884. Vibrational Viscometer 振动式黏度计	让电谐振器浸在液体中振荡，测量待确定液体的黏度的仪器。该谐振器一般是转矩弹簧扭转或横向地振荡（作为悬臂梁或音叉）。黏度越高，施加于所述谐振器的阻尼越大
885. Vickers Hardness Test 维氏硬度试验	一种用于使用特殊形状的钻石硬度计压头来测量硬度的方法
886. Villari Effect 维拉利效应	或称为逆磁致伸缩效应，是一种材料的磁化率变化时，受到机械应力的作用结果。在铁磁质中磁化方向的改变会导致介质晶格间距的变化，因而使得铁磁质的长度和体积发生变化，即：磁致伸缩现象，也称为威德曼效应，其逆效应为维拉利效应
887. Viscoelasticity 黏弹性	物体发生变形时，表现出黏性和弹性的特性

附录4 科学效应总表（922个效应）

（续）

效应名称	注解与说明
888. Viscometer 黏度计	黏度计是测量流体黏度的物性分析仪器。根据液体不同的黏度与流动条件，使用相应的流变仪。黏度计只有在一种特定的流动条件下才能进行测量
889. Viscous Damping 黏滞阻尼	黏性流体通过小孔或其他限制（如润滑部件之间的间隙）形成的流路阻尼系统
890. Vitrification 玻璃化	指把物质转化成玻璃样无定形体（玻璃态）。通常，这通过玻璃转化时液体快速冷却来实现。某些化学反应也能引起玻璃化
891. Voigt Effect 沃伊特效应	一种磁光现象，浸渍在磁场的蒸汽单元垂直于光束方向定向通过时，光发生偏振方向发生旋转
892. Voitenko Compressor Voitenko 压缩机	聚能装药，原本的目的是穿透厚钢甲，改造后用来完成加速冲击波的任务。和风洞有点类似
893. Vortex Generator 涡流发生器	由小叶片组成气动力面，可以产生涡流。涡流发生器可在许多设备中找到，但在飞机设计中最为常用。涡流发生器可以用于汽车外表面，车辆气流的分离是一个潜在的问题，而涡流发生器可以延迟气流分离
894. Walking 行走	行走被定义为"倒立摆"的步态。在这种步态中每一步，身体成弯曲状，跃过僵硬的肢体。无论肢体的数量是多少——甚至是有六条、八条或者更多肢体的节肢动物，都可以应用这个定义
895. Water Turbine 水轮机	也叫水流涡轮机，由水流提供动力的旋转引擎
896. Waveguide 波导	一种传导波的结构，例如电磁波或者声波。对于不同的波，波导的类型也不一样，例如电场波、光波、声波
897. Wave Power 波浪能	转移海洋表面波浪能量，并去获取这种能量做有用的事，例如用于发电、海水淡化或抽水（入水库）
898. Waveguide（optics）波导（光学）	在光频使用的波导是典型的介质波导，其结构中的介电材料，具有高介电常数，因而有高折射率，四周材料则有较低的介电常数。该结构通过内部全反射引导光波。最常见的光导是光纤
899. Weak Point 弱点	开发利用系统或结构中天生的或特意引入的弱点。例如：电气熔丝或安全销

(续)

效应名称	注解与说明
900. Wear 磨损	通过一个表面的运动来磨损另一个材料的表面
901. Weathering 风化	地面的岩石、土壤和矿物与该行星的大气直接接触发生分解。风化发生在原位，本体"没有移动"，因此不应该与侵蚀相混淆，侵蚀涉及到例如水、冰、风和重力这样的介质引起的岩石和矿物的运动
902. Wedge 楔	一个三角形状的工具，是复合式和便携式的斜面。它可以用来分离两个对象物体（或一个物体的各部分），举起一个物体，或支持平面上的一个物体。它将作用于广角端的力转换为垂直于倾斜面的力
903. Weightlessness 失重	或称零重力，是指远离的行星、星星或其他飞行在环路外侧的庞大的物体，在任何情况下承受相当小的或没有加速或没有重力作用。物体对支持物的力（或对悬挂物的拉力）小于物体所受重力的情况称为失重现象。遵循加速和重力作用的等效原理，在地球轨道外失重的物体，在自由落体中，也遭受失重
904. Weissenberg Effect 韦森堡效应	一个旋转杆被放置到液体聚合物的溶液中发生的现象。聚合物溶液或熔体中聚合物链沿快速旋转轴慢慢上爬，而不是被向外抛出
905. Welding 焊接	接合材料过程中，通常是金属或热塑性塑料，通过熔融工件后添加填充材料，以形成的熔融材料（熔池）冷却之后成为一个高强度的接口。有时通过其本身被热融合，以产生焊缝。与铜焊和锡焊不同，铜焊和锡焊会熔化工件之间的熔点低的材料，而不熔化工件本身
906. Wetting 润湿	指液体与固体表面保持接触的能力，产生两个分子被放到一起时分子间的相互作用。润湿的程度是由附着力和凝聚力之间平衡的力决定的。液体和固体之间的附着力会导致液滴在整个表面扩散。液体内的凝聚力导致液滴聚合，并避免表面接触
907. Wheatstone Bridge 惠斯登电桥	通过平衡两条支腿的桥式电路来测量未知电阻的一种仪器，其中包括一条腿的未知电阻量。其操作与早期的电位计相似，不同的是电位计电路上使用的表是一个敏感的检流计。在许多情况下，测量未知电阻的意义是测量有关影响的一些物理现象，例如力、温度、压力等，通过惠斯登电桥可以间接地测得这些参数
908. Wheel 滚轮、车轮	一个圆形的装置能够绕其轴旋转，通常有利于移动，同时支持负载，或执行有用的工作
909. Wheel and Axle 轮轴	一个简单组成的车轮转动的轴的扭力倍增器（或车轴转动车轮）

附录4 科学效应总表（922个效应）

（续）

效应名称	注解与说明
910. Wiedemann Effect 威德曼效应	一种磁效应。磁性材料在施加螺旋磁场时产生的扭转
911. Wiegand Effect 韦根效应	经特殊加工的金属丝在磁场中移动产生的电脉冲。该金属丝有跟磁场的反应不同的两个磁性区域：外壳需要一个强大的磁场以扭转其磁极；而核心将在弱场条件下恢复原状。导线的极性转变非常迅速，产生强烈的短脉冲（波长10μm以内），无需额外的外部电源
912. Wind 风	空气或其他气体组成的大气流动构成风
913. Wind Chill 风寒指数	风寒指数是指暴露于皮肤上明显感觉到的温度，是空气温度和风速的函数。由于风也会影响我们对冷的感觉，以致温度计的读数有些时候与人们对冷暖的感觉有明显的差别。风寒温度（通常俗称的寒风因素）总是会比空气温度低，但在较高的温度，风寒被认为是不太重要的
914. Wind Power 风力发电	风能向有用形式的能源的转换，如使用风力发电产生电力，用风力涡轮机产生机械动力，用风泵抽水或排水，用帆驱动船舶
915. Wing in Ground Effect 翼地效应	能在地球表面附近水平飞行的交通工具，因机翼和地表（地面效应）之间的气动干扰产生的高压空气缓冲而成为可能
916. X-Ray X-射线	波长介于紫外线和γ射线间的电磁辐射。由德国物理学家 W. K. 伦琴于1895年发现，故又称伦琴射线。波长小于0.1Å 的称超硬 X 射线，在0.1~1Å 范围内的称硬 X 射线，1~10Å 范围内的称软 X 射线 射线具有很强的穿透力，医学上常用作透视检查，工业中用来探伤。长期受 X 射线辐射对人体有伤害。X 射线可激发荧光、使气体电离、使感光乳胶感光，故 X 射线可用电离计、闪光计数器和感光乳胶片等检测。晶体的点阵结构对 X 射线可产生显著的衍射作用，X 射线衍射法已成为研究晶体结构、形貌和各种缺陷的作用手段
917. Yarkovsky Effect 雅可夫斯基效应	因热光子的各向异性发射产生的作用于太空中旋转体的力，带有冲量。它通常被认为与流星体或小行星（直径在约10cm到10km之间）有关，因为它的影响是这些太空物质里最为显著
918. Zahn Cup 扎恩杯（察恩杯）	广泛用于涂料行业中作为测量黏度的装置。通常是用一个不锈钢杯，在杯的底部中央钻有一个微孔，在不锈钢杯内装满需要确定黏度的液体，然后让液体从微孔中逐渐向外流出，直至流尽。测量其所用的时间，经转换后，就得到该液体的运动黏度

（续）

效应名称	注解与说明
919. Zeeman Effect 塞曼效应	原子的能级和光谱在静态磁场存在的情况下发生几种分裂的现象。人们把塞曼原来发现的现象称为正常塞曼效应，更为复杂的则称为反常塞曼效应。正常塞曼效应是自旋为零的原子能级和光谱线在磁场中的分裂，反常则是总自旋不为零的原子能级和光谱线在磁场中的分裂。塞曼效应有非常重要的应用，如核磁共振光谱、电子自旋共振谱、磁共振成像（MRI）和穆斯堡尔谱。它也可用于提高原子吸收光谱法的精度
920. Zeolite 沸石	通常作为商业吸附剂用的多微孔的铝硅酸盐矿物。在工业领域内，广泛地被用于为水的净化，作为催化剂，促进现代各种材料的制备和核材料再处理。沸石用作分子筛，可以吸取或过滤其他物质的分子。虽然沸石只是分子筛的一种，但是沸石在其中最具代表性
921. Zero Thermal Expansion 零热膨胀	指不随温度变化膨胀或收缩的材料、结构或系统
922. Zone Plate 波带片	一种用于聚焦电磁波（包括光）的装置，该设备采用衍射，而不是折射的方法。它由一组径向对称的半透明的环组成。入射波在波带片附近衍射可以被分隔，衍射后，波在某一焦点处发生干涉，并在焦点处显示出图像

参 考 文 献

[1] Altshuller G S. Creativity as An Exact Science [M]. Gorden and Breach Science Publishers, 1979.

[2] Mann D L. Systematic Innovation for Technical Systems [M]. Lazarus Press, 2007.

[3] Nakagawa Toru. Extension of USIT in Japan: a new paradigm for creative solving [C]. 4th TRIZ Symposium in Japan, at Laforet Biwako, Shiga, Japan, Sept. 1 – 7, 2008.

[4] Simon Litvin, Alex Lyubomirskiy. Trend of Increasing Efficiency of Substance, Energy and Information Flows [M]. GEN3 Partners Inc., 2003.

[5] G Pahl, W Beitz, J Feldhursen, et al. Engineering Design [M]. Springer, 2006.

[6] Владимир Петров. Законы развития систем [M]. Тель – Авив, 2013.

[7] Г С 阿里特舒列尔. 创造是精确的科学 [M]. 魏相, 徐明泽, 译. 广州: 广东人民出版社, 1987.

[8] Г С 阿利赫舒列尔. 创新是一门精密的科学 [M]. 吴光威, 刘树兰, 编译. 北京: 北京航空航天大学出版社, 1990.

[9] 根里奇·阿奇舒勒. 寻找创新——TRIZ 入门 [M]. 陈素勤, 等译. 北京: 科学出版社, 2013.

[10] 张武城. 技术创新方法概论 [M]. 北京: 科学出版社, 2009.

[11] 赵敏. TRIZ 入门及实践 [M]. 北京: 科学出版社, 2009.

[12] 赵敏, 胡钰. 创新的方法 [M]. 北京: 当代中国出版社, 2008.

[13] 张武城, 赵敏, 等. 基于 U – TRIZ 的 SAFC 分析模型 [J]. 技术经济, 2014, 33 (12).

[14] Min Zhao, Wucheng Zhang. A New Analysis Model - - SAFC Model [C]. TRIZ fest – 2015, Proceeding 2015.

[15] 伊萨克·布赫曼. TRIZ 创新的科技 [M]. 萧咏今, 译. 中国台湾: 建速有限公司, 2011.

[16] 尼古拉·什帕阔夫斯基. 进化树——信息技术分析及新方案的产生 [M]. 郭越红, 等译. 北京: 中国科学技术出版社, 2010.

[17] 尤里·萨拉马托夫. 怎样成为发明家——50 小时学创造 [M]. 王子羲, 等译. 北京: 北京理工大学出版社, 2006.

[18] 谢尔盖·伊克万科. MATRIZ 三级认证培训资料 [R]. 上海: MATRIZ 上海培训中心, 2013.

[19] 金昊宗. 实用 TRIZ——研究与实践 [M]. 北京: 中国科学技术出版社, 2014.

[20] 谢燮正, 徐明泽, 等. 发明的措施 [M]. 沈阳: 东北工学院出版社, 1988.

[21] 姜迅东, 杨建章. 发明用物理效应 [M]. 北京: 北京现代管理学院, 1985.

[22] IWINT, CBT/NOVA 电子教学软件 [CP]. 北京: 亿维讯集团, 2003.

后记及致谢

2012年，本书作者基于对发明方法的热爱，对TRIZ未来发展的探求，对TRIZ应用实效的提升，肩负众多TRIZ爱好者的期待，自愿结组，开始了对TRIZ的孜孜不倦的深入研究和开发。

TRIZ未来到底向哪个方向发展？功能的背后到底是什么？物质属性与参数是什么关系？功能与属性到底是什么关系？发明措施与功能到底是什么关系？分析问题、解决问题的工具能否统一？有没有比经典解题流程更加快捷高效的解题流程？等等，问题似乎无穷无尽。

太多的问题需要思考，太多的概念需要厘清，太多的假设需要验证。别无它途，不可取巧，只能沿着既定方向，一路踟蹰前行。所幸，历经三年的坚苦、坚持与坚守，本书终得面世。

TRIZ进入中国已逾30载：源于1984，兴于2007，盛于2015。原汁原味介绍TRIZ引进内容的阶段已经过去，基于经典、理论创新的时代已经来临。由阿奇舒勒开创的基于方法实现发明的宏伟蓝图正在全球稳步推进。经典TRIZ的改革从未停歇，国际TRIZ理论界终于有了中国人的创新。

本书作者们在研究上全力以赴，优势互补，默契配合，彼此尊重。每逢问题，必做讨论，留有笔记，反复重温。在理论上博采众长，弄懂弄通，区分优劣，精益求精。无论是改进授课方式，还是在课题中验证模型，皆亲力亲为，协力推动。一千多个夜以继日、节假无休，以及百余次讨论，方有今日之并不圆满的结果，仍有诸多方面需要改进。

本书得到了很多朋友的帮助。感谢经常参加讨论的施荣明先生，以他丰富的工作经验和对TRIZ的深入理解，提出了"易学、易懂、易用"的要求，促进了部分TRIZ工具的统一与整合，并提供了U-TRIZ的应用课题；感谢刘慧先生，一直鼓励和激励作者，提出指导意见，并为专家组的教学培训与理论创新提供了诸多的实践机会；感谢孔凡利先生提供了部分培训建议和宝贵的学员反馈；感谢陈劲教授为SAFC模型的修改和发布鼎力相助；感谢姚威老师协助搜集大量参考资料，促进了部分研究成果的诞生；感谢李军先生经常与作者交流解题心得，并为本书提供了实战案例；感谢杨吉忠先生为本书提供案例。

感谢谢尔盖·伊克万科、弗拉基米尔·彼得罗夫、西蒙·利特文、伊萨克·布赫曼、尤里·丹尼洛夫斯基等国际TRIZ大师以及叶莲娜·诺维茨柯娅等知名TRIZ专家，许可使用他们的著作或培训资料中的若干内容，使得本书内容更全面。

大众创业，万众创新。基于方法，促进发明。理论创新，任重道远。提速增效，任务繁重。期待与读者共同努力，让发明方法在中国真正落地，让华夏大地无处不创新！

赵敏，张武城，王冠殊

2015 年 9 月于北京